陆地生态系统质量综合监测技术

王绍强　张雷明　肖治术　王军邦
王　锋　孙　楠　李岱青　刘颖慧　等　著

科学出版社
北　京

内 容 简 介

本书全面系统地梳理和总结了陆地生态系统质量监测指标与监测技术体系，基于中国生态系统观测网络台站研究成果，阐述了生态要素水、土、气、生观测指标体系与技术规范；利用目前最为前沿的叶绿素荧光观测技术、区域生态功能监测技术和生态过程模型，基于无人机和机器学习的植被监测技术等分别对森林、草地、农田、湿地和荒漠及区域尺度生态系统质量监测指标体系进行了分析与评估，并对未来生态系统的质量监测技术进行了展望。

本书可供从事生态环境监测与评价、生态保护与恢复、生态文明建设等监测与评价研究，以及生态学、环境学、农学、林学和草原学等专业的科技工作者和有关院校师生参考。

审图号：GS 京（2024）1250 号

图书在版编目（CIP）数据

陆地生态系统质量综合监测技术 / 王绍强等著. -- 北京 ：科学出版社, 2024. 6. -- ISBN 978-7-03-078964-8

Ⅰ. P942

中国国家版本馆 CIP 数据核字第 20242KV861 号

责任编辑：董 墨 赵晶雪 / 责任校对：郝甜甜

责任印制：徐晓晨 / 封面设计：无极书装

科学出版社出版

北京东黄城根北街 16 号

邮政编码：100717

http://www.sciencep.com

北京建宏印刷有限公司印刷

科学出版社发行 各地新华书店经销

*

2024 年 6 月第 一 版 开本：787×1092 1/16

2024 年 6 月第 一 次印刷 印张：31 1/2

字数：753 000

定价：338.00 元

（如有印装质量问题，我社负责调换）

项目资助

国家重点研发计划项目，中国陆地生态系统生态质量综合监测技术与规范研究（2017YFC0503800）

中国科学院A类战略性先导科技专项项目，农林牧业区域状态诊断与中长期发展的生态环境效应评估（XDA23100202）

科技基础资源调查专项课题，生态系统观测指标规范制定及关键带生态系统状况本底调查和数据集成（2021FY100701）

国家重点研发计划项目，自然保护地保护成效与空间优化技术（2022YFF1301401）

中国林业科学研究院基本科研业务费专项资助“科尔沁和浑善达克沙地近自然修复关键技术研发与集成应用”（CAFYBB2023ZA009）

中央级公益性科研院所基本科研业务费专项资金项目，我国农业土壤质量长期监测联网研究（Y2017LM06）

生态环境部部门预算项目，生态质量评价指标采集方法及试点研究（22111101006008）

第二次青藏高原综合科学考察，西藏片区草畜平衡时空格局及资源空间优化配置（2019QZKK0302-02）

序

生态系统管理是应对全球资源环境挑战，适应全球气候变化、治理生态环境、维持区域社会经济可持续发展的重要任务，也是自然资源和生态保护理论与应用研究的热点领域。有效的生态系统管理能够改善生态系统质量与健康状态，协调自然生态系统-资源环境系统-社会经济系统之间的互作关系，提升生态系统供给生态服务和人类福祉的能力。但是有效的生态系统管理需要优质高效的生态系统状态、质量及其演变的综合监测及评价，并以准确和及时的生态变化科学信息为基础。

党的十九届五中全会通过的《中共中央关于制定国民经济和社会发展第十四个五年规划和二〇三五年远景目标的建议》，提出了提升生态系统质量和稳定性的任务，这已成为当前我国生态环境建设的核心任务，对生态系统质量监测和评价科学研究提出了迫切需要，对于促进人与自然和谐共生、建设美丽中国意义重大。

我国生态系统监测及其技术规范和监测体系，曾一直处在各行业部门独立研制的状态，未组织开展跨部门综合研究，未形成国家层面统一的生态系统监测体系和技术规范。近几年，很高兴见证了中国科学院地理科学与资源研究所王绍强研究员主持的国家重点研发项目的开展，该项目有效地组织了中国科学院相关研究所、中国环境科学研究院、中国农业科学院和中国林业科学研究院等各部门科研人员，围绕生态系统生态质量的内涵、监测指标体系、技术规范和综合评估，开展了系统性的研究工作，取得了大量生态系统质量监测和技术规范方面的科技成果，并共同完成了这部《陆地生态系统质量综合监测技术》专著的撰写。该书的出版是对国家重点研发项目研究成果的系统性总结，展现了项目研究的诸多原创性成果，将会对我国生态系统监测评估工作起到引领作用。

该书系统论述了多尺度的生态系统质量的科学概念，突出了多生态要素联网观测、多载荷多传感器遥感观测、多尺度生态系统模拟等新技术的应用，明确了区域生态系统质量评价的关键指标、监测方法和技术体系，特别是构建了基于台站网络的生态系统观测技术体系、区域生态系统功能变化监测评估体系。期待该书为促进生态系统管理科学研究、提升生态环境综合监测能力、促进我国生态系统保护与自然资源管理事业做出贡献。

于贵瑞

中国科学院地理科学与资源研究所

2022年5月30日

前　言

近年来，作为保障我国社会经济高速健康发展的核心问题，生态文明建设和生态环境保护已经上升为国家发展战略，亟须对我国生态质量开展多尺度监测和科学评价。而现有生态系统联网监测技术体系及规范还基本由各行业部门自行制定，尚未形成国家层面跨行业部门的统一的监测技术体系和规范，难以满足国家尺度生态质量监测与评估的标准化和规范化。因此，围绕生态质量监测与评估这一国家战略需求，构建和制定国家生态质量监测评价技术体系及其技术规范，实现跨部门动态监测，是国家层面定量评估生态质量状况的重要保障和基础。

生态质量监测是开展生态系统恢复、生物多样性保护以及生态补偿机制建立等工作的基础，而生态质量监测的标准规范是增强各部门生态监测数据可比性，确保生态评估结果有效性的核心保证。美国生态系统的状态评估、联合国环境规划署（United Nations Environment Programme，UNEP）的全球环境展望项目、联合国千年生态系统评估（millennium ecosystem assessment，MA）以及美国国家科学研究委员会（United States National Research Council，NRC）的国家生态指标研究等，都将指标体系及其规范化获取作为关键研究内容。我国通过“十一五”“十二五”国家科技支撑计划项目，初步建立了“天地一体化”生态功能评估技术体系，并应用于环境保护部和中国科学院编著的《全国生态环境十年变化（2000～2010 年）遥感调查与评估》。这些项目也编制了大量的技术指南和规范，但这些规范往往限于各自的行业领域，且多关注生态环境的变化和影响，尚缺乏统一的可用于生态质量评估监测的遥感技术体系和规范。面对上述问题，2015 年国务院办公厅印发《生态环境监测网络建设方案》，着重指出要积极推进我国生态监测工作的标准化和规范化。

针对生态系统网络观测技术和信息化水平亟待加强、生物多样性监测技术与信息共享存在限制、区域生态功能动态变化监测体系尚未形成等问题，国家重点研发计划“中国陆地生态系统生态质量综合监测技术与规范研究”（2017YFC0503800）紧密结合生态系统联网观测技术发展态势和生态文明建设国家需求，科学分析生态要素、生物多样性、生态功能等因素对生态质量的影响及其相互关系，识别不同类型生态系统生态质量的优劣程度，构建生态系统质量监测的指标和技术体系；在不同类型生态系统开展多层次的应用示范，结合国家和地方需求，制定不同行业部门生态质量监测技术标准和规范，为实现我国陆地生态系统生态质量动态变化监测提供可行的高精度的技术支撑。其主要研究内容包括以下五个方面。

（1）开展国内外生态系统生物多样性、生态要素和生态功能观测指标与技术体系的比较研究，研发快速测定与原位监测技术以及物联网生态信息技术，制定我国标准化的生态系统网络观测技术体系与规范。

（2）研制生物多样性地面监测数据采集汇交的智能化管理系统，构建群落、物种、种群及种间关系的多层次区域生物多样性综合监测技术体系，建立反映区域生态质量的生物多样性指标体系，制定我国区域生物多样性监测技术规范。

（3）综合集成生态系统观测网络站点监测、多尺度遥感反演、生态系统模型模拟技术，构建以反映区域生态质量的生态系统调节功能、支持功能和生态维持功能为主的区域生态功能监测技术体系和规范；发展多源数据整合技术，生成覆盖区域、国家多层级的生态系统数据产品。

（4）综合集成生态要素和生态功能监测指标与技术，确定反映生态质量的多元指标及其阈值范围，并针对不同生态系统类型开展技术集成与应用示范，建立国家森林、农田、草原、荒漠、湿地生态系统生态质量监测技术体系，制定相关行业监测技术标准与规范。

（5）筛选区域生态质量综合评价的关键监测指标，集成生物多样性、生态要素和生态功能的监测技术与规范，在国家重点生态功能区开展生态质量综合监测应用示范，申报国家生态质量综合监测标准和规范。

上述研究内容和技术研发工作在如下几个方面取得了一系列的重要进展和成果。

（1）生态质量综合监测技术规范与标准：以我国各类生态系统观测网络为基础，分别从野外台站区域生物多样性、生态要素及生态功能三个方面出发，针对生态系统规范化的综合观测和生态质量的科学评估，遴选观测指标和构建技术体系，结合生态系统观测和生态质量关键技术以及生态监测物联网技术的集成研发，构建生态要素联网监测技术体系与规范、区域生态功能监测技术体系、区域生物多样性监测技术体系；选择典型森林、荒漠、湿地、农田和草地开展生态质量监测示范应用，建立森林、荒漠、湿地、农田和草地生态质量监测技术体系和规范；集成主要生态系统类型的监测指标与技术，建立反映生态组分、格局与功能的区域生态质量综合监测体系，构建区域生态质量综合监测技术规范与评价方法，最终为我国陆地生态系统生态质量的科学诊断与评估提供技术支撑。

（2）生态要素原位观测技术研发：研发了生物要素快速、自动观测方法与技术，包括基于图像传感器和 4G 网络技术，自动远程在线观测植被盖度等多个关键参量，可以有效反映地表植被盖度的动态变化，并实现植被盖度的快速、定量化、连续观测；研发了植物冠层挥发性有机物质通量测量装置及方法，方法测量准确，成本低，并可用于长期连续观测；使用便携式 X 射线荧光仪和电感耦合等离子体质谱仪，并结合野外采样测定分析，构建了土壤重金属快速检测技术规程。

（3）区域生物多样性的多尺度全天候监测与评估技术：研制区域大中型动物全天候监测技术和生物多样性地面监测数据采集汇交的智能化管理系统。针对我国自然保护区网络信息不通达、数据传输和管理应用存在短板等关键问题，全链条设计实现了陆生大中型动物全天候动态监测技术应用（实时组网传输及图像数据自动识别），研发了具有自主知识产权的生物多样性综合监测信息云服务平台，逐步实现自然保护地“一区一网一图”的资源家底监测和管理新模式，为我国智慧保护区建设提供了示范样板。

（4）立体组网与数据传输物联网技术：针对典型脆弱环境生态要素观测网络接入中存在的空间跨度大、链路连接不稳定、观测对象时空尺度属性差异明显等问题，在对江西千烟洲和青海海北野外观测研究站进行实地调研的基础上，研发了面向多元生态要素观测的立体组网技术。在国家重点研发计划的支持下，经过 3 年努力，在诸多领域取得了大量的前沿技术、方法等原创性成果。

（5）集成星空地一体化的遥感监测技术：针对能够直接指示生态功能的关键遥感参数，研发了关键遥感参数数据重构方法，构建并优化了关键遥感参数反演算法，提供了时空连续生态功能关键遥感指标监测产品；研发了一套基于无人机的植被监测平台，实现利用无人机获取厘米级分辨率数字正射影像；开发了利用机器学习算法（分类和回归树模型），基于高分辨率无人机影像自动、快速、准确获取植被类型和提取海量植物个体结构参数、估算植被生物量的新方法；自主研发了植被冠层日光诱导叶绿素荧光（solar-induced chlorophyll fluorescence，SIF）观测系统（SIFSpec），包括高光谱采集及其控制系统、数据存储及传输系统、温度及防尘控制系统、内嵌式荧光反演算法和附属接口组件等，此方法可增强对植被光合参数的精确估算及其对不断变化的环境条件的响应，从而更好地了解植被的固碳作用，以应对未来的气候变化。

（6）区域生态质量评估模型构建与监测示范：综合集成生态系统观测网络监测数据、多时空尺度遥感反演产品、生态系统模型，定量评估了区域尺度生态系统的生态功能，构建与优化了生态系统生态功能评估模型；基于限制因子理论构建森林、荒漠和湿地等典型生态系统质量评估模型；应用粒子群优化（particle swarm optimization，PSO）算法的投影寻踪（projection pursuit，PP）模型构建了生态系统生态质量指数，以江西省为案例区，研究了生态质量的变化及其影响因素；结合生态系统类型数据、生物多样性数据、生态功能数据和生态胁迫数据，完成了全国县域尺度生态质量综合监测。

项目所取得的重要进展和成果，不仅直接服务于国家生态质量监测和生态保护管理工作，还为生态环境部“十四五”生态质量监测与评价工作提供了有力支撑，实现了区域生态质量综合监测与评估技术体系研究成果的应用。

本书是对上述内容的集中梳理和展现。全书共分为 12 章，由王绍强研究员设计全书目录并主持统稿，具体写作分工如下。

第 1 章是绪论，由王军邦、王绍强、肖治术、张雷明、王峰、李岱青、刘颖慧、孙楠撰写，王绍强和王军邦统稿；第 2 章是生态系统质量监测与评估研究进展，由王军邦、王绍强、肖治术、张雷明、王峰、李岱青、刘颖慧、孙楠撰写，王军邦和王绍强统稿；第 3 章是基于台站网络的生态系统质量监测指标与技术，由张琳、吴静、胡波、朱治林、郭志英、张雷明撰写，张雷明统稿；第 4 章是区域生物多样性监测技术与评估，由肖治术、肖文宏、申小莉、李佳琦、李果、杨锡福、万雅琼撰写，肖治术统稿；第 5 章是区域生态系统功能监测技术与评估，由王绍强、王军邦、苏文、蔡红艳、米湘成、陈敬华、刘荣高、崔明月、刘媛媛、欧阳熙煌、王苗苗、王鹏远、延昊、赵煊岚、郑晨、朱锴撰写，王绍强统稿；第 6 章是森林生态系统质量监测技术与综合评价，由周璋、牛香、王一荃、陈德祥、许庭毓、李意德撰写，周璋统稿；第 7 章是湿地生态系统质量监测技术与评估，由张曼胤、王贺年、刘魏魏、郭子良撰写，张曼胤统稿；第 8 章是荒漠生态系统质量监测技术与规范，由王锋、丛巍巍、李永华、李晓雅、乔琨撰写，王锋统稿；第 9 章是农田生态系统质量监测技术与规范，由孙楠、孙志刚、张淑香、徐明岗、朱婉雪、唐灵云、朱康莹撰写，孙楠统稿；第 10 章是草地生态系统质量监测技术与规范，由刘颖慧、徐丽君、董婧怡、景海超、聂莹莹撰写，刘颖慧统稿；第 11 章是区域尺度生态系统质量监测技术，由李岱青、计伟、曹铭昌、宋婷、刘伟玮、朱晓泾、孙倩莹、路洪涛撰写，李岱青统稿；第 12 章是生态系统质量监测技术展望，由王军邦、王绍强、肖治术、张雷明、王锋、李岱青、刘颖慧、孙楠撰写，王军邦统稿。

本书在写作过程中，得到了许多同事和朋友的关怀与帮助，项目组的多位研究生为本书做了大量文献整理和插图处理等工作，在此一并致以诚挚的谢意。由于时间仓促，本书可能存在诸多不当之处，加之技术日新月异，概念体系日臻完善，待斟酌之处可能颇多，敬请读者不吝指正。

作　者

2022 年 9 月 22 日

目　录

第1章
绪　　论

1.1　生态系统质量的概念和特点

生态系统质量是生态系统的结构、组成要素、生物多样性和生态功能的综合表现。以非生物环境为基础的具有一定结构的生态系统，通过物质和能量的运移和转化，形成了生物多样性、生态系统结构、生态系统过程与功能及生态系统服务功能相互耦合的系统（傅伯杰等，2017；Wang et al.，2019）。这就要求我们对生态系统质量的概念及其理论内涵进行分析，以提升对生态系统质量的认识和理解，从而提高生态系统质量评估的全面性和科学性（Costanza et al.，1997；傅伯杰等，2017；Wang et al.，2019）。

生态系统质量的概念一直是众多学者研究的热点，目前尚未形成统一的认识。总体而言，其概念是随着人们对自然环境认识的不断深入，从早期的考虑水、土、气等要素的环境质量，逐渐发展到包括草地、农田、森林等生态要素的生态系统质量，进而综合发展为今天的生态系统质量（表1-1）。

表1-1　不同生态环境质量名词的定义和不足

名词	定义	不足	参考文献
环境质量	环境质量指环境素质的好坏，也可以说是环境系统客观存在的一种本质属性，并能用定性和定量的方法描述环境系统所处的状态	环境质量的优劣往往根据人类的要求而定。以往人们大多只是根据自身的直观体验，定性评价环境质量的优劣	赵毅，1997；李晓秀，1997
生态环境质量	生态环境质量指大气、水、土壤、生物等环境质量	仅考虑自然环境质量的优劣	周亚萍和安树青，2001
生态质量	生态质量是指一定时空范围内生态系统要素、结构和功能的综合特征，具体表现为生态系统的状况、生产能力、结构和功能的稳定性、抗干扰和恢复能力	生态质量的评价是综合的，需要考虑多种因素，但是多种因素的重要程度很难确定，需要依据不同的评价目的确定各因素的权重	徐燕和周华荣，2003；Wang et al.，2019
生态系统质量	生态系统质量指某一特定地理单元的生态系统所具有的生态系统功能自然属性及提供生态产品和服务社会经济属性的综合特性	需针对生态系统质量的动态监测及多变量耦合的互馈动力系统综合评价体系的支撑	于贵瑞等，2022

生态系统质量的概念比环境质量、生态环境质量更具综合性和复杂性。"质量"的定义起源于物理学。在力学史上，质量的定义首先由牛顿提出。《自然哲学的数学原理》一书中提到："物质的质量是物质的度量，并等于密度同体积的乘积"。这个定义反映了"质量"在物理学中表示物质的不同属性，并且物理学中强调"质量不随物体形状、状态、空间位置的改变而改变，是物质的基本属性"。但在日常生活中，质量常常被用来表示重量。单就"质"而言表示的是属性，而单就"量"而言表示的是数量，因此，"质量"在不同的情况下侧重点不同。生态系统质量中的"质量"既指属性，又指数量。例如，生物多样性指的就是生物种类的数量（侧重数量），生态系统承载力指的就是生态系统受到干扰的负荷能力强弱（侧重属性）。

较之环境质量，生态系统质量更具多维性和复杂性。环境质量被认为是环境系统客观存在的一种本质属性，并能用定性和定量的方法描述环境系统所处的状态（李晓秀，1997；赵毅，1997；周亚萍和安树青，2001）。其衡量标准是在某一具体环境内，环境总体或某些环境要素对人类生产、生活的适宜程度。因此，环境质量的优劣往往是根据人类的要求而定的，所以人们大多只是根据自身的直观体验，定性评价环境质量的优劣（周亚萍和安树青，2001），这也是环境质量的不足之处（表 1-1）。例如，根据人类健康对空气的要求，空气污染严重，环境质量就差；反之，环境质量就好。根据人群对噪声的要求，噪声越大，环境质量越差，噪声越小，环境质量越好。这里的环境质量包括自然环境质量和社会环境质量。自然环境质量又分为物理的、化学的和生物的质量。对于一个区域而言，若按构成自然环境的因素划分，自然环境质量又可分为大气、水、土壤、生物等环境质量。社会环境质量则包括经济、文化和美学等方面的环境质量。但实际上，对环境质量的评价往往侧重对某一环境受污染程度的评价，缺少对应的无污染或较少污染的"参照"，使环境质量的评价更易于被理解和量化。

随着生态状况在国民经济发展中的重要性日益凸显，特别是对生态退化与恢复的广泛关注，生态系统质量问题得到了重视，进而提出了生态环境质量的概念。生态环境质量指的是生态环境的优劣程度，其以生态学理论为基础，在特定的时间和空间范围内，反映生态环境对人类生存及社会经济可持续发展的适宜程度，其一般根据人类的具体要求对生态环境的性质及变化状态的结果进行评定（周亚萍和安树青，2001）。但在具体实施过程中，所谓的生态环境质量，主要还是侧重于环境质量、生态因素方面，考虑了植被覆盖度和土地利用与土地覆被状况。例如，2006 年国家环境保护总局发布《生态环境状况评价技术规范》行业标准，其所制定的生态环境状况指数（ecological index，EI），从生物丰度指数、植被覆盖指数、水网密度指数、土地退化指数和环境质量指数五个方面进行评价。2015 年的《生态环境状况评价技术规范》修订版，在生态因素方面，仍然沿用基于植被覆盖度和土地利用与土地覆被的指标体系，尽管提出了生物多样性指标，但实质仅考虑了土地利用与土地覆被变化，未能体现生态系统的生物多样性、生态结构和生态功能状况及其变化，缺乏客观性和科学性。

以往生态系统质量的概念和评价，多关注对生态系统的环境质量和服务功能的评价（万本太等，2009；徐庆勇等，2011）。生态系统质量被认为是在一个具体的时间和空间范围内生态系统的总体或部分生命组分的质量，主要体现在生态系统的生产能力和受到外界干扰后的动态变化，以及对人类生存与社会经济可持续发展的影响（李晓秀，1997；叶亚平和刘鲁君，2000）。也有些学者认为，生态系统质量评价必须能够反映生态系统的基本特征，体现生态系统的健康情况，建议生态系统质量评价从以下三个方面开展：一是生态系统服务功能评价，服务功能的基础是生产力，集中体现在生物量；二是生态系统服务功能的稳定性，评价其生产能力受到外界干扰后的动态变化；三是生态系统受到干扰的负荷能力，也就是生态系统承载力（罗海江等，2008）。在综合国内外学者对生态质量定义的基础上，Wang 等（2019）提出，生态质量是指一定时空范围内生态系统要素、结构和功能的综合特征，具体表现为生态系统的状况、生产能力、结构和功能的稳定性、抗干扰和恢复能力，主要表征生态健康、生态风险、生态安全和生态格局 4 个方面，由生态要素、生态结构、生态功能和生物多样性组成（图 1-1）。

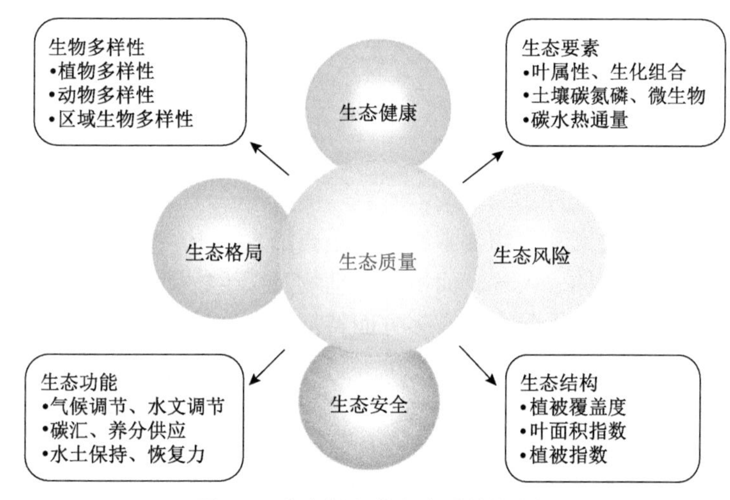

图 1-1 本书提出的生态质量的内涵

相比环境质量，本书提出的生态系统质量的概念更具整体性和系统性，其综合考虑了整个生态系统的生产能力、稳定性和抵抗力三个方面，但是过于偏重生态系统质量的自然属性，强调生态系统自身生产和抗干扰的能力。

于贵瑞等（2022）开展了生态系统质量及其状态演变的生态学理论和评估方法的探索，进一步将生态系统质量定义为，“某一特定地理单元的生态系统所具有的生态系统功能自然属性及提供生态产品和服务社会经济属性的综合特性”（表 1-1）。

于贵瑞等（2022）认为生态系统质量的自然属性决定着生态功能状态及其稳定性、缓冲或抵御或适应外界干扰的能力，以及系统受损后的自我恢复能力；生态系统质量的社会经济属性是指为人类或自然生命系统提供多种生态产品及服务的供给数量、品质及其供给的稳定性和可持续性（图 1-2）。于贵瑞等（2022）对生态系统质量概念的阐释更加全面和深入，将宏观生态系统的原真性和完整性整合进来，推动了我国生态系统质量理论的发展。

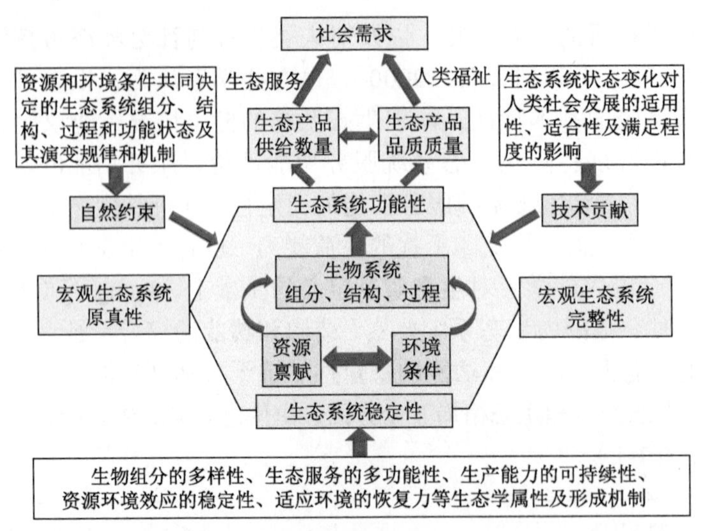

图 1-2 生态系统质量的科学内涵和生态学过程及评价理论（于贵瑞等，2022）

1.1.1 生态要素

生态要素由非生物要素和生物要素组成，主要指水、土、气和生四个部分。其中，非生物要素包括土壤、水体、大气，而植物、动物及微生物则构成生物要素的主体。非生物要素中的土壤、水体、大气也具有多方面特征，如土壤具有物理属性和化学属性，在农业生产中更多考虑土壤的肥力及其水土保持能力；水环境从水的物理和化学两个方面考虑水分有效性和水环境安全性；大气清洁度、温室气体浓度及空气环境舒适度等是大气层面应予以考虑的方面。而生物要素则包括生物多样性、植被生产力以及结构稳定性等。生态要素的定量化方法各不相同。例如，土壤环境的划分等级一般要比大气环境的划分粗，因为土壤的监测难度远大于大气。

生态要素是评价生态系统质量的基础指标，当单一生态要素质量很差时，可能引起更多的生态要素质量较差，从而使该区域的生态系统质量变差。例如，当某一区域发生水华事件时，大量生物死亡，其尸骸的分解过程要消耗海水中大量的溶解氧，从而形成缺氧环境，导致虾、贝类大量死亡。较差的水环境会引起与水接触的大气环境变差，大量死亡的生物使得生物多样性降低，此时生态系统质量也会大大降低。进一步地，当多个生态要素质量较差时，那生态系统质量肯定变差。在具体的生态系统质量评价中，生态要素的选择并不同。例如，谭克龙等（2013）利用植被覆盖度、裸沙地占地百分比和土壤质地三个指标评价沙质荒漠化程度，并根据结果将沙质荒漠化土地划分为重度、中度、轻度和非沙质荒漠化土地 4 种类型。

1.1.2 生物多样性和生态系统结构

生物多样性是支撑人类生存与社会可持续发展的基本资源（王志恒和刘玲莉，

2021）。狭义的生物多样性通常指特定时空内所有生命体的多样性或变异；广义的生物多样性则指生物与环境形成的生态复合体，以及与此相关的各种生态过程的总和（Wilson and Peter，1988；马克平，1993；Hooper et al.，2005；王志恒和刘玲莉，2021）。生物多样性和生态系统互为载体和基础，生物多样性对生产力、物质循环等生态系统功能和服务及其稳定性产生显著影响，成为全球生态系统变化监测与评估的重要主体和基础。国际上继联合国政府间气候变化专门委员会（Intergovernmental Panel on Climate Change，IPCC）气候变化评估之后，联合国环境规划署成立了生物多样性和生态系统服务政府间科学政策平台（Intergovernmental Science-Policy Platform on Biodiversity and Ecosystem Services，IPBES），开展政府间全球性环境评估。傅伯杰等（2017）提出了“生物多样性-生态系统结构-过程与功能-服务”级联式概念框架，构建了中国生物多样性与生态系统服务评估指标体系。因此，生物多样性及其生态系统功能是评估生态系统质量的核心和关键。

狭义的生物多样性一般由植物多样性、动物多样性和微生物多样性三部分组成。生物多样性在不同组织水平对生态系统功能产生影响，生态系统质量具体可从种群、群落和生态系统等层次来进行表征和评价（肖治术，2019；Soltanifard and Jafari，2019）。种群层次的质量主要包括种群的年龄结构及组成，至少保存有最小繁殖群体，并能实现自身维持；群落层次的质量主要包括其结构及组成，反映生物多样性的完整性，具有完整的食物链；生态系统层次的质量主要体现分解者—生产者—初级消费者—次级消费者—顶级捕食者等功能的完整性，并能实现生物多样性及食物网的自身维持。

生物多样性是评价生态系统质量的重要指标，也是反映物种多度和种群丰度的一个指标。自然性物种匮乏的地带可以利用物种相对丰度来衡量生态系统质量，即物种相对其所在生物地理区或行政区划内物种总数的比例。在实际评价工作中，生物多样性的定量化方法大多采用比较粗略的等级法，如较低、较高、极高等，一般来说，生物多样性越高，生态系统质量越好。

生态系统的结构与功能紧密相关，是理解生态系统动态变化及其对全球变化响应的关键（王志恒和刘玲莉，2021）。生态系统可从其结构的完整性、生态系统功能本身对干扰的适应性，以及受干扰之后的恢复力三个维度进行刻画。生态系统完整性被定义为生态系统物种多样性、物种组成和功能组织与所处地区不受或少受人类活动影响的自然生境的接近程度（Paetzold et al.，2010；Angermeier and Karr，1994）。生态系统适应性是指生态系统保持活跃且能维持其结构完整性，在一段时间内保持自主状态，对外来压力具有恢复的能力和弹性（周文华和王如松，2004）。生态系统恢复力是指干扰解除或减缓后生态系统恢复稳定且可持续发展，以及维持系统组分之间及系统整体的动态平衡的能力（孙永光等，2013）。生态系统的完整性、适应性和恢复力是生态系统质量中的目标性概念。总体来说，生态系统完整性、适应性和恢复力越强，表征生态结构越好，从而生态功能越强，生态系统质量就越好。

1.1.3 生态系统功能

生态系统功能以生物多样性为基础，是地球生命系统的重要组成部分，也是形成生态系统服务、为人类提供惠益、支撑社会经济可持续发展的物质基础（Costanza et al., 1997；Balvanera et al., 2006；傅伯杰等，2017）。值得指出的是，生态系统功能和生态系统服务是两个不同的概念，但目前普遍存在混淆二者的概念，并不加区分地使用这两个概念（Brockerhoff et al., 2017）。生态系统功能是从生态系统自然属性的角度出发，被定义为“在一个生态系统内运行的维持生态系统并使其能够提供生态系统服务的生物、地球化学和物理过程”（Edwards et al., 2014）。生态系统服务则是从生态系统社会属性的角度出发，被定义为“生态系统通过生态功能为人类福祉所产生的惠益”（MA，2005）。倡导更多关注生态系统功能，能够使科学家和生态环境管理者更多地认识和理解生态系统的整体性，并能够捕捉到影响生态系统整体性的关键生态过程的变化，从而制定出更具针对性和长远性的生态管理措施或政策，而非着眼于附加了部分利益相关方的以人类利益为中心的、片面的、短期的措施或政策（Daily and Matson，2008；MA，2005；Ouyang et al., 2020）。例如，传统的草地生态系统管理更关注于畜牧业的可食牧草的保护与利用，而忽视了草地保持水土、涵养水源等其他功能；这些概念的基础是具有物种多样性和一定覆盖程度的植被生长，并能维持植被自身的稳定发展，这是生态系统可持续发展的基础和根本（Ouyang et al., 2020；Shao et al., 2017）。目前基于生态系统功能的生态系统质量概念及评价得到了广泛应用（Paetzold et al., 2010；徐洁等，2019；吴宜进等，2019；王勇和王世东，2019；何念鹏等，2020；卢慧婷等，2018）。

生态系统最为显著的特点是其多功能性，即生态系统具有同时提供多种功能的能力（Garland et al., 2021）。其最为简单的多功能特点，就是植物的光合作用过程，该过程发挥了吸收大气中 CO_2 和释放 O_2 的生态系统功能，生产出食物、燃料和纤维等生态产品。而这些生态系统功能相互叠加，形成复杂的相互关系，因此，对这些生态系统功能进行科学分类非常具有挑战性。然而，对于一个特定的陆地生态系统，其可以被描述为具有维持生物多样性、保持水土、涵养水源、维持营养物质和能量循环以及调节气候等基本功能（La Notte et al., 2017）；这些功能可分为支持功能、维持功能和调节功能，尽管这种分类仍然存在不能完全包括所有生态系统功能的可能，但为基于生态系统功能的生态系统质量评估提供了理论基础（图 1-3）。

从生态系统多功能性角度出发，基于生态系统的支持功能、维持功能和调节功能构建指标体系，监测和评价生态系统质量（Wang et al., 2022）。生态系统的支持功能主要是指植被通过光合作用等过程进行物质循环和能量流动，形成和维持生命系统，同时支持生态系统其他功能的能力。因此，总初级生产力（gross primary productivity，GPP）和净初级生产力（net primary productivity，NPP）可被视为量化进入生态系统的初始物质和能量的指标（Young and Collier，2009）。NPP 是 GPP 减去植被自养呼吸的净光合产量，有研究将其用于评价植被质量（Sun et al., 2020）。

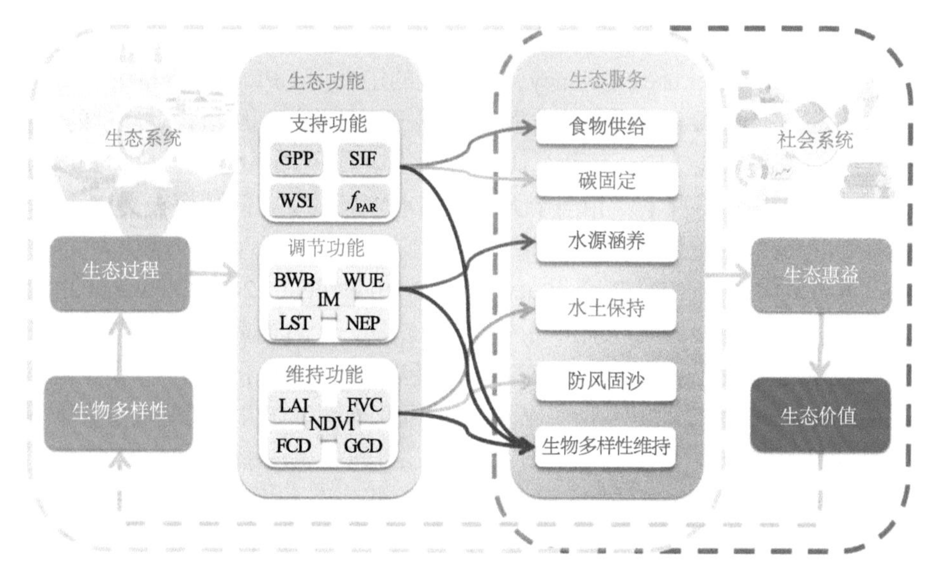

图 1-3　基于生态系统多功能性的生态系统质量评估概念框架（Wang et al.，2022）

GPP 表示总初级生产力；SIF 表示日光诱导叶绿素荧光；WSI 表示土壤水分蓄存指数；f_{PAR} 表示光合有效辐射吸收比例；BWB 表示波文比；WUE 表示水分利用效率；IM 表示湿润指数；LST 表示地表温度；NEP 表示净生态系统生产力；LAI 表示叶面积指数；FVC 表示植被覆盖度；NDVI 表示归一化植被指数；FCD 表示森林郁闭度；GCD 表示草地盖度

生态系统维持地球自然平衡的初级生产、死亡物质的分解和营养物质的循环。其维持功能主要表现为陆地生态系统的生物多样性、植被光合作用、水土保持和物质供应的状况和变化。归一化植被指数（normalized difference vegetation index，NDVI）已被广泛用于量化生境质量（Saha et al.，2020）、牧草质量（Lugassi et al.，2019）和生态系统健康（Chellamani et al.，2014）。此外，从遥感中获取的植被覆盖度（fractional vegetation cover，FVC）和叶面积指数（leaf area index，LAI）也已被用于评估生态系统功能，如土壤保持、防风固沙及碳汇功能等（Novara et al.，2018；Wang，2018）。因此，基于卫星遥感的 NDVI、FVC 和 LAI 可以被认为是最相关的生态系统维持功能的评价指标。

生态系统的一个重要功能是调节气候效应，并影响土壤、水和空气质量（de Frenne et al.，2021；Smith et al.，2013）。城市热岛效应是指城市地区的空气温度或地表温度高于周围农村地区的现象（Voogt and Oke，2003），是关于生态系统调节气候功能最容易理解的例子（Ren et al.，2021）。地表温度（land surface temperature，LST）是一种基于遥感的量化地表吸收热辐射的物理量，被认为可反映生态系统所在环境中植被的热调节能力（Tayebi et al.，2019）。湿润指数（index of moisture，IM）和土壤水分蓄存指数（water storage index，WSI）可用来量化生态系统的水文调节能力。IM 的定义为降水量与潜在蒸发量的比值，可以反映较大空间尺度气候的适宜性（Wang et al.，2017）。WSI 被定义为降水量和蒸发量之间的差值，其反映了生态系统的水分盈亏状况以及生态系统的储水能力（Tian et al.，2018）。

水文过程和地表辐射平衡是地表物质与能量相互耦合的过程，地表通过蒸散失水分，同时在大气与地表之间进行辐射能量转化，进而实现水热调节的生态功能（Zhang et al.，2021）。波文比（β）被定义为地表显热通量与潜热通量的比值（Monteith and

Unsworth，2013），可作为衡量生态系统水热调节功能的指标（Zhao et al.，2021）。生态系统水分利用效率（water use efficiency，WUE）的定义为GPP与蒸散量的比值（Huang et al.，2016），是一个连接生态系统水文循环和碳循环的指标，从植物生理学的角度量化生态系统的水分利用效能（Kim et al.，2021）。此外，净生态系统生产力（NEP）在生态系统不受灾害等干扰的情况下，相当于大气和陆地生态系统之间的净碳交换量，是衡量大气发挥CO_2汇或源的重要指标之一（He et al.，2019）。陆地生态系统从大气中吸收和封存CO_2，可以减缓气候变暖（Fang et al.，2021；Mendes et al.，2020；Zhang et al.，2016）。

以上从生态系统支持功能、维持功能和调节功能三个方面简要列举了部分生态系统功能，但生态系统功能还远不止这些，实际上还包括传粉和种子传播、有害生物控制等。然而，从生态系统质量监测和评价，以及数据的可获得性、方法实现的难易程度等方面，我们列举了上述几个方面的功能。这些功能有些是其他生态系统功能形成的基础，有些本身就是生态系统功能之一。总之，本书提出的这些生态系统功能及指标，从生态系统最为基础的维持其他生态系统功能、支持有机物质的生产、调节区域水文和气候效应等，相对较为完整地涵盖了陆地生态系统的主要功能，进而可作为构建区域生态系统质量监测评价体系的理论参考。

1.2 生态系统质量的特点

首先，生态系统自然和社会的"二元系统属性"决定了生态系统质量具有客观性和主观性，进而导致生态系统质量状态及其演变的科学研究具有复杂性（于贵瑞等，2022）。生态系统质量具有综合性特征，需要对多种生态要素、多种生物多样性和多种生态功能进行监测，这样才能准确评估一个区域的生态质量。与此同时，生态系统质量评价是一个综合过程，也是一门综合技术，包括生态数据采集、生态质量评估、生态质量基本结论以及解决生态问题的相关建议与对策（王文杰等，2001）。随着遥感、地理信息系统等技术的发展，评价生态系统质量的数据会有更多数据源的支撑（王静等，2017）。

生态系统质量具有针对性特征，根据评价的要求，其评价指标的选择方法和侧重点有所不同。评价生态系统质量的需求是不同的，如基于生态压力的指标选择、基于环境暴露的指标选择、基于区域生态条件和空间格局的指标选择以及基于压力-状态-反应的指标选择等（王文杰等，2001）。

生态系统质量具有时空动态化的特征，其内在的联系、演变规律不是一成不变的，而是不断发展变化的。因此，需要对生态要素、生物多样性、生态功能开展实时监测，甚至实时评价生态系统质量，从而确保我国生态系统质量的健康、安全和稳定。生态系统的时空动态变化可从其结构的完整性、生态系统功能本身对干扰的适应性，以及干扰之后的恢复力三个维度进行刻画。

生态系统质量具有空间异质性的特征，不同区域的生态系统质量明显是不同的。空间尺度和异质性是生态学研究的核心问题之一，科学理解空间尺度是正确认识生态环境的基础，这样才能体现生态环境的空间格局与生态过程。与此同时，空间尺度和异质性在景观生态学基础理论中也颇受重视（侯鹏等，2015）。

生态系统质量还具有因人而异和随时代进步而改变的特征（于贵瑞等，2022）。随着人类社会发展，人类或特定人群的物质和文化需求日益增长，人们对美好生活及环境的向往不断变化；同时，生态系统质量也会随着社会发展、技术进步及思想进步等社会变革而改变。

基于生态系统质量的概念及其特点，生态系统的组分、结构、过程及系统特性决定了生态系统质量研究的生态学基础。这就要求生态系统质量监测和评估需要从生态要素、生物多样性以及生态系统功能变化三个方面开展研究（于贵瑞等，2021）：生态系统的水、土、气、生要素之间相互关联，构成生物种群繁衍的资源环境系统，通过资源环境要素-系统整体-系统外部环境的互馈作用，共同推动生态系统与外部的能量流动、水循环、养分循环和信息交换，进而涌现生成生态系统组分和整体功能、生态服务及资源环境效应。生态系统质量是组分、结构及过程相互作用而涌现出的对生态功能的定量表达，生物多样性是生态系统组分和结构最直接的表达。生态系统具有多功能性，受系统内要素的数量、组织及组织方式的变化和系统外部环境变化的影响，生态系统功能表现出不同的变化。生态系统质量监测和评估就是对生态要素、生物多样性和生态系统功能及变化的定量化表达。

1.3　生态系统质量监测与评估的国家需求

1.3.1　生态系统质量与生态问题

人类社会发展依赖生态系统所提供的各种资源和生活环境，而又深刻地影响着生态系统的组成、结构、功能和过程（Costanza et al.，1997）。为保护生物多样性和满足人类对食物和能源等自然资源的日益增长的需求，开展的生态保护恢复工程、生态保护成效评估等生态系统管理，以及全人类所面临的生态系统的可持续性发展等，是至关重要的全球性问题（Foley et al.，2005；Lindenmayer et al.，2007）。评价生态管理成效或生态系统的可持续性，都需要引入表征生态系统处于“理想”或“不良”状态的概念和方法，即生态系统质量概念及其评估方法（Paetzold et al.，2010；徐洁等，2019）。

生态系统质量是生态系统服务和生物多样性维持的基础。全球气候变化和以土地利用变化（尤其是森林采伐）等为主的人类活动，导致生态系统持续发生系统性变化，人类社会赖以生存的生态系统处于严重退化的状态，影响了生态系统支撑生物多样性和为人类提供生态系统服务的功能，进而对人类社会的可持续发展造成严重影响[《千年生态系统评估报告》（MA，2005）]。因此，监测和评估生态系统质量变化，及时提出应对措施，是维持生态系统服务功能向好的重要途径。

生态系统质量监测与评估也是实现联合国可持续发展目标（sustainable development goals，SDGs）的重要保障和基础。2019 年，联合国大会宣布 2021～2030 年为“联合国生态系统恢复十年”，即“预防、制止和扭转全世界生态系统的退化”。这是一个巨大的挑战，对实现 SDGs 至关重要。生物多样性丧失和生态系统退化的速度是空前的，这使被提供的生态系统服务的数量和质量下降。生态系统退化影响到所有的 SDGs，但可能特别影响到无贫穷、零饥饿、清洁饮水和卫生设施、可持续城市和社区、气候行动、水下生物和陆地生物等目标的实现。目前生态系统退化是物种大规模灭绝的原因，涉及大约 32 亿人，更多牵扯到的是原住民。通过生态系统恢复，在提升水土保持功能的同时，恢复生态系统功能和改善生态质量是进而实现 SDGs 进程的关键。因此，在全球范围内评估生态系统恢复措施及其对生态系统质量改善的生态成效，以及如何改善生态系统，对为人类提供福祉并促进实现联合国 SDGs 具有重要的意义。

同时，飞速发展的对地观测技术和数据处理技术，使国家及全球尺度生态系统监测与评估更具科学性和客观性。国际上广泛开展了全球尺度的生态环境变化评估，以促进深入认识自然生态系统、社会生态系统、人类对健康自然生态系统的依赖三者之间重要的内在联系及变化，并能制定措施以应对其变化。同时，新型对地观测技术发展迅速，充分利用地面观测、卫星遥感对地观测及生态系统模型模拟，开展区域尺度生态系统质量监测与评估，以技术推动生态保护，让社会广泛参与并共享信息，将进一步促进生态系统质量的提升。

1.3.2 生态系统质量与国家需求

我国对生态环境监测和评估工作极为重视，通过“十一五”“十二五”国家科技支撑计划项目，初步建立了“天地一体化”生态功能评估技术体系，并应用于环境保护部和中国科学院编著的《全国生态环境十年变化（2000～2010 年）遥感调查与评估》（张林波等，2018）。我国对土壤、水环境和大气质量的监测和评估开展相对较早，已具有各行业领域的概念及评价体系、标准规范，如国家标准《土壤环境质量 农用地土壤污染风险管控标准（试行）》（GB 15618—2018）、《地表水环境质量标准》（GB 3838—2002）、《环境空气质量标准》（GB 3095—2012）等，也提出了包括生态系统质量的生态环境质量评价标准规范，如《生态环境状况评价技术规范》（HJ 192—2015），以及最新的《区域生态质量评价办法（试行）》等，均具有很强的实践指导性，并且国家每年都开展生态质量评价，发布年度生态环境状况公告。

生态环境也是我国区域社会经济可持续发展的基础和核心，生态环境质量的好坏标志着区域社会经济可持续发展的能力以及社会生产和人居环境协调的程度。生态环境质量越好，表征生态系统生产力越高，生态系统的稳定性以及生态系统功能和服务的可持续性越高，也为达到碳达峰和碳中和目标奠定基础。因此，了解生态系统质量的好坏是众多学者关注的一个热点问题，如何利用现代技术手段获取生态环境信息，为生态环境保护与生态恢复提供必要的、实时的信息与对策，是摆在生态环境领域工作者，特别是生态监测工作者面前的首要任务（Costanza et al.，1997；Foley et al.，2005）。生态系统质量监测评估不仅可以有效提高我国生态系统保护与监测领域科学技术的研发水平，还可以促进相关技术在国家部门和地方部门的应用，发挥科技支撑的关键作用。生态系统监测评估系统的示范与应用可以推动相关产业的发展。同时，国家生态系统质量监测与评估技术体系的建立与发展，可以有效对国家尺度和国内重点区域生态系统质量动态变化开展完整连续监测，全面把握国家生态系统变化态势和生态恢复重建工程所取得的生态成效与存在问题，及时提出综合决策方案，为我国生态保护与恢复重建提供科学技术支撑，有效保障国家生态安全。

生态系统质量的监测与评估不仅是掌握区域生态质量状况及其变化趋势的基础，还是开展生态保护修复工作的前提和重要依据，在助力实现2035年“美丽中国”目标、推进国家治理体系与治理能力现代化建设进程等方面都起到重要作用。根据部门职能规定，生态环境部不仅“负责生态环境监测工作”，还需要“指导协调和监督生态保护修复工作”，承担着“对生态环境质量状况进行调查评价、预警预测”的职责。生态环境部发布的《生态环境监测规划纲要（2020—2035年）》中明确提出，“生态状况监测以掌握生态系统数量、质量、结构和服务功能的时空格局及其变化趋势为目的，涵盖森林、草原、湿地、荒漠、水体、农田、城乡、海洋等全部典型生态系统”，并将构建国家生态状况监测网络、加强生态监测能力、完善生态状况评价体系等作为这一阶段生态监测的主要任务。生态质量评估技术通过生态状况评价、生态保护修复成效评估以及生态监管执法等方面实现对生态保护修复工作的有效支撑。

生态环境部（原环境保护部）发布了《区域生物多样性评价标准》（HJ 623—2011）、《生态环境状况评价技术规范》（HJ 192—2015）、《生态保护红线监管技术规范 生态状况监测（试行）》（HJ 1141—2020）、《全国生态状况调查评估技术规范——生态系统质量评估》（HJ 1172—2021）等一系列技术规范，用于县域、省域、生态保护红线等区域的生态环境状况及变化趋势评价，生态环境状况指数（EI）被用于评价全国县域生态质量水平，并成为国家重点生态功能区县域生态环境质量考核评价和中央财政转移支付的依据，生态系统质量评估的指标体系与技术方法研究是开展区域生态状况监测和评价工作的基础。

建立以国家公园为主体的自然保护地体系，在各级自然保护地的建设和管理中，除及时掌握区域生态状况，还要定期开展生态工程或生态修复保护工作的成效评估，明确生态工程或保护措施对保护成效的贡献，以及气候变化等自然因素的影响。自然保护地的生态质量评估及其动态变化结果是生态保护修复成效评估的重要内容。针对自然资源开发、生态保护建设和生态破坏活动，区域生态系统质量评估能够量化人类活动对生态系统的影响程度，是各级生态环境保护督察和生态环境监督执法的重要依据。

2016年12月5日，国务院印发的《“十三五”生态环境保护规划》提出，经济社会发展不平衡、不协调、不可持续的问题仍然突出，多阶段、多领域、多类型生态环境问题交织，生态环境与人民群众需求和期待差距较大，提高环境质量，加强生态环境综合治理，加快补齐生态环境短板，是当前核心任务。习近平总书记多次强调：“绿水青山就是金山银山”“像保护眼睛一样保护生态环境，像对待生命一样对待生态环境”，这反映了我国下决心走出一条经济发展和环境保护双赢的可持续发展道路。对此，《中共中央国务院关于加快推进生态文明建设的意见》明确提出，要开展定期生态评估，保护和恢复自然生态系统。生态环境建设和生态系统评估已经从过去注重生态状况的改善转变到更加注重生态系统质量的提升。

2018 年，全国生态环境保护大会在北京召开，会议提出各地区、各部门以习近平新时代中国特色社会主义思想为指导，全面贯彻党的十九大和十九届二中、三中全会精神，深入贯彻习近平生态文明思想和全国生态环境保护大会精神，按照党中央、国务院决策部署，以改善生态环境质量为核心，坚持稳中求进、统筹兼顾、综合施策、两手发力、点面结合、求真务实，协同推进经济高质量发展和生态环境高水平保护，蓝天、碧水、净土保卫战全面展开，污染防治攻坚战开局良好，全国生态环境质量持续改善。

除了我国之外，全球各国也逐渐注重提升生态环境质量。最著名的是 2015 年 9 月 25 日联合国 193 个成员国在峰会上正式通过 17 个可持续发展目标（SDGs）（图 1-4）。这 17 个 SDGs 旨在从 2015～2030 年以综合方式彻底解决社会、经济和环境三个维度的发展问题，转向全球可持续发展道路。

图 1-4 17 个 SDGs（资料来源：http://www.globalgoals.org/）

因此，在全球寻求可持续发展途径，我国开展生态文明建设的背景下，开展生态系统质量监测与评估技术研发，为客观评估生态系统质量及其变化提供理论和方法基础，这不仅促进生态系统生态学的发展，还将支撑我国生态文明建设国家战略的实施，促进联合国 SDGs 的实现。

1.4 生态系统质量监测与评估技术框架

1.4.1 监测与评估目标

生态系统质量监测与评估技术的研究目标是，紧密结合生态系统联网观测技术发展态势和生态文明建设国家需求，科学分析生态要素、生物多样性、生态功能等因素对生态系统质量的影响及其相互关系，识别不同生态系统类型的质量优劣程度的阈值，构建生态系统质量监测指标和技术体系。同时，在不同类型生态系统开展多层次的应用示范，结合国家和地方需求，制定不同行业部门生态系统质量监测技术标准和规范，为实现我国陆地生态系统质量动态变化监测提供方法体系及理论基础。基于此，我国陆地生态系统质量的监测与评估，需要开展如下 4 个方面的技术研发。

1. 生态要素定位观测与物联网信息集成技术

在行业部门现有生态系统网络观测技术体系的基础上，通过系统梳理与补充完善，制定国家生态系统长期观测技术规范；基于指标聚类和专家知识，构建台站尺度生态系统质量监测技术体系；集成研发植被盖度高精度成像和温室气体通量综合观测技术，以及土壤重金属的快速测定技术，提升生态要素的综合观测能力；研发面向多类生态要素观测的立体组网和面向复杂环境的高分辨率视频/图像数据实时压缩传输技术，完善多生态要素的协同观测与信息集成系统。

2. 基于红外触发技术的大中型动物多样性区域全天候监测技术

生物多样性的传统监测手段易受区域环境和技术条件的限制，不能满足长期连续、标准化的动态监测要求，研发生物多样性地面监测数据采集汇交的智能化管理系统，以及基于红外触发技术和信息技术的大中型动物多样性区域全天候监测技术，集成红外触发技术、种子标签技术和网络模型分析方法来研发动植物种间互作的监测技术，解决传统监测方法获得数据粗糙、标准不统一等难点。

3. 区域生态功能快速监测技术和多源数据整合技术

综合集成站点观测、卫星遥感和模型模拟数据，实现多时空尺度卫星遥感数据的融合，减小陆面参数反演、蒸散和土壤水分监测结果的不确定性，构建生态系统对局地水分和气候调节的定量评价指标和模型；构建光化学植被指数（photochemical reflectance index，PRI）、日光诱导叶绿素荧光（solar-induced chlorophyll fluorescence，SIF）等指数与生态系统生产力的关联关系，实现对区域生态系统支持功能的动态监测；发展单要素插补、多要素关联、数据同化等长时间序列数据整合与重构技术，进行数据整编和质量控制，形成基于地面观测的规范化、长时间序列生态系统关键功能指标数据产品。

4. 区域生态系统质量动态监测与综合评估技术

针对我国不同类型生态系统的特点，基于多元统计方法和专家知识遴选生态系统质量的关键监测指标及其权重指数，确定生态系统质量优劣程度的关键指标的阈值范围；研发卫星遥感-无人机遥感-传感器网络-多点位地面监测的生态系统质量监测技术，实现对区域尺度生态系统生物多样性、生态系统构成和生态功能的快速、定量化监测技术集成；基于主成分分析法（PCA）、层次分析法（AHP）、综合指数法、多源协同等方法，研究建立区域生态系统质量监测指标评价的方法体系，构建以县级行政区为单元的区域生态系统质量综合评价监测指标。

1.4.2 生态系统质量监测技术需求分析

我国各部门的生态监测支撑相应管理需求，但监测目的、方法和标准体系不统一，数据整合性差，还没有形成面向国家生态监管的生态系统质量监测技术体系和评价方法，难以满足生态文明建设过程中生态系统质量监管需要（陈善荣等，2020）。国家生态系统质量监测网络的构建原则是总体规划、资源共享、填平补齐、天地融合、服务监管，即根据我国当前生态特征及主要生态问题，以满足生态保护红线区、自然保护地、重点生态功能区、生物多样性优先保护区的监管需求为重点，以系统客观评价我国生态系统质量为目标，统一规划国家生态系统质量监测网络。为加强生态环境监测网络建设，环境保护部印发了《生态环境监测网络建设方案实施计划（2016—2020年）》等文件，要求建设“陆海统筹、天地一体、上下协同、信息共享的生态环境监测网络”（陈善荣等，2020）。生态环境监测网络的建设要对不同空间尺度的对象进行监测，因此，需要制定不同的监测方法。

目前，生态系统观测方法可以概括分为地面观测和遥感观测两种。地面观测主要是通过定位观测技术实现样点/样方尺度上的生态系统长期观测，或者通过移动式的方法实现样点/样线、样方/样带的生态系统抽样观测，观测时空尺度较小。遥感观测主要是通过地物的光谱特征而实现对生态系统快速、宏观的观测，观测时空尺度较大。不同尺度观测得到的数据信息可以很好地相互补充，集成使用不同观测方法，实现对生态系统的全面、准确观测，是为生态系统综合评估提供全面、科学、有效信息技术支撑的关键。

1.4.3 生态系统质量评估的技术框架

1. 总体思路

按照“站点尺度生态要素监测技术→区域尺度生物多样性多层次监测技术→区域尺度生态功能监测技术→区域生态系统应用示范→国家尺度综合监测应用”的研究主线，围绕生态系统质量的内涵和影响因素，以我国各类生态系统观测研究网络为基础，分别从生态要素、生物多样性及生态功能三个方面出发，针对生态系统规范化的综合观测和生态系统质量的科学评估，遴选观测指标和构建技术体系；结合生态系统观测和生态系统质量关键技术以及生态监测物联网技术的集成研发，构建台站网络生态要素观测技术体系与规范、区域生物多样性监测技术体系与规范、区域生态功能监测技术体系与规范和多源、长期监测数据整合技术体系，生成典型生态系统监测数据服务产品（图 1-5）。

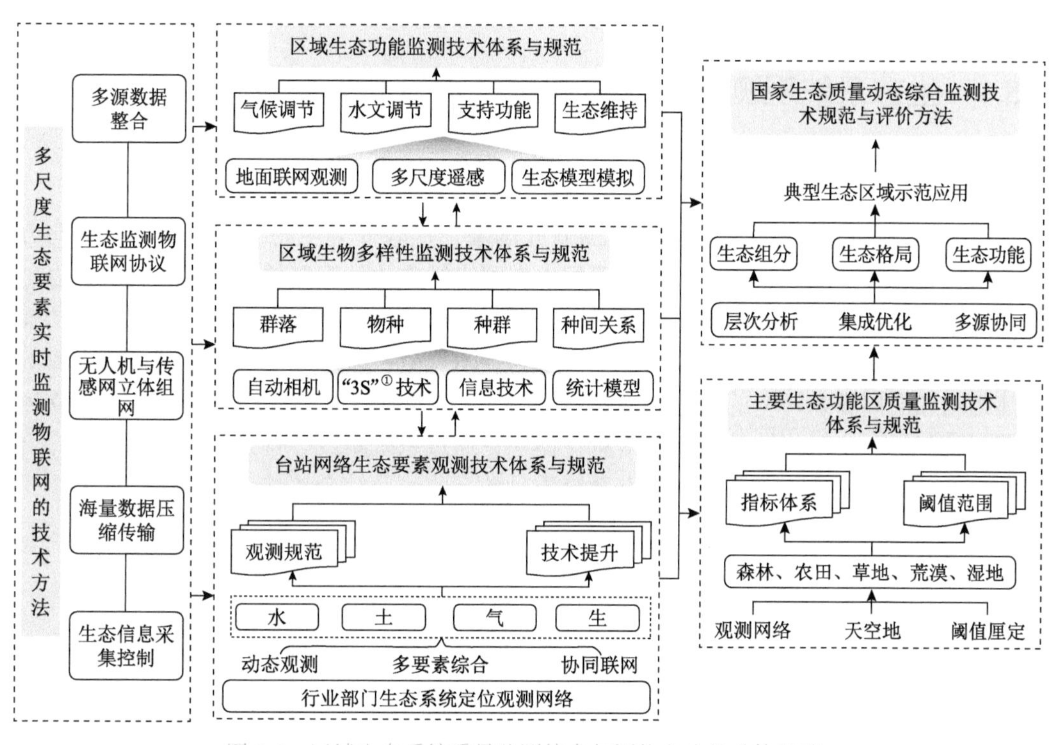

图 1-5 区域生态系统质量监测技术与评价方法的总体思路

2. 总体技术体系

总体技术体系是基于国内行业部门生态系统观测网络，开展生态要素、生物多样性和生态功能观测方法研究，集成研发关键观测技术与物联网技术，选择典型森林、荒漠、湿地、农田和草地脆弱区和重点生态区开展生态系统质量监测示范应用，建立反映生态组分、生态格局与生态功能的区域生态系统质量综合监测体系，构建国家生态系统质量动态综合监测技术规范与评价方法。

通过有机融合地面定位监测、无人机观测、卫星遥感和模型模拟多源数据，构建以生态要素、生物多样性、生态结构与生态功能为核心的区域生态系统质量标准化监测技术体系，并在森林、农田、草地、荒漠、湿地生态系统开展监测技术的集成与应用示范，确定监测指标体系与阈值范围，形成可操作的各类生态系统质量监测技术规范。通过指

① "3S"，即遥感（remote sensing，RS）、地理信息系统（geographic information system，GIS）和全球定位系统（global position system，GPS）。

标体系的层次分析与监测技术的协同优化，结合典型脆弱区和重点生态区的应用评估，制定国家生态系统质量监测技术标准与规范，最终为我国陆地生态系统质量的科学诊断与评估提供技术支撑。

1.5 生态系统质量监测与评估主要的研究内容

1.5.1 生态系统观测研究网络观测技术标准与规范

1. 研究目标

系统梳理国内外各类生态系统观测研究网络，比较研究生态要素的监测指标与方法，结合观测技术的集成研发，制定我国生态网络标准化的观测技术体系与规范；以生态网络的指标体系为基础，通过指标聚类和专家知识，编制以生态系统结构和生态功能为主的生态系统质量地面定位监测指标体系和技术规范；研发面向多类生态要素观测的立体组网和面向复杂环境的高分辨率视频/图像数据实时压缩传输技术，形成传感器立体组网-数据采集-实时传输的物联网信息化体系；通过系统集成，构建我国生态网络综合观测标准与技术规范，服务国家生态系统质量动态监测及综合评估。

2. 主要研究内容

1）生态系统观测研究网络的观测技术标准与规范

系统梳理和比较研究我国各类生态系统观测研究网络的观测指标与技术体系，结合国内外发展动态，遴选和优化观测指标体系，保证监测指标的科学性、先进性和可操作性，从而建立规范化的观测技术体系与测定标准，制定我国生态系统观测研究网络长期定位观测的技术规程与规范。

2）基于台站网络的生态系统质量长期监测的技术体系与规范

基于生态系统观测研究网络的技术体系与规范，以生态系统结构和功能及其稳定性为核心，结合不同领域的专家知识，开展观测指标的筛选与聚类分析，研究确定台站网络生态系统质量监测的指标体系，并确定低成本、可长期运行的技术规范；通过完善不同生态系统类型站点的应用测试，构建基于台站网络的生态系统质量长期监测技术体系与规范。

3）生态系统快速测定与原位监测技术的系统集成

充分吸收国内生态系统观测研究网络现有监测技术体系，并借鉴国际上观测技术的发展，针对我国生态系统观测研究网络观测中存在的人工低频度观测的技术限制，开展植被覆盖度、土壤重金属和痕量温室气体通量快速测定与原位监测技术的系统集成，并选择典型站点开展评测与完善。

4）生态要素立体组网观测与生态信息集成的物联网关键技术研发

针对生态要素立体组网观测中的空间跨度大、链路连接不稳定，观测对象在时间与空间尺度上存在明显差异，以及采用相同的频率进行数据传输造成网络带宽浪费等问题，研发台站网络生态要素立体组网观测技术；根据视频/图像和多元监测数据在获取过程中数据量大和传输带宽不稳定等突出问题，研发野外生态观测海量数据的实时压缩传输技术，并选择典型站点开展应用与评测。

1.5.2 区域生物多样性综合监测技术与规范研究

1. 研究目标

集成自动相机技术、“3S”技术、信息技术和统计模型等现代监测技术方法来构建区域生物多样性动态监测技术体系，研制生物多样性地面监测数据采集汇交的智能化管理系统，在典型生态功能区开展动物多样性、植物多样性及其生态系统功能的综合监测，从群落、物种、种群及种间关系等层次建立反映区域生态系统质量的生物多样性综合指标，形成我国区域生物多样性监测技术规范，为监测和评价我国区域生态系统质量动态变化提供综合监测技术和多样化的数据产品。

2. 主要研究内容

1）生物多样性地面监测数据采集汇交智能化管理系统研制

针对多样化的生物类群及相关地面监测技术方法，研制生物多样性地面监测数据采集汇交的智能化管理系统，实现兽类、鸟类和植物等生物类群地面监测数据的标准化、信息化管理，促进监测数据共享和充分利用，在广东省车八岭国家级自然保护区等典型生态功能区开展示范应用。

2）区域动物多样性全天候监测技术与规范研究

集成自动相机技术、“3S”技术和信息技术，采用公里网格抽样方法，以大中型地栖动物（兽类和鸟类）为主要监测对象，构建自然保护区全覆盖的区域全天候监测技术体系，获取物种及种群数量、分布和生境利用等重要指标，通过多元统计模型和专家知识来确定区域动物多样性综合监测指标，制定区域动物多样性全天候监测技术规范，建立面向数据用户和保护区管理者的数据可视化系统，在广东省车八岭国家级自然保护区、浙江省古田山国家级自然保护区和清凉峰国家级自然保护区等长江流域典型的生态功能区开展示范应用。

3）区域植物多样性综合监测技术与规范研究

集成卫星遥感、近地面遥感、地面监测等多尺度的监测技术，辅以地面长期观测数据，从植被类型、面积、覆盖度、植物多样性、种子雨、生产力、人类干扰等方面来确定能体现植物群落结构与功能动态的关键指标，采用地统计分析方法和层次分析法建立区域植物多样性综合监测指标，制定区域植物多样性综合监测技术规范，在陕西省太白山国家级自然保护区开展示范应用。

4）生物多样性的生态系统功能监测技术与规范研究

集成动植物标记技术、自动相机技术和网络模型分析方法，构建反映生物多样性的生态系统功能的监测技术体系，整合动植物群落多样性、种间互作连接度、作用强度等监测指标，综合评价动植物种间互作多样性、生态系统功能的稳定性与抗干扰性，制定基于动植物互作网络的生态系统功能监测技术规范，在四川省都江堰国家森林公园开展示范应用。

1.5.3 区域生态功能综合监测技术与多源数据整合研究

1. 研究目标

综合集成生态系统观测研究网络监测数据、多时空尺度遥感反演产品、生态系统模型，构建以生态系统调节、支持和生态维持等功能为主的区域生态功能综合监测技术体系和规范；基于生态系统观测研究网络长期与实时的观测数据，研究生态要素和生态功能数据的整合技术，形成我国典型生态系统生态要素和生态功能动态数据产品，为区域生态系统质量动态变化的快速监测与评估提供技术支撑。

2. 主要研究内容

1）生态系统调节功能的区域监测关键技术研发

利用地面观测数据，优化多源卫星遥感反演参数和算法，生成长时间序列植被冠层温度、陆面温度、地表反照率、辐射和蒸散发数据产品，分析区域生态系统对局地气象要素的影响；监测区域蒸散发、水分利用效率、土壤水分和径流的时空变化，优化和发展生态系统对水循环影响的定量化评价模型，构建以气候和水文调节为主的生态系统调节功能的区域监测技术和规范。

2）生态系统支持功能的区域监测关键技术研发

基于地基观测构建植被冠层日光诱导叶绿素荧光（SIF）与光合速率之间的关系，提高总初级生产力（GPP）的模拟精度；验证星载 SIF 产品，实现多源遥感数据的整合；基于通量观测和植被参数优化生态系统模型，构建集成星载 SIF、生态模型和植被参数的生态系统支持功能的区域监测技术和规范。

3）生态系统生态维持功能的区域监测关键技术研发

优化地面植被覆盖度和植被指数等遥感反演模型，构建生态维持功能稳定性的时序遥感监测模型与方法，提供时空连续的生态维持功能关键遥感指标监测产品，探讨生态系统对环境变化以及灾害干扰的反应与恢复能力；综合集成生态维持功能（植被覆盖、水土保持、减缓灾害）关键指标监测模型与方法，构建生态维持功能的区域监测技术体系与规范。

4）生态系统质量监测多源数据整合技术研究

依托生态系统观测研究网络野外台站长期观测数据，开展不同时间序列监测数据整合方法的比较研究，对比不同方法的重构精度，研究确定适用于不同指标的时间序列数据重构方法，形成生态系统关键指标长时间序列数据的重构方法体系，生成我国典型生态系统生态要素和生态功能关键指标长期数据集。

1.5.4 典型生态系统生态质量监测技术集成与示范

1. 研究目标

基于生态系统观测研究网络的生态要素、生物多样性和生态功能等指标，建立表征农田、草地、森林、荒漠和湿地生态系统生态质量等级的关键指标，采用集卫星遥感、无人机、传感器网络等天空地一体化的监测技术，在国家可持续发展实验区和国家重点生态功能区开展技术集成和示范；通过评定各单项指标值的质量等级，标准化各单项指标确定其阈值范围，建立国家农田、草地、森林、荒漠、湿地生态系统生态质量综合监测标准和观测技术规范，为国家农田、草地、森林、荒漠、湿地生态系统生态质量动态监测提供技术支撑。

2. 主要研究内容

1）典型生态系统生态质量监测指标与技术集成

基于国家林业和草原局（原国家林业局）陆地生态系统定位研究网络中森林、荒漠和湿地生态系统观测指标，并考虑森林、荒漠和湿地生态系统的特点，利用多元线性回归和专家知识选取能充分反映森林、荒漠和湿地生态系统生态质量的关键指标，通过评定各单项指标值的质量等级并标准化，确定其阈值范围；采用层次分析法、主成分分析法、模糊评价法或灰色关联度法等，结合示范区内典型森林、荒漠和湿地类型与面积的变化，构建森林、荒漠和湿地生态系统生态质量综合评估模型，建立森林、荒漠和湿地生态系统生态质量的监测指标体系和技术规范，为国家重点生态功能区相关试验示范、阈值验证和监测技术优化提供服务。

2）典型生态系统生态质量监测技术集成与试验示范

依托中国农田、草地、森林、荒漠、湿地生态系统定位研究网络，在典型台站开展我国生态系统生态质量监测技术集成和应用示范。通过技术集成与试验示范，制定农田生态系统生态质量监测技术体系规范、草地生态系统生态质量监测技术体系规范、森林生态系统生态质量监测技术体系规范、荒漠生态系统生态质量监测技术体系规范，以及湿地生态系统生态质量监测技术体系规范，并申请相关行业标准。

1.5.5 区域生态系统质量综合监测技术与评估体系的构建

1. 研究目标

针对国家开展生态系统质量综合评价与动态监测的重大管理需求，综合集成生态要素、生物多样性和生态功能监测技术，筛选构建以县级行政区为基本单元的生态系统质量监测指标，形成区域生态系统质量综合监测技术体系；选择国家重点生态功能区河北农牧交错带区、三江源典型地区、浙闽山地丘陵区，开展生态系统质量综合监测技术应用示范，形成系统性、科学性的区域生态环境质量综合监测技术规范，被国家行业部门采用；构建全面客观的区域生态系统质量综合监测指标体系，为促进国家生态系统质量综合监管体系的有效提高提供支撑。

2. 研究内容

1）区域生态系统质量综合监测指标体系

研究借鉴国内外已有研究成果，针对我国生态环境保护和管理的需求，结合区域生态特征，从生态要素质量、生态功能状况、生物多样性等方面，筛选能够综合反映区域生态系统质量完整性与生态功能主导性，且易推广、能快速核算的指标，构建形成基于县级行政单元的生态系统质量综合监测指标体系。

2）区域生态系统质量综合监测技术规范

针对我国不同类型生态系统的特点，利用卫星遥感-无人机遥感-传感器网络-多点位地面监测的生态系统质量监测技术，综合分析每个指标的监测技术方法，综合集成地面与遥感相结合的数据采集、汇总、验证等规范化方法，形成区域生态系统质量综合监测技术规范，为区域生态系统质量综合监测技术体系提供技术支撑。

1.6 本章小结

人类社会发展依赖生态系统所提供的各种资源和生活环境，但其又深刻影响着生态系统的组成、结构、功能和过程（Costanza et al.，1997）。评价生态管理成效或生态系统的可持续性，都需要引入表征生态系统处于“理想”或“不良”状态的概念和方法，即生态系统质量的概念及其评估方法（Paetzold et al.，2010；徐洁等，2019）。生态系统质量的概念既包括生态系统本身功能和过程这一自然属性，也包括生态系统提供生态产品和服务的这一社会属性（于贵瑞等，2022）；而生态系统自然属性为基础的生态系统质量，可从生态要素、生物多样性和生态功能开展监测和评价（Wang et al.，2019；于贵瑞等，2022）。

监测和评估生态系统质量变化，及时提出应对措施，是维持生态系统服务功能向好的重要途径。国家生态系统质量监测与评估技术体系的建立与发展，可有效对国家尺度和国内重点区域生态系统质量的动态变化开展完整连续监测，全面把握国家生态系统变化态势和生态恢复重建工程所取得的生态成效与存在问题，及时提出综合决策方案，为我国生态保护与恢复重建提供科学技术支撑，有效保障国家生态安全。

本书紧密结合生态系统联网观测技术发展态势和生态文明建设国家需求，提出生态系统质量监测与评估技术的具体研究目标、总体研究思路和具体技术路线，并简要介绍主要研究内容。通过基于中国生态系统研究网络（Chinese Ecosystem Research Network，CERN）台站的针对生态系统质量的生态系统水、土、气、生等生态要素监测指标遴选、联网观测技术发展，进而制定台站观测技术规范；集成优化以动物、植物及其生态系统功能为主的区域生物多样性监测技术与评估方法，从生态系统调节功能、支持功能和生态维持功能等方面构建区域生态功能监测指标体系，发展基于生态系统功能的生态系统质量评价模型。在此基础上，在农田、森林、草地、湿地和荒漠等生态系统开展多层次的应用示范，结合国家和地方需求，制定不同行业部门生态系统质量监测技术标准和规范，以期为实现我国陆地生态系统质量动态变化监测提供方法体系及理论基础。

参考文献

陈强, 陈云浩, 王萌杰, 等. 2015. 2001~2010 年洞庭湖生态系统质量遥感综合评价与变化分析. 生态学报, 35(13): 4347-4356.

陈善荣, 董贵华, 于洋, 等. 2020. 面向生态监管的国家生态质量监测网络构建框架. 中国环境监测, 36(5): 1-7.

董潇楠, 谢苗苗, 张覃雅, 等. 2018. 承灾脆弱性视角下的生态系统服务需求评估及供需空间匹配. 生态学报, 38(18): 6422-6431.

杜华强, 金伟, 葛宏立, 等. 2009. 用高光谱曲线分形维数分析植被健康状况. 光谱学与光谱分析, 29(8): 2136-2140.

杜晴洲. 2007. 天目山国家级自然保护区生态质量评价研究. 国家林业局管理干部学院学报, 6(1): 53-56.

傅伯杰. 1991. 区域生态环境预警的原理与方法. 资源开发与保护, (3): 138-141.

傅伯杰. 1993. 区域生态环境预警的理论及其应用. 应用生态学报, 4(4): 436-439.

傅伯杰, 于丹丹, 吕楠. 2017. 中国生物多样性与生态系统服务评估指标体系. 生态学报, 37(2): 341-348.

傅徽楠, 严玲璋, 张连全, 等. 2000. 上海城市园林植物群落生态结构的研究. 中国园林, 16(2): 22-25.

高虹, 欧阳志云, 郑华, 等. 2013. 居民对文化林生态系统服务功能的认知与态度. 生态学报, 33(3): 756-763.

郭占胜, 张忠义, 张超英, 等. 2001. 复合生态系统中区域环境质量可持续发展能力的综合评价. 河南农业大学学报, 35(3): 230-233.

韩春, 陈宁, 孙杉, 等. 2019. 森林生态系统水文调节功能及机制研究进展. 生态学杂志, 38(7): 2191-2199.

何念鹏, 徐丽, 何洪林. 2020. 生态系统质量评估方法——理想参照系和关键指标. 生态学报, 40(6): 1877-1886.

侯鹏, 王桥, 申文明, 等. 2015. 生态系统综合评估研究进展: 内涵、框架与挑战. 地理研究, 34(10): 1809-1823.

黄宝荣, 欧阳志云, 郑华, 等. 2006. 生态系统完整性内涵及评价方法研究综述. 应用生态学报, 17(11): 2196-2202.

黄忠良, 孔国辉, 何道泉. 2000. 鼎湖山植物群落多样性的研究. 生态学报, 20(2): 193-198.

李晓秀. 1997. 北京山区生态环境质量评价体系初探. 自然资源, (5): 31-35.

李玉山. 1983. 黄土区土壤水分循环特征及其对陆地水分循环的影响. 生态学报, (2): 91-101.

梁变变, 石培基, 王伟, 等. 2017. 基于 RS 和 GIS 的干旱区内陆河流域生态系统质量综合评价: 以石羊河流域为例. 应用生态学报, 28(1): 199-209.

刘世荣,王兵,郭泉水. 1996. 大气 CO_2 浓度增加对生物组织结构与功能的可能影响: Ⅱ—植物种群、群落、生态系统结构和生产力对大气 CO_2 浓度增加的响应. 地理学报, 51(S1): 141-150.

卢慧婷, 黄琼中, 朱捷缘, 等. 2018. 拉萨河流域生态系统类型和质量变化及其对生态系统服务的影响. 生态学报, 38(24): 8911-8918.

罗海江，方修琦，白海玲，等. 2008. 基于 VEGETATION 数据的区域生态系统质量评价之一——指标体系选择. 中国环境监测，(2): 45-49.

罗志义. 1982. 上海佘山地区棉田节肢动物群落多样性分析及杀虫剂对多样性的影响. 生态学报, (3): 255-266.

马克平, 黄建辉, 于顺利, 等. 1995. 北京东灵山地区植物群落多样性的研究Ⅱ丰富度、均匀度和物种多样性指数. 生态学报, 15(3): 268-277.

马克平. 1993. 试论生物多样性的概念. 生物多样性, 1(1): 20-22.

牛书丽, 王松, 汪金松, 等. 2020. 大数据时代的整合生态学研究: 从观测到预测. 中国科学: 地球科学, 50(10): 1323-1338.

潘根兴, 周萍, 张旭辉, 等. 2006. 不同施肥对水稻土作物碳同化与土壤碳固定的影响: 以太湖地区黄泥土肥料长期试验为例. 生态学报, 26(11): 3704-3710.

彭建, 王仰麟, 吴健生, 等. 2007. 区域生态系统健康评价: 研究方法与进展. 生态学报, 27(11): 4877-4885.

彭琪, 邓文静, 李家兴, 等. 2021. 湖南西洞庭湖国家级自然保护区两栖动物多样性调查研究. 激光生物学报, 30(3): 276-283.

齐蕊. 2017. 鄂尔多斯高原生态水文指数与地下水的关系研究. 北京: 中国地质大学.

任保平, 吕春慧. 2019. 中国生态环境质量的变动态势及其空间分布格局. 经济与管理评论, 35(3): 120-134.

日本長期生態学研究ネットワーク. JaLTER とは? http://www.jalter.org/whats/[2024-03-21].

孙永光, 赵冬至, 高阳, 等. 2013. 海岸带红树林生态系统质量评价指标诊断、内涵及构建. 海洋环境科学, 32(6): 962-969.

谭克龙, 王晓峰, 高会军, 等. 2013. 塔里木河流域综合治理生态要素变化的遥感分析. 地球信息科学学报, 15(4): 604-610.

万本太, 王文杰, 崔书红, 等. 2009. 城市生态环境质量评价方法. 生态学报, 29(3): 1068-1073.

万银平, 高素红, 赵春明, 等. 2021. 河北省秦皇岛市不同生态景观中节肢动物群落的多样性. 河北科技师范学院学报, 35(2): 47-54.

汪小全, 王志恒, 马克平, 等. 2017. 全球变化对北半球木本植物多样性的影响研究. 中国基础科学, 19(5): 57-62.

王春雨, 王军邦, 孙晓芳, 等. 2019. 孟印缅地区农田生产力脆弱性变化及气候影响机制: 基于 1982—2015 年 GIMMS3g 植被指数. 生态学报, 39(21): 7793-7804.

王洪梅. 2004. 河北省生物多样性现状及生态系统对其维持功能评价. 石家庄: 河北师范大学.

王娇月, 邴龙飞, 尹岩, 等. 2021. 湿地生态系统服务功能及其价值核算: 以福州市为例. 应用生态学报, 32(11): 3824-3834.

王静, 周伟奇, 许开鹏, 等. 2017. 京津冀地区的生态质量定量评价. 应用生态学报, 28(8): 2667-2676.

王文杰, 潘英姿, 李雪. 2001. 区域生态质量评价指标选择基础框架及其实现. 中国环境监测, 17(5): 17-20.

王勇, 王世东. 2019. 基于 RSEI 的生态质量动态变化分析: 以丹江流域(河南段)为例. 中国水土保持科学, 17(3): 57-65.

王志恒, 刘玲莉. 2021. 生态系统结构与功能: 前沿与展望. 植物生态学报, 45 (10): 1033-1035.

吴宜进, 赵行双, 奚悦, 等. 2019. 基于 MODIS 的 2006—2016 年西藏生态质量综合评价及其时空变化. 地理学报, 74(7): 1438-1449.

肖治术. 2019. 红外相机技术在我国自然保护地野生动物清查与评估中的应用. 生物多样性, 27(3):

235-236.
徐洁, 谢高地, 肖玉, 等. 2019. 国家重点生态功能区生态环境质量变化动态分析. 生态学报, 39(9): 3039-3050.
徐庆勇, 黄玫, 刘洪升, 等. 2011. 基于RS和GIS的珠江三角洲生态环境脆弱性综合评价. 应用生态学报, 22(11): 2987-2995.
徐燕, 周华荣. 2003. 初论我国生态环境质量评价研究进展. 干旱区地理, 26(2): 166-172.
许维, 梁舒汀, 黄艳凤, 等. 2020. 基于大型底栖动物的大清河水系水体健康状况评价. 湿地科学, 18(5): 546-554.
杨育林. 2015. 疏伐对低效柏木人工林生态支持功能的影响. 雅安: 四川农业大学.
姚槐应, 何振立, 黄昌勇. 2003. 不同土地利用方式对红壤微生物多样性的影响. 水土保持学报, 17(2): 51-54.
叶亚平, 刘鲁君. 2000. 中国省域生态环境质量评价指标体系研究. 环境科学研究, 13(3): 33-36.
殷秀琴, 吴东辉, 韩晓梅. 2003. 小兴安岭森林土壤动物群落多样性的研究. 地理科学, 23(3): 316-322.
于贵瑞, 陈智, 张维康, 等. 2021. 试论宏观生态系统科学研究的多学科维度基本问题及其方法体系. 应用生态学报, 32(5): 1531-1544.
于贵瑞, 王永生, 杨萌. 2022. 生态系统质量及其状态演变的生态学理论和评估方法之探索. 应用生态学报, 33(4): 865-877.
张寒, 王琳. 2021. 流域生态水文过程与植被响应研究进展. 中国农学通报, 37(8): 66-71.
张林波, 等. 2018.国家重点生态功能区生态系统状况评估与动态变化. 北京：中国环境出版集团.
张娜. 2006. 生态学中的尺度问题: 内涵与分析方法. 生态学报, 26(7): 2340-2355.
赵毅. 1997. 环境质量评价. 北京: 中国电力出版社.
赵志江, 崔丽娟, 朱利, 等. 2018. 指标体系法在我国湿地生态系统健康评价研究中的应用进展. 湿地科学与管理, 14(4): 9-13.
周华锋, 傅伯杰. 1998. 景观生态结构与生物多样性保护. 地理科学, 18(5): 472-478.
周丽霞, 丁明懋. 2007. 土壤微生物学特性对土壤健康的指示作用. 生物多样性, 15(2): 162-171.
周文华, 王如松. 2004. 城市生态系统健康评价研究进展. 绵阳: 中国生态学会第七届全国会员代表大会.
周亚萍, 安树青. 2001. 生态质量与生态系统服务功能. 生态科学, 20(1): 85-90.
Angermeier P L, Karr J R. 1994. Biological integrity versus biological diversity as policy directives: Protecting biotic resources//Ecosystem Management. New York: Springer: 264-275.
Balvanera P, Pfisterer A B, Buchmann N, et al. 2006. Quantifying the evidence for biodiversity effects on ecosystem functioning and services. Ecology Letters, 9(10): 1146-1156.
Boller E F, Häni F, Poehling H M. 2004. Ecological Infrastructures: Ideabook on Functional Biodiversity at the Farm Level. Lindau: Swiss Centre for Agricultural Extension and Rural Development.
Brockerhoff E G, Barbaro L, Castagneyrol B, et al. 2017. Forest biodiversity, ecosystem functioning and the provision of ecosystem services. Biodiversity and Conservation, 26(13): 3005-3035.
Chapin F S, Matson P A, Mooney H A, et al. 2002. Principles of Terrestrial Ecosystem Ecology. New York: Springer.
Chellamani P, Singh C P, Panigrahy S. 2014. Assessment of the health status of Indian mangrove ecosystems using multi temporal remote sensing data. Tropical Ecology, 55(2): 245-253.
Costanza R, d'arge R, de Groot R, et al. 1997. The value of the world's ecosystem services and natural capital. Nature, 387(6630): 253-260.
Costanza R. 1992. Toward An Operational Definition of Ecosystem Health//Ecosystem Health: New Goals for Environmental Management. Washington D. C. : Island Press: 239-256.

Daily G, Matson P. 2008. Ecosystem services: From theory to implementation. Proceedings of the National Academy of Sciences of the United States of America, 105: 9455-9456.

De Frenne P, Lenoir J, Luoto M, et al. 2021. Forest microclimates and climate change: Importance, drivers and future research agenda. Global Change Biology, 27(11): 2279.

Edwards D P, Tobias J A, Sheil D, et al. 2014. Maintaining ecosystem function and services in logged tropical forests. Trends in Ecology and Evolution, 29 (9) : 511-520.

Fang K, Gao H, Sha Z, et al. 2021. Mitigating global warming potential with increase net ecosystem economic budget by integrated rice-frog farming in eastern China. Agriculture, Ecosystems and Environment, 308: 107235.

Field C, Barros V, Mastrandrea M, et al. 2014. Summary for Policymakers Climate Change 2014//Impacts, Adaptation, and Vulnerability. Part A: Global and Sectoral Aspects. Contribution of Working Group II to the Fifth Assessment Report of the Intergovernmental Panel on Climate Change. Cambridge: Cambridge University Press: 1132.

Foley J A, Defries R, Asner G P, et al. 2005. Global consequences of land use. Science, 309 (5734) : 570-574.

Garland G, Banerjee S, Edlinger A, et al. 2021. A closer look at the functions behind ecosystem multifunctionality: A review. Journal of Ecology, 109 (2) : 600-613.

He H, Wang S, Zhang L, et al. 2019. Altered trends in carbon uptake in China's terrestrial ecosystems under the enhanced summer monsoon and warming hiatus. National science review, 6(3): 505-514.

Hooper D U, Chapin F S, Ewel J J, et al. 2005. Effects of biodiversity on ecosystem functioning: A consensus of current knowledge. Ecological Monographs, 75: 3-35.

Huang M, Piao S, Zeng Z, et al. 2016. Seasonal responses of terrestrial ecosystem water-use efficiency to climate change. Global Change Biology, 22(6): 2165-2177.

Karr J. 1999. Defining and measuring river health. Freshwater Biology, 41 (2) : 221-234.

Kim D, Baik J, Umair M, et al. 2021. Water use efficiency in terrestrial ecosystem over East Asia: Effects of climate regimes and land cover types. Science of the Total Environment, 773: 145519.

La Notte A, D'Amato D, Mäkinen H, et al. 2017. Ecosystem services classification: A systems ecology perspective of the cascade framework. Ecological Indicators, 74: 392-402.

Lindenmayer D B, Hobbs R J, Montaguedrake R, et al. 2007. A checklist for ecological management of landscapes for conservation. Ecology Letters, 11 (1) : 78-91.

Loreau M, Naeem S, Inchausti P, et al. 2001. Biodiversity and ecosystem functioning: Current knowledge and future challenges. Science, 294 (5543) : 804-808.

Lugassi R, Zaady E, Goldshleger N, et al. 2019. Spatial and temporal monitoring of pasture ecological quality: Sentinel-2-based estimation of crude protein and neutral detergent fiber contents. Remote Sensing, 11(7): 799.

MA. 2005a. Ecosystems and Human Well-being: A Framework for Assessment. Washington DC: World Resources Institute.

MA, 2005b. Ecosystems and Human Well-being: Synthesis. Washingtion, DC: Island Press.

Mendes K R, Campos S, da Silva L L, et al. 2020. Seasonal variation in net ecosystem CO_2 exchange of a Brazilian seasonally dry tropical forest. Scientific Reports, 10 (1) : 1-16.

Monteith J, Unsworth M. 2013. Principles of environmental physics: plants, animals, and the atmosphere. Cambridge: Academic Press.

Morello L. 2014. Climate science NASA carbon-monitoring orbiter readies for launch. Nature, 510 (7506) : 451-452.

Naeem S, Li S. 1997. Biodiversity enhances ecosystem reliability. Nature, 390 (6659) : 507-509.

Novara A, Pisciotta A, Minacapilli M, et al. 2018. The impact of soil erosion on soil fertility and vine vigor. A multidisciplinary approach based on field, laboratory and remote sensing approaches. Science of the Total Environment, 622: 474-480.

Ouyang Z Y, Song C S, Zheng H, et al. 2020. Using gross ecosystem product (GEP) to value nature in decision making. Proceedings of the National Academy of Sciences of the United States of America, 117(25): 14593-14601.

Odum E P, Barrett G W. 1971. Fundamentals of Ecology. Philadelphia: Saunders.

Odum E P, Ottenwaelder C G. 1972. Ecologia. México: Interamericana.

Ouyang Z, Song C, Zheng H, et al. 2020. Using gross ecosystem product (GEP) to value nature in decision making. Proceedings of the National Academy of Sciences of the United States of America, 117(25): 14593-14601.

Paetzold A, Warren P H, Maltby L L. 2010. A framework for assessing ecological quality based on ecosystem services. Ecological Complexity, 7(3): 273-281.

Piao S, Sitch S, Ciais P, et al. 2013. Evaluation of terrestrial carbon cycle models for their response to climate variability and to CO_2 trends. Global Change Biology, 19(7): 2117-2132.

Pimm S L. 1984. The complexity and stability of ecosystems. Nature, 307(5949): 321-326.

Ren T, Zhou W, Wang J. 2021. Beyond intensity of urban heat island effect: A continental scale analysis on land surface temperature in major Chinese cities. Science of the Total Environment, 791: 148334.

Riedel S, Lüscher G, Meier E, et al. 2019. Ecological quality of meadows supported with biodiversity contributions. Recherche Agronomique Suisse, 2: 80-87.

Rosas-Ramos N, Baños-Picón L, Trivellone V, et al. 2019. Ecological infrastructures across mediterranean agroecosystems: Towards an effective tool for evaluating their ecological quality. Agricultural Systems, 173: 355-363.

Saha D, Das D, Dasgupta R, et al. 2020. Application of ecological and aesthetic parameters for riparian quality assessment of a small tropical river in eastern India. Ecological Indicators, 117: 106627.

Schimel D S. 1995. Terrestrial ecosystems and the carbon cycle. Global Change Biology, 1(1): 77-91.

Shao L Q, Chen H B, Zhang C, et al. 2017. Effects of major grassland conservation programs implemented in Inner Mongolia since 2000 on vegetation restoration and natural and anthropogenic disturbances to their success. Sustainability, 9(3): 15.

Smith P, Ashmore M R, Black H I, et al. 2013. The role of ecosystems and their management in regulating climate, and soil, water and air quality. Journal of Applied Ecology, 50(4): 812-829.

Soltanifard H, Jafari E. 2019. A conceptual framework to assess ecological quality of urban green space: A case study in Mashhad city, Iran. Environment, Development and Sustainability, 21(4): 1781-1808.

Sun Q, Liu W, Gao Y, et al. 2020. Spatiotemporal variation and climate influence factors of vegetation ecological quality in the Sanjiangyuan National Park. Sustainability, 12(16): 6634.

Tansley A G. 1935. The use and abuse of vegetational concepts and terms. Ecology, 16(3): 284-307.

Tayebi S, Mohammadi H, Shamsipoor A, et al. 2019. Analysis of land surface temperature trend and climate resilience challenges in Tehran. International Journal of Environmental Science and Technology, 16(12): 8585-8594.

Voogt J A,Oke T R. 2003. Thermal remote sensing of urban climates. Remote sensing of environment, 86(3): 370-384.

Tian F, Wigneron J P, Ciais P, et al. 2018. Coupling of ecosystem-scale plant water storage and leaf phenology observed by satellite. Nature ecology & evolution, 2(9): 1428-1435.

Wang J, Ding Y, Wang S, et al. 2022. Pixel-scale historical-baseline-based ecological quality: Measuring impacts from climate change and human activities from 2000 to 2018 in China. Journal of Environmental Management, 313: 114944.

Wang S Q, Wang J B, Zhang L M, et al. 2019. A national key R&D program: Technologies and guidelines for monitoring ecological quality of terrestrial ecosystems in China. Journal of Resources and Ecology, 10(2): 105-111.

Wang T. 2018. Impacts of the grain for green project on soil erosion: a case study in the Wuding river and Luohe river basins in the Shaanxi Province of China. Applied Ecology and Environmental Research, 16(4): 4165-4181.

Wang Z, Duan A, Yang S,et al. 2017. Atmospheric moisture budget and its regulation on the variability of summer precipitation over the Tibetan Plateau. Journal of Geophysical Research: Atmospheres, 122(2): 614-630.

Wilson E O, Peter F M. 1988. Biodiversity. Washington D. C. : National Academy Press.

Wu B Q, Wang J B, Qi S H, et al. 2019. Review of methods to quantify trade-offs among ecosystem services and future model developments. Journal of Resources and Ecology, 10(2): 225-233.

Young R G, Collier K J. 2009. Contrasting responses to catchment modification among a range of functional and structural indicators of river ecosystem health. Freshwater Biology, 54(10): 2155-2170.

Zhang M, Wen Z, Li D, et al. 2021. Impact process and mechanism of summertime rainfall on thermal–moisture regime of active layer in permafrost regions of central Qinghai–Tibet Plateau. Science of the Total Environment, 796: 148970.

Zhang X, Rayner P J, Wang Y P, et al. 2016. Linear and nonlinear effects of dominant drivers on the trends in global and regional land carbon uptake: 1959 to 2013. Geophysical Research Letters, 43(4): 1607-1614.

第2章

生态系统质量监测与评估研究进展

生态系统质量是指一定时空范围内生态系统要素、结构和功能的综合特征，具有显著的时空尺度特征，是某一特定地理单元的生态系统所具有的生态系统功能自然属性及提供生态产品和服务社会经济属性的综合特性（于贵瑞等，2022）。生态系统要素、结构和功能通过生态系统的生物多样性、生物地球化学循环和生物地球物理过程实现，形成生态系统的多功能性，进而表现为生态系统服务而为人类提供惠益（MA，2005b）。世界人口和经济活动的增长导致生态系统质量的严重退化（Krausmann et al.，2013），这将对人类的福祉产生负面影响，并有可能阻碍全球可持续发展（Foley et al.，2005；董贵华等，2013；Rillig et al.，2021；UN，2021）。因此，监测和评估生态系统质量及其变化，对促进生态保护、指导区域经济发展战略调整和实现社会经济可持续发展都具有重要的现实意义。

在全球范围内，从不同角度围绕生物多样性和生态系统状况与变化开展的研究已有几十年历史。在生物多样性与生态系统联网观测、评价指标体系构建、模型模拟和情景分析等方面开展了大量的基础和应用研究（于丹丹等，2017）。随着联合国千年生态系统评估（MA）等计划开展生物多样性和生态系统服务价值评估、应用示范与政策建议，以及2012年联合国批准建设生物多样性和生态系统服务政府间科学政策平台（IPBES），学界和政府管理部门对维持人类福祉的生态系统功能有了更为广泛和高度的关注，这极大地促进了生物多样性和生态系统功能监测与评估能力的提升。

为了解决生态系统以及人类社会经济可持续发展的问题，国内外已经相继开展了许多关于生态系统评估的研究。然而，如何科学客观地进行综合性的生态评估，以及如何使评估结果服务于政策与措施是当今生态评估的主要问题（周杨明等，2008）。生态系统评估在早期大致分为相对客观的生态系统健康评估和从人类需求角度出发的相对主观的生态系统服务功能评估（周杨明等，2008）。近年来，生态环境评价衍生出生态安全评价、生态风险评价、生态承载力评价、生态稳定性评价、生态健康评价等（饶丽等，2020）。生物多样性和生态系统功能是形成生态系统服务的基础，因此，本书主要从生物多样性和生态系统功能的角度，分析监测和评价方法的研究进展，为区域生态系统质量监测和评价提供理论和方法基础。

2.1 生态系统监测

2.1.1 生态要素地面监测研究

目前，在生态质量监测与评估中，长期、规范统一的地面直接监测的多要素生态信息仍然较为缺乏。因此，依托生态系统长期观测技术体系，形成台站尺度的生态质量监测指标体系与技术规范，直接监测站点/局地尺度生态质量变化的过程与成因，从而为区域尺度遥感监测与模型模拟等提供数据和方法，最终实现国家尺度生态系统质量监测技术体系，这是生态系统质量监测与评价方法体系的基础。

1. 美国长期生态学研究网络（US-LTER）和美国国家生态观测站网络（NEON）

US-LTER 的主要研究内容包括生态系统初级生产力格局，种群营养结构的时空分布特点，地表及沉积有机物的分布格局及控制机制，无机物及养分在土壤、地表水及地下水间的运移过程及其影响机制，干扰发生的格局与频度。其监测指标体系囊括生态系统各要素，包括生物种类、植被、水文、气象、土壤、降水、地表水、人类活动、土地利用、管理政策等（赵士洞和翟永华，1994）。

2. 英国环境变化网络（ECN）

ECN 的监测要素涵盖陆地生态系统的气象、大气化学、降水化学、地表径流化学、土壤溶液化学、土壤质地、植被、脊椎动物、非脊椎动物和土壤动物等因子，以及淡水生态系统的水特征、非脊椎动物、水生植物、浮游动物和浮游植物等因子（崔洋等，2019）。ECN 不追求监测生态系统全部的要素指标，而是根据自然生态系统类型和特点来确定监测指标体系。

3. 日本长期生态研究网络（JaLTER）

JaLTER 重点围绕全球变化对生物多样性和生态系统功能的响应与反馈机制、海陆生态系统的水文-生物地球化学过程及相关作用关系、不同时空尺度生态系统监测网络和技术研发这 3 个研究目标开展监测。其网络监测站点的监测指标包括气象、水文、植被及 CO_2 通量等。

4. 中国生态系统研究网络（CERN）

CERN 研究我国生态系统的结构与功能、过程与格局的变化规律，并开展生态系统优化管理与示范。CERN 采用统一的监测规范，对水分、土壤、气候和生物 4 个方面进行监测（黄铁青和牛栋，2005）。

5. 中国森林生态系统定位研究网络（CFERN）

该研究网络对森林生态系统的组成、结构、生物生产力、养分循环、水循环和能量利用等在自然状态下或某些人为活动干扰下的动态变化格局与过程进行长期观测（王兵等，2004）。针对森林生态系统长期定位观测，构建包括水文、土壤、气象、小气候梯度、微气象法碳通量、大气沉降、森林调控环境空气质量功能、森林群落学特征、森林动物资源、竹林生态系统以及其他 11 类指标的观测指标体系。

植被作为生态系统的初级生产者，联结着大气、水分和土壤等自然过程，其变化将直接影响该区域气候、水文和土壤等状况，对生态系统能量循环及物质的生物化学循环具有重要影响，是生态系统质量变化的重要指示器（肖洋等，2016）。目前，反映植被生长状况及生长活力的因子较多，有归一化植被指数、植被覆盖度、叶面积指数、净初级生产力、生物量等。由于各个因子的生态学意义不同，所以其适用范围也存在差异。因此，从关键指标的科学性、可操作性、可比较性、准确性、独立性、相对稳定性、可量化等筛选原则出发，依据研究区尺度和方法构建植被观测指标体系。

通过关键词生态系统质量、生态系统健康、生态质量、生态环境质量等文献检索，选择有关指标筛选和评估的核心文献 75 篇，提取文献中的指标项，筛选关键指标并排序，前 14 位分别为生产力/生物量、植被盖度、生物多样性（含丰富度、特有种、稀有种等）、植被/各类生态系统面积、干扰强度、优势种、指示种、景观破碎指数、林龄结构、入侵种、树高、凋落物、胸径（DBH）、叶面积指数。植被质量的关键词检索结果分析如图 2-1 所示，其中生产力/生物量、植被盖度在文献中被采用的频率均在 50%以上，生物多样性在 40%以上。因此，植被质量可以说是生态系统质量评估最核心的内容。

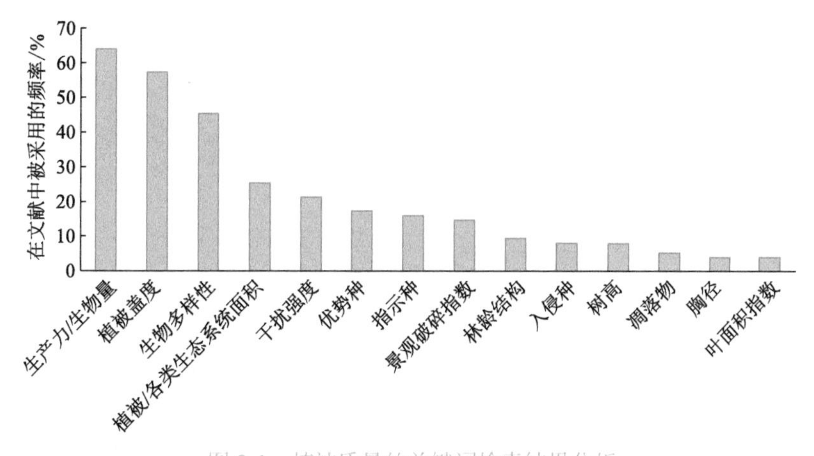

图 2-1　植被质量的关键词检索结果分析

土壤是生态系统以及生态过程的载体，因此生态系统质量也可以从土壤肥力质量、环境健康质量和土壤生态功能三个方面进行评价。由于自然生态系统的功能异于农田生态系统的生物量收获（籽粒收获），因此可将土壤肥力质量相对弱化，而更多地考虑土壤综合质量。土壤综合质量主要从土壤物理属性、土壤化学属性和土壤生物属性三个方面评价土壤质量，倾向于将土壤看作一个较为完整的系统，而这个系统的完整性和质量的好坏可以表征土壤要素在整个生态系统中发挥的功能，是生态系统质量的一个方面。同时，土壤综合质量可以用于反映自然生态系统中土壤对地上植被和地下生物体的总体支持能力，因此土壤综合质量也是更具有综合性和代表性的生态系统质量指标。

土壤也是地球系统中最活跃、最富生命力的圈层，其不断地与大气圈、水圈、生物圈及岩石圈进行物质和能量的交换。因此，土壤环境健康质量的好坏也直接影响着与此连接的水域、大气环境。由于塑料制品大范围传播和扩散，以及大气干沉降带来无机污染物，因此，土壤环境健康质量的评价也需要考虑无机污染物，如重金属指标和有机污染物（如微塑料等）指标。

大气质量监测除了常规气象要素（风、温、压、湿、降雨、云、能见度、天气现象）观测和能量水分循环参数（短波辐射、紫外线、光合辐射、长波辐射、散射光合辐射以及直接辐射）观测外，还需要开展大气环境关键污染气体及干湿沉降浓度等指标的观测。

水环境生态质量监测指标大致可以分为物理生境指标、水质理化指标两大类。

2.1.2 生态系统功能监测与评估研究

1. 基于卫星遥感的生态系统功能监测与评估

生态系统功能是运行、维持生态系统并使其能够提供生态系统服务的生物、地球化学和物理过程（Edwards et al.，2014），对其进行关注使研究人员能够了解驱动或维护生态系统完整性的关键生态过程的变化，并使政策制定者在生态系统管理中从以人为中心转变为更多地考虑以生态系统功能变化为中心（Daily and Matson，2008；MA，2005b；Ouyang et al.，2020；Wang et al.，2022）。在区域尺度生态系统功能监测中，卫星遥感扮演着重要的角色，大量基于卫星遥感反演得到的数据产品被应用于生态系统功能评估。这些数据产品主要包括归一化植被指数（NDVI）、植被覆盖度（FVC）、总初级生产力（GPP）、净初级生产力（NPP）、叶面积指数（LAI）等。例如，张妹婷等（2017）以 FVC 和 NPP 为主要生态参数评估了三江源区草地生态系统功能的变化。

2. 基于理想参照系的生态系统功能评估

将区域内的顶级群落或受人类活动影响较小的自然生态系统作为参考生态系统，一些学者建立了基于现状-相对变化量的生态系统评估体系。肖洋等（2016）和丁肇慰等（2020）计算了相对生物量密度和相对植被覆盖度，分别评估了内蒙古和长江流域的生态系统质量水平。何念鹏等（2020）提出基于生态系统“理想参照系和关键评估指标”的生态系统质量评估方法体系。张梦宇等（2021）以此方法评估了 1990 ~ 2015 年基于参照系的中国陆地生态系统质量及其变化情况。

3. 基于历史基线的生态系统功能变化评估

当生态系统评估的理想参照系叠加时间尺度信息，Wang 等（2022）提出了基于历史基线和生态系统功能变化的陆地生态系统生态质量评价方法，通过指标的时间变化与其最大和最小基线值的比较来评价生态系统质量，评价结果不受气候区域或土地利用与土地覆被分类的影响，只与生态系统的评价指标和评价条件有关。

2.1.3　生物多样性监测研究

生物多样性是人类生存和社会发展的基础，表现在生命系统从基因、个体、种群、群落到生态系统各个组织水平（马克平，1993）。生物多样性在不同组织水平对生态系统功能产生影响，是一切生态系统功能和服务的前提和基础。

对生物多样性质量的全面监测是生态系统质量预警、评估和管理的核心内容。随着现代科学技术的不断创新发展，生物多样性监测技术和方法日新月异，逐渐从主要依赖人工观测向自动化、信息化、智能化发展。目前，以“3S”技术、智能传感器、高通量测序技术、移动互联网和网络信息技术等为代表的天空地立体化综合监测技术体系建设，为现代生物多样性监测和保护管理研究提供了有力的科技支撑和发展机遇。高质量优化集成现有关键监测技术，同时整合物联网、智能技术、云计算与大数据等新一代信息技术，以全面感知、实时传送和智能在线处理为运行方式，开展多源数据实时采集、网络化、智能化等天地一体化综合观测。智能平台可以实现数据综合管理、数据综合展示和用户智能化管理（Urbano et al.，2010）。随着信息科学、科学大数据和人工智能等新技术、新方法的逐渐融合，多学科交叉研究不断取得突破，生物多样性监测和保护管理领域正在进入一个充满生机与活力的新发展时期。

新技术让人们可以突破时间、环境等因素的限制，获取高频率、高精确度的科学数据，实现从动物个体、行为、种群、群落到生态系统多个尺度的观测和研究（肖文宏等，2020）。监测技术的发展促进了生物多样性监测与调查，也相应地促进了统计分析方法的发展和完善（Kéry and Royle，2015）。新技术高效率、高密度的数据采集方式产生了大量数据，随之带来的突出问题是后期的数据筛选、识别、分析和管理的工作量巨大，目前主要依靠人工来完成。随着计算机技术、模式识别理论、网络和数据检索技术的高速发展与完善，大规模数据库和人工智能技术在专业领域的拓展应用为开展重点生物多样性长期监测提供了便利（Gaston and O’Neill，2004；张蕾等，2011；Yao et al.，2012）。因此，未来生物多样性监测需要加强技术方法的交叉融合，为生物多样性的动态监测和生态系统变化提供快速、准确的预警，更好地服务于科学决策和科学保护。

2.2　生态系统评价

许多国家开展了生态系统综合监测和评估工作，建立了覆盖全面的生态系统观测研究网络，构建了较为完善的生态系统评估指标体系，以反映国家整体的生态状况。同时，一些学者也开展了流域、省域、城市群等区域尺度的生态系统状况或质量评估的研究工作。这些监测和评估的指标体系各有侧重，对区域尺度生态系统质量的监测和评估研究具有重要的参考意义。

2.2.1 中国生态系统质量状况评价研究现状

中国社会经济在飞速发展的同时，也暴露出一系列的生态环境问题，如土地荒漠化、土壤退化、水土流失、旱涝灾害等，这些源自不合理或过度开发资源的生态问题，在一定程度上对社会经济的可持续发展形成制约和阻碍。2000～2017 年，中国启动了一系列生态保护与恢复工程，来缓解生态系统退化、环境污染和气候变化（Chen et al.，2019）。生态质量涉及环境的多个方面和多种生态系统功能及其服务，因此，生态系统质量变化的评估对于了解这些生态保护与恢复工程对国家生态环境和社会经济的影响是非常有必要的。

1. 生态环境状况指数

生态环境状况指数（EI）是目前国内首个综合性生态环境评价标准所提出的生态质量评价方法。环境保护部于 2015 年正式发布了中华人民共和国国家环境保护标准《生态环境状况评价技术规范（HJ 192—2015）》。基于区域生态特征、生态管理需求和生态评价目标，该标准构建了包括生物丰度指数、植被覆盖指数、水网密度指数、土地胁迫指数、污染负荷指数和环境限制指数的评价指标体系（环境保护部，2015）。

其中，生物丰度指数评价区域内生物的丰贫程度，植被覆盖指数和水网密度指数分别评价区域内植被覆盖的程度和水的丰富程度，土地胁迫指数则评价区域内土地质量遭受胁迫的程度，污染负荷指数评价区域内所受纳的环境污染压力，而环境限制指数作为约束性指标可以根据区域内出现的严重影响人居生产生活安全的生态破坏和环境污染事项对生态环境状况进行限制（环境保护部，2015）。《生态环境状况评价技术规范》中各项评价指标的计算方法和权重如表 2-1 所示。

表 2-1 《生态环境状况评价技术规范》中各项评价指标的计算方法和权重

指标	计算方法	权重
生物丰度指数	（生物多样性指数＋生境质量指数）/2	0.35
植被覆盖指数	A_{veg}×5～9 月像元植被指数月最大值的区域均值	0.25
水网密度指数	（A_{riv}×河流长度/区域面积＋A_{lak}×水域面积/区域面积＋A_{res}×水资源量/区域面积）/3	0.15
土地胁迫指数	A_{ero}×（0.4×重度侵蚀面积+0.2×中度侵蚀面积＋0.2×建设用地面积+0.2×其他土地胁迫）/区域面积	0.15
污染负荷指数	0.20×（A_{COD}×COD 排放量＋A_{NH_3}×氨氮排放量）/区域年降水总量＋（0.20×A_{SO_2}×SO_2 排放量＋0.10×A_{YFC}×烟（粉）尘排放量＋0.20×A_{NO_x}×氮氧化物排放量＋0.10×A_{SOL}×固体废物丢弃量）/区域面积	0.10
环境限制指数	根据区域内出现的重大生态破坏、环境污染和突发环境事件等，对生态环境状况类型进行限制和调节	约束性指标

注：A_{veg} 为植被覆盖指数的归一化系数；A_{riv}、A_{lak} 和 A_{res} 分别河流长度、水域面积和水资源量的归一化系数；A_{ero} 为土地胁迫的归一化系数；A_{COD}、A_{NH_3}、A_{SO_2}、A_{YFC}、A_{NO_x} 和 A_{SOL} 分别为化学需氧量（COD）、氨氮、SO_2、烟（粉）尘、氮氧化物和固体废物的归一化系数。

生态环境状况指数（EI）的计算方法为：生态环境状况指数=0.35×生物丰度指数+0.25×植被覆盖指数+0.15×水网密度指数+0.15×（100−土地胁迫指数）+0.10×（100−污染负荷指数）+环境限制指数。根据生态环境状况指数，将生态环境分为 5 个等级，生态环境状况分级如表 2-2 所示。

表 2-2　基于生态环境状况指数的生态环境状况分级

	优（EI≥75）	良（55≤EI<75）	一般（35≤EI<55）	较差（20≤EI<35）	差（EI<20）
描述	植被覆盖度高，生物多样性丰富，生态系统稳定	植被覆盖度较高，生物多样性较丰富，适合人类生活	植被覆盖度中等，生物多样性一般，较适合人类生活，但有不适合人类生活的制约性因子出现	植被覆盖度较差，严重干旱少雨，物种较少，存在着明显限制人类生活的因素	条件较恶劣，人类生活受到限制

生态环境状况指数是针对全国县域尺度应用而制定的方法，因而各指标的数据易于获取，具有非常强的可行性。然而，该指数尽管考虑了生物多样性，但其计算是采用土地利用与土地覆被分类数据进行加权计算的生境质量来评估的，忽略了生态系统的多功能性；另外，作为一种状态评估，这些指数显示某些生态系统（如沙漠）的质量较低，而其他生态系统（如森林）的质量总是较好，无法量化生态系统的相对变化，这种相对变化可能是政府、科学家和公众更感兴趣的内容。

2. 遥感生态指数

遥感生态指数（remote sensing-based ecological index，RSEI）是一种基于卫星遥感技术的以自然因子为主的生态质量评估方法（徐涵秋，2013a）。该指数主要由基于卫星遥感的绿度、湿度、热度和干度四方面生态要素组成，具体体现为归一化植被指数（NDVI）、湿度（wet）、地表温度（LST）和干度指标（NDBSI）。其基本假设为绿度、湿度、热度和干度是与人类生存密切相关的要素，同时也是人类直观感受生态质量优劣的重要依据，因此，所构建的 RSEI 综合考虑了这四个方面。

构建 RSEI 的主要方法（徐涵秋，2013a）是在数据预处理后对这些指标进行主成分分析（PCA），将多个变量通过线性变换实现多维数据的压缩。其中，第一主成分（PC1）特征值的所占比例若大于 85%，则表明该主成分能够体现几个指标的大部分特征，因此，可以选用 PC1 中的权重构建最终 RSEI。根据 RSEI 将不同水平的区域分为 5 级（表 2-3）。

表 2-3　RSEI 分级

	优	良	中等	较差	差
指数	0.8≤RSEI<1.0	0.6≤RSEI<0.8	0.4≤RSEI<0.6	0.2≤RSEI<0.4	0.0≤RSEI<0.2

RSEI 已经被许多研究者用来快速高效地评估城市的生态质量。例如，应用 RSEI 对 2013 年、2015 年、2018 年的鄂州进行生态质量评估（蔡贤和杜晓初，2020）；以厦门为例对海岛型城市的生态发展进行评价（林中立和徐涵秋，2019）；对 1992 年、2000 年、

2016 年的阿克苏各乡镇的生态系统质量水平进行评估（李清云等，2020）。吴宜进等（2019）在植被遥感数据产品的基础上增加了温度、湿度指标。徐涵秋（2013a，2013b）和 Wei 等（2021）还增加了反映裸土的干度指标，利用 PCA 的方法将各指标信息集成，计算综合指数反映区域生态系统质量特征（宋慧敏和薛亮，2016；王士远等，2016；Hu and Xu，2018）。该指数的优势是充分应用 Landsat 数据可量化的绿度、干度、湿度和热度等信息，能够较好地反映以建设用地为主的人类活动影响。然而，正如前文所述，生态系统具有多功能性，而 RSEI 无法与生态系统功能建立直接的联系，缺乏较为明确的生态学机理解释。

3. 基于生态系统服务的评估

生态系统服务是一个更加以人为本的概念，被定义为生态系统通过生态功能为人类福祉所产生的利益（Assessment，2005）。Paetzold 等（2010）提出了通过生态系统服务状态评估生态系统质量的框架，该框架基于生态系统所能提供的生态系统服务水平和社会所期望获得的生态系统服务两个方面，具体是通过计算生态系统服务的可持续提供量与社会需求量之比来量化生态系统质量。

4. 基于生态系统结构、过程和功能特征的综合评估

从生态系统结构、过程和功能的角度来看，中低分辨率遥感影像中反演的植被信息可以作为对生态系统功能的反映，更高分辨率遥感影像中解译得到生态系统类型并计算景观指数可以用于反映生态结构特征，人类活动信息（人口密度、建筑面积等）可以反映生态过程受到胁迫的程度。张敏等（2015）和王静等（2017）基于以上三个方面的指标分别评估了上海市和京津冀城市群的生态系统质量。马品等（2020）还将生态系统类型对质量的影响程度作为生态恢复能力指标，综合评估了普洱市的生态系统质量。陈强等（2015）、潘竟虎和董磊磊（2016）以 NPP 的总量及变异系数反映生态系统的生产能力与稳定性，以人类活动、景观指数、植被覆盖度和叶面积指数等指标反映生态系统承载力，分别评估了洞庭湖和疏勒河流域的生态系统质量。

我国环境保护部和中国科学院联合发布《全国生态环境十年变化（2000～2010 年）调查评估报告》，其从生态系统格局、生态系统质量、生态服务功能、生态环境问题、生态环境胁迫等方面构建了评价指标体系（欧阳志云等，2014），通过生物量密度反映生态系统生物状态，强调生态系统服务功能和生态环境在人类活动胁迫下表现出的退化问题（表 2-4）。

表 2-4 《全国生态环境十年变化（2000～2010 年）调查评估报告》指标体系（欧阳志云等，2014）

一级指标	二级指标
生态系统格局	生态系统类型面积与比例、生态系统类型变化方向
生态系统质量	相对生物量密度、植被覆盖度、水体富营养化状况
生态服务功能	食物生产、水源涵养、土壤保持、洪水调蓄、防风固沙、碳固定、生物多样性保护
生态环境问题	土壤侵蚀、土地沙化、石漠化、森林退化、灌丛退化、草地退化、湿地退化
生态环境胁迫	自然灾害、社会经济活动、开发建设活动、农业活动强度

2.2.2　全球生态质量状况

1. 压力-状态-响应框架

压力-状态-响应（pressure-state-response，PSR）框架是经济合作与发展组织（Organization for Economic Cooperation and Development，OECD）和联合国环境规划署（United Nations Environment Programme，UNEP）于 1990 年启动土地质量指标项目时提出的国际上最早的生态评估方法。其中，压力指标主要是人类经济与社会活动给环境带来的压力体现，包括能源、交通、工业、农业等方面；状态指标则是环境条件以及各项资源的状况，如水、空气、土地、生物多样性及自然资源等；而响应指标是由压力指标产生的一些经济和环境的成果，如来自政府、企业或个人的国际、全国、地区的环保方案的实施。这些指标互相影响形成一种连续的反馈机制，从而可以综合地监测和评估土地质量状况（OECD，2001）（图 2-2）。在压力-状态-响应框架的基础上，联合国可持续发展委员会和欧洲环境署分别提出了驱动力-状态-响应（driving force-state-response，DSR）模型和驱动力-压力-状态-影响-响应（driving force-pressure-state-impact-response，DPSIR）模型。前者中被驱动力取代的压力表明人类活动对环境的影响存在正负两个方面，在一定程度上拓宽了模型的适用范围；而后者将影响从状态中提取出来单列，提高了模型的精准度和有效性（Huong et al.，2022）。

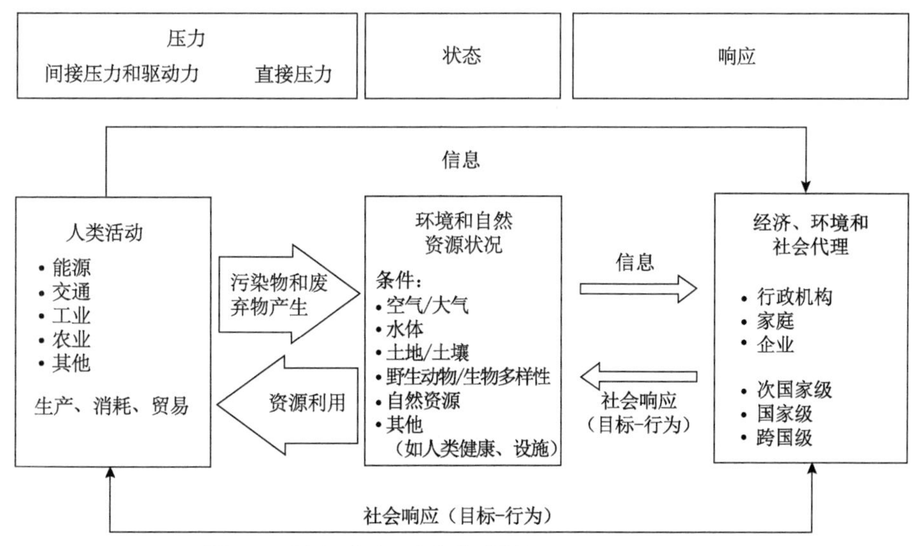

图 2-2　压力-状态-响应模型框架（OECD，2001）

压力-状态-响应等系列评价模型框架是广为认可的生态健康评价模型，因此被国内外的研究者和组织频繁使用（Huong et al.，2022）。王同达等（2021）对陕西省 2009～2017 年的土地生态系统进行了基于压力-状态-响应模型的评价，其结果显示 2009～2017 年，陕西省土地生态系统的质量整体呈上升趋势，尤其在 2014 年后得到明显改善，并趋于平缓，表明 2014 年后生态系统处于较稳定的健康状态。国际上，基于驱动力-压力-状态-影响-响应框架，联合国粮食及农业组织（FAO）进行了干旱地区土地退化（land degradation assessment in dryland，LADA）以及小岛屿发展中国家（small island developing states，SIDS）相关方面的评估与调查（Rioux et al.，2017）。然而，目前通用评价模型框架利用这些指标将大量混合的环境数据进行分类，但分析过程中产生的具有明显确定性的“因果”关系，在一定程度上淡化了复杂环境和社会经济系统内在连接的多重维度和不确定性（赵翔和贺桂珍，2021）。

2. 千年生态系统评估

千年生态系统评估（MA）是世界上第一个针对全球陆地、水生生态系统开展的综合性、多尺度的为期 4 年的国际合作评估项目（MA，2005）。该项目由时任联合国秘书长安南于 2001 年 6 月 5 日宣布启动，来自 95 个国家的 1350 位专家学者于 2005 年经过共同努力将其圆满完成。MA 一方面开创性地在全球尺度上系统、全面地分析了各个生态系统的现状、未来趋势、应对措施及与人类生活的关系，另一方面也丰富了生态学的内涵，强调了生态系统与人类福祉的关系，将其作为生态学未来的研究核心；同时，也提供了生态系统和人类福祉的关系框架与评估该关系的系统方法（MA，2005b）。不同于压力-状态-响应的单向线性结构，MA 的整体框架是双向、多层次、多尺度、动态的，其在拓宽压力-状态-响应的基础上，强调了生态系统中各个组分之间的关系及影响（刘纪远等，2009）。MA 的核心是对生态系统服务功能的评估，其内涵是生态系统与人类福祉是互相影响的，具体的概念框架如图 2-3 所示（MA，2006）。

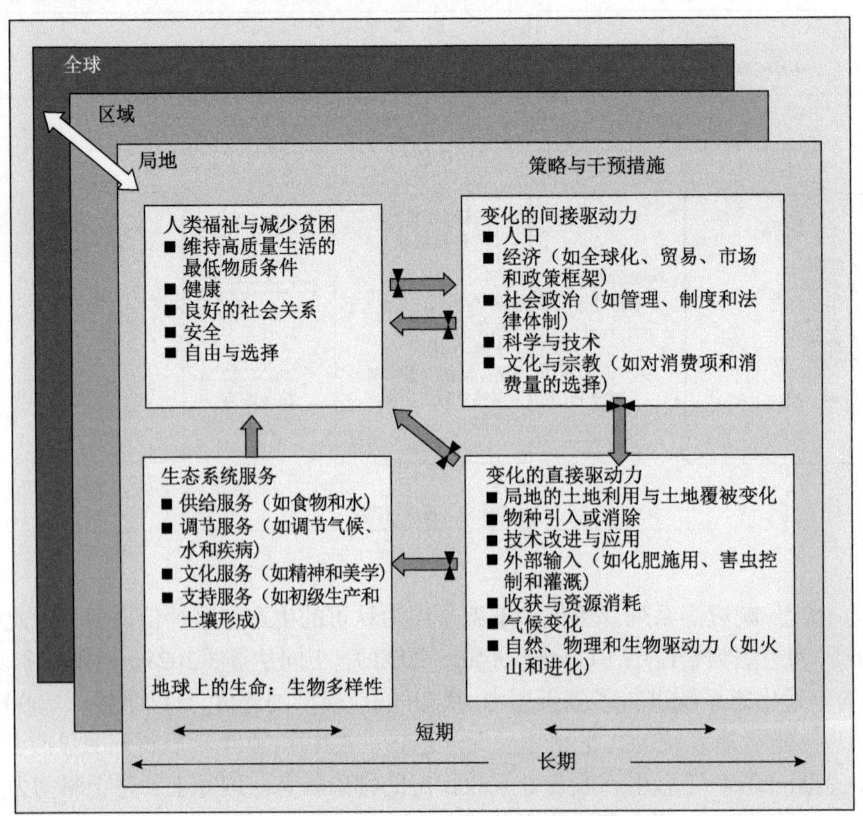

图 2-3 MA 的概念框架（MA，2006）

在 MA 的概念框架中，生态系统的服务功能被分为供给服务、调节服务、文化服务和支持服务（MA，2006）。这四项服务并非互相独立，而是存在着广泛的重叠。人类福祉则由基本生活条件、健康、良好的社会关系、安全、自由与选择五个指标构成。驱动力方面主要考虑了直接驱动力和间接驱动力，直接驱动力包括物理、生物、化学，间接驱动力主要包括人口、经济、社会政治、科学与技术以及文化与宗教。MA 具有广泛的时间尺度和空间尺度，分别从局部地区、区域、全球以及短期、长期多个时空角度进行评估。其中，全球尺度的评估基于海洋、海滨、内陆水域、森林、旱区、岛屿、山地、极地、垦殖和城镇 10 种类型，虽然每种类型自身并非生态系统，但其往往包含了许多与特征要素高度相关的生态系统，且相较于不同类型具有更高的相似度（MA，2006）。在评估完当前全球生态系统状况后，MA 还根据情景模拟了未来生态系统的多种发展趋势。此外，为了增强报告结论的严谨性，MA 将结论的不确定性进行了量化，细分为非常确定（≥95%）、确定性高（67%～95%）、确定性中等（33%～67%）、确定性低（5%～33%）和非常不确定（小于 5%）五个等级。

作为全球尺度的生态系统质量评估项目，MA 重点关注生态系统服务与人类福祉之间的关系（赵士洞，2001），从生态系统的供给服务、调节服务、支持服务和文化服务四个方面筛选指标构建了评价体系（表 2-5），并在全球多个国家和地区得到了应用。例如，刘纪远等（2006）参照 MA 框架对中国西部生态系统及其服务功能的现状、演变规律和未来情景进行了全面的评估。

表 2-5　MA 建议的生态系统服务分类指标（MA, 2005）

服务类别	指标解释	具体指标
供给服务	生态系统提供的产品	食物 洁净水 薪柴 纤维 生物药品 基因资源
调节服务	生态系统过程调节所获取的益处	气候调节 疾病控制 水文调节 水质净化 授粉
支持服务	支持其他生态系统服务生产的益处	土壤形成 养分循环 初级生产
文化服务	生态系统服务的非市场部分	精神宗教 景观旅游 美学

续表

服务类别	指标解释	具体指标
文化服务	生态系统服务的非市场部分	激励 教育 归属感 文化遗产

2005 年发布的《生态系统与人类福祉：综合评估》中显示（MA，2005b），过去 50 年，人类对生态系统改变的规模和速度是历史上绝无仅有的，这种改变一方面促进了人类福祉的提高和社会经济的发展，另一方面，许多生态系统服务已在退化，且在今后相当一段时间内将持续恶化，人类获取相同利益的成本在不断提高。在所评估的全球生态系统服务功能中，60%以上的系统呈退化状态。在人类对生态系统服务功能的需求越来越高的同时，人类活动导致生态系统服务功能不断降低，这无疑是对人类实现可持续发展的严峻挑战。

3. 净初级生产力的人类占用

净初级生产力的人类占用（human appropriation of net primary production，HANPP）被广泛应用于生态足迹、生态承载力和生态质量等生态系统的综合评估。HANPP 表征了人类利用土地的程度和效率，强调了土地利用对生态过程的重要性，加强了社会经济与自然生态之间互相作用的认识；HANPP 越高，则留给生态系统中其他生物的 NPP 就越低，由此不利于生态系统和生物多样性的维持，以及后续各营养级生物的生存和发展，从而影响生态系统的可持续性（Haberl et al.，2004b，2007）。

HANPP 由生态系统潜在或实际 NPP 和人类收获利用后在生态系统中剩余的 NPP 之差计算而得，反映了人类社会对生态系统的占用情况。生态系统剩余的净初级生产力（NPP_t）可以通过实际净初级生产力（NPP_{act}）减去收获或在收获中被破坏的净初级生产力（NPP_h）得到。潜在 NPP 与实际 NPP 之差可以理解为由人类引起的净初级生产力变化（NPP_{LC}），因此，HANPP 也可以由 NPP_{LC} 与 NPP_h 相加而得（Haberl et al.，2007）。

Haberl 等（2007）根据全球国家尺度家畜存栏量、农业产量、木材采伐量，估算了全球现实 NPP 和人类收获的 NPP；以全球植被生物地球化学过程模型计算了全球潜在 NPP，进而计算和评估了全球陆地生态系统的 HANPP（图 2-4）。全球 HANPP 约为 15.6 Pg C/a，占全球陆地潜在 NPP 的 23.8%。在 HANPP 总量中，生物量收获贡献了 53%，土地利用导致的生产力变化贡献了 40%，其余的 7%由人为火灾导致（Haberl et al.，2007）。HANPP 的全球空间分布图不仅显示了人类改变生态能量流动的区域，还给出了人类改变的方式，以及人类对生态系统的影响强度（Haberl et al.，2007）。从地理来看，南亚、欧洲东部及东南部两个地区的 HANPP 非常高，分别为 63%和 52%，但中亚、俄罗斯区域、大洋洲的 HANPP 总量甚至低于 11%（Haberl et al.，2007）。Erb 等（2009）也基于 HANPP 衡量了全球生物生产和消费的空间差距（图 2-5）。从全球的 NPP 流动来看，体现生产和消费的 HANPP 往往从人口稀少的地方流向人口密集的地方。人口密集的发展中国家虽然拥有较高的 HANPP（如中国、印度），但其往往能够自给自足。综合来看，

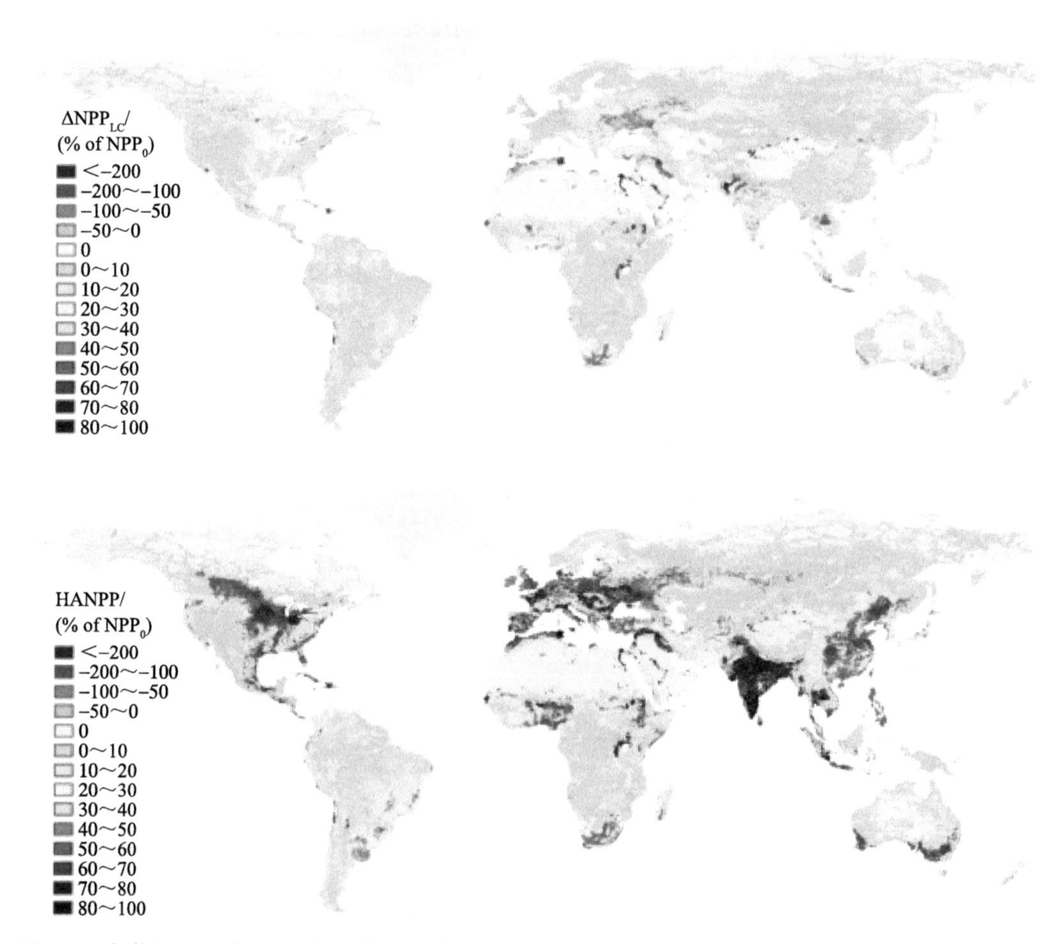

图 2-4　在潜在 NPP 中土地利用引起的人类占用及总的人类占用在全球的分布（Haberl et al.，2007）

ΔNPP_{LC} 表示土地利用引起的净初级生产力减少量在潜在净初级生产力中的占比；HANPP 表示净初级生产力人类占用量

图 2-5　全球尺度隐含 HANPP 消耗量（Erb et al.，2009）

全球的 HANPP 分布十分不均匀，且与人口密度高度相关，在一定程度上表明人口密度高的区域生态环境的质量可能较低。

4. 环境质量指数

为了更好地评估环境质量的整体状况，提高人们对环境状况和人类健康间关系的进一步理解，美国国家环境保护局分别于 2014 年和 2020 年发布了 2000 ~ 2005 年、2006 ~ 2010 年美国县级水平环境质量指数报告（EPA，2020）。该环境质量指数的概念框架主要考虑了传统的环境领域（空气、水和土地），以及通过咨询健康专家和查阅文献，分为建筑环境和社会人口环境两个独立领域的社会环境。从概念上讲，明确确定这五个具体领域，每个领域都基于与人类健康相关的证据，有两个目的：①为更完整地定义环境提供了一个指导框架，因为该指数与人类健康有关；②能够有针对性地遴选代表环境不同属性特征的具体变量，这些变量可用于环境质量的评估。这些环境属性包括环境化学、自然特征、城市建设和社会人口等方面，包括对人类健康的积极影响和消极影响两方面因素。因此，环境质量指数可以用来研究有害健康事件和有益健康情况（图 2-6）。

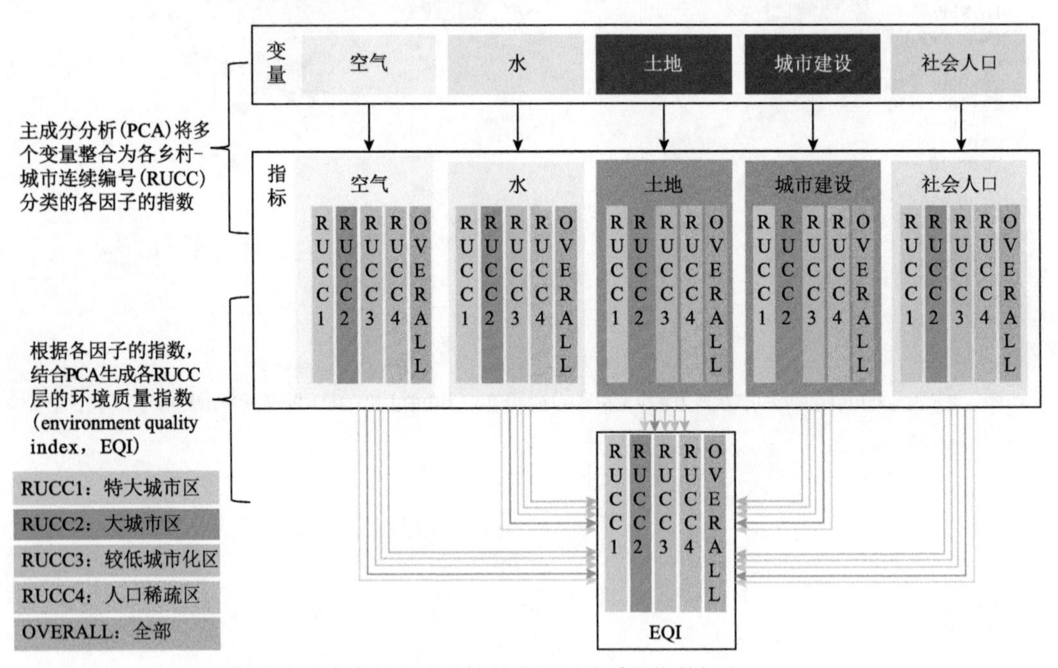

图 2-6 综合考虑危害性和惠益性的美国环境质量指数概念（EPA，2020）

该报告认为其所提出的环境质量指数，为美国所有县的环境质量提供了一个全面的衡量标准，并由许多目前可用的最佳环境衡量标准组成（EPA，2020）。该指数可以作为一个环境暴露指标，帮助确定与社区健康有关的环境问题，其提供了社区面临的整体环境暴露的信息。另外，由于数据来源于美国所有的县，该指数在各县之间具有可比性，有助于识别整体环境质量较好和较差的地区。特定领域指数的开发使各县能够评估本县环境质量差的驱动因素。此外，由于其在各县之间具有可比性，因此可以确定那些因环境质量差而负担最重的地区。最后，环境质量指数可以在各种环境健康研究活动中作为一个控制变量来调整整体环境暴露，并能厘定出具体的影响因素。这种控制变量的方法通过减少多个环境因素的影响而提供更好的估计效果。

然而，该指数是由美国环境领域专家所提出的针对人类健康有害和有益的环境因素而构建的，因此，对陆地生态系统的考虑相对有限。其土地领域的评价指标主要考虑了与人体健康非常相关的农业、农药、设施、放射性元素和采矿活动等。

5. *方法比较与讨论*

尽管压力-状态-响应框架可以有效地评估人类活动与环境变化之间的关系，但其存在着不可忽视的问题。一方面，压力-状态-响应框架认为人类与环境的关系是线性的、静态的，并笼统地将人类活动带来的影响归结为负面的、消极的；另一方面，该框架中的压力与状态指标界限模糊，在不同出发点下内容或许会发生重叠（黄经南等，2019）。因此，压力-状态-响应框架无法很好地反映人类活动与生态系统的真实关系并准确衡量环境的健康。驱动力-状态-响应模型很好地解决了压力-状态-响应框架存在的第一个问题，将压力替换为驱动力后，人类对生态的影响可以表示为积极的或者消极的。然而，黄经南等（2019）认为，驱动力-状态-响应模型依旧无法动态地分析趋势问题，同压力-状态-响应框架一样仅仅关注了人类对环境的直接影响，而忽视了对人类福祉的间接影响。驱动力-压力-状态-影响-响应模型在前两者的基础上将人与生态的关系从线性调整为网状，提供了一个更为有效的生态与社会经济可持续发展的评估方法。

MA 则在压力-状态-响应框架的基础上，以生态系统服务和人类福祉为核心，强调了人类活动与生态系统之间动态、双向的复杂关系，并构建了全球多尺度评估的概念框架，着重分析了影响生态系统服务和人类福祉变化的主要驱动力，为政策干预提供了参考（周杨明等，2008）。特别是，较之压力-状态-响应框架，MA 评估框架具有针对不同时空尺度的多尺度评估的特征，从而使评估结果更具科学性和合理性，为生态系统管理和保护提供更加具有针对性的、有价值的决策信息（刘纪远等，2009）。

HANPP 通过量化特定土地面积上生态能流的保护，将社会经济系统对生态系统过程的影响相联系，清晰地展示社会经济系统对生态系统的利用强度空间格局（Haberl et al.，2004a，2004b；Wrbka et al.，2004）。HANPP 是对区域可持续发展进行生态评估的生物物理衡量方法，更加直观和易于理解，更加客观和易于计算实现（彭建等，2007）；HANPP 方法也是对其他诸如生态足迹、能值分析和物质流分析等方法的有效补充，增强对结果的可解释性（Haberl et al.，2004a）。然而，因为 HANPP 存在关键参数的不确定性、评价阈值未合理确定、未能考虑生物量的进出口量等需要突破的技术性问题，所以限制了该方法的广泛应用（彭建等，2007）。

2.2.3　生态系统质量评价——从理论到实践

传统的生态系统质量监测与评估研究，是围绕生态系统本身的状态和变化、自然环境变化的驱动因素，以及人类正向和负向干扰三个方面构建方法体系。生态系统质量的主体是生态系统要素、结构和过程所构成的生态系统生态学功能属性，以及由此形成的由人类利用目标叠加的生态系统服务功能。因此，生态系统质量研究应考虑其自然和社会“二元系统属性”，而其研究的应用目标，是典型生态系统及区域宏观生态系统保护和利用的质量管理，是对生态系统功能特性及生态产品供给类型、数量、品质及其稳定性的度量（于贵瑞等，2022）。

生态系统质量概念及其生态学理论基础的发展，不仅厘清了生态系统质量概念的内涵及其外延，还为生态系统质量监测与评估实践提供了理论和方法基础。生态系统质量的人类社会需求所主导的质量属性，是随着社会发展、技术进步及经济效益而发生变化，因此，其评价可能由于其主观性色彩而缺乏相对的公平性和客观性。鉴于此，以生态系统本身为中心的生态系统质量评价，将为生态系统管理，特别是区域甚至国家尺度的生态系统监管，提供客观、科学、公平的度量（Wang et al.，2022）。

2.3 生态系统质量监测研究中的新技术、新方法研究进展

当前我国生态文明思想提出山水林田湖草沙冰一体化保护和系统修复，加强生态建设和生物多样性保护，促进人与自然和谐共生、建设美丽中国，进而提出了开展生态系统保护成效监测评估、实现生态系统质量监测全覆盖、推动开展全国生态系统质量监测评估的全面推进生态文明思想具体落实的重要举措。在此背景下，生态系统质量监测就是综合运用科学的、可比的和成熟的技术方法，对不同尺度的生态系统进行监测，获取多层次和高精度的信息，评价生态系统质量状况及其变化。这就需要构建以“生态要素-生物多样性-生态功能”为概念体系的生态系统质量综合监测与评估方法体系。

具体而言，生态系统质量综合监测与评估方法框架体系（图 2-7）应以我国主要生态系统观测研究网络为基础，分别从生态要素、生物多样性、生态功能三个方面，针对生态系统质量的科学评估，遴选观测指标和构建技术体系，开展关键技术集成研发与监测体系构建。选择典型生态系统开展生态系统质量监测应用示范，集成主要生态系统类型的监测指标与技术，制定国家生态系统质量动态综合监测技术规范，提交业务化运行。

生态系统质量综合监测与评估方法框架体系的总体目标是，制定服务于生态系统质量评估的国家生态系统网络观测技术与规范，构建区域生物多样性和生态功能监测技术体系，研发生态观测数据产品，建立区域生态系统质量综合监测技术体系，制定相关行业监测技术规范，提交国家生态系统质量监测标准。其亟须解决的关键技术问题主要包括如下几个方面：①生态要素定位观测与物联网信息集成技术；②基于红外触发技术的大中型动物多样性区域全天候监测技术；③区域生态功能快速监测技术与多源数据整合技术；④区域生态系统质量动态监测与综合评估技术。基于不同类型生态系统开展多方位多层次应用示范，提出针对不同行业部门生态系统管理目标的生态系统质量监测与评估标准规范及业务化体系。最终实现陆地生态系统质量动态变化监测和业务化评估，服务于国家生态系统质量动态变化监测和管理，支撑我国生态系统科学管理和社会经济发展决策。

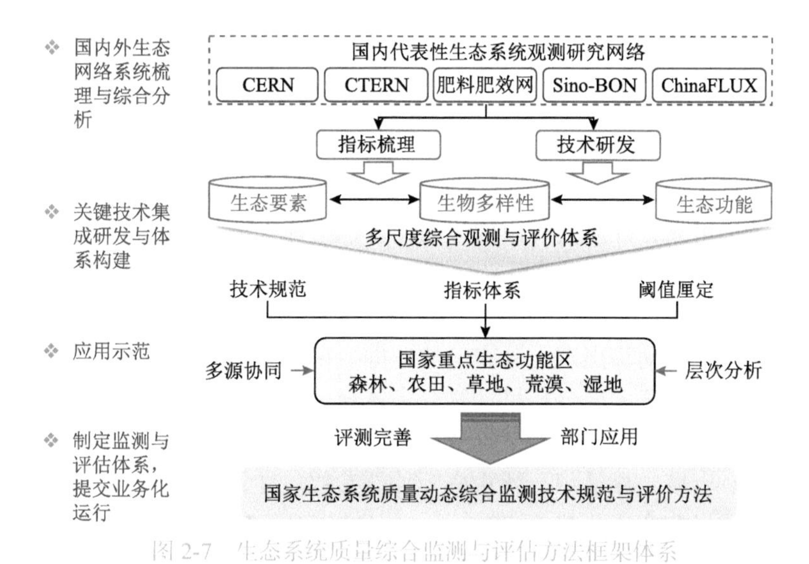

图 2-7　生态系统质量综合监测与评估方法框架体系

CERN 指中国生态系统研究网络；CTERN 指中国陆地生态系统定位观测研究网络（China terrestrial ecosystem research network）；肥料肥效网指国家土壤肥力与肥料效益监测站网；Sino-BON 指中国生物多样性监测与研究网络；ChinaFLUX 指中国通量观测研究网络

2.3.1　无人机技术

无人机以其影像的超高分辨率和飞行时间的灵活性成为生态环境监测的新手段，是目前国内外生态环境监测新技术和新方法的热点研究领域（Anderson and Gaston，2013），具有广泛的应用前景。近 10 年，低空无人机监测技术一直处于快速发展期，尤其是随着民用轻型无人机技术的逐步成熟，低空无人机遥感已逐步成为生态环境监测研究的重要工具。目前，轻型无人机也可以搭载普通 RGB 相机及多光谱、高光谱、激光雷达（LiDAR）等多类型传感器，影像分辨率可以实现厘米级（甚至毫米级）的精度，为人力难以到达区域的生态监测提供了更为便捷、精准、可信的数据源。

最近一些研究开始探索利用无人机携带普通数码相机或多光谱传感器，基于计算机视觉原理获取分辨率远高于卫星遥感数据的数字正射投影图（digital orthophoto map，DOM）、数字地面模型（digital terrain model，DTM），用于提取植被结构和功能特征（Hoffmann et al.，2016；McNeil et al.，2016）、研究生物多样性的维持机制（Zhang et al.，2016），精细估算地表植被碳储量等（Cunliffe et al.，2016；Dandois and Ellis，2013）。基于数字图像的模式识别方法也已经成功应用于植物物候观测（Filippa et al.，2016；Guo et al.，2015）、植物表型高通量测定（Duan et al.，2016）和产量估计研究（Yu et al.，2016）。荒漠区域植被分布稀疏、野外观测范围大，低空飞行的无人机恰好成为荒漠化机理和过程研究中获取大量高精度植被结构和功能信息的重要工具（Faye et al.，2016）。同时，无人机获取的超高分辨率影像大小常常为几千兆字节或几十千兆字节，迫切需要基于机器学习的图像自动分析手段辅助提取植被结构和植被类型参数。因此，无人机作为一种新的近地面遥感观测工具，可以提供几十平方米到几平方千米的高精度地面影像，恰好可以搭建起地面调查和卫星影像两种观测尺度之间的桥梁。

2.3.2 基于红外触发技术的大中型动物多样性监测技术

对于野生脊椎动物而言，传统的调查方法通常是利用样线、样方调查搜集动物实体或出现的证据。多数动物善于奔走，活动隐蔽性高，导致调查效率低，需要投入大量的人力才能保证结果可靠，并且大规模的人力调查也会惊扰动物的正常生活。近 20 年来，红外相机触发（camera trap）技术作为一种自动拍摄设备，通过红外传感器，使野生动物在经过相机的感应区域时利用动物与环境之间的温度差来自动触发拍摄，用于收集动物照片或视频信息作为动物出现、分布等的证据。目前，红外相机主要应用于陆生大中型兽类和地栖鸟类。对于大部分猫科动物等个体身上具有独特斑（条）纹的动物，红外相机拍摄的影像是鉴别其个体的直观依据，可基于标记-重捕（mark-recapture）框架获取动物种群数量、密度、存活率、死亡率等种群参数。红外相机在准确掌握虎豹等珍稀濒危物种的种群数量和变化趋势（Vitkalova et al.，2018；Duangchantrasiri et al.，2016）、评估保护成效方面发挥了重要作用。此外，红外相机监测数据非常适合占域（occupancy）模型框架，即在考虑探测率的情况下，分析目标物种的空间分布及环境因素对栖息地利用或分布的影响（MacKenzie et al.，2006）。运用红外相机可同时对多个物种开展全天候监测，因此在种间关系（如捕食者-猎物，同域物种）的时空作用机制（Xiao et al.，2018；Li et al.，2018）、群落多样性及其动态变化（Rich et al.，2017；O'Brien et al.，2010）、行为模式特征（Frey et al.，2017）等研究方面发挥了优势，为深入研究生物多样性的变化规律提供了新的视角（肖治术，2016）。除了数据本身可用于科学探索和科学发现外，得到的视频影像也有助于科学决策和科学普及。因此，红外相机技术在脊椎动物监测中的作用日渐凸显，采集的物种信息和位置数据更加准确、标准、高效，减少对动物及其栖息地的影响，能够更好地服务于野生动物监测和生态系统研究（Pimm et al.，2015）。

2.3.3 “星-空-地”立体监测技术体系

随着传感器技术、移动物联网和信息网络技术的发展，生态学研究已经进入大数据时代，如何应用大数据技术，实现传统基于过程的生态学研究与基于大数据驱动的生态学研究的有机整合，是大数据时代生态观测研究面临的重大挑战和机遇（于贵瑞等，2018）。针对生态系统质量监测，构建集成卫星、无人机和地面传感器网络的“星-空-地”立体监测技术体系，实现站点至区域尺度的生态系统生态要素、生物多样性和生态功能的连续监测，以及地面与卫星遥感及模型模拟的多源数据融合、模型参数优化与精度评价等，为生态系统质量评价提供指标数据及评价阈值范围等。Rina 等（2019）对荒漠生态系统质量的综合评价研究为“星-空-地”立体监测技术应用提供了很好的案例研究。

“星-空-地”立体监测技术正在向自动化、信息化、智能化方向发展。整合物联网、云计算与大数据及智能分析等新一代信息技术，以全面感知、实时传送和智能在线处理为运行方式，开展多源数据实时采集、网络化、智能化等天地一体化综合观测。时间分辨率、空间分辨率和光谱分辨率，以及数据处理技术的发展，已使卫星遥感技术步入综合、协调和持续的全球综合地球观测与空间信息服务快速发展时期（郭华东, 2013）。例如，塔基叶绿素荧光遥感的发展，为直接监测和诊断陆地生态系统质量动态变化的时空特征开辟了新的可能（Lugassi et al.，2019；Frankenberg et al.，2011；Yang et al.，2015；Sun et al.，2017）。传统的生态监测以人工观测为主，观测离散化和片段化，数据可比性和可利用价值较低，而新技术的发展与应用将使之提升至统一观测协议下的自动化、信息化、智能化大数据平台（许哲平等，2019；马克平等，2018；于贵瑞等，2018）。因此，发展站点、区域至国家尺度“星-空-地”多源数据立体监测技术，将极大地提高生态系统质量精准监测和快速评估技术水平。

2.3.4　区域监测与评估的标准化、规范化和业务化

区域生态系统质量监测与评估是针对一定自然或行政区域内众多生态系统和景观类型构成的宏观生态综合体的监测与评估（王文杰等，2001；高吉喜和江苏，2013；陈利顶等，2019）。其既能将宏观与微观尺度的生态问题紧密联系起来，又能使生态系统质量与社会经济影响相互关联（彭建等，2007），一方面需要以台站监测为基础，研究单一生态系统内指标由点至面的监测技术方法，另一方面需要考虑区域内存在的针对森林、草地、农田、荒漠、湿地等生态系统类型的监测和评估方法体系；而监测与评估技术的标准化和规范化，是实现不同时期之间、不同区域及不同部门之间科学评判的基础。

区域生态系统质量评价的目的是，对所在区域生态系统条件、面临的压力以及环境暴露、反应进行综合分析，来揭示区域生态系统健康状况，找出区域生态系统中的脆弱区域或因子，为生态环境保护与生态恢复提供决策支持（王文杰等，2001；陈利顶等，2019），是生态环境管理部门及时有效地制定和实施生态保护恢复政策的科学依据，因此，实现其业务化常态，将更加有效地提升生态系统管理的科技水平。

2.4　生态系统质量评估的技术需求

2.4.1　生态要素监测技术和自动采集-传输物联网技术

标准化和规范化的生态系统观测技术体系与规范是开展生态系统联网观测的重要基础。我国也已经构建了国家生态系统观测研究网络，制定了一系列技术指南或规范，但在标准化的生态要素、生物多样性和生态功能以及基于物联网技术的生态信息集成技术方面仍然存在不足。因此，亟须开展水、土、气、生四大生态要素标准化观测技术的集成研发，提升台站网络生态要素的快速测定和原位观测技术能力，构建规范化的生态系统网络监测技术体系；同时，也需要研发面向野外复杂环境的海量高分辨率视频/图像

数据实时压缩传输与面向多类生态要素观测的立体组网技术，实现生态系统水土气生多生态要素、多空间尺度传感器的高频、协同观测与信息集成。

2.4.2 集成红外相机的生物多样性监测技术

生物多样性是反映生态系统质量的重要指标之一，其中，大中型兽类对区域生态系统的结构、功能和生物多样性维持有重要影响，并且对生态系统质量的变化非常敏感，可以作为生态系统健康的指示物种。然而，大中型兽类的天然密度较低、行踪隐蔽，采取传统的调查方法很难准确监测大中型兽类生物多样性及其动态变化的情况。因此，在开展植物和动物多样性的监测方法研究，补充完善生态系统网络生物多样性地面监测方法的基础上，亟须结合传统监测方法，通过集成红外相机、分子遗传学等非损伤性监测技术，研发准确和标准的区域生物多样性监测技术，开展区域尺度的生物多样性监测方法研究。

2.4.3 生态功能监测和数据整合技术

卫星遥感技术的快速发展为区域或国家尺度生态功能评估提供了全新的数据源和技术。而近年来发展的日光诱导叶绿素荧光（SIF）技术，将遥感技术从对冠层生物物理和生物化学的探测转移到对生态系统功能与光合活动变化的监测，提供了新的技术和契机。同时，这些数据和技术已经被广泛应用于长期生态环境变化监测与生态功能评估。因此，进一步研发多尺度的地面观测、高光谱遥感数据和模型模拟的多源数据融合技术，构建区域尺度生态系统调节功能、支持功能和生态维持功能监测的关键技术，对比不同方法的重构精度，构建生态系统关键指标长时间序列数据的重构方法体系，生成我国典型生态系统功能关键指标数据集，是国家尺度生态系统质量动态变化综合监测与评价亟须解决的关键技术。

2.5 本章小结

监测与评价生态系统质量及其变化，对促进生态保护、指导区域经济发展战略调整和实现社会经济可持续发展都具有重要的现实意义。依托生态系统长期观测技术体系，形成台站尺度的生态系统质量观测指标体系与技术规范，是生态系统质量监测与评价方法体系的基础。许多国家开展了生态系统综合监测和评估工作，建立了覆盖全面的生态系统观测研究网络，构建了较为完善的生态系统评估指标体系，以反映国家整体的生态状况。同时，一些学者基于不同的理念基础，提出了多种生态系统评估方法和框架，被应用于区域和全球尺度的生态系统状况或质量评估研究。

地面网络化观测、多载荷航空遥感和高时空分辨率卫星遥感对地观测新技术进一步促进了一系列新技术的应用，如样地尺度基于非破坏性原位快速监测、基于星载和塔基叶绿素荧光遥感、红外相机野生动物监测、无人机高时空分辨率监测及物联网-远程信息传输等。生态系统质量的监测与评价，无论是目前开展的县域生态保护绩效评价、生态保护红线评价，还是退化生态系统恢复成效评估，直接针对的是行业部门的应用现实问题，都离不开以生态系统质量的统一、规范和常态化的监测为基础。生态要素监测技术和自动采集-传输物联网技术、集成红外相机的生物多样性监测技术，以及多尺度的地面观测、高光谱遥感数据和模型模拟的多源数据融合的生态系统功能监测技术，是生态系统质量监测与评价亟须解决的关键性基础问题。

参考文献

蔡贤, 杜晓初. 2020. 基于遥感生态指数的鄂州市生态环境质量评估. 湖北大学学报(自然科学版), 42(3): 233-239, 246.

陈利顶, 吕一河, 赵文武, 等. 2019. 区域生态学的特点、学科定位及其与相邻学科的关系. 生态学报, 39(13): 4593-4601.

陈强, 陈云浩, 王萌杰, 等. 2015. 2001—2010年洞庭湖生态系统质量遥感综合评价与变化分析. 生态学报, 35(13): 4347-4356.

崔洋, 王鹏祥, 常倬林, 等. 2019. ECN、US-LTER和CNERN网络发展现状、比较与思考. 干旱区资源与环境, 33(2): 96-102.

丁肇慰, 肖能文, 高晓奇, 等. 2020. 长江流域 2000—2015 年生态系统质量及服务变化特征. 环境科学研究, 33(5): 1308-1314.

董贵华, 何立环, 刘海江, 等. 2013. 生态系统管理中生态环境评价的关键问题. 中国环境监测, 29(2): 41-45.

傅伯杰, 于丹丹, 吕楠. 2017. 中国生物多样性与生态系统服务评估指标体系. 生态学报, 37(2): 341-348.

高吉喜, 江苏. 2013. 区域生态学基本理论探索. 中国环境科学, 33(7): 1252-1262.

郭华东. 2013. 对地观测与全球环境变化: 第三十五届国际环境遥感大会综述. 中国科学院院刊, 28(3): 412-415, 417.

何念鹏, 徐丽, 何洪林. 2020. 生态系统质量评估方法: 理想参照系和关键指标. 生态学报, 40(6): 1877-1886.

环境保护部. 2015. 生态环境状况评价技术规范. 北京: 中国环境科学出版社.

黄经南, 敖宁谦, 谢雨航. 2019. 国际常用发展指标框架综述与展望. 国际城市规划, 34(5): 94-101.

黄铁青, 牛栋. 2005. 中国生态系统研究网络(CERN): 概况、成就和展望. 地球科学进展, 20(8): 895-902.

李清云, 杨光, 杨勇强, 等. 2020. 基于 Landsat 数据的阿克苏市生态环境质量地带性分析. 西南农业学报, 33(1): 168-174.

林中立, 徐涵秋. 2019. 基于遥感的海岛型城市发展生态效应分析: 以厦门岛为例. 福州大学学报(自然科学版), 47(5): 610-616.

刘纪远, 邵全琴, 樊江文. 2009. 三江源区草地生态系统综合评估指标体系. 地理研究, 28(2): 273-283.

刘纪远, 岳天祥, 鞠洪波, 等. 2006. 中国西部生态系统综合评估. 北京: 中国气象出版社.

马克平, 朱敏, 纪力强, 等. 2018. 中国生物多样性大数据平台建设. 中国科学院院刊, 33(8): 838-845.
马克平. 1993. 试论生物多样性的概念. 生物多样性, 1(1): 20-22.
马品, 郭三杰, 周芹芳, 等. 2020. 基于 GIS 的普洱市生态系统质量评价. 生态经济, (2): 188-195.
欧阳志云, 王桥, 郑华, 等. 2014. 全国生态环境十年变化(2000—2010年)遥感调查评估. 中国科学院院刊, 29(4): 462-466.
潘竟虎, 董磊磊. 2016. 2001—2010 年疏勒河流域生态系统质量综合评价. 应用生态学报, 27(9): 2907-2915.
彭建, 王仰麟, 吴健生. 2007. 净初级生产力的人类占用: 一种衡量区域可持续发展的新方法. 自然资源学报, 22(1): 153-158.
饶丽, 周利军, 徐聪, 等. 2020. 生态环境质量评价的内涵、方法和实践. 亚热带水土保持, 32(3): 37-41, 54.
宋慧敏, 薛亮. 2016. 基于遥感生态指数模型的渭南市生态环境质量动态监测与分析. 应用生态学报, 27(12): 3913-3919.
王兵, 崔向慧, 杨锋伟. 2004. 中国森林生态系统定位研究网络的建设与发展. 生态学杂志, 23(4): 84-91.
王静, 周伟奇, 许开鹏, 等. 2017. 京津冀地区的生态质量定量评价. 应用生态学报, 28(8): 2667-2676.
王士远, 张学霞, 朱彤, 等. 2016. 长白山自然保护区生态环境质量的遥感评价. 地理科学进展, 35(10): 1269-1278.
王同达, 曹锦雪, 赵永华, 等. 2021. 基于 PSR 模型的陕西省土地生态系统健康评价. 应用生态学报, 32(5): 1563-1572.
王文杰, 潘英姿, 李雪. 2001. 区域生态质量评价指标选择基础框架及其实现. 中国环境监测, 17(5): 17-20.
吴宜进, 赵行双, 奚悦, 等. 2019. 基于 MODIS 的 2006—2016 年西藏生态质量综合评价及其时空变化. 地理学报, 74(7): 1438-1449.
肖文宏, 周青松, 朱朝东, 等. 2020. 野生动物监测技术和方法应用进展与展望. 植物生态学报, 44(4): 409-417.
肖洋, 欧阳志云, 王莉雁, 等. 2016. 内蒙古生态系统质量空间特征及其驱动力. 生态学报, 36(19): 6019-6030.
肖治术. 2016. 红外相机技术促进我国自然保护区野生动物资源编目调查. 兽类学报, 36(3): 270-271.
徐涵秋. 2013a. 城市遥感生态指数的创建及其应用. 生态学报, 33(24): 7853-7862.
徐涵秋. 2013b. 区域生态环境变化的遥感评价指数. 中国环境科学, 33(5): 889-897.
许哲平, 邵曾婷, 朱学军, 等. 2019. 农业生物多样性大数据平台建设研究和展望. 农业大数据学报, 1(2): 76-87.
于丹丹, 吕楠, 傅伯杰. 2017. 生物多样性与生态系统服务评估指标与方法. 生态学报, 37(2): 349-357.
于贵瑞, 何洪林, 周玉科. 2018. 大数据背景下的生态系统观测与研究. 中国科学院院刊, 33(8): 832-837.
于贵瑞, 王永生, 杨萌. 2022. 生态系统质量及其状态演变的生态学理论和评估方法之探索. 应用生态学报, 33(4): 865-877.
张蕾, 陈小琳, 侯新文, 等. 2011. 实蝇科果实蝇属昆虫数字图像自动识别系统的构建和测试. 昆虫学报, 54(2): 184-196.
张妹婷, 翟永洪, 张志军, 等. 2017. 三江源区草地生态系统质量及其动态变化. 环境科学研究, 30(1): 75-81.
张梦宇, 张黎, 何洪林, 等. 2021. 基于参照系的中国陆地生态系统质量变化研究. 生态学报, 41(18): 7100-7113.
张敏, 王敏, 白杨, 等. 2015. 上海市生态系统质量评价及其演变特征分析研究. 环境污染与防治, 37(1):

46-51.

赵士洞,翟永华. 1994. 美国国家科学基金会对长期生态学研究(LTER)项目 10 年进展状况的评议报告. 生态学杂志, 13(1): 74-78, 81.

赵士洞. 2001. 新千年生态系统评估: 背景、任务和建议. 第四纪研究, 21(4): 330-336.

赵翔, 贺桂珍. 2021. 基于 CiteSpace 的驱动力-压力-状态-影响-响应分析框架研究进展. 生态学报, 41(16): 6692-6705.

周杨明, 于秀波, 于贵瑞. 2008. 生态系统评估的国际案例及其经验. 地球科学进展, 23(11): 1209-1217.

Anderson K, Gaston K J. 2013. Lightweight unmanned aerial vehicles will revolutionize spatial ecology. Frontiers in Ecology and the Environment , 11: 138-146.

Chen C, Park T, Wang X, et al. 2019. China and India lead in greening of the world through land-use management. Nature Sustainability , 2: 122-129.

Cunliffe A M, Brazier R E, Anderson K. 2016. Ultra-fine grain landscape-scale quantification of dryland vegetation structure with drone-acquired structure-from-motion photogrammetry. Remote Sensing of Environment, 183: 129-143.

Daily G, Matson P. 2008. Ecosystem services: From theory to implementation. Proceedings of the National Academy of Sciences of the United States of America , 105: 9455-9456.

Dandois J P, Ellis E C. 2013. High spatial resolution three-dimensional mapping of vegetation spectral dynamics using computer vision. Remote Sensing of Environment , 136: 259-276.

Duan T, Chapman S, Holland E, et al. 2016. Dynamic quantification of canopy structure to characterize early plant vigour in wheat genotypes. Journal of Experimental Botany , 67: 4523-4534.

Duangchantrasiri S, Umponjan M, Simcharoen S, et al. 2016. Dynamics of a low-density tiger population in Southeast Asia in the context of improved law enforcement. Conservation Biology , 30: 639-648.

Edwards D P, Tobias J A, Sheil D, et al. 2014. Maintaining ecosystem function and services in logged tropical forests. Trends in Ecology and Evolution , 29: 511-520.

EPA. 2020. Environmental Quality Index 2006-2010. Washington D. C. : Environmental Protection Agency.

Erb K H, Krausmann F, Lucht W, et al. 2009. Embodied HANPP: Mapping the spatial disconnect between global biomass production and consumption. Ecological Economics, 69: 328-334.

Faye E, Rebaudo F, Yánez-Cajo D, et al. 2016. A toolbox for studying thermal heterogeneity across spatial scales: From unmanned aerial vehicle imagery to landscape metrics. Methods in Ecology and Evolution , 7: 437-446.

Filippa G, Cremonese E, Migliavacca M, et al. 2016. Phenopix: AR package for image-based vegetation phenology. Agricultural and Forest Meteorology , 220: 141-150.

Foley J A, Defries R, Asner G P, et al. 2005. Global consequences of land use. Science , 309: 570-574.

Frankenberg C, Fisher J B, Worden J, et al. 2011. New global observations of the terrestrial carbon cycle from GOSAT: Patterns of plant fluorescence with gross primary productivity. Geophysical Research Letters , 38: 706.

Frey S, Fisher J T, Burton A C, et al. 2017. Investigating animal activity patterns and temporal niche partitioning using camera-trap data: Challenges and opportunities. Remote Sensing in Ecology and Conservation , 3: 123-132.

Gaston K J, O'Neill M A. 2004. Automated species identification: Why not? Philosophical Transactions of the Royal Society of London, Series B: Biological Sciences , 359: 655-667.

Guo W, Fukatsu T, Ninomiya S. 2015. Automated characterization of flowering dynamics in rice using field-acquired time-series RGB images. Plant Methods, 11: 1-15.

Haberl H, Erb K H, Krausmann F, et al. 2007. Quantifying and mapping the human appropriation of net primary production in earth's terrestrial ecosystems. Proceedings of the National Academy of Sciences of the United States of America, 104: 12942-12945.

Haberl H, Wackernagel M, Krausmann F, et al. 2004a. Ecological footprints and human appropriation of net primary production: A comparison. Land Use Policy , 21: 279-288.

Haberl H, Wackernagel M, Wrbka T. 2004b. Land use and sustainability indicators. An introduction. Land Use Policy, 21(3): 193-198.

Hoffmann H, Jensen R, Thomsen A, et al. 2016. Crop water stress maps for an entire growing season from visible and thermal UAV imagery. Biogeosciences , 13: 6545-6563.

Hu X, Xu H. 2018. A new remote sensing index for assessing the spatial heterogeneity in urban ecological quality: A case from Fuzhou City, China. Ecological Indicators , 89: 11-21.

Huong D T T, Ha N T T, Khanh G D, et al. 2022. Sustainability assessment of coastal ecosystems: DPSIR analysis for beaches at the Northeast Coast of Vietnam. Environment, Development and Sustainability , 24: 5032-5051.

Kéry M, Royle J A. 2015. Applied hierarchical modeling in ecology: Analysis of distribution, abundance and species richness in R and BUGS. London: Academic Press.

Krausmann F, Erb K H, Gingrich S, et al. 2013. Global human appropriation of net primary production doubled in the 20th century. Proceedings of the National Academy of Sciences of the United States of America , 110: 10324-10329.

Li Z, Wang T, Smith J L D, et al. 2018. Coexistence of two sympatric flagship carnivores in the human-dominated forest landscapes of Northeast Asia. Landscape Ecology, 34: 291-305.

Lugassi R, Zaady E, Goldshleger N, et al. 2019. Spatial and temporal monitoring of pasture ecological quality: Sentinel-2-based estimation of crude protein and neutral detergent fiber contents. Remote Sensing , 11: 799.

MA. 2005. Ecosystems and human well-being: a framework for assessment. Washington D. C. : World Resources Institute.

MA. 2005. Ecosystems and human well-being: synthesis. Washington D. C. : Island Press: 1-100.

MA. 2006. 生态系统与人类福祉: 评估框架. 北京: 中国环境科学出版社.

Mackenzie D L, Nichols J D, Royle J A, et al. 2006. Occupancy Estimation and Modeling: Inferring Patterns and Dynamics of Species Occurrence. San Diego: Academic Press.

McNeil B E, Pisek J, Lepisk H, et al. 2016. Measuring leaf angle distribution in broadleaf canopies using UAVs. Agricultural and Forest Meteorology , 218: 204-208.

O'Brien T G, Baillie J E M, Krueger L, et al. 2010. The wildlife picture index: Monitoring top trophic levels. Animal Conservation , 13: 335-343.

OECD. 2001. Environmental Indicators Development, Measurement and Use: Reference Paper. Paris: OECD.

Ouyang Z, Song C, Zheng H, et al. 2020. Using gross ecosystem product (GEP) to value nature in decision making. Proceedings of the National Academy of Sciences of the United States of America, 117(25): 14593-14601.

Paetzold A, Warren P, Maltby L. 2010. A framework for assessing ecological quality based on ecosystem services. Ecological Complexity , 7: 273-281.

Pimm S L, Alibhai S, Bergl R, et al. 2015. Emerging technologies to conserve biodiversity. Trends in Ecology and Evolution , 30: 685-696.

Rich L N, Davis C L, Farris Z J, et al. 2017. Assessing global patterns in mammalian carnivore occupancy and richness by integrating local camera trap surveys. Global Ecology and Biogeography , 26: 918-929.

Riedel S, Luscher G, Meier E, et al. 2019. Ecological quality of meadows supported with biodiversity contributions. Agrarforschung Schweiz , 10: 80-87.

Rillig M C, Ryo M, Lehmann A. 2021. Classifying human influences on terrestrial ecosystems. Global Change Biology , 27: 2273-2278.

Rina W, Weiwei C, Yonghua L, et al. 2019. The scientific conceptual framework for ecological quality of the dryland ecosystem: Concepts, indicators, monitoring and assessment. Journal of Resources and Ecology , 10: 196-201.

Rioux J, Roopnarine R, Biancalani R, et al. 2017. Land Degradation Assessment in Small Island Developing States (SIDS). Rome: FAO.

Rosas-Ramos N, Banos-Picon L, Trivellone V, et al. 2019. Ecological infrastructures across mediterranean agroecosystems: Towards an effective tool for evaluating their ecological quality. Agricultural Systems , 173: 355-363.

Soltanifard H, Jafari E. 2019. A conceptual framework to assess ecological quality of urban green space: A case study in Mashhad city, Iran. Environment, Development and Sustainability , 21: 1781-1808.

Sun Y, Frankenberg C, Wood J D, et al. 2017. OCO-2 advances photosynthesis observation from space via solar-induced chlorophyll fluorescence. Science , 358: eaam5747.

UN. 2021. Take Action for the Sustainable Development Goals – United Nations Sustainable Development. https://www.un.org/sustainabledevelopment/sustainable-development-goals/[2024-3-20].

Urbano F, Cagnacci F, Calenge C, et al. 2010. Wildlife tracking data management: A new vision. Philosophical Transactions of the Royal Society B: Biological Sciences , 365: 2177-2185.

Vitkalova A V, Feng L, Rybin A N, et al. 2018. Transboundary cooperation improves endangered species monitoring and conservation actions: A case study of the global population of Amur leopards. Conservation Letters , 11: e12574.

Wang J, Ding Y, Wang S, et al. 2022. Pixel-scale historical-baseline-based ecological quality: Measuring impacts from climate change and human activities from 2000 to 2018 in China. Journal of Environmental Management , 313: 114944.

Wang S, Wang J, Zhang L, et al. 2019. A national key R&D program: Technologies and guidelines for monitoring ecological quality of terrestrial ecosystems in China. Journal of Resources and Ecology , 10: 105-111.

Wei S, Mo Y, Wen P. 2021. Dynamic monitoring of ecological environment quality of land consolidation based on multi-source remote sensing data and rsei model. Fresenius Environmental Bulletin, 30: 317-329.

Wrbka T, Erb K H, Schulz N B, et al. 2004. Linking pattern and process in cultural landscapes: An empirical study based on spatially explicit indicators. Land Use Policy , 21: 289-306.

Xiao W, Hebblewhite M, Robinson H, et al. 2018. Relationships between humans and ungulate prey shape Amur tiger occurrence in a core protected area along the Sino-Russian border. Ecology and Evolution , 8: 11677-11693.

Yang X, Tang J, Mustard J F, et al. 2015. Solar-induced chlorophyll fluorescence that correlates with canopy photosynthesis on diurnal and seasonal scales in a temperate deciduous forest. Geophysical Research Letters , 42: 2977-2987.

Yao Q, Liu L, Diao Q, et al. 2012. An insect imaging system to automate rice light-trap pest identification. Journal of Integrative Agriculture, 11 (6) : 978-985.

Yu N, Li L, Schmitz N, et al. 2016. Development of methods to improve soybean yield estimation and predict plant maturity with an unmanned aerial vehicle based platform. Remote Sensing of Environment , 187: 91-101.

Zhang J, Hu J, Lian J, et al. 2016. Seeing the forest from drones: Testing the potential of lightweight drones as a tool for long-term forest monitoring. Biological Conservation , 198: 60-69.

第3章

基于台站网络的生态系统质量监测指标与技术

党的十八大将生态文明建设纳入中国特色社会主义事业的总体布局，提出了建设“美丽中国”的伟大目标。随着社会经济的飞速发展，环境变化和人类活动的双重驱动正在快速地改变地球生态系统的状态，呈现出众多级联的资源环境问题（于贵瑞等，2021）。对生态系统本身状况以及为人类社会提供服务的能力开展综合监测与分析，不但可以准确了解和把握生态系统质量的现状和变化，而且对于实现有效的生态系统综合管理，并为生态恢复和修复提供科学决策依据，从而增强生态系统对人类社会的支撑能力具有重要意义。

生态环境质量是指在一个具体的时间和空间范围内，生态系统的总体或部分生态环境因子的组合体对人类的生存及社会经济持续发展的适宜程度（叶亚平和刘鲁君，2000）。生态环境质量评价在某种意义上说是环境质量综合评价，通过选定的评价指标体系并运用综合的评价方法来评定某一区域的生态环境质量的优劣（周华荣，2000）。同时，生态环境质量也是人类生存发展的自然环境条件适宜性和自然资源供给能力对主观需求的满意程度的综合测度（于贵瑞等，2022）。

我国对生态环境质量及其变化的评估始于 20 世纪 90 年代初，并开展了城市（朱坚等，2011；张敏等，2015； 陈雅君等，2016；万本太等，2009；宋慧敏和薛亮，2016）、小流域（刘盼等，2018；张华等，2021；刘轩等，2016）、区域（叶亚平和刘鲁君，2000；卿青平和王瑛，2019；杨泽康等，2021；中国环境监测总站，2004）和全国（孙东琪等，12；徐洁等，2019；中国环境监测总站，2004）尺度的生态环境质量评估研究。由于态环境质量研究与评估一般在较大空间尺度上开展，因此以卫星遥感为主的数据以及型模拟数据得到广泛应用，如 Landsat TM 影像数据、MODIS 的 NDVI 数据、生物量和 CASA（Carnegie-Ames-Stanford approach）模型的模拟数据等（罗海江等，2008；亭等，2017；王焕等，2019）。但是，目前的生态环境质量评估面临着两个方面的突：一方面，不同区域间的评估缺乏统一的指标体系和评估方法，从而影响了评估可比性；另一方面，生态环境质量评估基本以遥感技术为主，缺乏来自地面实际监测效支撑，基于地面野外台站网络获取的小尺度和精细化的监测数据在生态环境质应用中还非常少（Xia et al.，2018）。

生态系统指在一定时间和空间内，由生物群落及其生存环境（非生物因子）通过能量流动、物质循环、信息交换过程构成的动态平衡系统。生物群落由存在于自然界一定范围或区域内并互相依存的一定种类的动物、植物、微生物组成，并且与生存环境相互影响、相互制约，从而使生态系统成为具有一定功能的有机整体。由此可见，生态环境质量从环境科学角度侧重于反映生物生存环境的变化，生态系统质量则需要以生物要素为核心，侧重于反映生态系统的结构和功能，从而认知和把握生物要素与物理环境之间的相互关系。与此同时，生态系统质量强调整体概念，也和以往传统农林产业经营管理的土地质量、耕地质量、林地质量和牧场质量等单方面质量存在显著差异（于贵瑞等，2022）。

近年来的研究从不同角度定义了生态系统质量。陈强等（2015）认为生态系统质量应是指在一个具体的时间和空间范围内生态系统的总体或部分生命组分的质量，主要表现在其生产能力和受到外界干扰后的动态变化，以及对人类的生存及社会经济可持续发展的影响，并从生产能力、稳定性和承载力 3 个方面进行衡量。王绍强等（2019）指出生态系统质量是一定时空范围内生态系统要素、结构、功能和服务的综合状况与水平，具体表现为生态系统要素、生物多样性、结构和功能的完整性、稳定性、抗干扰、恢复能力。于贵瑞等（2022）基于生态系统和生态经济理论，将生态系统质量定义为某一特定地理单元生态系统所具有的生态系统功能的自然属性和提供生态产品与服务的社会经济属性的综合体现，其自然属性决定着生态功能状态及其稳定性、缓冲或抵御或适应外界干扰的能力，以及系统受损后的自我恢复能力；其社会经济属性是为人类或自然生命系统提供多种生态产品及服务的供给数量、品质及其供给的稳定性和可持续性。

基于生态系统对人类社会可持续发展的重要性，生态系统质量的监测与评估日益受到重视。构建指标体系是开展生态系统质量监测与评估的前提，根据不同研究目标和研究尺度，不同研究采用的指标体系存在显著差异。许多学者已经围绕样地尺度（孙永光等，2013；莫可等，2015；张峰等，2020）、行政单元（王坤等，2016；朱坚等，2011；张敏等，2015；肖洋等，2016）、流域（陈强等，2015；潘竟虎和董磊磊，2016）和区域（罗海江等，2008）的生态系统质量开展了多方面的研究与评价工作，但在评估方法和基础数据源方面，大部分研究与生态环境质量的内容较为相似。因此，如何认知生态系统质量的状态及演变机制，如何监测与评估生态系统质量变化及稳定性，以及如何评价人为管理活动对提升生态系统质量的效果等理论和技术仍是亟待解决的难题（于贵瑞等，2022）。

生态系统的动态和综合监测是生态系统科学研究的重要技术途径，也是精确把握区域生态系统质量和演变状态、理解生态系统变化过程机制、评估生态系统变化服务及对人类福祉产生影响的数据源（陈宜瑜，2009）。随着社会经济和科学技术的发展，不同区域及其不同学科的监测研究站及其网络也应运而生（Cleverly et al.，2019；Mirtl et al.，2018；Li et al.，2015），特别是近 40 年来得到快速发展，为理解全球生态系统的功能状态、质量演变以及生态过程机制提供了基础数据，也为理解生态系统与全球环境变化及人类活动的相互作用关系提供了科学认知（陈善荣，2018；马克平，2015；Rebmann et al.，2018；于贵瑞等，2021）。基于生态系统台站的定位监测不仅可以为生态系统质量的监测提供基础平台，还可以为准确理解从站点到区域不同空间尺度生态系统质量变化提供基础数据源和机理认知，从而为大尺度生态系统质量的监测与评估提供有效的地面验证和过程机制分析。

3.1 基于台站网络的生态系统质量监测总体设计

3.1.1 基本思路

生态系统野外台站网络围绕生态要素开展了长期、规范的联网监测，为开展从站点到景观尺度的生态系统质量评估提供了重要基础，并且相较于基于遥感技术的状态与现象评价，地面直接监测可以为认知和把握生态系统质量变化的机理提供监测数据和技术方法。本研究以构建站点尺度生态要素监测技术标准与规范为主要研究内容，基于中国生态系统研究网络（CERN）、中国陆地生态系统定位观测研究网络（CTERN）、国家土壤肥力与肥料效益监测站网（简称肥料网）、中国生物多样性监测与研究网络（Sino-BON）和中国通量观测研究网络（ChinaFLUX）现有监测技术体系，通过系统梳理与补充完善，并借鉴国际相关研究和最新发展趋势，开展以生态系统结构和功能为核心内容的监测体系与技术规范的系统研究，从生态系统四大要素水环境、土壤、大气、生物出发，并结合生态系统监测的新技术和新方法，构建我国基于台站网络的生态系统质量监测的指标体系和技术方法，以有效服务于我国从站点到景观尺度生态系统质量的动态监测与综合评估，为我国生态文明建设提供技术支撑（图 3-1）。

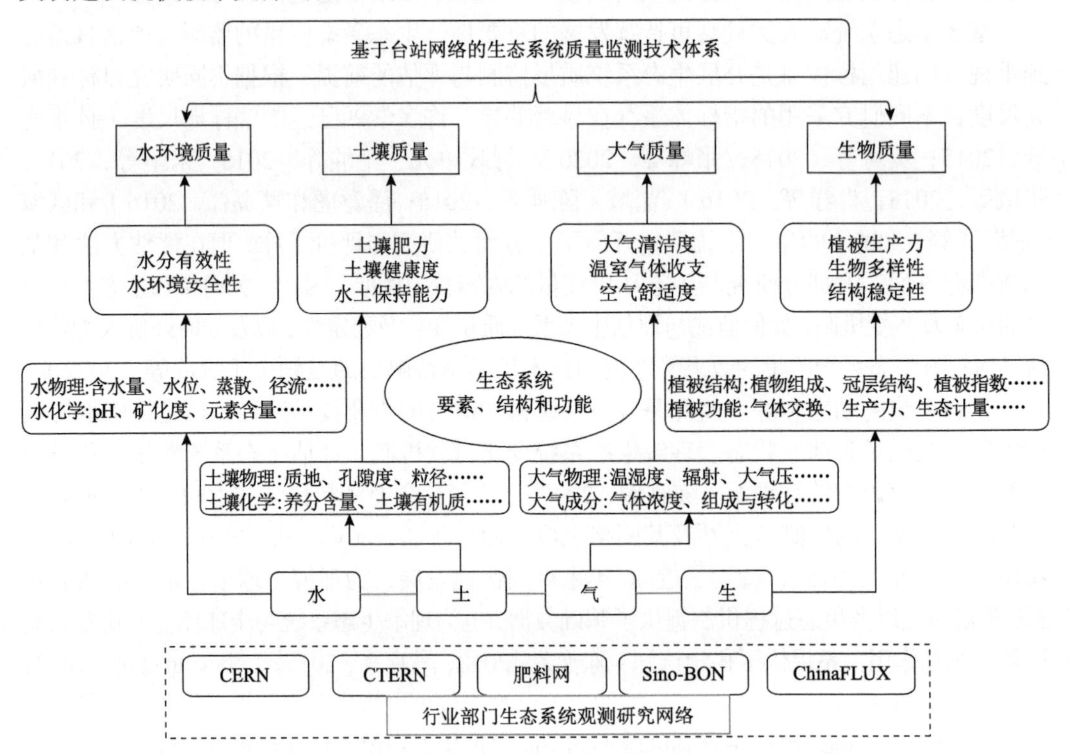

图 3-1 基于台站网络的生态系统质量监测技术体系的总体设计

3.1.2　指标选取原则

基于台站网络的生态系统质量监测指标的选取遵循以下四个原则。

（1）指标本身具有明确意义，且能够直接与特定的生态功能相联系。

（2）指标能够灵敏反映生态系统内的生态系统质量变化趋势和影响过程，可用于确定主要生态胁迫因子。

（3）指标相对容易测定，并且方法成熟，尽可能选择相对经济可行的监测内容。

（4）指标应具有良好的重现性，存在统一的监测标准或规范，主要从现有的台站网络监测指标中选取。

3.2　基于台站网络的生态系统质量监测指标体系

3.2.1　大气质量监测指标

大气质量最直接的表现为植被生长适宜度和空气清洁度。植被生长适宜度主要是指生态系统的植被生产过程中光照、温度、湿度和干燥度等生长环境条件的适宜程度或资源特征。空气清洁度主要是指大气污染程度和清洁状况。

1. 植被生长适宜度指标

常规气象要素监测系统可连续监测台站代表区域的气候特征，如空气温湿度、土壤温湿度，以及辐射条件的实时在线监测（表3-1），以获取监测地点的大气条件的基本变化规律和动态特征。

表3-1　基于台站网络的大气质量监测指标

一级指标	二级指标	三级指标
植被生长适宜度	空气温湿度	空气温度、相对湿度和水汽压，降水量，干燥度
	土壤温湿度	土壤温度、土壤含水量
	辐射条件	总辐射、净辐射、光合有效辐射、日照长度
空气清洁度	湿沉降	pH，K^+、Na^+、Ca^{2+}、F^-、Cl^-、NH_4^+、NO_2^-、NO_3^-、SO_4^{2-}含量
	干沉降	干沉降总量，气态NO_x、HNO_3和NH_3沉降量，颗粒态NH_4^+、NO_3^-沉降量
	重金属沉降	铜（Cu）、锌（Zn）、铅（Pb）、铬（Cr）、镉（Cd）、砷（As）、镍（Ni）、汞（Hg）沉降量
	颗粒物	气溶胶、$PM_{2.5}$和PM_{10}
	污染物浓度	大气O_3、SO_2、NO_2、CO浓度，挥发性有机物
	负氧离子	大气负氧离子

2. 空气清洁度指标

空气清洁度的监测指标如表 3-1 所示。干湿沉降是大气颗粒物和气态污染物从大气进入地表的主要方式，分为颗粒物干沉降、气态物干沉降和湿沉降三种类型。大气颗粒物干沉降是指大气中的颗粒物在重力作用下发生沉降，或者与植物、建筑物以及地面（土壤）相互碰撞而被捕获或者吸附的过程。大气中的物质通过降水而落到地面的过程，称为湿沉降。气态物沉降是指大气中 NO_x、HNO_3 和 NH_3 等气态物质随气流运动而进入地表的过程；湿沉降是大气中的气态和颗粒态物质随雨、雪、霜和雾等降落到地面的过程。目前，由于沉降的物质类型多样，大气干湿沉降过程通常采用野外人工、半自动或自动采样，然后在实验室内开展目标物的分析测定。

大气中的重金属主要来源于能源燃烧、交通运输、金属冶炼等生产生活活动，通过干沉降、湿沉降进入土壤和水体。重金属是大气沉降污染物中的重要成分之一，可通过呼吸系统直接影响人类健康，同时重金属具有不可降解性，在沉降后会持久累积，对土壤、植物和水体等造成二次污染，并通过食物链危害人体健康。研究表明，大气沉降是农田生态系统中重金属元素的重要来源。干湿沉降是去除大气中重金属的重要途径，通过收集大气干湿沉降样品，对其进行重金属含量和形态检测，分析大气中重金属的污染特征和时空分布，可以解析研究区内大气沉降中重金属的来源和环境效应。

大气污染物指由于人类活动或自然过程排入大气的并对人和环境产生有害影响的物质，包括气态污染物和气溶胶态污染物。气态污染物中普遍关注的气体组成成份为硫氧化物（如 SO_2）和氮氧化物（如 NO_2），以及碳的氧化物（如 CO）和挥发性有机物（volatile organic compounds，VOCs）。其中，VOCs 具有高度的化学活性，对大气中的臭氧（O_3）和二次有机气溶胶（secondary organic aerosol，SOA）的形成有着巨大的贡献。因此，VOCs 在大气化学、大气环境、气候变化、碳收支等方面起着重要作用。气溶胶态污染物包括粉尘、烟和总悬浮颗粒物，一般常用 PM_{10} 和 $PM_{2.5}$ 衡量。大气负氧离子是带负电荷的单个气体分子和氢离子团的总称，大气负氧离子在空气净化、小气候改善等方面有调节作用，其浓度水平常常作为空气质量评价的指标之一。

3.2.2 水环境质量监测指标

土壤水分是生态系统水循环过程的重要组成部分，其不但供给了植物生长与发育，而且构成了生态系统生产力形成的基础。水环境质量最直接的表现为植被生长水分适宜度和水环境清洁度。植被生长水分适宜度主要是指生态系统的植被生产过程中水分有效性及其适宜程度，可以用土壤水能否被植物吸收利用及其难易程度来表征。水环境清洁度主要是指生态系统水分的清洁状况，主要包括水体营养度和污染物状况等。

根据基于台站网络的生态系统质量指标的遴选原则和标准，水环境质量监测指标大致可分为物理生境指标和水质理化指标两大类，生物类群指标将在其他主要指标中选取（见 3.2.4 节）。表 3-2 列出了基于台站网络的水环境质量监测指标。

表 3-2　基于台站网络的水环境质量监测指标

一级指标	二级指标	三级指标
土壤水分有效性	根层土壤水分	土壤水分含量、田间持水量、地下水位
水环境清洁度	水体营养度	总氮、总磷、铵态氮、pH、各类营养盐
	水环境污染物*	重金属含量（镉、铅、砷、铬、汞、铜、锌、锰）、农药残留量
		COD、BOD

*可从土壤质量监测指标中获取。

注：BOD 表示生化需氧量。

1. 土壤水分有效性指标

土壤水分是生态系统水循环过程的重要组成部分，不仅供给了植物生长与发育，而且构成了生态系统生产力形成的基础。土壤水分有效性是指土壤水能否被植物吸收利用及其难易程度，土壤水分有效性通常把田间持水量视为土壤有效水的上限，而将土壤萎蔫系数看作土壤有效水的下限。

2. 水环境清洁度指标

清洁度是水环境质量监测与评估中的重要内容。目前，对水环境清洁度有直接影响的因素可以分为两类，一是水体营养度，如总氮、总磷、铵态氮和各类营养盐含量，以及水体的 pH 等。前者反映了外源氮磷等无机营养物的输入，后者则指示了水体中藻类等在营养物增加后通过光合作用变化对水体酸碱度的影响，并进而改变了水体中的生物生长与组成。二是水环境污染物，其监测指标包括重金属和有机污染物含量，以及水体的化学需氧量（COD）和生化需氧量（BOD）测定指标。重金属和有机污染物含量主要用于揭示相关污染物在水体中的富集程度；COD 和 BOD 则是反映水环境中有机物状况的有效指标。

3.2.3　土壤质量监测指标

一般来说，土壤具备并提供了 11 项生态系统服务功能：气候调节、养分循环、生物栖息地、洪水调节、碳封存、净化水和减少土壤污染、药品和遗传资源的来源、提供食物纤维和燃料、文化遗产、提供建筑材料、人类建设的地基。其中，与生态系统质量密切相关的有如下 5 个方面。

（1）气候调节。土壤对气候调节的作用主要是温室气体排放，可以用于定量的指标有二氧化碳、甲烷和氮氧化物的排放量。

（2）养分循环。土壤对养分循环的作用主要是土壤对地上植物生长养分的供给，以及对土壤中动物和微生物生存养分的供给，这个功能可以简化为供需方的关系。土壤（包含植物凋落物、腐殖质和死了的生命躯体，如蝉蜕、落叶、动物粪便）作为供给方，需求方是植物、动物和微生物。

对于生态系统而言，养分的供大于求可以认为是良性的，如果需求少于供给，则封存下来也是“有益的”。可以用于衡量养分状态的指标包括：土壤有机质（soil organic matter，SOM）含量与生物量碳（包括植物、土壤动物和土壤微生物）的比例，其超过某一阈值越多越好；土壤全氮含量与生物量氮（包括植物生物量氮、土壤动物生物量氮和土壤微生物生物量氮）的比例，也是超过某一阈值越多越好。

（3）洪水调节。洪水调节是土壤对水“量”的吸收和保存作用，一方面是土壤机械组成，土壤越黏，越有利于吸纳和储存水分；另一方面，土壤中植物根系分布结构越稳定越好。

（4）净化水和减少土壤污染。净化水也就是水源涵养，是土壤对水“质”的作用。土壤污染主要是指土壤无机污染物和有机污染物污染。无机污染物主要是重金属，有机污染物是农药类的污染物。

（5）碳封存。土壤有机质可以用于直接衡量，土壤全氮可以用于间接衡量。土壤里面的有机物越多，黏土矿物越多，越有利于净化水质。

除了土壤功能，耕地质量也是常用来评价土壤质量的指标。土壤酸碱度、土壤有机质、耕层厚度、质地和容重等土壤理化性质是常用的土壤属性。另外，评价过程中也使用土壤清洁度表示土壤受重金属、农药和农膜残留等有毒有害物质的影响程度。

从上述土壤的生态系统服务功能出发，可以从土壤肥力、土壤环境健康和土壤生态功能3个方面开展土壤质量的监测与评估。同时，对于自然生态系统和受到人为调控的生态系统（如农田），其土壤质量的关注角度与内容也存在一定差异。

1. 农田生态系统土壤质量指标体系

农田生态系统是由人类控制和管理的，物种组成简单，系统功能单一，物质输出和能量流动向着人类需求的方向发展。土壤是农田生态系统非生物环境要素中最为宝贵的资源，为作物健康生长提供基础。从土壤要素出发，衡量农田生态系统土壤质量需要综合考虑农田生态系统的服务功能以及土壤要素在农田中的重要地位，兼顾土壤肥力、土壤环境健康以及土壤生态功能（表3-3）。

表3-3　农田生态系统土壤质量监测指标

一级指标	二级指标	三级指标
土壤肥力	土壤理化属性	容重、机械组成、pH、有机质、全氮、全磷、全钾、速效磷、速效钾、土壤阳离子交换量（CEC）、耕层厚度
	人为管理方式	种植制度、灌溉制度、施肥措施
土壤环境健康	重金属指标	铅、汞、砷、镉、铬、镍
	有机污染物指标	多环芳烃（PAHs）、微塑料颗粒
土壤生态功能	土壤碳库功能	有机碳、无机碳
	土壤气候调节功能	CH_4、N_2O 和 CO_2 等温室气体通量

农田生态系统相对于自然生态系统最大的特点体现在人为干扰或经营管理对生态系统结构、过程和功能的调控与影响，在最大化农田生态系统的功能时，人为因素对农田生态系统尤其是农田土壤造成了影响。例如，收获生物量是农田生态系统的主要服务功能，而长期的生物量收获和带走会造成土壤养分含量降低；长期过量施用化肥会造成土壤板结、酸化，甚至导致土壤重金属污染；长期使用杀虫剂增加土壤中外源有机污染物，并导致土壤健康质量下降；设施农业如塑料大棚和农膜的使用造成土壤微塑料污染，长期连作等措施增加土壤土传病害的风险，有机肥的使用增加土壤抗性基因的多样性。

因此，评价农田生态系统功能时，既需要考虑到土壤的指标现状，如常见的土壤物理、土壤化学、土壤生物和土壤过程通量指标，又需要兼顾对土壤产生影响的原因，如各类人为措施。

1）土壤肥力指标

土壤肥力是指土壤能够支持作物生长，并提供植物生长所需的适宜的水、肥、气、热的能力。土壤肥力质量需要考虑的常见土壤理化属性指标有容重、机械组成、pH、有机质、全氮、全磷、全钾、速效磷、速效钾、CEC、耕层厚度。土壤肥力质量需要考虑的常见人为管理方式有种植制度、灌溉制度、施肥措施。

2）土壤环境健康指标

土壤环境健康质量的评价通常需要考虑重金属指标和有机污染物指标。常见的土壤重金属指标有铅、汞、砷、镉、铬、镍等元素的含量，甚至包括这些元素的不同形态，如全量和有效态等。

常见的土壤有机污染物指标有多环芳烃（PAHs）、微塑料颗粒。多环芳烃包括萘、苊烯、苊、芴、菲、蒽、荧蒽、芘、苯并蒽、䓛、苯并荧蒽、苯并芘、茚苯芘、二苯并蒽。

3）土壤生态功能指标

尽管农田土壤的主要功能是服务于农田作物生产，但与此同时，农田土壤也在碳库和全球气候变化方面发挥着生态调节功能。例如，农田土壤在全球碳汇中承担着重要作用，并且农田土壤碳汇随时间呈现一定的增加趋势；农田土壤中的水稻土在温室气体排放方面也发挥着重要作用。

在反映土壤碳库功能方面，常见的指标有有机碳和无机碳；在反映土壤气候调节功能方面，常见的指标有土壤 CH_4、N_2O、CO_2 等温室气体通量。

2. 自然生态系统土壤质量指标体系

1）土壤综合质量指标

自然生态系统是指在一定时间和空间范围内，依靠自然调节能力维持的相对稳定的生态系统，如原始森林、草地等。自然生态系统不但为人类提供食物、木材、燃料、纤维以及药物等社会经济发展的重要组成成分，而且承担着一定的社会文化功能和娱乐功能。自然生态系统通常没有明显大量的人为物质和能量输入，其生态系统的物质循环和能量传输主要是自然过程。因此，评价自然生态系统质量时，着重考虑自然过程（表3-4）。

表 3-4 自然生态系统土壤质量监测指标

一级指标	二级指标	三级指标
土壤综合质量	物理指标	土壤机械组成、容重、持水量、土层厚度和植物根系深度
	化学指标	有机质、速效氮、磷、钾、pH、电导率、CEC
	生物指标	微生物量碳氮、土壤呼吸
土壤环境健康质量	重金属指标	铅、汞、砷、镉、铬、镍
	有机污染物指标	微塑料颗粒
土壤生态功能	土壤碳库功能	有机碳、无机碳
	土壤气候调节功能	CH_4、N_2O 和 CO_2 等温室气体通量
	土壤水源净化和涵养功能	土壤机械组成、容重、土层厚度、土壤有机质、植物根系分布、坡度、坡向、地表植被类型和盖度

在自然生态系统中，土壤是生态系统以及生态过程的载体，可以从土壤肥力、土壤环境健康和土壤生态功能三个方面进行评价。但是，由于自然生态系统的功能异于农田生态系统的生物量收获（籽粒收获），因此，土壤肥力可相对弱化，而更多考虑土壤综合质量。土壤综合质量主要从土壤物理属性、土壤化学属性和土壤生物属性等方面来评价，更倾向于将土壤看作一个较为完整的系统，而这个系统的完整性和质量，可以表征土壤要素在大生态系统中发挥的功能，是大生态系统质量的一个方面。

土壤综合质量用于反映自然生态系统中土壤对地上植被和地下生物体的总体支持能力。

常见的土壤物理指标包括土壤机械组成、容重、持水量、土层厚度和植物根系深度。

常见的土壤化学指标包括有机质、速效氮、磷、钾、pH、电导率、CEC。

常见的土壤生物指标包括微生物量碳氮、土壤呼吸。

2）土壤环境健康质量指标

对于自然生态系统，土壤也是地球系统中最活跃、最富生命力的圈层，其不断地与大气圈、水圈、生物圈及岩石圈进行物质和能量的交换。因此，土壤环境质量的好坏也直接影响着与此连接的水域、大气环境。由于塑料制品大范围传播和扩散，以及大气干沉降带来无机污染物，自然土壤环境健康质量的评价也需要考虑无机污染物（如重金属指标）和有机污染物指标。

常见的土壤重金属指标有铅、汞、砷、镉、铬、镍等元素的含量，甚至包括这些元素的不同形态，如全量和有效态甚至价位等。

常见的土壤有机污染物指标有微塑料颗粒。

3）土壤生态功能指标

土壤要素对于自然生态系统生态质量的意义主要体现在以下三个方面：土壤碳库功能、土壤气候调节功能、土壤水源净化和涵养功能。

在反映土壤碳库功能方面，常见的指标有有机碳和无机碳。

在反映土壤气候调节功能方面，常见的指标有土壤 CH_4、N_2O、CO_2 等温室气体通量。

在反映土壤水源净化和涵养功能方面，常见的指标有土壤机械组成、容重、土层厚度、土壤有机质、植物根系分布、坡度、坡向、地表植被类型和盖度。

3.2.4　生物质量监测指标

生物是生态系统的核心成分，是生态系统功能的真正实现者，是生态系统结构与功能状况的直接体现者。因此，无论是对于了解生态系统功能状况的变化，还是对于生态系统质量评估的研究，都离不开对生物的监测，生物监测毋庸置疑是生态系统监测与生态质量评价研究的主体和核心。以中国生态系统研究网络（CERN）生物要素监测指标为基础，围绕生物质量长期监测开展指标体系的综合研究，通过专家知识和指标分析，制定站点尺度生物质量长期定位监测的指标体系。

1. 自然生态系统生物质量指标

自然生态系统生物质量指标主要包括以下内容（表 3-5）。

表 3-5　自然生态系统生物质量监测指标

一级指标	二级指标	三级指标
生境质量	生长环境	水分、土壤、大气等环境因子
	干扰强度	人类或自然灾害干扰强度
群落结构	覆盖度	群落覆盖度
	数量特征	群落高度、群落密度、优势种占比
生物多样性	植物多样性	乔、灌、草物种丰富度
	动物多样性	旗舰动物/指示动物种数量
	土壤微生物多样性	土壤微生物物种丰富度
群落物质生产与动态	物质生产	生物量/生产力
	物候	生长季节起始时间和长度
	植被指数	叶面积指数

1）生境质量

生境质量包括生物生长环境的必要信息，如水分、土壤、大气等环境因子，为解释植物生长状况提供必要信息，还包括人类或自然灾害干扰强度等信息。

2）群落结构

群落结构包括群落的覆盖度和数量特征。植物群落的覆盖度、高度、密度及优势种占比是反映生物质量最直观的指标。

3）生物多样性

生物多样性包括植物多样性、动物多样性和土壤微生物多样性。生物是环境变化最敏感的指示器，从生产者、消费者到分解者各个营养级的物种丰富度是表征生物多样性变化的关键指标，也是反映生态系统质量的核心指标。

4）群落物质生产与动态

植物作为生态系统的生产者，其生产能力是衡量群落功能最基础的指标，而物候和植被指数的动态变化也是气候变化最敏感的指示器。

2. 农田生态系统生物质量指标

在农田生态系统中，生物质量指标主要包括以下内容（表 3-6）。

表 3-6　农田生态系统生物质量监测指标

一级指标	二级指标	三级指标
生境质量	生长环境	水分、土壤、大气等环境因子
	干扰强度	化肥、农药投入量
作物种类组成	作物种类	作物种类与数量
	种植结构	轮作体系与复种指数
作物生育期动态	生育期动态	作物生育期长度、生育期数量
作物生产与品质	物质生产	生物量/生产力
	产量	籽粒产量
	品质	营养物质/有害物质含量

1）生境质量

生境质量包括作物生长环境和干扰强度，为解释作物生长状况提供必要信息。

2）作物种类组成

作物种类组成包括作物种类和种植结构。

3）作物生育期动态

作物生育期动态可解释作物生长发育与气候、耕作管理的关系，也是反映气候变化的参数。

4）作物生产与品质

作物生产与品质包括作物物质生产、产量与品质，是反映作物生长状况的关键参数，有助于解释作物的物质分配、营养吸收、产量形成机制等。

3.3　基于台站网络的生态系统质量监测技术规范

站点尺度生态系统质量监测指标的技术与规范主要采用中国生态系统研究网络（CERN）制定并发布的监测技术规范（吴冬秀等，2019；潘贤章等，2019；胡波等，2019；袁国富等，2019）。

3.3.1　大气环境

1. 监测场地与仪器布设

气象辐射要素采用自动气象监测站进行监测，通常需要设置一个土地利用方式长期不变的固定监测场，监测场地选取原则如下。

监测场地的选取应尽可能反映本站点较大范围气象要素特点，避免局部地形和周围环境的影响；四周空旷平坦，周围没有高大建筑物、树木的遮挡；监测场边缘与四周孤立障碍物的距离应是障碍物高度的三倍以上；监测场四周 10m 范围内不能种植高秆作物，以保证气流畅通，监测场应位于该地区主风向的上风方向。

监测场的大小为 25m×25m，如条件限制可为 16m（东西向）×20m（南北向）（高山、海岛不受限制）。同时，监测场四周一般设置约 1.2m 高的稀疏围栏，围栏所用材料不宜反光太强。场地应平整，地面草本层高度不能超过 20cm，对草层的养护，不能对监测记录造成影响。森林、荒漠、湿地、水域等生态系统监测场内地表可保持与周围自然环境基本相一致，荒漠地区不需种人工草坪。另外，监测场的防雷必须符合《地面气象观测场（室）防雷技术规范》（GB/T 31162—2014）的要求。

监测场内仪器设施的布置要注意互不影响，便于监测操作。各仪器设施东西排列成行，南北布设成列，东西间距不小于 4m，南北间距不小于 3m，仪器距监测场边缘护栏不小于 3m。

辐射监测仪器一般安装在监测场南边，监测仪器感应面不能受任何障碍物影响。因条件限制不能安装在监测场内时，总辐射、直接辐射、散射辐射以及日照监测仪器可安装在天空条件符合要求的屋顶平台上，反射辐射和净辐射监测仪器安装在符合条件的、有代表性下垫面的地方。

2. 气象与辐射要素监测

自动气象站的数据采样是在数据采集器中完成的，主要监测要素包括以下几个方面。

1）温度和湿度

每 10s 采测 1 个温度值和湿度值，每分钟采测 6 个温度值和湿度值，去除 1 个最大值和 1 个最小值后取平均值，作为每分钟的温度值和湿度值进行存储。正点时采测前 60min 的温度值和湿度平均值作为正点数据进行存储，同时获取前 1h 内的最高温度值、最低温度值和最小相对湿度值及出现时间进行存储。每日 20 时从每小时的最高温度值、最低温度值和最小相对湿度值及出现时间中挑选出 1 日内的最高温度、最低温度和最小相对湿度极值及出现时间进行存储。数据记录时，温度保留 1 位小数，相对湿度取整数值。

2）降水

对于液态降水，每分钟计算出 1min 的降水量，正点时计算、存储前 1h 的降水量。每日 20 时计算存储每日降水。数据记录时，降水量保留 1 位小数。

3）日照

以太阳直接辐射达 120W/m^2 为阈值，每分钟记录存储有无日照信息，正点小时（地方平均太阳时）计算小时日照分钟数并存储，若无日照记为 0。日照时数以分钟数为单位取整数计算，日统计计算以“××小时：××分钟”的统计计算结果进行记录。

4）地温

每 10s 采测 1 次地面和地下各层的温度值，每分钟采测 6 次各层温度值，每层各去除 1 个最大值和 1 个最小值后取平均值，作为每分钟的地面温度值和地下各层温度值进行存储，正点时采测前 60min 的数值作为正点数据进行存储，并获取每小时地面温度的最高值、地面温度最低值和出现时间。每日 20 时选取每日的地面温度最高值、地面温度最低值和出现时间。数据记录时，温度保留 1 位小数。

5）土壤热通量

土壤热通量采用自校准传感器，每 12h 自动校准传感器一次，计算得出的测量参数用于测量热通量。其采样频率和存储要求同辐射要素。

6）辐射

总辐射、反射辐射、净辐射、紫外辐射和光合有效辐射（PAR）每 10s 采测 1 次，每分钟采测 6 次辐照度（瞬时值），去除 1 个最大值和 1 个最小值后取平均值。正点（地方平均太阳时）采集存储各辐射量辐照度，同时计算、存储各辐射量曝辐量（累计值），挑选 1h 内最大值及出现时间作为最大辐射量，记录并存储。每日 24 时（地方平均太阳时）计算当日各辐射要素最大辐照度和出现时间并存储，累加计算各辐射要素日总量。

数据记录格式：辐照度（W/m^2）数值取整数，曝辐量、日总量数值（MJ/m^2）保留 3 位小数。

光合有效辐射[$\mu mol/(m^2 \cdot s)$]的数值取整数，按小时记录累计的光量子通量密度[$mol/(m^2 \cdot h)$]，记录时保留 3 位小数。

3. 干湿沉降监测

大气干沉降总量的测定采用称重法。其基本原理是，颗粒物等污染物在重力的作用以及以聚氨酯泡沫片（PUF 膜）为代用面的捕获作用下，污染物被吸附到膜片上，通过计算采样后与采样前膜片重量的差值，得到大气干沉降量，单位用每月每平方米上的干沉降克数[$g/(m^2 \cdot 月)$]来表示。采样的设备可采用下面两种。

（1）降尘缸：使用圆柱形玻璃集尘缸（内径 15cm，高 30cm）。

（2）干湿沉降自动采样仪：由 APS-2B 型干湿沉降自动监测仪（青岛崂山电子仪器总厂）和集尘缸组成，只有在降水事件发生时采集降水，其余时间采集干沉降，实现干沉降与湿沉降的对立采样。

3.3.2 水环境

1. 根层土壤水分

1）土壤水分含量

土壤水分含量可以反映某个区域根层土壤水分的供应状况。土壤水分含量又称土壤含水率，是指单位体积或者单位质量土壤中水分的含量，一般用百分比来表示。土壤中绝对水分含量则可以通过分层的土壤含水量（率）计算得到。目前，最广泛采用的方法是时域反射仪（TDR）法，该方法是利用土壤介电常数与土壤含水量密切相关的原理，通过测定土壤介电常数推算土壤含水量。由于 TDR 方法的先进性，其逐渐成为目前土壤水分长期监测的主要手段。该方法的测定精度取决于土壤介电常数与土壤含水量关系式的精度，因此在使用该方法时，需要根据土壤状况拟合出土壤介电常数和土壤含水量之间的相关关系。

根据作物生长的需要和土壤含水量的长期变化规律，该指标的监测频率在生长季5～10 天测量一次、非生长季 15～30 天测量一次即可。目前，随着 TDR 等自动监测技术被广泛应用，土壤水分含量的连续测定已成为可能。根据土壤水分状况的评估需要，一般每天记录日平均值即可。

2）田间持水量

田间持水量可以反映土壤的水分保持能力，一般定义为土壤所能稳定保持的最高土壤含水量，也就是在排水状况良好（毛管水不与地下水相连）的情况下，单位体积土壤所能保持的最大毛管悬着水量，该指标可视为土壤有效水的上限，是对作物有效的、最高的土壤含水量。土壤田间持水量的基本测定方法是，在田间围框或打土垄灌水使土壤饱和，待重力水排除后，在没有蒸发和蒸腾的条件下，测定土壤水分达到基本平衡时的含水量即田间持水量。室内测定土壤田间持水量的方法又称为环刀法，即用环刀采集原状土样并经充分浸泡，饱和后置于风干土上，使风干土吸去土样中的重力水，然后测定土样的含水量。田间持水量通常被认为是一个常数，所以不需要经常测量，一般情况下5～10 年测定一次即可。

3）地下水位

广义的地下水是指存在于地表以下的水，包括土壤水，狭义的地下水一般指埋藏于地表以下，能够自由流动的水体，包括潜水和承压水。潜水是埋藏在地表以下第一个稳定隔水层之上，具有自由水面的重力水，在重力作用下，能自高处向低处运动，补给来源主要是大气降水和地表水的渗入，其地下水位表达了地下水的运动状态。地下水位的监测需要设置地下水位监测井，通过对井中水面水位的监测获得地下水位值。自动监测可以通过水位计对地下水位变化过程进行连续监测，结合基准水位值获得地下水位的动态变化。现在的水位计一般都是自记式的，通过电子信号转换设备，将水位信号转换为数值信号并存储于电子设备中。根据测量原理的不同，自记式水位计一般分为浮子式水位计（又称浮筒式水位计）和压力式水位计两种。通常情况，每天记录一个平均值或者某个时刻的地下水位。

2. 水体营养度

湖泊、河流等水体的营养状态评价选择指标通常包括叶绿素 a、总磷、总氮、透明度和高锰酸盐指数等。根据生态系统长期监测指标，总氮、总磷、铵态氮、pH、COD以及各类营养盐被作为反映水体营养状况和水质的主要指标。而目前被广泛关注的富营养化是指在人类活动的影响下，大量的氮、磷等营养物质进入湖泊、河口、海湾等缓流水体，引起藻类及其他浮游生物迅速繁殖，水体溶解氧量下降，水质恶化，鱼类及其他生物大量死亡的现象。一般来说，湖泊、水库营养状态针对表层 0.5m 水深测点的营养状态指标值进行评价。其分级方法通常是采用 0～100 一系列的连续数字或者用优、良、中、差等分级指标对湖泊营养状态进行分级。目前各种化学指标都有现成的国家标准和常用的方法以及成熟的专业仪器测定（表 3-7）。

表 3-7　主要水化学分析项目、分析方法及使用仪器

项目	分析方法	使用仪器
pH	玻璃电极法	pH 计
碳酸盐	酸碱滴定法	盐酸化学滴定
碳酸氢盐	酸碱滴定法	盐酸化学滴定
氯化物	硝酸银滴定法	化学滴定
	硫氰酸汞高铁光度法	分光光度计
	离子色谱法	离子色谱仪
硫酸盐	重量法	天平
	铬酸钡分光光度法	分光光度计
	硫酸钡比浊法	浊度仪或分光光度计
	离子色谱法	离子色谱仪
磷酸盐	磷钼蓝分光光度法	分光光度计
	离子色谱法	离子色谱仪
硝酸盐	酚二磺酸分光光度法	分光光度计
	紫外分光光度法	紫外分光光度计
	离子色谱法	离子色谱仪
	气相分子吸收光谱法	气相分子吸收光谱仪
氨氮	气相分子吸收光谱法	气相分子吸收光谱仪
	纳氏试剂分光光度法	分光光度计
	水杨酸分光光度法	分光光度计
	连续流动-水杨酸分光光度法	连续流动分析仪
	流动注射-水杨酸分光光度法	流动注射分析仪
	离子色谱法	离子色谱仪
COD	重铬酸钾法	化学滴定
	高锰酸钾法	化学滴定
	快速消解分光光度法	消解管、加热器、光度计
溶解氧	碘量法	化学滴定
	电化学探头法	溶解氧测定仪
总氮	碱性过硫酸钾消解紫外分光光度法	紫外分光光度计
	连续流动-盐酸萘乙二胺分光光度法	连续流动分析仪
	流动注射-盐酸萘乙二胺分光光度法	流动注射分析仪
	气相分子吸收光谱法	气相分子吸收光谱仪
总磷	钼酸铵分光光度法	分光光度计
	连续流动-钼酸铵分光光度法	连续流动分析仪
	流动注射-钼酸铵分光光度法	流动注射分析仪
总有机碳	燃烧氧化-非分散红外吸收法	非分散红外吸 TOC 仪

对于水体采样方法、样品保存和采样频率等规范，水样采集量按照各个监测项目的监测方法所需要量再增加 25%作为实际采集量。采样方法有船只采样、桥梁采样、涉水采样、索道采样等。各种水质的水样，从采集到分析这段时间内会发生各种变化，所以在采样时需要根据水样的不同情况和要测定的项目，采取必要的保护措施，并尽可能快地进行分析。水样允许保存的时间与水样的性质、分析的项目、溶液的酸度、储存容器、存放温度等多种因素有关。关于水样采用与分析频率，一般要求 4～6 次/年。另外，进行水质长期监测时应考虑监测区域内的水文、地质、气象、地貌特征等因素。对于地下水监测来说，要了解地下水及周围的工业分布、资源开发、耕作排污等情况。对于静止地表水来说，要了解湖库池沼水体补给条件、污染物分布规律等。对于流动地表水（河流）来说，要了解河流的分布、沿线的资源现状及化肥农药使用情况和植被破坏与水土流失情况。

3.3.3　土壤环境

1. 土壤理化要素

1）土壤 pH

用于测定土壤 pH 的方法见《森林土壤 pH 值的测定》（GB 7859—87）的第 1 章电位法。相应的国标可以参见刘光崧（1996）主编的《土壤理化分析与剖面描述》一书。

（1）一般土壤样品加入蒸馏水，并进一步测定土壤溶液 pH，而酸性土壤需要同时加入氯化钾，然后测定土壤溶液 pH。

（2）如果使用玻璃电极和饱和甘汞电极测定，玻璃电极应插入泥浆，饱和甘汞电极插入上层清液中。

2）容重

用环刀取具有代表性的原状土，称重并计算单位容积的烘干土质量，即土壤容重。该方法除直接称重计算外，也可从环刀中取出部分湿土样测定含水量后，再计算容重。该方法适用于石砾含量较少的矿质土壤。

A. 仪器与设备

采样仪器为不锈钢环刀（通常容积为 100 cm^3 或 250 cm^3）。

B. 测定步骤

采样：选取具有代表性的地段，先在采土处用铁铲铲平，将已称过质量的环刀垂直压入土内（必须保持环刀内土壤结构不受破坏），然后取出环刀，用锋利的小刀削去环刀两端外露的土壤；擦去环刀外面的土，立即加盖以免水分蒸发；通常表层土壤需采集 5 个重复样品；测定下层土壤的容重时，需先挖好一个剖面。按照固定深度采样时，取该层的中间部分，每层采集 3 个重复样品；如发生层次明显或土壤质地结构有明显的层次变化时，需适当调整采样深度，以不跨越层次为宜。

烘干称重：将取回的环刀土样，去掉顶盖，先在电热板上烘到近于风干的状态，然后放入烘箱中，在（105±2℃）下烘干称至恒重。

C. 结果计算

土壤容重的计算采用如下公式：

$$\rho_B = \frac{m_2 - m_1}{V}$$

式中，ρ_B 为土壤容重，g/cm^3；m_1 为环刀的质量，g；m_2 为环刀和烘干土的质量，g；V 为环刀容积，cm^3。

根据测定结果计算并记录平均值（$\bar{X}$）、标准差（S）、样本数（n）。

3）机械组成

机械组成采用《森林土壤颗粒组成（机械组成）的测定》（GB 7845—87）的第 1 章吸管法测定。需要说明的是，该标准中氢氧化钠分子的摩尔质量有误，应将 0.014g/mmol 更正为 0.04kg/mol。

4）有机质

利用浓硫酸和重铬酸钾水溶液混合时产生的稀释热，促使有机质中的碳氧化为二氧化碳，而重铬酸钾中的 Cr^{6+} 被还原成 Cr^{3+}，剩余的重铬酸钾再用硫酸亚铁标准溶液滴定。根据有机碳被氧化前后 $Cr_2O_7^{2-}$ 数量的变化，计算出活性有机质的含量。该方法应在室温 20℃以上的条件下进行，如气温较低，应采取适当的保温措施。

5）全氮

全氮的分析方法为半微量开氏法，见《土壤全氮测定法（半微量开氏法）》（GB 7173—87）。

利用湿烧法的自动定氮仪实际上是凯氏法的组装，所用试剂药品也同凯氏法。该方法可以同时进行多个样品的消煮，蒸馏、滴定及其计算结果自动快速进行。例如，瑞士 Buchi 公司生产的 K370 全自动定氮仪，能同时在密闭吸收系统里迅速消煮几十个样品，避免环境污染。其蒸馏、滴定是逐个自动进行的，每个样品从蒸馏到结果显示只需 2～3 min，大大提高凯氏法的分析速度。K370 全自动定氮仪测定氮的范围是 1～200 mg，回收率≥99%。

6）全磷

土壤样品经氢氟酸和高氯酸消煮，使硅酸盐分解，土壤中的磷素能转换成正磷酸盐进入溶液，然后采用钼锑抗分光光度法测定磷分量。

7）全钾

土壤全钾首先需要对土壤样品进行彻底分解，一般采用酸熔法和碱熔法。碱熔法（碳酸钠或氢氧化钠熔融）是分解土样最完全的方法，但需要使用铂、银或镍坩埚，而且制备的待测液中有大量钠盐影响仪器测定。目前，广泛采用的是氢氟酸-高氯酸消煮法，该方法不存在钠盐干扰，可使用仪器分析，在同一待测液中可测定多种元素，并可用聚四氟乙烯器皿、微波炉和高压釜等消煮手段代替铂坩埚和高温电炉，操作简便，尽管该方法对样品分解不够完全，但在分析允许误差之内。对溶液中钾的定量通常使用比较简便的火焰光度法。

8）CEC

采用 0.005mol/L 乙二胺四乙酸（EDTA）与 1 mol/L 乙酸铵混合液作为交换剂，在适宜的混合液 pH 条件下（酸性土壤 pH 7.0，石灰性土壤 pH 8.5），这种交换络合剂可以与 Ca^{2+}、Mg^{2+}和 Fe^{3+}、Al^{3+}进行交换，并在瞬间形成电离度极小而稳定性较大的络合物，不会破坏土壤胶体，加快了二价以上金属离子的交换速度。同时，由于乙酸铵缓冲液的存在，交换性氢和一价金属离子也能完全交换，形成铵质土，再用 95%酒精洗去过剩的铵盐，用蒸馏法测定交换量。酸性土壤的交换液同时可以作为交换性盐基组成的待测液（石灰性土壤则不能测定盐基）。

2. 土壤污染物

土壤污染物包括金属和重金属元素，如 Fe、Mn、Cu、Zn、Pb、Ni、Cr 等。用 $HCl-HNO_3-HF-HClO_4$ 消煮土壤样品，HF 破坏了硅酸盐的晶格，形成 SiF_4 并挥发掉而消除了土壤中 Si 对被测定元素的影响。土样完全消化后，用 1：1 HNO_3 及少许 H_2O_2 溶盐，制成待测液，可直接用电感耦合等离子体原子发射光谱（ICP-AES）法同时测定 Fe、Mn、Cu、Zn、Pb、Ni、Cr 等元素。

3.3.4　生物

1. 生境质量

1）生长环境

收集并记录监测场地和样地建立之初和之前的气候条件、土壤条件、水分状况、土地利用方式等相关背景和历史信息。

2）干扰强度

干扰包括火烧、鼠害/病虫害、极端干旱、水灾、外来入侵物种、砍伐开矿等。根据外力干扰强度大小进行分级，逆向干扰越强，生物受影响越大，生态系统质量越低。

2. 群落结构

1）覆盖度/郁闭度

植被覆盖度（也称盖度）指植物地上部分的垂直投影面积占样地面积的百分比，与郁闭度的含义相似。盖度是群落结构的一个重要指标，其不仅可以反映植物所占有的水平空间的大小，而且可以反映植物之间的相互关系，还在一定程度上反映植物利用环境及影响环境程度。

盖度的测定方法包括目测法、样线法、照相法等。目测法是在设定的样方内，根据经验，目测估计样方内各植物种冠层的投影面积占样方面积的比例，以此确定植物盖度；样线法主要适用于乔木和灌木、半灌木植被的植物盖度监测，是根据有植被覆盖的偏度占样线总长度的比例而计算植被总盖度，各种植物冠层在样线上所占线段的比例则为植物的分盖度；照相法是对群落垂直照相后解译出植被类型，最后在透明方格纸上以植物覆盖的方格数与总方格数之比来计算群落盖度。这种方法的精度较高，但是手工工作量大、效率低。随着数码相机、数字图像处理技术，以及新一代移动智能设备的快速发展和广泛应用，利用照相法测量群落盖度的技术不断发展与完善，并且具备了在野外定位连续监测的应用潜力。

2）群落高度

群落高度是指从地面到植物群落最高点的高度，是反映植物群落高度的重要参数。由于其是地面到最上层植物的高度，因而只反映了上层植物群体的高度。对于多层次群落而言，在测量群落高度的同时还要分层测定各层的高度，如乔木层高度、灌木层高度和草本层高度等，并说明群落的分层情况。因此，测定群落高度时应进行多点测量，然后求其平均值。

3）群落优势种占比

群落优势种是指对群落结构和群落环境的形成有明显控制作用的植物种。这些植物种通常是那些个体数量多、盖度大、生物量高、体积较大、生活能力较强的植物种类。优势种对整个群落具有控制性影响，如果把群落中的优势种去除，必然导致群落性质和环境的变化。基于群落调查，计算优势植物种占植物群落中所有植物种总和的百分比。

3. 生物多样性

生物多样性指生物群落中的多样化和变异性，包括植物、动物和微生物的所有种及其组成的群落和生态系统。群落物种多样性指群落中物种的数目和每一物种的个体数目。丰富度是反映群落或生境中物种数目多寡的指标。由于群落中物种数的监测值与样本量有关，因此比较不同群落间的丰富度指数时，要注意调查方法和比较对象的可比性。测定物种多样性的公式很多，主要是反映植物、旗舰/指示动物及土壤微生物的物种丰富度和均匀度指数，常用的有辛普森多样性指数（Simpson’s diversity index）、香农-维纳多样性指数（Shannon-Wiener’s diversity index）等。

4. 群落物质生产与动态

植物作为生态系统的生产者，其生产能力是衡量群落功能的最基础指标，物候和叶面积指数是很多研究中常用的指示群落生产能力的指标，同时也是生物要素中反映气候变化的最敏感指标。

1）物候

物候监测主要物候期，包括乔木和灌木主要物候期：芽开放期、展叶期、开花始期、开花盛期、果实或种子成熟期、秋季叶变色期、落叶期；草本主要物候期：萌动期/返青期、开花期（监测开花盛期）、果实或种子成熟期、种子散布期、黄枯期。选定优势植物或气候指示植物，做好标记，每年定点、定株监测，在相关物候进程的开始日期和结束日期期间进行监测。在监测期间，宜每天监测，如人力不足，可以隔一天监测一次，或根据选定的监测项目酌量减少监测次数，但必须以不失时机为原则。由于一天之内下午1～2时气温最高，而植物的物候现象常在高温之后出现，因此监测物候现象的时间最好在下午，因为上午未出现的现象，条件具备后往往在下午出现。但是有些植物在早晨开花，下午就隐花不见，则需在上午监测。总之，监测时间原则上以下午为宜，但需随季节和监测对象而灵活掌握。

2）叶面积指数

叶面积指数（LAI）通常定义为单位地表面积上绿叶总表面积的一半。LAI 是表征冠层结构的关键参数，其影响森林植物光合、呼吸、蒸腾、降水截留、能量交换等诸多生态过程，是众多模拟生态系统、区域和全球陆地生态系统与大气间相互作用的生态模型、生物地球化学模型、植被动态模型以及陆面过程模型中的重要状态变量或关键输入数据。

目前常用的方法包括直接测量法和间接测量法两种。直接测量法是通过收获植物叶片，使用叶面积仪或激光扫描仪获得比叶面积，进而结合叶片生物量测定估算出单位地面面积的叶面积。其特点是直接测量、技术成熟、测量精度较高，但存在破坏性采样、费时费力和适用范围小等缺点。间接测量法指通过测量其他相关参数来间接推导 LAI，相对直接测量法易于开展，更适合于大范围测量或者长期定位动态监测。

作为间接测量法中的一类，冠层分析仪技术主要是通过冠层上下辐射强度与分布的变化推算 LAI。随着测定方法的进步与完善，目前生态系统网络中采用该间接测量法测定植被冠层 LAI 的途径得到广泛的应用，可以实现对 LAI 等植被光学参数的无损、快速的定量测定。常见的冠层分析仪包括 LI-2000、LI-2200 和 TRAC 等，具体使用方法请参阅产品说明书或技术手册。

3）生物量

生物量反映生态系统在特定时段内积累有机物质的能力，是整个生态系统运行的能量基础和营养物质来源，也是生态系统功能和结构的基础。生物量通常是指观察期间地表单位面积内群落所存在的活有机体总量或储存的总能量，又称为现存量。广义理解的生物量是指存在于一定面积内一切有机物的总量，既包括活的有机体，又包括死的有机物，如立枯木、倒木和枯枝落叶等。

A. 乔灌木的生物量

通常采用生物量模型估算乔灌木的生物量。生物量模型是反映和表达树木各组分生物量与树木其他测树因子之间内在关系的一个或一组数学表达式。基于生物量模型，可用树木易测因子的调查数据来估测其生物量。对于森林而言，一般采用胸径和高度（树高）或者单独使用胸径的生物量模型进行计算。在实际操作中，通过测定调查样地内乔木植物的胸径（或高度和胸径），利用事先建立的植物各部位（包括树干、枝条、叶片、细根、粗根等）干重与植物胸径（或高度和胸径）之间的相关模型，基于每棵树木胸径（或高度和胸径）的调查数据，计算每一个乔木不同器官的干重，然后相加得到整株乔木的干重，再将所有乔木的干重相加，即可得到整个样地乔木层植物的干重。灌木生物量监测的具体要求、方法和步骤基本与乔木生物量监测相同，只是以基径代替胸径进行建模和计算。

B. 草本层生物量

一般在样地内设置小样方开展草本层生物量测定，通过收获法并烘干后称取草本地上部干重。对于草本的地下根系生物量，可以采用挖取法或根钻法采集称重。

3.4　生态系统质量监测技术的改进与发展

基于通过定位监测快速获取生态系统质量的迫切需求，在国家重点研发计划“中国陆地生态系统生态质量综合监测技术与规范研究”的支持下，针对我国生态系统网络监测中存在的人工低频度监测的技术限制，以及生态系统质量监测对技术方法的新需求，围绕植被盖度、土壤重金属含量和大气污染物通量的快速测定与原位监测方面开展了技术方法的改进和集成研发，并开发了台站网络生态要素立体组网监测技术和多元监测数据的实时压缩传输技术，以期为基于台站网络的生态系统质量监测提供更有效的技术支撑。

3.4.1　植物盖度

1. 植被盖度及其主要监测方法

植被盖度是指植物地上器官在地面上的水平投影大小，通常用百分比表示（宋永昌，2001）。盖度是植物群落结构的一个重要指标，其标志了植物所占有的水平空间面积，在很大程度上反映了植物同化面积的大小。盖度是指示生态环境变化的一个重要参数，对区域乃至全球地表覆盖变化、景观分异等有着重要的指示作用，《全国生态状况调查评估技术规范——生态系统质量评估》也将盖度作为区域生态系统质量评估中的一项关键监测指标。

植被盖度的监测可以分为人工和成像两种方式。盖度常用目测法估计，以百分数表示，也可以采用 Braun-Blanquet 的五级制或者 Domin 的十级制表示（宋永昌，2001）。在人工监测方法中，目测法是一种主观的方法，简单易行，估测结果与估测人的经验密切相关，经验不足的人估测的盖度误差较大。陈祖刚等（2014）研究表明，目测法的估计误差可达 40%以上。在传统目测法的基础上，更为客观的网格目测法和椭圆目测法（Thalen，1979；秦伟等，2006）相继提出并得到应用，进一步提升了目测法的监测准确度。除目测法以外，还有一些客观的盖度测量方法，如通过测量乔木和灌木的冠幅，计算盖度。对于低矮的草本植被，可以采用图解样方法以及样点截取法进行盖度测量（宋永昌，2001），但这两种方法操作复杂且十分耗时，在实际应用中的限制较多。

随着光学传感器技术的发展，新的方法被应用于盖度测量中，应用较广泛的主要有以下 3 种测量方法：空间定量计法、移动光量计法和照相法。空间定量计法和移动光量计法是利用传感器测量光通过植被层的状况来计算植被盖度，需要专用的传感器装置，设备复杂，野外操作不方便（Thalen，1979）。同时，这两种方法没有考虑到复杂的植被内部结构导致冠层辐射传输存在差异，不同角度的辐射能量不同，植被冠层反射光强具有各向异性，同一测区的估算角度不同会导致估算结果差异较大。照相法是利用相机拍摄的照片来估算植被盖度（张学霞等，2008；章超斌等，2013；Lee K J and Lee B W，2011）。早期的照相法主要是基于照片对植被盖度进行目测，或者利用透明的方格纸来对植被盖度进行估算（也可以称为摄影测量网格法）。后来，随着数字成像技术和数字图像处理技术的发展，基于数码照片的盖度测量方法逐渐被应用于植被生态学研究中（McCool et al.，2018；Sadeghi-Tehran et al.，2017）。但目前这类方法在光谱信息准确提取、背景干扰信息剔除、数据在线处理和远程传输等方面还有待于进一步改善提升，以满足野外的在线、连续监测的客观需求。

2. 植被盖度动态监测技术研发

本研究基于数字成像和图像分析技术、数据无线传输技术等，研发植被盖度定位监测系统，以期实现对植被盖度的长期、自动和准确测量，提升植被盖度监测数据获取的效率，提升生态系统监测与科学研究的能力；对基于数码照片的草本植被盖度测量方法的进展进行了分析，并系统调研了目前用于盖度测量的主要数据（图像）来源，图像边缘形变和阴影消除方法等，详细分析了各种盖度测算方法的原理、优缺点和适用范围，评述了照片拍摄时间、拍摄角度、光照条件以及植被疏密程度等对盖度估算准确度的影响。

基于图像传感器和 4G 网络技术，开展了低功耗数据采集器研制、数据管理模块研发和植被盖度计算模块研发，植被盖度定位监测系统包括 7 个核心模块（图 3-2），即成像模块、供电模块、数据采集模块、数据存储模块、数据传输模块、数据管理模块、盖度计算模块。成像模块负责采集植被图像，数据采集以后既可以保留在数据存储模块中，又可以通过数据传输模块传输到数据管理模块，数据管理模块具有数据存储、查询、检索等功能。同时，依托于数据管理模块，开发了盖度计算模块，可以实现盖度的自动在线计算（图 3-3）。此外，该系统可以进行扩展，搭载空气温湿度、土壤温湿度、光照强

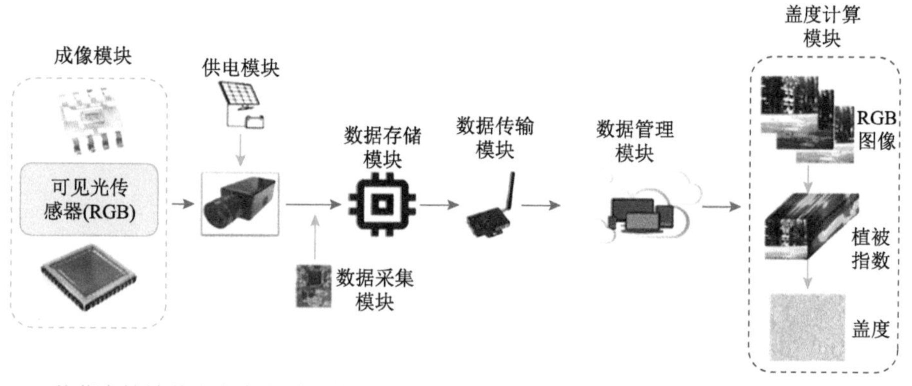

图 3-2　一种草本植被盖度和高度及环境因子长期定位监测系统的总体设计[资料来源：一种草本植被盖度和高度及环境因子长期定位监测系统（CN202120138636.8）]

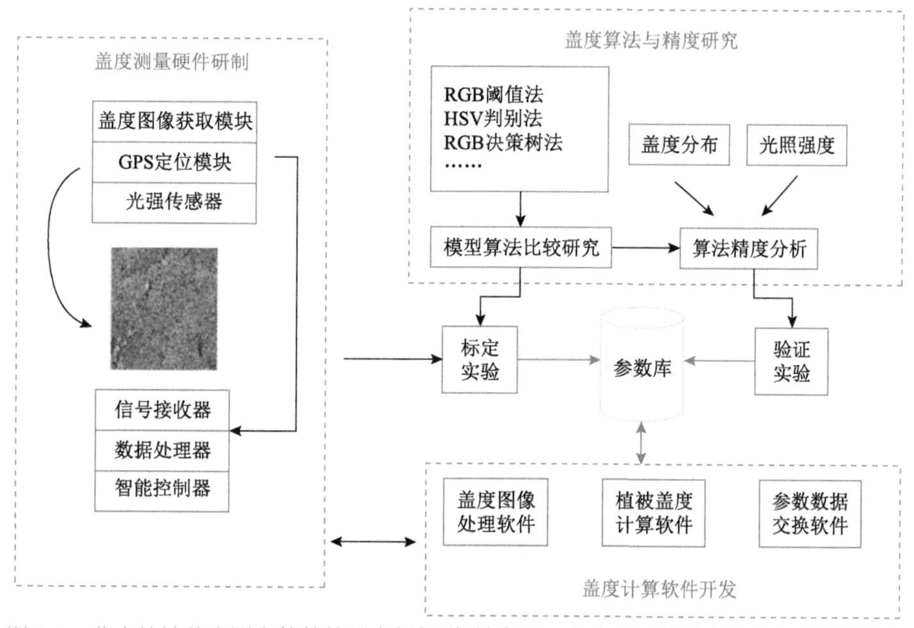

图 3-3　草本植被盖度测定软件的基本框架[资料来源："草地植被调查软件"软件著作权（2018SR274804）]

度、降水、风速、颗粒物浓度等传感器，实现对植被盖度及其环境因子的综合监测。通过与常规技术的平行比较（图 3-4、图 3-5，表 3-8），该系统可以有效反映地表植被盖度的动态变化，并实现植被盖度的快速、定量化、连续监测（图 3-6）。

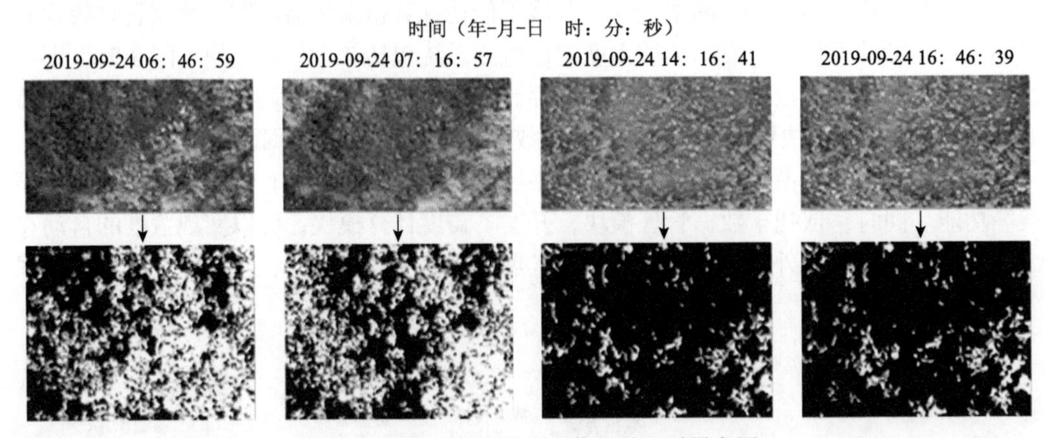

图 3-4 不同情景下盖度图像及处理后黑白图

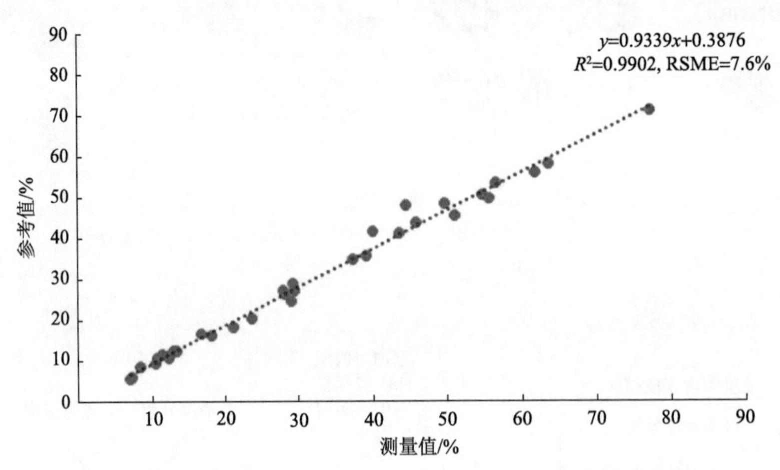

图 3-5 草本植被盖度自动测量值与人工测定参考值的比较

表 3-8 数据处理后黑白图计算盖度值

日期（年-月-日 时：分）	盖度
2019-9-24 6:46	0.467
2019-9-24 7:17	0.4656
2019-9-24 14:16	0.1081
2019-9-24 16:46	0.1107

图 3-6　内蒙古草地植被盖度定位监测系统

3.4.2　植物排放挥发性有机物（BVOCs）通量监测技术

1. 植物排放挥发性有机物及其主要监测方法

挥发性有机物（volatile organic compounds，VOCs）具有高度的化学活性，其在大气化学、大气环境、气候变化、碳收支等方面起着重要作用（Guenther et al.，2006）。植物挥发性有机物（biogenic volatile organic compounds，BVOCs）是大气中挥发性有机物（VOCs）的主要组分，对于排放量而言，BVOCs 的排放占到 VOCs 排放量的 90%以上（Guenther et al.，1994）。绝大部分 BVOCs 具有很高的活性，参与大气光化学反应，是臭氧和二次有机气溶胶（SOA）的关键前体物之一，可以影响大气环境和气候（Volkamer et al.，2006；屈玉等，2009）。由于 BVOCs 的种类繁多并且含量较低，目前对 BVOCs 通量的测定在技术方法上存在较大困难，因此，有效和准确地测量 BVOCs 通量是当前 BVOCs 研究的迫切需要（谢军飞和李延明，2013）。

现有 BVOCs 的排放监测方法主要是实验室分析法，该方法通过测量 BVOCs 的组分和含量来估算植物的排放速率，通过排放速率来估算排放通量。该方法的缺点是所测的 BVOCs 排放速率不确定性较大：一是封闭环境下的监测数据对自然环境的代表性不强；二是冠层的化学沉降和部分物质损失不清楚，并且该方法难以进行长期、连续有效的监测；三是 BVOCs 的测量需要高频仪器，至少浓度测量工具反应时间在 1s 以内。目前常用的测量仪器包括气相色谱-质谱联用仪（GC-MS）、质子转移反应质谱仪（proton transfer reaction mass spectrometry，PTR-MS），其中 GC-MS 测量灵敏度有时会出现无法达到测量要求的情况，虽然 PTR-MS 可以满足测定要求，但是该设备价格较高，运行维护要求高，并且设备标定方法太过于复杂，导致该设备的推广应用受到限制。

2. 植物排放挥发性有机物动态监测技术研发

植物冠层挥发性有机物质通量测量装置的原理是利用松弛涡度积累方法对 BVOCs 的样品进行采集，采集完毕后送于实验室内分析，计算其排放通量。该方法主要包含三个系统（图 3-7），即三维超声风速仪、数据采集/控制系统、BVOCs 采样系统。

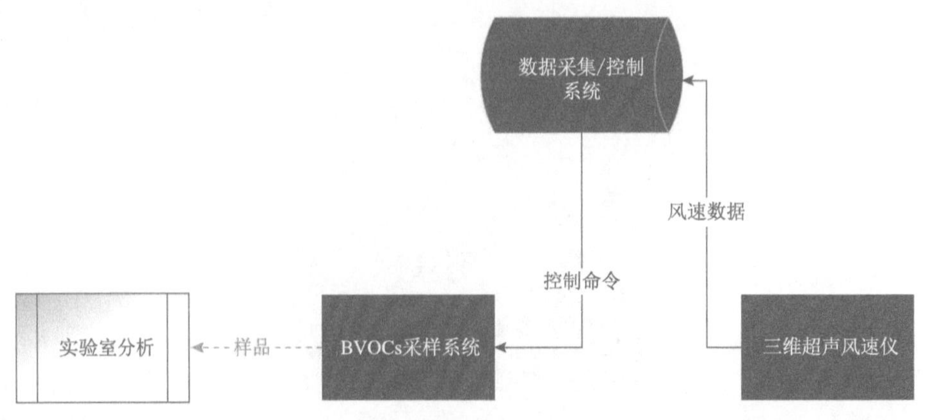

图 3-7 植物排放挥发性有机物动态监测系统的总体框架

其中，三维超声风速仪实时测量风向、风速，并以 10Hz 的频率将风向、风速数据通过 RS232 串口线传送至数据采集/控制系统；数据采集/控制系统根据风向（向上或向下）和风速（是否大于设定的阈值）进行判断，实时（频率 10Hz）给出不同的控制命令；BVOCs 采样系统接收控制命令，并根据命令自动切换气路，采集 BVOCs 样品（图 3-8）。样品采集完毕保存在吸附管中，然后送实验室分析样品浓度，最终计算得到 BVOCs 的通量。

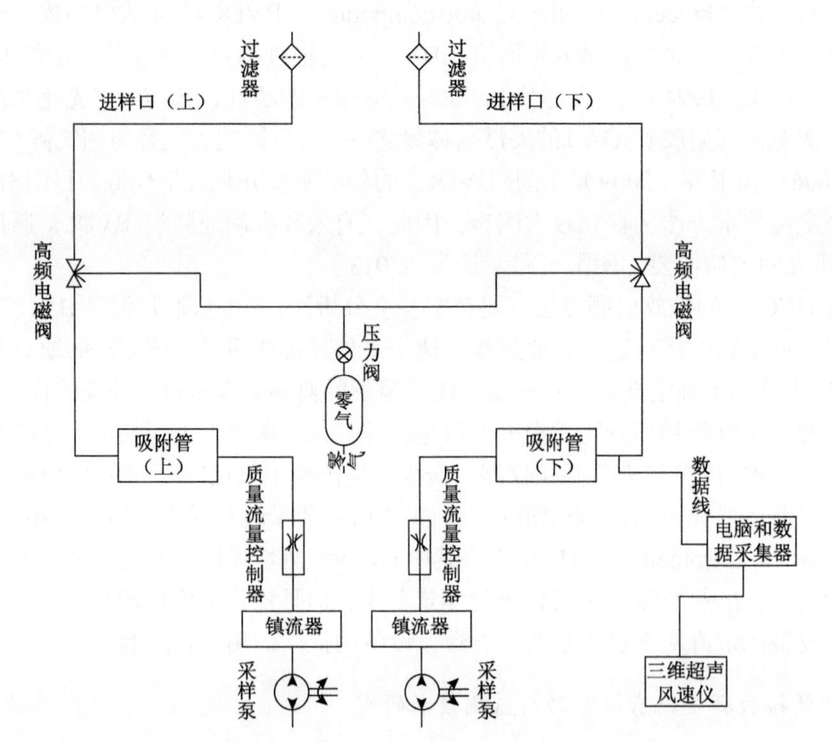

图 3-8 植被冠层-大气界面植物挥发性有机物（BVOCs）通量测量方法[资料来源：一种植物冠层挥发性有机物质通量测量装置及方法（CN201911087441.9）]

该方法的主要特点是采用松弛涡度积累法来测量 BVOCs 的通量，装置操作简单，便于安装在监测塔上，利用吸附管采集固定高度水平方向上的 BVOCs 组分，通过实验室分析定量 BVOCs 水平方向组分浓度，计算出 BVOCs 的通量，实现植被-大气界面 VOCs（异戊二烯、蒎烯和莰烯等烯类）通量定位监测技术，检测限为 40～120ppt[①]（根据不同种类而有差异）。该方法测量准确，成本低，并可用于长期续监测。通过在禹城站、千烟洲站和内蒙古草原站的野外测试与应用（图 3-9），该方法具有较好的应用前景。

图 3-9 BVOCs 通量测量装置

3.4.3 土壤重金属快速检测技术

近年来，X 射线荧光（XRF）光谱因其操作简单、耗时短、多元素同时分析等特点进入大众视野。XRF 光谱的技术原理是使用原级 X 射线照射样品后，样品中待测元素内部的电子受到激发，产生次级特征 X 射线。根据不同特征荧光的波长与强度，对元素进行定性、定量分析（钱建平等，2010）。并且衍生出的能量色散 XRF 光谱技术突破实验室分析的限制，实现原位检测，兼容了不同土壤样品的测试环境需求，促进了众多野外监测项目的发展。然而，目前 XRF 光谱的相关研究大多集中于原位监测和实验室检测结果的比较，关于 XRF 光谱操作流程的规范和验证少有提及。

本研究使用便携式 XRF 光谱仪和电感耦合等离子体质谱仪，并结合野外采样测定分析，构建土壤重金属快速检测技术规程。首先，使用潮土和红壤土两种典型土壤，进行

① $1ppt=10^{-12}$。

镉、铬、铅、镍、砷、铜、锌等常见重金属元素含量的测定；其次，在测定过程中，根据土壤样品状态（如颗粒组成、水分含量、表面粗糙度、土壤样品紧实度等）对检测规范进行调整和完善，在此基础上构建土壤重金属快速检测野外操作规程。利用便携式X射线荧光光谱仪快速检测样品中镉、铬、铅、镍、砷、铜、锌等重金属、微量元素含量，响应时间小于5min。

1. 实验设计

在禹城站6个监测场采集了36份原状土壤样品，其中每个监测场随机采集6份；在千烟洲站的7个监测场共采集24份土。清除土壤样品中的异质体，风干后用于实验室分析。为减小正反面颗粒分布不均对测定结果的影响，针对原状土采用多部位测定，即每个样品随机选择6个部位，读取目标元素浓度水平。经105℃烘干后，以土壤粒径、紧实度和含水量三个特性为变量，设置控制性实验的具体实验方法包括以下三个方面。

（1）土壤粒径处理：原状土研磨后，使用尼龙筛分别过10目、100目两种规格，进行重复测定，和原状土进行对比，以探究土壤粒径对XRF测定结果的影响（表3-9）。

表3-9 各元素不同粒径下XRF测定结果汇总

土壤类型	元素	测定结果（元素含量高低）	差异性检验
潮土	Cr	10目、100目>原状土	10目 vs 100目无显著差异，其余差异显著
红壤土	Cr	10目、100目>原状土	10目 vs 100目无显著差异，其余差异显著
潮土	Cd	无规律	均无显著差异
红壤土	Cd	无数据	无数据
潮土	Pb	无规律	10目 vs 100目无显著差异，其余差异显著
红壤土	Pb	10目、100目>原状土	原状土 vs 100目有显著差异，其余差异不显著
潮土	Ni	10目、100目>原状土	均有显著差异
红壤土	Ni	10目、100目>原状土	原状土 vs 10目有显著差异，其余差异不显著
潮土	As	10目、100目>原状土	10目 vs 100目无显著差异，其余差异显著
红壤土	As	10目、100目>原状土	原状土 vs 100目有显著差异，其余差异不显著
潮土	Cu	无规律	均无显著差异
红壤土	Cu	10目、100目>原状土	10目 vs 100目无显著差异，其余差异显著
潮土	Zn	10目、100目>原状土	10目 vs 100目无显著差异，其余差异显著
红壤土	Zn	10目、100目>原状土	10目 vs 100目无显著差异，其余差异显著

（2）土壤紧实度处理：称取一定量10目土（7g/份），采用压片机制样后进行XRF测定，和未压制的10目土进行对比，以探究土壤紧实度对XRF测定结果的影响（表3-10）。

表 3-10　各元素在不同紧实度下 XRF 测定结果汇总

土壤类型	元素	测定结果（元素含量高低）	差异性检验
潮土	Cr	Y<N	有显著差异
红壤土	Cr	Y>N	有显著差异
潮土	Cd	无数据	—
红壤土	Cd	无数据	—
潮土	Pb	无规律	无显著差异
红壤土	Pb	无规律	无显著差异
潮土	Ni	Y>N	有显著差异
红壤土	Ni	Y<N	无显著差异
潮土	As	Y<N	有显著差异
红壤土	As	无规律	无显著差异
潮土	Cu	Y>N	无显著差异
红壤土	Cu	Y<N	无显著差异
潮土	Zn	Y<N	有显著差异
红壤土	Zn	Y<N	无显著差异

注：Y 表示压制后土样，N 表示未压制土样。

（3）土壤含水量处理：称取三份等重 10 目土壤，控制土壤含水量为以下水平：最大田间持水量的 20%、40%、100%（具体梯度见表 3-11），并且与未加水分的 10 目土进行对比，以探究土壤含水量对 XRF 测定结果的影响。

表 3-11　各元素在不同含水量下 XRF 测定结果汇总

土壤类型	元素	测定结果（元素含量高低）	差异性检验
潮土	Cr	水分增加，含量降低	含水量 13.6% vs 34.0%无显著差异，其余差异显著
红壤土	Cr	水分增加，含量降低	含水量 0% vs 35.0%（40.0%）、0% vs 14.0%（16.0%）、7.0%（8.0%）vs 14.0%（16.0%）有显著差异，其余差异不显著
潮土	Cd	无规律，含水量 13.6%与 34.0% 部分样品未检出	均无显著差异
红壤土	Cd	无数据	—
潮土	Pb	水分增加，含量降低	含水量 0% vs 6.8%、6.8% vs 13.6% 无显著差异，其余差异显著
红壤土	Pb	水分增加，含量降低	含水量 0% vs 35.0%（40.0%）有显著差异，其余差异不显著
潮土	Ni	水分增加，含量降低	含水量 6.8% vs 13.6%无显著差异，其余差异显著
红壤土	Ni	水分增加，含量降低，含水量 35.0%（40.0%）部分样品未检出	含水量 0% vs 35.0%（40.0%）、0% vs 7.0%（8.0%）有显著差异，其余差异不显著

续表

土壤类型	元素	测定结果（元素含量高低）	差异性检验
潮土	As	水分增加，含量降低	含水量 13.6% vs 34.0%有显著差异，其余差异不显著
红壤土	As	水分增加，含量降低	含水量 0% vs 35.0%(40.0%)、7.0%(8.0%)vs 35.0%(40.0%)有显著差异，其余差异不显著
潮土	Cu	水分增加，含量降低	含水量 0% vs 13.6%、0% vs 34.0%、6.8% vs 34.0% 有显著差异，其余差异不显著
红壤土	Cu	水分增加，含量降低	含水量 0% vs 14.0%(16.0%)、0% vs 35.0%(40.0%)、7.0%(8.0%) vs 35.0%(40.0%)、14.0%(16.0%) vs 35.0%(40.0%)有显著差异，其余差异不显著
潮土	Zn	水分增加，含量降低	均有显著差异
红壤土	Zn	水分增加，含量降低	含水量 0% vs 14.0%(16.0%)、0% vs 35.0%(40.0%)、14.0%(16.0%) vs 35.0%(40.0%)有显著差异，其余差异不显著

实验使用三个能量级的光束（30 kV、40 kV、50 kV），测试时长分别为 40s、60s、40s。设置测定参数为每个样品（原状土每个部位）重复测定 3 次，测定时不取平均值。单次测定的响应时间是 140s。测定完成后，导出频谱数据、元素浓度数据、照片等。

2. 测试结果

1）土壤粒径的影响

各元素在不同粒径下 XRF 测定结果汇总见表 3-9。总体来看，粒径的改变影响 XRF 测定土壤中 Cr、Pb、Ni、As、Cu 和 Zn 的结果。箱形图结果和差异性检验表明，在 10 目土和 100 目土中，XRF 测得的元素含量明显高于原状土测得值。并且大多数样品中 100 目土的测定值比原状土、10 目土更为集中。由此可见，粒径的变化可以影响 XRF 的测定结果，主要表现在：粒径变小时，XRF 测得元素浓度升高，测得异常值减少。另外，无论粒径如何改变，XRF 测定 Cd 元素含量均无有效的数据，说明元素本身浓度过低，对仪器检出能力和精密度要求高，会影响 XRF 的测定。这在紧实度与水分控制实验中也得到了证实。

2）土壤紧实度的影响

各元素在不同紧实度下 XRF 测定结果汇总如表 3-10 所示。当紧实度发生改变，各元素 XRF 测定结果的变化很不一致。从差异性检验结果来看，无显著差异与有显著差异的情况基本相当。差异显著的数据里，单看 Cr 元素，在紧实度增大后，潮土和红壤土测定结果出现了相反的变化趋势（潮土测得值降低，红壤土测得值升高）；而针对同一土壤类型，紧实度增大时，不同元素的含量也呈现了不一样的变化规律（如潮土中 Ni 测得值升高，As 测得值降低）。因此，本实验发现紧实度对元素的测定结果无明显影响。

3）土壤含水量的影响

表 3-11 展示了各元素在不同含水量下 XRF 测定结果汇总。箱形图结果表明，随着土壤水分含量增加，XRF 检测出的各元素含量一致降低。各梯度对应数据在 Tukey's 诚实显著差异（honest significant difference，HSD）检验中的表现也很统一。虽然只有少数

样品四种梯度数据全部展现出差异，但绝大多数都显现出梯度 4（含水量 34%或 35%或 40%）、梯度 3（含水量 13.6%或 14.0%或 16.0%）比梯度 1（含水量 0%）所测结果差异显著，证明了当土壤含水量大幅度增加时，XRF 测定元素含量将受到影响，且测试值逐渐减小。

Cd 元素在粒径、紧实度、含水量控制实验中均出现未检出的情况，表明 XRF 快速测定法不适用于极低浓度元素的检验，需要配合传统实验室的分析方法进行检测。

3.4.4　近地层臭氧通量监测技术

近地层臭氧通量不仅能帮助人们理解臭氧的沉积过程，还可以更好地评估臭氧对生态系统的影响。涡度相关技术是测量湍流通量最好的方法，但该技术现在还没有被广泛地应用于臭氧通量监测，而梯度法在这方面仍然有一定的应用价值。为了评估梯度法在测量臭氧通量方面的表现，利用梯度法和涡度相关技术在玉米地上对臭氧通量进行了监测（图 3-10），并比较了三种湍流交换系数（K）的计算方法对臭氧通量结果的影响，其中第一种是传统的空气动力学梯度（AG）法；第二种是 AG 与涡度相关（AGEC）技术结合法；第三种是修订波文比（MBR）法。其主要结果表现在以下几个方面。

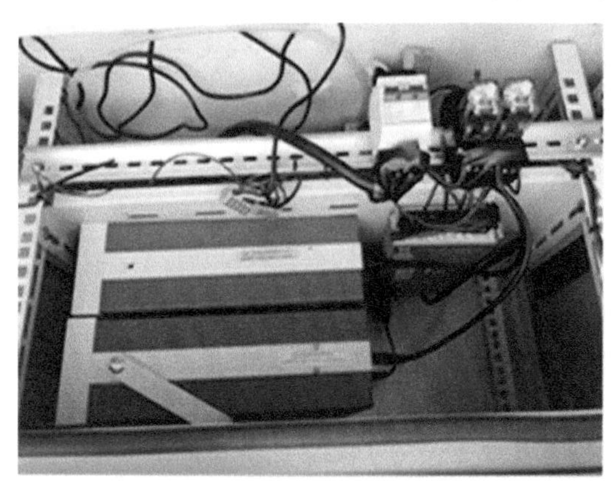

(a)2台臭氧浓度仪器（Model 205）

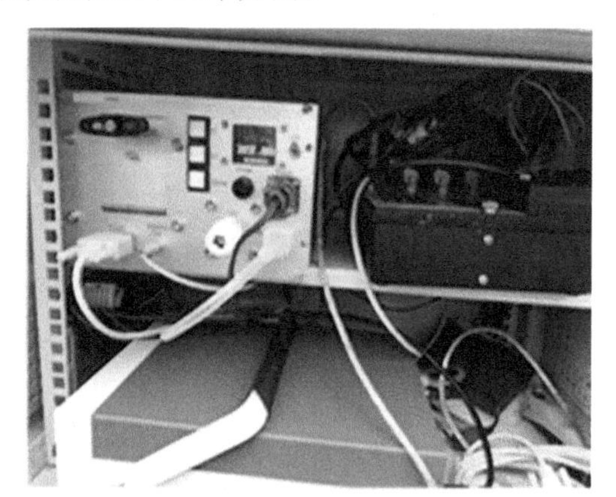

(b)臭氧涡度相关系统分析仪

(c)梯度仪器安装情况

(d)两种监测系统总体安装状况

图 3-10　仪器和安装情况

（1）用 MBR 法、AGEC 法和 AG 法计算的臭氧通量比用涡度相关（EC）法监测的臭氧通量分别低 30.4%、高 11.7%和高 45.6%。相对而言，AGEC 法计算的臭氧通量最接近 EC 监测的结果（图 3-11）。

（2）用一台臭氧分析仪循环测量两个高度的臭氧浓度来计算梯度时，必须考虑消除臭氧浓度非同步测量对臭氧梯度的影响。用两台仪器交替监测两个高度的臭氧浓度，可消除仪器间的系统误差。所研制的交替式臭氧浓度梯度监测系统，既克服了仪器测量不同步的问题，又消除了仪器之间的系统误差。两个仪器和两个高度的气体进行互换虽不能消除仪器的绝对误差，但消除了仪器系统误差对浓度梯度的影响（图 3-12）。

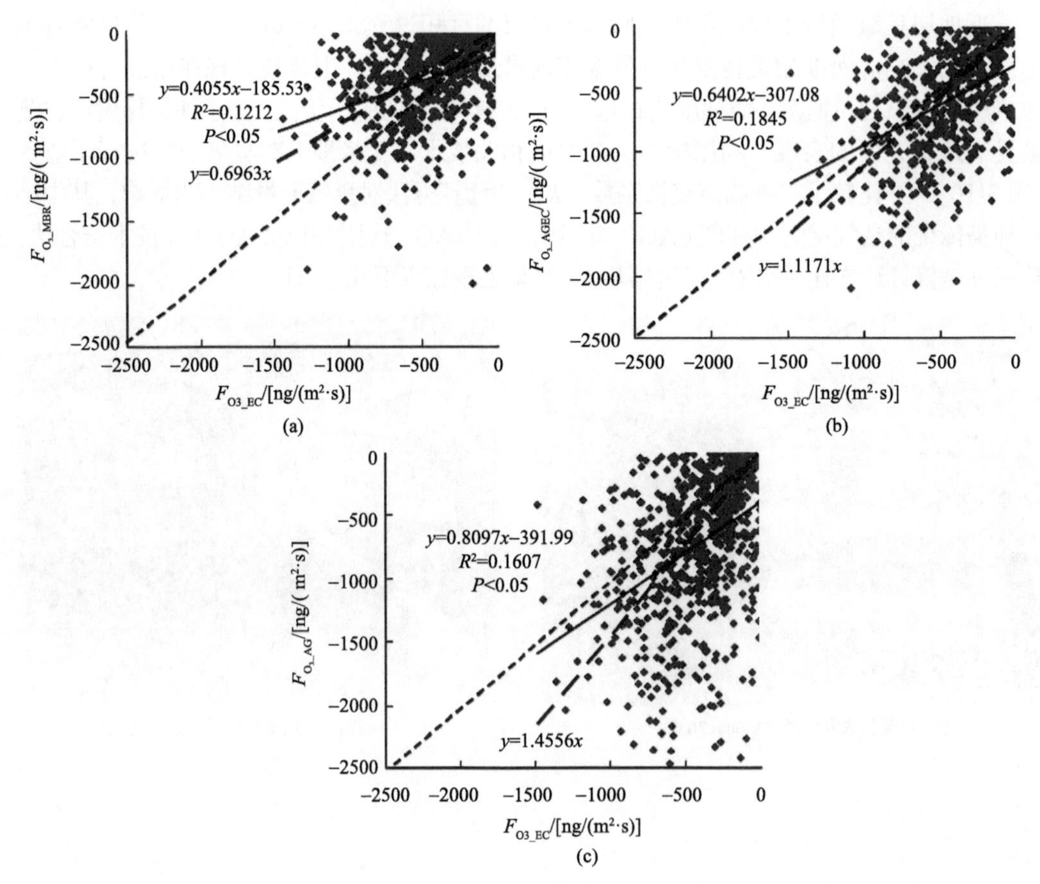

图 3-11　不同 K 值计算方法的臭氧通量与涡度相关臭氧通量的比较（Zhu et al.，2020）

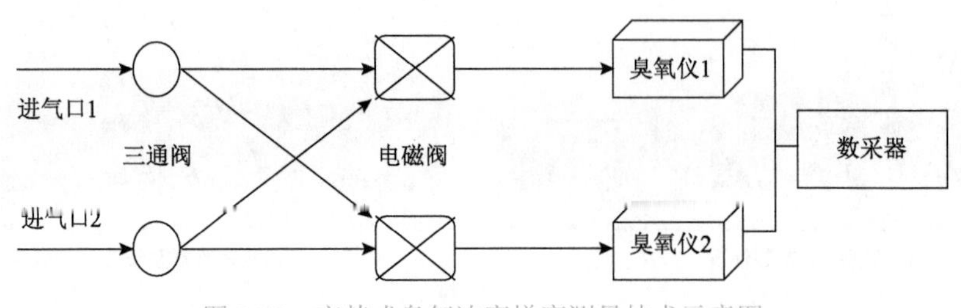

图 3-12　交替式臭氧浓度梯度测量技术示意图

3.4.5　生态要素监测和物联网生态信息技术

1. 基于物联网的生态系统监测信息技术的发展

生态系统监测可以定义为对生物圈中关键变量的时间序列测量，旨在检测生态系统动态的可变性，并最终回答有关生物圈变化的问题。这些测量可能包括在各种空间和时间尺度上的监测手段，包括多媒体，以及监测生态环境变化的物理指标、化学指标和生物指标。生态系统监测对于提高理解和管理复杂生态系统的重要性得到了业界的广泛认可（Yao，2019）。目前有多个国家及地区建立了多个监测网络，如全球陆地观测系统（GTOS）、美国国家生态观测站网络（NEON）、澳大利亚陆地生态系统研究网络（TERN）、中国生态系统研究网络（CERN）和中国森林生物多样性监测网络（CForBio）。

在智能设备的进步和物联网（IoT）快速发展的推动下，生态系统监测进入一个新的范式：基于物联网的生态系统监测。嵌入式微处理器和无线通信的进步促进了用于现场环境监测的智能设备的发展。各种智能设备已经取代了基于离散或手动采样方法的传统监测方法，提供实时、连续分析、无线传输的数据（Spencer et al.，2010；Mukhopadhyay and Jiang，2013）。低成本、低功耗、小尺寸的分布式智能传感技术简化了生态系统监测中无线传感器网络（WSN）的设计（Liu et al.，2018）。WSN 已成功用于观察各种生态变量和过程，如叶面积指数 （LAI）（Qu et al.，2014）、土壤水分（Kang et al.，2017）、小气候变量（Collins et al.，2006）和生态水文过程 （Anderson et al.，2008；Jin et al.，2014；Li et al.，2018），在多个空间和时间尺度上提供测量。WSN 为基于物联网的生态系统监测提供了坚实的基础，其中网络和嵌入式监测设备可以提供生态信息，而不管用户位于何处。从构建理论框架（Wang et al.，2013；Ma，2011；Gubbi et al.，2013；Atzori et al.，2010）到在自然（Fang et al.，2014）和城市生态系统（Zhao et al.，2013）的实际应用中，已经做出了一些努力来通过物联网实现生态系统监测。

然而，基于物联网的生态监测系统的发展仍存在一些挑战需要解决，特别是从传统 WSN 传感节点升级为智能前端节点需要解决以下三个方面的问题。

（1）系统需基于标准通信协议将异构的 WSN 智能前端设备集成到互联网中，使智能设备能够无缝接入物联网。而这需要对智能前端设备进行多个方面的优化，如节能通信、传感器节点的远程控制设备、不同模块和不同智能设备之间的互操作性、WSN 的可扩展性和容错性，以保证可靠的通信。

（2）海量监测数据集的高效管理。环境监测数据被认为是“大数据”，因为实时监测产生的数据量巨大。大数据具有容量大、采集速度快、种类多等特点，面临着数据传输、存储、分析和可视化等诸多挑战（Chen and Zhang，2014）。一些信息系统已被用于监控、建模和管理环境过程。目前的趋势是由前端传感设备完成数据的预处理，以减少原始数据对网络的压力。其中包括用于数据提取和转换的数据库、软件和工具，用于在线数据分析的加载平台以及用于服务的应用软件等多维度多阶段的工具开发。

（3）生态系统监测网络落地部署，为生态系统管理和决策过程提供所需的科学信息。开发智能生态系统监测设备，将设备联网并使用物联网与其信息系统集成，测试生态系统监测物联网在中国各种典型生态系统中的适用性需要较长的开发周期和落地周期。

2. 面向多类生态要素监测的立体组网技术的集成研发

当前典型脆弱环境生态要素监测网络接入，存在空间跨度大、链路连接不稳定、监测对象时空尺度属性差异明显等问题。为解决上述问题，现有的主要改进方案有：①采用高速网桥对部分无线信号进行桥接，从而扩大链路空间跨度，提高链路稳定性；②采用4G通信技术，实现部分数据从传感器端直接上报，避免了空间跨度大的问题。然而，这些方案未解决监测对象时空尺度属性差异明显的问题，同时，在较大程度上需要较高的通信设备成本以及电信运营商费用。

基于对江西千烟洲和青海海北站野外监测研究站的实地调研，结合台站的具体需求，本节提出面向多类生态要素监测的立体组网技术，该技术①设计多接口前端设备，可搭载多样接口的传感器，通过远距离无线电（long range radio，LoRa）、无线保真（wireless fidelity，Wi-Fi）、4G等多种无线通信技术，实现数据到服务站的稳定上报；②并设计无线网格网络，增大网络的覆盖面积（跨度），增加传感器节点与服务站的工作距离；③还在服务站实现多监测对象多尺度数据的时空统一数据收集，按时段上报，从而节省科研人员分析整理不同时空尺度数据时所需的精力。

该立体组网技术具体提出一种面向多元生态监测的网络自组织方法，实现高吞吐量、低延时的快速自组织网络（吴静等，2019）；该网络中各节点完全对等，仅保留上行路径，通过路径跳数、电池能量、路径质量完成最佳路由选择，从而在保障数据采集过程的通信效率及链路稳定性的同时提高设备续航能力（王源等，2018；Hu et al.，2020）；针对节点需要无线充电的场景提出一种窗口滤波算法，通过参考相邻脉冲频率，避免测宽法抗干扰能力差的问题，极大地提高组网节点无线供电的抗干扰能力（白光磊等，2020）。

基于上述技术完成了自组织网络的搭建（图 3-13），并设计研发了无线自组织网络Mesh节点。其中，末端采集的数据可以通过多跳的方式实时、可靠地传输给数据中心，并对无线 Mesh 网络的单跳距离、传输带宽、信号覆盖范围进行了测试。测试地点选择在武汉汤逊湖附近，应用于监测视频高速传输场景，测试现场如图 3-14 所示。结果表明，本节所设计的 Mesh 节点支持有线和无线接入（传感器或者其采集设备），单跳传输距离2km 的情况下传输带宽可达 20Mbps（可支持多路视频数据传输以及大量传感器设备的实时数据传输）；在没有网络基础设施的情况下，可以将监测点的传输距离增大 2～6km（视地形和数据传输速率要求而定）。目前，综合生态监测数据传输速度及传输距离达到国内领先水平。

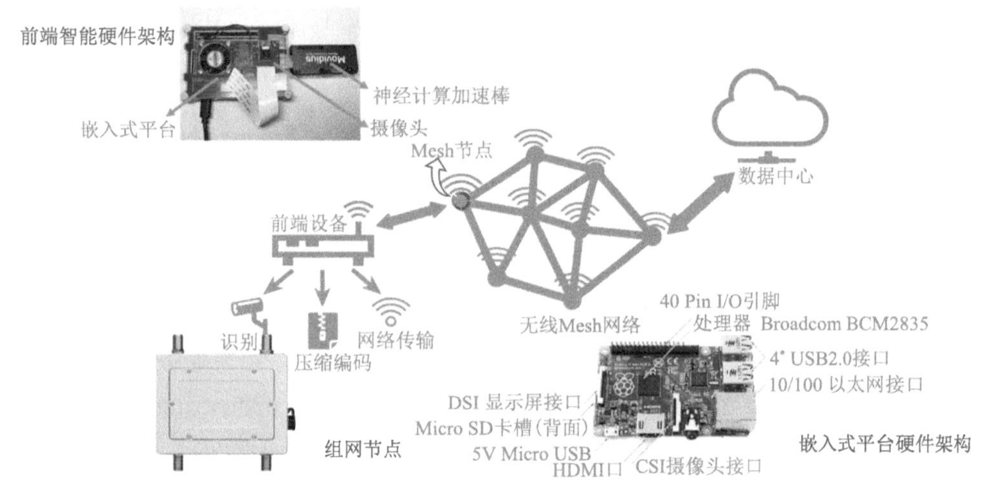

图 3-13　面向多元生态监测的自组织网络方法的软硬件技术设计[资料来源：一种面向多元生态观测的网络自组织方法（CN201910217612.9）；多生态要素立体组网软件 V1.0（2019SR0988911）]

40 Pin I/O 引脚表示 40 针（Pin）输入输出（I/O）引脚；DSI 表示显示器串行接口；CSI 表示相机串行接口；HDMI 表示高清多媒体接口

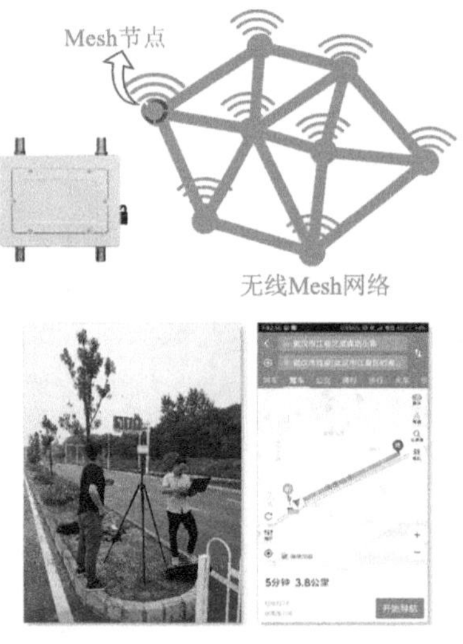

图 3-14　研发的无线自组织网络 Mesh 节点及其野外测试

3. 基于智能化前端的海量监测数据传输技术研发

近年来，野外生态要素多元监测存在数据海量、传输带宽不稳定、相同频率传输浪费网络带宽等问题。针对这些问题，当前常用的解决方案是：①利用价格较高、带宽较大的组网设备连接传感器，实现海量数据的稳定传输；②通过有线网络将传感器连接到台站，从而解决海量数据传输过程中带宽不稳定的问题，同时也避免了相同频率传输浪费网络带宽的情况。然而，方案①提高了通信设备成本，且仍存在相同频率传输浪费网络带宽的问题；另外，方案②虽然解决了上述问题，但是其有线网络的架设及维护成本较高，无法快速部署到数量日益增长的监测设备端。

因此，本节提出基于智能化前端的海量监测数据传输技术，该技术具有以下特点：①设计面向复杂环境的高分辨率视频/图像数据实时压缩传输技术，从而完善多生态要素的协同监测与信息集成系统；②设计一种智能化前端（图 3-15），利用智能识别技术实现监测数据的智能筛选，从而降低所需传输的数据量，较大程度上降低网络带宽需求，为科研人员节省人工筛选有效监测数据的精力。该智能化前端也接入（图 3-13）中的自组织网络中，从而实现数据高效传输。

该技术将传统图像处理方法与深度学习技术相结合，提出一种动物种类识别方法（吴静等，2020），所需计算资源少且识别准确率高，基于神经网络量化剪枝技术得到轻量级 MobileNet 模型和 Inception-v3 模型，可在前端嵌入式智能设备上准确而快速识别珍稀动物种类。此外，设计的智能化前端设备也具有 Movidius NCS2 神经计算加速棒（图 3-15）低功耗、低延迟的特点。

以动物分类为例进行了动物识别监测系统的软硬件设计实现和测试，测试评估地点选在武汉市汉阳区武汉动物园，应用于要求实时获取识别/检测结果的场景，有效减少至少 95%的无效数据传输，提高有效监测数据的传输效果。值得一提的是，基于动物种类识别方法搭建的监测系统应用到多种特定珍稀动物[如川金丝猴（*Rhinopithecus roxellana*）]识别，识别准确率达 90%以上，识别速度 80ms/张，识别种类 25 ～50 种（视图像数据集质量好坏而定），前端设备功率 10W（计算时）/ 1W （待机时）。

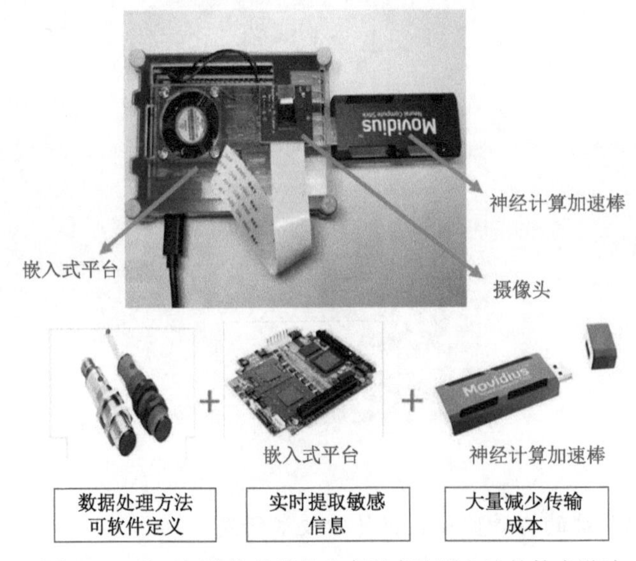

图 3-15 基于智能化前端的生态要素监测方法的技术设计

[资料来源：一种面向珍稀动物保护的在线检测与识别方法（CN201810959642.2）；一种基于迁移学习的动物图像种类识别方法（CN202110870176.2）；智能前端设备上的野生动物种类识别软件 V1.0（2019SR0945851）]

3.5 本章小结

本章基于生态系统中的水土气生要素、关键过程和生态功能，提出了基于台站网络的生态系统质量监测技术体系，为开展站点和局地尺度生态系统质量及其变化的精细化监测提供了可操作的技术方案，但对于生态系统质量的评估方法还有待进一步探讨。

与此同时，面对生态系统质量监测与评估的科技需求，生态系统质量的监测与评估还需要在以下方面进一步加强研究。

1. 监测指标体系

由于生态系统质量不仅具有生态功能的自然属性，还包含社会经济属性，而且不同类型的生态系统在结构、组成和功能，以及人为利用方式等方面也会存在多方面的差异。根据研究和应用目的的不同，生态系统质量的监测内容和评价指标不可避免地存在差异。因此，需要从研究对象的特点出发，制定台站尺度生态系统质量的标准化监测体系，以支撑不同研究结果之间的可比性和适用性。

2. 评估技术方法

目前多种生态系统质量的评估指标体系和技术方法均得到了应用，并且在区域尺度上生态系统质量评价的指标体系和方法也与生态环境质量相似，其核心是基于数学模型构建指标体系，对生态环境质量进行量化分析。在区域尺度的评估指标体系方面，生产力、稳定性和承载力的应用较多（陈强等，2015）。在评估方法方面，包括层次分析法、综合指数法、景观指数法、人工神经网络、模糊评价法、主成分分析法、集对分析法等。评估指标体系和技术方法的差异无疑对研究结果产生重要影响。因此，如何构建科学、合理的评估指标体系和技术方法，将是推动生态系统质量评估亟待解决的技术问题。

3. 监测与评估的尺度效应

由于生态系统存在不同的空间尺度，因此生态系统质量的监测与评估不可避免地涉及尺度问题。例如，在区域尺度上，基于遥感和调查的生态系统的生产力、稳定性和承载力指数受到的重视较多（罗海江等，2008；陈强等，2015），而在局地生态系统尺度，基于地面直接监测的生物学特征、环境特征和干扰状况得到重视（孙永光等，2013；莫可等，2015；张峰等，2020）。因此，在开展生态系统质量评估时，如何有效地融合不同空间尺度之间的差异，将卫星遥感数据和地面监测数据进行有机结合，将为准确理解不同尺度生态系统质量的状态和演变趋势，及其内在过程和机理提供重要的支撑。

参 考 文 献

白光磊，池卿华，王兆俊，等. 2020. 无线充电 Qi 协议正向通信 FSK 的解调设计. 现代电子技术, 43(8): 1-4.

陈强，陈云浩，王萌杰，等. 2015. 2001—2010 年洞庭湖生态系统质量遥感综合评价与变化分析. 生态学报, 35(13): 4347-4356.

陈善荣. 2018. 我国生态环境监测的 40 年发展回顾与展. 环境保护, 46(20): 21-25.

陈雅君, 陈文惠, 陈辉煌, 等. 2016. 厦门市 2013 年生态环境质量评价: 基于第一次地理国情普查数据. 福建师范大学学报(自然科学版), 32(3): 144-151.
陈宜瑜. 2009. 生态系统定位研究. 北京: 科学出版社.
陈祖刚, 巴图娜存, 徐芝英, 等. 2014. 基于数码相机的草地植被盖度测量方法对比研究. 草业学报, 23(6): 20-27.
傅伯杰, 刘世梁, 马克明. 2001. 生态系统综合评价的内容与方法. 生态学报, 21(11): 1885-1892.
胡波, 刘广仁, 王跃思, 等. 2019. 陆地生态系统大气环境观测指标与规范. 北京: 中国环境出版集团.
梁变变, 石培基, 王伟, 等. 2017. 基于 RS 和 GIS 的干旱区内陆河流域生态系统质量综合评价: 以石羊河流域为例. 应用生态学报, 28(1): 199-209.
刘光崧. 1996. 土壤理化分析与剖面描述. 北京：中国标准出版社.
刘盼, 任春颖, 王宗明, 等. 2018. 南瓮河自然保护区生态环境质量遥感评价. 应用生态学报, 29(10): 3347-3356.
刘轩, 岳德鹏, 马梦超. 2016. 基于变异系数法的北京市山区小流域生态环境质量评价. 西北林学院学报, 31(2): 66-71.
罗海江, 方修琦, 白海玲, 等. 2008. 基于 VEGETATION 数据的区域生态系统质量评价之一: 指标体系选择. 中国环境监测, 24(2): 45-49.
马克平. 2015. 中国生物多样性监测网络建设: 从 CForBio 到 Sino BON. 生物多样性, 23(1): 1-2.
莫可, 赵天忠, 蓝海洋, 等. 2015. 基于因子分析的小班尺度用材林森林质量评价: 以福建将乐国有林场为例. 北京林业大学学报, 37(1): 48-54.
潘竟虎, 董磊磊. 2016. 2001—2010 年疏勒河流域生态系统质量综合评价. 应用生态学报, 27(9): 2907-2915.
潘贤章, 郭志英, 潘凯. 2019. 陆地生态系统土壤观测指标与规范. 北京: 中国环境出版集团.
秦伟, 朱清科, 张学霞, 等. 2006. 植被覆盖度及其测算方法研究进展. 西北农林科技大学学报(自然科学版), 34(9): 163-170.
卿青平, 王瑛. 2019. 省域生态环境质量动态评价及差异研究. 中国环境科学, 39(2): 750-756.
屈玉, 安俊岭, 周慧, 等. 2009. 人为和生物排放量对春季东亚地面臭氧的协同贡献. 大气科学, 33(4): 670-680.
宋慧敏, 薛亮. 2016. 基于遥感生态指数模型的渭南市生态环境质量动态监测与分析. 应用生态学报, 27(12): 3913-3919.
宋永昌. 2001. 植被生态学. 上海: 华东师范大学出版社.
孙东琪, 张京祥, 朱传耿, 等. 2012. 中国生态环境质量变化态势及其空间分异分析. 地理学报, 67(12): 1599-1610.
孙永光, 赵冬至, 高阳, 等. 2013. 海岸带红树林生态系统质量评价指标诊断、内涵及构建. 海洋环境科学, 32(6): 962-969.
万本太, 王文杰, 崔书红, 等. 2009. 城市生态环境质量评价方法. 生态学报, 29(3): 1068-1073.
王焕, 侯鹏, 蒋金豹, 等. 2019. 基于“格局-质量-功能”的生态系统综合评估方法研究与实践. 环境生态学, 1(7): 32-37.
王坤, 周伟奇, 李伟峰. 2016. 城市化过程中北京市人口时空演变对生态系统质量的影响. 应用生态学报, 27(7): 2137-2144.
王绍强, 王军邦, 张雷明, 等. 2019. 国家重点研发项目: 中国陆地生态系统生态质量综合监测技术与规范研究(英文). 资源与生态学报(英文版), 10(2): 105-111.
王源, 江昊, 吴明, 等. 2018. 基于用户移动网络接入位置的高效分布式相似矩阵计算方法. 电信科学, 34(5): 26-38.
吴冬秀, 张琳, 宋创业, 等. 2019. 陆地生态系统生物观测指标与规范. 北京: 中国环境出版集团.

吴静, 杨锦涛, 严浩然, 等. 2020. 一种面向珍稀动物保护的在线检测与识别方法: CN110837768A.
吴静, 喻婷, 江昊, 等. 2019. 一种面向多元生态观测的网络自组织方法: CN109951886A.
肖洋, 欧阳志云, 王莉雁, 等. 2016. 内蒙古生态系统质量空间特征及其驱动力. 生态学报, 36(19): 6019-6030.
谢军飞, 李延明. 2013. 植物源挥发性有机化合物排放清单的研究进展. 环境科学, 34(12): 4779-4786.
徐涵秋. 2013. 区域生态环境变化的遥感评价指数. 中国环境科学, 33(5): 889-897.
徐洁, 谢高地, 肖玉, 等. 2019. 国家重点生态功能区生态环境质量变化动态分析. 生态学报, 39(9): 3039-3050.
杨泽康, 田佳, 李万源, 等. 2021. 黄河流域生态环境质量时空格局与演变趋势. 生态学报, 41(19): 7627-7636.
叶亚平, 刘鲁君. 2000. 中国省域生态环境质量评价指标体系研究. 环境科学研究, 13(3): 33-36.
于贵瑞, 王永生, 杨萌. 2022. 生态系统质量及其状态演变的生态学理论和评估方法之探索. 应用生态学报, 33(4): 865-877.
于贵瑞, 张雷明, 张扬建, 等. 2021. 大尺度陆地生态系统状态变化及其资源环境效应的立体化协同联网监测. 应用生态学报, 32(6): 1903-1918.
袁国富, 朱治林, 张心昱, 等. 2019. 陆地生态系统水环境观测指标与规范. 北京: 中国环境出版集团.
张峰, 张丽君, 胡炜, 等. 2020. 基于小班尺度的县域森林质量评价研究. 林业与环境科学, 36(1): 21-29.
张华, 宋金岳, 李明, 等. 2021. 基于 GEE 的祁连山国家公园生态环境质量评价及成因分析. 生态学杂志, 40(6): 1883-1894.
张妹婷, 翟永洪, 张志军, 等. 2017. 三江源区草地生态系统质量及其动态变化. 环境科学研究, 30(1): 75-81.
张敏, 王敏, 白杨, 等. 2015. 上海市生态系统质量评价及其演变特征分析研究. 环境污染与防治, 37(1): 46-51.
张学霞, 朱清科, 吴根梅, 等. 2008. 数码照相法估算植被盖度. 北京林业大学学报, 30(1): 164-169.
章超斌, 李建龙, 张颖, 等. 2013. 基于 RGB 模式的一种草地盖度定量快速测定方法研究. 草业学报, 22(4): 220-226.
中国环境监测总站. 2004. 中国生态环境质量评价研究. 北京: 中国环境科学出版社.
周国逸, 尹光彩, 唐旭利, 等. 2018. 中国森林生态系统碳储量-生物量方程. 北京: 科学出版社.
周华荣. 2000. 新疆生态环境质量评价指标体系研究. 中国环境科学, 20(2): 150-153.
朱坚, 翁燕波, 张彪, 等. 2011. 基于组合赋权法的宁波市城市生态系统质量评价. 中国环境监测, 27(1): 64-68.
Akylidiz I F, Su W, Sankarasubramaniam Y, et al. 2002. A Survey on sensor networks. IEEE Communications Magazines, 40(8): 102-114.
Anderson S P, Bales R C, Duffy C J. 2008. Critical zone observatories: Building a network to advance interdisciplinary study of earth surface processes. Mineralogical Magazine, 72: 7-10.
Atzori L, Iera A, Morabito G. 2010. The internet of things: A survey. Computer Networks, 54: 2787-2805.
Chen C L P, Zhang C Y. 2014. Data-intensive applications, challenges, techniques and technologies: A survey on Big Data. Information Science, 275: 314-347.
Cleverly J, Eamus D, Edwards W, et al. 2019. TERN, Australia's land observatory: Addressing the global challenge of forecasting ecosystem responses to climate variability and change. Environmental Research Letters, 14: 095004.
Collins S L, Bettencourt L M, Hagberg A, et al. 2006. New opportunities in ecological sensing using wireless sensor networks. Frontiers in Ecology and the Environment, 4: 402-407.
Fang S, Xu L D, Zhu Y, et al. 2014. An integrated system for regional environmental monitoring and

management based on internet of things. IEEE Transactions on Industrial Informatics, 10: 1596-1605.

Gubbi J, Buyya R, Marusic S, et al. 2013. Internet of things (IoT): A vision, architectural elements, and future directions. Future Generation Computer Systems, 29: 1645-1660.

Guenther A, Karl T, Harley P, et al. 2006. Estimates of global terrestrial isoprene emissions using MEGAN (Model of Emissions of Gases and Aerosols from Nature). Atmospheric Chemistry and Physics, 6(11): 3181-3210.

Guenther A , Zimmerman P , Wildermuth M . 1994. Natural volatile organic compound emission rate estimates for U. S. woodland landscapes. Atmospheric Environment, 28(6): 1197-1210.

Hu A, Li C , Wu J . 2020. Expectile regression on distributed large-scale data. IEEE Access, 8(99): 122270-122280.

Jin R, Li X, Yan B, et al. 2014. A nested ecohydrological wireless sensor network for capturing the surface heterogeneity in the midstream areas of the Heihe River Basin, China. IEEE Geoscience and Remote Sensing Letters, 11: 2015-2019.

Kang J, Jin R, Li X, et al. 2017. High spatio-temporal resolution mapping of soil moisture by integrating wireless sensor network observations and MODIS apparent thermal inertia in the Babao River Basin, China. Remote Sensing of Environment, 191: 232-245.

Lee K J, Lee B W. 2011. Estimating canopy cover from color digital camera image of rice field. Journal of Crop Science and Biotechnology, 14(2): 151-155.

Li S, Yu G, Yu X, et al. 2015. A brief introduction to Chinese ecosystem research network (CERN). Journal of Resources and Ecology, 6: 192-196.

Li X, Cheng G, Ge Y, et al. 2018. Hydrological cycle in the Heihe River Basin and its implication for water resource management in endorheic basins. Journal of Geophysical Research-Atmospheres, 123: 890-914.

Liu S, Li X, Xu Z, et al. 2018. The Heihe integrated observatory network: A basin-scale land surface processes observatory in China. Vadose Zone Journal, 17: 180072.

Ma H D. 2011. Internet of things: Objectives and scientific challenges. Journal of Computer Science and Technology, 26: 919-924.

McCool C, Beattie J, Milford M, et al. 2018. Automating analysis of vegetation with computer vision: Cover estimates and classification. Ecology and Evolution, 8(12): 6005-6015.

Mirtl M, Borer E T, Djukic I, et al. 2018. Genesis, goals and achievements of long-term ecological research at the global scale: A critical review of ILTER and future directions. Science of the Total Environment, 626: 1439-1462.

Mukhopadhyay S C, Jiang J A. 2013. Wireless sensor networks and ecological monitoring. Berlin Heidelberg: Springer-Verlag.

Niculescu D, Americ N L. 2005. Communication paradigms for sensor networks. IEEE Communications Magazines, 43(3): 116-122.

Qu Y, Zhu Y, Han W, et al. 2014. Crop leaf area index observations with a wireless sensor network and its potential for validating remote sensing products. IEEE Journal of Selected Topics in Applied Earth Observations Remote Sensing, 7: 431-444.

Rapport D J, Costanza R, McMichael A J. 1998. Assessing ecosystem health. Trends in Ecology and Evolution, 13 (10): 397-402.

Rebmann C, Aubinet M, Schmid H, et al. 2018. ICOS eddy covariance flux-station site setup: A review. International Agrophysics, 32, 471-494.

Sadeghi-Tehran P, Virlet N, Sabermanesh K, et al. 2017. Multi-feature machine learning model for automatic segmentation of green fractional vegetation cover for high-throughput field phenotyping. Plant Methods,

13: 103.

Spencer B F, Ruiz-Sandoval M E, Kurata N. 2010. Smart sensing technology: Opportunities and challenges. Struct Control Health Monit, 11: 349-368.

Thalen D C P. 1979. Ecology and Utilization of Desert Shrub Rangelands in Iraq. Hague: Springer Dordrecht.

Volkamer R, Jimenez L, San Martini F, et al. 2006. Secondary organic aerosol formation from anthropogenic air pollution: Rapid and higher than expected. Geophysical Research Letters, 33.

Wang H, Zhang T, Quan Y, et al. 2013. Research on the framework of the environmental internet of things. International Journal of Sustainable Development and World Ecology, 20: 199-204.

Xia S X, Liu Y, Yu X B, et al. 2018. Challenges in coupling LTER with environmental assessments: An insight from potential and reality of the Chinese ecological research network in servicing environment assessments. Science of the Total Environment, 633: 1302-1313.

Yao T. 2019. Tackling on environmental changes in Tibetan Plateau with focus on water, ecosystem and adaptation. Science Bulletin, 64(7): 417.

Zhao J, Zheng X, Dong R, et al. 2013. The planning, construction, and management toward sustainable cities in China needs the environmental internet of things. International Journal of Sustainable Development and World Ecology, 20: 195-198.

Zhu Z L, Tang X Z, Zhao F H. 2020. Comparison of ozone fluxes over a maize field measured with gradient methods and the eddy covariance technique. Advances in Atmospheric Sciences, 37(6): 586-596.

第4章 区域生物多样性监测技术与评估

4.1 生物多样性监测目标与监测内容

4.1.1 生物多样性监测的国家需求

随着我国社会经济的快速发展和气候变化影响的加剧，生态系统退化和生物多样性丧失问题日益凸显，迫切需要加强生态监测能力以科学认知我国生态质量及其变化状况。生物多样性是生态质量优劣的重要反映指标，是区域生态环境好坏的直接体现。然而，传统地面监测技术主要用于样地或群落水平，即“点”尺度上的生物多样性观测与评价，易受区域环境和技术条件的限制，不能满足长期连续、标准化的区域生物多样性动态监测要求。为此，我国相关部门机构逐渐建立了全国性生物多样性监测与研究网络，如中国科学院组织建立了中国生物多样性监测与研究网络（Sino-BON）（冯晓娟等，2019），生态环境部（原环境保护部）组织成立了全国生物多样性观测网络（China BON）（李佳琦等，2018）。这些国家尺度的监测网络建设通过构建监测和保护评估体系，有助于掌握国家和区域生物多样性的现状、动态及威胁因素，从而满足国家和地方层面生态环境长期监测与生态质量动态评估的科技需求。

4.1.2 生物多样性监测目标

通过集成智能终端（如红外相机技术）、“3S”技术、网络信息技术和统计模型等现代监测技术方法来构建区域生物多样性综合监测技术体系（图 4-1），在典型生态功能区开展动物多样性、植物多样性及其生态系统功能的综合监测，从群落、种群及种间关系等层次建立反映区域生态质量的生物多样性综合指标，形成我国区域生物多样性监测技术规范，实现我国区域生物多样性监测的科学性、一致性、可比性、连续性以及生物多样性监测评估从样地尺度到区域尺度的突破，为我国区域生态质量动态监测和评估提供可行的、高精度的技术支撑。

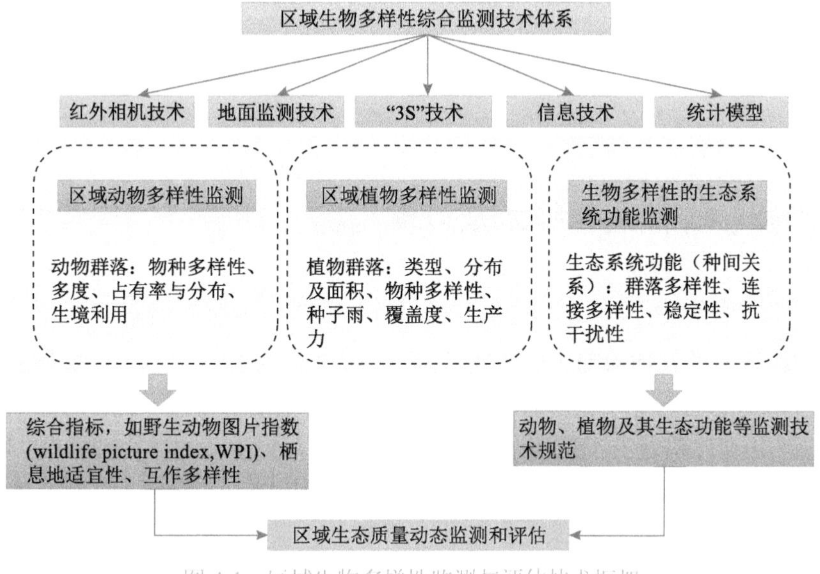

图4-1　区域生物多样性监测与评估技术框架

4.1.3　生物多样性监测与评估内容

1. 区域动物多样性全天候监测与评估

以陆生大中型地栖动物（兽类和鸟类）为主要监测对象，通过公里网格抽样方法和相机阵列联网来构建自然保护区全覆盖的区域全天候监测技术体系，并获取物种及种群数量、分布和生境利用等重要指标；通过"3S"技术获得区域尺度的栖息地遥感数据和土地利用数据等；通过多元统计模型和专家知识来确定野生动物图片指数（WPI）和栖息地适宜性等生物多样性综合监测指标，实现区域动物多样性的监测与评估。

2. 区域植物多样性综合监测与评估

在植物多样性监测关键指标的基础上，利用层次分析法（AHP）筛选表征区域植物多样性现状与变化趋势的定量化动态监测二级指标；融合卫星遥感、近地面遥感、地面监测等多尺度监测数据，构建包含植物物种与群落、植被与生境、环境因子与人类干扰等内容的本底数据库，并运用空间地统计学方法、物种分布模型、地理信息系统等技术与方法分析监测指标的时空演变特征，形成区域植物多样性综合监测指标与评估体系。

3. 生物多样性的生态系统功能监测与评估

采用标记重捕法及种子雨收集技术，收集参与生态系统功能的动植物多样性及种群数量信息；采用红外相机及动植物标记技术，监测动植物种间互作关系，构建动植物种间互作网络，量化种间作用强度；基于动植物种间互作网络，通过生态网络模型、统计分析、计算机随机网络模拟，评价种间互作多样性、生态功能崩溃风险、生态功能动态稳定性、生态功能抗干扰性等综合指标。

4.2 区域生物多样性主要监测技术及监测指标体系

4.2.1 动物多样性监测技术及监测指标

1. 红外相机技术

红外相机技术是一种地面遥感监测技术，即当动物经过相机的感应区域时，可通过红外传感器来感知动物与环境间的温度差，从而触发相机拍摄照片或视频来获取野生动物图像数据，并通过鉴定分类这些图像数据来评估分析野生动物的物种分布、种群数量、行为、生境利用和群落组成等重要指标。陆生中大型兽类和地栖鸟类是该技术监测的主要类群。红外相机技术具有比传统调查方法明显的优越性，其能在恶劣环境中全天候连续工作并记录安放点周边的动物及人类活动信息。通过获得各种动物的真实图像确认物种的存在，有助于掌握监测区域内生物多样性（动物种类及数量）、人为干扰情况（偷猎）、野生动物肇事等确凿证据，实现区域动物多样性的监测和评价。

近 10 年来，红外相机技术在野生动物多样性监测和研究中应用广泛（肖治术，2019a；李晟，2020）。对于个体具有独特斑纹的动物，如大部分猫科动物，可以根据红外相机捕获的图像鉴别个体，并基于标记-重捕模型来估计动物关键种群参数（如种群数量、密度、存活率、死亡率等）（Duangchantrasiri et al.，2016），从而评估珍稀濒危物种的种群变化及相关驱动机制（Wang et al.，2018）。对于大多数不具有天然斑纹的动物物种，则可以采用相对多度指数（relative abundance index，RAI）、栖息地占域率（occupancy rate）等方法来评估其种群多度、空间分布及其与环境之间的相互作用等内容。

红外相机可同时拍摄多个物种，在群落监测和多样性评估中具有突出优势（Steenweg et al.，2017），为种间互作机制（Chen et al.，2019）、群落多样性和动态变化（van der Weyde et al.，2018），以及不同区域多物种分布的动态评估（O'Brien et al.，2010）等提供了关键技术支撑。目前，红外相机技术已成为陆生大中型动物的重要常规监测技术（O'Connell et al.，2011；肖治术，2019a）。

2. 监测评估指标及数据分析方法

红外相机技术主要从种群、群落和生态系统等尺度对陆生大中型兽类和地栖鸟类进行监测与评估。种群尺度的监测目标是估计目标物种的相对种群数量、时空动态、栖息地利用以及人类活动的影响，主要以栖息地占域率和 RAI 为监测指标。群落和生态系统尺度的监测目标是目标区域内物种多样性和群落组成的动态变化及其影响因素，以物种丰富度（species richness）、群落组成和野生动物图片指数（WPI）等为监测指标。其中，WPI 用于评估区域生物多样性变化的综合指标。

1）相对多度指数（RAI）

RAI 即拍摄率（photographic rate），指某一调查区域（保护区）内，每 100 个单位相机工作日所获取某一物种在所有相机位点的独立有效照片数。RAI 可用于比较不同地点、同一地点不同季节（年间）之间的动物种群相对数量的差异。基于红外相机数据的 RAI 作为一种简单、便利的表征动物相对多度大小的指标，广泛用于生物多样性本底调查和物种编目（陈立军等，2019）。

作为相对种群数量（多度）的指标，RAI 的计算公式如下：

$$RAI=（独立有效照片数/总有效相机工作日）\times 100$$

通常，同一位点 30min 内连续拍摄到的同一物种的照片或视频算作 1 个独立有效照片。

2）网格占有率（grid occupancy rate）

网格占有率或为物种相机位点占有率，指某一调查区域（如车八岭国家级自然保护区）内，某物种被拍到的网格单元数或相机位点数占所有正常工作的网格单元数或相机位点数的百分率（肖治术，2019b）。网格（位点）占有率可表示物种分布的广度，其计算方法如下：

$$网格（位点）占有率=n/N\times 100\%$$

式中，n 为某物种被记录到的网格单元数或相机位点数；N 为所有正常工作的网格单元数或相机位点数。

3）占域率

占域率或称为栖息地占域率，指某一物种占据研究区域（如保护区）的概率。其作为评估目标物种的空间分布和栖息地相关因素之间相互关系的指标（MacKenzie et al.，2017），数值为 0～1，0 表示没有分布，1 表示在所有调查点均有分布，通常表示为

$$\Pr(x\mid\psi)=\binom{s}{x}\psi^{x}(1-\psi)^{s-x} \tag{4-1}$$

式中，ψ 为样本单元被占据的概率；x 为被占据的样本单元数量；s 为样本单元数量。

物种的占域曾长期被认为是出现-未出现（presence-absence）信息，未充分考虑探测的不完美性。直到 21 世纪初，探测率被忽略的问题得到重视和解决，可通过建立“探测到-未探测到”的观测历史，在考虑物种不完全探测情况下估计实际栖息地占域率和探测率（MacKenzie et al.，2002）。

在早期，占域率被当作物种多度的一个替代指标（MacKenzie and Nichols，2004），特别是在大尺度监测项目中物种密度相对较低的情况下，占域率是一个节省成本的可替代指标。经过近 20 年的发展，占域模型的概念和应用得到延伸发展，不仅用于评估种群多度以及物种空间分布与环境因子之间的关系，而且动态占域模型还可用于评估种群动态（肖文宏等，2019）。此外，多物种占域模型可用于估计栖息地和景观变量对群落结构和物种丰富度的影响（Kéry and Royle，2009）。

4）野生动物图片指数（WPI）

WPI 由 O’Brien 等（2010）提出，主要用于在群落水平上调查记录物种栖息地占域率在不同时相的变化，反映大中型兽类群落的多样性变化趋势。WPI 计算主要基于红外相机监测数据，应用占域模型估计群落中每个物种在一段时间内的占域率，如调查点 k

在时间 j 的 WPI_{jk} 为调查点 k 上所有 n 个物种在时间 j 占域率与调查起始时间所有物种占域率的比值的几何平均值（Beaudrot et al.，2016）。其计算公式为

$$WPI_{jk} = \sqrt[n]{\prod_{i=1}^{n} O_{jik}} \ , \quad O_{jik} = \psi_{ijk} / \psi_{i1k} \tag{4-2}$$

式中，O_{ijk} 为调查点 k 的物种 i 在时间 j 的相对占域率；ψ_{ijk} 为调查点 k 的物种 i 在时间 j 的占域率；ψ_{i1k} 为调查点 k 的物种 i 在调查起始时间的占域率。

4.2.2 植物多样性监测技术及监测指标

1. 样地监测

野外调查与监测是获得植物多样性第一手数据和资料的基本方法。大样地定位监测是揭示植物多样性变化最重要和最有效的手段。长期监测样地内物种组成、植物功能性状、立地环境数据（如土壤、地形地貌、气候、人为活动情况等）等，可以为群落动态、种间关系、生态功能等方面的科学研究提供支撑。

各类监测样地的面积规模差异较大，我国森林监测样地为 15～30 hm^2。样地内通常采用网格法进行区划分割，利用单位面积的数据进行分析与建模，有助于阐明植物多样性与地形、土壤、林相等环境要素之间的关系，模拟与解析植被和生态系统的动态变化。

2. 模式植物群落监测

郭柯等（2016）提出“把某典型地段上相对稳定的某植物群落看作是该植被类型的实物标准，并以此作为描述该群落类型特征的依据”，将“这样的植物群落作为该群落类型的‘标本’或‘模式植物群落’（typical plant community），或简称‘模式群落’”。模式群落是能够反映某种植被分类单元基本特征的典型植物群落，可作为准确描述该植被类型的“标准”，是监测的重点对象。根据植被分布的地带性规律选择典型地段及其典型植物群落，建立模式群落样地并实施监测，从而为各种植被类型及其变化的定量化分析建立参考标准。其监测内容通常包括物种组成、群落结构、结实状况和生物量等。

模式群落分为主模式和副模式（重复）两种类型，一般配置是一个主模式和两个副模式，空间上彼此相互独立，但群落特征和环境特征都应具有高度的一致性（郭柯等，2016）。模式群落面积根据植物群落的物种组成和群落结构的不同而有所区别，以反映群落基本特征为理想的大小，且模式群落外围应有缓冲区，缓冲区宽度一般应大于 5 m。为保证所选择的模式群落能处于原生状态，并避免来自外界的过度干扰，宜在自然保护地内选择模式群落的监测区域，并保证具有复查的可靠性，但需注意的是，不宜特别给予过度封闭保护，应保障植物群落演替的自然发生性。

3. 遥感监测

卫星遥感观测涵盖区域、洲际、全球等多尺度和多领域，可为植物多样性研究提供广泛

的生态状况信息，获取如土地利用与土地覆被、景观破碎化与异质性、植被覆盖度、生态系统生产力、叶面积指数等数据，因此其成为研究区域植物多样性的重要方法。卫星影像具有即时性、系统性和可重复性，能够实现长时间序列的观测记录，数据获取成本相对低廉。借助遥感技术并结合常规地面调查，定量分析大尺度植物多样性成为可能，在研究物种组成与分布、探测物种生境状况、分析生态系统结构与功能等方面应用广泛（郭庆华等，2018）。

植物多样性研究应用的卫星遥感产品主要有 30 m 空间分辨率的 Landsat 数据以及 250～1000 m 空间分辨率的 MODIS 数据等。而 QuickBird、IKONOS、RapidEye、WorldView-2 等已能够提供米级空间分辨率的数据，进一步提升了卫星遥感在实践中的应用能力，在实施不同组织水平的植物多样性监测上具有巨大的应用潜力。

无人机近地面遥感技术的出现满足了动态观测与定制化遥感的需求，能够获取大尺度精细空间分辨率的影像和空间数据，很好地弥补了卫星遥感与地面样方调查之间的尺度空缺（郭庆华等，2018），特别是多源遥感数据融合技术的发展进一步拓宽了遥感在植物多样性监测中的应用。例如，成像光谱技术（也称为高光谱遥感）在光谱维度方面能达到纳米级分辨率，可以提供地物细节特征区分信息，可通过详细的反射特性或“光谱特征”来分析不同的物种组成。激光雷达技术可获取对植被的定量三维视图，揭示林冠高度、分枝、叶面分布及其他属性，且通常具有较高的精度和准确性，使得通过冠层结构分析生物多样性成为可能。近地面遥感平台作为植物多样性研究的数据源有助于开展生态系统现状及物种多样性的评价，量化植被退化程度，实现传统地面监测难以实现的大尺度分析（郭庆华等，2016）。

4. 监测评估指标

基于区域景观、群落-生态系统、种群-物种三个尺度构建区域植物多样性现状与变化监测指标，具体包括 4 个指标、10 个参数（表 4-1）。其中，区域景观尺度的监测指标为植被覆盖状况，群落-生态系统尺度的监测指标为典型植物群落状况，种群-物种尺度的监测指标包括物种丰富度、重点关注物种状况。

表 4-1　植物多样性监测指标、参数与监测周期

指标	参数	监测周期
植被覆盖状况	植被类型与分布	5～10 年
	植被覆盖度	5 年
物种丰富度	物种丰富度与分布	5～10 年
典型植物群落状况	物种组成	林地：5 年；草地：每年
	重要值	林地：5 年；草地：每年
	Shannon-Wiener 多样性指数	林地：5 年；草地：每年
	植株平均高度	林地：5 年；草地：每年
重点关注物种状况	重点物种的分布	5 年
	重点物种的种群数量	木本：5 年；草本：每年
	重点物种的种群年龄结构	木本：5 年

4.2.3 生物多样性的生态功能主要监测技术及监测指标

1. 物种多样性监测技术

有关生物多样性及其生态系统功能的监测样地设在四川省都江堰市蒲阳镇般若寺附近森林（早期为四川省都江堰市般若寺国营实验林场）中。根据斑块大小和演替阶段，研究选择了该区域 14 个森林斑块作为实验样地（Yang et al., 2018）。其详细介绍见 4.3.5 节和图 4-56。

1）植物多样性监测技术

为了解森林内植物多样性情况，在选定的森林斑块内调查植物多样性，根据斑块大小确定调查植物样带数量。其调查原则如下：选取样带调查植物，大斑块中选择 4 条样带，分别为斑块的上坡位 1 条、中坡位 1 条和下坡位 2 条；小斑块中选择 2 条样带，分别覆盖斑块的上坡位和下坡位。为了确保随机性，以及样带选择需反映该斑块不同生境的植物群落结构，每一条样带要尽可能保持在同一海拔。为减少林缘交错带的影响，下坡位样带离林缘至少 10 m。所选取的样带上，以直径 5 m 的样圆为样方调查植物，相邻样圆圆心间相距 10 m，样圆边距 5 m。对样圆内胸径（DBH）大于 1 cm 的所有木本植物进行调查，调查内容包括：在胸高 1.3 m 的位置喷上红色喷漆，并对植株挂牌编号（以便后期复查），鉴定植物物种类别，测定其胸径、分枝数等指标，并详细记录。在每一条样带上，当所选取样圆内测量的植物数量达到 100 株时，停止样圆选取，但需测定完所选取的样圆的所有植株，这样所测量的植株总数在 100 株及以上。为便于后期调查工作，包括种子雨调查等其他实验在每个样圆圆心处安置一个已编号的水泥桩。其编号规则为：斑块编号+样带号+样圆号，如 D1-1 中 D 表示斑块编号，1-1 表示上坡位样带 1 号样圆。

2）种子产量监测技术

为了解种子雨的动态，采用种子收集筐来调查种子雨的情况。在测定植物样带上的样圆中心位置安放种子收集筐，从第一个样圆开始布置，相邻种子收集筐间相距 10 m，直至无样圆为止。以致密的黑色遮阳网为制作材料，制作边长略大于 1 m 的种子收集筐，确保置于树下的收集筐的实际面积为 1 m^2（图 4-2）。布置种子收集筐时，用绳子分别固定网的四角，以保证结实，不易被风或掉落的树枝等破坏；遮阳网内呈松散的凹面，距地面 60～80 cm，以防种子掉落后反弹出种子收集筐以及陆栖动物如鼠类等进入而取食种子。

种子收集筐在种子开始掉落前布置，每两周收集筐内种子雨一次，考虑天气和工作量等因素，尽量确保每次收集在 2～3 天完成，直至种子完全掉落为止。每次收集时，先将筐内枯枝落叶等杂物小心除去，然后将每个收集筐内的所有种子（包括碎片）单独装入已编号的自封袋或网袋内带回实验室进行处理。如果研究地区的雨水较多，需每次将收集回的种子分别装入纸质信封，然后放在烘箱，调整温度为 60℃，连续烘干种子外表水分 12 h。对烘干水分后的种子进行分类，按照完好、败育、虫蛀等分别统计数量，同时分别对同种类每一种子收集筐的完好种子和虫蛀种子进行称重。其中，完好种子鉴定为果肉易脱落、种子饱满、颜色鲜艳、种皮表面光滑、无幼虫感染迹象。统计分析时，根据研究目的，利用完好、碎片和虫蛀种子数量等计算种子产量。

图 4-2　种子收集筐（Yang et al., 2018）

3）啮齿动物多样性监测技术

为了解森林斑块内啮齿动物（鼠类为主）的群落组成、年间和季节变化（时空动态），人为干扰对该地区森林生态系统的破坏程度，以及森林破碎化对动物群落组成和数量的影响，在所选取的每一斑块内部，根据样地的地形特点，利用指南针和测量绳设置 4m × 10m 的矩阵，矩阵相邻点间距 10 m，选取面积约为 2700 m^2 的样地来进行鼠类调查及后续互作网络研究。在矩阵的节点处用 2 cm ×20 cm 的聚氯乙烯（polyvinyl chloride，PVC）标签牌进行标记，并在标签上编号，编号规则为：以 A～D 标记宽边，1～10 标记长边，如 A2、C9 等[图 4-3（a）]。在每年的动物调查时期，按照矩阵点布设鼠笼[图 4-3（b）]，每一斑块布设 40 个。鼠笼用铁丝制成，铁丝外表涂蓝色防锈漆，以防铁丝生锈，网眼约 1 cm^2，鼠笼规格为 30 cm × 13 cm × 12 cm，主要以新鲜板栗为诱饵。每年种子成熟季节的每日下午布置鼠笼，次日清晨查看，连续调查 5 日。

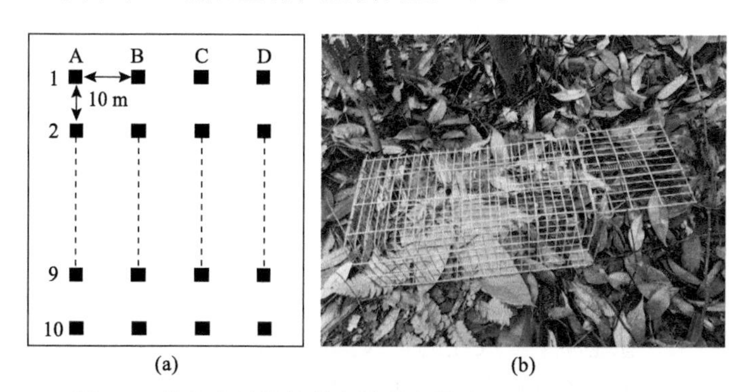

图 4-3　样地内捕鼠笼的布设示意图（Yang et al., 2018）

检查鼠笼时，一旦发现捕捉到动物后，立即进行鉴定和后续相应处理。如果捕获的是鼠类，第一，对鼠种进行鉴定，记录物种名、性别以及捕获点的编号；第二，使用便

携式液晶显示电子秤，称量鼠笼总重；第三，2 人均戴上线手套，其中一人拿鼠笼，另一人用结实的尼龙捕虫网套住笼子口，小心打开笼子，让鼠类自然进入网中，收紧网口，将网子从笼子移开；第四，一人一只手小心抓捕鼠后颈皮肤，另一只手同时控制鼠后足，另一人给鼠打上耳标，并在后背用水彩画笔涂以酒红色染发剂绘制不同形状的图案（Gu et al.，2017；Yang et al.，2018），预设图案以清晰易辨、易绘制，以及便于在红外相机拍摄的视频中能辨认访问种子释放点的鼠种为原则，如“|”“—”“=”“+”等；第五，染色后立即原地释放鼠类，并称量笼重，清理鼠笼并重新放置诱饵，于原处布设鼠笼。如果是其他动物，如鸟类、黄鼬（*Mustela sibirica*）等，仅需鉴别物种，称重后即可释放。对不能立即确定的鼠种进行拍照，做好记录，待回实验室后查看文献资料和进行咨询以鉴别物种名。

2. 种间互作多样性监测方法

采用种子标记法和红外相机监测技术相结合，定量测定发生相互作用的动物、植物种子（果实），确定动物的取食偏好和互作强度，以构建种间互作网络，进而探讨种间连接的复杂性和网络稳定性。

1）种间关系监测方法

A. 鼠类-植物种子互作网络监测方法

a. 种子选取和特征测定方法

选取研究区域常见的乔本植物种子（一般为坚果类）用于鼠类-植物种子互作实验。每年在各类种子的成熟时期，为减少对鼠类-植物种子互作实验的影响，在样地以外的斑块收集完好的种子若干并存放于阴凉处晾干、备用。采集后，随机选择一定量（如 100 粒）的完好种子，进行种子形态特征（重量、壳厚、大小及干重等）和化学特征（粗蛋白、粗脂肪、粗淀粉、粗纤维和单宁等）的测定。

b. 种子标记方法

为便于追踪被鼠类扩散后的种子，以及红外相机拍摄鼠类在种子释放点处理种子的情况，选用轻便的白色或红色塑料标签（规格为 3.6 cm×2.5 cm，<0.1 g），将其裁剪成不同形状，与植物种子连接。根据每年斑块种子雨收集和种子结实情况，确定各斑块种子释放的种类，并用记号笔在已穿好的塑料牌上编号。

在释放种子之前，采用水浮法选取完好种子，用电钻在远离胚的一侧打孔，然后用细铁丝的一端连接种子并固定。对种子单独称重后，将种子连接在已编号的不同形状的塑料标签上，连接线保留 10 cm 左右，记录时注意种子种类、重量和相对应的标签牌编号。

c. 种子释放和红外相机监测方法

待动物多样性调查和完好种子采集完后，开始释放种子和布设红外相机。在动物调查样方及附近随机选择释放点，释放点共 9 个，点间距至少 20m。布设红外相机时，为保证良好的拍摄效果，清理种子释放点的枯枝落叶，部分点还需将释放点的泥土弄平整。然后，释放带标签的种子，各点每类种子释放 10 粒，按标签编号排好，并在种子释放点旁将被动式红外相机（如 Ltl-6210A）固定在树上（或者树桩上）。红外相机距离地面 40～70 cm，相机正面与地面呈 60°左右的夹角，相机镜头正对种子释放点的中心，视野拍摄范围覆盖释放的所有种子和标签牌。为便于在后期拍摄视频中辨认发生互作的动物和植物种子，最好用一台红外相机拍摄一类种子（10 粒）[图 4-4（a）]，最多拍摄种子大小相差明显的两类种子（20 粒）[图 4-4（b）]。同一释放点的大小可以根据释放的种子种类调整，但尽量在 1 m^2 的范围内，以保证动物进入后能察觉到释放的全部种子。

（a）　　（b）

图 4-4　种子释放点种子排布和红外相机布设图（Yang et al.，2018）

种子释放和红外相机布设完成后，检查红外相机参数设置：拍摄模式设置为录像，每次视频录像时长为 10～20 s，视频分辨率为 640×480，灵敏度设置为高，相邻两次拍摄红外触发时间间隔为 1 s，日期准确并设置时间戳为开，以及每次安放的存储卡可格式化处理以满足红外相机兼容性等。待这些工作准备完毕后，开启开关进行预拍摄，根据录像画面查看清晰度和覆盖程度，对布设不到位的进行调整或微调，以确保种子及标签处于视野中央且画面清晰，然后开机进行监测。每一斑块红外相机监测 3 天，再更换到未调查过的斑块。按照以上的方式，重复在其他斑块释放种子和布设红外相机，待所有斑块相机监测时间均达到 3 天时，将红外相机收回。根据需要对红外相机进行维护和保养，以便于下一年红外相机监测实验的开展。

d. 种子查看和追踪方法

红外相机监测开始后，次日起查看并记录种子状况，先查看释放点种子情况，若全部存留，则稍处理落叶枝条等即可查看下一个释放点的情况；若有种子被取食或搬离，则先将红外相机关闭，再清理释放点并记录种子命运。种子命运记录为：原地存留（intact in situ，IIS），即完好种子依旧留在释放点，代表种子未被动物处理（如取食和扩散）；原地取食（eaten in situ，EIS），即释放种子被鼠类在释放点取食，而留下种子壳或少部分种子，以及连接有细铁丝的塑料牌；搬运后取食（eaten after removal，EAR），即标记种子在被搬离释放点后在地面或洞穴被取食，连接有细铁丝的塑料牌和种子壳散落在取食点；分散储藏（scatter hoarded，SH），即标记种子被搬离种子释放点后被分散埋藏（多数 1 粒，少数几粒）在土壤、枯枝叶、草丛等基质中；集中埋藏（larder hoarded，LH），即标记种子被搬离种子释放点后被集中堆积（一般数量为数粒到几十粒不等）在洞穴、岩缝、树洞等处，这部分种子绝大多数或全部最终会被鼠类取食或腐败；弃置地表（intact after removal，IAR），即标记种子被搬离种子释放点后被弃置于地表（被遗忘），这部分种子一般会被动物自身或其他个体取食或重新扩散；丢失（missing，M），即标记种子被搬离种子释放点后没能找到，而无法确定这部分种子的命运，一般认为多数被鼠类搬运到洞穴等地储藏起来，少数分散储藏在释放点附近未能找到，或者被鸟类扩散至更远的地方。若种子被搬离释放点，查看释放点周围 25m 半径范围内的地面和植株上；找到标签牌后，除记录种子命运外，还需详细记录种子扩散日期、扩散距离、种子扩散点的基质、微生境和方位。若种子命运为储藏，需记录埋藏深度和储藏点大小。为深入了解被扩散后种子的命运以及翌年埋藏种子的萌发状况，翌年春季查看埋藏种子萌发出苗情况。以上工作，至少由 2 人同时开展，一人主要负责寻找丢失的种子，另一人负责记录相应参数值，每一斑块寻找时长为 2～3 h。

B. 鸟类-植物果实互作网络研究方法

自果实成熟季节开始，采用样点、样线法直接观察，以及人工释放种子和红外相机监测技术结合开展鸟类-植物果实种间关系研究。针对树上的鸟类-植物果实相互作用，采用①样点法：在选择的斑块选取鸟类传播果实的树种作为目标树种；于每年果期调查母树的树高、胸围、冠幅、郁闭度、结实量、果实特征（重量、大小、颜色等）；利用望远镜以每棵母树为样点，记录访问该母树上的鸟类种类和数量，每个样点调查时间为 08:00～12:00、14:00～18:00。母树不足 3 株时，连续调查 3 天。②辅助样线法：在选择的斑块各设置一条贯穿斑块的样线，每月观察两次，每次上午观察，行走样线时，记录结果植物的数量和位置信息，并重点观察鸟类对植物果实的取食情况；当取食事件发生后，观察员以取食母树为观察点记录 5min 内取食鸟类的种类和数量、取食持续时间、取食量、取食频次、取食空间、果实处理方式以及母树的郁闭度等。如果一群鸟取食导致取食行为无法同步观察时，统计鸟类的数量并选择视角最好的个体进行观察。针对树下的鸟类–植物果实相互作用,采用人工释放果实和红外相机监测:选用鸟类取食的果实，根据果实种类，每个斑块各设置一定量的果实释放点，即同一种果实在每一斑块设置 3 个释放点，每个点放置 30 颗果实，点间距不小于 20 m；在释放点邻近的合适植株旁放置红外相机，相机布设方法同上文描述，以保证视野拍摄范围覆盖所有的 30 颗果实。待果实和红外相机布设完后，红外相机持续监测 3 天，查看果实命运（被吃或被扩散）。

C. 红外相机拍摄视频的处理和动物鉴定方法

根据拍摄样地种子（果实）释放点、释放时间等编号信息，系统性地存储每天获得的各种监测录像。根据染色标记、种子标签牌形状、动物在视频中的可识别特征等，参照种子扩散记录，鉴定视频中收获（取食或搬运）种子的物种类别和行为，并做记录。

2）网络参数计算方法

A. 动物、植物及种子多样性计算方法

根据各斑块种子雨收集的情况，确定研究区域各斑块当年结实的种子和相关植物的种类，通过计算各斑块相关种子的相对密度来估计种子产量，即

种子相对密度=散落种子总数/种子收集筐的总面积；

种子物种丰富度=各斑块的种子物种数；

种子数量=各斑块的种子总数量；

种子生物量（metabolic seed abundance，MSA）（以每个种子的热值来计算），即

$$\mathrm{MSA} = \sum_{i=1}^{S_s} n_i \mathrm{CV}_i \quad (4\text{-}3)$$

式中，S_s 为群落内的种子种数；n_i 为释放物种 i 的数量；CV_i 为释放物种 i 的平均种子热值。

鼠类物种丰富度=各斑块调查到鼠类的物种数；

鼠类数量=最小捕获的鼠类数量；

鼠类生物量（metabolic rodent abundance，MRA）（每一鼠类物种的代谢体重之和），即

$$\mathrm{MRA} = \sum_{i=1}^{S_r} n_i \mathrm{BM}_i^{0.75} \quad (4\text{-}4)$$

式中，S_r 为群落内的鼠类物种数；n_i 为物种 i 的种群数量（最小捕获数）；$\mathrm{BM}_i^{0.75}$ 为物种 i 的平均代谢体重（Xiao et al.，2013）。

每粒种子的可获得性=种子数量/鼠类数量；

每粒种子的能值可获得性（metabolic per capita seed availability，MPCSA）：

$$\mathrm{MPCSA}=\mathrm{MSA}/\mathrm{MRA} \quad (4\text{-}5)$$

物种多样性指数采用香农-维纳多样性指数表示（Hill，1973），即

$$H = -\sum_{i=1}^{S} p_i \ln p_i \quad (4\text{-}6)$$

式中，S 为物种丰富度；p_i 为第 i 种的个体数占调查到的所有种的总个体数的比例。

B. 种间连接网络参数计算方法

根据种子雨、鼠类群落、鼠类-植物种子互作实验中红外相机录像分析，确定互作的植物种子、鼠类及互作强度，以此构建鼠类-植物种子互作网络图谱。互作网络的特征参数可分为群落和物种水平。下面简述几个重要网络参数的含义和计算公式。

互作强度（interaction strength，IS）：用鼠类对所释放的各类植物种子的相对访问强度（visiting frequency）来表示，即 IS=（被取食的种子数+被搬运的种子数）/所释放种子总数×100% （Vazquez et al.，2005）；

连接度（connectance，CN）：即

$$\mathrm{CN} = L / S^2 \quad (4\text{-}7)$$

式中，L 为实际连接数；S 为物种丰富度。其反映网络的连接强度大小，即连接度越高，则连接强度越大（Dunne et al.，2002）。

物种平均连接数（links per species，LPS）：即 LPS=连接总数/物种总数，同样反映网络的连接强度，即 LPS 越大，连接强度越强（Bersier et al.，2002）。

嵌套度：描述了一种相互作用的模式，在这种模式中，与专性物种（具有少量互作伙伴的物种）相互作用的物种是与泛性物种相互作用的物种的子集，反映互作网络的结构信息，其越高，说明嵌套结构越明显（Bascompte et al.，2003）。

加权嵌套度：同嵌套度一样反映网络的结构信息，其不仅包含互作网络的所有拓扑

信息，还包含互作强度的信息。当数值为 1 时，意味着网络最嵌套；当数字为 0 时，意味着网络最混乱（Galeano et al.，2009）。

互作强度的非对称性（interaction strength asymmetry，ISA）：即

$$\mathrm{ISA}\left(i,j\right)=\left|d_{ij}^{\mathrm{P}}-d_{ji}^{\mathrm{A}}\right|/\max\left(d_{ij}^{\mathrm{P}},d_{ji}^{\mathrm{A}}\right) \tag{4-8}$$

式中，d_{ij}^{P} 和 d_{ji}^{A} 分别表示植物 i 对动物 j 的依赖程度和动物 j 对植物 i 的依赖性；max（d_{ij}^{P}，d_{ji}^{A}）为 d_{ij}^{P} 和 d_{ji}^{A} 之间的最大值，其可以量化发生互作关系的不同营养级物种间影响与被影响间的平衡（Bascompte et al.，2006）。

模块：互作网络中一些物种通过连接会构成模块（module），模块内部的物种间连接相对紧密，而与模块外的物种连接较为松散（Gilarranz et al.，2017；Olesen et al.，2007）。

对嵌套的贡献（cn_i）：即每一种动物–植物的相互作用对嵌套的贡献，正的 cn_i 值表示增加网络嵌套性，负的 cn_i 值表示减少网络嵌套性（Saavedra et al.，2011）。

中心性：使用两个指标来测度种间互作中心性，以确定不同动物–植物种间互作在集合网络中的冗余度和潜在的连通性：连接数（k，某一个动物–植物互作存在的斑块数）以及中介中心性（B_{c}）；目标节点的中介中心性描述了某个节点经过目标节点到另一个节点的最短路径的比例（Emer et al.，2018）。$B_{\mathrm{c}}>0$ 表示该种间互作可能会促进集合群落中的功能连通性。

所有网络分析可基于 R 软件包 bipartite 进行。

3. 同域树种共存机制监测方法

为了探明同域植物种子之间的间接关系及其影响因素，进一步揭示同域树种共存机制，可以综合考虑种子特征的相似性、季节和年间种子雨同步性的差异以及种子的可获得性等因素对种子命运的影响，进行两种种子配对邻居处理（单种和混合）种子释放实验。种子释放和命运追踪同上文描述。

为了探究其他种子（如种子 B）的存在是否会对特定种子（如种子 A）的扩散产生不同的影响，参考 Xiao 和 Zhang （2016）的方法，建立 12 个种子站（释放点），种子站设置在 2 条样带上，样带、种子站的间隔均至少 20 m。每个种子站包括 40 粒种子，其中有 6 个单种种子站，只含有 40 粒单种种子（3 个站只含有种子 A 或种子 B）；另一半为混合种子站，含混合各一半种子共 40 粒（种子 A 和种子 B），单种种子站和混合种子站交错，每个斑块总共释放 480 粒种子（图 4-5）。

在鼠类的捕食和扩散下，种子或被取食，或被分散储藏，或被集中储藏。种子被取食或集中储藏对植物更新是不利的，只有当分散储藏的种子最终逃脱鼠类的捕食才可能形成幼苗。因此，种子是否被分散储藏是影响植物更新的关键。种子分散储藏的比例越高，表示鼠类与植物之间有更多互惠。因此，以往的研究中常用分散储藏比例（Xiao and Zhang，2016）或幼苗形成比例（Cao et al.，2016）代表扩散效率。研究可以使用分散储藏种子和种子扩散效率（seed dispersal effectiveness，SDE）这 2 个指标，比较其在单种和混合种不同处理下的差异，以检测植物种子之间的间接关系。参考 Xiao 和 Zhang（2016）

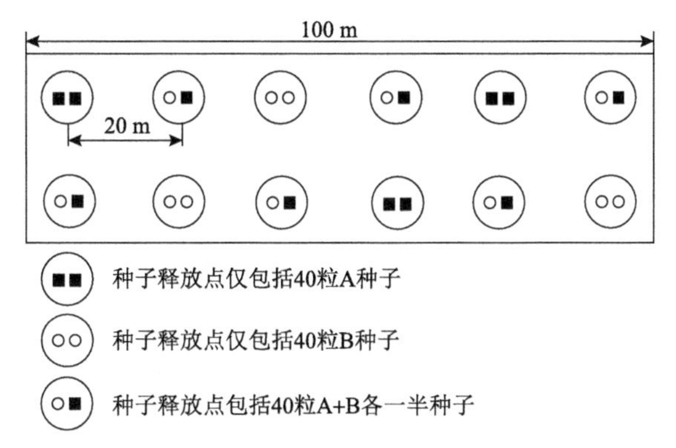

图 4-5　在每个斑块内设置单种种子站和混合种子站的方案（Yang et al.，2020）
A 和 B 代表研究区域内两种不同树种的种子

的计算方法，即分散储藏率=分散储藏的种子数量/释放种子数量×100%。由于多数分散储藏的种子，后期仍会被鼠类取食或被真菌感染，最终形成幼苗的数量可能很少，因此，一些研究使用分散储藏种子在次年出苗季节（春季）存活（包括出苗）的比例代表种子扩散效率（Lichti et al.，2014），即种子扩散效率=（搬运的种子数量/释放种子数量）×（搬运后次年春季存活的种子数量/搬运的种子数量）×100%=搬运后次年春季存活的种子数量/释放的种子数量×100%。分散储藏和种子扩散效率有一些区别：分散储藏不测量种子的最终存活率，而种子扩散效率测量种子到次年春季的最终存活率（Yang et al.，2020）。

4. 生态功能崩溃风险、动态稳定性以及抗干扰性计算方法

生态功能崩溃风险指生态系统互作网络中某一个或某几个链接断裂导致生态功能发生崩溃，可反映生态系统结构的健壮性，即在扰动或不确定条件下系统中某一特征或特性的持久性。生态功能崩溃风险可通过结构稳定性指数来进行衡量，需对数据采用计算机模拟来判断风险程度，即结构稳定性指数=50%物种灭绝速率（10000 次以上物种随机灭绝模拟）（Dunne et al.，2002）。

生态功能动态稳定性指生态系统对外界条件干扰的响应，是生态系统适应外界条件能力的表现，体现为生态系统的内部调整。一般无干扰情况下，生态系统在一定范围内波动；当受到外界干扰后，生态系统会偏离原有的波动状态，发生生态跃迁，在新范围内逐渐达到平衡。生态功能动态稳定性可通过动态持续性指数来进行衡量，需对数据采用计算机模拟来判断生态功能持续性，即动态持续性指数=长时间动态模拟存活率（1000 次以上群落动态方程模拟）（Yan and Zhang，2014）。

生态功能抗干扰性指自然生态系统通过抗损伤和快速恢复来维持其生态功能、服务功能和自身健康的潜在能力，是生态系统健康的生态承载力的组成部分。生态系统承载力是指生态系统维系自身健康、稳定发展的潜在能力，主要表现为生态系统对外界干扰的负荷承载能力。生态功能干扰性可通过生态功能承压恢复速率指标来进行衡量，需对数据采用计算机模拟来判断生态功能承压恢复速率，即生态功能承压恢复速率=种间互作矩阵的最大特征值（10000 次以上矩阵模拟）（Thebault and Fontaine，2010）。

4.3 自然保护地(区域)生物多样性监测与评估案例研究

4.3.1 广东省车八岭国家级自然保护区全境监测与评估

以广东省车八岭国家级自然保护区为示范案例，通过公里网格抽样方法和相机阵列联网构建全境监测与评估体系，运用相对多度指数(RAI)、网格占有率、活动时间节律、WPI等指标，从种群、群落水平对该保护区陆生大中型兽类和地栖鸟类的物种组成、物种丰富度、种群动态与分布进行监测与评估，以期为解决当前保护地本底不清的问题提供支撑。

1. 监测区域概况

广东省车八岭国家级自然保护区(简称车八岭保护区)地处24°40′29″N～24°46′21″N，114°09′04″E～114°16′46″E，位于广东省始兴县东南部，保护区总面积75.45km²。该保护区的地质构造属华南褶皱系，地势西北高东南低，最高峰天平架海拔1256m，最低处樟栋水海拔330m；年均温度19.6℃，最高温度38.4℃，最低温度−5.5℃，年降水量1150～2126mm。车八岭保护区的植物区系为南亚热带向中亚热带过渡类型，是南岭山脉南缘保存完整、面积较大，分布集中原生性较强的、具有代表性的中亚热带常绿阔叶林(徐燕千，1993)。因此，车八岭保护区是南岭过渡带的重要组成部分，其生物多样性也是整个南岭过渡带的典型代表。

历史上，车八岭保护区是华南虎的分布地，20世纪90年代初，区内还有野生华南虎出没。随着调查深入，该保护区记录的脊椎动物物种数仍有所增加。统计历年动物调查数据，车八岭保护区记录有脊椎动物394种，其中，兽类52种，鸟类235种，爬行类52种，两栖类26种，鱼类29种(宋相金等，2017)。在这些脊椎动物中，国家级重点保护动物达50种。

2. 监测方法

以车八岭保护区全境为实施单元，按照车八岭保护区陆生大中型动物调查评估技术规程，采用红外相机技术和公里网格抽样方案(图4-6)，2017～2020年，对地面大中型动物进行监测。其监测的网格包括保护区内80个公里网格和保护区外20个公里网格，主要的植被类型包括常绿落叶阔叶混交林、常绿阔叶林、针阔混交林、针叶林、竹林和灌丛，覆盖300～1100m的海拔范围。监测的100个网格中，每个网格布设1个红外相机监测位点，寻找合适的安放位置(林间道路、山脊、垭口、林间开阔地、饮水地等兽类和鸟类活动频繁的地方)布设1台相机，相邻网格两个相机位点之间相隔的距离至少500m，所有调查位点均不放置任何诱饵。

图 4-6　车八岭保护区陆生大中型动物调查与评估框架

野外监测使用具有无线传输功能的红外相机（型号为 Ltl Acorn 6511-4G），我们应用自主研发的 700MHzFDD-LT 实时组网传输与智能识别云平台，将红外相机拍摄的视频和照片实时/准实时传输到云服务平台。700MHz 频段具备频点低、传输损耗低、覆盖范围大、穿透力强的优势，更适用于野外大面积大范围的移动数据传输覆盖，可以有效降低野外保护基站信号覆盖成本，实现保护区野外红外相机监测数据的自动采集和高速传输。然后利用图像识别以及视频分析等核心技术实现对传输到云服务平台的红外相机数据自动目标检测与识别，目标检测准确度达 91.6%，大幅度提升保护区红外相机监测图像数据的分析处理速度，为陆生大中型动物监测研究提供准确、及时的数据支持。

3. 监测结果与分析

1）物种组成

连续四年（2017～2020 年）基于覆盖保护区全境的 100 个公里网格开展红外相机监

测，累计 135930 个相机工作日，共拍摄野生动物有效图像 70 多万份，记录兽类和鸟类 79 种（图 4-7），包括国家一级保护动物黄腹角雉（*Tragopan caboti*）、小灵猫（*Viverricula indica*）2 种，国家二级保护动物白鹇（*Lophura nycthemera*）、凤头鹰（*Accipiter trivirgatus*）、松雀鹰（*Accipiter virgatus*）、蛇雕（*Spilornis cheela*）、豹猫（*Prionailurus bengalensis*）、斑林狸（*Prionodon pardicolor*）、中华鬣羚（*Capricornis milneedwardsii*）等 19 种，被世界自然保护联盟（International Union for Conservation of Nature，IUCN）濒危物种红色名录列为濒危、易危或近危物种 16 种，其中黄腹角雉、小灵猫和水鹿（*Rusa unicolor*）为车八岭保护区近 20 年来首次拍摄到的影像资料。

(a)豹猫　(b)白眉山鹧鸪　(c)黄腹角雉
(d)蛇雕　(e)小鹿　(f)食蟹獴
(g)中华鬣羚　(h)猪獾　(i)白鹇

图 4-7　车八岭保护区红外相机拍摄的主要物种

2）重要物种种群动态与分布

基于车八岭保护区红外相机的监测数据，分别对车八岭保护区的重要物种进行了 RAI、网格占有率、分布和活动时间节律分析，并对各物种的占域率、探测率及其影响因素进行了评估。通过对 RAI 进行分析发现，2017～2019 年兽类和地栖鸟类的群落物种组成相对稳定。整体上，白鹇和红腿长吻松鼠（*Dremomys pyrrhomerus*）连续 4 年的 RAI

分别位居第一位、第二位；兽类物种中，红腿长吻松鼠、鼬獾（*Melogale moschata*）、野猪（*Sus scrofa*）、小泡巨鼠（*Leopoldamys edwardsi*）、小麂的 RAI 稳定在前七位（图 4-8）；鸟类 RAI 较高的以雀形目和鸡形目为主，包括白鹇、黑领噪鹛（*Garrulax pectoralis*）、白眉山鹧鸪、紫啸鸫（*Myophonus caeruleus*）、虎斑地鸫（*Zoothera aurea*）和灰胸竹鸡（*Bambusicola thoracicus*）等物种（图 4-9）。

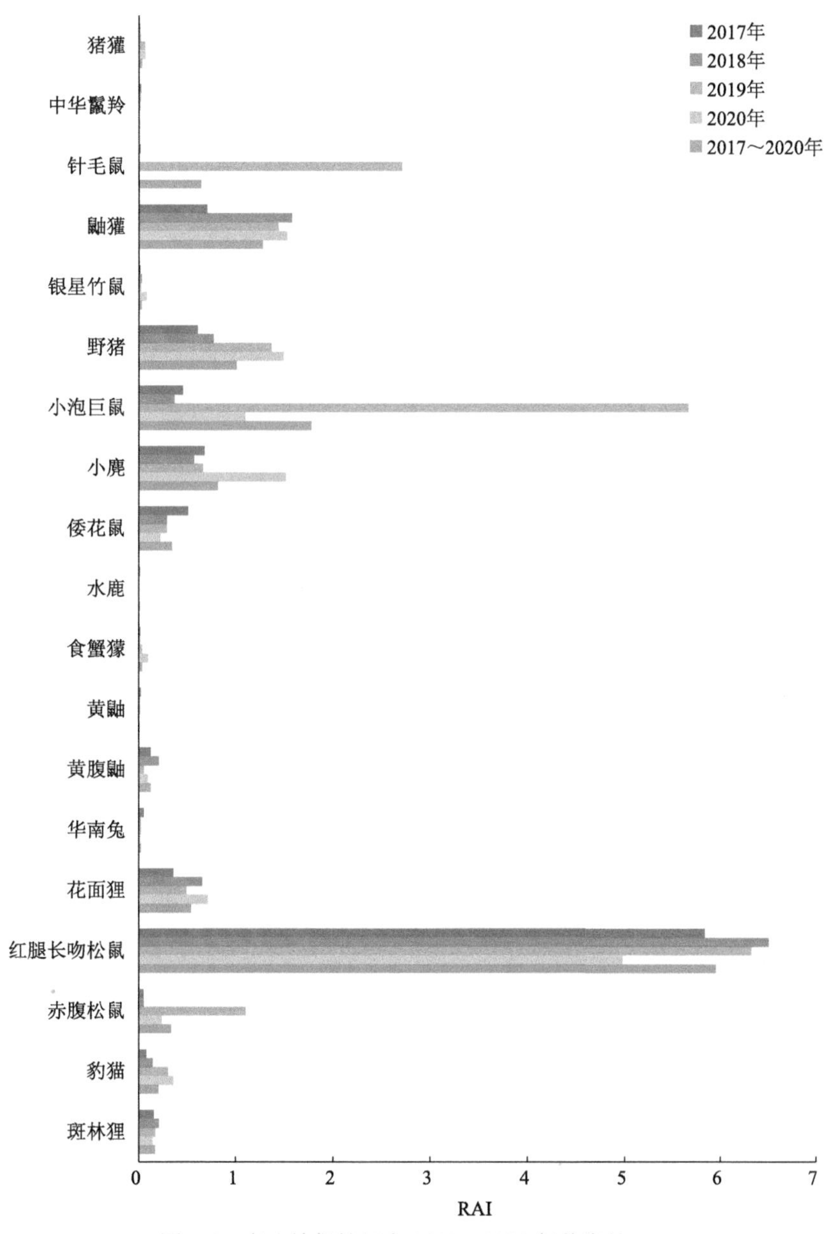

图 4-8　车八岭保护区在 2017～2020 年兽类的 RAI

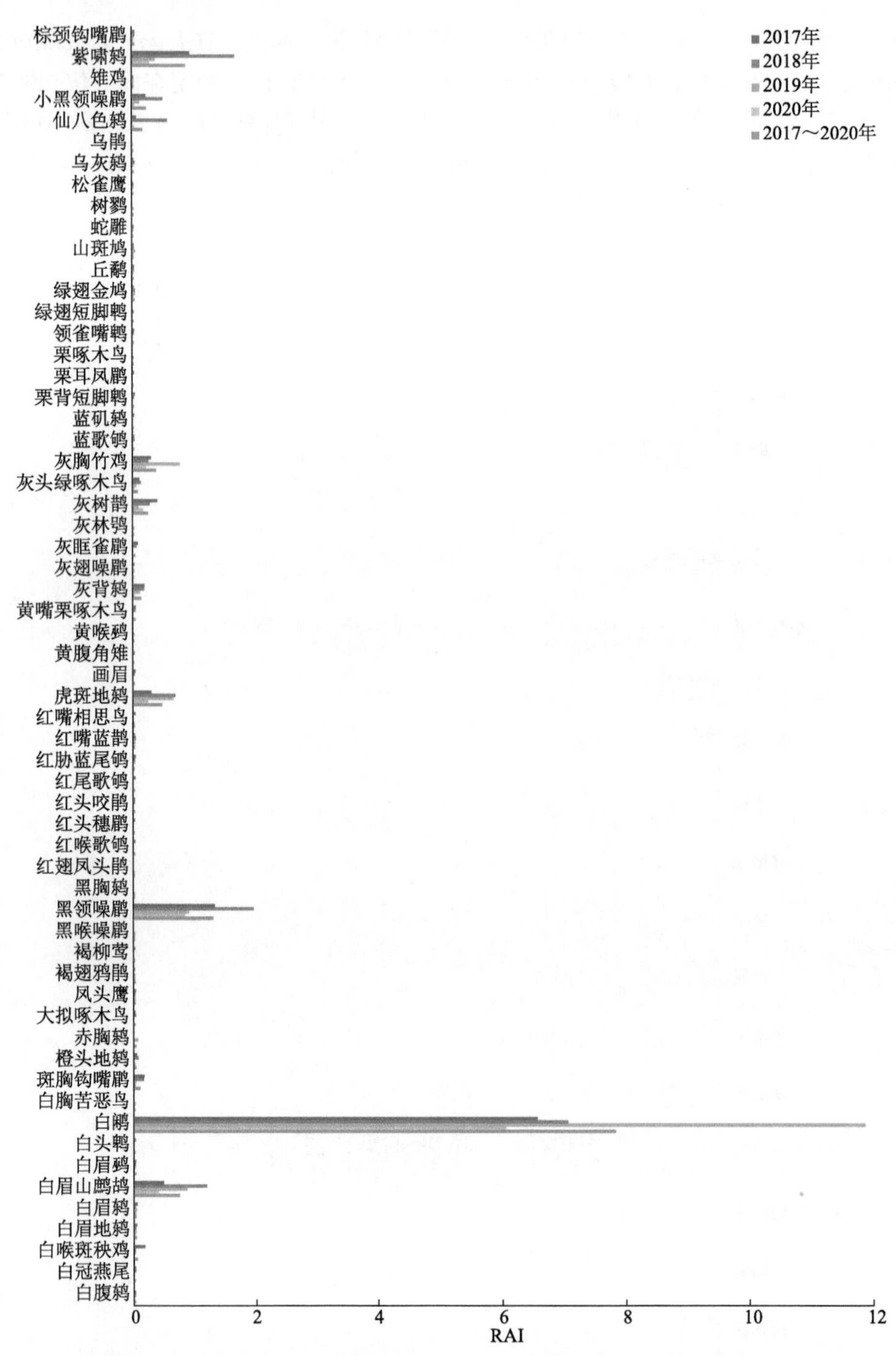

图 4-9 车八岭保护区在 2017～2020 年鸟类的 RAI

首次绘制了陆生大中型动物重要物种在车八岭保护区全境的分布图（图 4-10），全面客观地掌握保护区内陆生大中型兽类和雉鸡类等重要物种（类群）的种群、群落动态和分布等重要评估内容，并提供所记录物种的清晰影像作为凭证标本，为我国自然保护地体系自然资源监测管理、野生动植物重点物种名录发布和生态保护红线评估等提供科技支撑。

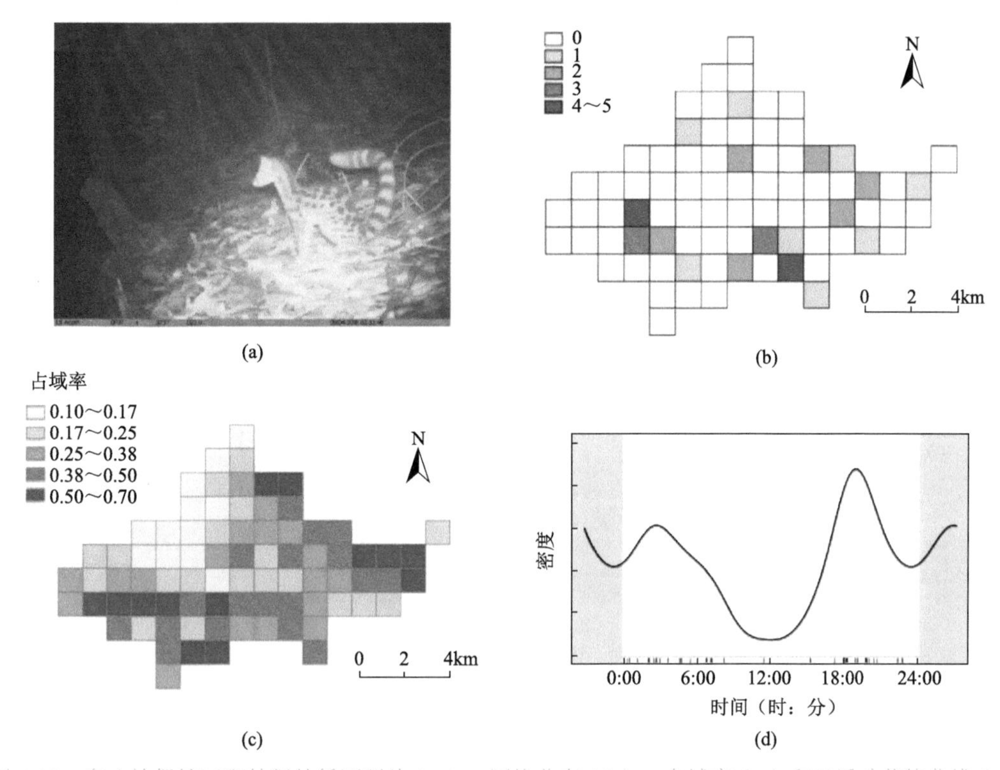

图 4-10　车八岭保护区斑林狸的凭证照片（a）、网格分布（b）、占域率（c）和日活动节律曲线（d）（肖治术，2019b）

2017～2020 年在车八岭保护区分布的国家重点保护野生动物的空间分布相对稳定，主要分布在保护区的核心区和缓冲区。白鹇作为国家二级重点保护野生动物，4 年间在车八岭保护区一直广泛且稳定分布（图 4-11），国家二级重点保护动物斑林狸（图 4-12）和豹猫（图 4-13）在保护区的空间分布呈逐步扩大趋势。

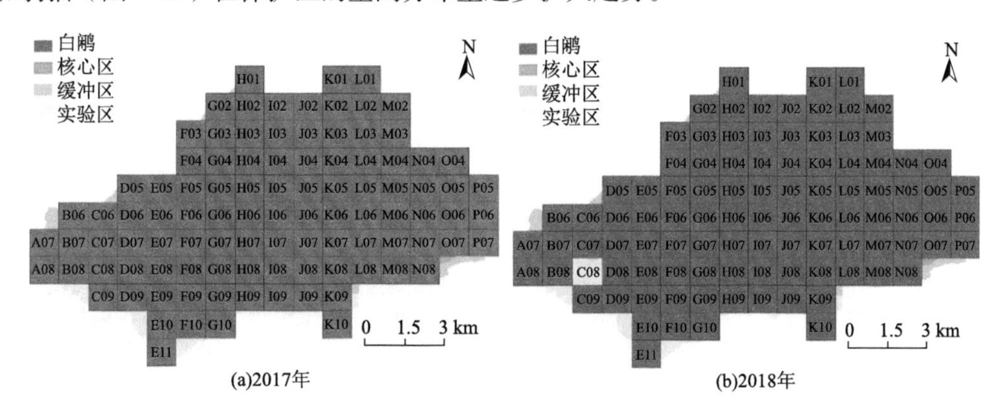

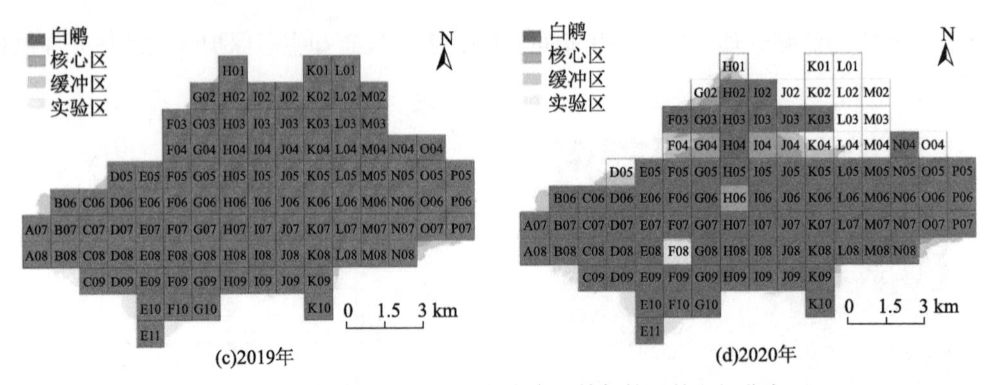

(c)2019年 (d)2020年

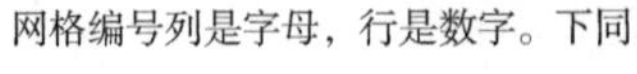
图 4-11 白鹇 2017～2020 年在车八岭保护区的空间分布

网格编号列是字母，行是数字。下同

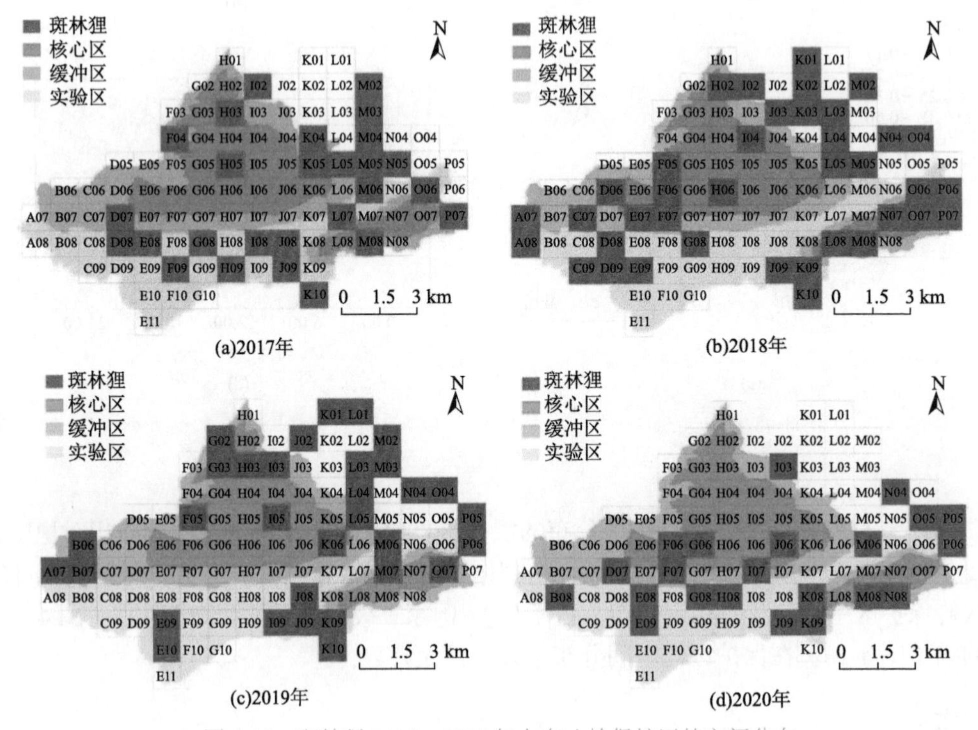

(a)2017年 (b)2018年

(c)2019年 (d)2020年

图 4-12 斑林狸 2017～2020 年在车八岭保护区的空间分布

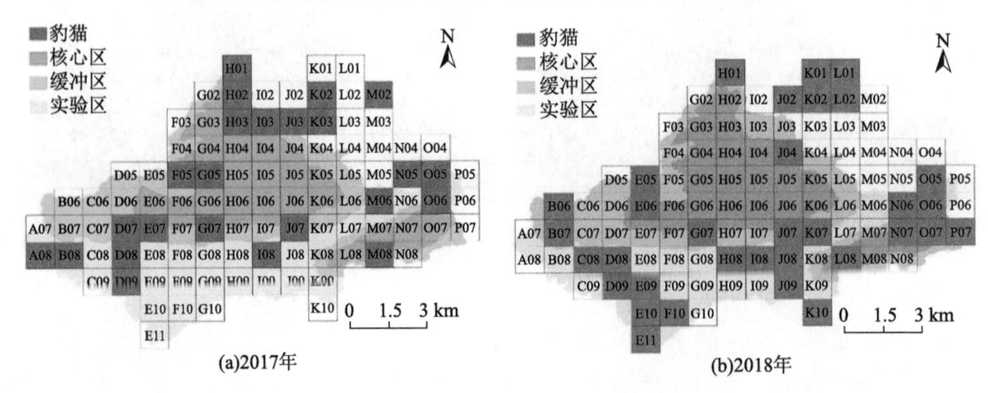

(a)2017年 (b)2018年

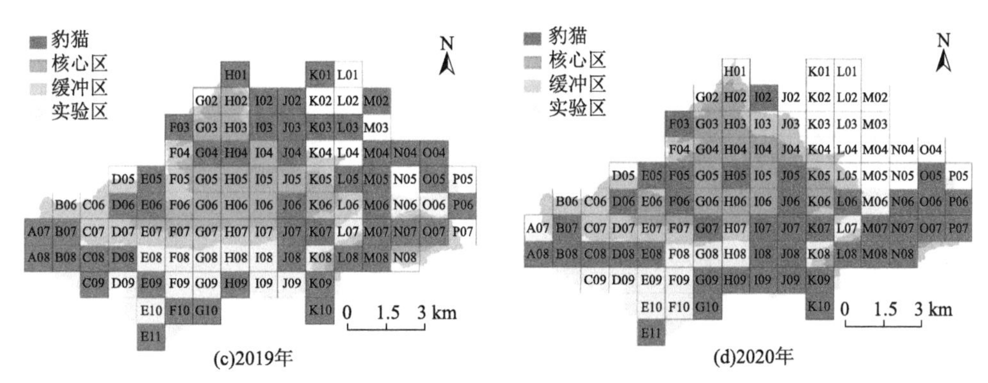

(c)2019年 (d)2020年

图 4-13 豹猫 2017～2020 年在车八岭保护区的空间分布

3）物种丰富度及其影响因素

A. 物种丰富度及分布图

2017～2020 年，车八岭保护区内的红外相机共记录到 60 种鸟类和 19 种兽类。其中，2017 年记录到 44 种鸟类和 19 种兽类，2018 年记录到 40 种鸟类和 17 种兽类，2019 年记录到 37 种鸟类和 18 种兽类，2020 年记录到 26 种鸟类和 15 种兽类。基于公里网格的物种丰富度空间分布如图 4-14 所示。

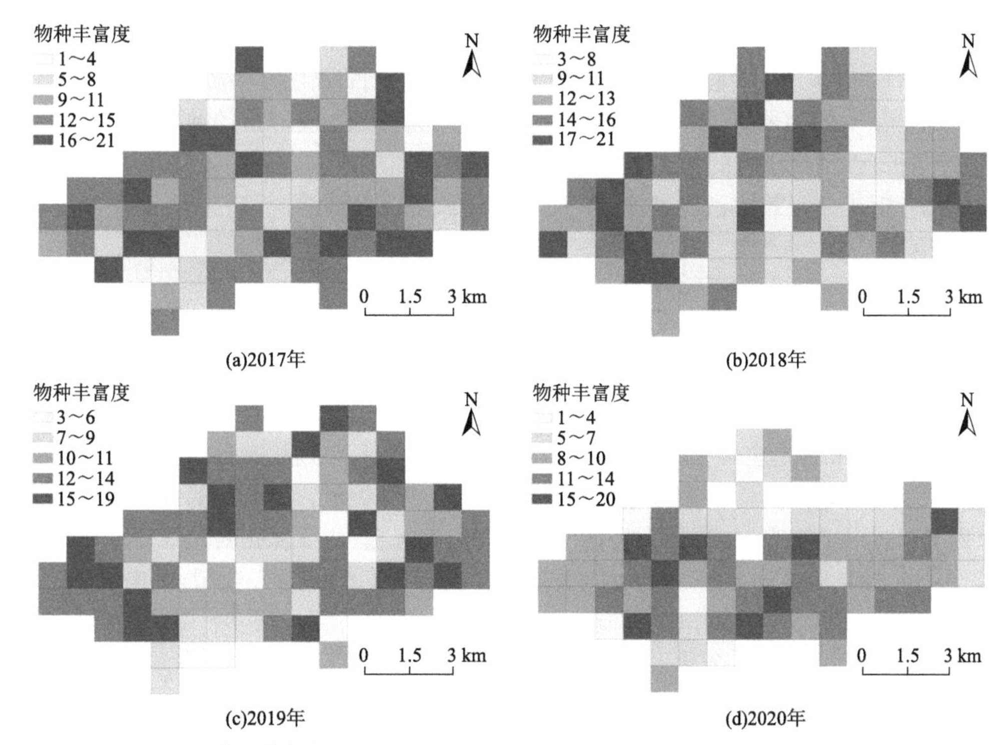

(a)2017年 (b)2018年

(c)2019年 (d)2020年

图 4-14 车八岭保护区在 2017～2020 年基于公里网格的物种丰富度空间分布

B. 野生动物图片指数

我们应用野生动物图片指数（WPI）评估野生动物在群落水平的变化趋势，通过计算 8 种大中型兽类和雉类物种在 2017～2020 年的群落变化指数及其置信区间，发现 2018～2020 年的 WPI 均大于 1，且逐年增大（图 4-15）。WPI 的置信区间均大于 1，说明后面三年的群落整体物种多度增长显著。WPI 的总体变化说明，2017～2020 年车八岭保护区中大中型兽类和雉类物种多样性显著提高，总增长率为 30.34%。

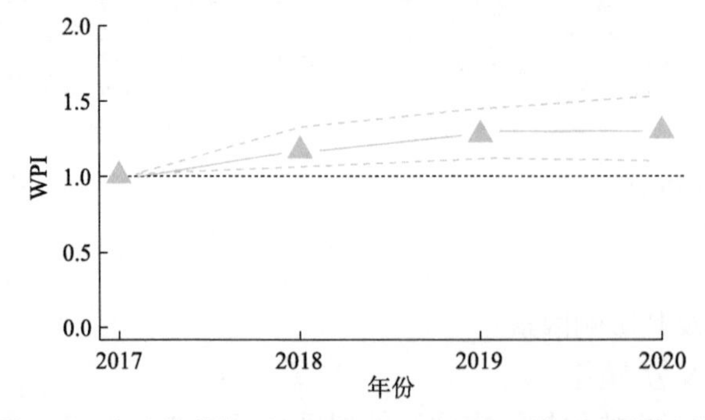

图 4-15 车八岭保护区 2017～2020 年 WPI 及 95%置信区间

4.3.2 钱江源国家公园（试点）红外相机监测与评估

以钱江源国家公园试点区为监测区域，基于红外相机监测技术和公里网格抽样方法，运用占域模型、栖息地适宜模型和 WPI 分析浙江省古田山国家级自然保护区（简称古田山保护区）的物种组成和空间分布以及大中型兽类和雉类群落的种群动态变化，评估自然保护区功能分区的有效性以及钱江源国家公园功能分区对黑麂（*Muntiacus crinifrons*）保护的有效性，通过监测评估更好地服务于钱江源国家公园（试点）的规划和管理。

1. 监测区域概况

钱江源国家公园试点区（简称钱江源国家公园，118°03′E～118°11′E，29°10′N～29°17′N）位于浙江省开化县境内，地处浙江、江西、安徽三省交界处，总面积 252 km^2，海拔 170～1260m，是全国 10 个国家公园体制试点区之一，是长三角经济发达地区唯一的国家公园体制试点区。该区域包括原有的 2 个自然保护地，即北部的钱江源森林公园（面积 45km^2）与南部的古田山保护区（面积 81km^2）。其主要保护对象为中亚热带低海拔常绿阔叶林自然生态系统，以及生活在其中的珍稀濒危野生动物黑麂和白颈长尾雉（*Syrmaticus ellioti*）。钱江源国家公园同时也是浙江省母亲河——钱塘江的发源地，兼具水源地保护的重要功能（余建平等，2019）。

钱江源国家公园森林覆盖率达到 85%以上，海拔从低到高分布有常绿阔叶林、常绿落叶阔叶混交林、针阔叶混交林和针叶林，高度的生境异质性和良好的栖息环境孕育了丰富的生物多样性。钱江源国家公园内共记录高等植物 257 科 1004 属 2244 种、脊椎动物 36 目 110 科 414 种和昆虫 24 目 275 科 2013 种。

2. 监测方法

钱江源国家公园被划分为 268 个 1km×1km 的调查网格，自 2018 年 7 月起每个网格内布设 1 台红外相机监测大中型地栖动物多样性。其中，在古田山片区的红外相机监测工作自 2014 年 5 月起持续开展，包括 93 个 1km×1km 的调查网格。相邻监测位点的间距不小于 300m，以减少不同位点对相同动物个体的重复拍摄。我们先后使用 Ltl Acorn 6210 与易安卫士 Loreda L710 两个型号的红外相机，设置为全天候工作，每次触发连拍 3 张照片与 1 段 10～15s 的视频；连续触发间隔 1s。工作人员在野外布设红外相机时，详细记录监测位点的位置和环境信息，包括经纬度、海拔、植被类型、优势树种、乔木高度、郁闭度、灌木盖度等。此外，2017～2018 年，在毗邻的江西和安徽部分区域开展红外相机调查，覆盖了钱江源国家公园外围区域的 76 个 1km×1km 的调查网格。

3. 监测结果与分析

1）物种组成

截至 2020 年 5 月，我们共计完成了 343 个公里网格的调查和监测，记录到野生兽类 23 种，分属 7 目 15 科，野生鸟类 75 种，分属 9 目 27 科（图 4-16）。其中，国家一级重点保护野生兽类 2 种，分别为中华穿山甲（*Manis pentadactyla*）和黑麂；国家二级重点保护野生兽类 4 种，分别为藏酋猴（*Macaca thibetana*）、猕猴（*Macaca mulatta*）、黑熊（*Ursus thibetanus*）、中华鬣羚；国家一级重点保护鸟类 2 种，分别为白颈长尾雉、黄腹角雉；国家二级重点保护鸟类有勺鸡（*Pucrasia macrolopha*）、蛇雕、鹰雕（*Nisaetus nipalensis*）、灰林鸮（*Strix aluco*）等 14 种。

(a)黑麂　(b)野猪

(c)小麂　(d)豹猫

(e)白颈长尾雉 (f)猪獾

(g)白鹇 (h)花面狸

图 4-16 红外相机拍摄的部分物种照片

此监测工作更新了钱江源国家公园大中型地栖动物的本底信息，同时获得了部分在地面活动且较为隐秘的新纪录鸟种，将钱江源国家公园的鸟类记录扩充至 252 种（钱海源等，2019）。据 1999 年的《浙江省古田山自然保护区自然资源综合考察报告》，古田山分布有适用于红外相机调查的大中型兽类共 25 种，包括 5 种偶蹄目和 20 种食肉目。红外相机监测到 5 种偶蹄目物种、7 种食肉目物种，与历史记录相比缺失 13 种食肉目动物，分别为狼（*Canis lupus*）、赤狐（*Vulpes vulpes*）、貉（*Nyctereutes procyonoides*）、豺（*Cuon alpinus*）、云豹（*Neofelis nebulosa*）、豹（*Panthera pardus*）、青鼬（*Martes flavigula*）、黄鼬（*Mustela sibirica*）、狗獾（*Meles leucurus*）、水獭（*Lutra lutra*）、大灵猫（*Viverra zibetha*）、小灵猫、金猫（*Catopuma temminckii*）。因此，关注大中型食肉动物缺失对生态系统功能的影响是钱江源国家公园管理应关注的内容之一。

2）物种空间分布

监测数据结果提供了各个物种不同时期在古田山保护区的空间分布。以黑麂和白颈长尾雉为例，其 2017～2019 年在古田山保护区的分布如图 4-17 所示。黑麂较为集中地分布在保护区的核心区和缓冲区，同时也出现在实验区的部分位点，其占据的网格存在年际间的变化，网格数量和范围有一定的波动。相比而言，白颈长尾雉较为分散地占据实验区的网格，较少出现在缓冲区和核心区。

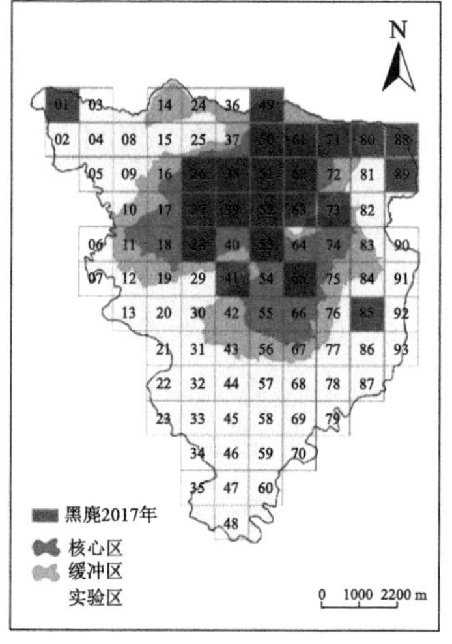

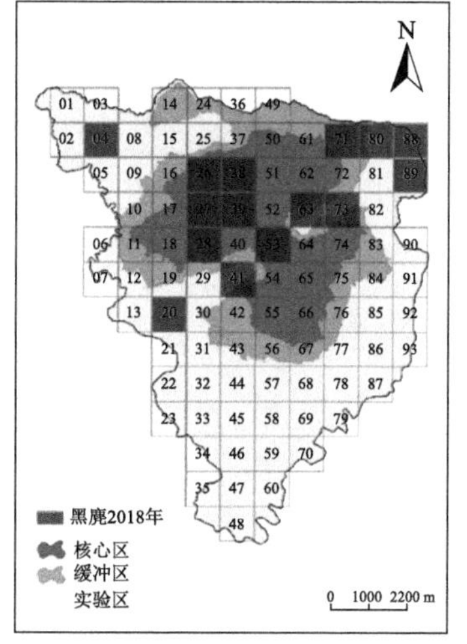

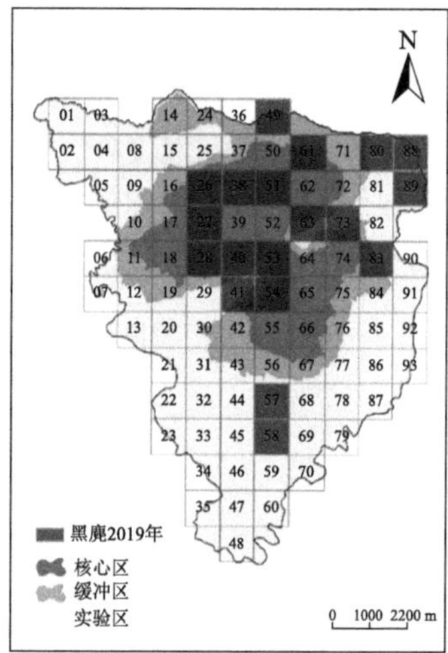

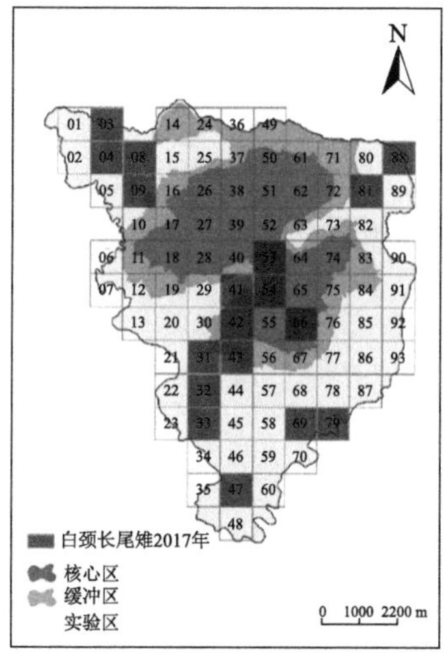

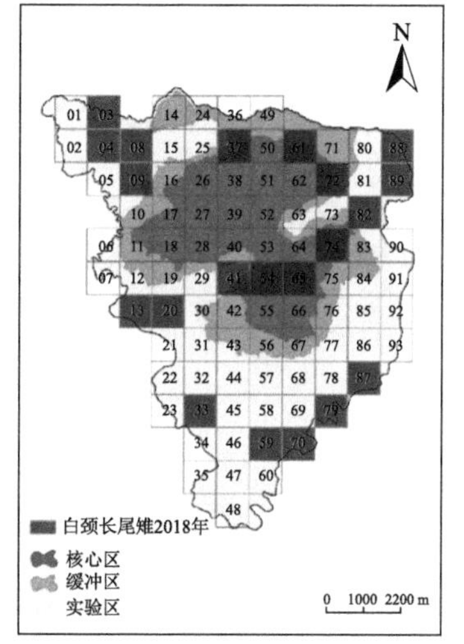

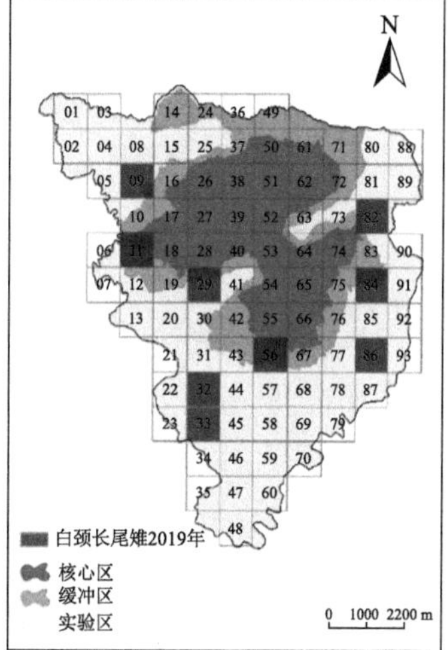

图 4-17　古田山保护区主要保护对象黑麂（上）和白颈长尾雉（下）2017～2019 年在古田山保护区的分布

A. 评估自然保护区功能分区的有效性

在古田山保护区监测结果的基础上，我们联合多个大熊猫保护区（陕西省长青国家级自然保护区、四川省卧龙国家级自然保护区和老河沟县级自然保护区）的红外相机监测数据，系统评估了自然保护区的功能分区对重点保护对象[大熊猫（*Ailuropoda melanoleuca*）、羚牛、黑麂、白颈长尾雉]的有效性；采用占域模型，分析了从保护区的实验区向缓冲区、核心区过渡的过程中，保护区的主要保护对象和其他同域分布物种是否均表现出更强的选择性。

多个物种在保护区各个分区内的分布格局显示，功能分区和物种的栖息地需求并不一致，分区是影响主要保护对象分布的因素之一。相比实验区和缓冲区，多数保护对象更多地出现在核心区。然而，分区对于绝大多数同域分布物种而言，并不是一个影响其分布的显著因素。对于部分分布受分区影响的同域分布物种而言，受威胁物种通常偏好核心区内的生境，而常见种则偏好实验区内的生境。

特别地，在古田山保护区内，重点保护物种黑麂和白颈长尾雉对不同的功能分区（图 4-18）。黑麂为适宜生境较为特化的物种，偏好核心区内人为干扰较少、较原始的常绿阔叶林和针阔混交林，而白颈长尾雉偏好缓冲区，特别是实验区的次生林，表明为了有效保护这两个目标物种，必须加强对古田山保护区各个功能分区的保护管理，有效控制实验区的人为干扰活动。

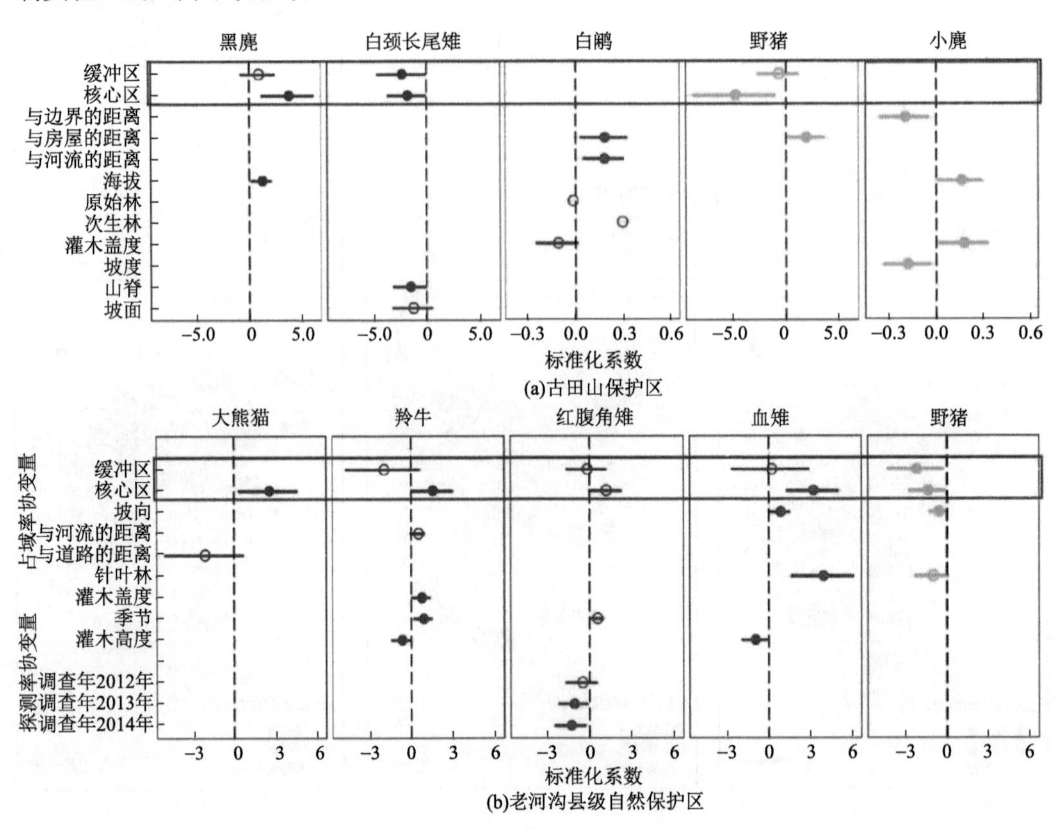

图 4-18　物种对栖息地的偏好分析

此项分析表明，旗舰物种通常有特化的栖息地需求，将它们作为同域分布物种的代表以指导保护区规划，并不能有效保护其他同域分布物种。因此，建议保护区重新评估管理分区的有效性，并采用基于多物种的、覆盖保护区全境的监测方案，以促进对中国野生动物的有效保护（Shen et al.，2020）。

B. 评估钱江源国家公园功能分区对黑麂保护的有效性

基于红外相机监测数据的研究，研究评估了钱江源国家公园的功能分区对黑麂栖息地保护的有效性。依据土地利用类型、居民点、人口和道路分布、数字高程模型等，并综合考虑土地权属等管理需求，钱江源国家公园被划分为核心保护区、生态保育区、游憩展示区及传统利用区 4 个功能分区，分别占国家公园总面积的 28.7%、53.8%、3.2% 和 14.3%。

此分析基于监测记录的黑麂分布点，采用最大熵（MaxEnt）模型预测钱江源国家公园内的黑麂适宜栖息地，使用五折交叉检验，即在模型构建过程中，随机选择80%的数据作为训练集、20%的数据作为测试集，其他参数保持模型默认值，结果以Logistic形式输出各个栅格的黑麂分布概率；取5次模型预测结果的平均值作为最终黑麂分布预测的结果，进一步依据最大化训练敏感性和特异性（maximum training sensitivity and specificity，MTSS）阈值法将预测结果二值化，以0表示不适宜栖息地，1表示适宜栖息地；采用刀切（Jackknife）方法评估各环境因子对黑麂分布影响的重要性和贡献率；采用受试者工作特征曲线下面积（area under the curve，AUC）评估模型预测精度。

此分析采用Fragstats3计算适宜栖息地斑块面积、数量及破碎化程度等景观生态学指数。其中，核心栖息地定义为单个栖息地斑块在去除距离边缘100m范围区域后的剩余栖息地，核心栖息地面积比例定义为单个栖息地斑块内核心栖息地面积占该斑块总面积的百分比。

分析结果表明（图4-18），钱江源国家公园内的黑麂适宜栖息地面积为42.5km^2，占国家公园总面积的16.9%，基本分布在核心保护区和生态保育区，主要集中于两个地理区域，一是原古田山保护区的核心区和缓冲区，以及与其相连的部分外围地区，面积占总适宜栖息地面积的52.6%；二是原钱江源国家公园的特级保护区和一级保护区。此外，黑麂在浙江省开化县长虹乡西北侧与江西省婺源县交界的部分地区、古田山保护区的实验区、浙江省开化县齐溪镇东南也有少量分布（图4-19）。

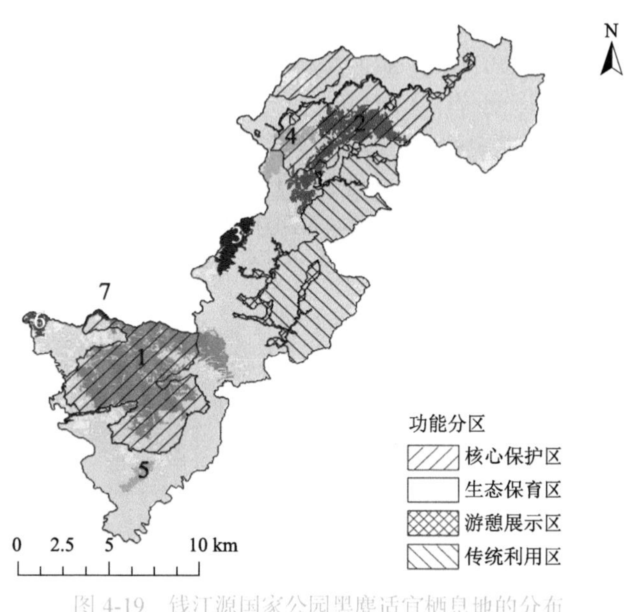

图4-19　钱江源国家公园黑麂适宜栖息地的分布

1～7为面积最大的7个栖息地斑块，以不同颜色显示

黑麂共有16个栖息地斑块，其核心栖息地面积大于1hm^2，其中，6个斑块的核心栖息地面积大于10hm^2。面积最大的为原古田山保护区核心区内的斑块，总面积为2395hm^2，核心面积为1457hm^2。此项分析表明，钱江源国家公园的功能分区有助于对黑麂的保护，研究进一步建议以生境恢复、廊道建设和跨省共建为主要手段，促进钱江源

地区黑麂栖息地的完整性保护（余建平等，2019）。

3）大中型兽类和雉类群落种群动态

基于原古田山保护区自 2014 年以来的红外相机监测数据，采用占域模型评估了钱江源国家公园主要保护对象（黑麂、白颈长尾雉）和常见种（小麂、白鹇）的栖息地占域率及其动态变化（图 4-20）。古田山保护区是我国首个拥有多年连续红外相机监测数据的保护区，此应用对于国内其他保护区的红外相机监测工作有极高的示范意义。

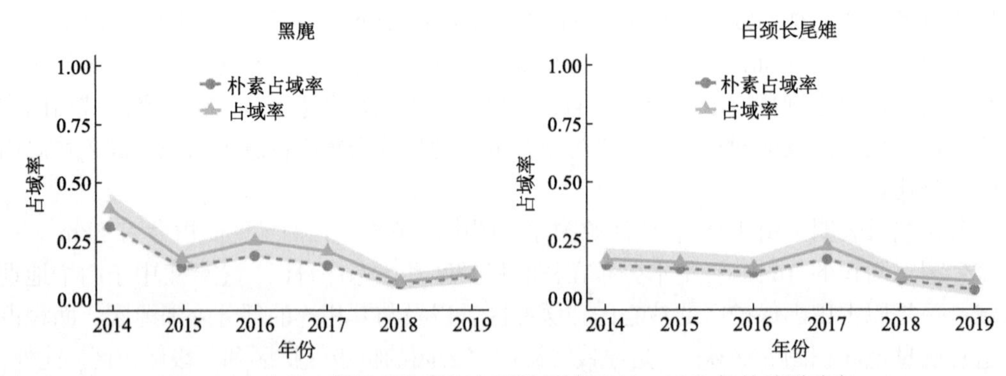

图 4-20　古田山保护区黑麂和白颈长尾雉 2014～2019 年的种群动态

基于 7 个物种（黑麂、小麂、野猪、花面狸、猪獾、白颈长尾雉、白鹇）在 2014～2019 年的栖息地占域率，计算了古田山保护区大中型兽类的 WPI，以评估群落水平野生动物的多样性变化趋势（O'Brien et al.，2010）。通过“自抽样”方法计算出每年 WPI 的置信区间，WPI_{jk} 的置信区间等于 1 时，说明第 j 年群落水平与初始年相比无显著变化；WPI_{jk} 置信区间大于 1 时，说明第 j 年群落整体物种多度呈上升趋势；WPI_{jk} 置信区间小于 1 时，说明第 j 年群落整体物种多度呈下降趋势。将 6 年的 WPI 拟合广义加性模型（generalized additive model，GAM），反映 6 年内群落变化整体趋势。分析结果显示，古田山保护区 2014～2019 年大中型兽类和雉类群落相对稳定（图 4-21）。

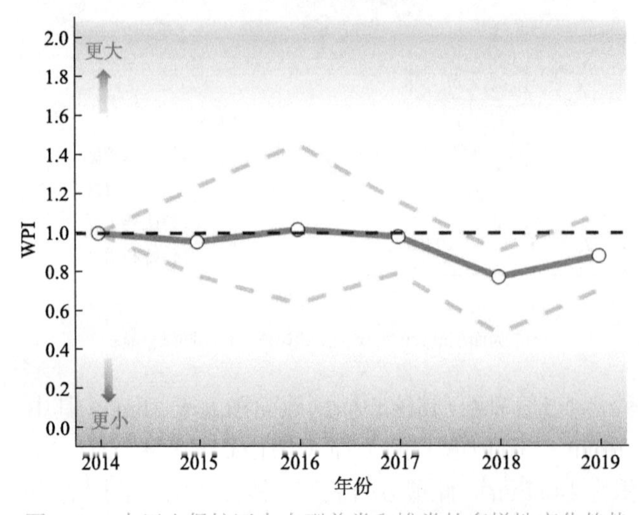

图 4-21　古田山保护区大中型兽类和雉类的多样性变化趋势

4.3.3　长江流域陆生大中型哺乳动物红外相机监测与评估

参照生态环境部《生物多样性观测技术导则 红外相机技术》，运用红外相机技术和公里网格抽样方法，在长江流域选取58个样区开展大中型哺乳动物监测，运用稀疏化曲线评估抽样强度，利用RAI和位点占有率评估长江上中下游的物种组成与相对数量，绘制物种多样性空间分布图，分析人类活动对野生动物的影响。基于区域全天候监测技术和规范在长江流域开展应用，评估长江上中下游的物种数量及多样性，为该技术体系和规范在区域尺度的应用提供示范。

1. 监测区域

在长江流域选取重庆缙云山、金佛山，湖南莽山、壶瓶山，江西齐云山、武夷山，浙江清凉峰、括苍山等58个样区作为基于红外相机技术的监测样区，对其大中型哺乳动物开展试点监测，构建以长江流域为代表的区域性全天候监测技术体系（图4-22）。

图4-22　长江流域大中型哺乳动物监测样区分布图

2. 监测区域概况

长江发源于青藏高原唐古拉山脉各拉丹冬峰西南侧，干流全长 6300 余公里，流经青海、西藏、四川、云南、重庆、湖北、湖南、江西、安徽、江苏、上海11个省（自治区、直辖市），于崇明岛以东注入东海，流域面积约180万km^2，约占中国陆地总面积的1/5。长江干流可分为上游、中游、下游，分别以湖北宜昌和江西湖口为界。宜昌以上为上游，长 4504km，流域面积约 100 万 km^2，多为峡谷河段；宜昌至湖口段为中游，长 955km，流域面积为 68 万 km^2，河道坡降较小，水流平缓，并与众多大小湖泊相连；湖口以下为下游，长 938km，流域面积为 12 万 km^2，河段水深江阔，水位变幅较小，通航能力大。

长江流域地势西高东低，跨中国大陆的三级台阶，西部的青藏高原海拔在 5000m 以上，而东部的滨海平原海拔不足 20m；地貌类型复杂多样，涵盖高原、山地、丘陵和平原四大类型。长江流域主要位于东亚季风区，具有显著的季风气候特征，但由于地域辽阔，地形复杂，气温与降水的时空差异较大，位于青藏高原的江源地区年平均气温约 −4℃，上游地区年平均气温 4～20℃，中下游大部分地区年平均气温在 16～18℃。长江流域年平均降水量 1100mm，但年降水量时空分布很不均匀，大部分地区年降水量为 800～1600mm，川西高原、青海、甘肃部分地区及汉江中游北部等年降水量为 400～800mm，而江源地区年降水量不到 400mm。

长江流域地域辽阔，地形地貌、气候等自然地理因素在流域内差异极大，形成了极其复杂多样的生境类型，生物多样性极为丰富，发育了森林、草地、灌丛、湿地、荒漠等各种自然生态系统类型，其中森林面积为 60.9km^2（孔令桥等，2018），占流域面积的 33.8%，主要分布在川西、滇北、秦岭和大别山南麓、大巴山区、湘西、湘南、鄱阳湖水系的河源山地以及皖南山区，可以分为东部湿润常绿阔叶林区、西部半湿润常绿阔叶林区与亚热带山地寒温性针叶林区三大区域。长江流域动植物物种十分丰富，初步统计表明，流域区内有高等植物 14000 余种、兽类 280 种（于晓东等，2006）、鸟类 762 种、两栖动物 145 种、爬行动物 166 种、鱼类 378 种（于晓东等，2005）。长江流域是大熊猫、金丝猴、朱鹮等珍稀濒危动物的主要分布区，也是我国青、草、鲢、鳙四大家鱼以及其他许多重要水产种质资源主要的栖息繁殖地。

3. 监测方法

参考《生物多样性观测技术导则 红外相机技术》中的方法，从物种和生态系统两个层面考虑样区布置，重点关注旗舰物种、保护伞物种、濒危物种、经济物种，以及重要生态系统类型。以代表性自然保护区为重点，兼顾珍稀濒危物种、国家重点保护物种的核心分布区，覆盖哺乳动物地理分布的重点区域及保护优先区域。

在每个样区首先根据海拔、植被类型、人为活动干扰强度和野生动物分布的先验知识确定 3 个监测样地，每个样地面积约为 20km^2，样地间保持一定的间距，原则上大于 3km（图 4-23）。如果样区内大部分地区都被保护区覆盖，那么 3 个样地全部设置在保护区内；如果样区内保护区面积仅占很小的部分，那么 3 个小样地中有 1 个样地设置在保护区外环境较好的地区。监测样地一般选择人为干扰较小、适宜大中型哺乳动物觅食栖息的地点。将监测样地划分成 1km×1km 的网格，每个样地设置 20 个网格，在每个网格中心区域选择合适位置放置 1 台红外相机，不同网格之间的两个相机间距至少 500m，监测网格之间尽量保持连续形态。各样区内的小样地可根据各自的河流、道路（巡护路线）或其他地形特征设计监测网格（图 4-23）。布设红外相机时对每个网格位点的相机进行定位和编号。

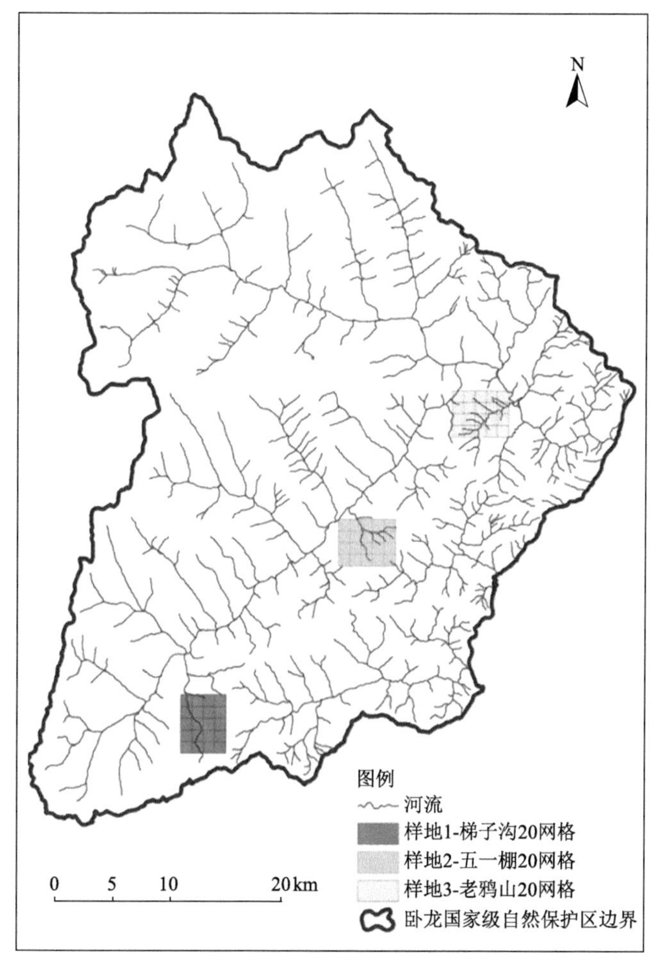

图 4-23　大样区红外相机布设示意图

4. 监测结果与分析

1）数据样本

我们在每个样区布设了 60 台红外相机，分析数据之前，对获得的数据样本进行统计学分析，以四川贡嘎山样区为例。

每台相机平均拍摄哺乳动物物种数 8.34±3.17 种。每台相机平均拍摄哺乳动物独立有效照片 108.53±75.72 张（组）。不同相机拍摄到的哺乳动物物种数存在显著差异（t=19.128，df=52，P<0.01），拍摄到的哺乳动物独立照片数均存在显著差异（t=10.435，df=52，P<0.01）。

稀疏化曲线表明（图 4-24），当相机数达到 53 台时，哺乳动物的物种曲线趋于平缓，取样较为充分。累积曲线表明（图 4-25），哺乳动物在 10485 个相机工作日时的累积曲线趋于平缓，取样较为充分，涵盖该地区大部分兽类物种。

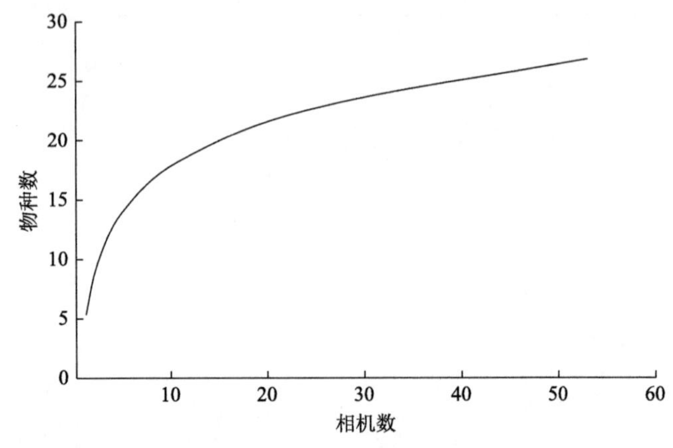

图 4-24 哺乳动物物种数与相机数所拟合的稀疏化曲线

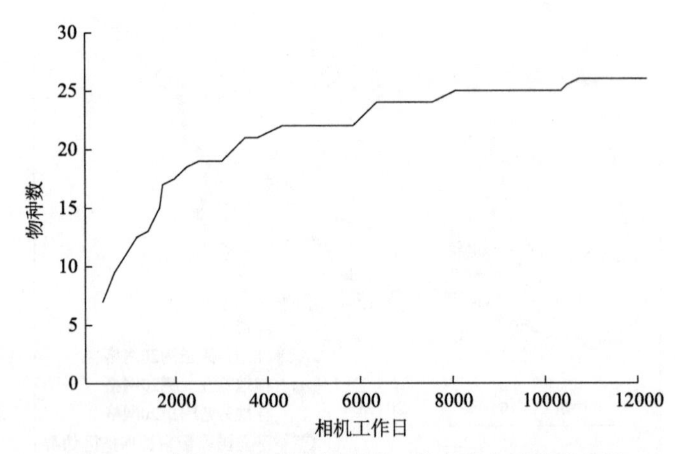

图 4-25 哺乳动物物种数随相机工作日增加的累积曲线

2）物种组成

2017～2019 年，通过大中型哺乳动物红外相机监测收集到的原始照片数据接近 2TB，共 40 多万张照片，独立有效照片约 20 万张；共监测到哺乳动物 96 种，隶属于 9 目 26 科，占中国哺乳动物物种总数（686 种）的 14.0%，占红外相机可拍摄物种数（251 种）的 38.2%。其中，食肉目物种最多 32 种，其次是啮齿目（25 种）、鲸偶蹄目（18 种）、灵长目（12 种）、兔形目（5 种），鳞甲目、长鼻目、劳亚食虫目和攀鼩目最少，均只有 1 种（表 4-2）。中国特有种有 15 种，占监测到种类总数的 15.6%，国家一级重点保护野生动物 27 种，国家二级重点保护野生动物 23 种。

表 4-2 红外相机监测哺乳动物物种组成

目	科数	物种数	Ⅰ级物种数	Ⅱ级物种数
劳亚食虫目	1	1	0	0
攀鼩目	1	1	0	0
灵长目	3	12	8	4

续表

目	科数	物种数	Ⅰ级物种数	Ⅱ级物种数
鳞甲目	1	1	1	0
食肉目	8	32	8	14
长鼻目	1	1	1	0
鲸偶蹄目	5	18	9	4
啮齿目	4	25	0	1
兔形目	2	5	0	0
合计	26	96	27	23

参照IUCN濒危物种红色名录数据库（http://www.iucnredlist.org/）统计，其中极危（CR）物种4种，分别为白头叶猴（*Trachypithecus leucocephalus*）、西黑冠长臂猿（*Nomascus concolor*）、中华穿山甲、梅花鹿（*Cervus nippon*），占监测种类总数的4.2%；濒危（EN）物种12种，分别为川金丝猴（*Rhinopithecus roxellana*）、黔金丝猴（*Rhinopithecus brelichi*）、黑叶猴（*Trachypithecus francoisi*）、印支灰叶猴（*Trachypithecus crepusculus*）、蜂猴（*Nycticebus bengalensis*）、豺、喜马拉雅小熊猫（*Ailurus fulgens*）、亚洲象（*Elephas maximus*）、安徽麝（*Moschus anhuiensis*）、林麝（*Moschus berezovskii*）、马麝（*Moschus chrysogaster*）、绒毛鼯鼠（*Eupetaurus cinereus*），占监测种类总数的12.5%；易危（VU）物种13种，占监测种类总数的13.5%；近危（NT）物种9种，占监测种类总数的9.38%；无危（LC）物种57种，占监测种类总数的59.38%；数据缺乏（DD）物种1种，占监测种类总数的1.04%（图4-26）。

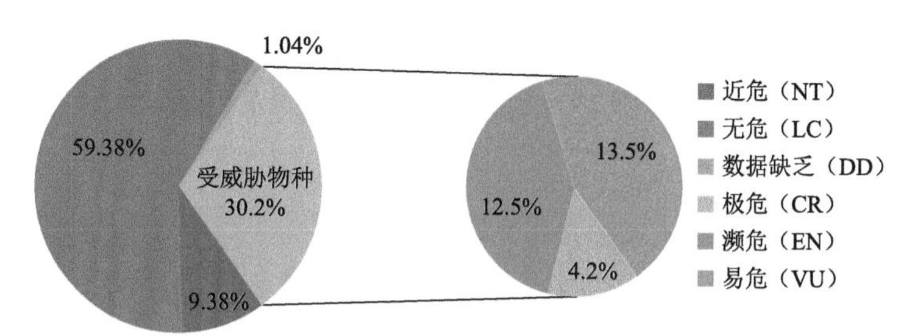

图4-26 监测到的哺乳动物按受威胁等级统计图

3）RAI

将长江流域样区分为上中下游分别进行计算，位于长江上游贵州省、四川省、重庆市的8个样区累计有效相机工作日174104天，共拍摄到51个兽类物种。其中，RAI最高的是小麂（RAI=3.380），其次是毛冠鹿（*Elaphodus cephalophus*）（RAI=3.132）、猕猴（RAI=2.792）和野猪（RAI=1.478），最低的为川金丝猴、灰鼯鼠（*Petaurista xanthotis*）和雪豹（*Panthera uncia*），均只拍摄到1次（RAI=0.001）（图4-27）。

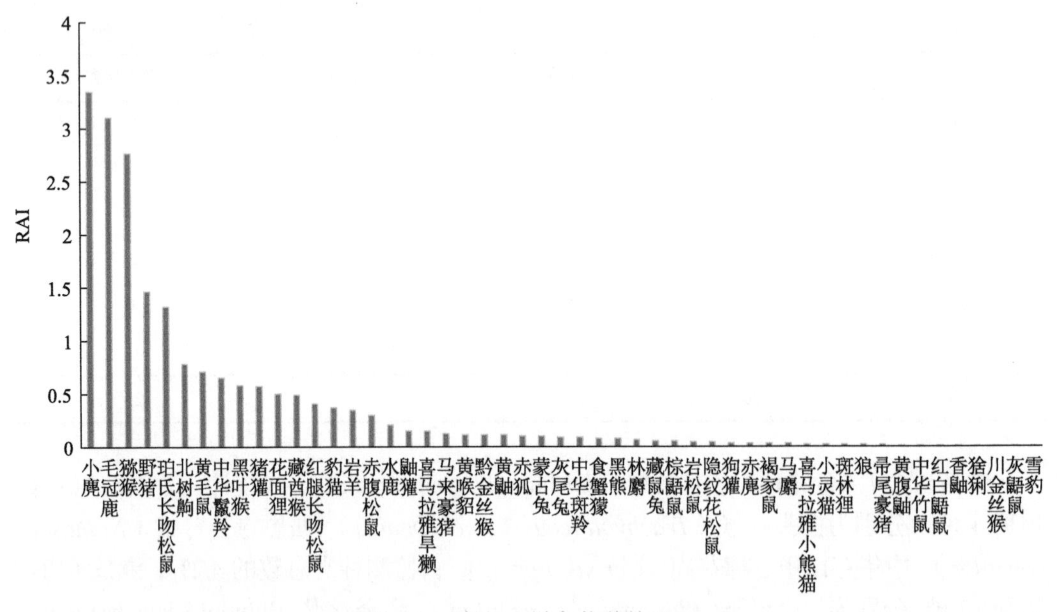

图 4-27 长江上游各物种的 RAI

长江中游湖北省和湖南省的 8 个样区累计有效相机工作日为 185454 天，共拍摄到兽类 40 种，其中，RAI 最高的是野猪（RAI=5.297），其次为小鹿（RAI=4.947）、毛冠鹿（RAI=3.537）、红腿长吻松鼠（RAI=1.487）和猪獾（RAI=1.070），最低的是银星竹鼠（*Rhizomys pruinosus*）（RAI=0.002）（图 4-28）。

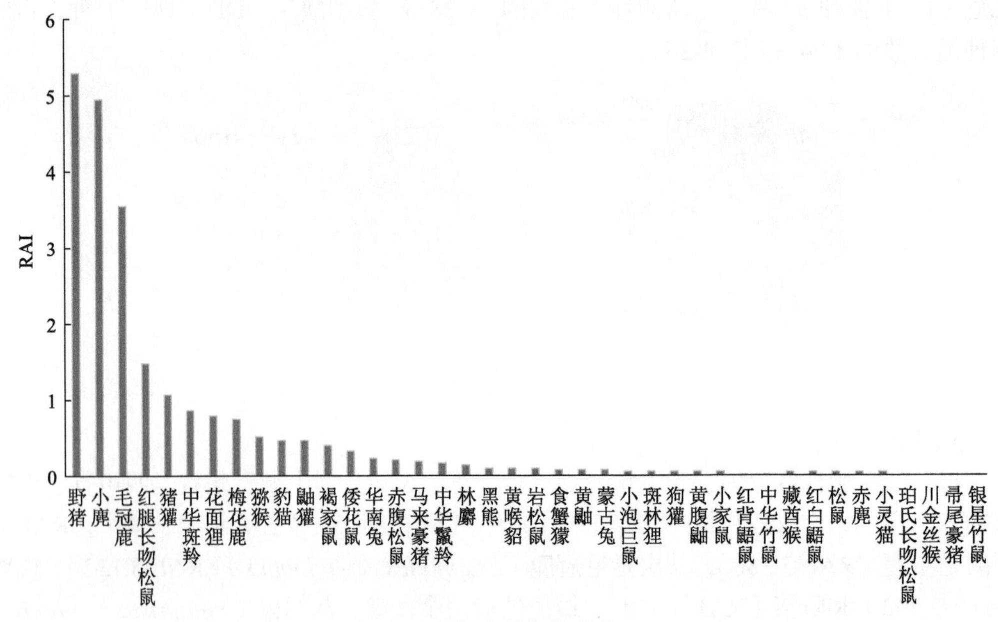

图 4-28 长江中游各物种的 RAI

长江下游安徽省和浙江省 8 个样区累计有效相机工作日为 501379 天，共拍摄到 33

种兽类物种，其中，RAI 最高的是小麂（RAI=4.471），其次为野猪（RAI=1.112）和北社鼠（*Niviventer confucianus*）（RAI=1.016），最低的是小泡巨鼠（RAI=0.0002）（图 4-29）。

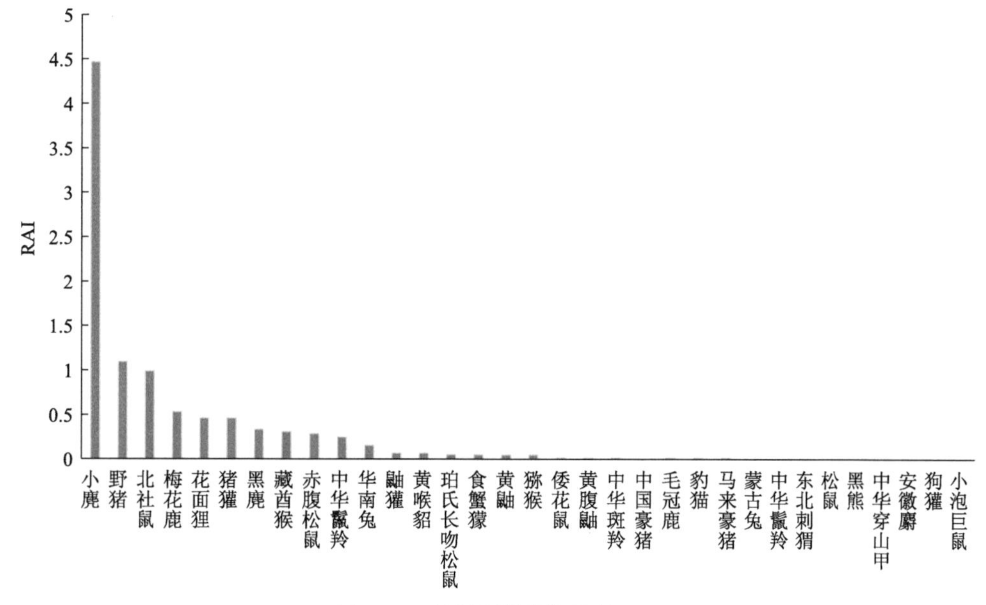

图 4-29　长江下游各物种的 RAI

长江流域四川、重庆、贵州、湖北、湖南、江西、安徽、浙江 8 个省（直辖市）的监测样区共拍摄到哺乳动物 75 种，RAI>0.2 的有 16 种，其中，有蹄类的小麂（RAI=5.93）、野猪（RAI=2.42）、毛冠鹿（RAI=1.92）的 RAI 最高（图 4-30）。兔狲（*Otocolobus manul*）和灰鼯鼠的 RAI 最低，仅拍摄到 1 次。

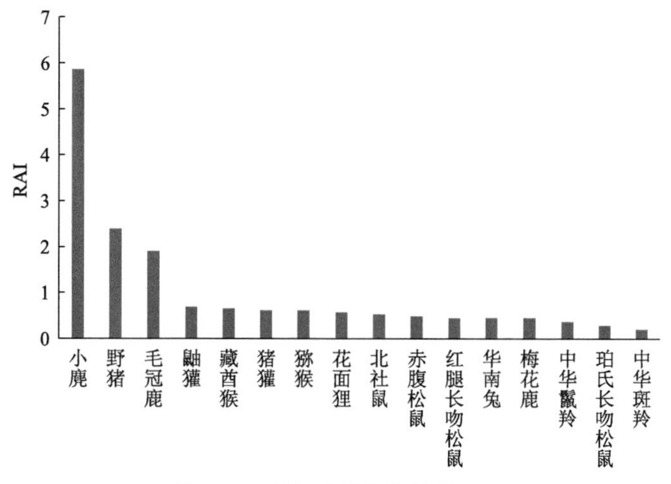

图 4-30　长江流域各物种的 RAI

4）位点占有率

位点占有率同样将长江流域样区分为上中下游分别进行计算，在位于长江上游的 8

个样区拍摄到的 51 个兽类物种中，位点占有率最高的依次是毛冠鹿（0.4375）、野猪（0.4167）、猪獾（0.3375）、中华鬣羚（0.3042）、豹猫（0.2979）、小麂（0.2458）、花面狸（0.2375）、猕猴（0.2146）、珀氏长吻松鼠（*Dremomys pernyi*）（0.2104），其他物种位点占有率均低于 0.2（图 4-31）。

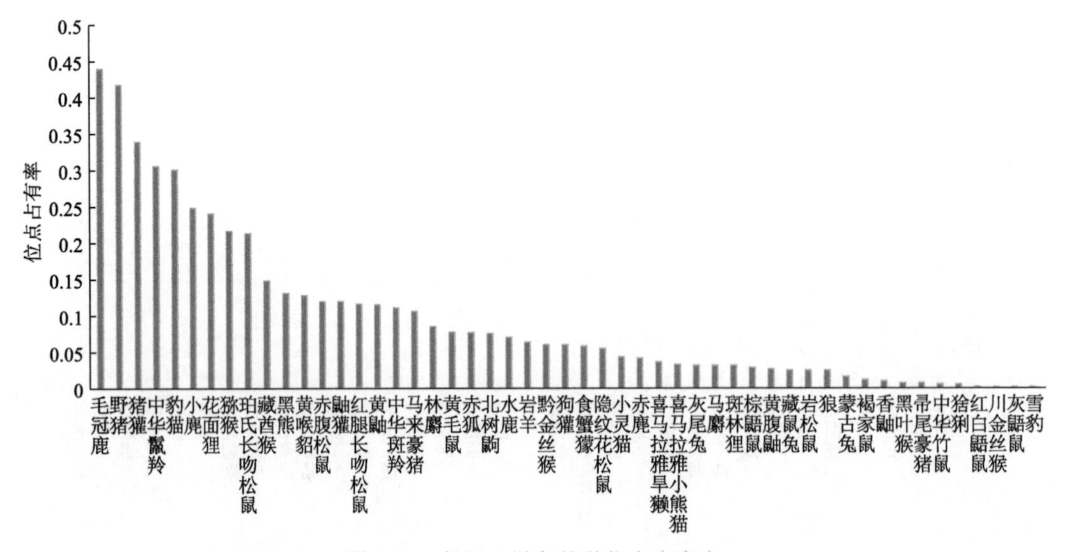

图 4-31 长江上游各物种位点占有率

长江中游 8 个样区拍摄到的 40 个兽类物种中，位点占有率高于 0.2 的物种依次为野猪（0.6563）、毛冠鹿（0.4292）、小麂（0.4208）、花面狸（0.4063）、猪獾（0.3583）、红腿长吻松鼠（0.3438）、豹猫（0.3021）、鼬獾（0.2667）（图 4-32）。

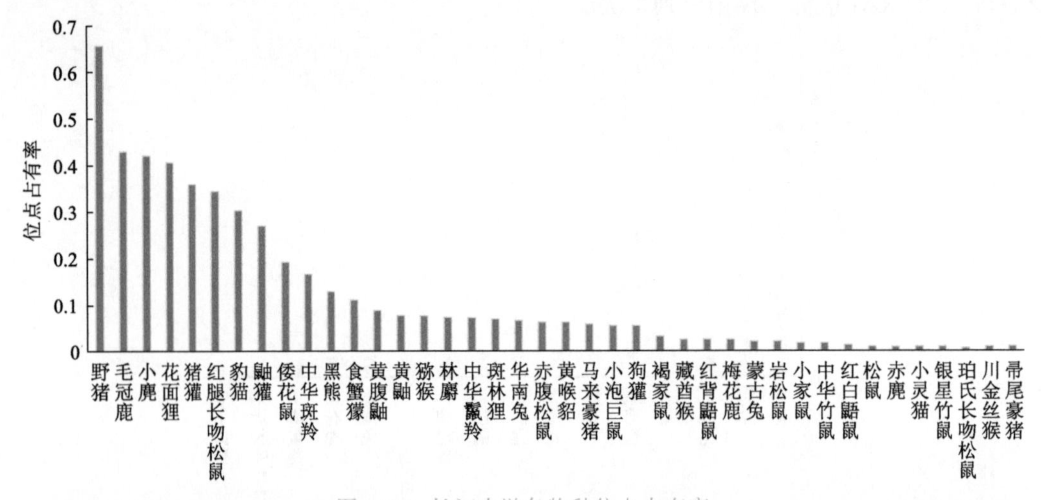

图 4-32 长江中游各物种位点占有率

长江下游 8 个样区拍摄到的 33 个兽类物种中，小麂的位点占有率最高达 0.8027，其次是野猪（0.5870）、猪獾（0.4298）、花面狸（0.4114）、赤腹松鼠（*Callosciurus erythraeus*）（0.3478）、黑麂（0.2207），其他物种位点占有率均低于 0.2（图 4-33）。

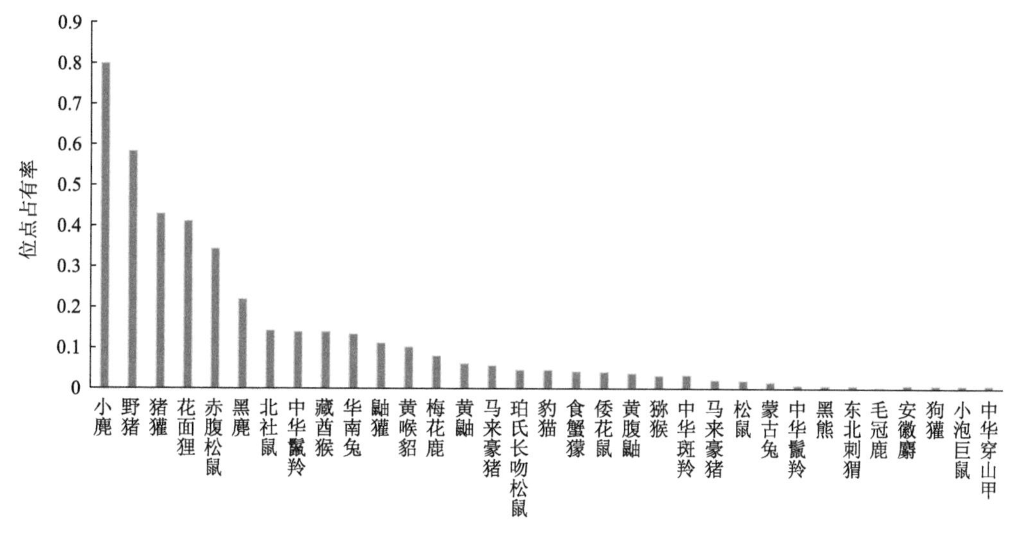

图 4-33　长江下游各物种位点占有率

长江流域 8 个省（直辖市）的监测样区拍摄到的 75 个物种，其中共有 11 个物种位点占有率大于 0.1，其中分布最广泛的是野猪、小麂、猪獾、花面狸，位点占有率分别为 0.5476、0.5083、0.3474、0.3356（图 4-34）。中华穿山甲、四川羚牛（*Budorcas tibetanus*）、兔狲和灰鼯鼠位点占有率最低，仅在 1 个网格内拍摄到。

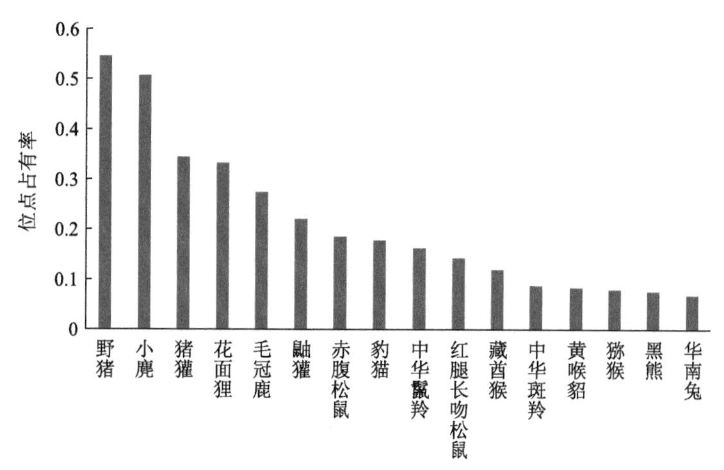

图 4-34　长江流域各物种位点占有率

长江中上游 RAI 最高的物种均为有蹄类的小麂、野猪和毛冠鹿，且毛冠鹿和野猪的位点占有率也最高，是该区域兽类的优势种。但是长江下游毛冠鹿的 RAI 较低，且位点占有率也很低，很可能是人类活动的干扰导致长江下游生境破坏较严重，使其分布范围缩小，种群数量也相对减少。总体来看，长江流域还是有蹄类的物种占优势，其次是松鼠科的部分物种，可能是因为缺乏食物链顶端的大型食肉动物，如豹、豺、狼等大中型捕食者对栖息地的质量要求相对较高，人类活动导致栖息地破碎化，直接威胁它们的生存，造成种群数量急剧减少，而野猪、小麂、猪獾等中小型食草或者杂食性动物，迁徙能力较强且对栖息地的容忍度较高，具有较强的适应能力，因此种群扩散较广。

5）物种多样性及空间分布

根据 2017～2019 年所有样区的红外相机监测数据，初步了解到长江经济带监测样区哺乳动物物种多样性的空间分布特征（图 4-35）。西南地区哺乳动物物种多样性较高，这一区域内各样区监测到的物种数量普遍较多，其中，四川贡嘎山样区物种数为 29 种，云南西双版纳样区物种数为 28 种，四川卧龙样区为 27 种，四川亚丁样区为 23 种。此外，广西弄岗，四川王朗、格西沟，贵州梵净山、赤水，云南纳板河、南滚河，浙江乌岩岭，湖南壶瓶山等样区监测到物种数均在 20 种及以上。部分地区监测物种数较少，安徽鹞落坪、重庆缙云山样区监测到物种数均为 8 种，云南老山样区监测到物种数为 9 种。哺乳动物的物种多样性大体呈现西南高、东南低，山区高、平原低的空间分布特征。其热点地区主要位于横断山、岷山、邛崃山、大巴山、武夷山、西双版纳和桂西南边境地区等地。

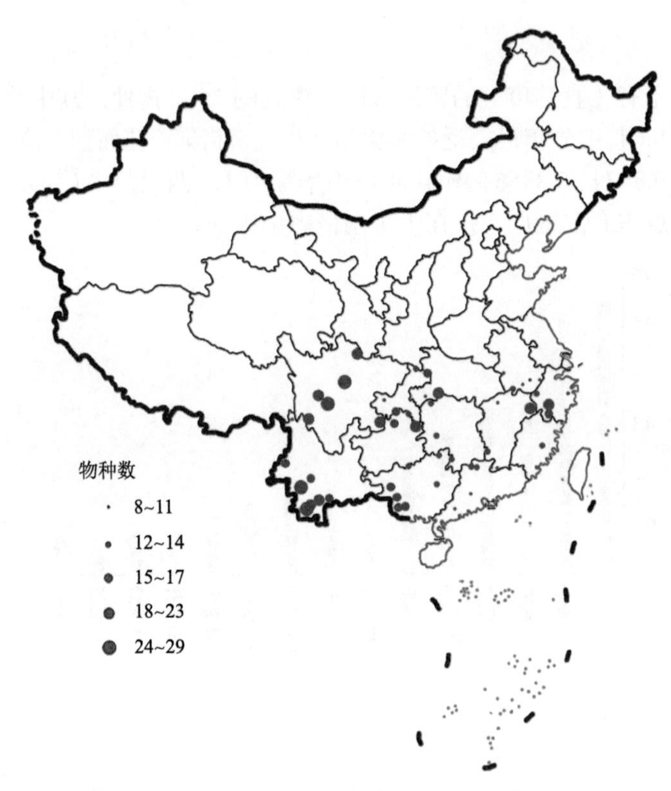

图 4-35 各监测样区哺乳动物的物种多样性的空间分布

通过对比分析监测数据和历史物种分布记录发现，几乎所有监测样区的历史分布名录和现有监测数据都存在差异。一是某些历史上在国内广泛分布的物种，近年来已很难被发现，如云豹、豺、狼、貉、穿山甲、獐等；二是某些历史上多年未见或者从未发现的物种，近年来逐步被发现，如贵州梵净山的中华鬣羚，四川格西沟的马麝（*Moschus Chrysogaster*）和毛冠鹿，四川四姑娘山、王朗及卧龙等地的林麝和猪獾，广东鼎湖山的赤麂等；三是某个地区历史记录的物种数总体大于当前监测获取的物种数。

6）人类活动对野生动物的影响

红外相机监测能直观地反映人类活动对野生动物生存的影响，我们通过收集整理照片和视频了解到一些主要干扰因素，包括非法盗猎、放牧、采药、采菌、挖笋、砍柴、旅游开发、道路建设等。

通过红外相机监测发现，非法盗猎现象在多个样区均有出现且在旱季较为猖獗，野外监测红外相机的损失，大多也是盗猎者所为。部分样区有持枪盗猎行为，对野生动物的生存造成致命威胁。另外，在部分样区还发现有安放铁夹、石板陷阱等捕捉野生动物的现象，也对野生动物造成较大干扰和威胁。

较多样区有当地居民在保护区内放养家畜的现象，任由家畜自由活动，而家畜常常深入到保护区的缓冲区和核心区活动。放牧对保护区的影响较大，会破坏保护区内的植被，而且家畜会与食草动物争夺食物资源和空间资源，从而对野生动物的生存造成不同程度的威胁。

保护区周边村寨的农业生产活动、生活消费等在一定程度上依赖保护区的自然资源，居民进山非法采集药材、野菜、菌类、竹笋、林木幼苗等行为依然存在，社区生产用柴、生活用柴甚至乱砍滥伐等行为也未完全禁止。红外相机监测期间，拍摄到一定数量的村民进山从事这类活动，此类人为活动对保护区的森林生态系统造成较大的破坏，使野生动物栖息的生境遭到直接或间接的破坏，对野生动物的生存造成威胁。

保护区拥有良好的自然生态环境，吸引着国内外的众多旅游者。有些地区旅游业较为发达，低海拔区域被开发为生态旅游区，频繁的人类活动驱使野生动物选择高海拔地区作为其日常活动场所，以降低人类活动对其产生干扰。旅游业的发展、旅游设施及公路的建设必定影响到动植物生境的完整，同时，生境的破碎化会对不同野生动物的生存造成威胁。

4.3.4　太白山国家级自然保护区植物多样性监测与评估

融合卫星遥感、地面监测等多尺度监测数据，采用地统计分析方法和层次分析法建立区域植物多样性综合监测指标，运用空间地统计学方法、物种分布模型、地理信息系统等技术与方法分析监测指标的时空演变特征，对陕西省太白山国家级自然保护区植物多样性进行监测与评估，为该技术体系在区域尺度上的推广应用提供示范。

1. 监测区域概况

陕西省太白山国家级自然保护区（简称太白山保护区）建立于 1965 年 9 月，是我国首批、陕西省第一个建立的自然保护区，主要保护对象是森林生态系统和自然历史遗迹。太白山保护区地跨 2 市（西安市、宝鸡市）3 县（周至县、太白县、眉县），东西长 45 km，南北宽 34.5 km，总面积 56325 hm^2。其最低海拔位于北坡黑虎关，海拔 1060 m；主峰拔仙台海拔 3771.2 m，是中国大陆东半壁的最高名山。

太白山保护区由东太白山（拔仙台）、西太白山（鳌山）以及连接二者的跑马梁与向南北两侧延伸的多条梳状山脉所构成，地质构造类型较为单一，岩石类型的97%为中生代印支期太白花岗岩体。太白山为褶皱断块高山，低山区兼有黄土地貌与基岩山地地貌综合的特点，中山区发育峰岭地貌，高山区保留了第四纪冰川地貌。其土壤母质以中生代花岗岩类和结晶变质岩系为主。

太白山保护区的森林覆盖率为92.59%，地处古北界和东洋界动物的交汇地与过渡地带，以及中国-日本和中国-喜马拉雅两个植物亚区的分界线上，区内野生动植物资源丰富，分布有大熊猫、川金丝猴、秦岭羚牛（*Budorcas bedfordi*）等珍稀特有物种。

2. 监测方法

野外调查采用线路调查法与样方法，结合遥感影像，对区域内的植物多样性进行监测；基于Landsat 8影像数据以及MODIS MOD13A2数据分析区域植被覆盖情况；物种丰富度分析基于调查结果、植物志、文献资料以及标本库等数据源整合建立植物物种分布数据库；对高山林线区域的典型植被秦岭红杉（*Larix potaninii* var. *chinensis*）林以及中低山区域的地带性植被锐齿槲栎（*Quercus aliena* var. *acutiserrata*）林进行样方调查，分析区域典型植物群落组成及其多样性；基于调查结果并结合MaxEnt模型，对保护区内国家一级保护植物南方红豆杉（*Taxus mairei*）的资源状况及其分布进行分析。

3. 监测结果

1）植被覆盖

A. 植被类型与分布

太白山保护区内的植被具有明显的垂直地带性，垂直带谱完整。按植被型组和海拔，由下至上依次为阔叶林、针阔混交林、针叶林、灌丛和草甸（图4-36）。

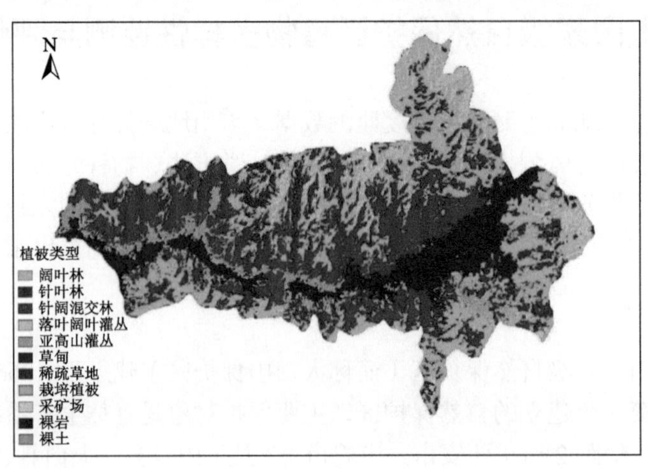

图4-36　太白山植被分布图

针阔混交林是保护区内分布面积最大的植被类型，占保护区总面积的33.93%，主要群系有侧柏+锐齿槲栎林、侧柏+栓皮栎（*Quercus variabilis*）林、油松+短柄枹栎林、油松+锐齿槲栎林、油松+栓皮栎林、巴山冷杉+红桦林、巴山冷杉+牛皮桦林、华山松+刺叶栎林、华山松+短柄枹栎林、华山松+红桦林、华山松+橿子栎林、华山松+辽东栎林、华山松+牛皮桦林、华山松+锐齿槲栎林、华山松+山毛榉林、华山松+山杨林、华山松+栓皮栎林、华山松+铁橡树林等。

面积第二大的植被类型为阔叶林，占保护区总面积的30.75%，主要群系有红桦+辽东栎林、红桦林、橿子栎林、辽东栎林、牛皮桦林、锐齿槲栎+枫杨林、锐齿槲栎、麻栎（*Quercus acutissima*）林、锐齿槲栎+山杨林、锐齿槲栎+栓皮栎林、锐齿槲栎林、山杨+辽东栎林、山杨林、栓皮栎+锐齿槲栎林、栓皮栎+小叶杨林、栓皮栎+榆树林、栓皮栎林等。

太白山保护区最主要的七大群系按分布海拔自低到高分别为栓皮栎林、锐齿槲栎林、辽东栎林、红桦林、华山松林、巴山冷杉林和秦岭红杉林。

（1）栓皮栎林。栓皮栎林为典型的落叶栎林，在太白山北坡分布于海拔1400m以下，在太白山南坡可分布至海拔1400m以上。该群系群落结构明显，林相整齐。乔木层优势种为栓皮栎，主要伴生种有槲栎、锐齿槲栎等。

（2）锐齿槲栎林。锐齿槲栎林分布海拔较栓皮栎林稍高，在太白山北坡分布于海拔1000～1900m，在太白山南坡分布于1400～2000m。该群系林相整齐，郁闭度较大。乔木层优势种为锐齿槲栎，主要伴生种有青榨槭、茶条槭、板栗、鹅耳枥等。

（3）辽东栎林。辽东栎林只在太白山北坡有分布，南坡则没有，分布海拔在1850～2400m。该群落外貌整齐，发育良好，生境趋于凉润。乔木层优势种为辽东栎，主要伴生种有山杨。

（4）红桦林。红桦林是暖温带和亚热带山地垂直带中承上启下的植物群落，海拔往上为针叶林带。红桦喜光忌风，在山坡迎风坡上少有分布。在太白山北坡分布于海拔2200～2700m，在南坡分布于海拔1900～2600m。乔木层建群种为红桦，主要伴生种如牛皮桦、亮叶桦、华山松等。阴湿处苔藓发育，形成地被层。

（5）华山松林。华山松林在太白山的分布面积较小，常与落叶阔叶林镶嵌分布，分布在海拔1700～2400m。乔木层中针叶树优势种以华山松为主，阔叶树优势种包括锐齿槲栎、千金榆、太白杨等。灌木层和草本层植物种类丰富。

（6）巴山冷杉林。巴山冷杉林在太白山北坡分布于海拔2600～3200m，在太白山南坡分布于海拔2100～3200m。巴山冷杉林林相整齐，大多数为成熟林或过熟林。群落内环境阴湿，地被层发达，而灌木层和草本层植物生长受到抑制。

（7）秦岭红杉林。秦岭红杉林位于冷杉林之上，山地灌丛草甸之下，是秦岭山地森林分布的最上限，海拔为3100～3500m，在海拔3600m以上也有零星分布。林分大多为单优种群落，在群落下限有少量冷杉和牛皮桦混生。

B. 植被覆盖度

太白山保护区内植被覆盖度高，高植被覆盖度区域所占面积比例大。但在海拔

3000m 以上区域主要分布亚高山灌丛、草甸以及高山砾石带，植被覆盖度相对较低（图 4-37）。

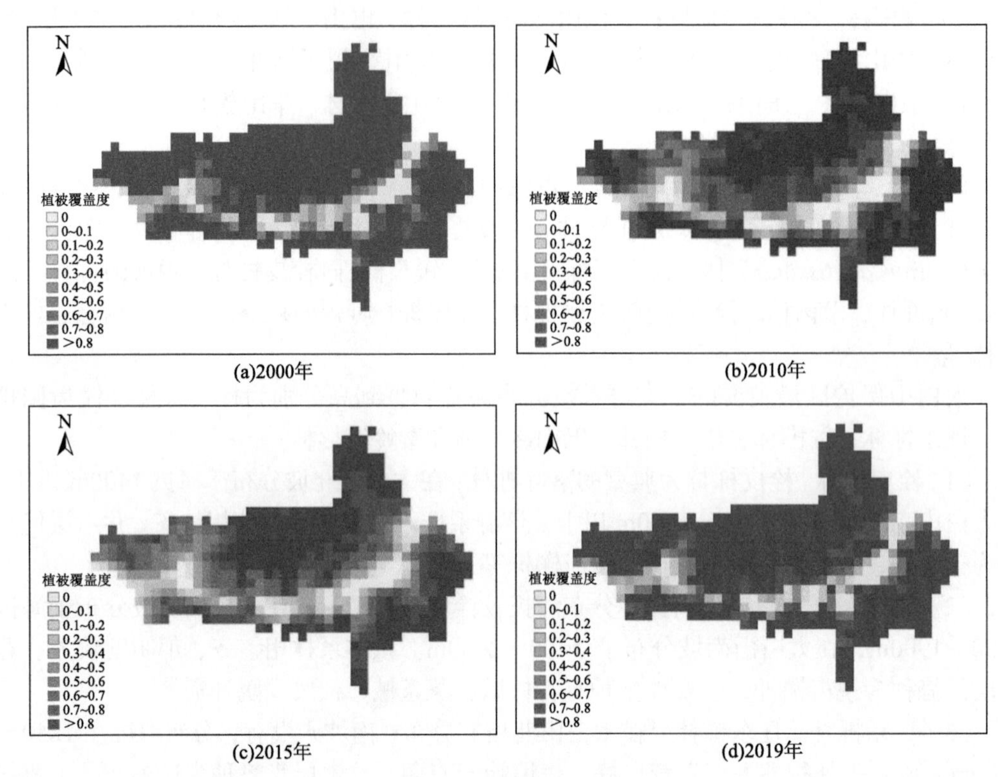

图 4-37 2000～2019 年太白山保护区植被覆盖度空间分布图

2000～2019 年，太白山保护区内植被覆盖状况稳定，高植被覆盖度区域所占面积比例在近年来表现为增加，大约增长 22.74%，植被覆盖度等级向高植被覆盖度演进（图 4-38）。

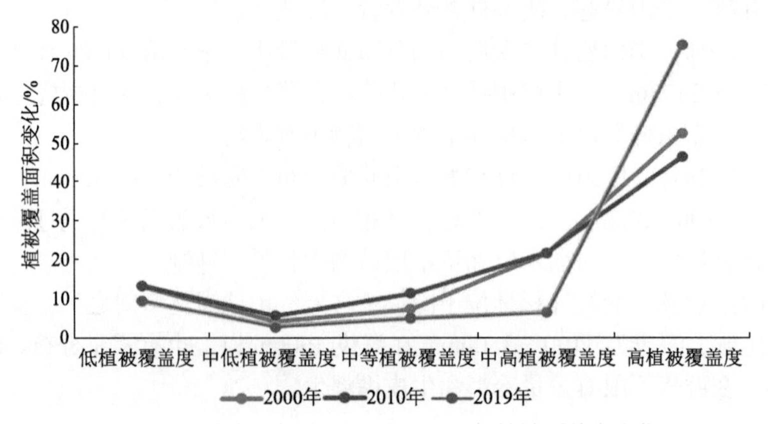

图 4-38 太白山保护区 2000～2019 年植被覆盖度变化

2）物种丰富度

A. 物种丰富度与分布

太白山保护区内植物种类丰富，根据野外调查记录及整理相关文献与标本，共统计到高等植物210科784属2260种（含种下等级）。

太白山保护区海拔1060～3771 m，物种丰富度垂直分布格局呈单调递减（图4-39）。海拔1000～1500 m分布带属于低山温带季风气候带，年平均气温约11℃，林木茂密，植物物种丰富度最高。海拔1500～2000 m及2000～2500 m分布带属于中山寒温带季风气候带，全年无夏，春秋季短，气候冷湿多雨，生长期较短，其植物物种丰富度低于低山地区。海拔2500～3000 m及3000～3500 m分布带属于高山亚寒带气候带，气候寒冷湿润，冬季漫长，土壤结冻期7～8个月，是太白山森林分布的上限。海拔3500m以上分布带属于高山寒带气候带，气候寒冷半湿润，太阳辐射强，一年中寒冷期长达9～10个月，分布草甸以及高山砾石带，植物种类少。

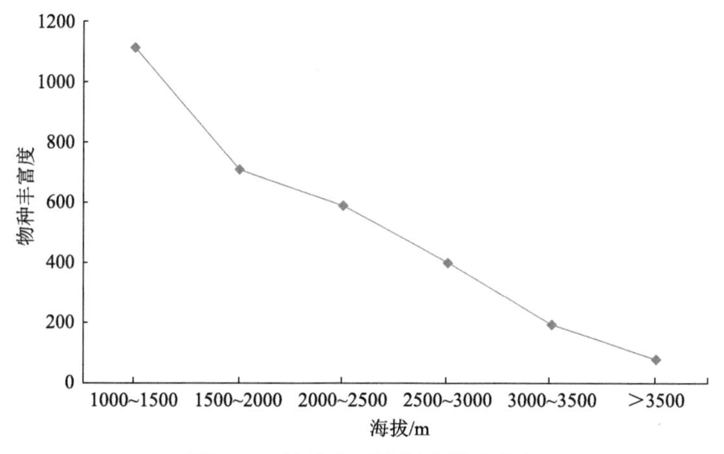

图4-39　物种丰富度海拔梯度分布

基于野外调查记录及标本整理得到的植物分布数据，共381种植物4159条分布记录，利用MaxEnt模型对物种分布进行模拟，并对物种潜在分布范围进行叠加分析，得到太白山保护区物种丰富度空间分布格局图。从当前分析结果来看，北坡中低山区域为保护区内植物物种丰富度高值区；由于保护区内南坡中山区域面积小，且无低山区，南坡植物物种丰富度总体上低于北坡；保护区内高山、亚高山地区的植物物种丰富度最低（图4-40）。模型模拟分析时仅采用了分布记录数>15个的物种，受数据量限制，因而纳入本次分析的物种数只占研究区高等植物总种数的16.9%。但这些物种记录涵盖了不同海拔、不同坡向、不同植被区域的调查采样结果，在一定程度上反映了太白山保护区植物丰富度分布的总体趋势。为更全面地研究与掌握太白山保护区的植物物种分布及其丰富度空间格局，需加强太白山保护区的植物多样性调查与监测，获取更丰富的物种分布数据。

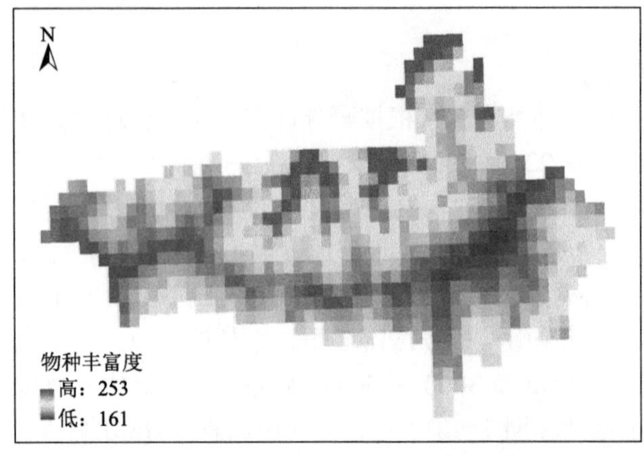

图 4-40 太白山保护区植物物种丰富度空间分布图

B. 物种组成

太白山保护区处于中国-日本和中国-喜马拉雅两个植物亚区的分界线上，在统计到的 2260 种（含种下等级，下同）高等植物中，分别有：①苔藓植物 62 科 142 属 325 种。在地理区系上苔藓植物科的分布以北温带分布最多，其次为在东亚的分布。其优势科为丛藓科、曲尾藓科、青藓科。②蕨类植物 22 科 41 属 112 种。在地理区系上蕨类植物科的分布以世界分布为主，热带、亚热带分布次之。其优势科为蹄盖蕨科、鳞毛蕨科、水龙骨科、耳蕨科，特有种约 30 种，如秦岭槲蕨、秦岭耳蕨、陕西铁线蕨、陕西蛾眉蕨、陕西岩蕨等。③种子植物 126 科 601 属 1823 种。温带分布的种子植物科在本保护区的区系中占主导地位。其优势科包括菊科、蔷薇科、禾本科、毛茛科、豆科、百合科，特有种约 101 种（含种下等级），如秦岭红杉、太白贝母、太白山紫斑牡丹、太白柳、太白翠雀花、太白野豌豆、太白柴胡等。

太白山保护区内分布的国家重点保护野生植物共 19 种（表 4-3）。

表 4-3 太白山保护区内分布的国家重点保护野生植物

科名	物种名	保护等级
石松科	蛇足石杉	二级
石松科	小杉兰	二级
红豆杉科	南方红豆杉	一级
松科	秦岭冷杉	二级
松科	大果青扦	二级
百合科	太白贝母	二级
百合科	绿花百合	二级
兰科	天麻	二级
兰科	手参	二级

续表

科名	物种名	保护等级
昆栏树科	水青树	二级
星叶草科	独叶草	二级
芍药科	太白山紫斑牡丹	一级
连香树科	连香树	二级
小檗科	桃儿七	二级
豆科	野大豆	二级
猕猴桃科	软枣猕猴桃	二级
五加科	秀丽假人参	二级
五加科	大叶三七	二级
五加科	羽叶三七	二级

3）典型植物群落状况

A. 秦岭红杉林群落状况

太白山保护区为秦岭区域秦岭红杉的核心分布区，秦岭红杉集中分布面积约为 $2966.6hm^2$，约占秦岭区域秦岭红杉分布总面积的 50%。

调查队在海拔 3000～3500m 的南天门以及天圆地方—小文公庙—大文公庙一线布设 16 个 20m×20m 的监测样方，并在每个样方中按五点梅花法布设 5 个 2m×2m 灌木调查小样方及 1m×1m 草本调查小样方。此次调查共记录乔木层植物 6 种，包括秦岭红杉、秦岭冷杉、牛皮桦、光皮桦、陕甘花楸、桦树，共计 497 株植株。在海拔 3000～3100m 分布段，群落中有少量桦树、陕甘花楸混生；在海拔 3100～3300m 分布段，群落中有少量牛皮桦、秦岭冷杉、陕甘花楸及光皮桦混生；在海拔 3300m 以上区域为秦岭红杉纯林。

灌木层植物有 28 种：海拔 3000～3100m 分布段主要分布有峨眉蔷薇、高山绣线菊、银露梅、高粱泡、刚毛忍冬、唐古特忍冬、茶藨子、香柏、绣线菊、牛皮桦、金背杜鹃、悬钩子、漫山红、陕甘花楸、秦岭红杉；海拔 3100～3300m 分布段主要分布有唐古特忍冬、银露梅、茅莓、冰川茶藨子、金背杜鹃、香柏、杯腺柳、刚毛忍冬、峨眉蔷薇、牛皮桦、秦岭冷杉、陕甘花楸、落叶松、绣线菊、茶藨子、秦岭红杉、鹅耳枥；海拔 3300m 以上分布段主要分布有太白杜鹃、头花杜鹃、小杜鹃、干净杜鹃、银露梅、冠果忍冬、香柏、蔷薇。

草本层植物有 61 种：海拔 3000～3100m 分布段有 19 种，包括早熟禾、广序臭草、黄腺香青、酢浆草、蛇莓、红景天、珠芽蓼、当归、峨参、堇菜、太白山橐吾、细叶薹草、川康薹草、鹅观草、高山韭、柳叶菜、圆穗蓼、中华柳叶菜、紫苞风毛菊；海拔 3100～3300m 分布段有 35 种，包括黄腺香青、广序臭草、蛇莓、细叶薹草、珠芽蓼、酢浆草、早熟禾、堇菜、太白山虆吾、球茎虎耳草、独叶草（*Kingdonia uniflora*）、六叶葎、马先蒿、秦岭当归、紫萁、红景天、灯芯草、黄精、柳叶菜、路边青、山西马先蒿、酸模叶蓼、蹄盖蕨、委陵菜、藓生马先蒿、大叶碎米荠、孩儿参、剪股颖、鳞毛蕨、茅莓、鼠尾草、高原天名精、小毛茛、蟹甲草、野荞麦；海拔 3300 m 以上分布段有 28 种，包括薹草、早熟禾、紫苞风毛菊、藓生马先蒿、堇菜、柳叶菜、青茅、银莲花、酢浆草、川陕金莲花、太白虎耳草、太白韭、杨叶风毛菊、大卫氏马先蒿、点地梅、太白当归、圆穗蓼、大叶碎米荠、太白龙胆、报春、轮叶马先蒿、太白三七、黄腺香青、苍耳七、红景天、六叶龙胆、太白菊、蟹甲草。

a. 重要值

群落中秦岭红杉占绝对优势。在海拔 3000～3100m 分布段，秦岭红杉的重要值为 79.56，桦树的重要值为 11.47，陕甘花楸的重要值为 8.97；灌木层无明显优势种，常见种包括茶藨子、峨眉蔷薇、唐古特忍冬，重要值在 11.15～13.66；草本层植物的主要种类有广序臭草、早熟禾、蛇莓、酢浆草，重要值在 10.43～19.84。在海拔 3100～3300m 分布段，秦岭红杉的重要值为 67.40，秦岭冷杉的重要值为 13.40，牛皮桦的重要值为 12.49；灌木层无明显优势种，主要分布物种有干净杜鹃、金背杜鹃、唐古特忍冬、冰川茶藨子，重要值在 11.67～17.25；草本层植物的主要种类包括广序臭草、太白山虆吾、珠芽蓼，重要值在 10.61～12.44。在海拔 3300 m 以上区域为秦岭红杉-太白杜鹃-薹草群落（*Larix chinensis*- *Rhododendro*n *purdomii*-*Carex* spp.Comm.）。乔木层秦岭红杉的重要值为 100；灌木层优势种为太白杜鹃，重要值为 38.71，主要伴生种包括头花杜鹃、小杜鹃、银露梅，重要值在 14.27～17.98；草本层优势种为薹草，重要值为 39.26。

b. Shannon-Wiener 多样性指数

秦岭红杉林的 Shannon-Wiener 多样性指数值在 2.16～2.72，秦岭红杉群落在海拔 3100～3300m 分布段的 Shannon-Wiener 多样性指数值高于海拔 3000～3100m 及海拔>3300m 的 Shannon-Wiener 多样性指数值（图 4-41）。Simpson 多样性指数值也表现出同样的趋势（图 4-42）。南坡秦岭红杉群落的 Shannon-Wiener 多样性指数值高于北坡秦岭红杉群落（图 4-43），Simpson 多样性指数值也表现出同样的趋势（图 4-44）。

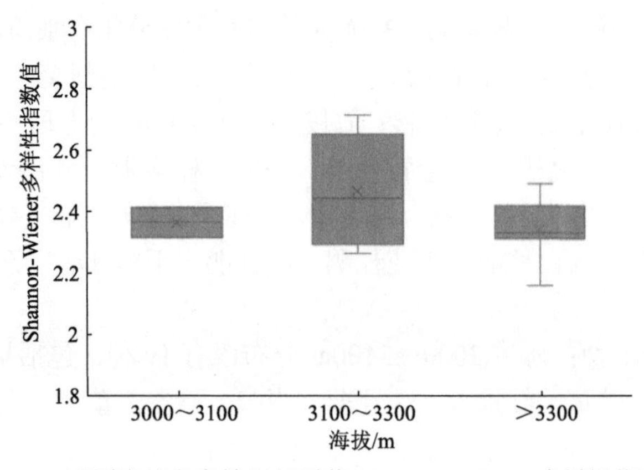

图 4-41　不同海拔段秦岭红杉群落 Shannon-Wiener 多样性指数值

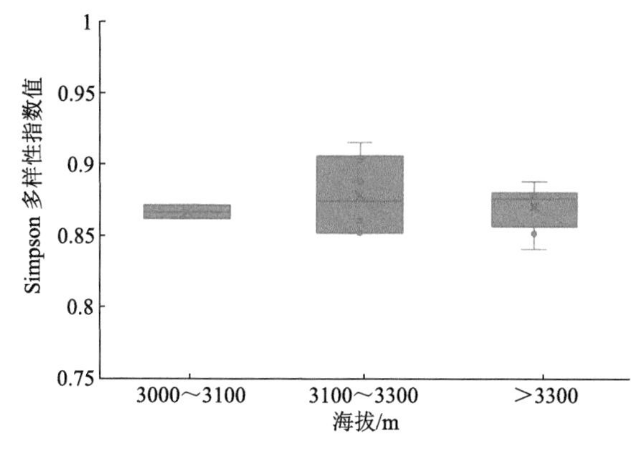

图 4-42　不同海拔段秦岭红杉群落 Simpson 多样性指数值

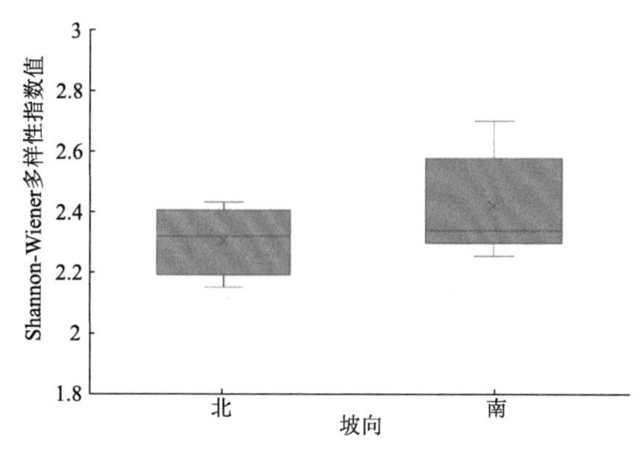

图 4-43　不同坡向秦岭红杉群落 Shannon-Wiener 多样性指数值

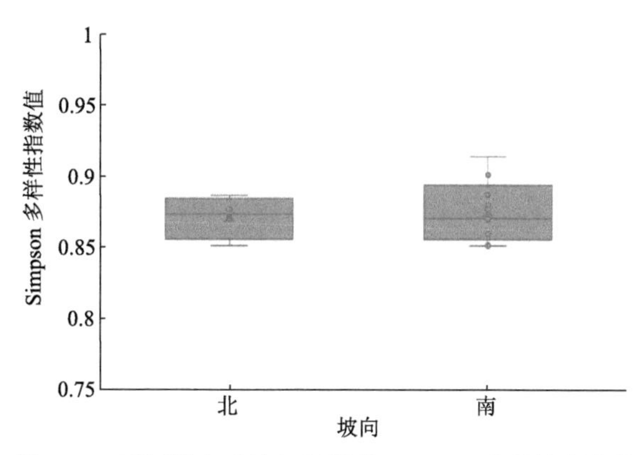

图 4-44　不同坡向秦岭红杉群落 Simpson 多样性指数值

c. 植株平均高度

在海拔 3000～3100m 分布段内，乔木层平均树高为 8.30m，灌木层平均树高为 1.30m；在海拔 3100～3300m 分布段内，乔木层平均树高为 8.32m，灌木层平均树高为 1.44m；在海拔>3300m 分布段内，乔木层平均树高为 3.70m，灌木层平均树高为 0.24m。不同海拔段秦岭红杉林乔木层和灌木层主要树种高度分布见图 4-45 与图 4-46。

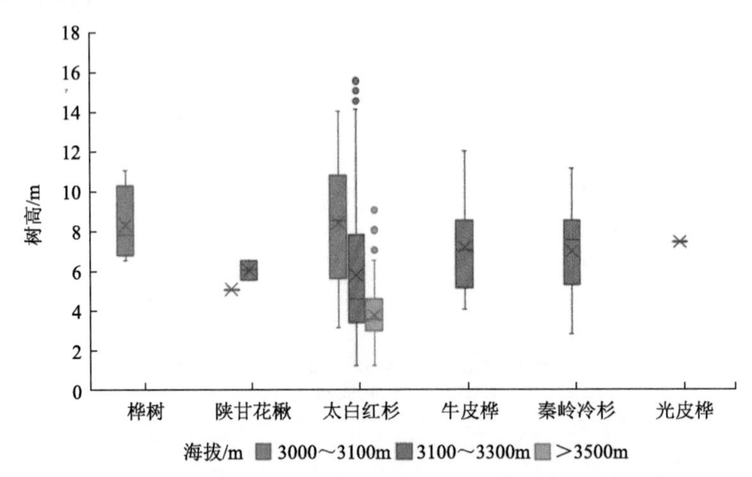

图 4-45 不同海拔段秦岭红杉林乔木层主要树种高度分布

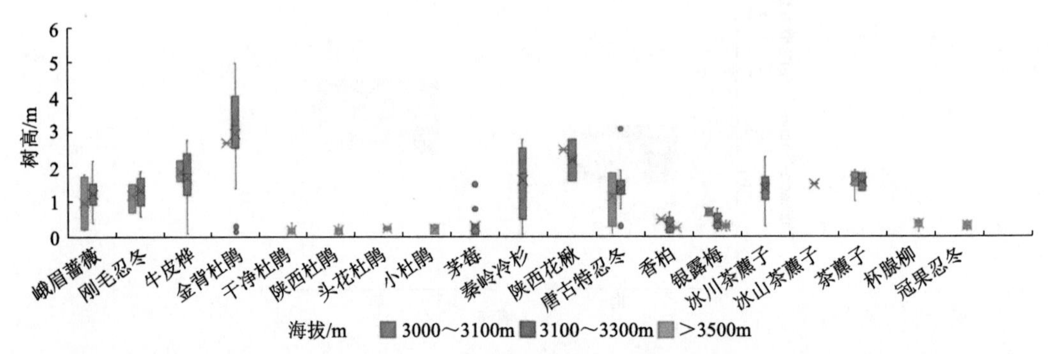

图 4-46 不同海拔段秦岭红杉林灌木层主要树种高度分布

在海拔 3000～3100m 分布段内，秦岭红杉的植株平均高度为 8.36m，最高可达 14m。绝大多数植株高度在 5～10m，个体数比例约 60.3%（图 4-47）。在海拔 3100～3300m 分布段内，秦岭红杉的植株平均高度为 8.64 m，最高可达 15.5 m，约 58.5%的植株高度在 5～10m（图 4-48）。这两个海拔段内秦岭红杉高度级分布结构相似，群落内秦岭红杉个体生长良好，但幼苗数量相对不足。在海拔>3300m 分布段内，秦岭红杉植株总体低矮，平均高度为 3.70m，优势高度为 3～4 m，个体数约占 58.1%（图 4-49）。

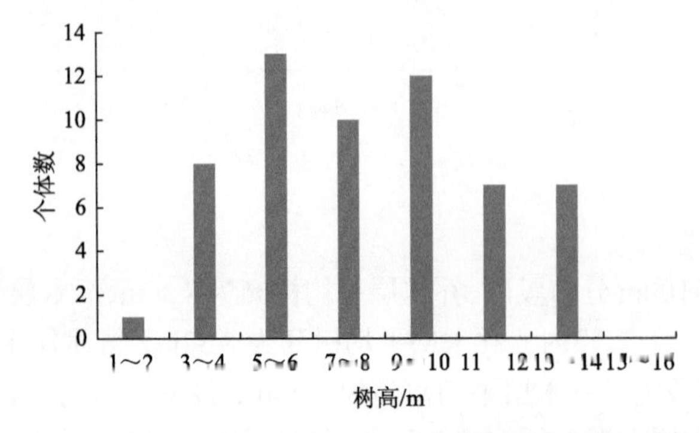

图 4-47 海拔 3000～3100m 分布段秦岭红杉高度级结构

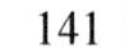

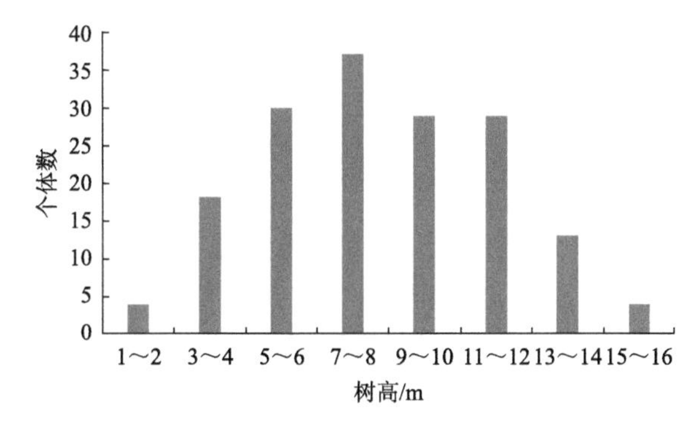

图 4-48　海拔 3100～3300m 分布段秦岭红杉高度级结构

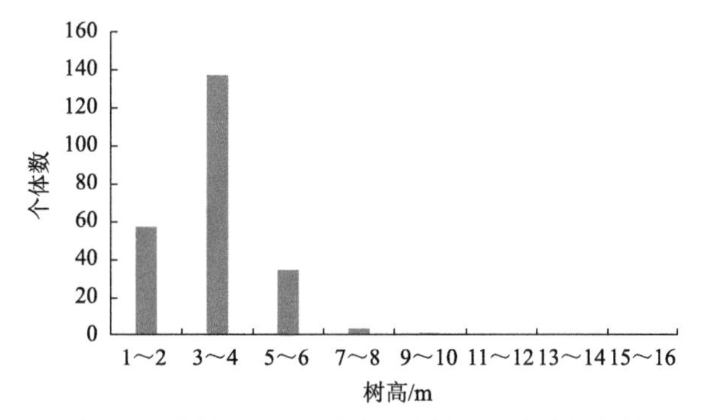

图 4-49　海拔>3300m 分布段秦岭红杉高度级结构

通过实际活立木年龄测定分析，82%的秦岭红杉植株林龄在 90～150 年，林龄 150 年以上的植株占 8%。秦岭红杉种群自我更新能力较差，随着时间推移，秦岭红杉种群将可能面临较为严重的衰退趋势，需加强抚育，促进种群稳定发展。

B. 锐齿槲栎林群落状况

锐齿槲栎林在太白山北坡分布于海拔 1000m～1900m，在太白山南坡分布于 1400m～2000m，是太白山中低山区域的地带性植被。锐齿槲栎林是处于正向演替阶段的天然近熟林，林相整齐，郁闭度较大。乔木层植物优势种为锐齿槲栎，常见伴生种包括陕西茶藨子、茶条槭、大叶朴、川鄂鹅耳枥、南方六道木、秦岭花楸、秦岭木姜子、槲栎、青榨槭、三桠乌药、山茱萸、四照花、山胡椒等。灌木层植物组成的主要种类包括棣棠花、山茱萸、毛叶水栒子、山刺玫、山荆子、桦叶荚蒾、绣线梅、鸡矢藤、胡枝子、山豆花等。锐齿槲栎林下草本植物分布不均匀，呈斑块状，主要种类包括鹿蹄草、升麻、大披针薹草、宽叶薹草、穿龙薯蓣、淫羊藿、天南星、牛皮消、盘果菊、绞股蓝、老鹳草、求米草、圆齿狗娃花、雀麦、龙牙草等。

本次调查在蒿坪区域（海拔 1060 m）布设 4 个 20 m×20 m 样方。在每个 20m×20m 样方内取一个 5m×5m 的样方，进行灌木层调查；并在每个 20m×20m 样方的四角各取 1 个 1m×1m 样方，进行草本层调查。

本次调查共记录乔木植物 11 科 13 属，包括壳斗科（Fagaceae）、槭树科、省沽油科、蔷薇科（Rosaceae）、山茱萸科、桦木科、榆科、樟科、卫矛科、忍冬科、虎耳草科等，共计 163 株植株；灌木植物共计 9 科 15 属，包括蔷薇科、榆科、忍冬科、樟科（Lauraceae）、槭树科、卫矛科、山茱萸科、小檗科、桔梗科等，共计 66 株植株。调查样方内草本植物稀少，仅记录到毛茛科、鹿蹄草科 2 科 2 种。

a. 重要值

群落中锐齿槲栎占绝对优势，重要值为 38.56；其他物种的重要值相对较低，主要伴生种如川鄂鹅耳枥、青皮槭、青榨槭、山茱萸、膀胱果、云南樱桃、茶条槭、三桠乌药、秦岭花楸的重要值在 3.85～8.04。灌木层植物中，山茱萸、青榨槭和栓翅卫矛的重要值相对较高，分别为 16.73、16.20 和 11.80。调查样方中仅分布 2 种草本植物，为鹿蹄草与升麻，植株个体少，盖度<5%，重要值低。

b. Shannon-Wiener 多样性指数

锐齿槲栎群落 Shannon-Wiener 多样性指数值为 2.75。在群落内，Shannon-Wiener 多样性指数由高到低排序为乔木层>灌木层>草本层，其 Shannon-Wiener 多样性指数值分别为 2.40、2.34 与 0.64。

C. 植株平均高度

样地内乔木层平均树高为 10.1 m，各树种高度分布见图 4-50。其中，锐齿槲栎、榆树、茶条槭、鹅耳枥的植株平均高度超过 10 m。灌木层平均树高为 2.0m，各树种高度分布见图 4-51。

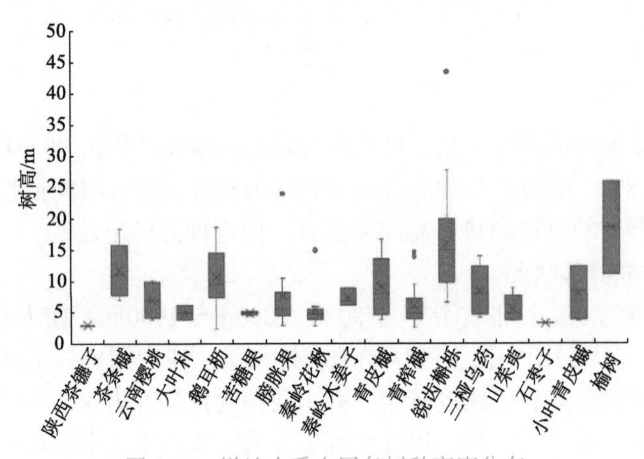

图 4-50 样地内乔木层各树种高度分布

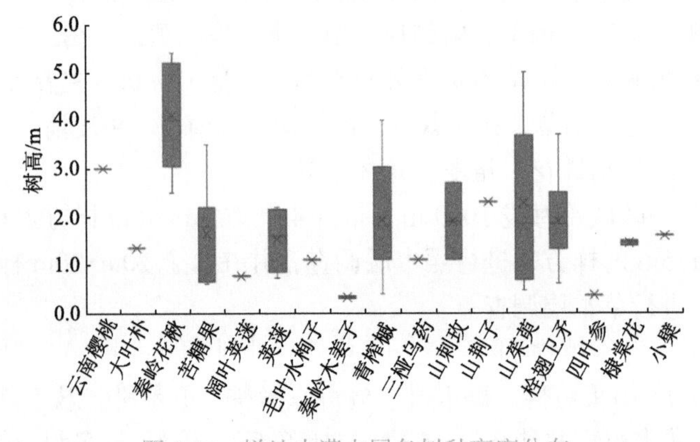

图 4-51 样地内灌木层各树种高度分布

样地内锐齿槲栎树高在 6～44m，平均树高为 16.1m。总体趋势上，随着树高增加，锐齿槲栎植株个体数逐渐减少（图 4-52）。树高 6～10m 的植株个体数最多，占锐齿槲栎总个体数的 27.7%；树高 10～15m 的植株个体数占 25.5%；树高 15～20m 的植株个体数占 23.4%；树高>20m 的植株个体数占 23.4%。

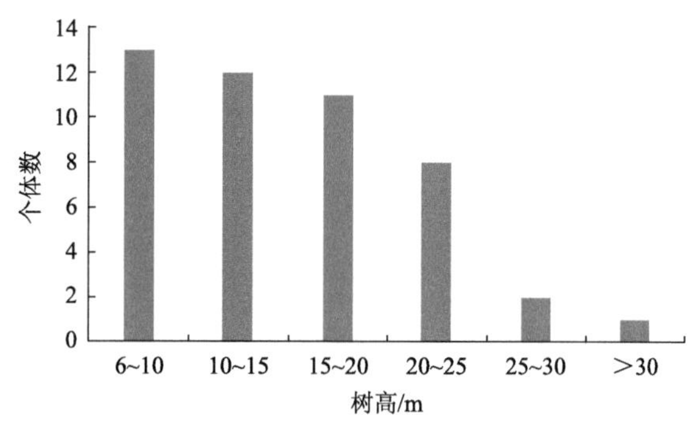

图 4-52　样地内锐齿槲栎种群高度级结构

4）重点关注物种状况

南方红豆杉是红豆杉属植物中在我国分布最广的一种，主要分布于安徽南部、浙江、台湾、福建、江西、陕西、广东北部、广西北部及东北部、湖南、湖北西部、河南西部、甘肃南部、四川、贵州及云南东北部，通常散生于海拔 1500～2200m 的针阔混交林和落叶阔叶林。南方红豆杉木质优良，长期以来是砍伐利用的对象。20 世纪 90 年代，对树皮收购与盲目性挖掘，使得我国南方红豆杉资源量锐减。根据 2013 年《中国生物多样性红色名录》评估结果，南方红豆杉的保存状况仍受到威胁，红色名录等级为易危，主要致危因素为直接采挖与生境退化。南方红豆杉被列入我国《国家重点保护野生植物名录（第一批）》Ⅰ级保护物种，并纳入《濒危野生动植物种国际贸易公约》（CITES）附录Ⅱ物种。

A. 分布

太白山保护区内南方红豆杉主要分布在海拔 1200～2100 m 的落叶阔叶林或针阔混交林中，多生长在阴坡，位于灌木层或乔木亚层。大多数南方红豆杉植株分布点位距离河流较近，水分条件好，通常以单株形式分布，偶尔出现非常稀疏的群落。在海拔>1900m 区域，南方红豆杉数量稀少；海拔<1500 m 区域分布的南方红豆杉个体数最多，野外有幼苗更新。

利用 MaxEnt 模型建立南方红豆杉的分布适宜性数据与潜在分布数据，建立的 MaxEnt 模型训练样本曲线下面积（AUC）为 0.962，测试样本 AUC 为 0.924。将模型模拟得到的分布适宜性数据作为南方红豆杉资源空间分布概率（P）（图 4-53），采用平均概率法（average probability approach）结合自然断点（natural breaks）法设定适生区阈值，高适宜生境概率为 $P \geqslant 0.3889$，中适宜生境概率为 $0.2381 \leqslant P < 0.3889$，低适宜生境概率为 $0.0784 \leqslant P < 0.2381$，不适宜生境概率为 $P < 0.0784$。太白山保护区内南方红豆杉潜在适宜生境面积约 209.2 km^2，其中高适宜生境面积约 45.4km^2（图 4-54）。

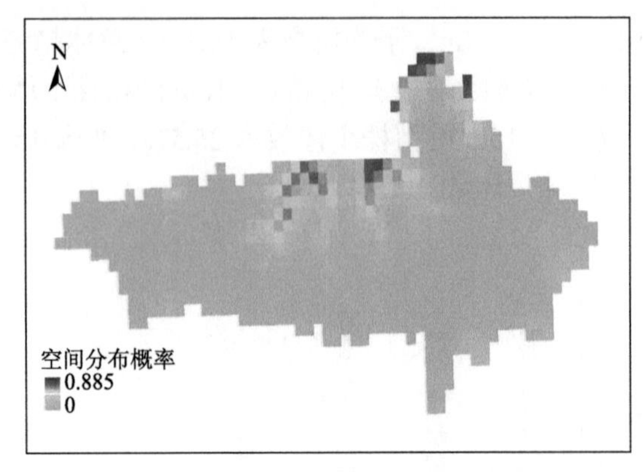

图 4-53 南方红豆杉空间分布概率

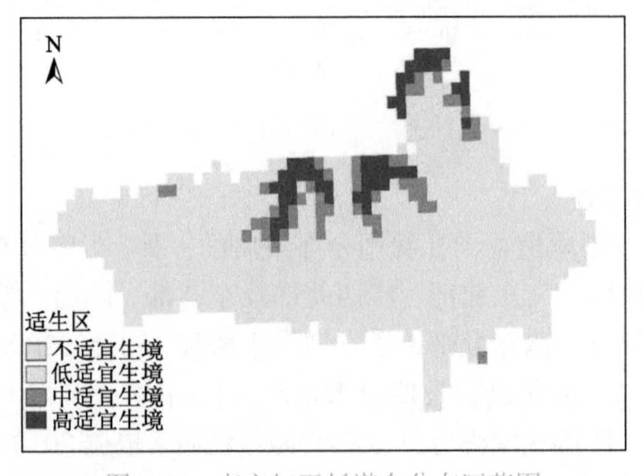

图 4-54 南方红豆杉潜在分布区范围

B. 种群数量

基于 MaxEnt 模型建立南方红豆杉的分布适宜性数据与潜在分布数据，并根据调查数据计算南方红豆杉密度均值，借助 ArcGIS 空间分析对南方红豆杉的资源量与密度分布进行评估。太白山保护区内南方红豆杉潜在资源量网络密度分布如图 4-55 所示。南方红豆杉在北坡中低山区域的潜在资源量最大。

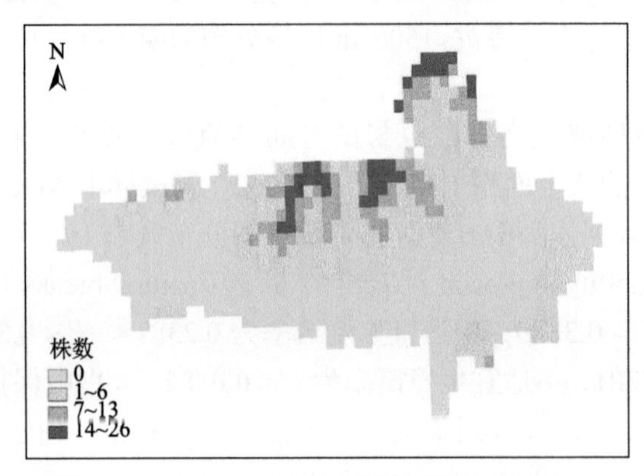

图 4-55 南方红豆杉潜在资源量网格密度分布

C. 种群年龄结构

太白山保护区内南方红豆杉天然种群可划分为 9 个龄级。其中，第 1 龄级的幼苗个体数最多，占调查总数的 31.71%；第 2 龄级的幼树个体数为 0；第 3～第 6 龄级的个体数占总数的 61.79%；第 7～第 9 龄级的个体数占总数的 6.5%。

第 1 龄级个体数量相对较多，但第 2 龄级个体数量为零，可能是由于幼苗到幼树的转化存在选择强度较高的环境筛，大多数幼苗无法通过，不能正常生长为幼树。第 3～第 6 龄级的个体数量维持在较高水平，同时南方红豆杉种群进入相对稳定状态；第 6 龄级的个体数骤降，这可能是由于随个体生长，对环境的需求不断增加，个体间竞争逐渐加剧，一部分个体被淘汰；随后在第 7～第 9 龄级，个体数保持在较低水平，可能是由于随着年龄的增长，部分个体对环境胁迫的抵抗力下降，进入高龄阶段后个体数量逐渐减少。总体来看，南方红豆杉种群属于稳定型种群。

4.3.5　都江堰生物多样性及生态系统功能监测与评估

基于上述动植物互作网络的生态系统功能监测技术规范，在都江堰亚热带森林采用标记重捕法及种子雨收集技术，收集参与生态功能的动植物多样性及种群数量信息；采用红外相机及动植物标记技术，监测动植物种间互作关系，整合动植物群落多样性、种间互作连接度、作用强度等监测指标，综合评价动植物种间互作多样性和生态系统功能的维持机制，为生物多样性及生态系统功能的监测与评估提供示范。

1. 监测区域概况

都江堰地区位于四川盆地西部山地（30°45′N～31°45′N，103°25′E～103°47′E），是从青藏高原逐渐向成都平原过渡的地区，是“岷山—横断山北段”的重要组成部分之一，同时也是我国生物多样性保护的关键区域。其北面为海拔 5000m 的岷山山系，东北为海拔 3500m 的龙门山系，西面是海拔 4000m 的邛崃山系。该地区既有海拔 4582m 的高峰（光光山），又有海拔约 700m 的平原（东部山麓），高度相差达 3880m，其间山岭、峡谷交错，河流湍急，显示出地形之复杂险峻。植物区系上，该地区不仅是横断山脉植物区系逐渐向华中植物区系的过渡，还是中国喜马拉雅植物区系逐渐向中国-日本植物区系的过渡；植被类型基本为中亚热带常绿阔叶林。动物地理上，该地区属于西南山地亚区、黄土高原亚区、西部山地高原亚区、青海藏南亚区等的过渡区域，还是东洋界动物区系逐渐向古北界动物区系过渡的区域。

都江堰地区的气候属于中亚热带季风气候，是由青藏高原高空西风与太平洋的东南季风交汇而成。根据 2010～2020 年以来的气候记录，该区域年内可分为明显的雨季（5～9 月）和旱季（10 月至次年 4 月）。该地区年平均温度约为 16.2℃，≥10℃的年总积温度为 5438.7℃；受西风环流影响，冬季较为暖和，1 月平均温度为 5.7℃，比同纬度同海拔的华东地区高出 2～4℃；受太平洋的东南暖湿气流以及因冷湿复合气流而成的“盆地效应”的影响，二者在山坡相遇形成地形雨降水，导致夏季多阴雨天气，雨水丰沛；年降水量在 900～2000 mm，这也导致该地区湿度大、云雾多、日照少；年平均相对湿度超过 80%，年日照时数仅为 800～1000 h。此外，由于该地区地形复杂，其气候随海拔增高的垂直变化明显。该地区的土壤类型主要为山地棕黄壤和黄壤，复杂的气候特征和土壤类型使该地区的生物多样性极其丰富。

都江堰地区古老和原始生物类型众多。植物方面，裸子植物中有银杏（*Ginkgo biloba*），被人们称之为“活化石”；被子植物中有木兰科的木莲属（*Manglietia*）、木兰属（*Magnolia*）、含笑属（*Michelia*），领春木科中有领春木（*Euptelea pleiosperma*），水青树科中有水青树（*Tetracentron sinense*）等；蕨类植物中有拟蕨类（Fernallies）、厚囊蕨类（Eusporangiatae）和原始薄囊蕨类（Protoleptosporangiatae）等；另外，珍稀濒危植物也十分丰富，如国家I级保护的有南方红豆杉、珙桐（*Davidia involucrata*）、独叶草（*Kingdonia uniflora*）和红豆杉（*Taxus chinensis*）等，国家 II 级保护的有杜仲（*Eucommia ulmoides*）、银杏、四川红杉（*Larix mastersiana*）、连香树（*Cercidiphyllum japonicum*）、水青树、鹅掌楸（*Liriodendron chinense*）、篦子三尖杉（*Cephalotaxus oliveri*）等 9 种，国家III级保护的有梓叶槭（*Acer catalpifolium*）、厚朴（*Magnolia officinalis*）、丽江铁杉（*Tsuga forrestii*）、银鹊树（*Tapiscia sinensis*）、楠木（*Phoebe zhennan*）等 9 种。动物方面，中国特有动物有羚牛、川金丝猴、大熊猫和小熊猫等，珍稀濒危动物中国家 I 级保护的有大熊猫、云豹、川金丝猴、豹、羚牛、绿尾虹雉（*Lophophorus lhuysii*）和雉鹑（*Tetraophasis obscurus*）；国家II级保护的有藏酋猴、岩羊（*Pseudois nayaur*）、马麝、亚洲黑熊、猕猴、毛冠鹿等 16 种，鸟类有红腹锦鸡（*Chrysolophus pictus*）、黑鸢（*Milvus migrans*）、红腹角雉（*Tragopan temminckii*）等 11 种，鱼类有虎嘉鱼（*Hucho bleekeri*）1 种（陈昌笃，2000）。

试点样地位于都江堰市般若寺林场及其周边林区。该样地的植被基带为中亚热带常绿阔叶林带，其间夹杂有少量落叶和针叶树种。植被主要有栲树（*Castanopsis fargesii*）、马尾松（*Pinus massoniana*）、硬壳柯（*Lithocarpus hancei*）、楠木、麻栎（*Quercus acutissima*）、毛脉南酸枣（*Choerospondias axillaris*）、枹栎（*Quercus serrata*）、栓皮栎、灯台树（*Cornus controversa*）、黄牛奶（*Symplocos cochinchinensis*）、青冈（*Cyclobalanopsis glauca*）、薯豆（*Elaeocarpus japonicus*）、东南石栎（*Lithocarpus harlandii*）、梓叶槭、冬青（*Ilex chinensis*）、瓦山栲（*Castanopsis ceratacantha*）、油茶（*Camellia oleifera*）、山矾（*Symplocos sumuntia*）、大叶海桐（*Pittosporum daphniphylloides*）和铁仔（*Myrsine africana*）等，草本层分布有芒萁（*Dicranopteris pedata*）、凤尾蕨（*Pteris cretica*）和其他蕨类等，地表有较厚的枯枝落叶层。

由于人类活动的干扰（如砍伐、农田、公路）和自然灾害（如泥石流、地震）等作用，植被的原始状况已不复存在，森林遭到了极大的破坏。例如，以前较大面积的原始森林在经历了森林砍伐等人类活动以及泥石流等自然灾害的侵蚀后，被农田、溪流、道路等分割成不同大小的次生林。在般若寺（寺庙）的保护下，其附近约 9hm^2 原生林被较好地保存了下来。

该地区由于栖息地受到破坏，以及非法砍伐和猎捕等活动，森林中已难以见到大中型哺乳动物。由于具有极强的适应能力，中小型兽类成为该地区森林中主要的哺乳动物。

中小型兽类主要有花面狸、黄鼬和猪獾等食肉动物，小泡巨鼠、中华姬鼠（*Apodemus draco*）、高山姬鼠（*Apodemus chevrieri*）、大耳姬鼠（*Apodemus latronum*）、北社鼠（*Niviventer confucianus*）、针毛鼠（*Niviventer fulvescens*）、褐家鼠（*Rattus norvegicus*）、大足鼠（*Rattus nitidus*）、小家鼠（*Mus musculus*）、黑腹绒鼠（*Eothenomys melanogaster*）和巢鼠（*Micromys minutus*）11种啮齿目动物，中麝鼩（*Crocidura russula*）和四川短尾鼩（*Anourosorex squamipes*）2种食虫目动物。鼠类群落中优势鼠种或常见种类为中华姬鼠、小泡巨鼠、北社鼠、针毛鼠和高山姬鼠等（杨锡福等，2014；Yang et al.，2018）。

试点择取了14个不同大小的森林斑块作为实验样地，并采用卫星定位系统和遥感测定样地的大小、形状、空间距离等（图4-56）。为方便研究，各斑块的编号分别为A、B1、B2、C、D、F、H、K、L、M、R、S、U、V。其他斑块多为演替早期或中期的次生林。原生林（B1、B2）因处在寺庙周围而保存得比较完好，木本植物密度大，郁闭度高，地面仅有芒萁等零星分布。次生林（其他斑块）由于本地农民从事农事活动，如砍伐和放牧等，对林内的植物造成了不同程度的干扰或破坏，乔木层仅有枹栎、栓皮栎等零星分布，灌木层和草本层植物较多，是研究区内的主要生境类型。近年来，禁止砍伐、防火等护林措施使多数次生林内的植被得到了较快的恢复。

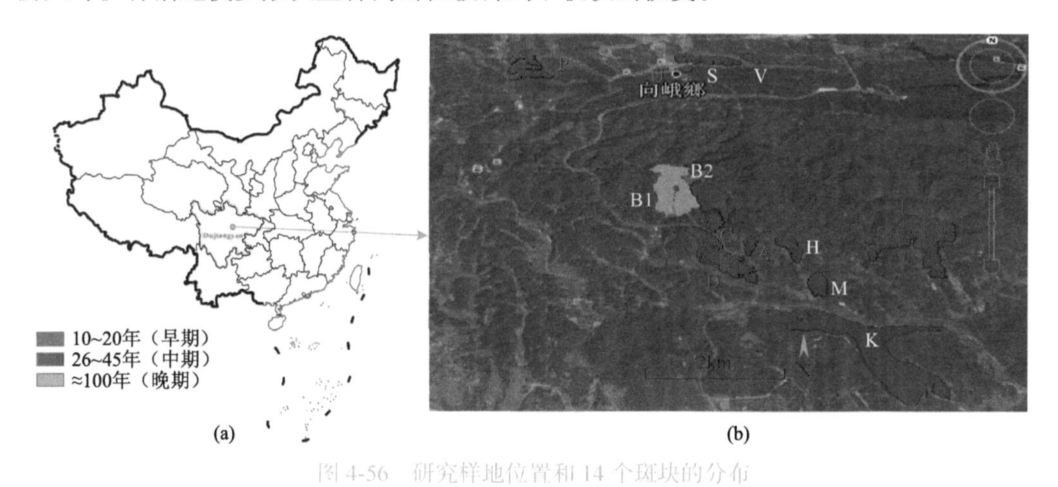

图4-56 研究样地位置和14个斑块的分布

（a）中国地图，四川省行政区在浅蓝色线内。（b）都江堰市般若寺国营实验林场及其周边区域。图中大写字母分别表示各斑块的编号；红色斑块为演替早期斑块，蓝色斑块为演替中期斑块，绿色斑块为演替晚期斑块

2. 监测区域生物多样性功能监测方法

本小节主要参考4.2.3节所描述的监测方法进行。

3. 监测结果与分析

1）群落物种多样性

A. 植物群落组成

都江堰实验样地常见的木本植物共有41科67属92种，其中裸子植物1科1属1种，即松科（Pinaceae），其他均为被子植物。从每科所含属数来看，优势科为壳斗科（含6属），樟科、芸香科（Rutaceae）和漆树科（Anacardiaceae）均包括4属。从每科所含

物种数来看，优势科依次为壳斗科（11 种）、樟科（7 种）、紫金牛科（Myrsinaceae）（6 种）、桑科（Moraceae）（5 种），芸香科、蔷薇科、漆树科、豆科（Fabaceae）均有 4 种。

B. 种子雨动态

通过安放种子收集筐，每年在样区至少收集到 30 种植物种子（2018 年最多，共 52 种）（图 4-57）。其中，2018 年种子产量最大[（189.48±34.05）粒/m^2，平均值±标准差，下同]，其次为 2020 年[（35.53±5.32）粒/m^2]，2017 年和 2019 年种子产量较少，分别为（29.37±7.69）粒/m^2、（28.26±7.15）粒/m^2；4 年间种子种数（$F_{3, 52}$[①] = 8.488，$P < 0.001$）和种子数量（$F_{3, 52} = 19.373$，$P < 0.001$）变化均极显著。从产量变化来看，植物表现出明显的种子大小年现象，相对来说，2018 年为种子产量大年，2020 年、2017 年和 2019 年为种子产量小年。

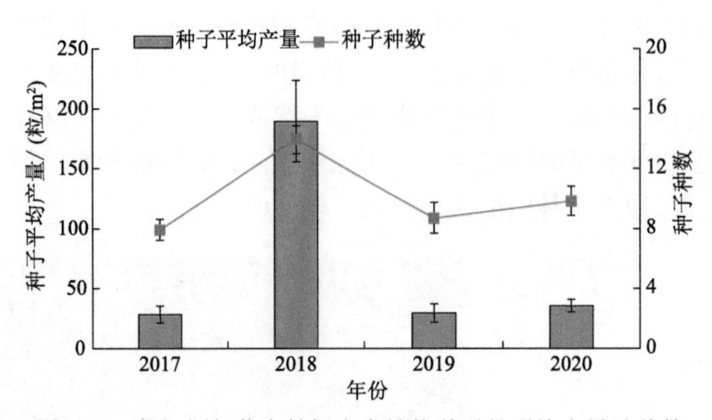

图 4-57 都江堰般若寺林场木本植物种子的平均产量及种数

C. 鼠类群落组成

在都江堰实验样地，2017～2020 年 4 年内共置鼠笼 11200 笼，共捕获鼠类 9 种（755 只），总捕获率 6.74%。捕获到的鼠类均属于啮齿目（Rodentia）鼠科（Muridae）。从捕获的鼠类数量来看（表 4-4），中华姬鼠数量最多，捕获率为 4.46%，其次是针毛鼠和北社鼠，褐家鼠的捕获率最低（0.01%）。相对来说，中华姬鼠、北社鼠、针毛鼠 3 种为都江堰市般若寺国营实验林场的优势鼠类或常见种类。

表 4-4 都江堰般若寺国营实验林场鼠类群落的物种组成

物种	拉丁文	置笼数	捕获数	捕获率/%
中华姬鼠	*Apodemus draco*	11200	499	4.46
高山姬鼠	*Apodemus chevrieri*	11200	25	0.22
大耳姬鼠	*Apodemus latronum*	11200	9	0.08
小泡巨鼠	*Leopoldamys edwardsi*	11200	19	0.17
巢鼠	*Micromys minutus*	11200	13	0.12
北社鼠	*Niviventer confucianus*	11200	78	0.70

① $F_{3, 52}$代表组间、组内自由度。下同。

续表

物种	拉丁文	置笼数	捕获数	捕获率/%
针毛鼠	*Niviventer fulvescens*	11200	94	0.84
大足鼠	*Rattus nitidus*	11200	17	0.15
褐家鼠	*Rattus norvegicus*	11200	1	0.01
合计		11200	755	6.74

2）种间互作网络结构和功能

A. 鼠类-种子互作网络结构及功能维持

2014～2017 年在都江堰地区 14 个斑块进行的鼠类与种子相互关系的研究表明，鼠类物种丰富度变化范围为 1～6 种，鼠类数量变化范围为 3～19 只，鼠类物种多样性指数变化范围为 0～1.523；种子物种丰富度变化范围为 1～7 种，种子数量变化范围为 0.72～63.88 粒/m^2，种子物种多样性指数变化范围为 0～1.589。

鼠类物种丰富度（$\chi^2 = 15.29$，$P < 0.001$）、数量（$\chi^2 = 17.20$，$P < 0.001$）或物种多样性指数（$\chi^2 = 14.71$，$P < 0.001$）与演替阶段呈显著的负相关（图 4-58），即演替早期，网络中鼠类物种丰富度、数量和物种多样性指数均最高。种子物种丰富度（$\chi^2 = 7.29$，$P = 0.03$）、物种多样性指数（$\chi^2 = 10.20$，$P = 0.006$）或每粒种子的能量值可获得性（$\chi^2 = 14.63$，$P < 0.001$）与演替阶段呈显著正相关，但种子数量、种子生物量和每粒种子的可获得性与演替阶段没有显著的相关性（P 均 > 0.05）（图 4-58）。斑块大小对鼠类或种子的物种丰富度、数量和物种多样性指数均没有显著影响（P 均 > 0.05），但鼠类物种大足鼠（$\chi^2 = 4.31$，$P = 0.04$）和植物种子麻栎（$\chi^2 = 6.77$，$P = 0.01$）与斑块大小有显著正相关关系。

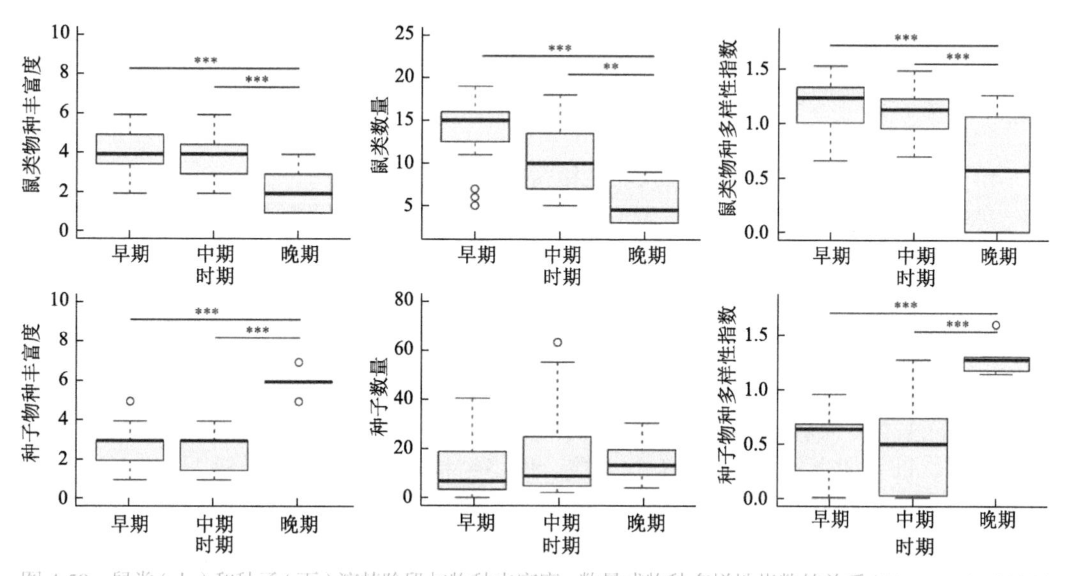

图 4-58　鼠类（上）和种子（下）演替阶段与物种丰富度、数量或物种多样性指数的关系（Yang et al.，2018）

*、**、***分别表示 $P < 0.05$、$P < 0.01$、$P < 0.001$；没有显著性差异的未标出。箱线图中，中间那条粗线表示中位数；箱体高度表示 25%～75%百分位数，有 50%的数据在此范围内；箱体外的两条线表示除去异常值外的最大值和最小值；线外的小圈表示异常值。下同

演替阶段对嵌套度($\chi^2 = 19.77$, $P < 0.001$)存在极显著的正效应，对连接度($\chi^2 = 8.89$, $P= 0.01$ ）和互作强度（ $\chi^2 = 9.52$ ，$P= 0.009$ ）均存在极显著负效应，而对物种平均连接度、加权嵌套度和作用强度的非对称性均无显著效应（图 4-59）。但斑块大小对所有检测的网络参数都没有显著的影响（P 均>0.05）。

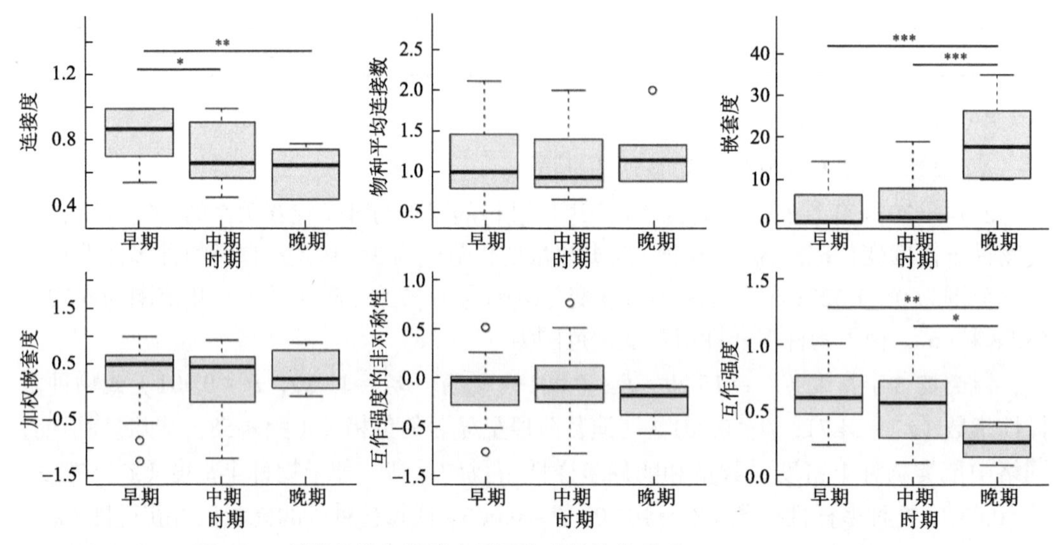

图 4-59 演替阶段与群落水平网络参数的关系（Yang et al.，2018）

鼠类数量与网络参数中的互作强度呈显著的正相关（ $t = 2.451$ ，$P = 0.02$ ），与嵌套度呈显著的负相关（ $t = -2.649$ ，$P = 0.014$ ）；种子数量与网络参数中的嵌套度呈显著的正相关（ $t = 2.77$ ，$P=0.048$ ）。种子生物量与网络参数中的加权嵌套度呈显著的正相关（ $t= 4.32$ ，$P < 0.001$ ），与连接度呈显著的负相关（ $t = -2.87$ ，$P = 0.007$ ）。每粒种子的能量值可获得性与网络参数中的连接度和互作强度呈显著的负相关（连接度：$t = -2.23$ ，$P = 0.032$ ；互作强度：$t = -2.047$ ，$P = 0.048$ ）。

B. 种子传播集合网络的结构及功能维持

鸟类-植物果实互作集合网络表现为中度的模块性（定量网络=0.45；定性网络=0.46）和相对较低的嵌套性（定量网络=10.86；定性网络=19.17），以及较低的连接度（0.15）（图 4-60）。移除树下鸟类所涉及的种间相互作用，使鸟类-植物的集合网络变得更加嵌套，而移除涉及树上鸟或共享鸟所涉及的种间互作，使集合网络变得更加模块化（图 4-60）。

涉及不同食果鸟取食功能群的鸟类-植物互作在定量集合网络中对物种相互作用的连接数、嵌套性、模块化、连通性的贡献程度存在很大的差异（ $F_{2,\ 131} = 3.28$ ，$P = 0.14$ ）。平均而言，涉及树上鸟类的种间互作对集合网络结构的贡献大于涉及树下鸟类的，而涉及共享鸟类对集合网络的贡献为适中。与树下鸟相比，树上鸟和共享鸟与植物之间的种间互作在集合网络具有更高的中心性，对集合网络结构的贡献也更大；同时，树上鸟和共享鸟在集合网络中主要扮演着“枢纽”和“连接者”的角色，促进了不同斑块之间的联系。因此，树上鸟和共享鸟对区域过程有较大贡献，而树下鸟则可能主要参与局域过程（图 4-61）。

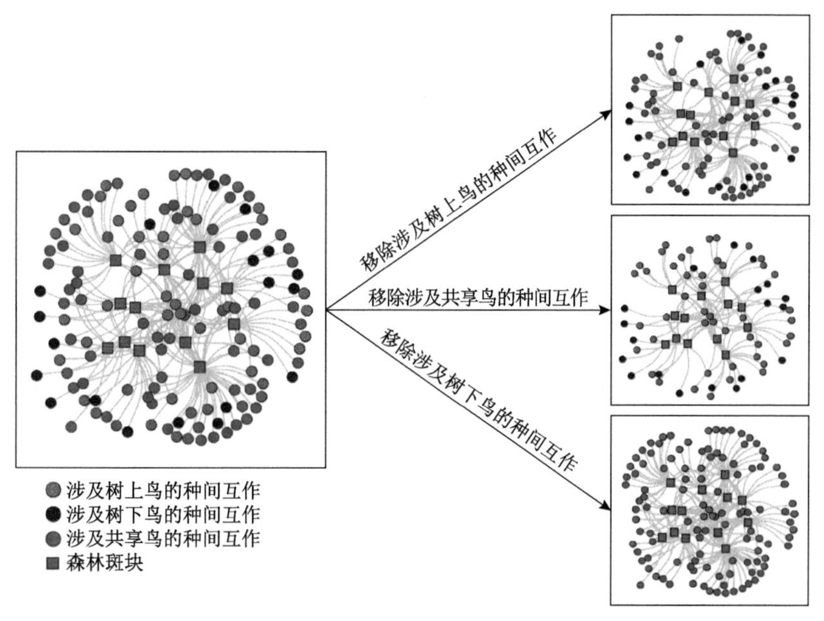

图 4-60　通过斑块间共享的鲜果植物-食果鸟类种间互作连接起来的森林斑块集合网络（Li et al., 2020）

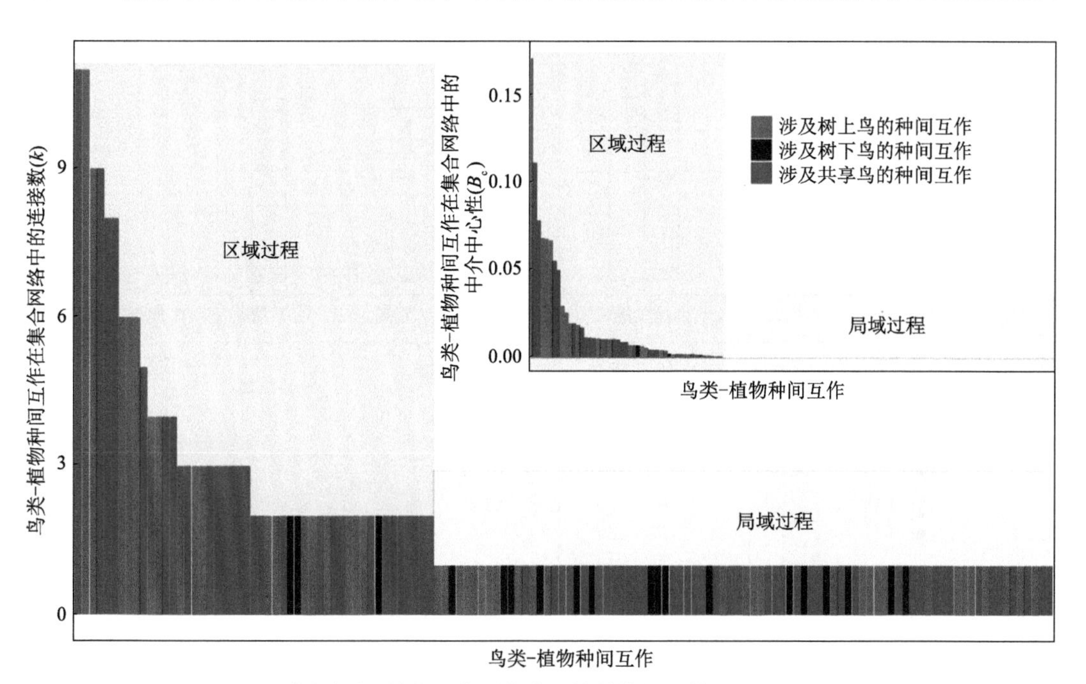

图 4-61　单个鸟类-植物互作对集合网络结构的贡献（Li et al.，2020）

C. 同域树种之间的共存机制

在样区连续 4 年追踪 6 组成对和单独（即有种子 A+B、仅有种子 A、仅有种子 B）释放的 21600 粒标记的种子命运，测定种子分散储藏和种子扩散效率以评估种子扩散成功率。结果表明，6 组种子之间的邻居处理对鼠类介导下的种子分散储藏和种子扩散效率具有强烈且一致的影响。栓皮栎和油茶（组 1）、枹栎和青冈（组 2）单放和混合处理之间表现出邻居处理对种子分散储藏和种子扩散效率具有极显著或轻微的负效应，表明存在似然竞争。栓皮栎和枹栎（组 3）、油茶和青冈（组 4）单放和混合处理之间表现出邻居处理对种子分散储藏和种子扩散效率具有极显著的正效应，表明存在似然互惠。枹栎和油茶（组 5）、毛脉南酸枣和栲树（组 6）单放和混合处理之间表现出邻居处理对种子分散储藏和种子扩散效率具有极显著的正效应或负效应，表明存在似然捕食（图 4-62）。

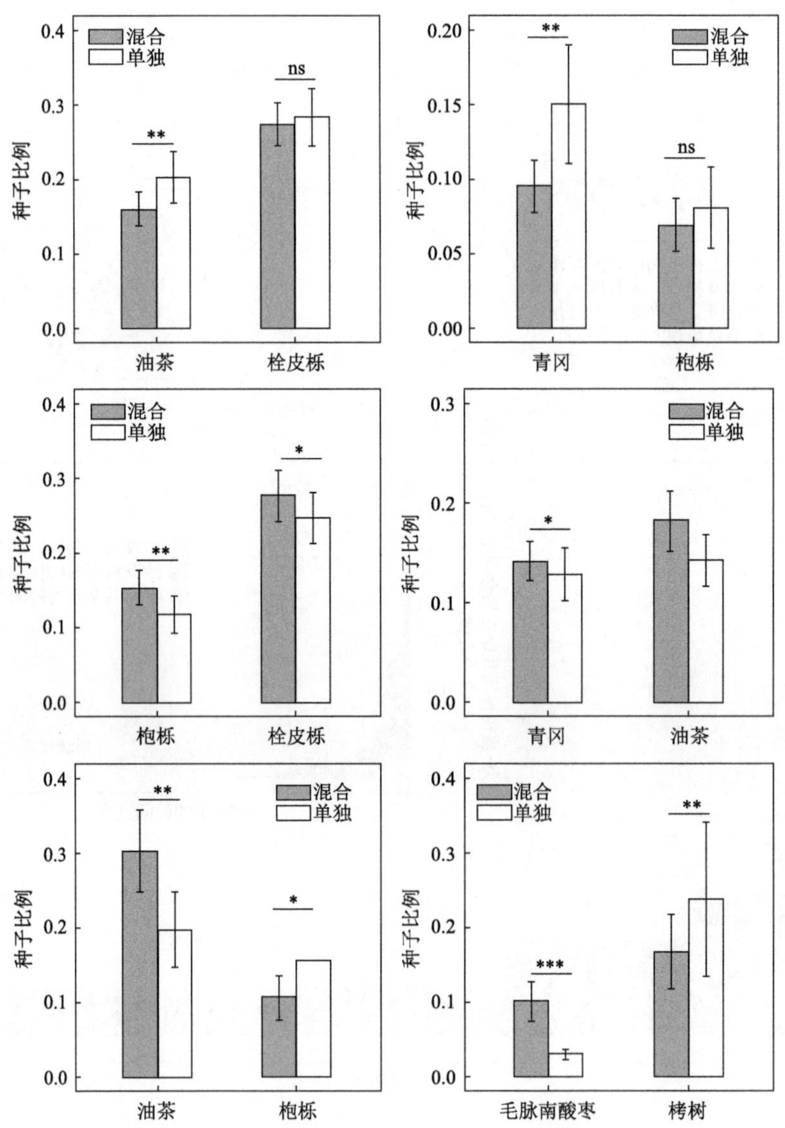

图 4-62　单种和混合释放点被鼠类分散储藏的种子比例（Yang et al.，2020）

*、**、***分别表示 $P<0.05$、$P<0.01$、$P<0.001$；ns 表示没有显著性差异

只有配对的两种树种的种子雨既在年间又在季节间同步时，才能通过鼠类介导的种子扩散表现出似然互惠，如配对 3 和配对 4；如果配对的两种树种的种子雨只在年间或季节间同步，那么鼠类介导的种子扩散将表现出似然竞争，如配对 1 和配对 2；抑或是

同步性较低，则鼠类介导的种子扩散将表现出似然捕食，如配对 5 和配对 6（表 4-5）。结果表明，种子雨的种间同步性而不是种子特征相似性决定了鼠类介导的同域植物种子之间的合作与对抗关系，进而影响生态系统的功能多样性。种子雨的种间同步性在形成动物介导的植物种子间的互作上扮演着重要的角色，并且动物介导的植物种子间的互作可能是促进植物共存的进化驱动力。该研究为阐明种子雨动态和动物介导的种子间的间接作用机制提供了新的见解和视角。

表 4-5　6 组同域种子的种子性状、种子雨同步和鼠类介导的间接关系的综合统计结果

组	种子	种子特征相关系数	年间种子雨相关系数	季节间种子雨相关系数	总效应
配对 1	栓皮栎 油茶	−0.159	0.612	0.745	似然竞争
配对 2	枹栎 青冈	0.999***	0.840	0.940**	似然竞争
配对 3	栓皮栎 枹栎	0.875**	0.977*	0.814*	似然互惠
配对 4	油茶 青冈	−0.187	0.935*	0.925*	似然互惠
配对 5	枹栎 油茶	−0.179	0.766	0.979**	似然捕食
配对 6	毛脉南酸枣 栲树	−0.270	0.858*	−0.447	似然捕食

*、**、***分别表示 $P<0.05$、$P<0.01$、$P<0.001$；没有标注表示两者相关性不显著。

4.4　本章小结

本章介绍了集成优化以动物、植物及其生态系统功能为主的区域生物多样性综合监测技术体系，在我国典型生态功能区开展区域性全天候动物多样性监测技术、区域植物多样性监测技术、生物多样性的生态系统功能监测技术的示范应用。基于现代红外相机监测技术，应用相对多度指数、栖息地占域率、WPI 等种群和群落的监测指标在车八岭国家级自然保护区、钱江源国家公园、长江经济带和“一带一路”所涉及的重要山体和山脉长江中下游流域开展标准化的动物多样性监测与评估，实现了从“点”到“面”的突破。基于遥感和大样地调查技术，应用植被覆盖和栖息地格局（区域景观尺度）、典型植物群落状况（群落-生态系统尺度）、物种丰富度、重点关注物种状况、外来物种（种群-物种尺度）等监测指标在陕西太白山国家级自然保护区开展植物多样性监测与评估。

应用连接数和对集合网络的贡献等指标在都江堰开展生物多样性的监测评估，揭示了亚热带森林生态系统结构及功能维持机制。

区域生物多样性监测技术和评估的研究，为实现我国区域生物多样性监测的科学性、一致性、可比性和长效性奠定了基础，为说得清我国生物多样性“有什么、在哪里、如何变化”提供科学支撑。开展区域生物多样性监测与评估体系的建设，特别是加强近地面遥感和红外相机监测等自动化监测手段的应用，以及时、高效、准确地获取地面生态系统和物种的动态变化趋势，为生态系统和生态质量变化提供快速、准确的预警，进一步推动生物多样性网络和全国生态环境质量监测网建设，为我国区域生态质量动态监测和评价提供综合监测技术和多样化的数据产品，服务于以国家公园为主体的自然保护地建设和山水林田湖草生态保护修复工程。逐步实现从自然保护区（国家公园）到重要生态功能区，到全国尺度推进，显著提升国家生物多样性保护的综合评估能力，为野生动植物重点物种名录发布、国家生态保护红线划定、生态主体功能区规划、自然资产评估管理等政策制定和实施提供科学数据与评估方法，为我国履行国际《生物多样性公约》和与生态环境保护相关的保护目标与科学决策提供技术支持及决策依据，有效推动生态文明建设。

参考文献

陈昌笃. 2000. 都江堰地区——横断山北段生物多样性交汇、分化和存留的枢纽地段. 生态学报, 20(1): 28-34.

陈立军, 肖文宏, 肖治术. 2019. 物种相对多度指数在红外相机数据分析中的应用及局限. 生物多样性, 27(3): 243-248.

冯晓娟, 米湘成, 肖治术, 等. 2019. 中国生物多样性监测与研究网络建设及进展. 中国科学院院刊, 34(12): 1389-1398.

郭柯, 刘长成, 潘庆民. 2016. 中国草原/荒漠植物多样性监测网模式植物群落监测方案. 生物多样性, 24(11): 1220-1226.

郭庆华, 胡天宇, 姜媛茜, 等. 2018. 遥感在生物多样性研究中的应用进展. 生物多样性, 26(8): 789-806.

郭庆华, 刘瑾, 李玉美, 等. 2016. 生物多样性近地面遥感监测: 应用现状与前景展望. 生物多样性, 24(11): 1249-1266.

孔令桥, 张路, 郑华, 等. 2018. 长江流域生态系统格局演变及驱动力. 生态学报, 38(3): 741-749.

李佳琦, 徐海根, 万雅琼, 等. 2018. 全国哺乳动物多样性观测网络(China BON-Mammals)建设进展. 生态与农村环境学报, 34(1): 12-19.

李晟. 2020. 中国野生动物红外相机监测网络建设进展与展望. 生物多样性, 28(9): 1045-1048.

钱海源, 余建平, 申小莉, 等. 2019. 钱江源国家公园体制试点区鸟类多样性与区系组成. 生物多样性, 27(1): 76-80.

宋相金, 何文, 彭友贵. 2017. 广东车八岭国家级自然保护区生态旅游资源评价. 安徽农业科学, 45(26): 1-5.

肖文宏, 束祖飞, 陈立军, 等. 2019. 占域模型的原理及在野生动物红外相机研究中的应用案例. 生物多样性, 27(3): 249-256.

肖治术. 2019a. 红外相机技术在我国自然保护地野生动物清查与评估中的应用. 生物多样性, 27(3): 235-236.

肖治术. 2019b. 自然保护地野生动物及栖息地的调查与评估研究——广东车八岭国家级自然保护区案例分析. 北京: 中国林业出版社.

徐燕千. 1993. 车八岭国家级自然保护区调查研究综合报告//车八岭国家级自然保护区调查研究论文集编委会. 车八岭国家级自然保护区调查研究论文集. 广州: 广东科技出版社: 1-7.

杨锡福, 谢文华, 陶双伦, 等. 2014. 笼捕法和陷阱法对森林小型兽类多样性监测效率比较. 兽类学报, 34(2): 193-199.

于晓东, 罗天宏, 伍玉明, 等. 2006. 长江流域兽类物种多样性的分布格局. 动物学研究, (2): 121-143.

于晓东, 罗天宏, 周红章. 2005. 长江流域鱼类物种多样性大尺度格局研究. 生物多样性, (6): 4-26.

余建平, 申云逸, 宋小友, 等. 2019. 钱江源国家公园体制试点区功能分区对黑麂保护的有效性评估. 生物多样性, 27(1): 5-12.

Bascompte J, Jordano P, Melian C J, et al. 2003. The nested assembly of plant-animal mutualistic networks. Proceedings of the National Academy of Sciences of the United States of America, 100(16): 9383-9387.

Bascompte J, Jordano P, Olesen J M. 2006. Asymmetric coevolutionary networks facilitate biodiversity maintenance. Science, 312(5772): 431-433.

Beaudrot L, Ahumada J A, O'Brien T, et al. 2016. Standardized assessment of biodiversity trends in tropical forest protected areas: The end is not in sight. PLOS Biology, 14.

Bersier L F, Banasek-Richter C, Cattin M F. 2002. Quantitative descriptors of food-web matrices. Ecology, 83(9): 2394-2407.

Cao L, Wang Z, Yan C, et al. 2016. Differential foraging preferences on seed size by rodents result in higher dispersal success of medium-sized seeds. Ecology, 97(11): 3070-3078.

Chen L, Shu Z, Yao W, et al. 2019. Combined effects of habitat and interspecific interaction define co-occurrence patterns of sympatric Galliformes. Avian Research, 10: 29.

Duangchantrasiri S, Umponjan M, Simcharoen S, et al. 2016. Dynamics of a low-density tiger population in Southeast Asia in the context of improved law enforcement. Conservation Biology, 30(3): 639-648.

Dunne J A, Williams R J, Martinez N D. 2002. Network structure and biodiversity loss in food webs: Robustness increases with connectance. Ecology Letters, 5(4): 558-567.

Emer C, Galetti M, Pizo M A, et al. 2018. Seed-dispersal interactions in fragmented landscapes-A metanetwork approach. Ecology Letters, 21(4): 484-493.

Galeano J, Pastor J M, Iriondo J M. 2009. Weighted-interaction nestedness estimator (WINE): A new estimator to calculate over frequency matrices. Environmental Modelling and Software, 24(11): 1342-1346.

Gilarranz L J, Rayfield B, Linan-Cembrano G, et al. 2017. Effects of network modularity on the spread of perturbation impact in experimental metapopulations. Science, 357(6347): 199-201.

Gu H, Zhao Q, Zhang Z. 2017. Does scatter-hoarding of seeds benefit cache owners or pilferers? Integr Zool, 12(6): 477-488.

Hill M O. 1973. Diversity and evenness: A unifying notation and its consequences. Ecology, 54(2): 427-432.

Kéry M, Royle J A. 2009. Inference about species richness and community structure using species-specific occupancy models in the national Swiss breeding bird survey MHB//Thomson D L, Cooch E G, Conroy M J. Modeling Demographic Processes in Marked Populations. New York: Springer: 639-656.

Li H, Tang L, Jia C, et al. 2020. The functional roles of species in metacommunities, as revealed by metanetwork analyses of bird-plant frugivory networks. Ecology Letters, 23(8): 1252-1262.

Lichti N I, Steele M A, Zhang H, et al. 2014. Mast species composition alters seed fate in North American rodent-dispersed hardwoods. Ecology, 95(7): 1746-1758.

MacKenzie D I, Nichols J D, Lachman G B, et al. 2002. Estimating site occupancy rates when detection probabilities are less than one. Ecology, 83 (8) : 2248-2255.

MacKenzie D I, Nichols J D, Royle J A, et al. 2017. Occupancy Estimation and Modeling: Inferring Patterns and Dynamics of Species Occurrence. San Diego: Academic Press.

MacKenzie D I, Nichols J D. 2004. Occupancy as a surrogate for abundance estimation. Animal Biodiversity and Conservation, 27 (1) : 461-467.

O'Brien T G, Baillie J E M, Krueger L, et al. 2010. The wildlife picture index: Monitoring top trophic levels. Animal Conservation, 13 (4) : 335-343.

O'Connell A F, Nichols J D, Karanth K U. 2011. Camera Traps in Animal Ecology. Tokyo: Springer.

Olesen J M, Bascompte J, Dupont Y L, et al. 2007. The modularity of pollination networks. Proceeding of the National Academy of Sciences of the United states of America, 104 (50) : 19891-19896.

Saavedra S, Stouffer D B, Uzzi B, et al. 2011. Strong contributors to network persistence are the most vulnerable to extinction. Nature, 478 (7368) : 233-235.

Shen X, Li S, McShea W J, et al. 2020. Effectiveness of management zoning designed for flagship species in protecting sympatric species. Conservation Biology, 34 (1) : 158-167.

Steenweg R, Hebblewhite M, Kays R, et al. 2017. Scaling-up camera traps: Monitoring the planet's biodiversity with networks of remote sensors. Frontiers in Ecology and the Environment, 15 (1) : 26-34.

Thebault E, Fontaine C. 2010. Stability of ecological communities and the architecture of mutualistic and trophic networks. Science, 329 (5993) : 853-856.

van der Weyde L K, Mbisana C, Klein R. 2018. Multi-species occupancy modelling of a carnivore guild in wildlife management areas in the Kalahari. Biological Conservation, 220: 21-28.

Vazquez D P, Morris W F, Jordano P. 2005. Interaction frequency as a surrogate for the total effect of animal mutualists on plants. Ecology Letters, 8 (10) : 1088-1094.

Wang T, Royle J A, Smith J L D, et al. 2018. Living on the edge: Opportunities for Amur tiger recovery in China. Biological Conservation, 217: 269-279.

Xiao Z, Zhang Z, Krebs C J. 2013. Long-term seed survival and dispersal dynamics in a rodent-dispersed tree: Testing the predator satiation hypothesis and the predator dispersal hypothesis. Journal of Ecology, 101 (5) : 1256-1264.

Xiao Z, Zhang Z. 2016. Contrasting patterns of short-term indirect seed-seed interactions mediated by scatter-hoarding rodents. Journal of Animal Ecology, 85 (5) : 1370-1377.

Yan C, Zhang Z. 2014. Specific non-monotonous interactions increase persistence of ecological networks. Proceedings of Royal Society Biological Science, 281 (1779) : 20132797.

Yang X, Yan C, Gu H, et al. 2020. Interspecific synchrony of seed rain shapes rodent-mediated indirect seed-seed interactions of sympatric tree species in a subtropical forest. Ecology Letters, 23 (1) : 45-54.

Yang X, Yan C, Zhao Q, et al. 2018. Ecological succession drives the structural change of seed-rodent interaction networks in fragmented forests. Forest Ecology and Management, 419-420: 42-50.

第5章

区域生态系统功能监测技术与评估

本章从区域生态系统功能监测指标体系，生态质量监测多源数据整合技术，生态系统调节功能、支持功能和维持功能监测指标模型方法、指标阈值以及区域尺度测试等方面开展研究，利用多尺度观测数据，构建集成光谱数据、生态模型和植被参数遥感数据的区域生态功能估算模型；形成典型生态系统调节功能、支持功能和维持功能等关键指标的长序列数据产品，并进行验证评价；构建基于模型数据融合的生态系统功能模型技术体系，并开展生态系统功能监测技术的应用示范与验证。

5.1 区域生态系统功能监测技术框架

5.1.1 生态系统功能概念

生态系统功能是发生在生态系统内部的生物和非生物过程，实现能量从太阳能转化为生物能，物质从无机态转化为有机态，是形成生态系统服务的生物学基础（Garland et al.，2021）；而生态系统服务是连接生态系统自然生物过程与人类社会经济活动过程的重要桥梁（傅伯杰等，2009；王根绪等，2002）。作为生态系统质量自然属性的生态系统功能，其稳定性、抗外界干扰能力和恢复能力，是研究生态系统质量及状态演变和评价方法的理论基础（于贵瑞等，2022；Wang et al.，2019）。

全球气候变化以及日益快速增长的人口压力导致全球生态系统退化等一系列严重的生态环境问题，使得探索生态系统监测和评价指标成为重要的科学问题，在此过程中形成和提升了人们对生物多样性、生态系统功能、生态系统服务的认知，推动了生态系统监测和评价技术的发展。从生态系统功能角度而言，生态系统通过植物的光合作用过程、蒸腾过程、养分循环、能量转换等生物和非生物过程，形成了多方面多维度的生态系统功能，即生态系统的多功能性（Garland et al.，2021）。

生态系统的多功能性根植于生态系统某一个或多个过程，体现其不同的生态系统服务，功能间相互重叠，相互作用（Garland et al.，2021；La Notte et al.，2017）。例如，生态系统通过植被的光合作用将光能转化成化学能，发挥了维持生物多样性、保持水土、支持养分和能量循环的功能，以及为人类社会提供所需产品，包括食品和纤维、木材燃料、氧气等。生态系统水文过程包括植被冠层截留、枯落物截留、土壤水分运动、植被蒸腾、枯落物蒸发、土壤蒸发和地表径流等，发挥了涵养水源的功能。植被蒸腾和土壤蒸发等也会改变区域热量分配，使局部地区的水热发生变化，引起水热收支在时间上和空间上的差异，改变原有气候的成因，形成一种特殊的局部地区的微气候特征，发挥生态系统调节气候的功能。

目前生态系统功能的分类基于不同概念存在多种分类方法。从生态系统服务的角度来看，千年生态系统评估将这些功能分为支持功能、供给功能、调节功能和文化功能（Reid et al.，2005）。生态系统服务更多地依赖于以人类自我为中心的受益方的主观性判断，但生态系统功能分类需从生态系统自然属性相对客观的角度来分析，主要包括维持功能、支持功能和调节功能。尽管这种分类仍然可能存在不全面性和相互交叉重叠的问题，但这将为生态系统质量监测和评价指标的遴选提供理论基础（Wang et al.，2022）。

生态系统维持功能：是指生态系统在面对自然灾害、环境胁迫或人类活动等干扰时，通过容纳和吸收，保持及恢复其结构和功能、维持生境稳定的能力，主要表现为生态系统面对外部干扰时的调节力、抵抗力与恢复力。其中，生态系统的调节力表征生态系统面对干扰时的容纳、吸收能力；生态系统的抵抗力表征生态系统面对环境胁迫或干扰时维持稳定的能力；生态系统的恢复力表征生态系统受到环境胁迫或干扰时恢复到初始状态的能力。健康的生态系统往往具有较高的干扰调节力、抵抗力与恢复力，面对干扰稳定性更高。

生态系统支持功能：是指生态系统通过植被的光合作用将光能转化为化学能，为其他所有生态系统功能提供所必需的基础功能。生态系统支持功能体现在土壤形成、净初级生产力形成、养分循环、生物多样性维持等方面，是其他生态系统功能的根本物质基础。

生态系统调节功能：是指人类从生态系统过程中获得的收益，如调节气候水热分配、通过拦洪蓄水调节径流等，其变化会对人类健康和福祉的其他构成要素产生重要影响。生态系统的水热调节功能是生态系统通过蒸散作用增加地表潜热，间接减少感热，从而抑制地表对大气的增温作用。生态系统的径流调节功能主要通过生态系统的水源涵养与植被增加土壤表面的粗糙度、截留降水、发育和补充水源等方式对径流起到调节作用，湿地生态系统在涵养水源、保持水土等方面发挥巨大作用。

需要指出的是，本书中的生态系统功能不同于生态系统服务，是生态系统质量概念中的生态系统功能自然属性部分。这里归类为生态系统维持功能、支持功能和调节功能，它们是由生态系统结构和过程决定的生态系统维持能量流动、物质循环和信息交换的基本功能，是生态系统内在的生物、物理、化学和系统学的自然特性（于贵瑞等，2022）。这些生态系统功能是进一步形成生态系统服务的基础，也能够表征生态系统服务，且不会受生态系统服务受益方利益等方面的干扰，还能够更客观地表征生态系统质量，从而表明其更具科学性（Wang et al.，2022）。

5.1.2 指标体系构建

1. 监测与评估指标体系构建原则

根据生态系统所处的自然、社会和经济状况，选用能够表征生态环境主要特征的参数或指标，是开展生态系统质量监测和评价的基础和前提。监测与评估指标体系构建除考虑能够表征生态系统不同维度和特征的首要原则外，还应考虑如下五个原则。

（1）系统性原则：选取的指标应反映生态系统质量的主要内涵，既包括生态系统干扰方面的指标，又包括稳定程度方面的指标。

（2）主导因素原则：选取影响生态系统质量的主导因素，既可减少评价的工作量，同时又可保证评价精度。

（3）差异性原则：生态系统质量的每一方面都可以用多个指标衡量，但这些指标往往相互重复，且有些指标在评价区域变化不大。因此，指标选取时应选择那些在评价区域有明显变化且能代表生态系统质量变化的指标。

（4）可量度原则：有些指标可能对生态系统质量影响比较大，但无法获取准确的数据，在评价中很难发挥其作用，且容易受到主观影响。因此，在具体评价中应尽量避免选取这些指标。

（5）动态性原则：生态系统质量是一个动态发展的变量，由于影响环境的因素随着时间和周围条件的变化而变化，需要通过一定时间尺度的指标才能反映出来。因此，指标的选择要充分考虑到动态变化特点，进行长期和持续的监测。

具体评价目标应根据实际情况确定不同的指标选取原则。例如，针对自然保护区生态系统质量评价，根据保护区的实际情况，考虑物种多样性、稀有性、代表性、自然性、面积适宜性、人类干扰、稳定性等原则，遴选评价该保护区生态系统质量的指标。

指标权重赋值也直接影响生态系统质量评价结果，目前应用比较广泛的确定指标权重的方法有层次分析法、统计卡方检验值法和熵值法。周静和万荣荣（2018）分析了 9 种权重赋值方法，并认为由于赋值方法的原理与适用范围不同，没有可供参考的准则选择赋值方法，需根据所针对的具体问题选择适当的赋值方法。这些指标权重赋值方法相对简单易用，且具有较强的统计学基础，但其生态学意义相对较弱。另外，其所涉及的一些社会经济统计指标受地域、尺度、时间的限制较大，往往无法获得完整数据，这些问题都需要在确定指标体系时加以考虑。

2. 监测与评估指标体系

本书广泛收集与整理了目前国内外在生态质量监测与评价领域的文献资料，通过对现有各行业部门及行政区域在生态质量监测与评价领域的技术规范等文件开展深入的分析，筛选区域生态功能监测关键指标。根据生态系统质量内涵，从生态系统调节功能、支持功能和维持功能三个方面来遴选相关监测指标。

生态系统调节功能监测指标：从气候调节和水文调节两个方面构建了包括 2 个一级

指标、4个二级指标的生态系统调节功能监测指标体系（表5-1）。波文比（β）表示潜热通量越高，感热通量越低，会抑制空气温度的上升。水分利用效率（WUE）是表征生态系统碳循环与水循环间耦合关系的重要指标，反映了水资源对碳固定和生产力的支撑能力。湿润指数（IM）表明陆地生态系统大气水分状况。水分蓄存指数（WSI）的时空分布反映出生态系统蓄水能力的大小，其值越高，蓄水能力越强。

表5-1 生态系统调节功能监测指标体系

一级指标	指示意义	二级指标	数据来源	空间分辨率	时间分辨率
气候调节	表征生态系统将到达地表净辐射以潜热形式输送到大气的能力	波文比	生态模型	1km	月
水分调节	表征生态系统截留、吸收和利用降水的能力	水分利用效率	生态模型	1km	月
		湿润指数	生态模型	1km	月
		水分蓄存指数	生态模型	1km	月

生态系统支持功能监测指标：主要包括生态系统总初级生产力（GPP）、净初级生产力（NPP）以及释氧量、固碳一级指标，由此构建了包括GPP、光能利用效率（LUE）、日光诱导叶绿素荧光（SIF）、NPP、光合有效辐射吸收比例（f_{PAR}）、增强植被指数（EVI）、释氧量及净生态系统生产力（NEP）的生态系统支持功能二级指标（表5-2）。

表5-2 生态系统支持功能监测指标体系

一级指标	指示意义	二级指标	数据来源	空间分辨率	时间分辨率
生态系统总初级生产力	表征生态系统的生产能力，是生态系统提供其他服务功能的基础	GPP	生态模型模拟+SIF估算	1km	月
		LUE	生态模型	1km	月
		SIF	OCO-2卫星数据+地基荧光观测	1km	月
净初级生产力	反映植物固定和转化光合产物的效率，决定可供人类和动物利用的物质和能量基础	NPP	生态模型	1km	月
		f_{PAR}	遥感反演	1km	月
		EVI	遥感反演	1km	月
释氧量	表征生态系统通过光合作用吸收CO_2、释放O_2的能力，以及为人类和动物提供基础物质的能力	释氧量	生态模型	1km	月
固碳	表征生态系统吸收温室气体，减缓气候变暖的能力	NEP	生态模型	1km	年

生态系统维持功能监测指标：生态系统维持功能主要是维持生态系统生境、生态系统结构和功能的稳定性，因此，以郁闭度（CD）和盖度（VC）综合表征植被覆盖度，叶面积指数（LAI）和归一化植被指数（NDVI）表征植被生长程度，多样性指数（DI）表征生态系统多样性，建立以植被覆盖度、植被生长程度、生态系统多样性为一级指标的生态系统维持功能监测指标体系，以表征生态系统的生境、结构和功能的稳定性。生态系统维持功能监测指标体系如表 5-3 所示，该指标体系主要包括 3 个一级指标、5 个二级指标。

表 5-3　生态系统维持功能监测指标体系

一级指标	指示意义	二级指标	数据来源	空间分辨率	时间分辨率
植被覆盖度	表征植被几何结构，反映生态系统稳定性、干扰调节力，如防风固沙、水土保持等	郁闭度	遥感反演	1km	月
		盖度	遥感反演	1km	月
植被生长程度	表征植被生长状况，反映生态系统结构稳定性、干扰抵抗力及恢复力	叶面积指数	遥感反演	1km	月
		归一化植被指数	遥感反演	1km	月
生态系统多样性	表征生态系统多样化程度，反映生态系统结构稳定性、干扰调节力、抵抗力与恢复力	多样性指数	指数计算	1km	年

5.1.3　评估模型的发展

在遥感-生态系统过程耦合（GLOPEM-CEVSA）模型、遥感蒸散双源（ARTS）模型等基础上，本书构建了生态系统生态功能评估模型 ECOFUN，其模型框架如图 5-1 所示。整合后的模型以卫星遥感数据、气象观测数据等作为模型输入，模拟水热循环关键因素蒸散发和生态系统固碳关键参数 GPP 与 NPP。前者是建立在碳循环过程和其生理生态学理论基础上的遥感-生态系统过程耦合模型，是基于遥感的全球生产效率（GLO-PEM）模型和植被、大气与土壤碳交换（CEVSA）模型发展而来的。ARTS 模型是建立在应用全球尺度下的遥感蒸散双源模型，是基于植被 Penman-Monteith（P-M）模型并考虑植被蒸腾和土壤蒸发构建而来的。通过日照时数模拟得到太阳净辐射和卫星遥感反演的植被叶面积指数（LAI），模拟得到水分充足下的蒸散发（ET），基于温度的融雪功能模型从积雪计算融雪，利用土壤校正模块计算土壤水系数，校正水分充足下的 ET，获得实际蒸散发值。

本书利用模型输出结果，以及卫星遥感直接获得的数据，并根据所构建的指标体系，分别生成调节功能、支持功能及维持功能评估指标数据项，进而开展区域生态系统质量评估。

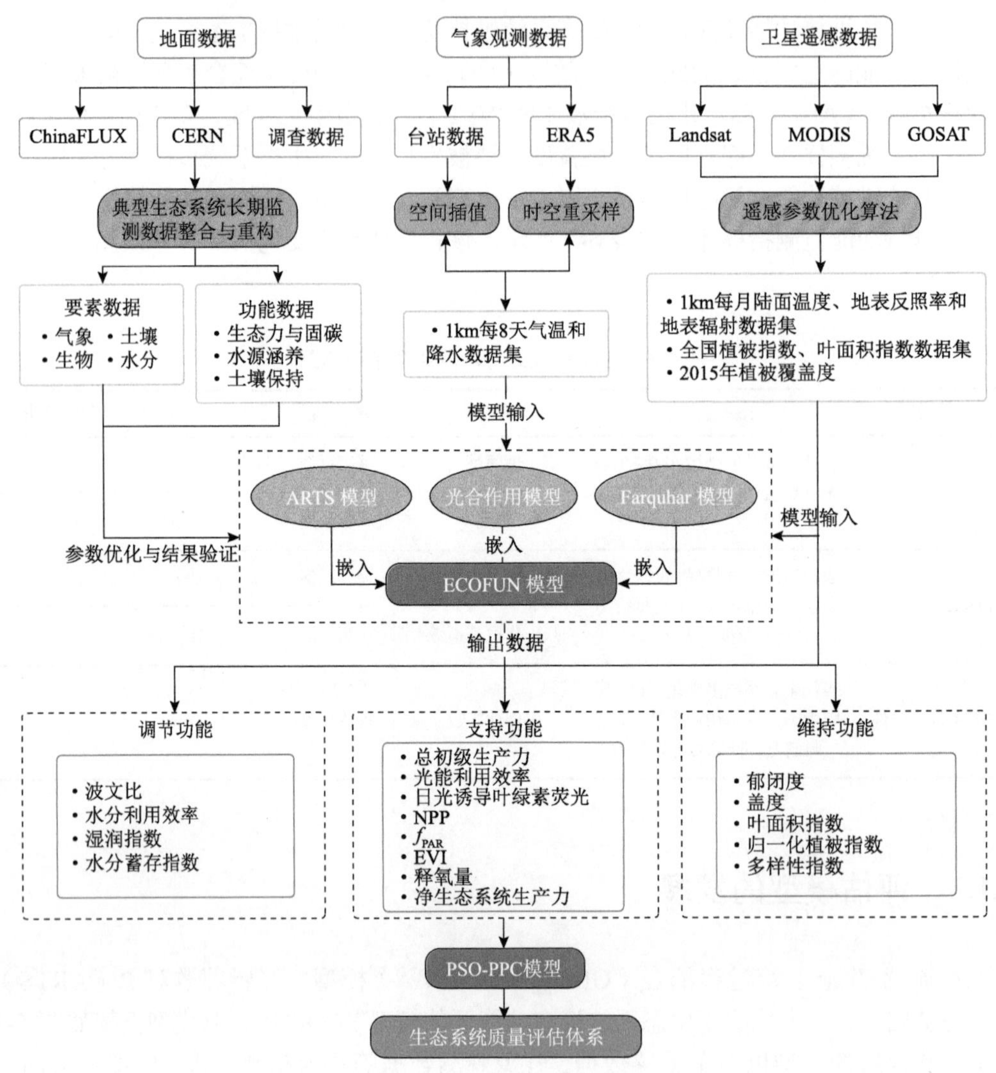

图 5-1 生态系统生态功能评估模型 ECOFUN 框架

PSO-PPC 模型表示基于粒子群算法优化的投影寻踪模型

5.2 生态系统生态调节功能的区域监测关键技术研发

5.2.1 生态系统调节功能评价指标阈值

区域生态系统调节功能指标等级的划分主要根据典型生态系统研究得出的等级划分标准与指标统计特征相结合的方式进行，具体步骤为：①在 ArcGIS 与 ENVI 中根据各个指标的计算公式、模型与依据，分别计算波文比（β）、湿润指数（IM）、水分利用效率（WUE）及水分蓄存指数（WSI）。②基于植被类型数据和 β、IM、WUE 及 WSI 数据，在 MATLAB

中分别绘制每个生态系统的各个指标的频率分布直方图。③根据统计结果，以20%为间隔，以累积频率20%、40%、60%、80%处的值为指标划分阈值。④根据在森林、湿地、荒漠、草地和农田等典型生态系统研究得出的等级标准对上述划分结果进行调整。区域生态系统调节功能监测指标数据说明如表5-4所示。

表5-4　区域生态系统调节功能监测指标数据说明

数据名称	说明
土地覆盖数据	土地覆盖数据为中国2010年250m土地覆盖数据，通过重分类分为10类：①常绿针叶林；②落叶针叶林；③针阔混交林；④常绿阔叶林；⑤落叶阔叶林；⑥草甸；⑦草原；⑧其他草地；⑨灌丛；⑩农田，并重采样为1000m
LE	LE为2014～2016年的年平均数据
R_n	R_n为2014～2016年的年平均数据
P	P为2014～2016年的年平均降水量数据
E_0	E_0为2014～2016年的年平均蒸散发量数据，由潜热（LE）数据计算得到
GPP	GPP为2014～2016年的年平均数据

1. β评价阈值

β是潜热与感热之比，β的大小表征生态系统对气候调节功能的大小，陆地表面的水分有效性决定感热、潜热和土壤热通量之间能量所占的比例。β的值大于0，该值越大代表生态系统对气候调节功能越弱。不同植被类型β的概率分布不同（图5-2），本书将不同植被类型的β划分为5个等级（表5-5）。

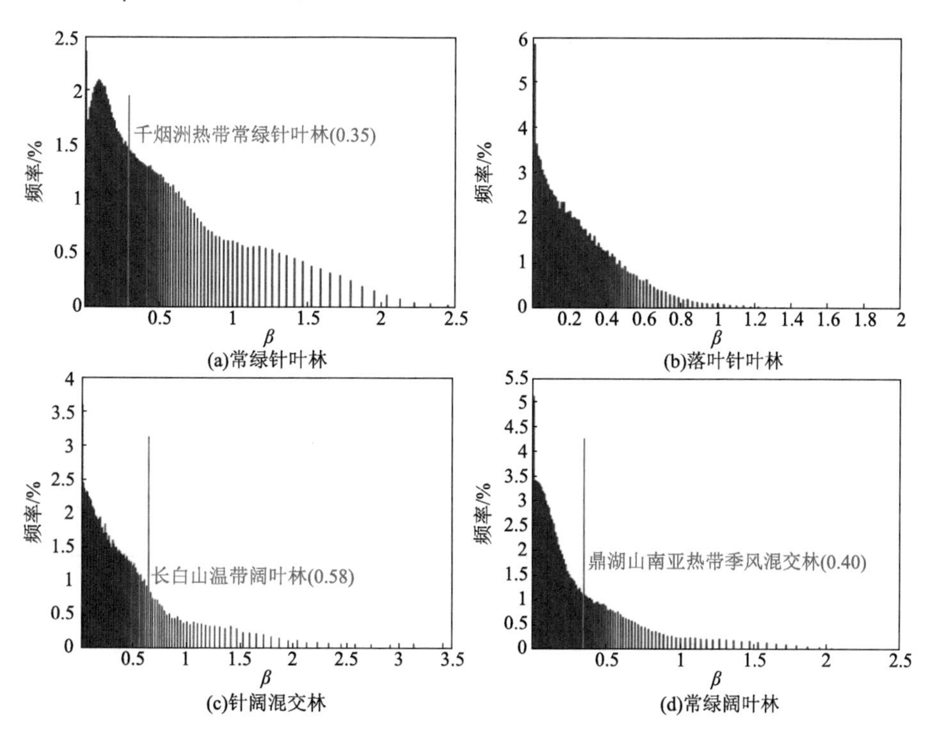

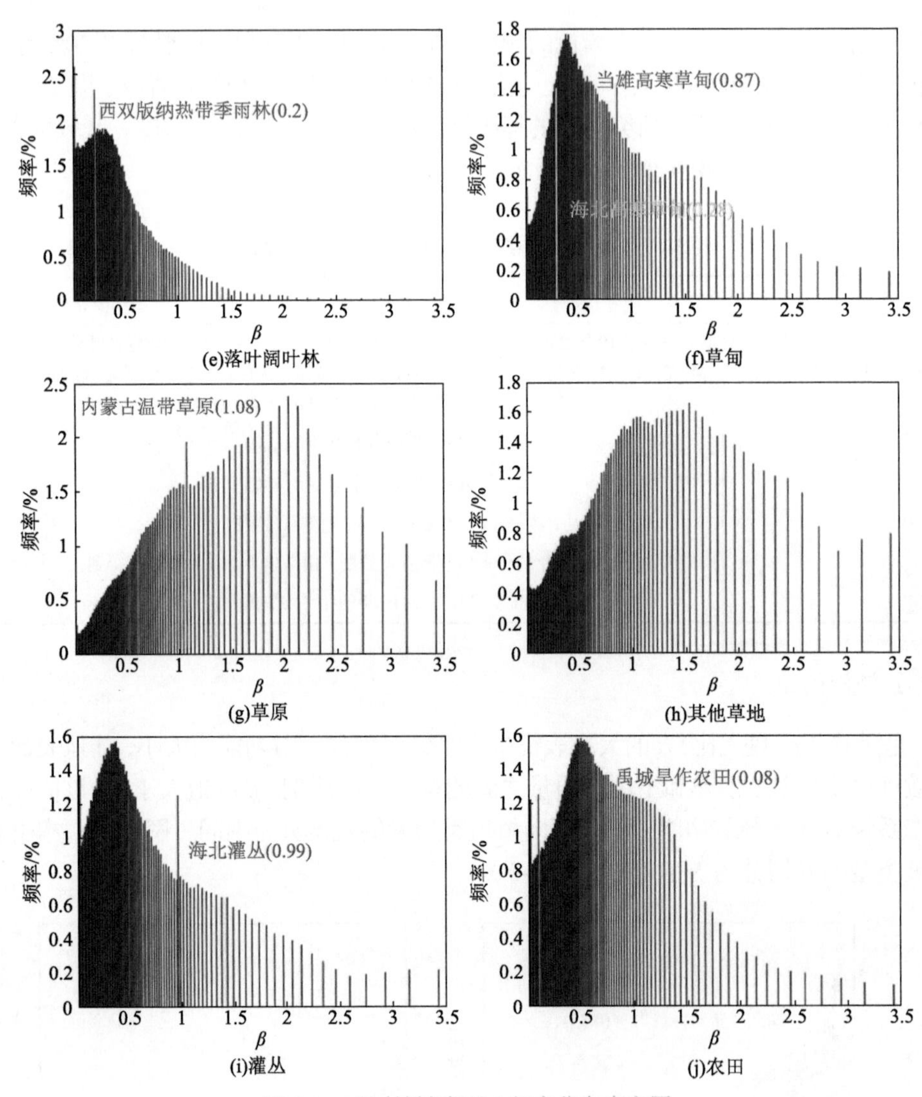

图 5-2　不同植被类型 β 频率分布直方图

表 5-5　基于 β 的区域生态系统调节功能评价等级划分

项目	常绿针叶林				
β	>0.6	0.35～0.6	0.15～0.35	0.05～0.15	<0.05
强弱程度	弱	较弱	一般	较强	强
评价得分	1	2	3	4	5
项目	落叶针叶林				
β	>0.2	0.06～0.2	0.04～0.06	0.02～0.04	<0.02
强弱程度	弱	较弱	一般	较强	强
评价得分	1	2	3	4	5

续表

项目			针阔混交林		
β	>0.45	0.25～0.45	0.1～0.25	0.05～0.1	<0.05
强弱程度	弱	较弱	一般	较强	强
评价得分	1	2	3	4	5
项目			常绿阔叶林		
β	>0.35	0.15～0.35	0.05～0.15	0.03～0.05	<0. 03
强弱程度	弱	较弱	一般	较强	强
评价得分	1	2	3	4	5
项目			落叶阔叶林		
β	>0.45	0.25～0.45	0.1～0.25	0.05～0.1	<0.05
强弱程度	弱	较弱	一般	较强	强
评价得分	1	2	3	4	5
项目			草甸		
β	>0.9	0.55～0.9	0.35～0.55	0.2～0.35	<0.2
强弱程度	弱	较弱	一般	较强	强
评价得分	1	2	3	4	5
项目			草原		
β	>1.85	1.2～1.85	0.8～1.2	0.4～0.8	<0.4
强弱程度	弱	较弱	一般	较强	强
评价得分	1	2	3	4	5
项目			其他草地		
β	>1.7	1～1.7	0.6～1	0.25～0.6	<0.25
强弱程度	弱	较弱	一般	较强	强
评价得分	1	2	3	4	5
项目			灌丛		
β	>0.9	0.45～0.9	0.3～0.45	0.1～0.3	<0.1
强弱程度	弱	较弱	一般	较强	强
评价得分	1	2	3	4	5
项目			农田		
β	>0.9	0.55～0.9	0.35～0.55	0.1～0.35	<0.1
强弱程度	弱	较弱	一般	较强	强
评价得分	1	2	3	4	5

2. IM 评价阈值

根据 IM 计算结果，该值的范围为–100～100。根据 IM 值的大小，桑思韦特确定了 9 种气候类型与相应的植被类型，其对应关系如表 5-6 所示。

表 5-6 气候类型与 IM 的关系表

气候类型	IM 值
A 过湿（perhumid）	>100
B4 潮湿（humid）	80～100
B3 潮湿（humid）	60～80
B2 潮湿（humid）	40～60
B1 潮湿（humid）	20～40
C2 湿润（moist subhumid）	0～20
C1 半湿润（dry subhumid）	−33.3～0
D 半干旱（semiarid）	−66.7～−33.3
E 干旱（arid）	−100～−66.7

IM 值小于−66.7 时，表示干旱地带气候，生态系统水分调节功能最弱；IM 值在−66.7～−33.3 时，为半干旱气候，生态系统水分调节功能较弱；IM 值在−33.3～20 时，为半湿润和湿润气候，生态系统水分调节功能一般；IM 值在 20～100 时，为潮湿气候，生态系统水分调节功能较强；IM 值大于 100 时，为过湿气候，生态系统水分调节功能最强。

不同植被类型 IM 的概率分布不同（图 5-3），本书将不同植被类型的 IM 划分为 5 个等级（表 5-7）。

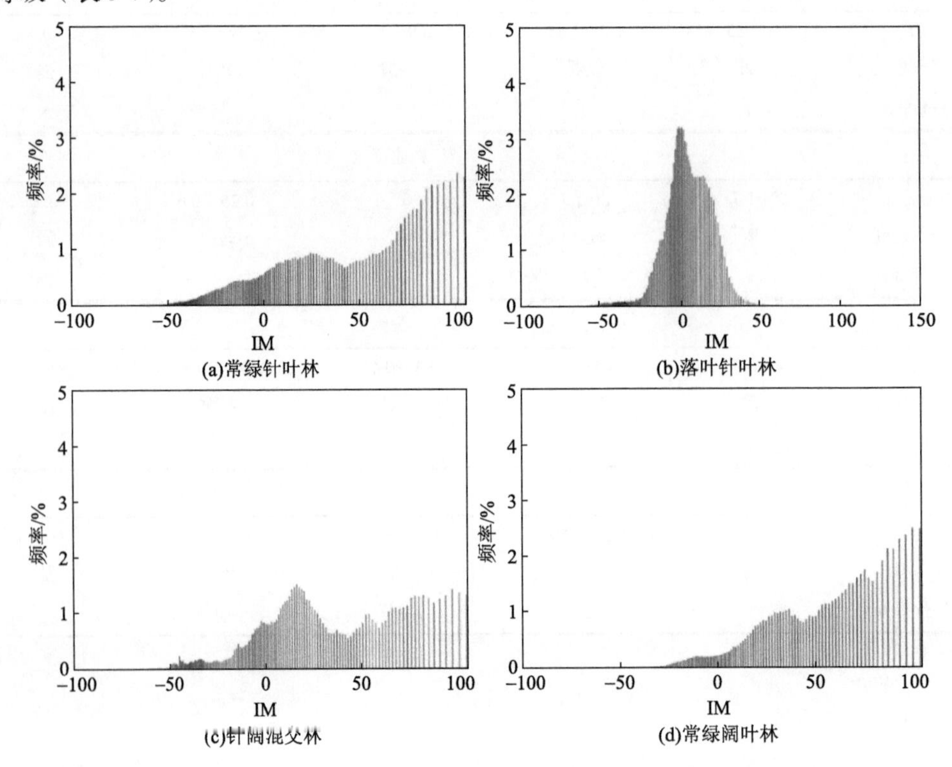

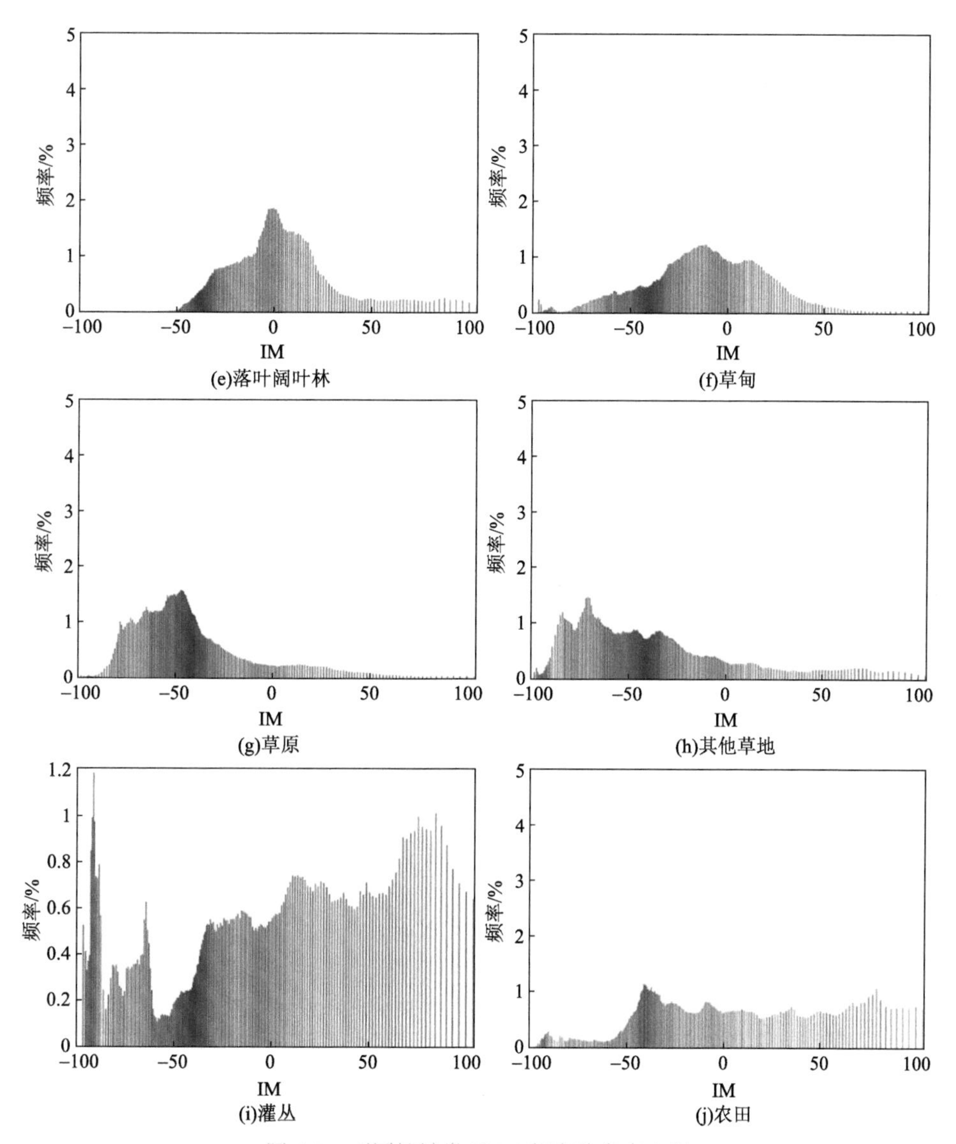

图 5-3　不同植被类型 IM 频率分布直方图

表 5-7　基于 IM 的区域生态系统调节功能评价等级划分

项目	常绿针叶林				
IM	<5	5～35	35～75	75～100	>100
强弱程度	弱	较弱	一般	较强	强
评价得分	1	2	3	4	5
项目	落叶针叶林				
IM	<–5	–5～0	0～5	5～10	>10
强弱程度	弱	较弱	一般	较强	强
评价得分	1	2	3	4	5

续表

项目	针阔混交林				
IM	<0	0～15	15～50	50～85	>85
强弱程度	弱	较弱	一般	较强	强
评价得分	1	2	3	4	5

项目	常绿阔叶林				
IM	<30	30～60	60～80	80～100	>100
强弱程度	弱	较弱	一般	较强	强
评价得分	1	2	3	4	5

项目	落叶阔叶林				
IM	<−25	−25～−5	−5～0	5～10	>10
强弱程度	弱	较弱	一般	较强	强
评价得分	1	2	3	4	5

项目	草甸				
IM	<−40	−40～−20	−20～−5	−5～5	>5
强弱程度	弱	较弱	一般	较强	强
评价得分	1	2	3	4	5

项目	草原				
IM	<−60	−60～−50	−50～−40	−40～−25	>−25
强弱程度	弱	较弱	一般	较强	强
评价得分	1	2	3	4	5

项目	其他草地				
IM	<−65	−65～−50	−50～−35	−35～−10	>−10
强弱程度	弱	较弱	一般	较强	强
评价得分	1	2	3	4	5

项目	灌丛				
IM	<−65	−65～−15	−15～15	15～60	>60
强弱程度	弱	较弱	一般	较强	强
评价得分	1	2	3	4	5

项目	农田				
IM	<−35	−35～−20	−20～0	0～50	>50
强弱程度	弱	较弱	一般	较强	强
评价得分	1	2	3	4	5

3. WUE 评价阈值

根据 WUE 计算结果，该值的范围为 0～5，其值越高表示生态系统的水分利用效率越高，由此确定基于 WUE 的区域生态系统水分调节功能等级。不同植被类型 WUE 的概率分布不同（图 5-4），本书将不同植被类型的 WUE 划分为 5 个等级（表 5-8）。

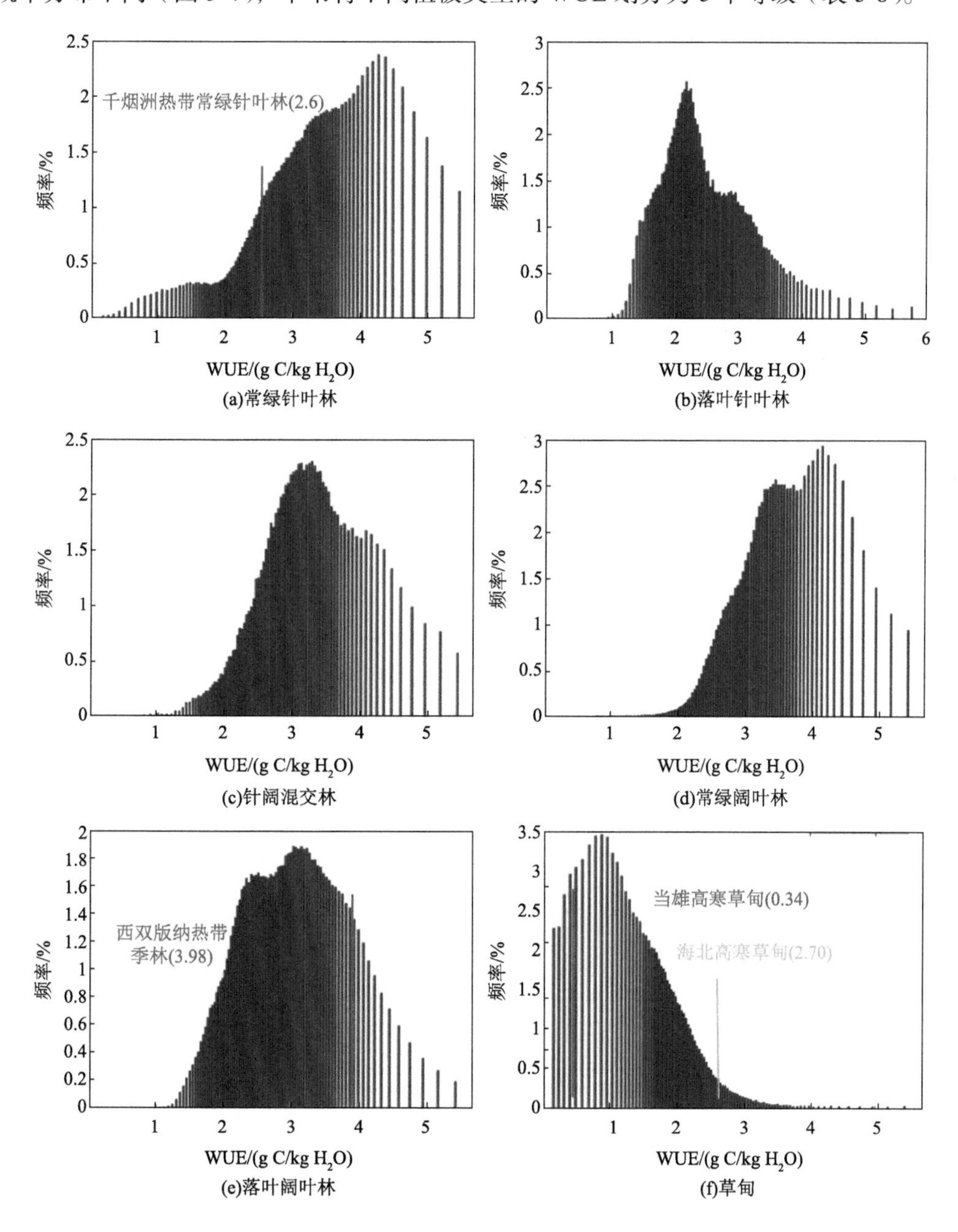

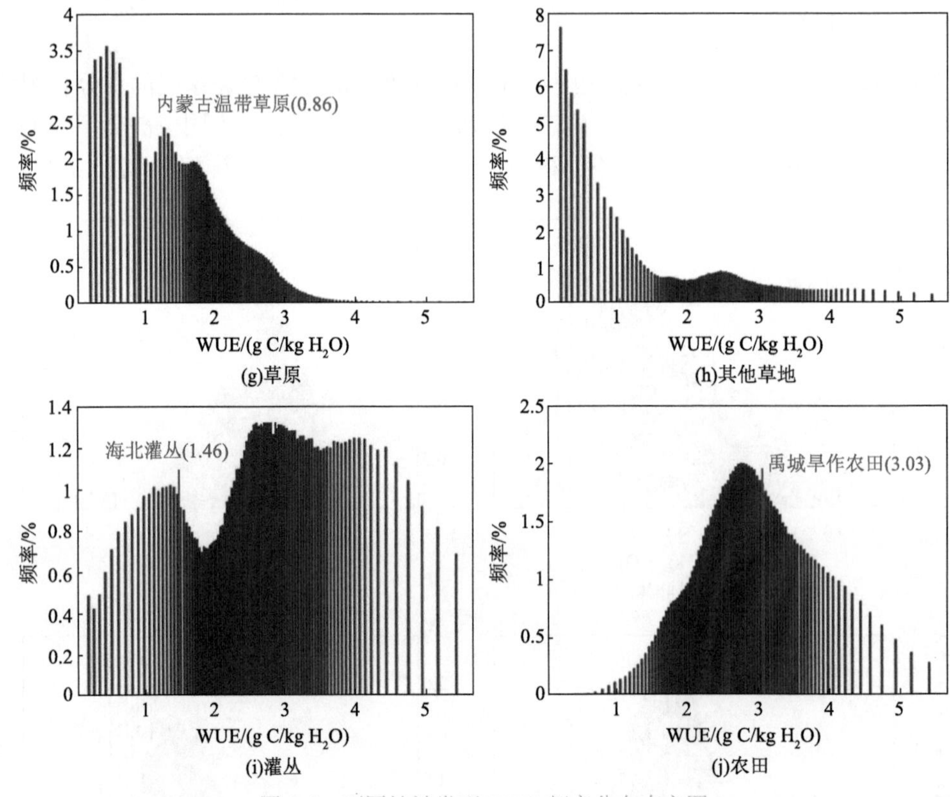

图 5-4 不同植被类型 WUE 频率分布直方图

表 5-8 基于 WUE 的区域生态系统调节功能评价等级划分

项目			常绿针叶林		
WUE	<2.5	2.5～3	3～3.5	3.5～4	>4
强弱程度	弱	较弱	一般	较强	强
评价得分	1	2	3	4	5
项目			落叶针叶林		
WUE	<1.5	1.5～2	2～2.5	2.5～3	>3
强弱程度	弱	较弱	一般	较强	强
评价得分	1	2	3	4	5
项目			针阔混交林		
WUE	<2	2～2.5	2.5～3	3～3.5	>3.5
强弱程度	弱	较弱	一般	较强	强
评价得分	1	2	3	4	5
项目			常绿阔叶林		
WUE	<2.5	2.5～3	3～3.5	3.5～4	>4
强弱程度	弱	较弱	一般	较强	强
评价得分	1	2	3	4	5

续表

项目	落叶阔叶林				
WUE	<2	2～2.5	2.5～3	3～3.5	>3.5
强弱程度	弱	较弱	一般	较强	强
评价得分	1	2	3	4	5
项目	草甸				
WUE	<0.5	0.5～1	1～1.5	1.5～2	>2
强弱程度	弱	较弱	一般	较强	强
评价得分	1	2	3	4	5
项目	草原				
WUE	<0.5	0.5～1	1～1.5	1.5～2	>2
强弱程度	弱	较弱	一般	较强	强
评价得分	1	2	3	4	5
项目	其他草地				
WUE	<0.5	0.5～1	1～1.5	1.5～2.5	>2.5
强弱程度	弱	较弱	一般	较强	强
评价得分	1	2	3	4	5
项目	灌丛				
WUE	<1.5	1.5～2	2～2.5	2.5～3.5	>3.5
强弱程度	弱	较弱	一般	较强	强
评价得分	1	2	3	4	5
项目	农田				
WUE	<1.5	1.5～2	2～2.5	2.5～3	>3
强弱程度	弱	较弱	一般	较强	强
评价得分	1	2	3	4	5

4. WSI 评价阈值

生态系统 WSI 计算公式为 WSI=（P–ET）/P，若该值为 0，则降水全部通过蒸散发返回大气，生态系统无水分蓄存；若该值为 1，则表明是 1 倍的年降水量被蓄存在生态系统中；若该值为−1，则表明是 1 倍的年降水量被蒸散发返回大气。不同植被类型 WSI 的概率分布不同（图 5-5），本书将不同植被类型的 WSI 划分为 5 个等级（表 5-9）。

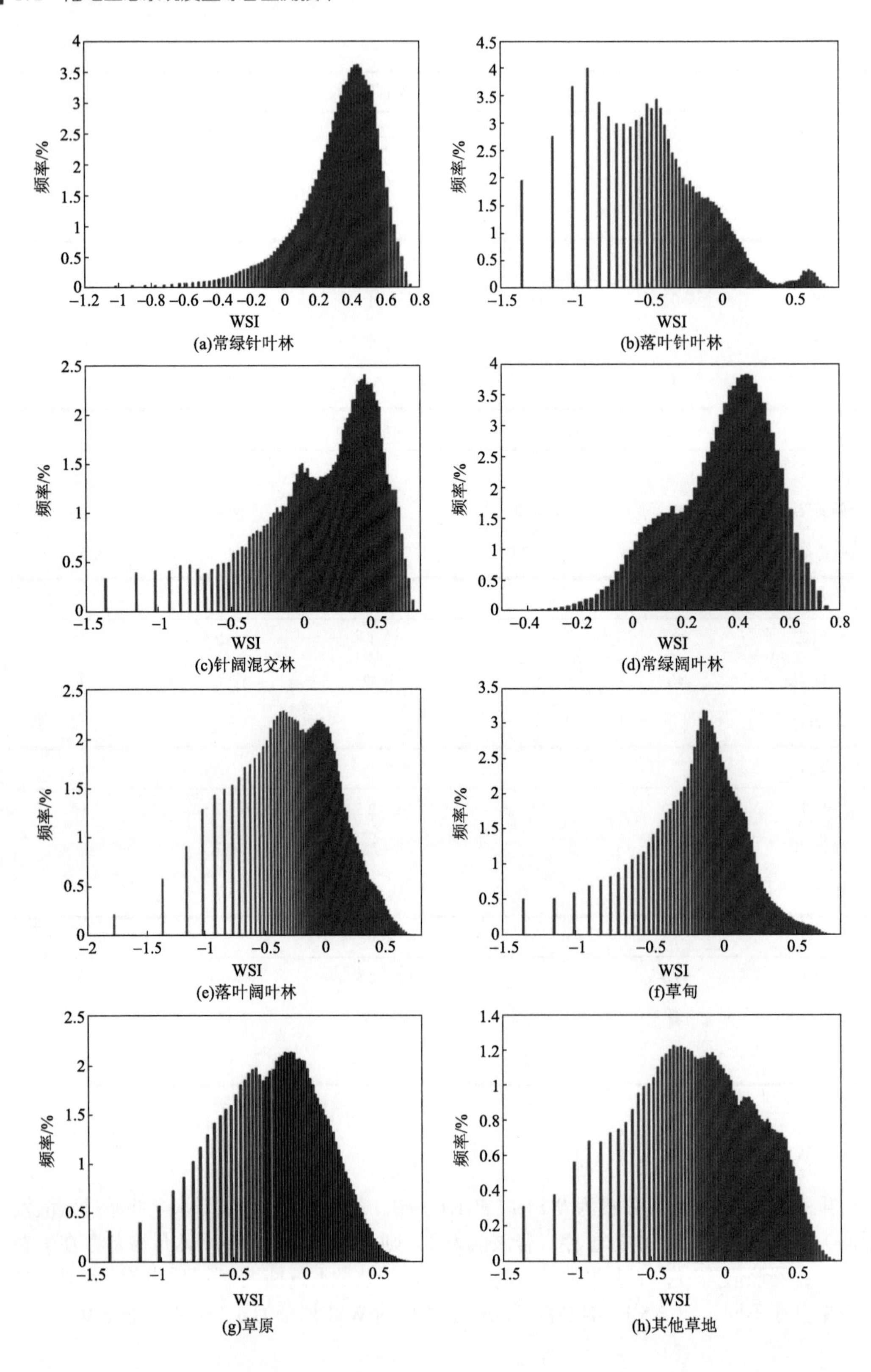

频率/%
WSI
(a)常绿针叶林
(b)落叶针叶林
(c)针阔混交林
(d)常绿阔叶林
(e)落叶阔叶林
(f)草甸
(g)草原
(h)其他草地

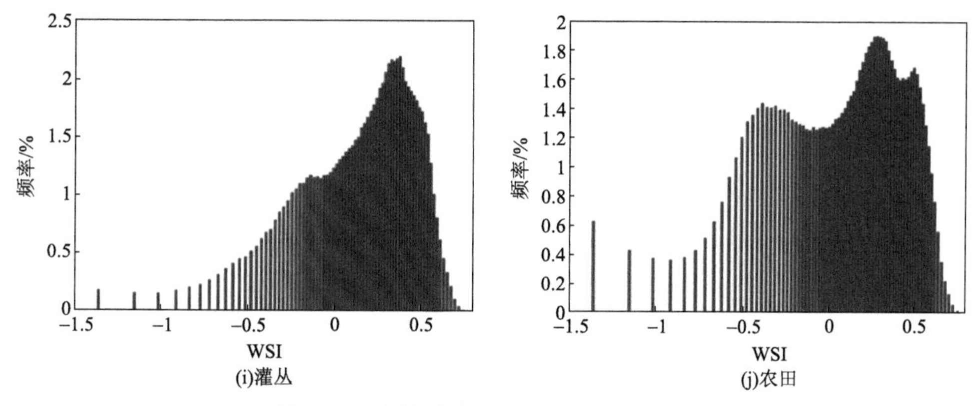

图 5-5　不同植被类型 WSI 频率分布直方图

表 5-9　基于 WSI 的区域生态系统调节功能评价等级划分

项目			常绿针叶林		
WSI	<0.15	0.15～0.3	0.3～0.4	0.4～0.5	>0.5
强弱程度	弱	较弱	一般	较强	强
评价得分	1	2	3	4	5
项目			落叶针叶林		
WSI	<−0.7	−0.7～−0.45	−0.45～−0.25	−0.25～0	>0
强弱程度	弱	较弱	一般	较强	强
评价得分	1	2	3	4	5
项目			针阔混交林		
WSI	<−0.1	−0.1～0.15	0.15～0.35	0.35～0.45	>0.45
强弱程度	弱	较弱	一般	较强	强
评价得分	1	2	3	4	5
项目			常绿阔叶林		
WSI	<0.15	0.15～0.3	0.3～0.4	0.4～0.5	>0.5
强弱程度	弱	较弱	一般	较强	强
评价得分	1	2	3	4	5
项目			落叶阔叶林		
WSI	<−0.45	−0.45～−0.2	−0.2～0	0～0.1	>0.1
强弱程度	弱	较弱	一般	较强	强
评价得分	1	2	3	4	5
项目			草甸		
WSI	<−0.3	−0.3～−0.1	−0.1～0	0～0.15	>0.15
强弱程度	弱	较弱	一般	较强	强
评价得分	1	2	3	4	5

续表

项目	草原				
WSI	<−0.35	−0.35～−0.1	−0.1～0	0～0.25	>0.25
强弱程度	弱	较弱	一般	较强	强
评价得分	1	2	3	4	5
项目	其他草地				
WSI	<−0.25	−0.25～0.05	0.05～0.55	0.55～1	>1
强弱程度	弱	较弱	一般	较强	强
评价得分	1	2	3	4	5
项目	灌丛				
WSI	<−0.05	−0.05～0.15	0.15～0.35	0.35～0.5	>0.5
强弱程度	弱	较弱	一般	较强	强
评价得分	1	2	3	4	5
项目	农田				
WSI	<−0.25	−0.25～0	0～0.2	0.2～0.4	>0.4
强弱程度	弱	较弱	一般	较强	强
评价得分	1	2	3	4	5

5.2.2 生态系统水热调节功能评价

1. 地表反照率评价

地表反照率的定义为在各个方向上所有地表反射辐射能量与所有入射辐射能量之比，反映了陆地表面对太阳辐射的反射能力，是一个广泛应用于地表能量平衡、中长期天气预测和全球变化研究的重要参数。地表反照率直接影响地表净辐射收支，净辐射（R_n）是短波净辐射、大气长波净辐射和地面长波净辐射之和，可以表示为

$$R_n = R_{ns} - R_{nl} \tag{5-1}$$

$$R_n = R_s(1-\alpha) + R_l(1-\varepsilon_s) - \varepsilon_s \sigma T_b^4 \tag{5-2}$$

式中，$R_s(1-\alpha)$为短波净辐射；α为地表反照率；$R_l(1-\varepsilon_s)$为大气长波净辐射；$\varepsilon_s \sigma T_b^4$为地面长波辐射。

按照黑体辐射定律，地面长波辐射U与地面温度T_b的四次方成正比，即

$$U = \varepsilon_s \sigma T_b^4 \tag{5-3}$$

式中，σ为 Bolzaman 常数；ε_s为地表比辐射率。

下垫面的反照率是直接影响地表净辐射和长波净辐射的主要物理参数之一。地表反照率可以通过极轨和地面同步卫星的传感器提供的反射数据估计，如高级甚高分辨率扫描辐射计（advanced very high resolution radiometer，AVHRR）等覆盖地面较大的卫星可提供必要信息，以分析反照率空间分布的区域格局（王军邦等，2004）。在应用 AVHRR 数据计算反照率时，称之为"宽波段表面反照度"，即窄波段向宽波段转换后的光谱反照度，它是对可见光波段（波段 1）和近红外波段（波段 2）各通道各向同性反照率经线性组合计算而得

$$\delta = \lambda + \beta_1 \cdot \alpha_1 + \beta_2 \cdot \alpha_2 \tag{5-4}$$

式中，α_1 为可见波段的观测反照率；α_2 为近红外波段的观测反照率；λ、β_1、β_2 为经验系数。

观测反照率的计算假定辐射场是各向同性的，辐射强度等于卫星探头探测的滤过辐射，即

$$\alpha_i = r_i / \mu \tag{5-5}$$

式中，α_i 为 AVHRR 各通道的各向同性反照率；r_i 为 AVHRR 各波段的反射率因子；μ 为太阳高度角的余弦。

反射率因子可按反照率单位计算：

$$r_i = \pi L_i / S_i \tag{5-6}$$

式中，L_i 为卫星传感器辐射亮度；S_i 为平均日地距离时的垂直入射的反射率；i 为 AVHRR 的通道。

窄波段向宽波段的转换会受到大量地面绿色植物的影响，它对 AVHRR 的第一、第二通道的影响较对其他光谱波段的影响更为强烈。为了更为精确地估算地表反照率，必须通过经验系数把植被影响考虑到宽波段反照率的计算中。植被数量可用归一化植被指数（NDVI）间接计算，由此可得到经植被因子校正的反照率，经验系数可从式（5-7）和式（5-8）得到：

$$\beta_1 = 0.494\text{NDVI}^2 - 0.329\text{NDVI} + 0.372 \tag{5-7}$$

$$\beta_2 = -1.439\text{NDVI}^2 + 1.209\text{NDVI} + 0.587 \tag{5-8}$$

随着对地观测系统的迅速发展，多种全球分布的中低分辨率的卫星反照率产品得到广泛运用。其中，MODIS 反照率产品（MOD43 系列）是由美国 MODLAND（MODIS Land）团队开发生产的反照率产品。该反照率产品是使用经过大气校正的多天、多波段的 MODIS 反射率数据基于陆地表面 MODIS 双向反射各向异性的算法（algorithm for MODIS bidirectional reflectance anisotropies of the land surface，AMBRALS）反演，提供以 16 天为周期的全球双向反射分布函数/反照率（BRDF/Albedo）产品。反照率是以 MODIS 16 天周期的 BRDF/Albedo 为基础，通过对 BRDF 观测角的半球积分获得黑空反照率（BSA），在此基础上，对黑空反照率进行入射半球积分获得白空反照率（WSA）。

MCD43A3 是 1km 的 MODIS 的反照率产品，有两个版本（MCD43A3 Version5 和 MCD43A3 Version6），两种版本的数据是在 AMBRALS 的基础上进行反照率的生产。AMBRALS 是通过半经验核驱动线性模型实现地表二向反射率的线性描述（冯智明等，2018）。

利用 MODIS 卫星遥感的植被指数和反照率产品，研究了 2002～2019 年中国 5～9 月主要生长期内森林和草原植被的反照率的年际变化，首次发现了森林绿化导致反照率意外增加的现象，对地表能量平衡和森林-气候反馈的研究具有重要意义（Yan et al., 2021）。中国所有类型的森林以及草原的植被指数都表现为显著的绿化（图 5-6）。但是，森林中常绿林、落叶阔叶林和混交林的短波反射率呈上升趋势（显著性水平 $P<0.01$）。同期草原的反照率呈下降趋势（$P<0.01$），但森林中常绿林、落叶阔叶林和混交林的短波反照率呈上升趋势（$P<0.01$）。统计分析表明，MODIS 增强植被指数（EVI）与森林年际尺度反照率之间存在正相关关系（$P<0.01$）。然而，草原的 EVI 和反照率呈负相关。在主要生长期，森林绿化增加了反照率。这与以前的结果形成鲜明对比，即反照率随着森林覆盖率的增加而降低。基于简单植被覆盖率的反照率模型分析表明，森林覆盖率的增加（即森林绿化）增加了树叶较多的冠层面积，减少了森林冠层中较暗的空隙面积。这些因素共同作用，使卫星观测到的总体反射率增加。与此相反，草原绿化和更多的降水导致反照率下降。因此，森林和草原的绿化分别代表着植被的密集和稀少，具有截然不同的反照率反应。

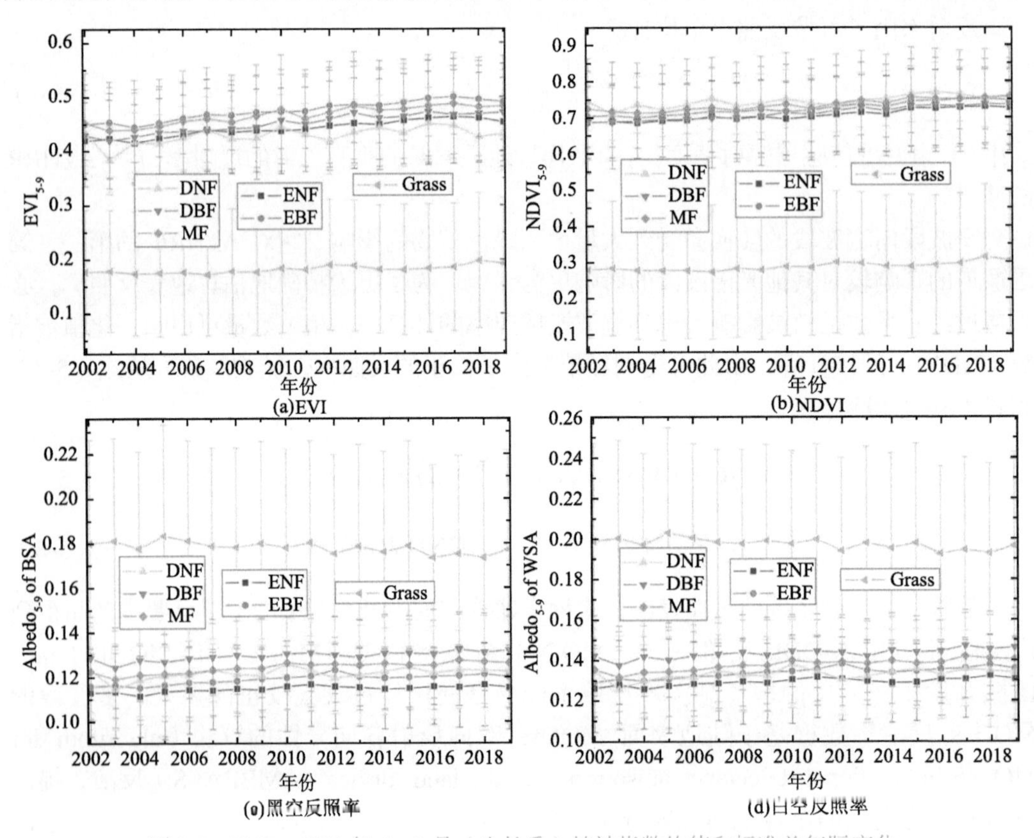

图 5-6　2002～2019 年 5～9 月（生长季）植被指数均值和标准差年际变化

图中 BSA 为黑空反照率，WSA 为白空反照率，DNF 为落叶针叶林，DBF 为落叶阔叶林，MF 为针阔混交林，ENF 为常绿针叶林，EBF 为常绿阔叶林，Grass 为草地。

简单的冠层覆盖反照率模型表明，森林绿化增加反照率主要是因为增加了明亮的冠层以及减少了黑暗的差距。相比之下，中国草原呈现出绿化趋势，但在2002～2019年的生长期内，短波反照率呈下降趋势。这是因为草地覆盖率（即绿化）、与降水相关的土壤水分的增加导致高反照率土壤的贡献减少。植被绿化引起的反照率变化取决于植被覆盖率和间隙。森林覆盖率越高，间隙越少，反照率越高。对于草原等稀疏植被，绿化会降低反照率。因此，气候模型中的反照率参数化需要考虑植被类型和植被覆盖率（Yan et al.，2021）。

2. 波文比评价

波文比是指感热与潜热之比，其大小表征了生态系统对气候调节功能的大小，陆地表面的水分有效性决定了感热、潜热和土壤热通量之间能量所占的比例，计算公式如式（5-9）：

$$\beta = H / \mathrm{LE} \tag{5-9}$$

式中，β为波文比（无量纲）；H为感热通量，MJ/（$m^2 \cdot a$）；LE为潜热通量，MJ/（$m^2 \cdot a$）。

忽略土壤热通量的情况下，根据能量平衡定律可得感热通量的计算公式为

$$H = R_n - \mathrm{LE} \tag{5-10}$$

式中，R_n为地表净辐射，MJ/（$m^2 \cdot a$）。

实际蒸散量的计算：

$$E_0 = \frac{\Delta A_C + \rho C_p D G_a}{\varDelta + \gamma\left(1 + G_a / G_c\right)} + 1.35 R_h \frac{\Delta A_s}{\varDelta + \gamma} \tag{5-11}$$

式中，E_0为实际蒸散量，mm/a；A_C为植被冠层吸收的可用能量，MJ/（$m^2 \cdot a$）；$\varDelta$为饱和蒸气压与空气温度比值，kPa/℃；γ为空气湿度常数，kPa/℃；ρ为空气密度，kg/m^3；C_p为空气定压比热，MJ/（kg·℃）；G_a为空气动力学导度，m/s；G_c为占植被蒸腾量的冠层导度；D为e_s和e_a间的水气压差，kPa，其中e_s为饱和水蒸气压力，e_a为实际水蒸气压力；R_h为相对湿度。

其中，G_c冠层导度的计算公式为

$$G_c = g_{smax} \times R_h \times \mathrm{LAI} \tag{5-12}$$

式中，g_{smax}为最大气孔导度（12.2 mm / s）；R_h为相对湿度；LAI为叶面积指数。

从地理空间分布来看，1982～2014年波文比较低的地区主要分布在青藏高原东南部，因为西藏自治区南部降水量充足，植被覆盖度高，蒸散较高，相对整个青藏高原区波文比较低；而青海省的西北部地处荒漠戈壁，无植被覆盖，该区域以土壤蒸发为主，相比于整个青藏高原区的波文比较高。1982～2014年，青藏高原区的波文比呈现略微下降的趋势，潜热呈现略微上升的趋势（图5-7）。

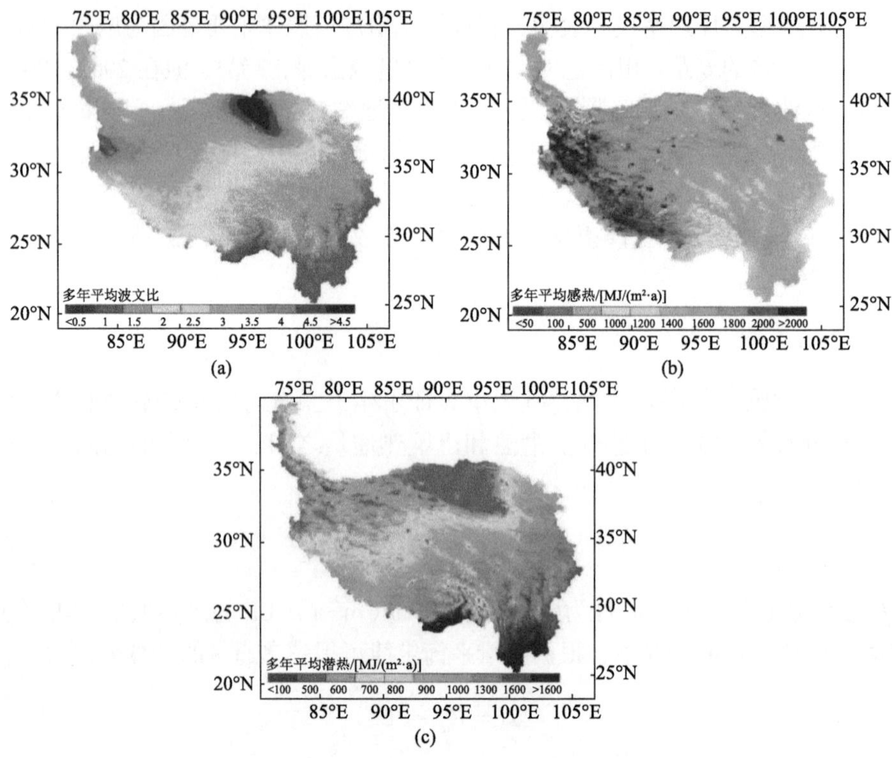

图 5-7 1982～2014 年青藏高原区波文比（a）、感热（b）、潜热（c）空间分布

青藏高原 1982～2014 年实际蒸散量及波文比的年际变化随植被类型、不同草地覆盖度、不同林地类型的变化呈现出不同的变化，实际蒸散量的空间分布呈现出林地>灌丛>草地、高覆盖度草地>中覆盖度草地>低覆盖度草地、常绿阔叶林>针阔混交林>常绿针叶林>落叶阔叶林的情况；波文比的空间分布则与其相反，呈现出草地>灌丛>林地、低覆盖度草地>中覆盖度草地>高覆盖度草地、落叶阔叶林>针阔混交林>常绿针叶林>常绿阔叶林的情况。根据图 5-8～图 5-10 可知，草地、灌丛的实际蒸散量年均值介于 294.98～340.10mm、473.93～534.05mm，波文比分别介于 8.44～9.98、4.55～5.59，多年平均蒸散量分别为 320.81mm、506.13mm，多年平均波文比分别为 9.29、5.10。草地和灌丛实际蒸散量的年际变化均呈现出缓慢增加的趋势，变化率分别为 0.753mm/a（R^2=0.45）、0.306mm/a（R^2=0.03），波文比的年际变化均呈现出缓慢下降的趋势，变化率分别为 0.04（R^2=0.595）、0.0097（R^2=0.173）。林地实际蒸散量的年际变化则与之相反，前期呈现出缓慢下降的趋势，变化率为 1.254mm/a（R^2=0.15）；后期呈现缓慢上升的趋势，变化率为 0.0129（R^2=0.22）。1982～2014 年，高覆盖度草地的年均蒸散量最高（366.95mm），远远超过低覆盖度草地和中覆盖度草地的年均蒸散量；低覆盖度草地的年均蒸散量分别是高、中覆盖度草地的 26.9%和 21.1%。1982～2014 年，不同覆盖度草地的年均蒸散量在整体上均呈现出波动上升的趋势，但 2000 年前后不同覆盖度草地蒸散变化趋势不同。具体表现为中覆盖度草地在 2000 年后的实际蒸散量速率较 2000 年之前增加了 41%，低覆盖度草地 2000 年前后的实际蒸散量速率增加了 18%；高覆盖草地在两段时间区间中

的实际蒸散量速率表现为后一时段的速率相比于前一时段的速率降低 0.3%。高覆盖度草地 2000 年后的实际蒸散量速率相比于中、低覆盖度草地的实际蒸散量速率无明显变化，而中、低覆盖度草地 2000 年后的实际蒸散量速率明显升高。这是因为高覆盖度草地 2000 年前后的叶面积指数速率变化情况截然相反，2000 年前呈现增加趋势，与中、低覆盖度草地相比其 2000 年后呈现严重退化趋势，侧面说明人类活动等引起的草地退化是引起实际蒸散变化的一个主要原因。在实际蒸散量中，植被蒸腾远远高于土壤蒸腾，因此植被类型变化是导致实际蒸散量发生变化的关键因素。随着植被类型发生变化，生物物理效应相应发生变化，导致地表水分收支产生了差异。此外，植被类型变化还影响地表水循环。在生态系统处于极端的情况下，可适当增加林地和灌丛及草地的面积。植被蒸腾增加，潜热增加，波文比减小，可以阻止气温的升高，这说明植被对生态系统的水热调节功能增强。

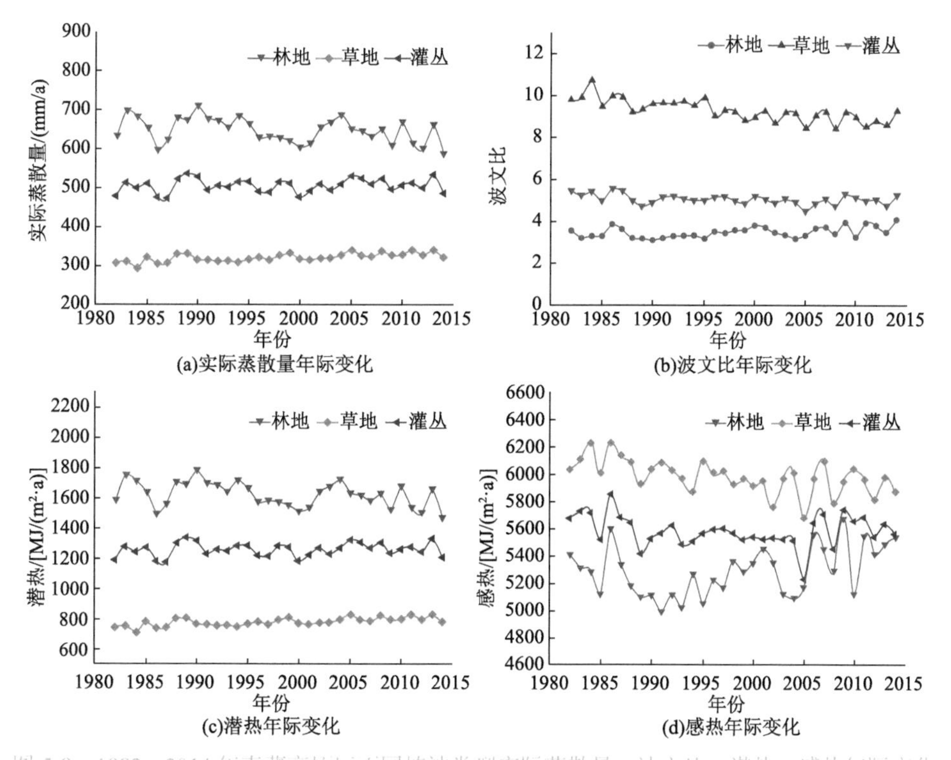

图 5-8　1982~2014 年青藏高原区不同植被类型实际蒸散量、波文比、潜热、感热年际变化

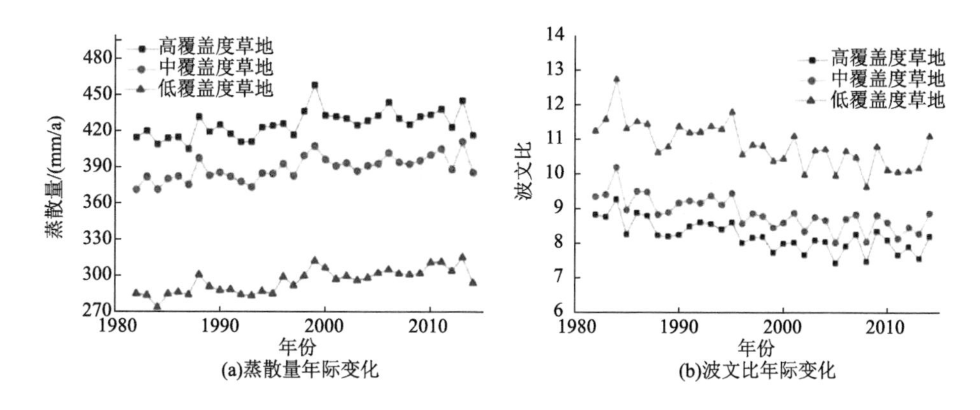

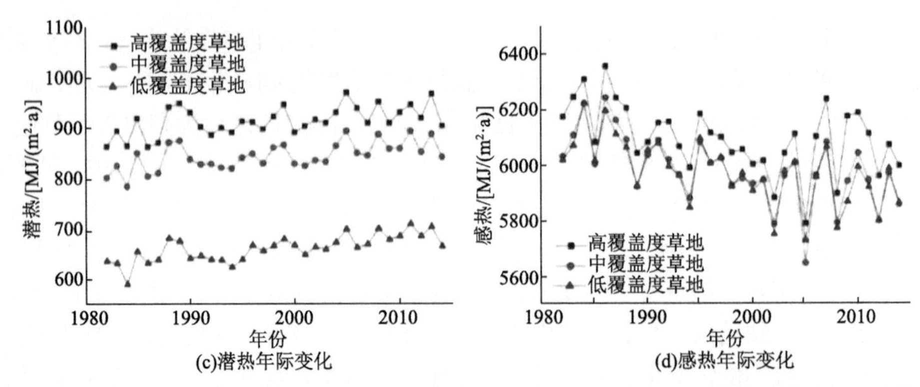

图 5-9 1982～2014 年青藏高原区不同覆盖度草地蒸散量、波文比、潜热、感热年际变化

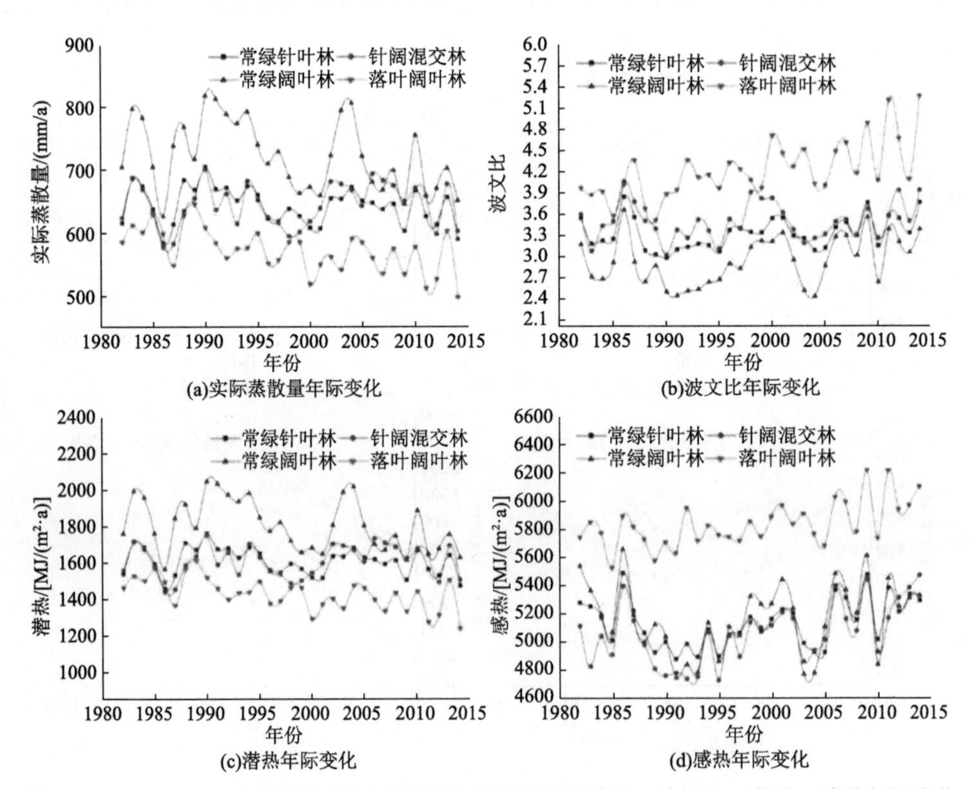

图 5-10 1982～2014 年青藏高原区不同林地类型实际蒸散量、波文比、潜热、感热年际变化

潜热是生态系统水热调节中计算波文比的最关键因子，在数值上等于实际蒸散量与换算因子的乘积，因此潜热与实际蒸散量成正比。潜热的年际变化随植被类型、不同草地覆盖度、不同林地类型的变化而产生不同的变化情况，这与实际蒸散量随植被的变化情况一致。感热是生态系统水热调节中计算波文比的最关键因子，在数值上等于辐射量与潜热之差，其年际变化随植被类型变化的情况与潜热随植被变化的情况相反。草地、灌丛的潜热年均值分别介于 734.51～846.32MJ/m^2、1180.09～1337.65MJ/m^2，多年平均潜热分别为 798.83MJ/m^2、1260.26MJ/m^2，且年际变化均呈现出缓慢增加的趋势，变化率分别为 1.876MJ/（m^2·a）（R^2=0.45）、0.764 MJ/（m^2·a）（R^2=0.03）。草

地、灌丛的感热年均值分别介于 5684.95～6233.15MJ/m^2、5235.90～5860.03MJ/m^2，年际变化均呈现出缓慢下降的趋势，变化率分别为 7.126MJ/（m^2·a）（R^2=0.33）、2.313MJ/（m^2·a）（R^2=0.03）。林地潜热的年际变化则与草地、灌丛相反，年均值介于 1463.95～1772.53MJ/m^2，年际变化呈现出缓慢下降的趋势，变化率为 3.124MJ/（m^2·a）（R^2=0.15）；林地感热的年际变化呈现出缓慢上升的趋势，变化率为 7.145MJ/（m^2·a）（R^2=0.15）。在生态系统处于极端的情况下，可适当增加而林地和灌丛及草地的面积。植被蒸腾增加，实际蒸散增加，潜热增加，感热减小，波文比会减小，可以阻止气候温度的升高，植被对生态系统的水热调节作用增强。

3. 蒸散比评价

蒸散比是研究能量平衡和生态过程的重要参数，可直观表示区域生态系统水分状况，是地表潜热通量与有效能量的比值，即

$$\mathrm{EF}=\mathrm{LE}/(\mathrm{LE}+H) \tag{5-13}$$

式中，EF 为蒸散比；H 为感热通量，MJ/（m^2·a）；LE 为潜热通量，MJ/（m^2·a）。

青藏高原蒸散比的空间分布整体呈现东南—西北阶梯逐渐降低的趋势（图 5-11）。其中，藏南雅鲁藏布江及其河谷地带、青海省海东区及四川边缘地区的地势低平，降水充沛、植被覆盖度较高，蒸散比值最高；青藏高原区新疆边缘地区多为荒漠地区，降雨少、几乎无植被覆盖，蒸散比值最低。

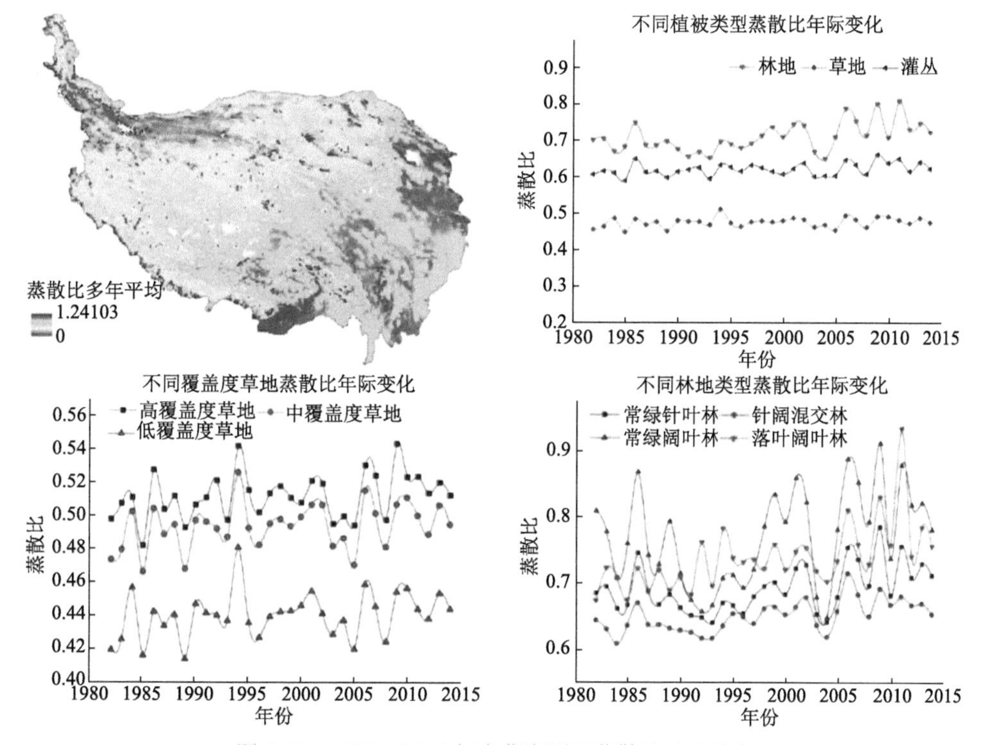

图 5-11　1982～2014 年青藏高原区蒸散比时空分布

1982～2014 年，蒸散比的年际变化随植被类型的变化而产生不同的变化情况。蒸散比大小在不同区域表现为林地>灌丛>草地、高覆盖度草地>中覆盖度草地>低覆盖度草地、常绿阔叶林>落叶阔叶林>常绿针叶林>针阔混交林。根据图 5-11 可知，草地、灌丛蒸散比的年际变化均呈现出缓慢增加的趋势，林地蒸散比的年际变化则与之相反，呈现出缓慢下降的趋势。蒸散比是生态系统水热调节中热调节的最关键因子，蒸散比越高，植被蒸腾占蒸散的比例越大，植被对蒸散的影响越大。三种植被类型中，林地的蒸散比最高，林地相比于其他植被类型而言，对地表水热调节作用的影响最大。

4. 湿润指数评价

湿润指数可用于表征考虑水分收支区域的干湿状况。Thornthwaite 于 1948 年首先提出了用气温计算潜在蒸散量的方法，在潜在蒸散量的基础上，认为可用湿润指数来确定水分的多少并据此划分气候的湿润程度。

湿润指数的计算公式为

$$\mathrm{IM}=100\times\left(P/E_0-1\right) \tag{5-14}$$

式中，IM 为湿润指数；P 为降水量，mm/a；E_0 为实际蒸散量，mm/a。

青藏高原区整体为干旱区域，尤其是青海省的干旱现象最为显著，该地多荒漠和戈壁，植被覆盖度低。其次是西藏可可西里无人区，藏北高原的海拔较高；藏南雅鲁藏布江沟谷地区为雨林地带，降水量大，植被覆盖度高，多为雨林深林，较湿润；四川边缘地带河谷地区降水量较大，较湿润。

1982～2014 年湿润指数的年际变化随植被类型的变化呈现出不同的变化，湿润指数大小呈现出林地>灌丛>草地、高覆盖度草地>中覆盖度草地>低覆盖度草地、针阔混交林>常绿针叶林>常绿阔叶林>落叶阔叶林的情况（图 5-12）。草地和灌丛湿润指数的年际变化均呈现出无明显增加趋势。根据湿润带划分，草地主要分布在 C2 湿润带；林地主要分布在 B1 潮湿地带，年际变化与草地、灌丛相反，呈现出波动下降的趋势，2005 年后下降最显著。湿润指数是生态系统水热调节水循环调节的最关键因子。当植被类型发生变化时，实际蒸散量发生变化，影响潜热，进而影响感热，使之发生变化。

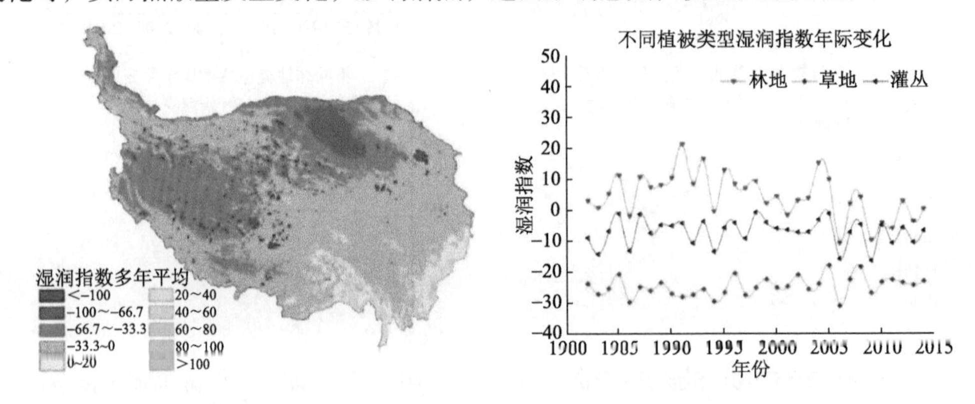

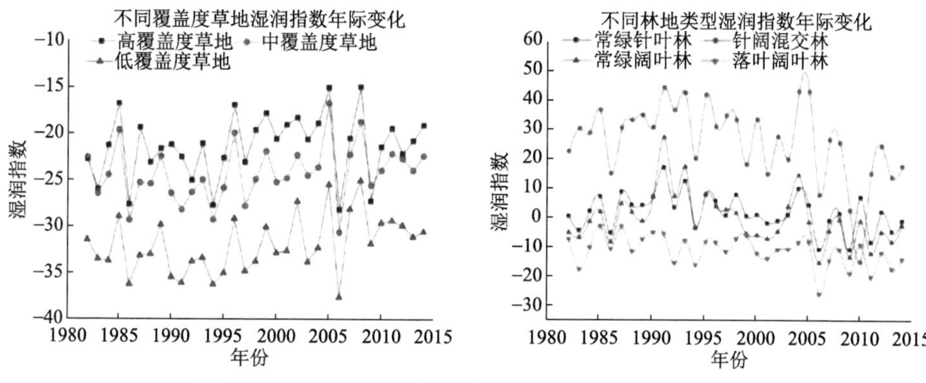

图 5-12 1982～2014 年青藏高原区湿润指数时空分布

5. 水分利用效率评价

水分利用效率是指植被光合作用生产的干物质与蒸散作用所消耗的水分之比，即植物每消耗单位重量的水所产生的干物质的量。水分利用效率是描述植物在不同生境中水分适应策略的一个重要参数，是决定植物在干旱、半干旱地区生存、生长和物种分布的重要因素之一。

水分利用效率的计算公式为

$$\mathrm{WUE} = \mathrm{GPP} / E_0 \tag{5-15}$$

式中，WUE 为水分利用效率，g C/kg H_2O；E_0 为实际蒸散量，mm/a，即 kg H_2O/（$m^2 \cdot a$）；GPP 为单位面积总初级生产力，g C/（$m^2 \cdot a$）。

从空间角度分析，青藏高原区整体值域介于 0～1，除了北边的柴达木盆地和昆仑山脉附近植被的水分利用效率在 0 以下之外，高原上植被的水分利用效率大多介于 0～3。但是水分利用效率<0 的地区周边的水分利用效率可达到 5 以上。出现这种差异的原因可能是该地区为干旱荒漠景观，植被稀疏，种类单纯，盐生植物较多。该地区附近靠近各大水系，所以对于缺水植物而言，其水分利用效率要明显高于其他地方。对于青藏高原的大部分地区，可能由于其水系较多，水资源较为丰富，因此植被的水分利用效率相对而言较低。

青藏高原上不同植被类型的水分利用效率呈现不同的形势。根据不同文献对青藏高原水分利用效率的计算可以发现，草地<农田<森林（表 5-10）。由于农田的人为控制影响因素较大，所以其范围要大于森林。由图 5-13 可知，水分利用效率年际波动区间与文献中的描述保持一致，且林地水分利用效率年际变化呈现出波动上升的趋势，尤其自 2005 年后，水分利用效率波动幅度更大。青藏高原三种植被类型的水分利用效率的范围介于 0～3。

表 5-10 文献中不同生态系统类型的水分利用效率

植被类型	年份	经度/（°）	纬度/（°）	年均气温/℃	降水量/mm	GPP/ET/（g C/kg H_2O）	文献
森林	1996～1998	−0.77	44.72	13.66	866.85	3.39	Berbigier et al., 2001

续表

植被类型	年份	经度/（°）	纬度/（°）	年均气温/℃	降水量/mm	GPP/ET/（g C/kg H_2O）	文献
森林	2003～2005	128.09	42.40	3.6	738	2.57	Yu et al.，2008
	2003～2005	115.05	26.73	17.9	1485	2.53	Yu et al.，2008
草地	2003	101.33	37.67	–2	465.37	1.12	Hu et al.，2008
	2004	101.33	37.67	–2	430.96	1.29	Hu et al.，2008
	2005	101.33	37.67	–2	471.90	1.38	Hu et al.，2008
农田	2001～2006	–96.45	41.17	—	—	2.77～3.97	Suyker and Verma，2010

注：在纬度中，正、负值分别表示北纬、南纬；在经度中，正、负值分别表示东经、西经。

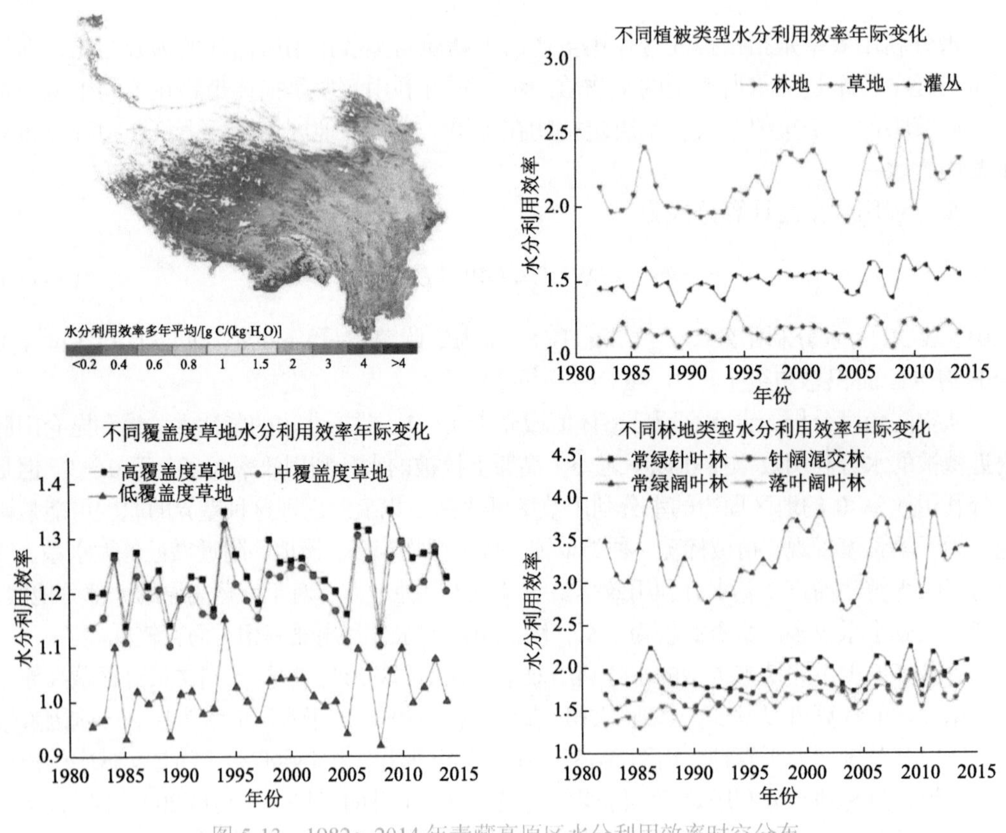

图 5-13 1982～2014 年青藏高原区水分利用效率时空分布

6. 水分蓄存指数评价

水分蓄存指数（WSI）定义为 GPP 中降水量与实际蒸散量的差值占比，表征了可能驻留在生态系统中的水分的量，揭示生态系统储存水分的能力。

$$\mathrm{WSI}=\left(P-E_0\right)/\mathrm{GPP} \tag{5-16}$$

式中，P 为降水量，mm/a；E_0 为实际蒸散量，mm/a。

水分蓄存指数在空间上呈现自北向南逐渐变大的趋势（图 5-14），南部和中东部有雅鲁藏布江、澜沧江、金沙江及长江、黄河等各大水系附近的水分蓄存指数较高，这与地形图相一致。其他部分也与实际基本吻合，水分蓄存指数小于 1 的地区并不明显，少有大面积的蓄水能力差的地区。

对于不同植被类型的水分蓄存指数的年际变化而言，其指数值也随之变化，不同植被类型水分蓄存指数的年际变化为草地>灌丛>林地，这与水分利用效率相反。从水分蓄存指数的年际变化可以看出，1996 年青藏高原的蓄水能力在研究时段内最高，林地、灌丛的水分蓄存指数波动幅度较小；草地的指数值介于 1.2～2.2，较前两者而言，该植被类型的波动区间较大。2006 年青藏高原的不同植被类型的水分蓄存指数均达到历年最低，这可能与 2006 年发生的自然灾害有关。总体来看，不同植被类型下的水分蓄存指数均有所下降，整体呈现略微下降趋势，水分蓄存指数越低，蓄水能力越强。林地的水分蓄存指数远远小于其他植被类型，表明林地的蓄水能力最强，在地表水热调节过程中起到的作用最大。

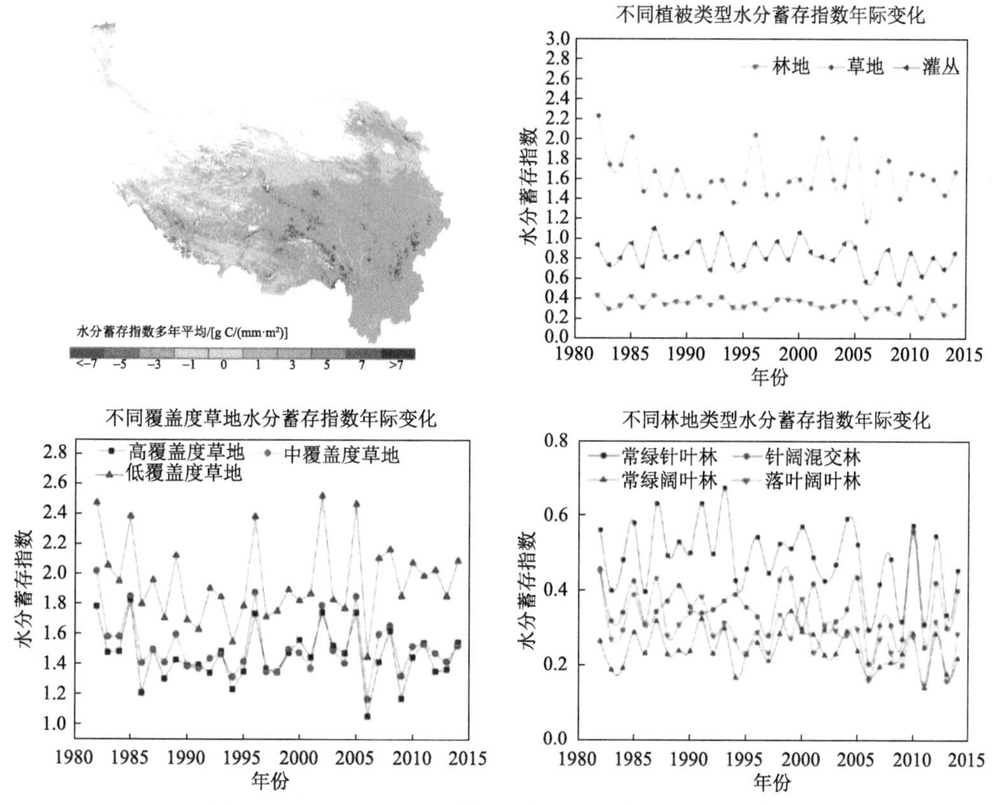

图 5-14　1982～2014 年青藏高原区水分蓄存指数时空分布

5.3 生态系统生态支持功能的区域监测关键技术研发

5.3.1 生态系统支持功能评价指标阈值

区域生态系统支持功能指标等级的划分主要根据典型生态系统研究得出的等级划分标准与指标统计特征相结合的方式进行，具体步骤为：①在 MATLAB 中分别绘制每个生态系统的各个指标的频率分布直方图。②根据统计结果，以 20%为间隔，以累积频率 20%、40%、60%、80%处的值为指标划分阈值。③根据在森林、湿地、荒漠、草地和农田等典型生态系统研究得出的等级标准对上述划分结果进行调整。区域生态系统支持功能监测指标数据说明如表 5-11 所示。

表 5-11 区域生态系统支持功能监测指标数据说明

数据名称	说明
土地覆盖数据	土地覆盖数据为中国 2010 年 250m 土地覆盖数据，通过重分类分为 10 类：①常绿针叶林；②落叶针叶林；③针阔混交林；④常绿阔叶林；⑤落叶阔叶林；⑥草甸；⑦草原；⑧其他草地；⑨灌丛；⑩农田，并重采样为 8000m
GPP	基于生态过程模型 BEPS 模拟得到 2014～2016 年多年平均 GPP 数据
NPP	基于生态过程模型 BEPS 模拟得到 2014～2016 年多年平均 NPP 数据
NEP	基于生态过程模型 BEPS 模拟得到 2014～2016 年多年平均 NEP 数据
释氧量	基于 NPP 数据，计算释氧量。释氧量=1.19×NPP

1. GPP 评价阈值

GPP 的值大于 0，该值越大代表植被光合固碳能力越强，植被质量越高。不同植被类型 GPP 的概率分布不同（图 5-15），本书将不同植被类型的 GPP 划分为 5 个等级（表 5-12）。

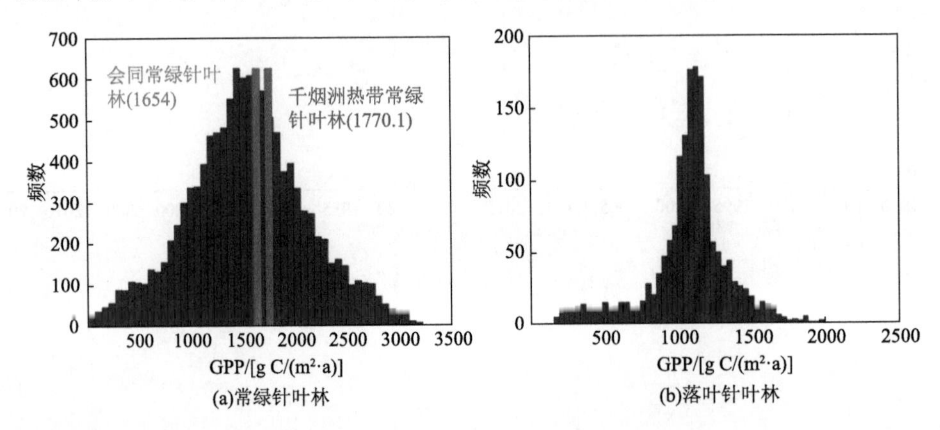

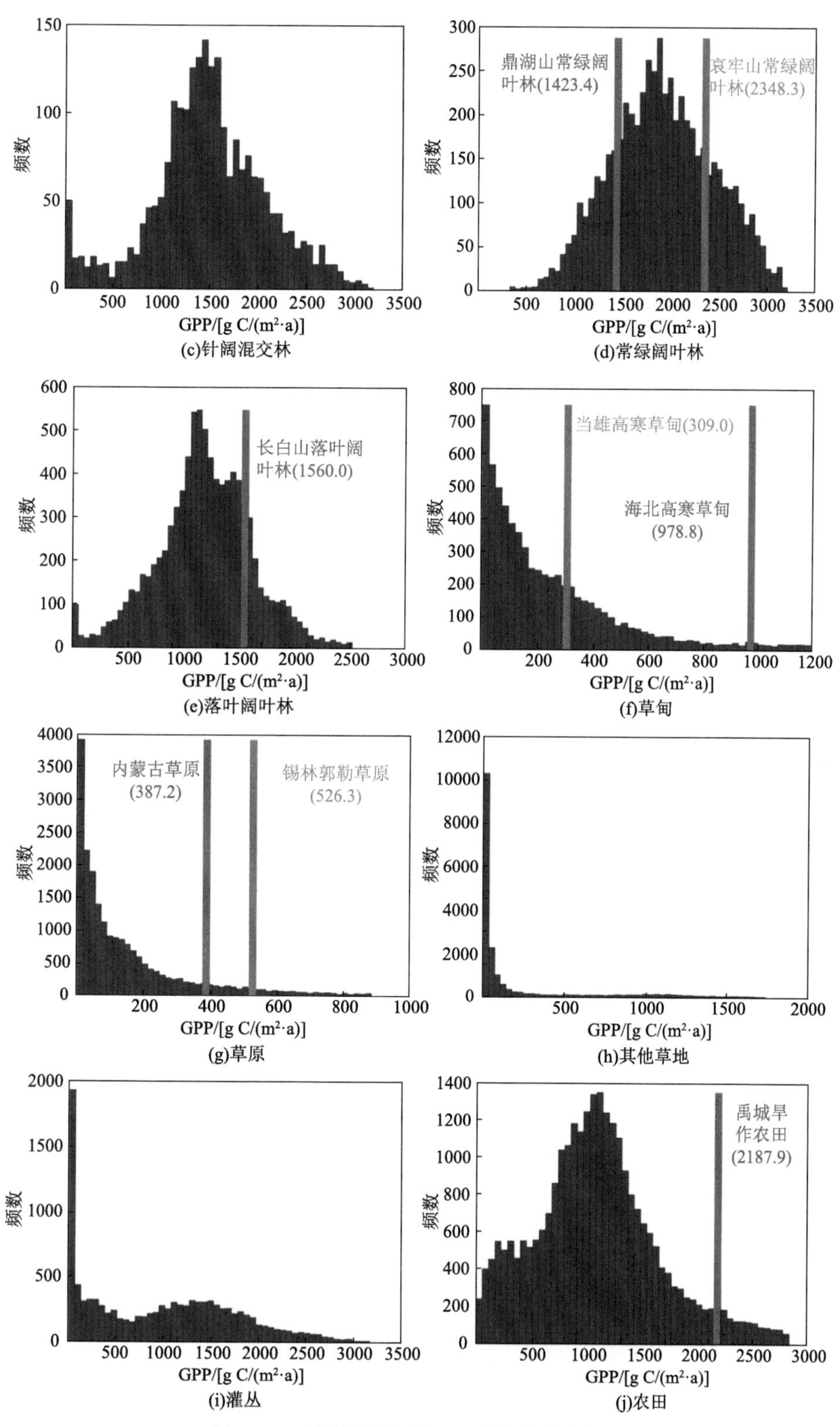

图 5-15　不同植被类型 GPP 频率分布直方图

表 5-12 依据累积频率的 GPP 等级划分 ［单位：g C/（m^2·a）］

项目	常绿针叶林				
GPP	<1100	1100～1400	1400～1700	1700～2000	>2000
强弱程度	弱	较弱	一般	较强	强
评价得分	1	2	3	4	5
项目	落叶针叶林				
GPP	<950	950～1050	1050～1150	1150～1250	>1250
强弱程度	弱	较弱	一般	较强	强
评价得分	1	2	3	4	5
项目	针阔混交林				
GPP	<1100	1100～1300	1300～1600	1600～1900	>1900
强弱程度	弱	较弱	一般	较强	强
评价得分	1	2	3	4	5
项目	常绿阔叶林				
GPP	<1450	1450～1750	1750～2050	2050～2350	>2350
强弱程度	弱	较弱	一般	较强	强
评价得分	1	2	3	4	5
项目	落叶阔叶林				
GPP	<850	850～1100	1100～1300	1300～1500	>1500
强弱程度	弱	较弱	一般	较强	强
评价得分	1	2	3	4	5
项目	草甸				
GPP	<50	50～120	120～230	230～400	>400
强弱程度	弱	较弱	一般	较强	强
评价得分	1	2	3	4	5
项目	草原				
GPP	<20	20～60	60～120	120～240	>240
强弱程度	弱	较弱	一般	较强	强
评价得分	1	2	3	4	5
项目	其他草地				
GPP	<5	5～20	20～50	50～270	>270
强弱程度	弱	较弱	一般	较强	强
评价得分	1	2	3	4	5
项目	灌丛				
GPP	<100	100～600	600～1200	1200～1700	>1700
强弱程度	弱	较弱	一般	较强	强
评价得分	1	2	3	4	5

续表

项目	农田				
GPP	<650	650～950	950～1150	1150～1500	>1500
强弱程度	弱	较弱	一般	较强	强
评价得分	1	2	3	4	5

2. NPP 评价阈值

NPP 大于 0，其值约为 GPP 的 50%。NPP 越高，表示生态系统生产力越高，生态系统支持功能越强。不同植被类型的 NPP 频率分布不一（图 5-16），根据统计结果，按照累积频率，本书将不同植被类型的 NPP 划分为 5 个等级（表 5-13）。

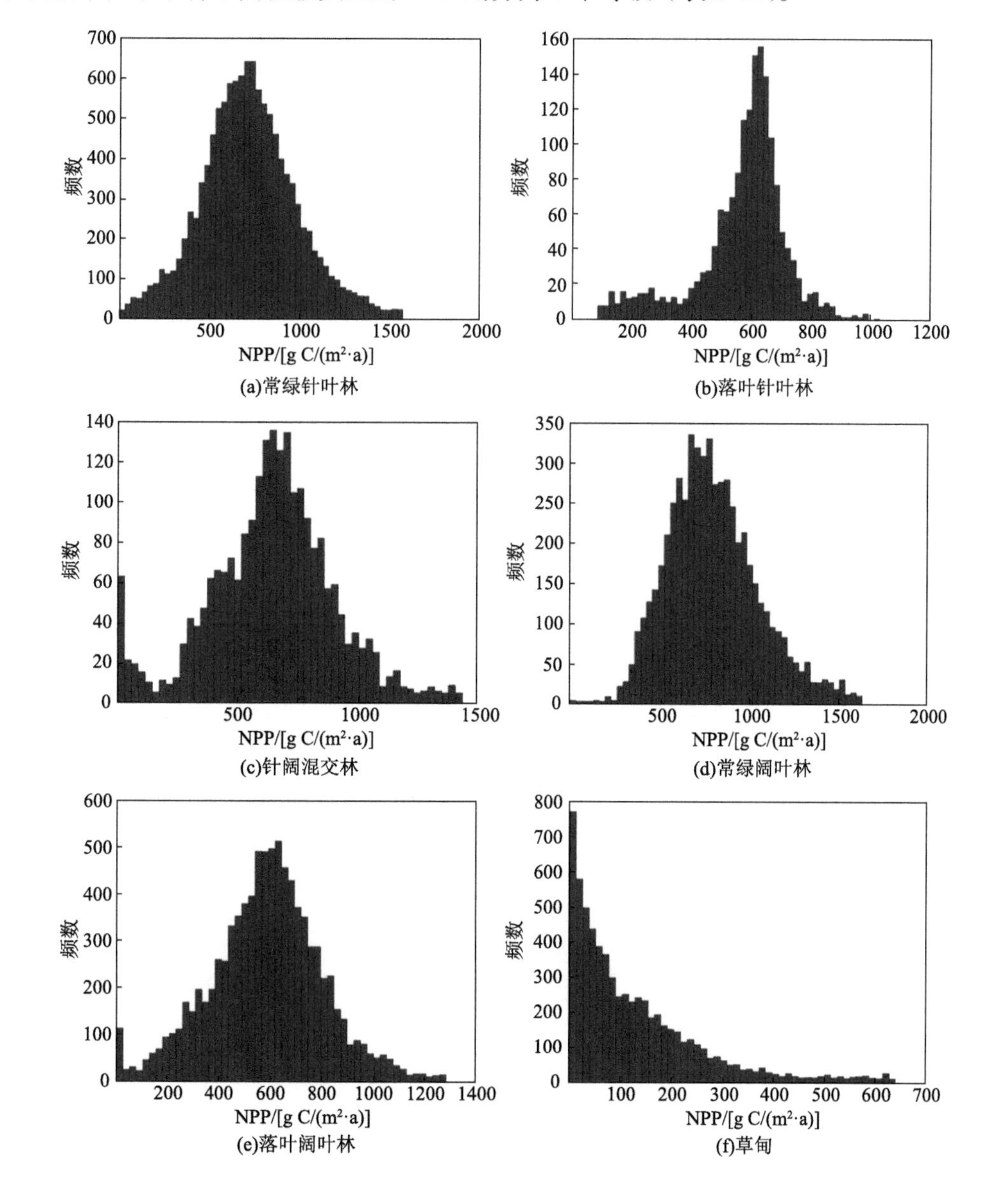

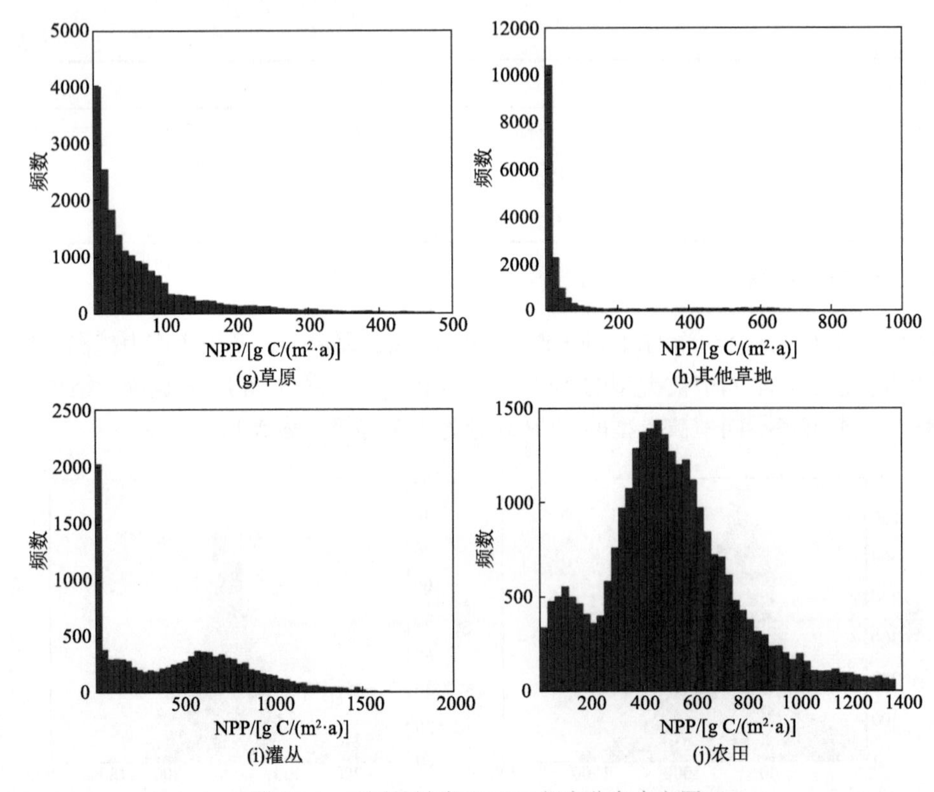

图 5-16 不同植被类型 NPP 频率分布直方图

表 5-13 依据累积概率的 NPP 等级划分 [单位：g C/（m²·a）]

项目	常绿针叶林				
NPP	<500	500～650	650～800	800～950	>950
强弱程度	弱	较弱	一般	较强	强
评价得分	1	2	3	4	5
项目	落叶针叶林				
NPP	<450	450～550	550～600	600～700	>700
强弱程度	弱	较弱	一般	较强	强
评价得分	1	2	3	4	5
项目	针阔混交林				
NPP	<400	400～600	600～700	700～800	>800
强弱程度	弱	较弱	一般	较强	强
评价得分	1	2	3	4	5

续表

项目	常绿阔叶林				
NPP	<600	600～700	700～850	850～1000	>1000
强弱程度	弱	较弱	一般	较强	强
评价得分	1	2	3	4	5
项目	落叶阔叶林				
NPP	<400	400～550	550～650	650～750	>750
强弱程度	弱	较弱	一般	较强	强
评价得分	1	2	3	4	5
项目	草甸				
NPP	<20	20～60	60～120	120～210	>210
强弱程度	弱	较弱	一般	较强	强
评价得分	1	2	3	4	5
项目	草原				
NPP	<10	10～25	25～60	60～120	>120
强弱程度	弱	较弱	一般	较强	强
评价得分	1	2	3	4	5
项目	其他草地				
NPP	<2	2～10	10～25	25～130	>130
强弱程度	弱	较弱	一般	较强	强
评价得分	1	2	3	4	5
项目	灌丛				
NPP	<40	40～300	300～600	600～800	>800
强弱程度	弱	较弱	一般	较强	强
评价得分	1	2	3	4	5
项目	农田				
NPP	<300	300～400	400～550	550～700	>700
强弱程度	弱	较弱	一般	较强	强
评价得分	1	2	3	4	5

3. NEP 评价阈值

NEP 大于 0 表示生态系统为碳汇，NEP 小于 0 表示生态系统为碳源。NEP 越大，表明区域生态系统支持功能越强（图 5-17）。根据不同植被类型 NEP 的概率分布，本书将不同植被类型的 NEP 划分为 5 个等级（表 5-14）。

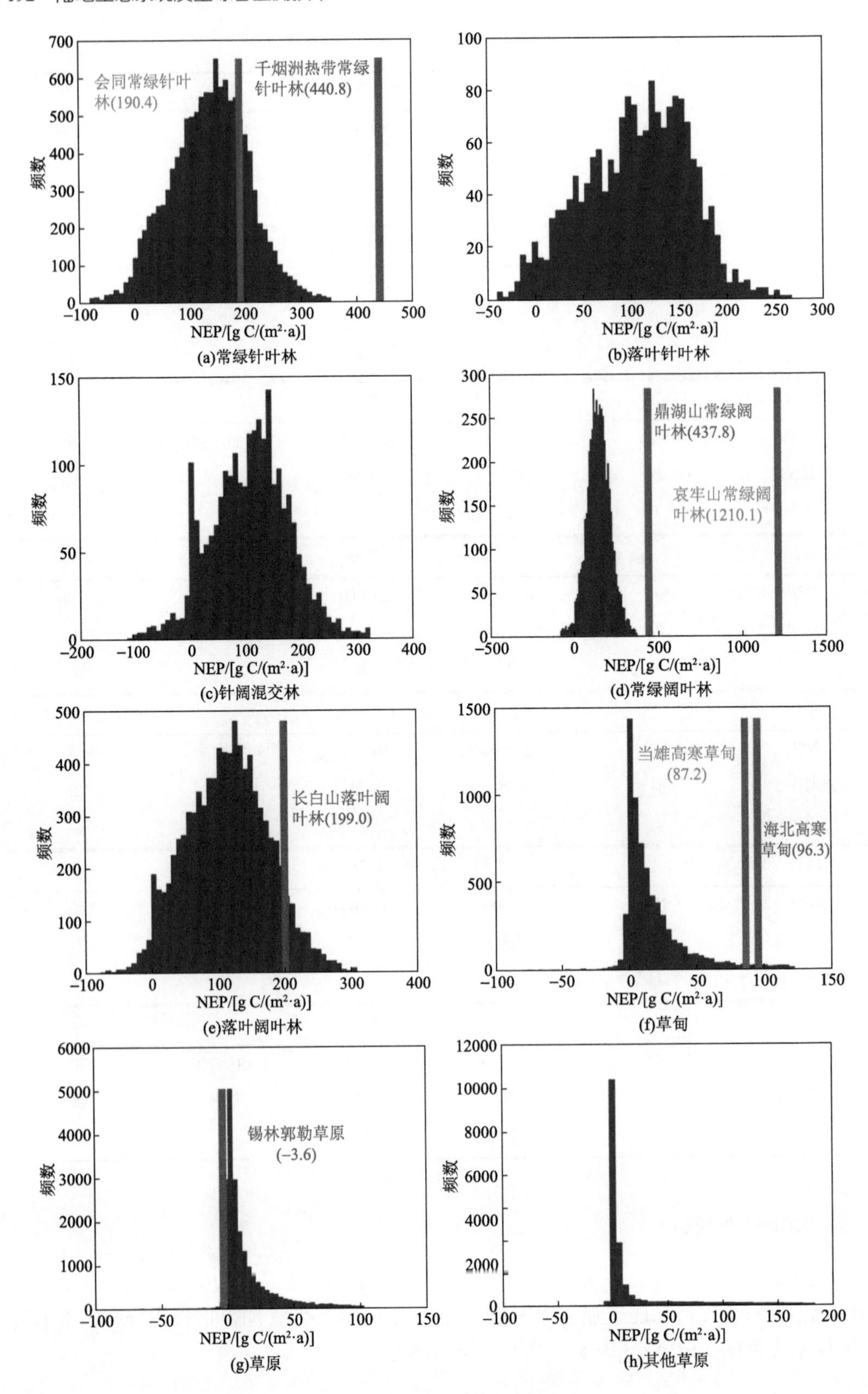
会同常绿针叶林(190.4)
千烟洲热带常绿针叶林(440.8)
频数
NEP/[g C/(m²·a)]
(a)常绿针叶林
(b)落叶针叶林
(c)针阔混交林
鼎湖山常绿阔叶林(437.8)
哀牢山常绿阔叶林(1210.1)
(d)常绿阔叶林
长白山落叶阔叶林(199.0)
(e)落叶阔叶林
当雄高寒草甸(87.2)
海北高寒草甸(96.3)
(f)草甸
锡林郭勒草原(−3.6)
(g)草原
(h)其他草原

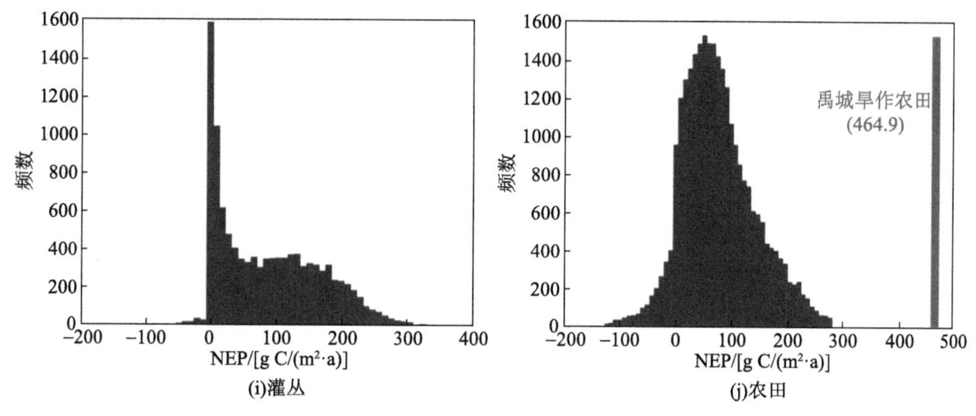

图 5-17　不同植被类型 NEP 频率分布直方图

表 5-14　依据累积频率的 NEP 等级划分　　［单位：g C/（m^2·a）］

项目	常绿针叶林				
NEP	<80	80～120	120～160	160～200	>200
强弱程度	弱	较弱	一般	较强	强
评价得分	1	2	3	4	5
项目	落叶针叶林				
NEP	<60	60～90	90～120	120～150	>150
强弱程度	弱	较弱	一般	较强	强
评价得分	1	2	3	4	5
项目	针阔混交林				
NEP	<50	50～90	90～130	130～170	>170
强弱程度	弱	较弱	一般	较强	强
评价得分	1	2	3	4	5
项目	常绿阔叶林				
NEP	<80	80～120	120～160	160～200	>200
强弱程度	弱	较弱	一般	较强	强
评价得分	1	2	3	4	5
项目	落叶阔叶林				
NEP	<50	50～90	90～130	130～170	>170
强弱程度	弱	较弱	一般	较强	强
评价得分	1	2	3	4	5

续表

项目			草甸		
NEP	<0	0～5	5～15	15～30	>30
强弱程度	弱	较弱	一般	较强	强
评价得分	1	2	3	4	5
项目			草原		
NEP	<0	0～5	5～10	10～20	>20
强弱程度	弱	较弱	一般	较强	强
评价得分	1	2	3	4	5
项目			其他草地		
NEP	<0	0～5	5～10	10～30	>30
强弱程度	弱	较弱	一般	较强	强
评价得分	1	2	3	4	5
项目			灌丛		
NEP	<0	0～40	40～100	100～160	>160
强弱程度	弱	较弱	一般	较强	强
评价得分	1	2	3	4	5
项目			农田		
NEP	<20	20～50	50～80	80～130	>130
强弱程度	弱	较弱	一般	较强	强
评价得分	1	2	3	4	5

4. 生态系统释氧量评价阈值

基于上述得到的生态系统NPP，结合光合作用化学反应式，植被每积累1 g C的NPP，可释放$\frac{32}{12}$g 氧气。计算生态系统释氧量，释氧量越大，表明生态系统支持功能越强。根据不同植被类型的释氧量概率分布，本书将不同植被类型的释氧量划分为5个等级（表5-15）。

表5-15 根据NPP等级划分计算得到不同植被类型释氧量等级划分［单位：$g\ O_2/(m^2 \cdot a)$］

项目			常绿针叶林		
释氧量	<1300	1300～1700	1700～2100	2100～2500	>2500
强弱程度	弱	较弱	一般	较强	强
评价得分	1	2	3	4	5
项目			落叶针叶林		
释氧量	<1200	1200～1450	1450～1600	1600～1850	>1850
强弱程度	弱	较弱	一般	较强	强
评价得分	1	2	3	4	5

续表

项目	针阔混交林				
释氧量	<1050	1050～1600	1600～1850	1850～2100	>2100
强弱程度	弱	较弱	一般	较强	强
评价得分	1	2	3	4	5
项目	常绿阔叶林				
释氧量	<1600	1600～1850	1850～2250	2250～2650	>2650
强弱程度	弱	较弱	一般	较强	强
评价得分	1	2	3	4	5
项目	落叶阔叶林				
释氧量	<1050	1050～1450	1450～1700	1700～2000	>2000
强弱程度	弱	较弱	一般	较强	强
评价得分	1	2	3	4	5
项目	草甸				
释氧量	<50	50～160	160～320	320～560	>560
强弱程度	弱	较弱	一般	较强	强
评价得分	1	2	3	4	5
项目	草原				
释氧量	<25	25～70	70～160	160～320	>320
强弱程度	弱	较弱	一般	较强	强
评价得分	1	2	3	4	5
项目	其他草地				
释氧量	<5	5～25	25～70	70～350	>350
强弱程度	弱	较弱	一般	较强	强
评价得分	1	2	3	4	5
项目	灌丛				
释氧量	<100	100～800	800～1600	1600～2100	>2100
强弱程度	弱	较弱	一般	较强	强
评价得分	1	2	3	4	5
项目	农田				
释氧量	<800	800～1050	1050～1450	1450～1850	>1850
强弱程度	弱	较弱	一般	较强	强
评价得分	1	2	3	4	5

5.3.2 生态系统支持功能指标监测技术及应用

1. 植被冠层日光诱导叶绿素荧光时序观测技术

总初级生产力（GPP）表示陆地生态系统通过光合作用所固定的有机碳总量，是陆地生态系统碳循环的基础，也是评估区域生态系统支持功能的重要指标。日光诱导叶绿素荧光（SIF）作为植物光合作用的伴生产物，与光合作用直接相关，为植物光合固碳提供了一种更直接的测量方式。SIF 被认为是 GPP 的前瞻性指标，大量研究证实，从高光谱遥感观测中反演得到的叶绿素荧光与 GPP 高度相关，并可用于陆地 GPP 的估算以及全球碳循环研究。

植被冠层 SIF 时序观测系统包括高光谱采集及其控制系统、数据存储及传输系统、温度及防尘控制系统、辐射定标校准系统、内嵌式荧光反演算法和附属接口组件等。其中，高光谱采集系统硬件包括高光谱分辨率光谱仪、普通光纤、光路拆分光纤（或同类拆分光路设备）、光路切换设备、余弦矫正器和恒温箱等。该系统搭建于研究区通量塔上，高度约为植被冠层的 2 倍，能够在无人值守的情况下，长期连续地对太阳光谱和植物冠层光谱进行观测，并利用夫琅禾费暗线提取（Fraunhofer line discrimination，FLD）方法反演 SIF。标配的高光谱传感器（FluoSpec）选用高光谱仪的型号为 QE65 Pro，光谱范围 640～800nm，光谱采样间隔约 0.17nm，光谱分辨率（半波全宽）约 0.42nm，信噪比 1000：1，用于反演 SIF。HyperSpec 为选配，其高精度光谱仪覆盖 400～1100nm，光谱分辨率达到 3.0nm，信噪比 250：1，主要用来探测可见光-近红外反射率光谱，用于提取对植被光合敏感的光谱指数。

该观测系统的数据采集采用“三明治”模式，即光谱仪按照太阳入照、地物反射、太阳入照的顺序，记录两次下行太阳入照光谱信号、一次上行地物反射光谱信号，且每组记录前对仪器暗电流也做记录。荧光自动观测系统采集的数据存储在控制电脑中，可以通过内嵌的数据处理软件自动计算荧光值和反射率，通过数据查看软件实现原始光谱和反射率的同时浏览，还可通过远程控制软件实时查看和下载数据。

观测系统在安装之前需要对光谱仪进行波长校正和绝对辐射定标。光谱仪的波长准确性是指仪器测定标准物质某一谱峰的波长与该谱峰的标定波长之差，光谱仪长期运行可能产生波长漂移。利用光谱仪采集具有特征发射峰的 HG-2、NE-2、AR-2 等多种标准校正光源的光谱，所采用光谱对应标准校正光源的特征波长，计算光谱仪每个像素对应的波长。绝对辐射定标将光谱仪所记录的无意义的 DN 值转化为辐射值。荧光自动观测系统辐射定标可采用实验室辐射定标方法（安装前）或野外辐射定标方法（安装后）。实验室绝对辐射定标系统由积分球、控制系统、光源和仪器调整以及固定结构几部分组成。将光纤探头固定于积分球的出光口，由积分球控制系统控制光源的强弱，并记录实时反馈回来的辐射亮度值及相关参数，进行辐射定标。由于积分球定标无法在野外观测中进行，因此野外定标方法为：采用可见光-近红外（Vis-NIR）辐射校准源为装配有余弦矫正器的光路通道进行辐射定标；对于裸光纤，则选择晴天天气，用已知反射率的标准反射板和已做绝对辐射定标的光谱仪同步测量太阳反射光的辐亮度，进行辐射定标。通过辐射定标文件，将荧光自动观测数据转换为绝对辐亮度数据，以辐亮度[单位为 mW/（m^2·nm·sr）]进行存储。

自然光照条件下测定的植被反射的辐照度光谱既包括 SIF 的发射光谱，又包括叶片对入射光的反射光谱，二者混合在一起。而且 SIF 信号通常很微弱，难以准确测量。FLD 方法利用荧光对大气吸收暗线的填充作用，实现了荧光与反射光的分离（Plascyk and Gabriel，1975）。夫琅禾费暗线是指由于大气对太阳辐射的吸收作用，到达地表的太阳辐射光谱中存在许多宽度为 0.1～10 nm 的吸收暗线。通过比较太阳辐射与植物反射光谱深度，利用植物荧光对夫琅禾费“井”（well）的填充程度（Liu et al.，2005）进行荧光的估算。由大气中氧气分子吸收在 760 nm 和 687 nm 处形成的 O_2-A 和 O_2-B 暗线，被广泛用于提取氧气吸收波段的 SIF。最简单的标准 FLD 算法利用两个分别在夫琅禾费暗线内波段和外波段（λ_{in} 和 λ_{out}）的表观辐亮度，假设两个波段足够邻近，荧光和反射率在这两个波段处一致。

$$\begin{cases} L(\lambda_{in}) = \dfrac{I(\lambda_{in}) \times r(\lambda_{in})}{\pi} + F(\lambda_{in}) \\ L(\lambda_{out}) = \dfrac{I(\lambda_{out}) \times r(\lambda_{out})}{\pi} + F(\lambda_{out}) \end{cases} \tag{5-17}$$

由式（5-17）可以推得

$$\begin{cases} r = \dfrac{L(\lambda_{out}) - L(\lambda_{in})}{I(\lambda_{out}) - I(\lambda_{in})} \\ \text{SIF} = \dfrac{I(\lambda_{out}) \times L(\lambda_{in}) - L(\lambda_{out}) \times I(\lambda_{in})}{I(\lambda_{out}) - I(\lambda_{in})} \end{cases} \tag{5-18}$$

式中，SIF 为日光诱导叶绿素荧光；$I(\lambda_{in})$、$I(\lambda_{out})$ 分别为夫琅禾费暗线内波段和外波段的入射太阳辐照度；$L(\lambda_{in})$、$L(\lambda_{out})$ 分别为夫琅禾费暗线内波段和外波段的地物表观辐亮度。

标准 FLD 算法实现起来非常简单，仅需要夫琅禾费暗线内外各一个波段的入射辐照度和反射辐亮度即可估算叶绿素荧光强度。但是，在实际情况中，荧光和反射率光谱都不是随波长恒定不变的，这就会给叶绿素荧光反演带来一定的误差和不确定性。因此，植被冠层高光谱观测选用 3FLD 算法（Meroni and Colombo，2006）反演植被冠层 SIF。已有的研究表明，3FLD 算法相比于 FLD 算法所获得的荧光值更为准确，且比 iFLD 算法更稳健（Liu X and Liu L，2014）。3FLD 算法假设在吸收波段周围叶绿素荧光和反射率光谱是线性变化的（即吸收波段周围的入射辐亮度和冠层上行辐亮度发生线性变化），利用吸收线左右各一个波段的加权平均值来代替标准 FLD 算法中单一的参考波段（吸收线外波段）。3FLD 方法的计算公式如式（5-19）：

$$\text{SIF} = \frac{\left[I(\lambda_{left}) \cdot \omega_{left} + I(\lambda_{right}) \cdot \omega_{right}\right] \cdot L(\lambda_{in}) - \left[L(\lambda_{left}) \cdot \omega_{left} + L(\lambda_{right}) \cdot \omega_{right}\right] \cdot I(\lambda_{in})}{\left[I(\lambda_{left}) \cdot \omega_{left} + I(\lambda_{right}) \cdot \omega_{right}\right] - I(\lambda_{in})} \tag{5-19}$$

式中，ω_{left} 和 ω_{right} 分别为对侧波长距离与总距离之比，可以用吸收线内、左、右的波长（λ_{in}、λ_{left} 和 λ_{right}）进行计算：

$$\begin{cases} \omega_{left} = \dfrac{\lambda_{right} - \lambda_{in}}{\lambda_{right} - \lambda_{left}} \\ \omega_{right} = \dfrac{\lambda_{in} - \lambda_{left}}{\lambda_{right} - \lambda_{left}} \end{cases} \tag{5-20}$$

为了保证荧光观测数据的可靠性，对荧光自动观测系统观测的原始数据进行质量控制，剔除无效和异常的观测数据。每组观测数据中，前后两次太阳入射辐射强度差异小于 10%，以保证该组数据观测过程中天气稳定；表观反射率光谱曲线波形符合典型植被光谱特征，非吸收波段曲线平滑，吸收波段具备荧光填充尖峰特征，以保证上、下行光谱不存在波长匹配误差，观测噪声较小。考虑到大气吸收的影响，参考 Liu 等（2019）的方法对荧光观测数据进行了大气校正，利用大气辐射传输查找表，通过输入辐射传输路径长度和气溶胶光学厚度，得到传感器到冠层顶部的上下行大气透过率，并利用经验公式校正温度、气压对大气透过率的影响，再利用荧光提取算法获得大气校正后的荧光数据。

以广东省肇庆市鼎湖山森林生态系统定位研究站（DHS）（简称鼎湖山站）和四川省红原县若尔盖高寒草甸生态站（HY）为研究区，开展植被冠层 SIF 的连续自动观测，如图 5-17 和图 5-18 所示。

图 5-18　鼎湖山植被冠层荧光自动观测系统

图 5-19　红原植被冠层荧光自动观测系统

2. 基于 SIF 的植被 GPP 监测方法

1）SIF 与植被 GPP 的线性关系

植物光合作用吸收的光能除了用于推动光化学反应和转变为热耗散之外，还有小部分以荧光的形式重新发射，可以直接反映植物光合作用速率及其有效程度（刘良云等，2006; Franck et al.，2002；Meroni et al.，2008）。在冠层尺度上，通量和高光谱的连续同步观测发现，SIF 与 GPP、吸收的光合有效辐射（absorbed photosynthetically active radiation，APAR）的日、季节动态高度一致，SIF 可以作为 GPP 的指示器（Li et al.，2020；Magney et al.，2019；Yang et al.，2015）。Damm 等（2010）研究了叶绿素荧光与光能利用率（light use efficiency，LUE）的关系，将 SIF 应用于 GPP 估算模型中，提高了 GPP 的预测精度。在区域尺度上，卫星 SIF 与基于模型模拟的 GPP 或基于通量观测尺度上推的 GPP 的季节变化和空间格局均表现出很好的一致性（Frankenberg et al.，2011；Li et al.，2018；Zhang et al.，2019），且相比于传统的植被指数，植被荧光即使在不借助任何气候和模型参数的情况下，也能同样甚至更好地估算 GPP。

SIF 与 GPP 的高度相关关系可以借助 LUE 的原理进行解释。LUE 模型的一般形式可用式（5-21）表示：

$$\mathrm{GPP} = \mathrm{APAR} \times \mathrm{LUE} \tag{5-21}$$

式中，APAR 为植被吸收的光合有效辐射。

叶绿素荧光是植物吸收的辐射能量的直接响应，只来自植物叶绿素，可以用于对 APAR 或 f_{PAR} 的估算（Du et al.，2017；Yang et al.，2018）。同时，叶绿素荧光与光合作用竞争相同的激发能，荧光产率（ΦF）和光化学产率（ΦP）因受光化学猝灭（qP）与非光化学猝灭（NPQ）的影响而相关，所以又与 LUE 相关。叶绿素荧光包含了 APAR 和 LUE 的相关信息（Porcar-Castell et al.，2014），类比式（5-21），荧光可以表达为

$$\mathrm{SIF} = \mathrm{APAR} \times \mathrm{LUE_f} \times f_{\mathrm{esc}} \tag{5-22}$$

式中，$\mathrm{LUE_f}$ 为 SIF 的光能利用效率；f_{esc} 为叶片内部荧光总产量的逃出效率，是与植被结构、波长等相关的函数。

结合式（5-21）和式（5-22），GPP 与 SIF 存在式（5-23）的相关关系：

$$\mathrm{GPP} = \mathrm{SIF} \times f_{\mathrm{esc}}^{-1} \times \frac{\mathrm{LUE}}{\mathrm{LUE_f}} \tag{5-23}$$

当冠层结构均一时，可以假定 f_{esc} 为常数，而 LUE 和 $\mathrm{LUE_f}$ 的关系在卫星测量过境时刻的高光照下常常维持在恒定的正相关，所以众多利用卫星遥感获取的时空聚合的 SIF 与 GPP 在各植物区系具有很强的线性关系（Frankenberg et al.，2011；Guanter et al.，2012；Wagle et al.，2016）。

以鼎湖山站为例，鼎湖山常绿针阔混交林的 GPP 全年整体变化趋势并不明显（图 5-20），但其波动与光合有效辐射（PAR）的波动相似（$R^2 = 0.56$，$P < 0.001$）。SIF 的观

测结果表明，日尺度 SIF 的变化与 GPP 变化相似性很高（图 5-20），同时其波动也与 PAR 十分一致（$R^2=0.82$，$P<0.001$）。在其他环境变量[大气温度（T_a）、土壤温度（T_s）、相对湿度（RH）和土壤湿度（SWC）]中，RH 与 GPP 和 SIF 都表现为显著负相关（GPP：$R^2=0.21$；SIF：$R^2=0.28$），温度、土壤湿度与 GPP、SIF 的相关性弱。

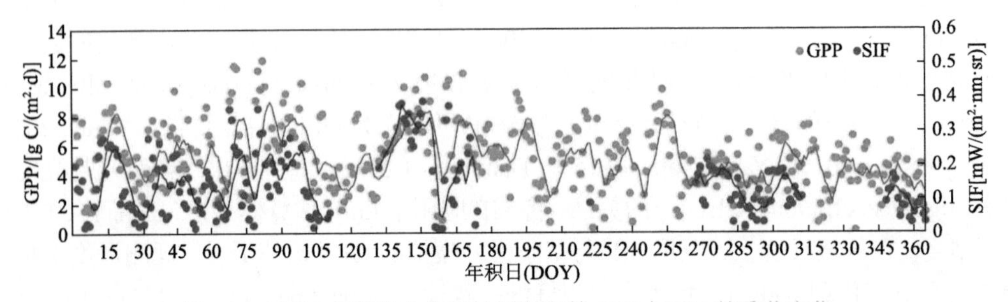

图 5-20　2018 年鼎湖山常绿针阔混交林 GPP 与 SIF 的季节变化

本书研究分析了日尺度和半小时尺度观测的 SIF 与 GPP 之间的线性关系（图 5-21）。对于日尺度观测，我们用当日观测均值作为日尺度 SIF 值，且剔除了有效观测数低于当日总观测数一半的日期，GPP 则选用当日累计值。结果表明，日尺度和半小时尺度的 SIF 与 GPP 均表现为显著线性相关，且日尺度的相关性（R^2=0.67，P<0.001）优于半小时尺度（R^2=0.46，P<0.001）。

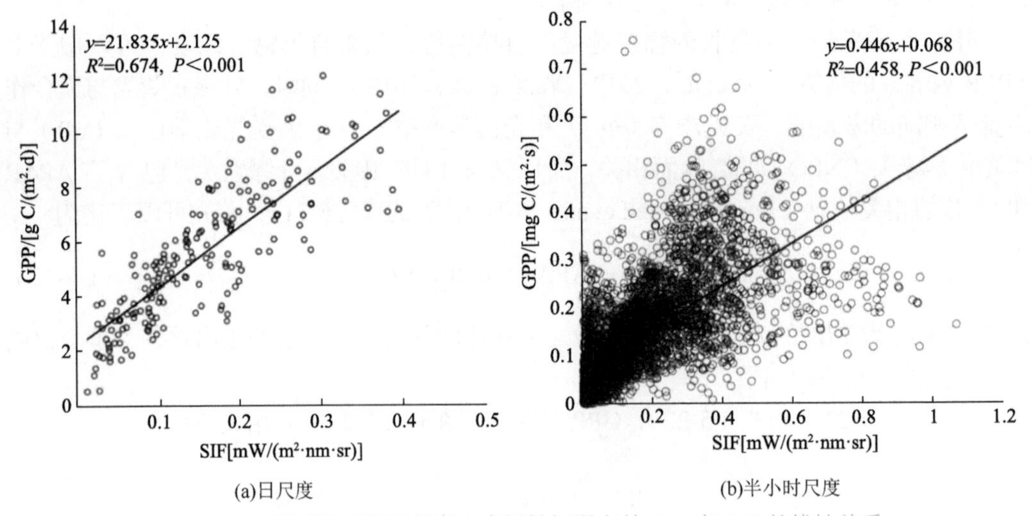

图 5-21　不同时间尺度下鼎湖山常绿针阔混交林 GPP 与 SIF 的线性关系

2）SIF 和基于 PRI 的 LUE 模型的 GPP 估算

SIF 与 GPP 的高度相关性已经在不同的时空尺度被证实，基于 SIF 和 GPP 的线性关系可估算 GPP 的时空动态。但是，在冠层水平 SIF 与 GPP 的关系仍受到包括太阳-观测角度、冠层结构和环境因子等各种因素的干扰。LUE 模型是基于遥感数据估算 GPP 的主要手段之一，具有可靠的理论基础、简洁的模型结构以及与遥感和通量观测数据紧密结合的特点，在不同的时空尺度上都有广泛的应用。LUE 模型的基本形式是将 GPP 表示为 APAR 和 LUE 的乘积[式（5-21）]。一旦获得精确的 APAR，LUE 则成为精确估算 GPP 的最关键参数。LUE 可以通过理想 LUE 及其衰减因子估算，但衰减因子来源于温度和水分等气象数据的估算，限制了其结果的准确性。利用遥感数据计算的 PRI 能够直接估算 LUE，弥补了这一不足。PRI 通过 531nm 和 570nm 波段反射率监测与叶片水平非光化学淬灭关联的叶黄素的变化，反映植物光合作用对多余能量的耗散过程，是 LUE 变化的敏感指示器。但 PRI 同样受到各种外部因素的影响，包括观测几何、冠层结构和土壤背景等。

利用 2018 年商丘玉米整个生长季日尺度和半小时尺度的观测数据，结合大叶和两叶模型，对比分析了 SIF 和基于 PRI 的 LUE 模型对 GPP 的估算效果（Chen et al.，2020）。结果表明（表 5-16），日尺度下，SIF 和基于 PRI 的 LUE 模型对 GPP 的估算效果相近，两叶模型的使用略微提高了 GPP 的估算精度；半小时尺度下，基于 PRI 的 LUE 模型估算效果优于 SIF，但两叶模型并未提高对 GPP 的估算；在逐日半小时尺度下，同样基于 PRI 的 LUE 模型表现更好，两叶模型对基于 PRI 的 LUE 模型的 GPP 估算略有帮助，而对 SIF 的 GPP 估算起了负作用。两叶模型对日变化的估算并未有明显提高。

表 5-16　在不同时间尺度下 SIF 和基于 PRI 的 LUE 模型对 GPP 估算回归模型比较

GPP 回归模型	日尺度			半小时尺度			逐日半小时尺度		
	R^2	P	RMSE	R^2	P	RMSE	R^2	P	RMSE
$GPP = a\times SIF_b+b$	0.50	<0.01	12.08	0.44	<0.01	16.26	0.43±0.22	0.05±0.17	8.80±5.50
$GPP = a\times SIF_t+b$	0.52	<0.01	11.82	0.44	<0.01	16.29	0.39±0.22	0.07±0.18	9.21±5.61
$GPP = (a\times PRI_b+b)\times APAR$	0.51	<0.01	11.87	0.53	<0.01	14.55	0.69±0.23	0.01±0.02	5.29±3.66
$GPP = (a\times PRI_t+b)\times APAR$	0.58	<0.01	11.00	0.51	<0.01	14.86	0.70±0.22	0.01±0.02	5.19±3.68

SIF_b 表示大叶模型 SIF 值，SIF_t 表示两叶模型 SIF 值。

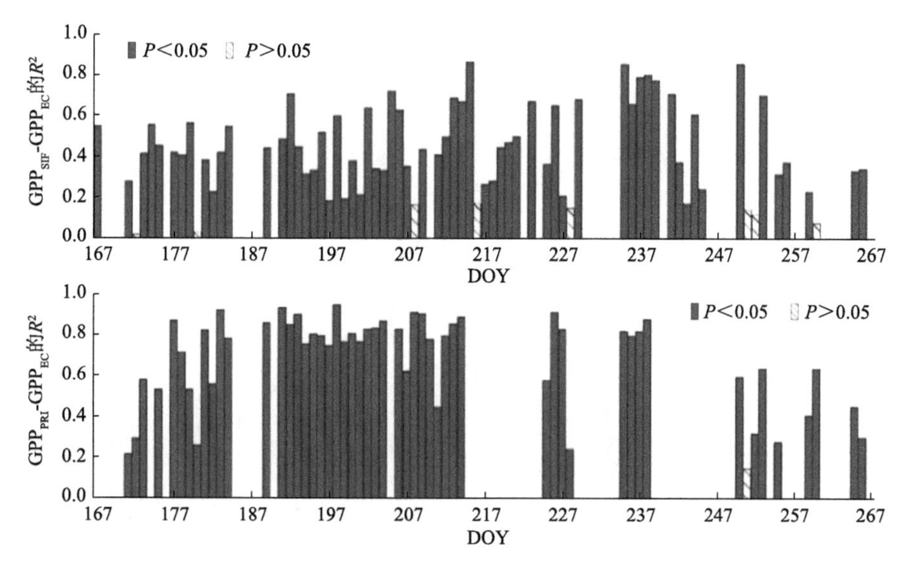

图 5-22　SIF 和基于 PRI 的 LUE 模型估算的 GPP 与 GPP_{EC} 的逐日相关性

大叶模型的逐日相关结果表明（图 5-22），在整个生长季 73 个 SIF 的有效观测日，GPP_{SIF} 与 GPP_{EC} 显著相关（P<0.05），占比 86%（R^2: 0.18～0.87），53 个 PRI 的有效观测日，GPP_{PRI} 与 GPP_{EC} 显著相关，占比 98%（R^2: 0.22～0.95）。结合不同环境分级下的结果发现，随着光照相关变量[PAR 和晴空指数（Q）]的增加，R^2_{SIF} 增加，高光照条件下 SIF 对 GPP 的估算效果好，而 R^2_{PRI} 保持相对稳定，尤其是随 Q 的变化。对于水分相关变量，即饱和水汽压差（VPD）和相对湿度（RH），高的 R^2_{SIF} 和 R^2_{PRI} 均出现在相对温和的环境条件下，如 VPD 在 20～25hPa，RH 在 60%～80%。二者对温度的反应区别较大，温度越高，R^2_{PRI} 越高，但 R^2_{SIF} 先增后减，最高的 R^2_{SIF} 出现在相对较低的温度下（25～28℃）。总体而言，基于 PRI 的 LUE 模型对 GPP 的估算效果更好，但 Q>2 和 RH<40 的情况除外（图 5-23）。我们认为基于 PRI 的 LUE 模型可能是比 SIF 追踪 GPP 日变化更有效的方法，但 SIF 应该是在晴朗的天空和相对湿度较低的情况下的首选（Chen et al., 2020）。

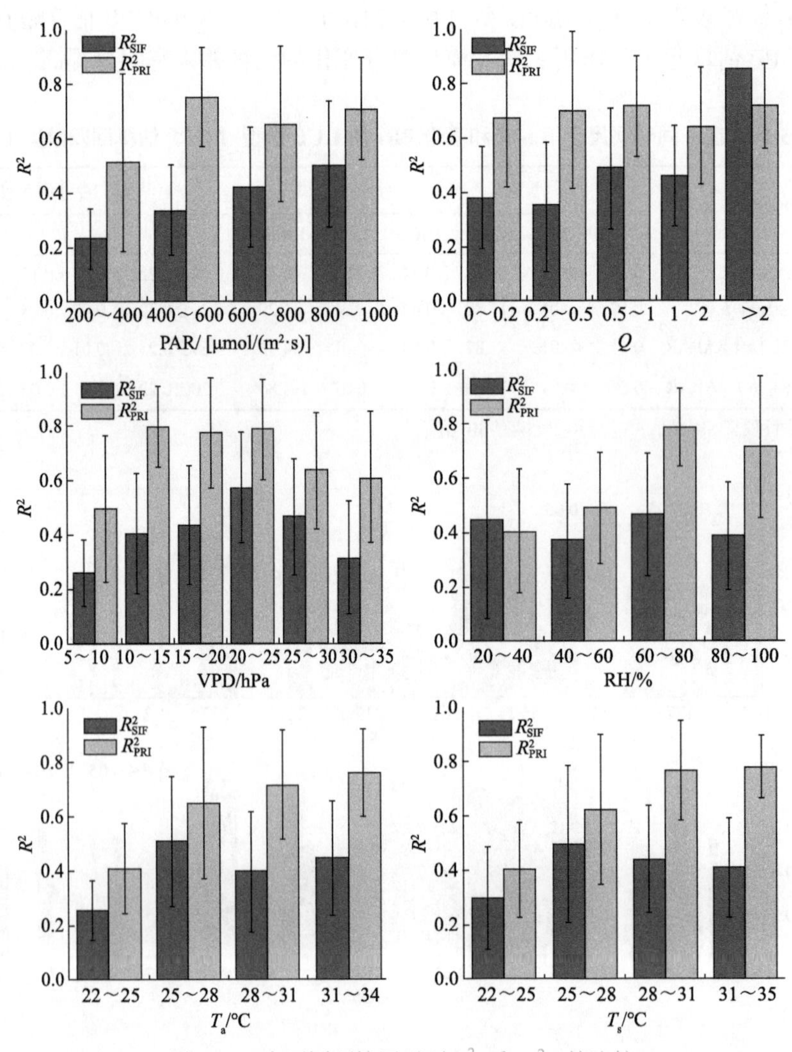

图 5-23 在不同环境因子下 R^2_{SIF} 和 R^2_{PRI} 的比较

3）纳入 PRI 优化 SIF 对 GPP 的估算

SIF 估算 GPP 方法指的是先建立 SIF 和 GPP 的线性关系，即 GPP=a×SIF+b，再估算 GPP。除 GPP 和 SIF 之外，NPQ 也是绿色植物吸收的光合有效辐射的耗散途径之一。在最近的研究中，SIF 估算 GPP 的过程中尚未考虑 NPQ 的影响。已有研究表明，在自然条件下 PRI 和 NPQ 密切相关。本节纳入 PRI 到 SIF-GPP 的线性关系中，即增加新的自变量 PRI，建立 GPP=a×SIF+b×PRI+c 的多元回归方程，从而对 GPP 进行估算。

以华北地区冬小麦生态系统为例，应用纳入 PRI 优化 SIF 对 GPP 的估算方法（Ma et al., 2022）。根据华北地区冬小麦生态系统的光谱观测数据和涡度相关通量观测数据发现，无论在抽穗期还是灌浆期，SIF_{obv} 和 PRI_{obv} 具有显著的线性负相关关系，并且在冬小麦生态系统中的相关系数（R^2）为 0.47（P<0.01）（图 5-24）。在不同土壤湿度条件下，PRI_{obv} 被纳入 SIF_{obv}-GPP_{obv} 的估算中，估算得到的 GPP 与观测 GPP 之间的 R^2 增加 0.11～0.16（表 5-17）。结果表明，将 PRI_{obv} 作为 NPQ 的指标加入 SIF_{obv} 对 GPP 的估算中，GPP_{obv} 估算精度得到了显著提升。

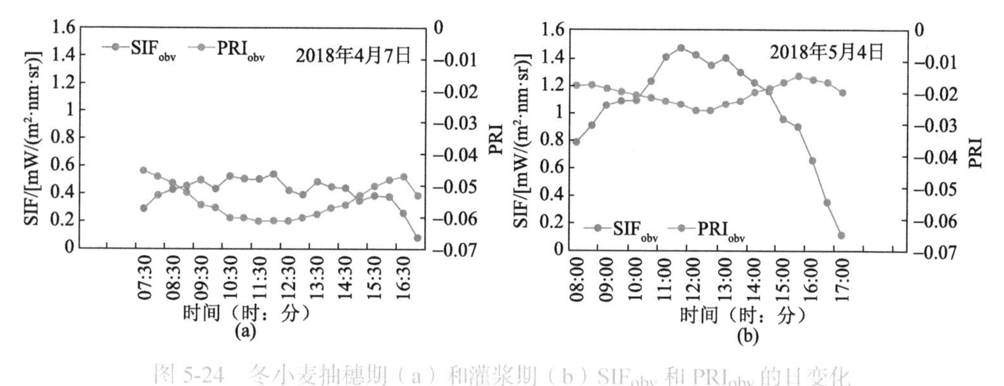

图 5-24 冬小麦抽穗期（a）和灌浆期（b）SIF_{obv} 和 PRI_{obv} 的日变化

表 5-17 不同土壤含水量下包含 NPQ 信息的 SIF_{obv}-GPP_{obv} 估算模型

土壤含水量	表达式	R^2	P
0.2～0.3m³/m³	GPP_{obv}=1.321×SIF_{obv}+13.97×PRI_{obv}+17.95	0.57	P<0.01
0.3～0.4m³/m³	GPP_{obv}=3.14×SIF_{obv}+39.82×PRI_{obv}+27.64	0.73	P<0.01
0.4～0.5m³/m³	GPP_{obv}=3.01×SIF_{obv}+36.73×PRI_{obv}+22.89	0.62	P<0.01

根据冠层辐射传输模型与土壤冠层观测、光化学和能量通量（soil canopy observation, photochemistry and energy fluxes，SCOPE）模型模拟的华北地区冬小麦生态系统 PRI、SIF 和 GPP 数据集，发现将 PRI 融入 GPP 估计中时，在所有土壤水分条件下，相关系数都高于 SIF 的相关系数。其中，当土壤含水量（SWC）≤0.3m³/m³ 时，模型的优化效果更好（ΔR^2 = 0.13～0.17）。但 SWC 在 0.4～0.5m³/m³ 时，模型的优化效果不明显（ΔR^2 = 0.05～0.09）（图 5-25）。

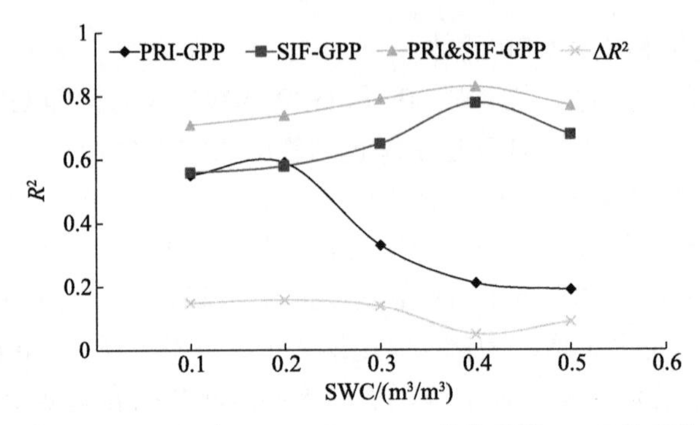

图 5-25 GPP_{sim} 与 SIF_{sim} 和 PRI_{sim} 的关系随 SWC 的变化

3. 基于生态过程模型的 GPP 估算方法

生态过程模型是计算陆地生态系统碳通量最主要的方法，GPP 采用光合作用模型计算。根据 Farquhar 光合作用模型（Farquhar et al.，1980），叶片尺度的光合作用速率为

$$A_{net}=\min(W_c,W_j)-R_d \tag{5-24}$$

式中，A_{net} 为叶片净光合速率，μmol / ($m^2 \cdot s$)；W_c 为受羧化酶活性限制的光合作用速率，μmol / ($m^2 \cdot s$)；W_j 为受光限制的光合作用速率，μmol / ($m^2 \cdot s$)；R_d 为白天叶片的暗呼吸。

受羧化酶活性限制的光合作用速率 W_c 为

$$W_c = V_m \times \frac{C_i - \rho}{C_i + K} \tag{5-25}$$

式中，V_m 为最大羧化作用速率，μmol / ($m^2 \cdot s$)；C_i 为叶肉细胞 CO_2 浓度，mol/mol；ρ 为无暗呼吸时的 CO_2 补偿点，mol/mol；K 为酶促反应速度常数，mol/mol。

受光限制的光合作用速率 W_j 为

$$W_j = J \times \frac{C_i - \rho}{4.5C_i + 10.5K} \tag{5-26}$$

式中，J 为电子传递速率。

白天叶片的暗呼吸 R_d 为

$$R_d=0.015V_m \tag{5-27}$$

光合速率从叶片到冠层的升尺度通过两叶模型完成，将阴叶和阳叶分离实现从单叶模型到冠层尺度的转换。

$$A_{canopy} = A_{sun} \times LAI_{sun} + A_{shade} \times LAI_{shade} \tag{5-28}$$

式中，A_{canopy} 为冠层总光合速率，A_{sun} 和 A_{shade} 分别为阳叶和阴叶的叶片瞬时光合速率；LAI_{sun} 和 LAI_{shade} 分别为阳叶和阴叶的叶面积指数。

$$GPP = A_{canopy} \times daylength \times C_{GPP} \tag{5-29}$$

式中，daylength 为日长；C_{GPP} 为转换系数。

GPP 正极值表示陆地生态系统处于较好状态下的碳吸收潜力，研究 GPP 正极值对评估区域生态系统支持功能具有重大意义。研究使用 BEPS 模型、TEC 模型和 GlOPEM 模型探测 1982～2015 年中国陆地生态系统 GPP 正极值时空格局，理解 GPP 正极值事件及其对不同驱动因子的响应，为气候正极值事件对陆地生态系统 GPP 的影响提供新的认识，并用于评估气候变化条件下我国陆地生态系统区域生态系统支持功能。

研究表明，1982～2015 年，中国陆地生态系统 GPP 正极值出现在 1990 年、1998 年和 2013 年，对应的 GPP 距平值分别为 0.4 Pg C/a、0.2 Pg C/a 和 0.3 Pg C/a（图 5-26）。其中，热带-亚热带季风区的贡献最大，在 3 个极值年份对 GPP 正极值的贡献率分别为 46%、50%和 46%（图 5-27）。3 个 GPP 正极值年份均与温度和辐射的正极值相关，表明并非所有的气候极值都会对陆地生态系统产生负效应，有利的气候极值事件能够有效促进中国陆地生态系统碳吸收（图 5-28）。该研究为评估中国陆地生态系统碳吸收潜力提供新方法，并为气候极值对中国陆地生态系统碳吸收的影响提供新认识（Wang et al.，2020）。

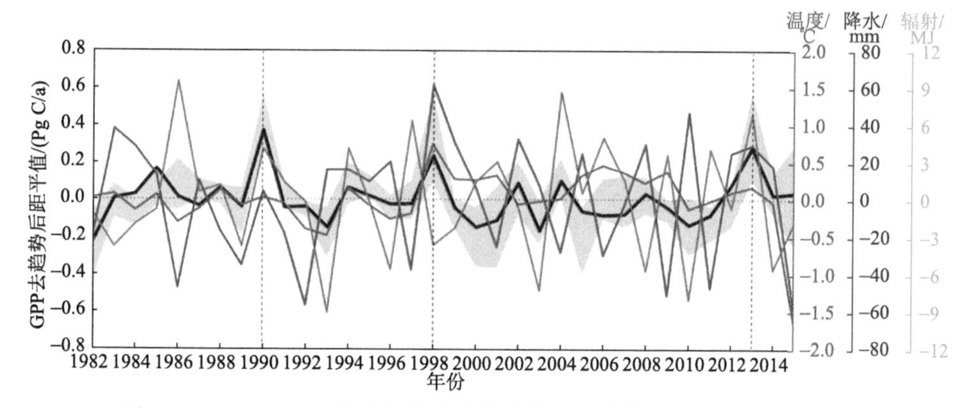

图 5-26　1982～2015 年中国陆地生态系统 GPP 与气候因子去趋势距平值

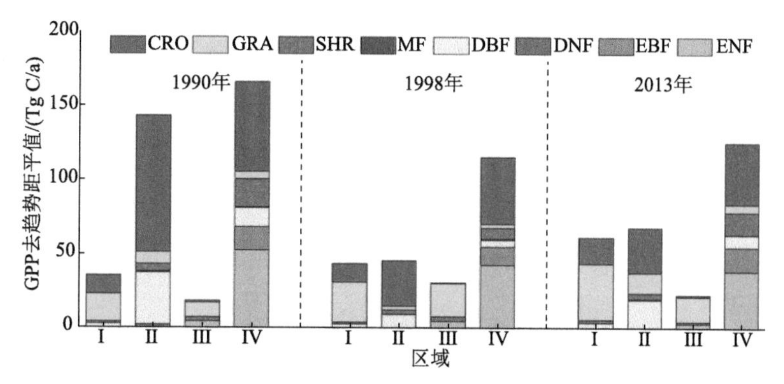

图 5-27　GPP 正极值年份区域及植被相对贡献

CRO 表示农田；GRA 表示草地；SHR 表示灌丛；MF 表示混交林；DBF 表示落叶阔叶林；DNF 表示落叶针叶林；EBF 表示常绿阔叶林；ENF 表示常绿针叶林

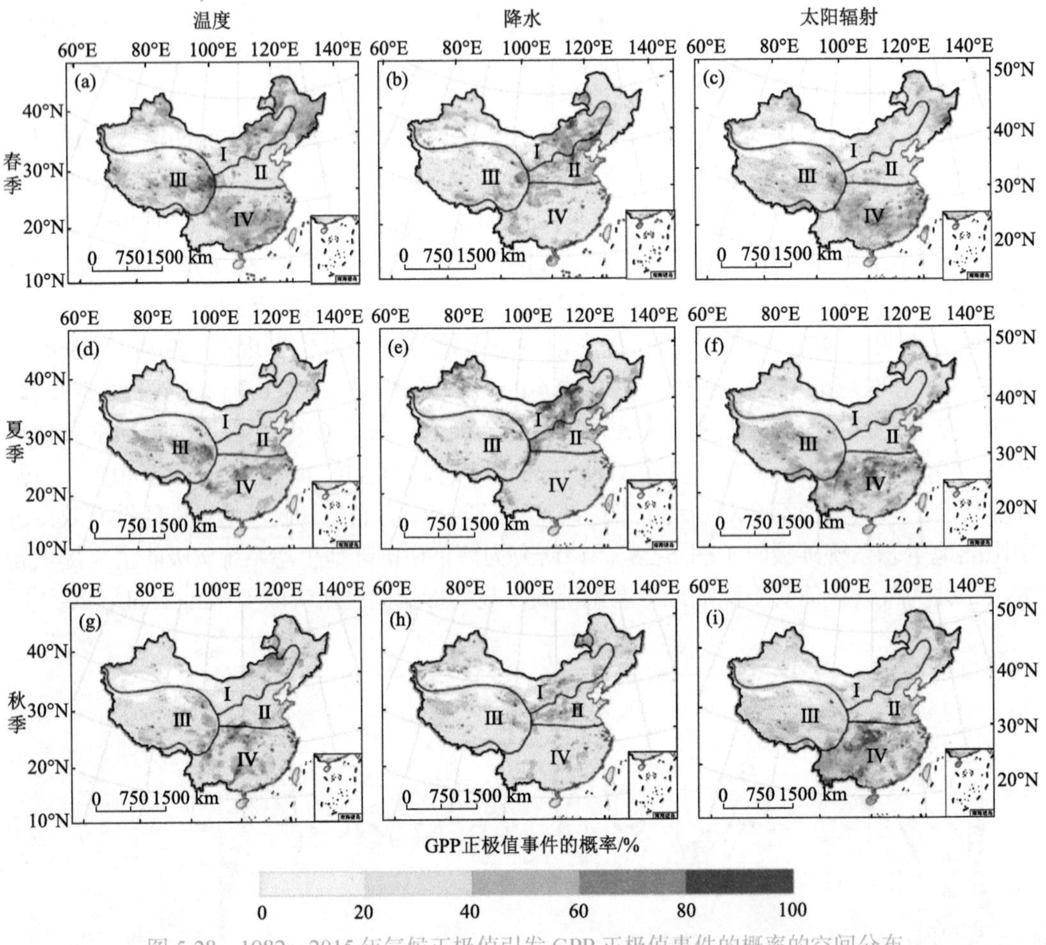

图 5-28 1982～2015 年气候正极值引发 GPP 正极值事件的概率的空间分布

4. NPP 计算方法

NPP 是植被 GPP 中扣除植物自身的自养呼吸（R_a）后的剩余部分。其中，自养呼吸作用是指在酶的参与下，生活细胞内的有机物逐步氧化分解并释放能量的过程。植物的自养呼吸主要包括生长呼吸（R_g）和维持呼吸（R_m）两部分：

$$R_a = R_g + R_m \tag{5-30}$$

$$R_g = 0.25\text{GPP} \tag{5-31}$$

$$R_m = \sum_{i=1}^{4} M_i R_{m,i} Q_{10}^{(T-T_b)/10} \tag{5-32}$$

式中，i 为植物的不同器官（粗根、细根、茎和叶）；M_i 为第 i 个器官的生物量；$R_{m,i}$ 为第 i 个器官在温度为 T_b 时的呼吸速率，μmol/（$m^2 \cdot s$）；T 为空气温度；Q_{10} 为呼吸对温度变化的响应函数。

$$NPP = GPP - R_m - R_g \tag{5-33}$$

5. NEP 计算方法

NEP 是植被 NPP 扣除土壤异养呼吸 R_h 后的剩余部分。其中，土壤 R_h 的计算采用各土壤分碳库分解速率及在各碳库间的转移速率方程求解：

$$R_h = \sum_{j=1}^{9} \tau_j \kappa_j C_j \tag{5-34}$$

$$NEP = NPP - R_h \tag{5-35}$$

式中，R_h 为异养呼吸；τ_j 为碳库 j 定义的呼吸系数；κ_j 为碳库 j 的分解速率；C_j 为碳库 j 的大小。

6. 释氧量计算方法

陆地生态系统与大气的物质交换主要是 CO_2 与 O_2 的交换，即林木固定减少大气中的 CO_2 和提高大气中 O_2 的浓度，这对维持大气中 CO_2 和 O_2 动态平衡、减少温室效应以及为人类提供生存基础都有巨大和不可替代的作用。为此，选用释氧指标反映生态系统释氧功能。基于上述得到的生态系统 NPP，结合光合作用化学反应式，可计算生态系统释氧量的生态系统支持功能。

$$6CO_2 + 6H_2O \xrightarrow{\text{光合作用}} C_6H_{12}O_6 + 6O_2 \tag{5-36}$$

释氧量的计算公式为

$$G_{\text{氧气}} = \frac{32}{12} \times A_s \times NPP \tag{5-37}$$

式中，$G_{\text{氧气}}$ 为林分年释氧量，g/a；A_s 为林分面积，m^2；NPP 为植被净初级生产力，g C/（$m^2 \cdot a$）。

5.4　生态系统生态维持功能的区域监测关键技术研发

5.4.1　生态系统维持功能指标阈值

区域生态系统维持功能指标等级的划分主要根据典型生态系统研究得出的等级划分标准与指标统计特征相结合的方式进行，具体步骤为：①基于植被类型数据和归一化植被指数（NDVI）、叶面积指数（LAI）、郁闭度（CD）、盖度（VC）和多样性指数（DI）数据，在 MATLAB 中分别绘制各个生态系统在每个指标上的频率分布直方图。②根据统计结果，以 20%为间隔，以累积频率 20%、40%、60%、80%处的值为指标划分阈值。

③根据在森林、湿地、荒漠、草地和农田等典型生态系统研究得出的等级标准对上述划分结果进行调整，最终得到各个生态系统的阈值划分结果。区域生态系统维持功能监测指标数据说明如表 5-18 所示。

表 5-18 区域生态系统维持功能监测指标数据说明

数据名称	说明
植被类型数据	植被类型数据来源于中国 2010 年 250m 土地覆盖数据，通过重分类分为 10 类：①常绿针叶林；②落叶针叶林；③针阔混交林；④常绿阔叶林；⑤落叶阔叶林；⑥草甸；⑦草原；⑧其他草地；⑨灌丛；⑩农田，并重采样为 1000m
NDVI	NDVI 数据为 2014～2016 年 3 年平均 NDVI 数据
LAI	LAI 数据为 2014～2016 年 3 年平均 LAI 数据
CD	基于植被类型数据和 NDVI 数据，运用像元二分模型，计算森林郁闭度。使用数据为 2014～2016 年 3 年平均 CD 数据
VC	基于植被类型数据和 NDVI 数据，运用像元二分模型，计算草地盖度。使用数据为 2014～2016 年 3 年平均 VC 数据
DI	基于 NDVI 数据，采用空间邻域指数计算方法，得到生态系统多样性指数

1. CD 评价阈值

CD 的值域在 0～1，该值越大代表树冠连接程度越高，森林质量越高。不同森林类型的郁闭度不同（图 5-29），将不同森林类型的郁闭度分别划分为 5 个等级（表 5-19）。

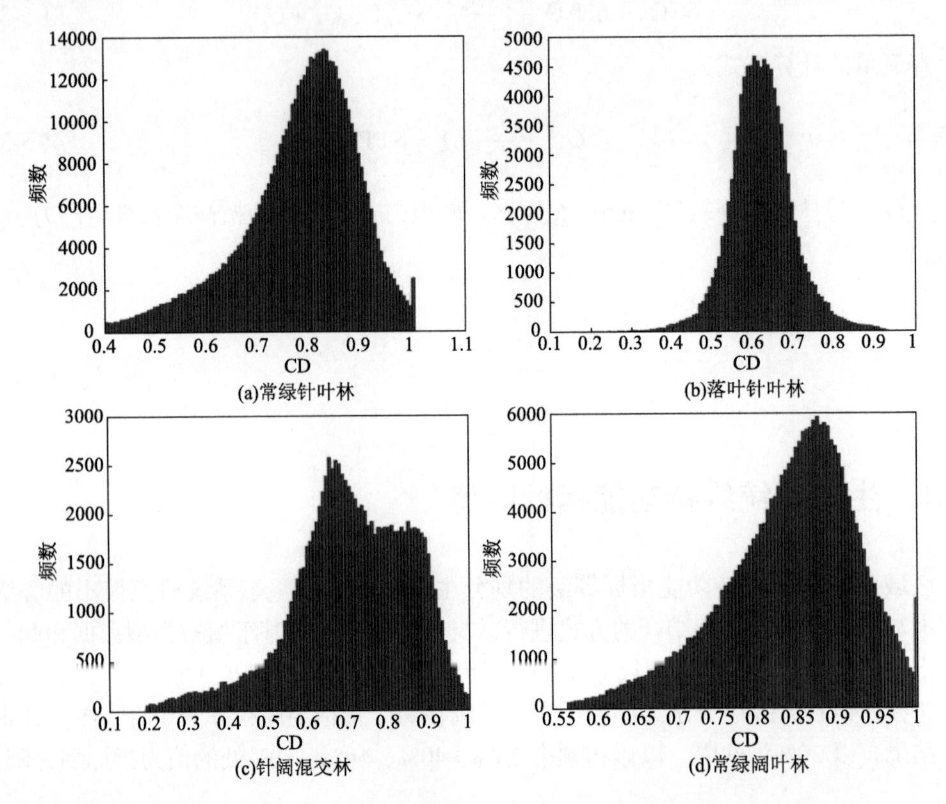

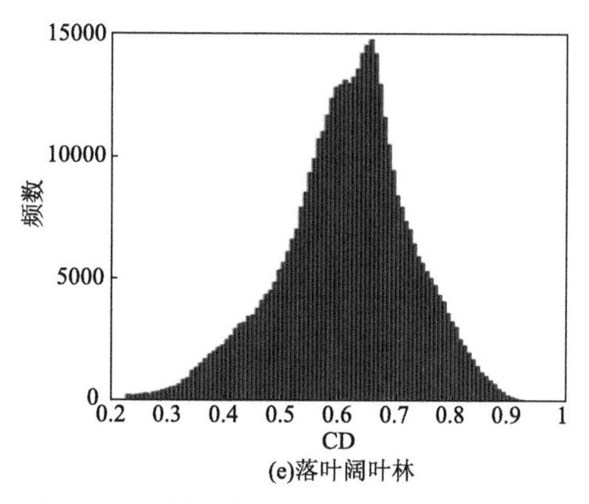

(e)落叶阔叶林

图 5-29　不同森林类型 CD 频率分布直方图

表 5-19　森林生态系统年平均 CD 等级划分

项目	常绿针叶林				
CD	<0.52	0.52～0.64	0.64～0.76	0.76～0.88	>0.88
强弱程度	弱	较弱	一般	较强	强
评价得分	1	2	3	4	5
项目	落叶针叶林				
CD	<0.31	0.31～0.47	0.47～0.64	0.64～0.80	>0.80
强弱程度	弱	较弱	一般	较强	强
评价得分	1	2	3	4	5
项目	针阔混交林				
CD	<0.36	0.36～0.52	0.52～0.68	0.68～0.84	>0.84
强弱程度	弱	较弱	一般	较强	强
评价得分	1	2	3	4	5
项目	常绿阔叶林				
CD	<0.20	0.20～0.40	0.40～0.60	0.60～0.80	>0.80
强弱程度	弱	较弱	一般	较强	强
评价得分	1	2	3	4	5
项目	落叶阔叶林				
CD	<0.37	0.37～0.53	0.53～0.69	0.69～0.84	>0.84
强弱程度	弱	较弱	一般	较强	强
评价得分	1	2	3	4	5

2. VC 评价阈值

VC 的值域范围介于 0～1，VC 越高其维持生境的能力越强，如保持水土、防风固沙等方面的能力。不同草地类型的 VC 频率分布不同（图 5-30），将不同草地类型 VC 等级做如表 5-20 所示的划分。

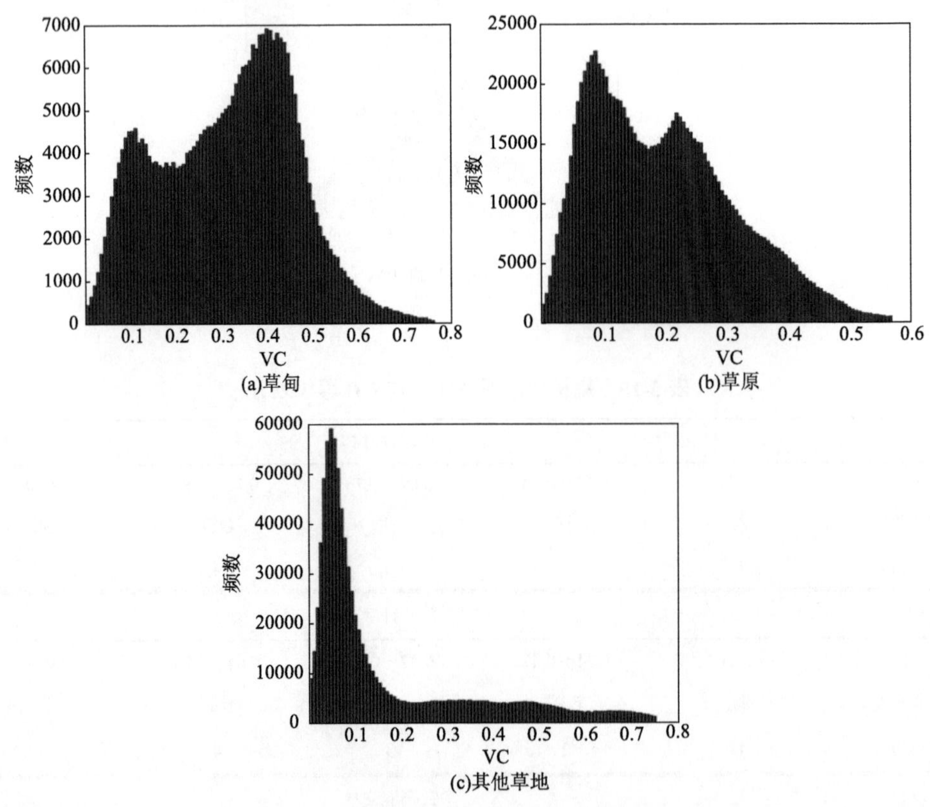

图 5-30 不同草地类型 VC 频率分布直方图

表 5-20 草地和荒漠生态系统年平均 VC 等级划分

项目	草甸				
VC	<0.15	0.15～0.30	0.30～0.46	0.46～0.61	>0.61
强弱程度	弱	较弱	一般	较强	强
评价得分	1	2	3	4	5
项目	草原				
VC	<0.11	0.11～0.23	0.23～0.34	0.34～0.46	>0.46
强弱程度	弱	较弱	一般	较强	强
评价得分	1	2	3	4	5
项目	其他草地				
VC	<0.15	0.15～0.30	0.30～0.45	0.45～0.60	>0.60
强弱程度	弱	较弱	一般	较强	强
评价得分	1	2	3	4	5

续表

项目	荒漠生态系统				
VC	<0.10	0.10～0.30	0.30～0.50	0.50～0.70	>0.70
强弱程度	弱	较弱	一般	较强	强
评价得分	1	2	3	4	5

3. LAI 评价阈值

LAI 的值域范围一般在 0～10，LAI 越大，表明植物群落生长状况越好，生态系统越健康。不同生态系统类型的 LAI 阈值不同。根据不同生态系统类型的 LAI 值域（图 5-31），将各种生态系统类型的 LAI 分别划分为 5 个等级（表 5-21）。

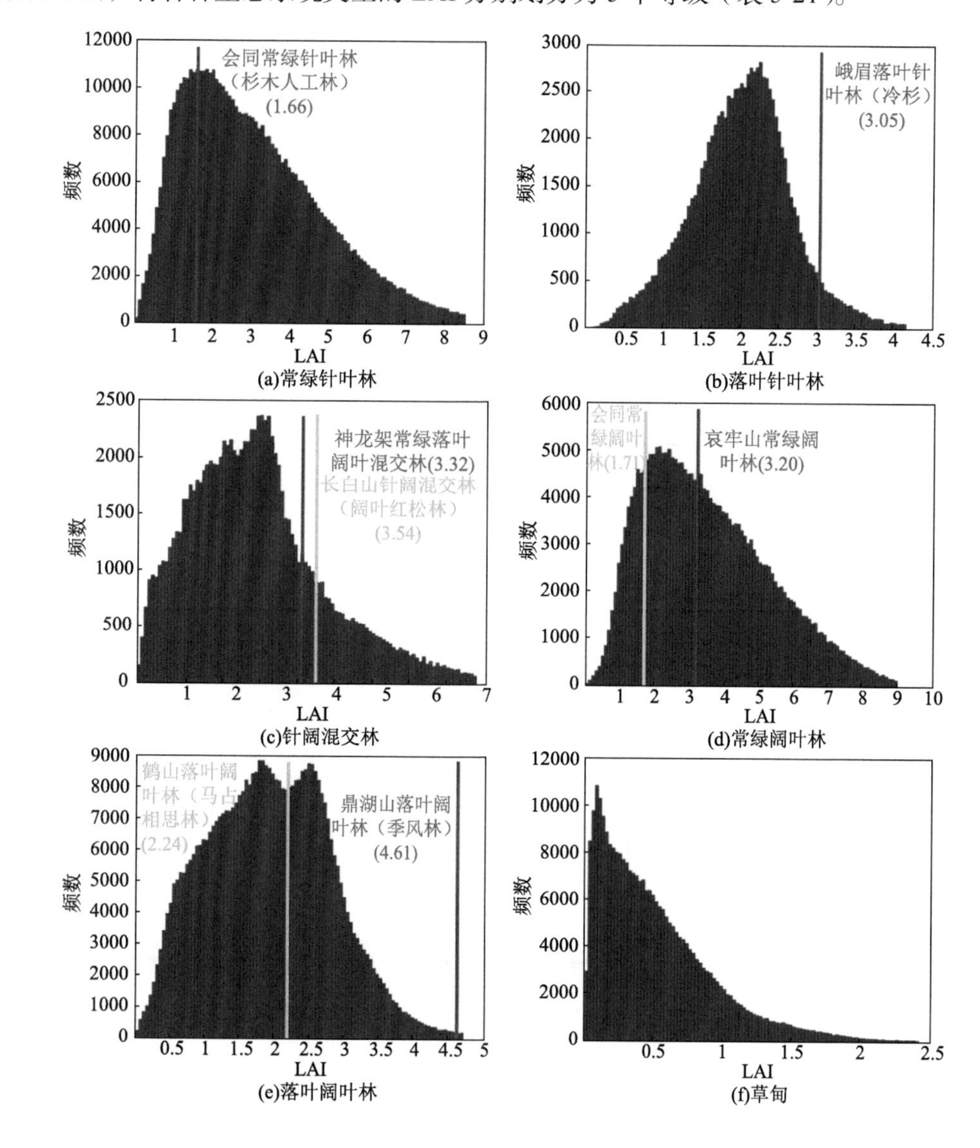

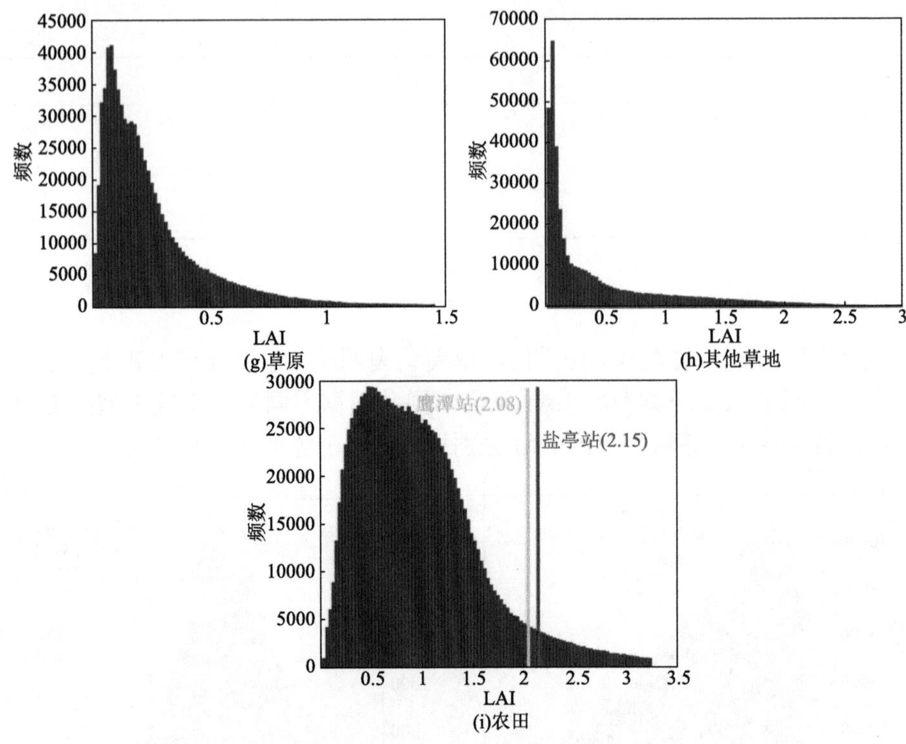

图 5-31 不同植被类型 LAI 频率分布直方图

图中黄色线与红色线标示站点实测数据

表 5-21 不同植被类型年平均 LAI 等级划分

项目	常绿针叶林				
LAI	<1.70	1.70～3.40	3.40～5.10	5.10～6.80	>6.80
强弱程度	弱	较弱	一般	较强	强
评价得分	1	2	3	4	5
类别	落叶针叶林				
LAI	<0.83	0.83～1.66	1.66～2.50	2.50～3.33	>3.33
强弱程度	弱	较弱	一般	较强	强
评价得分	1	2	3	4	5
项目	针阔混交林				
LAI	<1.34	1.34～2.68	2.68～4.02	4.02～5.36	>5.36
强弱程度	弱	较弱	一般	较强	强
评价得分	1	2	3	4	5
项目	常绿阔叶林				
LAI	<1.80	1.80～3.60	3.60～5.40	5.40～7.20	>7.20
强弱程度	弱	较弱	一般	较强	强
评价得分	1	2	3	4	5

续表

项目			落叶阔叶林		
LAI	<0.94	0.94～1.88	1.88～2.82	2.82～3.76	>3.76
强弱程度	弱	较弱	一般	较强	强
评价得分	1	2	3	4	5
项目			草甸		
LAI	<0.48	0.48～0.96	0.96～1.44	1.44～1.92	>1.92
强弱程度	弱	较弱	一般	较强	强
评价得分	1	2	3	4	5
项目			草原		
LAI	<0.70	0.70～0.90	0.90～1.00	1.00～1.30	>1.30
强弱程度	弱	较弱	一般	较强	强
评价得分	1	2	3	4	5
项目			其他草地		
LAI	<0.60	0.60～1.20	1.20～1.80	1.80～2.40	>2.40
强弱程度	弱	较弱	一般	较强	强
评价得分	1	2	3	4	5
项目			农田		
LAI	<0.64	0.64～1.28	1.28～1.92	1.92～2.56	>2.56
强弱程度	弱	较弱	一般	较强	强
评价得分	1	2	3	4	5
项目			湿地生态系统		
LAI	<0.70	0.70～1.40	1.40～2.10	2.10～2.80	>2.80
强弱程度	弱	较弱	一般	较强	强
评价得分	1	2	3	4	5
项目			荒漠生态系统		
LAI	<0.20	0.20～0.35	0.35～0.50	0.50～0.64	>0.64
强弱程度	弱	较弱	一般	较强	强
评价得分	1	2	3	4	5

4. NDVI 评价阈值

NDVI 的值域范围主要 0～1，NDVI 主要反映植被通过自身叶绿素和植物细胞结构对太阳辐射的反射和吸收能力，NDVI 越大说明植被对近红外波段反射及红波段吸收能力越强，生态系统越健康。根据各个生态系统的统计结果（图 5-32），对不同植被类型 NDVI 进行等级划分（表 5-22）。

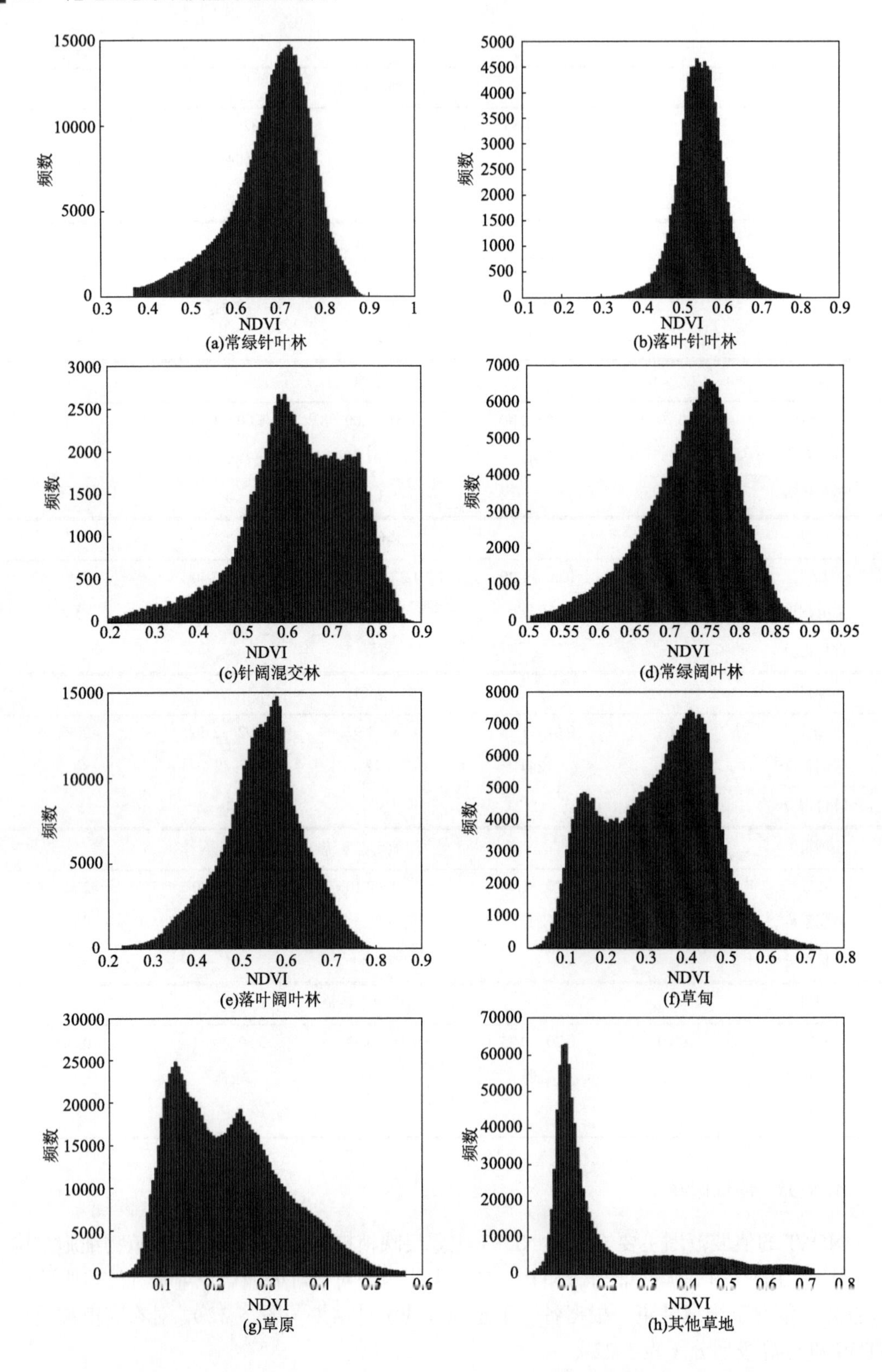
频数
NDVI
(a)常绿针叶林
(b)落叶针叶林
(c)针阔混交林
(d)常绿阔叶林
(e)落叶阔叶林
(f)草甸
(g)草原
(h)其他草地

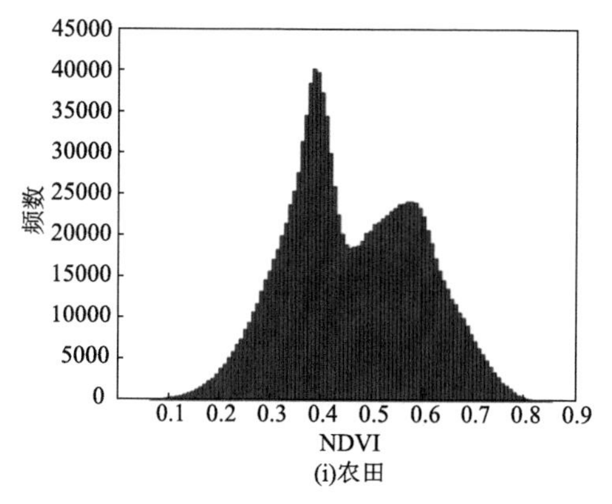

图5-32 不同植被类型NDVI频率分布直方图

表5-22 不同植被类型年平均NDVI等级划分

项目	常绿针叶林				
NDVI	<0.37~0.48	0.48~0.58	0.58~0.69	0.69~0.79	>0.79
强弱程度	弱	较弱	一般	较强	强
评价得分	1	2	3	4	5
项目	落叶针叶林				
NDVI	<0.31	0.31~0.45	0.45~0.58	0.58~0.72	>0.72
强弱程度	弱	较弱	一般	较强	强
评价得分	1	2	3	4	5
项目	针阔混交林				
NDVI	<0.34	0.34~0.47	0.47~0.61	0.61~0.74	>0.74
强弱程度	弱	较弱	一般	较强	强
评价得分	1	2	3	4	5
项目	常绿阔叶林				
NDVI	<0.58	0.58~0.66	0.66~0.74	0.74~0.82	>0.82
强弱程度	弱	较弱	一般	较强	强
评价得分	1	2	3	4	5
项目	落叶阔叶林				
NDVI	<0.35	0.35~0.48	0.48~0.60	0.60~0.73	>0.73
强弱程度	弱	较弱	一般	较强	强
评价得分	1	2	3	4	5
项目	草甸				
NDVI	<0.15	0.15~0.30	0.30~0.44	0.44~0.59	>0.59
强弱程度	弱	较弱	一般	较强	强
评价得分	1	2	3	4	5

续表

项目	草原				
NDVI	<0.37	0.37～0.40	0.40～0.44	0.44～0.51	>0.51
强弱程度	弱	较弱	一般	较强	强
评价得分	1	2	3	4	5
项目	其他草地				
NDVI	<0.14	0.14～0.29	0.29～0.43	0.43～0.58	>0.58
强弱程度	弱	较弱	一般	较强	强
评价得分	1	2	3	4	5
项目	农田				
NDVI	<0.22	0.22～0.38	0.38～0.53	0.53～0.68	>0.68
强弱程度	弱	较弱	一般	较强	强
评价得分	1	2	3	4	5
项目	湿地生态系统				
NDVI	<0.10	0.10～0.20	0.20～0.40	0.40～0.60	>0.60
强弱程度	弱	较弱	一般	较强	强
评价得分	1	2	3	4	5
项目	荒漠生态系统				
NDVI	<0.03	0.03～0.07	0.07～0.10	0.10～0.13	>0.13
强弱程度	弱	较弱	一般	较强	强
评价得分	1	2	3	4	5

5. DI 评价阈值

运用 DI 表征生态系统类型的丰富程度，DI 越高，说明生态系统类型越丰富，其维持生态系统稳定性的能力越强。以 NDVI 作为多样性评价性状值，计算 NDVI-Rao's Q 指数作为 DI 值，表征生态系统的多样性。根据各个生态系统的统计结果（图 5-33），对不同植被类型 DI 进行等级划分（表 5-23）。

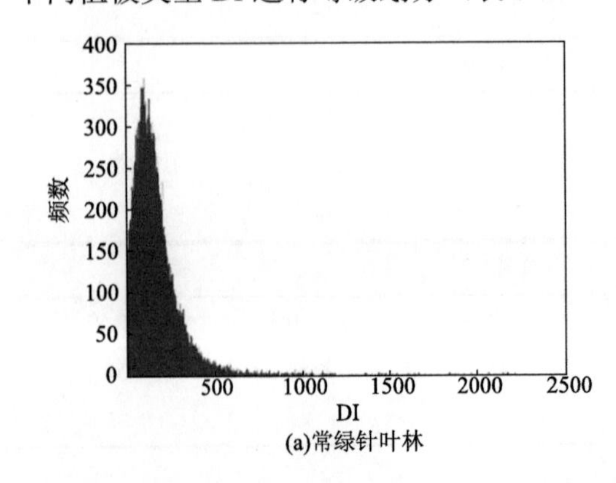

(a)常绿针叶林

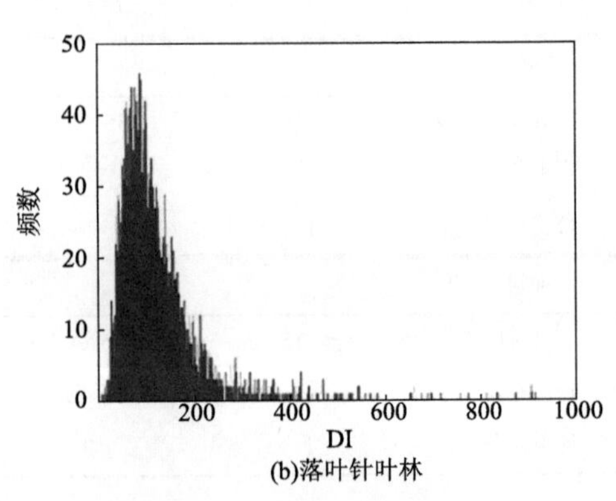

(b)落叶针叶林

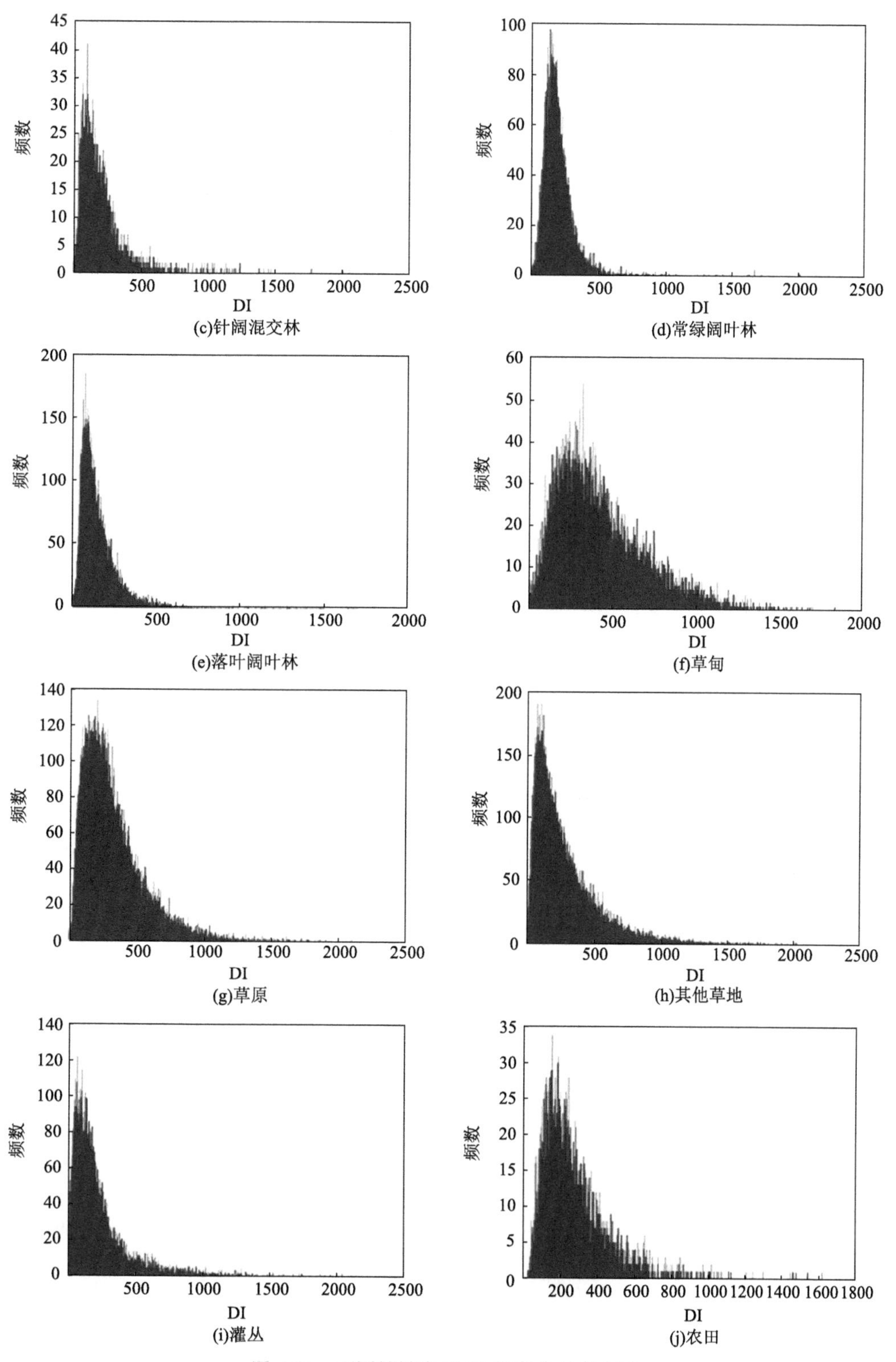

图 5-33 不同植被类型 DI 频率分布直方图

表 5-23 不同植被类型 DI 等级划分

项目	常绿针叶林				
DI	<1.70	1.70～3.40	3.40～5.10	5.10～6.80	>6.80
强弱程度	弱	较弱	一般	较强	强
评价得分	1	2	3	4	5
项目	落叶针叶林				
DI	0.5～57.9	57.9～82.9	82.9～111.6	111.6～158.2	>158.2
强弱程度	弱	较弱	一般	较强	强
评价得分	1	2	3	4	5
项目	针阔混交林				
DI	0.5～72.8	72.8～121.1	121.1～185.4	185.4～273.9	>273.9
强弱程度	弱	较弱	一般	较强	强
评价得分	1	2	3	4	5
项目	常绿阔叶林				
DI	<105.2	105.2～148.7	148.7～192.2	192.2～253.2	>253.2
强弱程度	弱	较弱	一般	较强	强
评价得分	1	2	3	4	5
项目	落叶阔叶林				
DI	0.2～62.7	62.7～93.9	93.9～140.8	140.8～211.1	>211.1
强弱程度	弱	较弱	一般	较强	强
评价得分	1	2	3	4	5
项目	草甸				
DI	0.2～193.3	193.3～300.7	300.7～422.3	422.3～615.4	>615.4
强弱程度	弱	较弱	一般	较强	强
评价得分	1	2	3	4	5
项目	草原				
DI	0.2～140.2	140.2～230.7	230.7～329.4	329.4～494.0	>494.0
强弱程度	弱	较弱	一般	较强	强
评价得分	1	2	3	4	5

续表

项目	其他草地				
DI	0.2～87.1	87.1～158.2	158.2～250.8	250.8～426.6	>426.6
强弱程度	弱	较弱	一般	较强	强
评价得分	1	2	3	4	5
项目	灌丛				
DI	0.2～58.1	58.1～115.9	115.9～182.1	182.1～306.0	>306.0
强弱程度	弱	较弱	一般	较强	强
评价得分	1	2	3	4	5
项目	农田				
DI	0.2～129.3	129.3～196.8	196.8～277.9	277.9～416.9	>416.9
强弱程度	弱	较弱	一般	较强	强
评价得分	1	2	3	4	5

5.4.2 生态系统维持功能指标计算方法

生态系统维持功能指标的计算方法如下。

1. CD 计算方法

CD 指森林内树冠的垂直投影面积与森林面积之比，是反映森林覆盖程度的指标。根据 NDVI，并结合土地覆盖数据，计算森林 CD，公式如式（5-38）：

$$\mathrm{CD}=\frac{\mathrm{NDVI_f}-\mathrm{NDVI_{non\text{-}crown}}}{\mathrm{NDVI_{crown}}-\mathrm{NDVI_{non\text{-}crown}}} \tag{5-38}$$

式中，CD 为郁闭度；$\mathrm{NDVI_f}$为森林像元的 NDVI，NDVI 计算方法见式（5-40）；$\mathrm{NDVI_{non\text{-}crown}}$为非林冠覆盖地表的 NDVI；$\mathrm{NDVI_{crown}}$为全林冠覆盖地表的 NDVI。

2. VC 计算方法

VC 通常指草地等植被冠层垂直投影面积占基准地表单位面积的比例或百分数，是植物群落地表覆盖状况的综合量化指标，主要采用遥感影像和实测数据，利用像元二分模型计算遥感监测的植被覆盖度（f_C），公式如式（5-39）：

$$f_C=\left(\text{NDVI}_v-\text{NDVI}_{soil}\right)/\left(\text{NDVI}_{veg}-\text{NDVI}_{soil}\right) \tag{5-39}$$

式中，f_C 为遥感监测的盖度；NDVI_v 为植被像元的 NDVI，NDVI 计算方法见式（5-40）；NDVI_{soil} 为裸土植被指数；NDVI_{veg} 为 100%覆盖条件下的植被指数。

3. NDVI 计算方法

NDVI 是根据植被光谱特性，基于卫星可见光与红外波段的归一化差构造的指数，可以反映植物群落地表覆盖度、绿度、健康与否等生长状况。通过遥感影像红光波段和近红外波段计算得到，具体计算公式如式（5-40）：

$$\text{NDVI}=\frac{\rho_{nir}-\rho_{red}}{\rho_{nir}+\rho_{red}} \tag{5-40}$$

式中，NDVI 为原始的 NDVI 值；ρ_{nir} 为近红外波段；ρ_{red} 为红光波段。

4. LAI 计算方法

LAI 指单位土地面积上植物叶片总面积与土地面积的比值，可以反映植物群落生长状况。通常以遥感监测方式得到的 LAI 为有效叶面积指数（LE），由于不同植被叶片在冠层内的空间结构不同，叶面集聚程度不同，不同类型的植被 LAI 存在差异，因此，可运用描述植被集聚效应的聚集度指数（Ω）来转换 LE 与 LAI 的关系，即 LAI=LE/Ω。同时，运用四尺度几何光学模型和切比雪夫多项式，并考虑双向反射分布函数（BRDF）效应，明确在不同地表覆盖类型、反射率、方位角条件下 LAI 与简单比值植被指数（SR）之间的关系，计算有效的 LAI，同时可引入像元尺度集聚指数，提升 LAI 反演精度。LAI 的具体计算公式详见 Liu 等（2012）的研究。

5. 多样性指数计算方法

为满足区域生态功能的动态监测，采用 Rao's Q 多样性指数来表征生态系统多样性状况。多样性指数是集合（样方）间物种丰富度和距离的综合反映，其值越高，相应的物种多样性越高。克服传统景观多样性指数仅考虑景观类型比例忽视其数值特征的问题，计算基于 NDVI 的 Rao's Q 多样性指数，其值越高，说明生态系统类型越丰富，其生态系统生物多样性越高。具体计算公式如式（5-41）和式（5-42）：

$$d_{ij}=\frac{1}{n}\sum_{k=1}^{n}\left(X_{ik}-X_{jk}\right)^2 \tag{5-41}$$

$$\text{Rao}_Q=\sum_{i=1}^{S-1}\sum_{j=i+1}^{S}d_{ij}p_ip_j \tag{5-42}$$

式中，Rao_Q 为 Rao's Q 多样性指数；d_{ij} 为样方（像元）间的距离矩阵；X_{ik}、X_{jk} 分别为 i、j 的像元性状特征；n 为样方（像元）内第 n 个物种的丰富度；S 为样方（像元）内的总物种数；p_i 为样方（窗口）内物种 i 占样方（窗口）内总物种数的比例；p_j 为样方（窗口）内物种 j 占样方（窗口）内总物种数的比例。

5.5　生态质量监测多源数据整合技术研究

5.5.1　森林生态系统生态功能监测数据产品生产

基于中国生态系统研究网络（CERN）生态站的长期动态监测数据和数据同化方法，我们制定了生产力和固碳功能、水源涵养功能、土壤保持功能数据产品的具体估算方法与生产的技术路线，并生成相应的数据产品。

基于生态系统长期观测数据估算生态系统重要服务功能主要包括三类方法：基于数据同化和过程模型的长时间序列估算方法、基于观测数据的统计学方法、基于生态功能经验模型的计算方法。生产力和固碳功能数据产品采用基于数据同化和过程模型的长时间序列估算方法，通过地面观测、遥感、文献数据和模型的融合，实现不连续观测数据到长时间序列观测数据的重构；水源涵养功能数据产品主要采用基于观测数据的统计学方法，该方法原理清晰、相对简单，但数据的缺失程度直接影响估算结果；土壤保持功能数据产品采用基于生态功能经验模型的计算方法，地面观测数据和遥感数据作为模型驱动数据，可以直接运行模型进行估算。

1. 生产力和固碳功能数据产品生产

将中国典型生态系统生态站长期观测的生物量、凋落物、叶面积指数、土壤有机质、土壤容重、土壤机械组成等作为模型反演数据，以及气温、光合有效辐射、相对湿度和饱和水汽压差等作为气象驱动数据，辅助以碳通量数据、文献收集经验知识，集成数据同化的生态系统碳循环（data assimilation linked ecosystem carbon，DALEC）模型和马尔可夫链蒙特卡罗（Markov chain Monte Carlo，MCMC）模型数据融合算法，反演生态系统碳循环的分配和周转等关键参数，再通过模型正演模拟获取各生态站时间序列完整的生产力和固碳功能数据产品。基于数据同化和过程模型的生态系统生产力和固碳功能数据产品生产流程见图 5-34。通过这种方法，获取了 CERN 10 个森林生态站近 15 年时间序列完整的生产力和固碳功能数据产品，包括总初级生产力（GPP）、净初级生产力（NPP）、净生态系统生产力（NEP）及植被、土壤和生态系统碳密度等数据。

2. 水源涵养功能数据产品生产

利用 CERN 10 个森林生态站 2005～2014 年的观测数据，将枯枝落叶蓄水量与土壤蓄水量之和作为森林生态系统的综合蓄水量。图 5-35 展示了长白山和鼎湖山森林生态站综合蓄水量的年际变化。

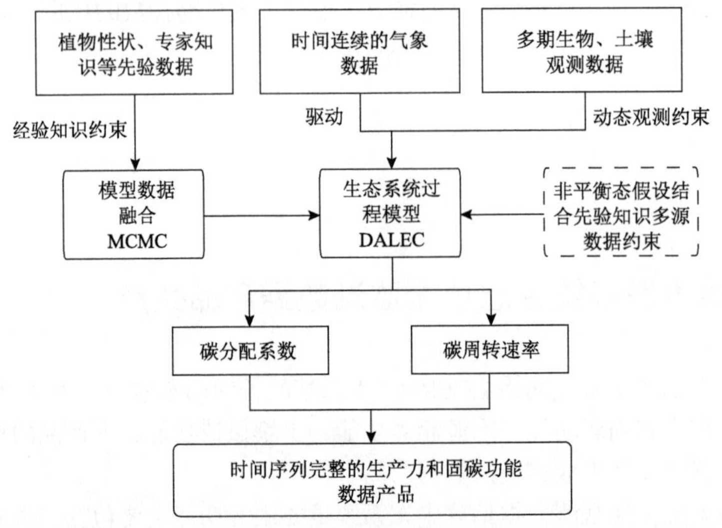

图 5-34　生态系统生产力和固碳功能数据产品生产流程图

枯枝落叶蓄水量为凋落物现存量与枯枝落叶含水率的乘积：

$$L = L_s \times \beta / 10000 \tag{5-43}$$

式中，L 为枯枝落叶蓄水量，mm；L_s 为凋落物现存量，g/m^2，是总干重除去杂物部分的干重；β 为枯枝落叶含水率，%；10000 为单位换算比例。

土壤蓄水量通过土壤体积含水量与土层厚度计算：

$$S = \sum_{i=1}^{n} D_i \cdot \gamma_i \tag{5-44}$$

式中，S 为土壤蓄水量，mm；D 为土层厚度，mm；γ 为该土层的土壤体积含水量，%；i 为不同深度土层分层。

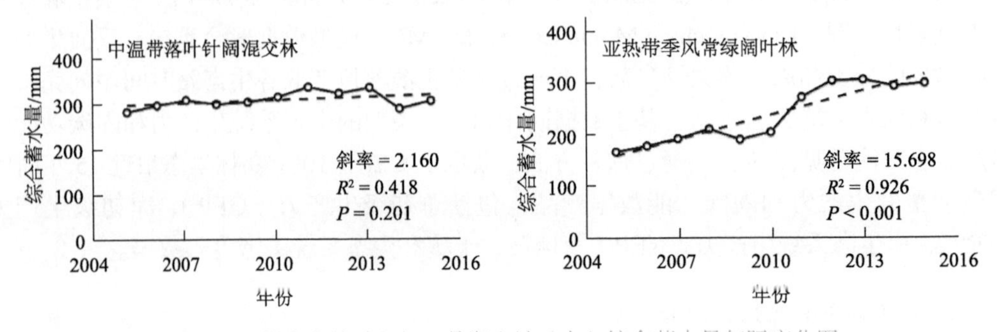

图 5-35　长白山站（左）、鼎湖山站（右）综合蓄水量年际变化图

3. 土壤保持功能数据产品生产

选用修正的通用土壤流失方程（revised universal soil loss equation，RUSLE）估算土壤保持功能，该模型综合考虑了降水、土壤、地形、植被覆盖和水土保持措施对土壤侵蚀的影响，以生态系统潜在土壤侵蚀量与现实土壤侵蚀量的差值来表征生态系统土壤保持量。潜在土壤侵蚀量是指生态系统在没有植被覆盖和水土保持措施的情况下可能产生的土壤侵蚀，现实土壤侵蚀量是指考虑地表覆盖和水土保持因素的实际土壤侵蚀量。模型计算公式如式（5-45）～式（5-48）：

$$A_c = A_p - A_r \tag{5-45}$$

$$\hat{A} = \frac{A_c}{A_p} \times 100\% \tag{5-46}$$

$$A_p = R \cdot K \cdot LS \tag{5-47}$$

$$A_r = R \cdot K \cdot LS \cdot FC \cdot P \tag{5-48}$$

式中，A_c为单位面积土壤保持量，t/（$hm^2 \cdot a$）；$\hat{A}$为土壤保持率；A_p为单位面积潜在土壤侵蚀量，t/（$hm^2 \cdot a$）；A_r为单位面积现实土壤侵蚀量，t/（$hm^2 \cdot a$）；R为降水侵蚀力因子；K为土壤可蚀性因子；LS为坡长坡度因子；FC为植被覆盖因子；P为土壤保持措施因子。

1）降水侵蚀力因子（R）

降水侵蚀力因子是降水引发土壤侵蚀的潜在能力。本研究采用日雨量侵蚀力模型计算降水侵蚀力：

$$R = \alpha \sum_{j=1}^{k} D_i^{\beta} \tag{5-49}$$

式中，R为月降雨侵蚀力，（$MJ \cdot mm$）/（$hm^2 \cdot h \cdot$月）；D_i为第i天的侵蚀性日雨量，mm（要求日雨量≥12 mm，否则以0计算）；k为天数；α、β为模型待定参数。

2）土壤可蚀性因子（K）

土壤可蚀性因子是评价土壤遭受降水侵蚀难易程度的重要指标，与土壤机械组成和土壤有机碳含量密切相关。K值采用的计算公式为

$$K = 0.1317\left\{0.2 + 0.3\exp\left[-0.0256\mathrm{SAN}\left(1-\frac{\mathrm{SIL}}{100}\right)\right]\right\} \cdot \left(\frac{\mathrm{SIL}}{\mathrm{CLA}-\mathrm{SIL}}\right)^{0.3} \cdot \left[1-\frac{0.25C}{C+\exp(3.72-2.95C)}\right] \cdot \left[1-\frac{0.7\mathrm{SN1}}{\mathrm{SN1}+\exp(-5.51+22.95\mathrm{SN1})}\right] \tag{5-50}$$

式中，K为土壤可蚀性因子值，（$t \cdot hm^2 \cdot h$）/（$MJ \cdot hm^2 \cdot mm$）；SAN、SIL、CLA和C分别为砂粒（0.050～2.000 mm）、粉粒（0.002～0.050 mm）、黏粒（<0.002 mm）和有机碳含

量，%；SN1 为黏粒含量和粉粒含量之和，%。

3）坡长坡度因子（LS）

坡长坡度因子反映坡长和坡度对坡面土壤侵蚀的影响。LS 的计算公式为

$$LS = \left(\frac{\lambda}{20}\right)^m \left(\frac{\theta}{10}\right)^n \tag{5-51}$$

式中，λ 为坡长，m；θ 为坡度；m 为坡长指数；n 为坡度指数。

通过分析国内外研究成果，坡长指数 m 随坡度变化的取值范围为

$$m = \begin{cases} 0.15 & \theta \leqslant 5^\circ \\ 0.2 & 5^\circ < \theta \leqslant 12^\circ \\ 0.35 & 12^\circ < \theta \leqslant 22^\circ \\ 0.45 & 22^\circ < \theta \leqslant 35^\circ \end{cases} \tag{5-52}$$

全国坡度指数 n 主要集中于 1.3～1.4。CERN 生态站的样地大小为 100m×100m，因此 λ 值取 100。

4）植被覆盖因子（FC）

植被覆盖因子反映了不同地面植被覆盖状况对土壤侵蚀的影响。根据 NDVI 与植被覆盖度的经验关系计算月植被覆盖度 F_c；利用蔡崇法等（2000）和江忠善等（1996）的方法计算植被覆盖因子 FC，公式为

$$F_c = (108.49\text{NDVI} + 0.717) \times 100\% \tag{5-53}$$

$$FC = \begin{cases} 0.6508 - 0.3436\lg F_c & 0 < F_c < 78.3\% \\ e^{-0.0085(F_c-5)1.5} & F_c \geqslant 78.3\% \end{cases} \tag{5-54}$$

式中，F_c 为植被覆盖度，%；e 为自然对数底值。

5）土壤保持措施因子（P）

土壤保持措施因子是指在一定水土保持措施的作用下，水土流失面积与标准状况下土壤流失面积之比，其值介于 0～1。

5.5.2 基于多源数据-模型融合的生态系统生产力和固碳功能数据产品生产系统的研发

"基于多源数据-模型融合的生态系统生产力和固碳功能数据产品生产系统"的研发采用基于数据同化和过程模型的长时间序列估算方法，通过地面观测、遥感、文献和模型的融合，实现不连续观测数据到长时间序列观测数据的重构。该系统总体功能结构如图 5-36 所示。

1. 数据规范化

将驱动数据、观测数据和参数先验值读入 MATLAB 框架，生成符合模型输入格式的二进制输入文件。

2. 参数反演

将制备好的二进制输入文件读入同化系统，基于模型数据融合（model data fusion，MDF）的同化算法和经验约束条件（EDCs），对 DALEC 进行参数约束并反演，生产优化后的参数文件，具体步骤为：基于驱动数据和参数值调用模型模块获取模拟值，调用似然模块与输入文件中的观测数据构建似然函数，调用算法模块判断似然函数和 EDCs 不断调整优化参数，通过马尔可夫链的收敛检验后，生成最优参数集及其对应的似然函数文件，并选取接受的参数集后一半参数作为正演参数样本。

3. 模型正演

将参数文件读入 MATLAB 框架中，基于 DALEC 模型和输入文件中的模型驱动数据进行正演，获取生产力和固碳功能中的重要碳通量及碳储量模拟值（图 5-37）。

4. 产品可视化

对获取的数据产品结果进行可视化，生成一系列参数后验分布（碳储量、碳通量及其模拟置信区间）、对应观测样本散点分布等图形文件（图 5-36）。

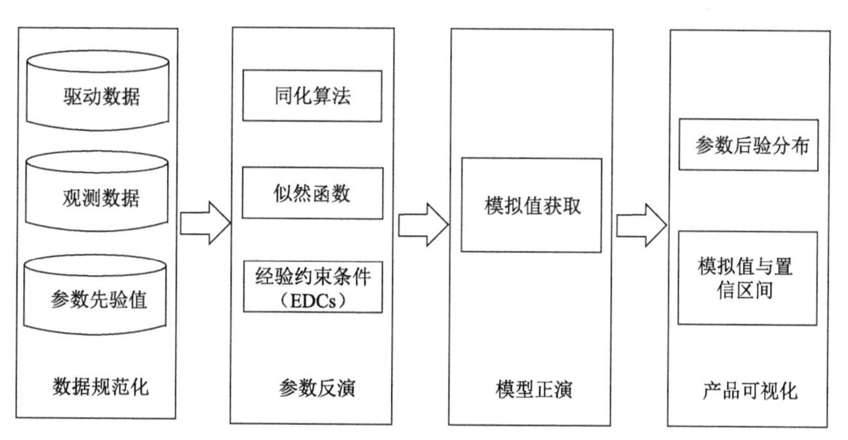

图 5-36　基于多源数据-模型融合的生态系统生产力和固碳功能数据产品生产系统总体功能结构图

该系统基于 MATLAB 客户端开发，主要具有以下几方面的技术特点。

（1）只需安装 MATLAB 客户端，即可交互式处理数据，生成数据产品。

（2）实现生态大数据、复杂的生态过程模型与不断迭代的同化算法的衔接融合，以及传统马尔可夫链蒙特卡罗算法的优化改进，有效提升了迭代的收敛速度及算法处理效率。

（3）可根据用户需求交互式选择同化核心算法的处理模式，系统灵活、友好。

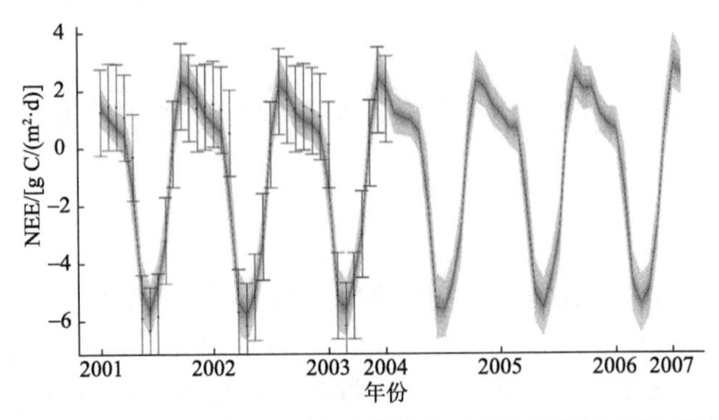

图 5-37 净生态系统交换量（NEE）模拟结果时间序列及其不确定性区间示例

5.6 生态系统生态功能监测技术的应用示范与验证

5.6.1 古田山亚热带常绿阔叶林地上碳分布及其影响因素

在钱江源国家公园（古田山）24hm^{2}样地和 16 个 1hm^{2}样地的基础上，将整个古田山保护区划分成 92 个 1km×1km 的网格，以天然林（次生林和原始林）为主的区域，沿南北、东西方向每间隔 350m 设置一个 20 m×20 m 森林群落样方（图 5-38），共选取 380 个 20m×20m 样地；采用环刀法在每个样地取 5 个土样，并分析土壤的理化性质。

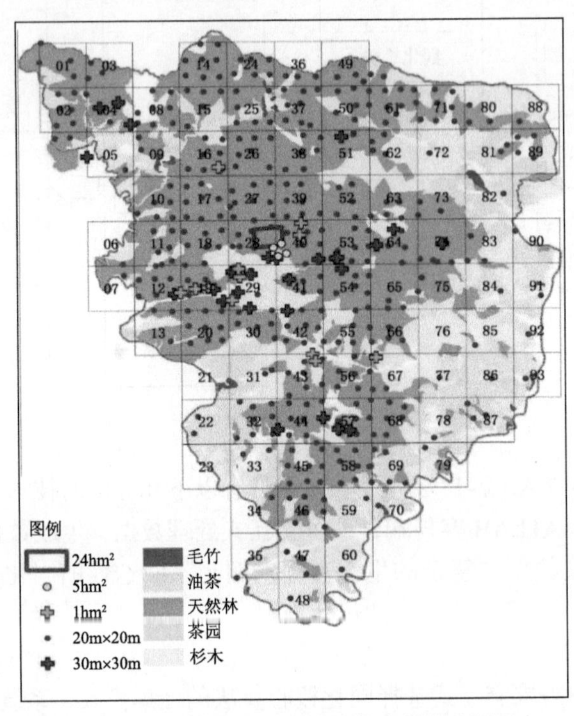

图 5-38 古田山保护区全境植物多样性监测平台

在 20 m×20 m 样地尺度上，古田山保护区森林群落物种丰富度空间变异大，平均物种丰富度为 37.1±8.9，物种丰富度最大值为 63，最小值为 13，变异系数为 24%。在核心区的高海拔、人为干扰少的原始林区域物种多样性最丰富（图 5-39）。

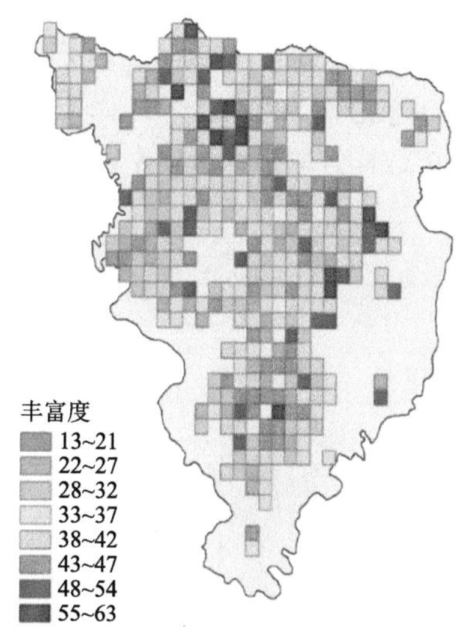

图 5-39 古田山保护区天然林物种丰富度空间变化

土壤有机碳（SOC）平均值为（48.6±21.5）g/kg，最大值为 140.7 g/kg。在老龄林样地，最小值为 4.67，但位于沟谷石砾堆积地带，变异系数为 44%（图 5-40）。研究表明，亚热带地区土壤有效磷（AP）是物种分布和生长的重要限制因子，土壤有效磷平均值为（60.8±8.3）mg/kg，最大值为 95.5mg/kg，分布于常绿阔叶老龄林；最小值为 45，分布于天然次生马尾松林（图 5-40）。

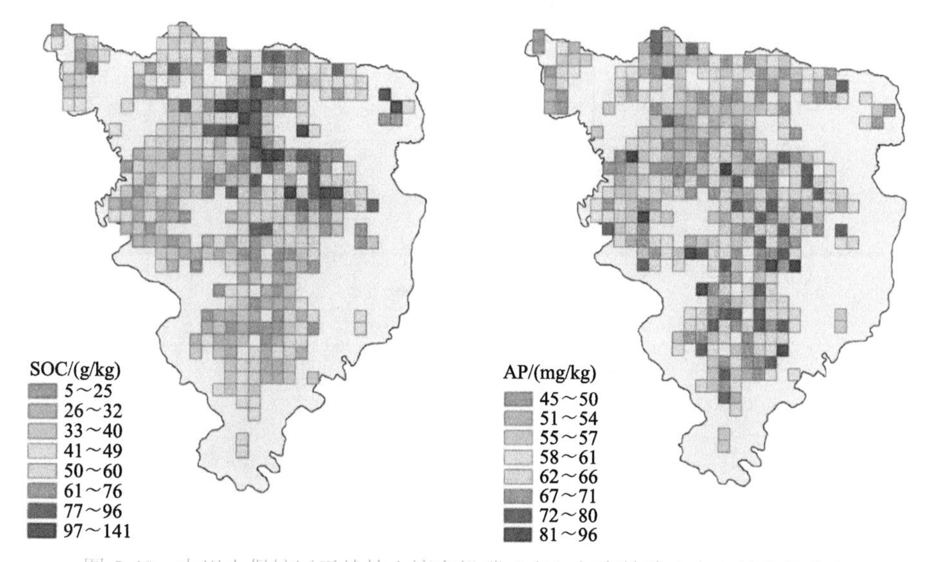

图 5-40 古田山保护区天然林土壤有机碳（左）与有效磷（右）的空间分布

古田山保护区内亚热带森林群落地上生物量（AGB）具有非常明显的空间格局，总体上核心区较高，周边区域较低（图 5-41）。基于 380 个 20m×20 m 样地数据，古田山保护区 AGB 最大值为 457.1Mg/hm^2，属于核心区无人为干扰的原始森林，海拔 712.9m，平均胸径为 10.3cm；最小值为 36.1Mg/hm^2，属于近 30 年前被采伐后天然更新的次生林，海拔 314.6m，平均胸径为 3.6cm。所有样方 AGB 的平均值为 172.5Mg/hm^2，中值为 166.4 Mg/hm^2，标准差为 68.3 Mg/hm^2，最大值是最小值的 12.6 倍。样地的 AGB 近似呈现正态分布，偏度为 0.793，峰度为 1.139，大多数样方的生物量集中在 150～200 Mg/hm^2（图 5-41）。

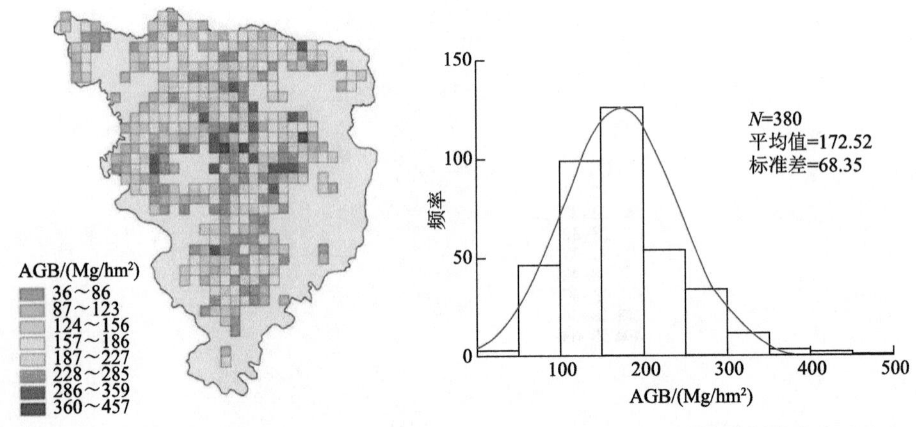

图 5-41　古田山保护区天然林地上生物量空间分布（左）及地上生物量频率分布（右）

在地形变量中，海拔、坡度和坡向对森林 AGB 具有正效应；在土壤变量中，土壤容重、土壤含水量和全磷对森林 AGB 具有负效应，有效磷对森林 AGB 有正效应，其他土壤元素对森林 AGB 无影响（图 5-42）。其中，海拔对森林 AGB 影响最大，其次为土壤容重。

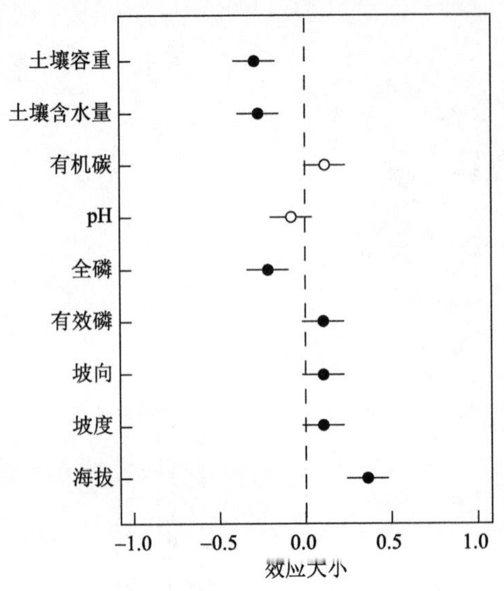

图 5-42　基于 AGB 对环境因子多元线性回归分析的环境因子效应

点对应横坐标的值为多元回归系数，实心点表示在 0.05 水平上显著，空心点表示不显著，点上线段表示 95%置信区间

在 6 个生物因子中，胸径 90%分位数对 AGB 为正效应，其影响最大，其次是胸径变异系数，群落胸径变差越大，AGB 越大。其他生物因子：物种丰富度、多度、香农维纳多样性指数和均匀度指数对地上生物量均未产生显著影响（表 5-24）。

表 5-24　AGB 对生物因子简单线性回归分析

缩写	预测变量	R^2	P 值
$Q90_{DBH}$	胸径 90%分位数	0.3181	<0.001
CV_{DBH}	胸径变异系数	0.1873	<0.001
AD	多度	0.0054	0.1536
S	物种丰富度	0.0003	0.7560
H	香农维纳多样性指数	0.0009	0.5519
J_{sw}	均匀度指数	0.0001	0.8245

森林 AGB 对生物因子的多元回归分析表明，胸径 90%分位数对 AGB 的影响仍然最大（正效应）、胸径变异系数的效应仍居第二位，并且效应方向不变。在控制其他生物因子后，均匀度指数仍对 AGB 未产生影响，但多度和物种丰富度均呈显著的正效应，群落物种越丰富，森林 AGB 越高（图 5-43）。

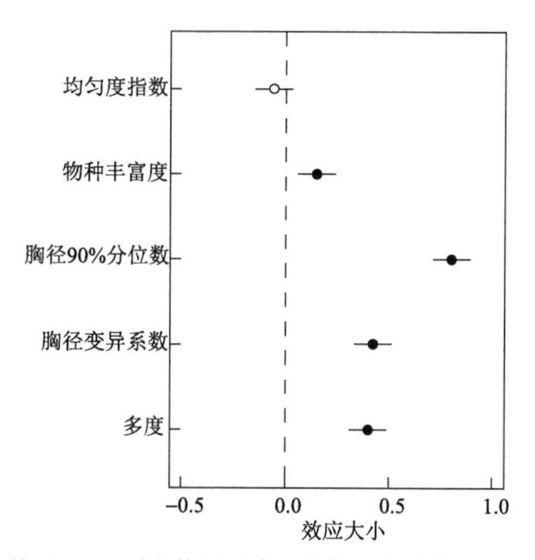

图 5-43　基于 AGB 对生物因子多元线性回归分析的生物因子效应

点对应横坐标的值为多元回归系数，实心点表示在 0.05 水平上显著，空心点表示不显著，点上线段表示 95%置信区间

5.6.2　区域草地生态系统质量评价示范——以内蒙古为例

以草地退化问题较为严重的内蒙古为研究区，借鉴优化的局地净生产力尺度扩展（advanced local net production scaling，ALNS）方法思路，提出草地生态系统存在理想状态，以理想状态和实际状态的差值作为草地生态系统退化程度，并用其表征生态系统退化可恢复程度，并且由于气候、土壤等条件差异，一个生态系统可分为多个同质区域，

存在多个理想状态。基于上述假设，首先，识别和划分草地生态系统中的同质区域（homogeneous region，HR）。选择土壤类型、降水、气温和坡度 4 个因子作为同质区域的划分依据，将自组织特征映射（self-organizing feature map，SOFM）神经网络方法用于同质区域的划分，并运用分类效果指数（clustering quality index，CQI）筛选出最佳的分类类别数量。其次，采用 NPP 表征生态系统状态，改进频次分析方法用于各同质区域理想生态系统状态下 NPP 的评估。最后，定量评估草地生态系统的退化（可恢复）程度，草地生态系统的退化的净初级生产力（degraded NPP，DN）即为理想生态系统状态与实际的净初级生产力（actual NPP，AN）的差值。

1. 草地生态系统同质区域分类结果

运用 SOFM 神经网络模型划分草地生态系统中的同质区域，基于研究区土壤、气候和地质条件，综合考虑研究区自然条件的复杂性以及同质区域分类效果的可比性，将初始聚类类别设置为 3 类，并依次增加聚类类别到 30 类，最终得到 28 个待选方案，分别计算各方案的分类效果指数。随着聚类类别数的增加，分类效果指数有先减少后增加的趋势，当聚类类别为 17 类时分类效果指数最小，为最佳分类方案（图 5-44）。

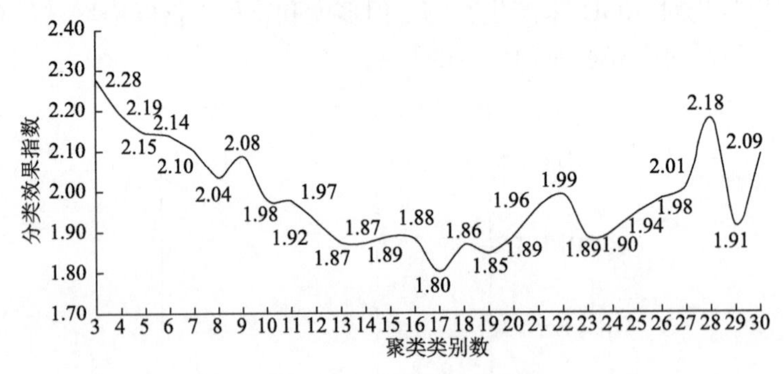

图 5-44 分类效果指数

内蒙古草地生态系统中各同质区域类型之间具有较明显的空间异质性（图 5-45），各类型同质区域西北—东南向的分异由气温和降水主导，同质区域沿西南—东北大致呈 3 条带状圆弧分布，西南—东北向的分异由土壤类型和坡度主导，同质区域在西南—东北向呈不规则格网交错分布。此外，总体界限较为明显，一些类别像元有相互混合的情况，且面积差异较大，从西北到东南，各区域类型有逐渐破碎的趋势。

2. 理想草地生态系统评估结果

基于 AN 值，运用频次分析法，定位理想 NPP（IN）值所在的累积频率，计算 IN 值。内蒙古地区 AN 值在空间上存在较大分异，大致有从东北到西南逐渐减少的趋势（图 5-46）。总体上，东北地区 AN 值最高，区域内各同质区域的 AN 值比较集中地分布于 200～300 g C/（m^2·a），其栅格平均 AN 值均在 240 g C/（m^2·a）以上（表 5-25）；中部地区 AN 值次之，各类型同质区域的 AN 值较为集中在 150～200 g C/（m^2·a），且 AN 栅格平均值在 130～210 g C/（m^2·a）（表 5-25）；西南地区的 AN 值最小，各类型 AN 值主要在 0～150 g C/（$m^2 \cdot a$）。

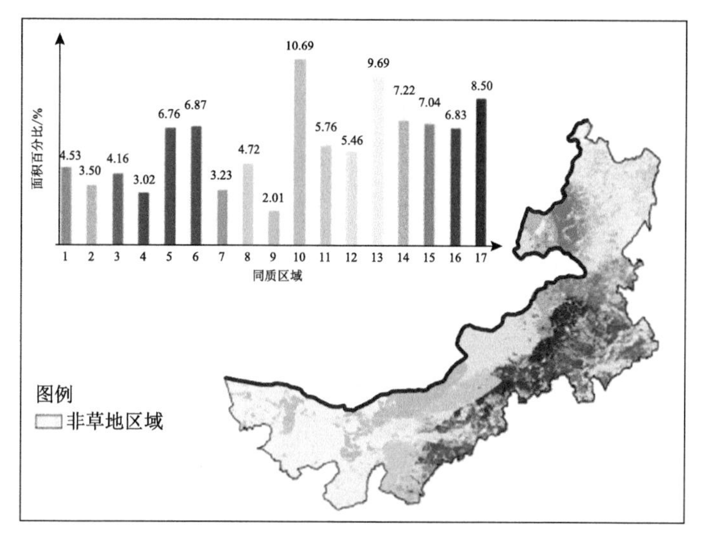

图 5-45　同质区域空间分布图

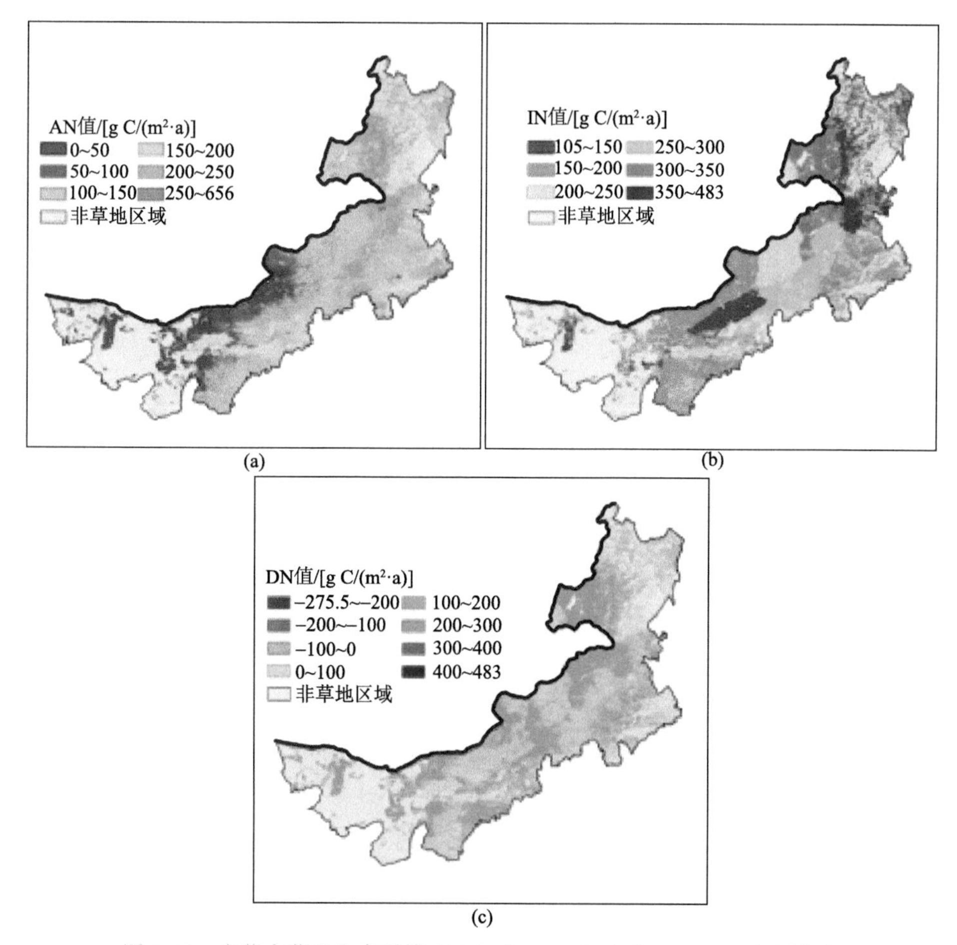

图 5-46　内蒙古草地生态系统 AN（a）、IN（b）和 DN（c）空间分布

表 5-25 同质区域平均 AN、IN 和 DN 值

同质区域类型	AN/[g C/（m²·a）]	IN/[g C/(m²·a)]	DN/[g C/(m²·a)]	同质区域类型	AN/[g C/（m²·a）]	IN/[g C/(m²·a)]	DN/[g C/(m²·a)]
HR-1	282.01	483.49	201.48	HR-10	28.73	150.90	122.18
HR-2	276.25	467.24	190.99	HR-11	105.22	125.62	20.40
HR-3	240.00	397.48	157.48	HR-12	78.80	192.33	113.53
HR-4	207.90	342.94	135.04	HR-13	138.40	219.40	81.00
HR-5	183.95	309.75	125.80	HR-14	171.83	339.63	167.80
HR-6	84.74	300.97	116.22	HR-15	219.25	343.94	124.69
HR-7	116.44	186.46	70.02	HR-16	166.76	264.90	98.14
HR-8	80.58	196.61	116.02	HR-17	187.17	286.73	99.56
HR-9	40.05	104.81	64.77				

在不同同质区域内，IN 值及其累积频率均存在较大差异（图 5-47），从 IN 值所在的累积频率来看，东北地区 IN 值所在的累积频率在 70%～80%；中部地区同质区域类型较多，IN 值所在的累积频率差异较大，部分分区 IN 值所在的累积频率较大，在 80%以上，其余类型 IN 值所在的累积频率在 70%～80%；西南地区 IN 值所在的累积频率偏小，多在 70%以下。

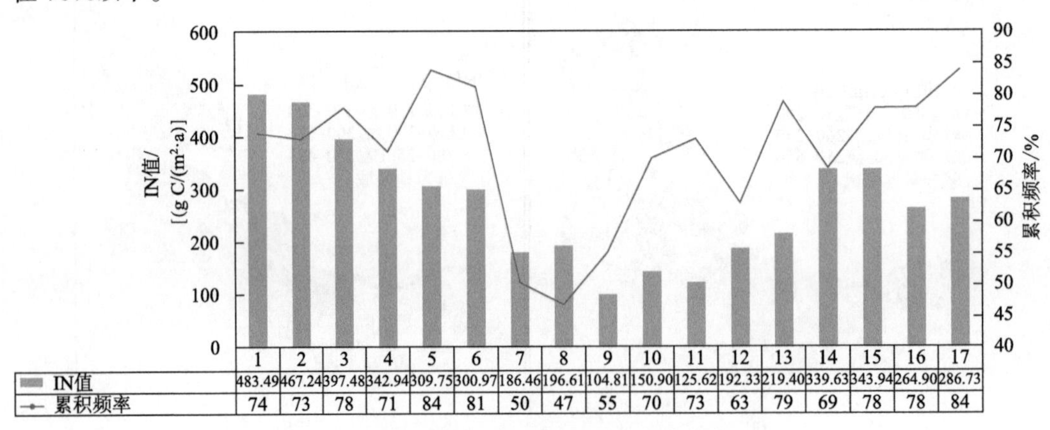

图 5-47 同质区域 IN 值和累积频率分布

横轴 1～17 表示分类效果指数最小时所分的 17 个区域的编号

在空间上，草地生态系统 IN 值在 100～500g C/（m²·a），类似于 AN 值的空间分布格局，亦有自西南向东北逐渐增加的趋势（图 5-46）。在草地生态系统西南地区，IN 值相对较小，在 100～200g C/（m²·a），从小到大依次为 HR-9、HR-11、HR-10、HR-7、HR-12、HR-8；再往东南方向的中部，IN 值主要在 200～350 g C/（m²·a），从小到大依次是 HR-13、HR-16、HR-17、HR-6、HR-5、HR-14、HR-4、HR-15；而东北部 IN 值最大，均在 350 g C/（m²·a）以上，从小到大依次是 HR-3、HR-2、HR-1。

3. 草地生态系统的退化

由评估结果可以得出，研究区内草地生态系统 98.5%的区域没有达到理想状态，均有不同程度的退化，仅在中部地区有 1.5%的区域达到理想状态。达到理想状态的区域主要分布

在中部的HR-4，西南部的HR-9和HR-11以及东北部的HR-1、HR-2和HR-3的零星区域。大部分退化区域集中分布于东北部的HR-1、HR-2和HR-3以及中部的HR-4、HR-5和HR-6的零星区域，DN值在200 g C/（m^2·a）以上。此外，中部HR-14和HR-15的大部分区域以及西南部HR-8、HR-10和HR-12的DN值在150～200 g C/（m^2·a）。其他区域DN值多在150 g C/（m^2·a）以下，其中，HR-13、HR-16和HR-17在50～100 g C/（m^2·a）。退化程度较低的区域集中分布在西南部HR-7、HR-9和HR-11，DN值在0～100 g C/（m^2·a）。

总体上，东北部草地生态系统退化最为显著，DN值在200 g C/（m^2·a）以上，其次是中部地区，DN值在50～200 g C/（m^2·a），西南部草地退化程度不明显，DN值在0～150g C/（m^2·a）。这也说明，草地生态系统质量越好，其退化程度越高，可恢复程度也越高；反之则退化程度越低，可恢复程度也越低。因此，针对不同质量的草地生态系统，其保护和恢复过程的侧重点不一。对于高质量的草原生态系统，要防止其质变（土壤条件、水环境等），避免不可逆的质量变化；而对于低质量的草原生态系统，自然条件差，应考虑提高其质量。

5.6.3　基于生态系统功能的区域生态质量评价研究

本书以江西省为案例区，以MODIS为主要数据源，应用粒子群优化（PSO）算法的投影寻踪（PP）模型构建生态系统生态质量指数（EQI），以2005年、2010年和2015年三期数据，评估并分析生态系统质量变化及原因。结果表明（图5-48），以2015年为例，该省的生态系统质量为正常等级，平均EQI为55.32。具体来说，2015年全省55.85%土地面积的EQI等于或高于正常等级，而43.87%土地面积的平均EQI低于正常等级。

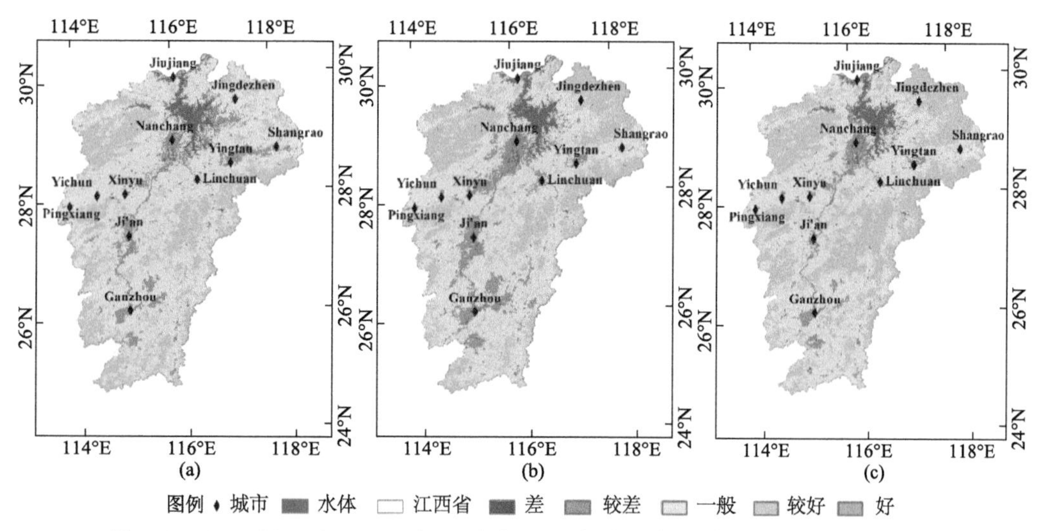

图5-48　2005年（a）、2010年（b）和2015年（c）江西省EQI的空间分布情况

从空间上看，EQI计算的结果是，赣江沿岸的干流地区数值较低，而赣江周围的丘陵和山区数值较高，如图5-48所示。根据区域平均值[图5-48（a）]，所有区域都处于良好等级

（除了南昌的生态质量处于劣等，质量指数最低为 40），景德镇的 EQI 最高为 70。当然，在每个地区都有好和差的等级，面积比例也不同[图 5-48（b）]。景德镇、上饶和抚州有一半以上的地区为良好及以上等级；新余地区大部分（77.38%）处于正常水平，其次是赣州、萍乡、鹰潭和宜春，这些地区有一半以上处于正常水平。南昌没有超过 5%的地区 EQI 超过良好等级。结果表明，城市化程度较高的地区，其 EQI 较低。从时间上看，全省 EQI 从 2005 年的 52.26 上升到 2010 年的 53.19，2015 年上升到 55.32（图 5-48），良好及以上等级的面积比例具体从 2005 年的 25.47%上升到 2010 年的 29.43%，2015 年上升到 36.8%（图 5-49）。景德镇和上饶等丘陵地区的良好及以上等级面积有所增加，而南昌、宜春和赣州等平原地区的变化不大。2005～2015 年，大部分地区的 EQI 都有增加，不过增加的地区以东北、中部和南部的丘陵地区（即上饶、景德镇的大部分地区，以及赣州北部和临川的小部分地区）最为普遍。同时，主要在南昌和赣州南部周围出现了 EQI 下降的地区。

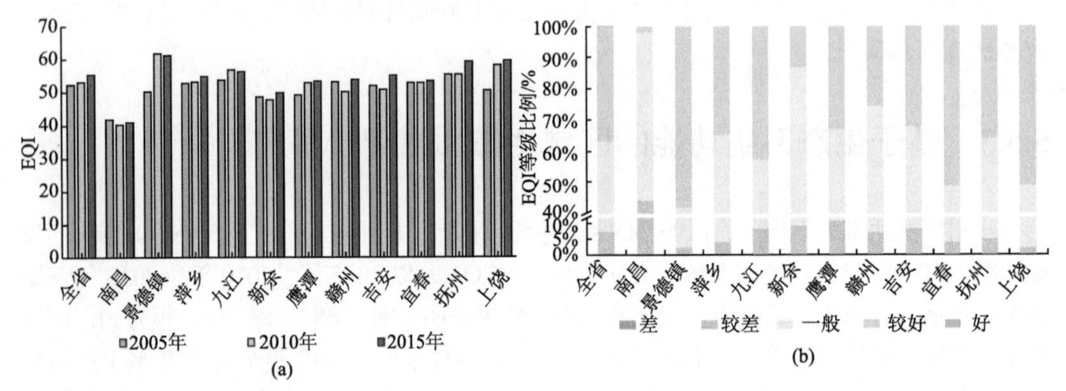

图 5-49　江西省各地区三年（2005 年、2010 年和 2015 年）的分区平均 EQI（a）及 2015 年 EQI 等级的比例（b）

与 2005 年相比，本书计算了 2015 年生态质量评估指标相比于 2005 年的变化（图 5-50）。由于城市化带来的植被面积萎缩，植被指标，如 WUE、LAI、NDVI、NEP 和 NPP，在研究期间没有明显变化。然而，生态环境指标，如波文比（β）、WSI 和 LST 却大幅度增加。由于生态环境指标权重较低，增加这些指标导致赣州北部的 EQI 变化不明显。

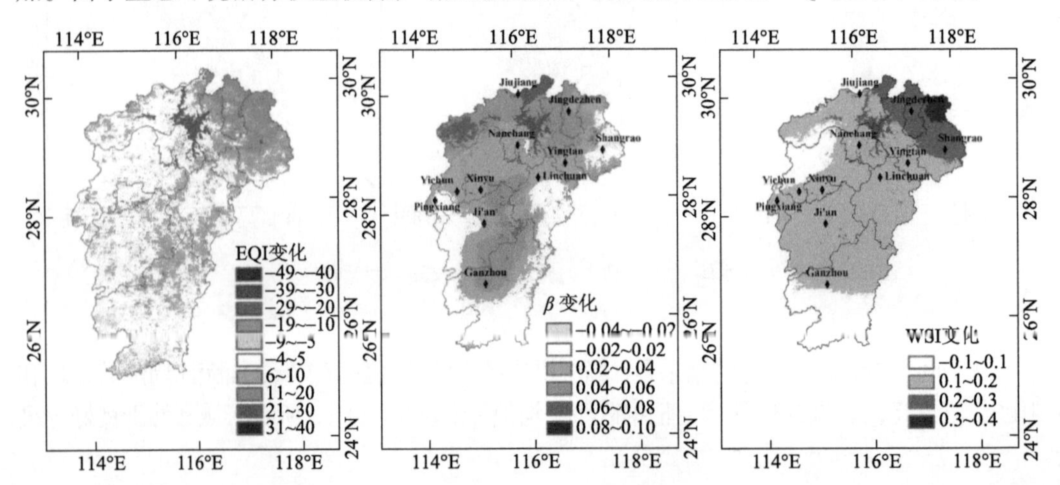

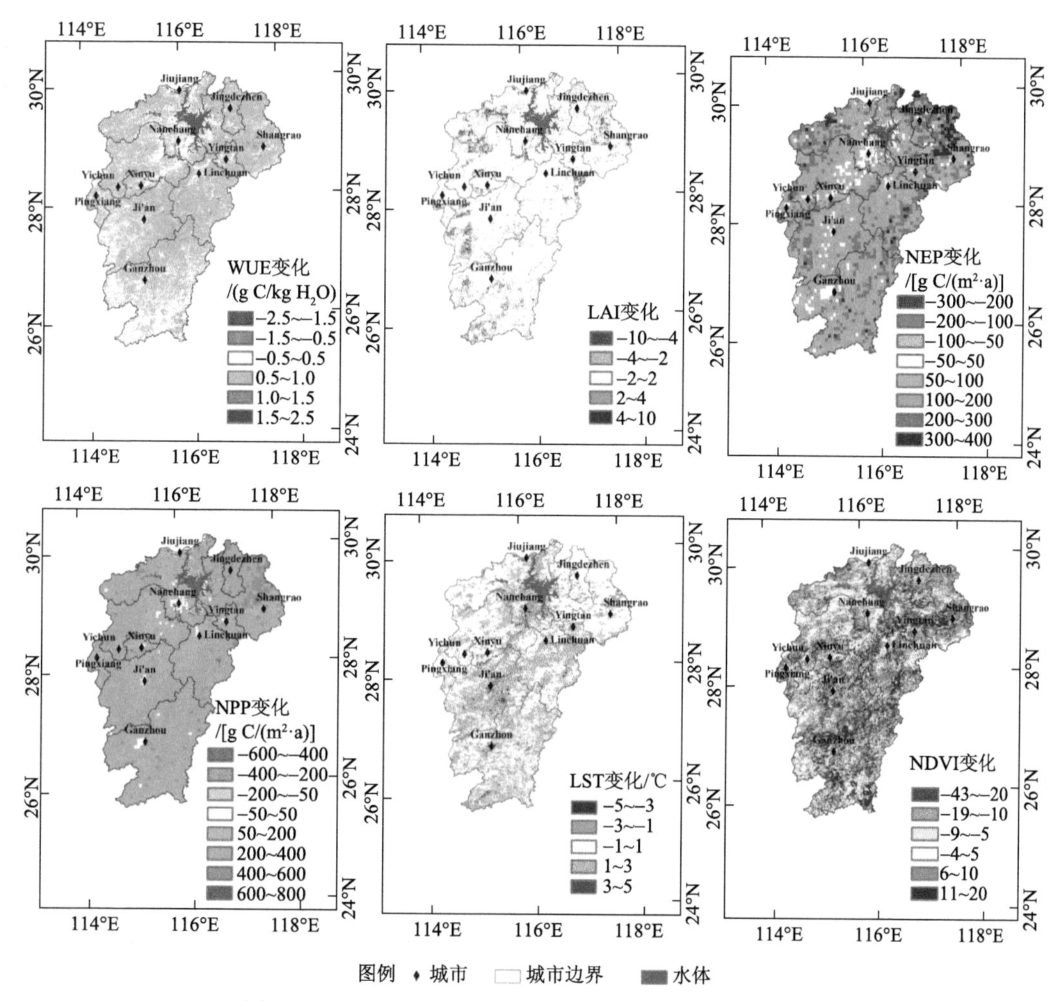

图 5-50　2015 年生态质量评估指标相比于 2005 年的变化

根据江西省 2005～2015 年的 NDVI 数据显示，其植被状况得到了改善（图 5-51 和表 5-26），NDVI 的增加导致 EQI 的改善，由于其权重较高，NDVI 在各项指标中显得尤为突出。全省 NDVI 呈显著上升趋势，线性回归的斜率为 0.49%（R^2=0.82，P<0.001），斜率从南昌的 0.30%（R^2=0.55，P=0.01）到萍乡的 0.58%（R^2=0.79，P<0.001）。同时，气候的影响导致这一时期明显的变暖和不明显的变湿趋势（表 5-26）。具体而言，全省年平均气温呈现出明显的升温趋势，升温速率为 0.1184℃（R^2=0.60，P < 0.01）。其增长率从九江的 0.0775℃（R^2=0.34，P=0.06）到吉安的 0.1274℃（R^2=0.54，P=0.01）。在同一时期，年总降水量没有明显增加（R^2=0.11，P=0.31）。

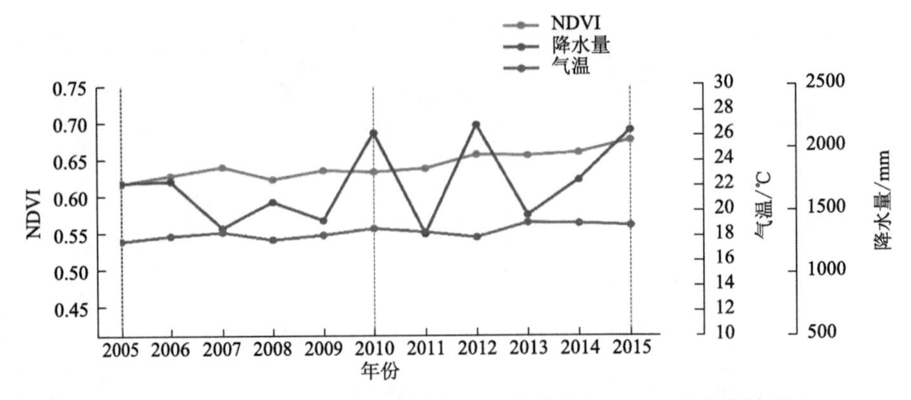

图 5-51 2005～2015 年江西省气温、降水量和 NDVI 的变化情况

表 5-26 2005～2015 年江西省行政区域 NDVI、降水量和气温的变化趋势分析

地区	NDVI			降水量			气温		
	斜率	R^2	P	斜率/（mm/a）	R^2	P	斜率/（℃/a）	R^2	P
全省	0.0049	0.82	0.00	32.4766	0.11	0.31	0.1184	0.60	0.01
南昌市	0.0030	0.55	0.01	39.4881	0.13	0.29	0.0831	0.42	0.03
九江市	0.0044	0.87	0.00	39.3808	0.19	0.18	0.0775	0.34	0.06
赣州市	0.0054	0.73	0.00	2.7960	0.00	0.91	0.1573	0.70	0.00
上饶市	0.0047	0.76	0.00	62.1146	0.25	0.12	0.0980	0.55	0.01
景德镇市	0.0040	0.67	0.00	71.9108	0.36	0.05	0.0794	0.42	0.03
吉安市	0.0053	0.83	0.00	26.0183	0.08	0.40	0.1274	0.54	0.01
抚州市	0.0053	0.81	0.00	45.0561	0.11	0.32	0.1245	0.68	0.00
鹰潭市	0.0041	0.71	0.00	48.0805	0.13	0.28	0.1102	0.63	0.00
宜春市	0.0042	0.87	0.00	35.7232	0.11	0.31	0.1012	0.51	0.01
新余市	0.0041	0.59	0.01	35.5289	0.11	0.33	0.0996	0.52	0.01
萍乡市	0.0058	0.79	0.00	29.6738	0.11	0.32	0.1059	0.45	0.02

2005～2015 年同期的年平均气温（AMT）和年总降水量（ATP）的相应变化可以很好地解释 NDVI 的年际变化（表 5-27）。NDVI 与 AMT 显著相关（R^2=0.54，P=0.010），与 ATP 不显著（R^2=0.15，P=0.247）（表 5-27）。然而，这两个气候变量可以解释全省 NDVI 数据中 64.2%的变异，在 2005～2015 年的研究期间，大多数地区的变异为 49.6%～72.4%。例如，AMT 和 ATP 可以解释抚州 NDVI 的 72.4%（R^2=0.72，P=0.006）的变化。然而，这两个变量不能解释某些地区 NDVI 的变化（图 5-52），如南昌（R^2=0.39，P=0.141）、景德镇（R^2=0.39，P=0.142）、新余（R^2=0.45，P=0.092）和萍乡（R^2=0.44，P=0.099）。这些结果表明，气候变化，特别是气候变暖，使大多数研究地区的植被状况得到了改善，并进一步改善了生态质量。同时，在一些地区，气候变化不是江西省研究区生态质量变化的主要驱动因素。

表 5-27 2005～2015 年全省及各行政区域 NDVI 与 AMT、ATP 及这两个变量的线性回归结果

地区	NDVI = b_0 +b_1 AMT			NDVI = b_0 +b_2 ATP			NDVI = b_0 +b_1 AMT + b_2 ATP				
	b_1	R^2	P	b_2	R^2	P	b_0	b_1	b_2	R^2	P
全省	0.013	0.539	0.010	0.007	0.146	0.247	0.640	0.013	0.006	0.642	0.016
南昌市	0.006	0.202	0.166	0.005	0.143	0.251	0.500	0.007	0.006	0.387	0.141
九江市	0.009	0.324	0.068	0.006	0.146	0.246	0.640	0.007	0.006	0.496	0.065
赣州市	0.016	0.581	0.006	0.006	0.082	0.394	0.670	0.012	0.007	0.687	0.010
上饶市	0.011	0.398	0.037	0.008	0.179	0.194	0.640	0.009	0.007	0.498	0.064
景德镇市	0.008	0.251	0.116	0.007	0.182	0.191	0.660	0.010	0.006	0.386	0.142
吉安市	0.014	0.495	0.016	0.007	0.128	0.281	0.650	0.010	0.004	0.604	0.024
抚州市	0.016	0.627	0.004	0.008	0.146	0.247	0.650	0.016	0.007	0.724	0.006
鹰潭市	0.011	0.453	0.023	0.005	0.088	0.375	0.600	0.013	0.006	0.501	0.062
宜春市	0.009	0.381	0.043	0.006	0.148	0.243	0.620	0.010	0.006	0.563	0.036
新余市	0.010	0.325	0.067	0.006	0.110	0.320	0.580	0.015	0.006	0.449	0.092
萍乡市	0.012	0.326	0.066	0.008	0.141	0.255	0.640	0.010	0.006	0.440	0.099

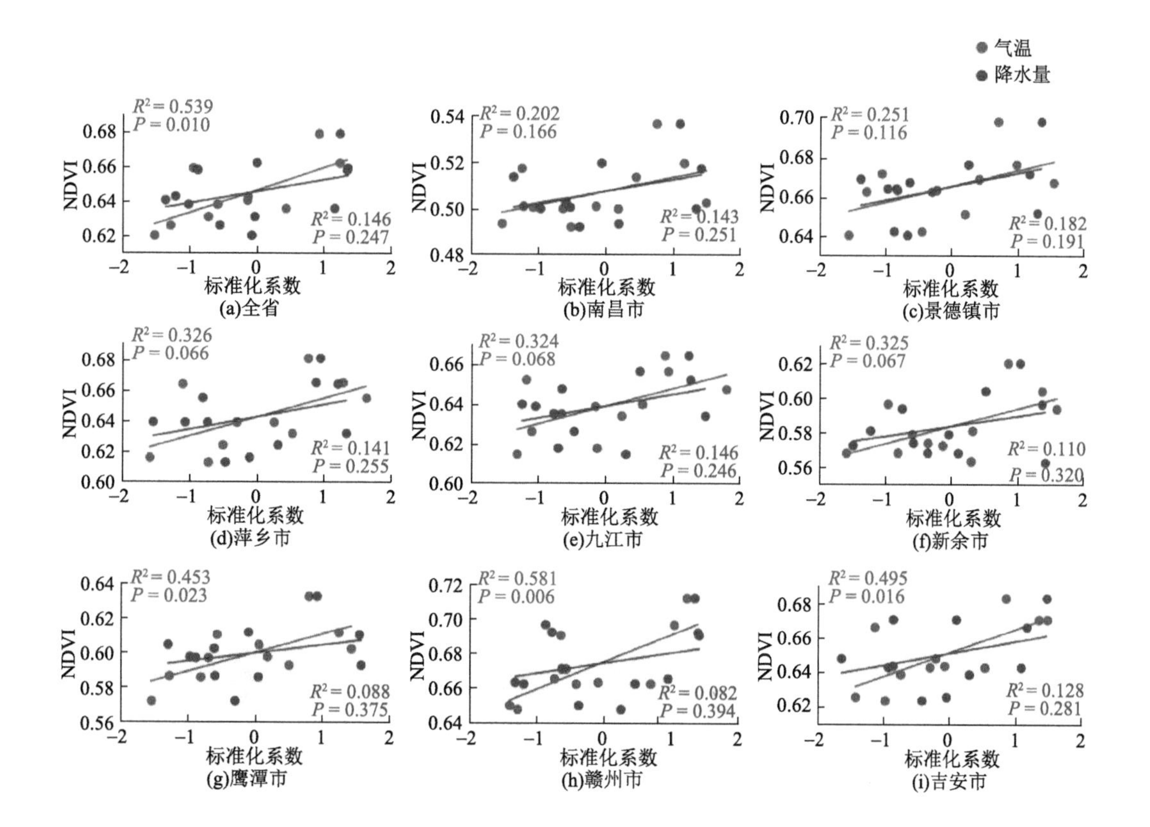

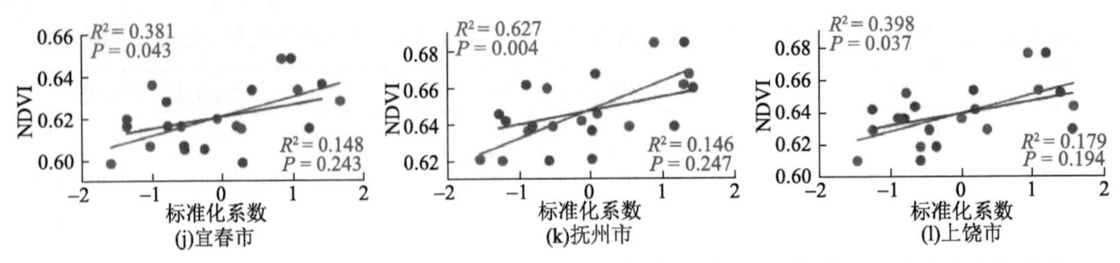

图 5-52　2005～2015 年江西省及各市 AMT、ATP（标准化后）与年平均 NDVI 的相关性分析

根据 2005 年和 2015 年的遥感数据，总面积中不超过 10%的土地使用和土地覆盖类型发生了变化（图 5-53 和图 5-54）。具体而言，土地利用类型面积与 2005 年相比约有 0.13%从草原或耕地变为林地。这可能是生态保护项目的结果，如 2015 年的退耕还林和植树造林。此外，根据《江西统计年鉴》，虽然每年的造林面积增加到 2008 年的峰值，但累计造林面积增加，这与研究期间 NDVI 几乎持续增加的变化相一致。这一时期的造林面积与全省年均 NDVI 显著相关（R^2=0.77，P<0.001）。该分析间接表明，生态保护项目会改善研究区域的生态质量。

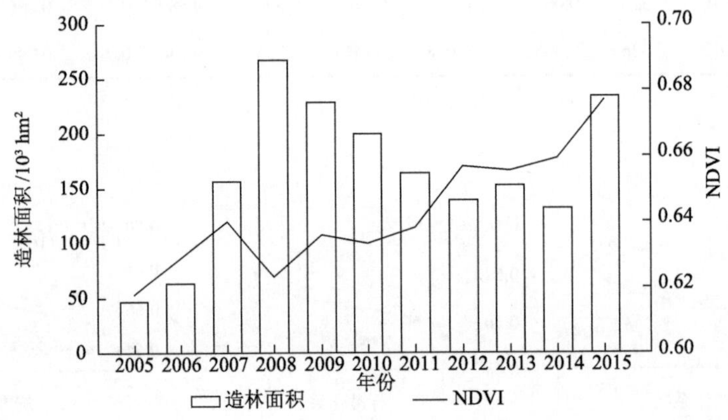

图 5-53　2005～2015 年江西省的 NDVI 和年度造林面积

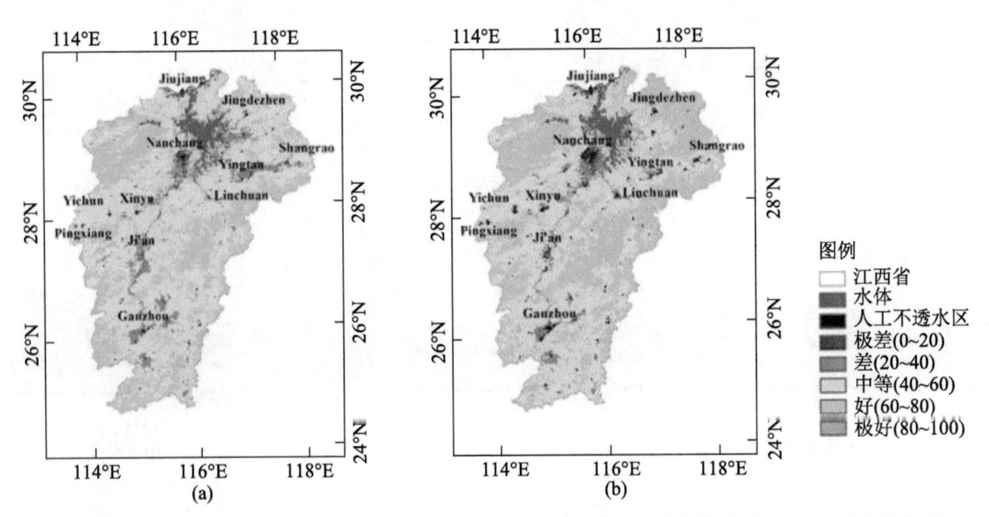

图 5-54　2005 年（a）和 2015 年（b）江西省评价等级的可视化结果及不透水面的叠加图

5.7 本章小结

根据生态质量和区域生态功能内涵，本章从生态系统调节功能、支持功能和维持功能三个方面出发，构建了区域生态功能监测指标体系；在遥感-生态系统过程耦合（GLOPEM-CEVSA）模型、遥感蒸散双源（ARTS）模型等的基础上，构建了生态系统生态功能评估模型ECOFUN；分别阐述了生态系统调节功能、支持功能及维持功能区域监测关键技术。

基于中国生态系统研究网络（CERN）生态站的长期动态监测数据和数据同化方法，制定了生产力和固碳功能、水源涵养功能、土壤保持功能数据产品的具体估算方法与生产的技术路线，并生成相应的数据产品；采用基于数据同化和过程模型的长时间序列估算方法，通过地面观测、遥感、文献和模型的融合，实现不连续观测数据到长时间序列观测数据的重构。

以草地退化问题较为严重的内蒙古为研究区，借鉴LNS方法思路，提出草地生态系统存在理想状态，以理想状态和实际状态的差值用以表征生态系统偏离最佳状态的程度；同时修正生态系统理想状态统计方法，构建ALNS方法，开展典型区域草地生态系统质量评价研究，探索研究区草地生态系统退化可恢复情况。

以江西省为案例，基于MODIS植被指数和空间插值的气象数据等，应用所发展的生态系统生态功能评估模型ECOFUN，生成了生态系统质量评估指标数据，应用粒子群优化算法的投影寻踪模型，评估并分析了生态系统质量变化及原因。典型区域的应用研究为基于生态系统功能的全国尺度生态系统质量评价确立了理论和方法基础。

参考文献

蔡崇法, 丁树文, 史志华, 等. 2000. 应用USLE模型与地理信息系统IDRISI预测小流域土壤侵蚀量的研究. 水土保持学报, (2): 19-24.

冯智明, 闻建光, 肖青, 等. 2018. MODIS V006和V005全球反照率产品精度对比分析. 遥感学报, 22(1): 97-109.

傅伯杰, 周国逸, 白永飞, 等. 2009. 中国主要陆地生态系统服务功能与生态安全. 地球科学进展, 24(6): 571-576.

江忠善, 王志强, 刘志. 1996. 黄土丘陵区小流域土壤侵蚀空间变化定量研究. 土壤侵蚀与水土保持学报, (1): 1-9.

刘良云, 张永江, 王纪华, 等. 2006. 利用夫琅和费暗线探测自然光条件下的植被光合作用荧光研究. 遥感学报, 10(1): 130-137.

刘世荣, 王兵, 李春阳. 1996. 森林生态系统水文生态功能总论: 全球水文循环、水资源及其危机//中国森林生态系统结构与功能规律研究. 北京: 中国林业出版社: 7-15.

刘世荣, 温远光, 王兵, 等. 1996. 中国森林生态系统水文生态功能规律. 北京: 中国林业出版社.

吕一河, 胡健, 孙飞翔, 等. 2015. 水源涵养与水文调节: 和而不同的陆地生态系统水文服务. 生态学报, 35(15): 5191-5196.

王根绪, 郭晓寅, 程国栋. 2002. 黄河源区景观格局与生态功能的动态变化. 生态学报, 22(10): 1587-1598.

王军邦, 牛铮, 胡秉民, 等. 2004. 定量遥感在生态学研究中的基础应用. 生态学杂志, 23(2): 152-157.

谢高地, 鲁春霞, 冷允法, 等. 2003. 青藏高原生态资产的价值评估. 自然资源学报, 18(2): 189-196.

于贵瑞, 王永生, 杨萌. 2022. 生态系统质量及其状态演变的生态学理论和评估方法之探索. 应用生态学报, 33(4): 865-877.

张莉. 2009. 北京市生态涵养发展区的功能类型划分及发展对策. 经济地理, 29(6): 989-994.

周静, 万荣荣. 2018. 湿地生态系统健康评价方法研究进展. 生态科学, 37(6): 209-216.

Berbigier P, Bonnefond J M, Mellmann P. 2001. CO_2 and water vapour fluxes for 2 years above Euroflux forest site. Agricultural and Forest Meteorology, 108(3): 183-197.

Chen J, Zhang Q, Chen B, et al. 2020. Evaluating multi-angle photochemical reflectance index and solar-induced fluorescence for the estimation of gross primary production in maize. Remote Sensing, 12(17): 2812.

Costanza R, d'Arge R, de Groot R, et al. 1997. The value of the world's ecosystem services and natural capital. Nature, 387(6630): 253-260.

Damm A, Elbers J A N, Erler A, et al. 2010. Remote sensing of sun-induced fluorescence to improve modeling of diurnal courses of gross primary production (GPP). Global Change Biology, 16(1): 171-186.

Du S, Liu L, Liu X, et al. 2017. Response of canopy solar-induced chlorophyll fluorescence to the absorbed photosynthetically active radiation absorbed by chlorophyll. Remote Sensing, 9(9): 911.

Farquhar G D, von Caemmerer S V, Berry J A. 1980. A biochemical model of photosynthetic CO_2 assimilation in leaves of C_3 species. Planta, 149(1): 78-90.

Franck F, Juneau P, Popovic R. 2002. Resolution of the photosystem I and photosystem II contributions to chlorophyll fluorescence of intact leaves at room temperature. Biochimica et Biophysica Acta (BBA)-Bioenergetics, 1556(2-3): 239-246.

Frankenberg C, Fisher J B, Worden J, et al. 2011. New global observations of the terrestrial carbon cycle from GOSAT: Patterns of plant fluorescence with gross primary productivity. Geophysical Research Letters, 38: 706.

Garland G, Banerjee S, Edlinger A, et al. 2021. A closer look at the functions behind ecosystem multifunctionality: A review. Journal of Ecology, 109(2): 600-613.

Guanter L, Frankenberg C, Dudhia A, et al. 2012. Retrieval and global assessment of terrestrial chlorophyll fluorescence from GOSAT space measurements. Remote Sensing of Environment, 121: 236-251.

Hu Z, Yu G, Fu Y, et al. 2008. Effects of vegetation control on ecosystem water use efficiency within and among four grassland ecosystems in China. Global Change Biology, 14(7): 1609-1619.

Jones H G. 2013. Plants and Microclimate: A Quantitative Approach to Environmental Plant Physiology. Cambridge: Cambridge University Press.

La Notte A, D'Amato D, Mäkinen H, et al. 2017. Ecosystem services classification: A systems ecology perspective of the cascade framework. Ecological Indicators, 74: 392-402.

Lang Y, Yang X, Cai H. 2021. Assessing the degradation of grassland ecosystems based on the advanced local net production scaling method: The case of Inner Mongolia, China. Land Degradation and Development, 32(2): 559-572.

Lee R. 1978. Forest Microclimatology. Columbia: Columbia University Press.

Li X, Xiao J F, He B B, et al. 2018. Solar-induced chlorophyll fluorescence is strongly correlated with terrestrial photosynthesis for a wide variety of biomes: First global analysis based on OCO-2 and flux tower observations. Globoal Change Biology, 24(9): 3990-4008.

Li Z, Zhang Q, Li J, et al. 2020. Solar-induced chlorophyll fluorescence and its link to canopy photosynthesis in maize from continuous ground measurements. Remote Sensing of Environment, 236: 111420.

Liu L, Zhang Y, Wang J, et al. 2005. Detecting solar-induced chlorophyll fluorescence from field radiance spectra based on the Fraunhofer line principle. IEEE Transactions on Geoscience and Remote Sensing, 43(4): 827-832.

Liu X, Guo J, Hu J, et al. 2019. Atmospheric correction for tower-based solar-induced chlorophyll fluorescence observations at O2-A band. Remote Sensing, 11(3): 355.

Liu X, Liu L. 2014. Assessing band sensitivity to atmospheric radiation transfer for space-based retrieval of solar-induced chlorophyll fluorescence. Remote Sensing, 6(11): 10656-10675.

Liu Y, Liu R, Chen J M, et al. 2012. Expanding MISR LAI products to high temporal resolution with MODIS observations. IEEE Transactions on Geoscience and Remote Sensing, 50(10): 3915-3927.

Ma L, Sun L, Wang S, et al. 2022. Analysis on the relationship between sun-induced chlorophyll fluorescence and gross primary productivity of winter wheat in northern China. Ecological Indicators, 139: 108905.

Magney T S, Bowling D R, Logan B A, et al. 2019. Mechanistic evidence for tracking the seasonality of photosynthesis with solar-induced fluorescence. Proceedings of the National Academy of Sciences of the United States of America, 116(24): 11640-11645.

Meroni M, Colombo R. 2006. Leaf level detection of solar induced chlorophyll fluorescence by means of a subnanometer resolution spectroradiometer. Remote Sensing of Environment, 103(4): 438-448.

Meroni M, Rossini M, Picchi V, et al. 2008. Assessing steady-state fluorescence and PRI from hyperspectral proximal sensing as early indicators of plant stress: The case of ozone exposure. Sensors, 8(3): 1740-1754.

Millennium Ecosystem Assessment. 2005. Ecosystems and Human Well-being. Washington D.C.: Island Press.

Plascyk J A, Gabriel F C. 1975. The fraunhofer line discriminator MKII-an airborne instrument for precise and standardized ecological luminescence measurement. IEEE Transactions on Instrumentation Measurement, 24(4): 306-313.

Porcar-Castell A, Tyystjärvi E, Atherton J, et al. 2014. Linking chlorophyll a fluorescence to photosynthesis for remote sensing applications: mechanisms and challenges. Journal of Experimental Botany, 65(15): 4065-4095.

Reid W V, Mooney H A, Cropper A, et al. 2005. Ecosystems and human well-being-synthesis: A report of the Millennium Ecosystem Assessment. Washington D.C. : Island Press.

Suyker A E, Verma S B. 2010. Coupling of carbon dioxide and water vapor exchanges of irrigated and rainfed maize-soybean cropping systems and water productivity. Agricultural and Forest Meteorology, 150(4): 553-563.

Wagle P, Zhang Y, Jin C, et al. 2016. Comparison of solar-induced chlorophyll fluorescence, light-use efficiency, and process-based GPP models in maize. Ecological Applic A Publication of the Ecological Society of America, 26(4): 1211-1222.

Wang J, Ding Y, Wang S, et al. 2022. Pixel-scale historical-baseline-based ecological quality: Measuring impacts from climate change and human activities from 2000 to 2018 in China. Journal of Environmental Management, 313: 114944.

Wang M, Chen J M, Wang S. 2020. Reconstructing the seasonality and trend in global leaf area index during 2001-2017 for prognostic modeling. Journal of Geophysical Research: Biogeosciences, 125(9):

e2020JG005698.

Wang M, Wang S, Zhao J, et al. 2021. Global positive gross primary productivity extremes and climate contributions during 1982-2016. Science of the Total Environment, 774: 145703.

Wang S Q, Wang J B, Zhang L M, et al. 2019. A national key R&D program: Technologies and guidelines for monitoring ecological quality of terrestrial ecosystems in China. Journal of Resources and Ecology, 10(2): 105-111.

Yan H, Wang S, Dai J, et al. 2021. Forest greening increases land surface albedo during the main growing period between 2002 and 2019 in China. Journal of Geophysical Research: Atmospheres, 126(6): e2020JD033582.

Yang K, Ryu Y, Dechant B, et al. 2018. Sun-induced chlorophyll fluorescence is more strongly related to absorbed light than to photosynthesis at half-hourly resolution in a rice paddy. Remote Sensing of Environment, 216: 658-673.

Yang X, Tang J, Mustard J F, et al. 2015. Solar-induced chlorophyll fluorescence that correlates with canopy photosynthesis on diurnal and seasonal scales in a temperate deciduous forest. Geophysical Research Letters, 42(8): 2977-2987.

Yu G, Song X, Wang Q, et al. 2008. Water-use efficiency of forest ecosystems in Eastern China and its relations to climatic variables. New Phytologist, 177(4): 927-937.

Zhang Z, Chen J M, Guanter L, et al. 2019. From canopy-leaving to total canopy far-red fluorescence emission for remote sensing of photosynthesis: First results from TROPOMI. Geophysical Research Letters, 46(21): 12030-12040.

第6章

森林生态系统质量监测技术与综合评价

随着中国社会经济的飞速发展和气候变化的不断加剧，生态系统退化问题日益突出（Zhang et al.，2019）。为了确保生态系统的稳定和可持续发展，我们迫切需要加强生态监测的能力，对自然生态系统进行评估和分析，以认识中国的生态质量和生态系统的变化趋势，调整社会经济发展结构，制定相关保护政策，实现社会经济的可持续发展。开展生态质量监测是研究生态系统功能变化、生态系统恢复、生物多样性保护和生态评估的基础（Wu et al.，2019）。提升生态系统质量和稳定性，既是增加优质生态产品供给的必然要求，又是减缓和适应气候变化带来不利影响的重要手段。

在生态学上，森林是指以多年木本植物为主的生物群落或生态系统。我国林业部门提出的森林定义为面积大于或等于 0.667hm^2 的土地、高度达到 2m、郁闭度大于或等于 0.2、以树木为主体的生物群落，包括达到以上标准的竹林、天然林或人工幼林，两行以上、行距小于或等于 4m 或树冠幅度大于或等于 10m 的林带以及特定的灌木林。总之，森林是为生产木材及其他林产品，或为了保护环境和游憩等而经营的木本植物群落。森林应具有一定的面积、密度、高度和生产力，更重要的是森林中的各种成分都不是孤立存在的，各生物成分之间、生物与非生物成分之间通过各种生态关系和能量过程发生必然的联系，形成森林生态系统。

按照气候特征地理分布类型划分，全球森林主要分为热带雨林/季雨林、亚热带常绿阔叶林、暖温带常绿阔叶林、寒温带阔叶针叶交错林、北方针叶林（图 6-1）。我国森林主要分为热带雨林/季雨林、亚热带常绿阔叶林、暖温带落叶阔叶林、温带针阔混交林、寒温带针叶林（图 6-2）。

森林是水库、钱库、粮库，现在应再加上一个“碳库”。森林和草原对国家生态安全具有基础性、战略性作用，林草兴则生态兴（习近平，2022）。森林具有生产林副产品、涵养水源、保持水土、防风固沙、固碳释氧、调节气候、净化空气、改善环境、维持生物多样性等功能。影响森林的环境因子有气候（光照、温度、湿度和降水等）、土壤（厚度、质地、结构、母质、容重、肥力等）、地形（海拔、坡度、坡向、坡位等）、生物（种群结构、密度、竞争、捕食等）、火和人为活动（采伐、开垦、修枝等）等因子。植物生长的环境条件差别很大，植物组成的群落多种多样，因而随群落发生的初始生境、群落演替方向与速度等不同，森林群落演替分为原生演替和次生演替。原生演替往往要经历漫长的时期才能形成稳定的植物群落，达到演替的顶级阶段，如地衣群落、苔藓群落、草本

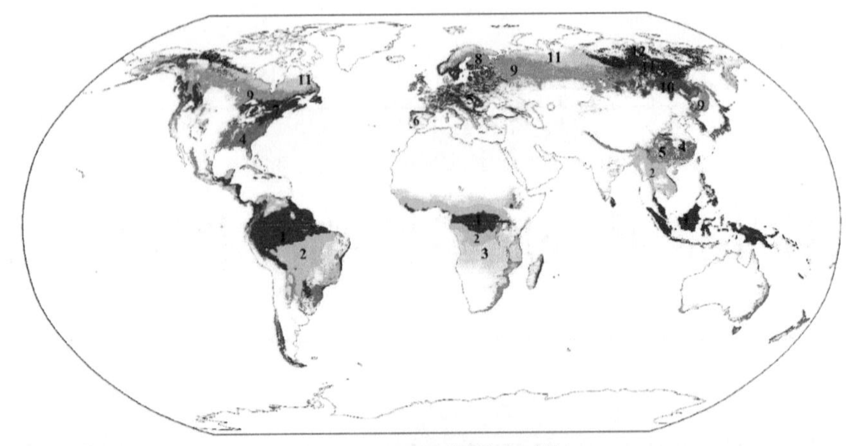

图 6-1 全球森林植被分布（Xu et al.，2022）

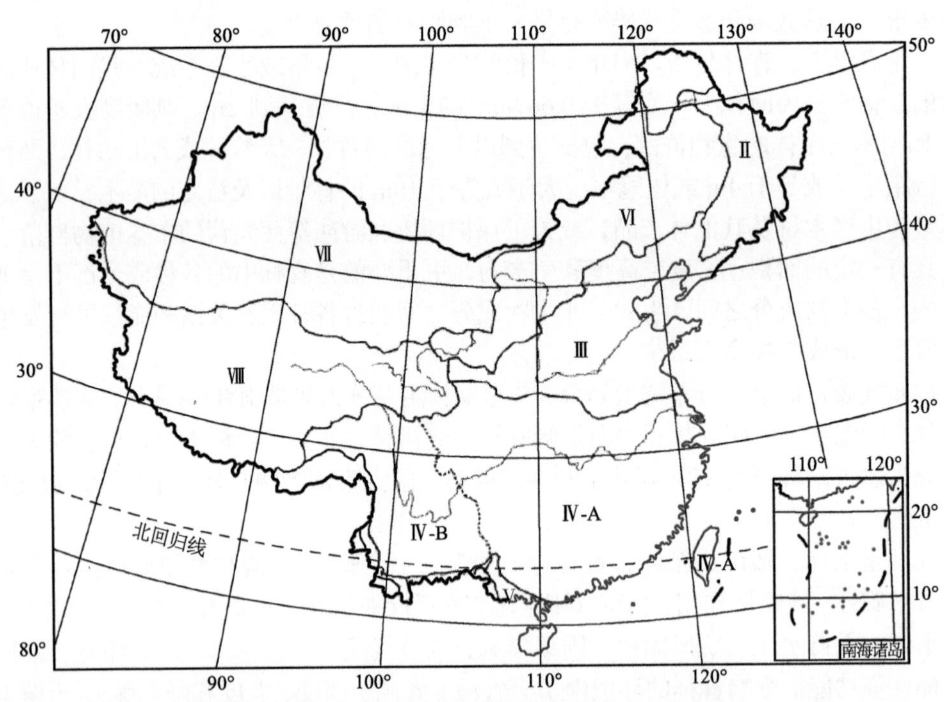

图 6-2 中国森林植被分布（中国科学院中国植被图编辑委员会，2001）

Ⅰ：寒温带针叶林；Ⅱ：温带针阔叶混交林；Ⅲ：暖温带落叶阔叶林；Ⅳ：亚热带常绿阔叶林；Ⅴ：热带雨林；Ⅵ：温带草原；Ⅶ：温带荒漠；Ⅷ：青藏高原高寒植被

植物群落、灌木群落、乔木群落（图 6-3）。次生演替是开始于次生裸地上的植物群落演替，一般趋向于恢复到受破坏前的原生群落类型，如采伐迹地、人工林、次生林、原生林。

图 6-3　森林生态的原生演替过程（Johnson and Miyanish，2008）

根据联合国粮食及农业组织（FAO）2020 年全球森林资源评估结果，全球森林面积为 40.6 亿 hm^2，约占全球陆地面积的 31%，森林碳储量高达 6620 亿 t（FAO，2020）。全球森林的碳储量约占全球植被碳储量的 77%，森林土壤的碳储量约占全球土壤碳储量的 39%，森林是陆地生态系统最重要的储碳库。全球陆地生态系统和海洋生态系统年均固碳 35 亿 t 和 26 亿 t，分别抵消了 30%和 23%的人为碳排放（Friedlingstein et al.，2020）。我国陆地生态系统碳储量为 792 亿 t，年均固碳 2.01 亿 t，可抵消同期化石燃料碳排放的 14.1%，其中森林的贡献约为 80%（方精云，2021）。

森林生态系统是地球陆地生态系统的主体，其具有很高的生物生产力和生物量以及丰富的生物多样性。目前，虽然全球森林面积仅约占地球陆地面积的 26%，但碳储量是陆地生态系统碳循环中最大、最活跃的组成部分，储存了陆地生态系统地上碳库的 80%、地下碳库的 40%（Malhi et al.，1999；Pan et al.，2011）。因此，森林在维护全球碳平衡，以及在抵抗全球变暖和减轻气候变化的不利影响等方面起着不可替代的作用（刘国华等，2000）。此外，森林还为人类社会的生产活动以及人类的生活提供丰富的资源；在维护区域性气候和保护区域生态环境（如水土流失）等方面也有着很大的贡献，所以，森林在维系地球生命系统的平衡中具有不可替代的作用。

热带雨林是地球上生物多样性最丰富的生态系统之一（图 6-4）。“热带雨林”最早于 19 世纪由德国著名的植物学家辛伯尔定义，即位于热带地区的雨林。从广义上而言，热带雨林大多数位于南北回归线之间，主要分布于南美洲亚马孙河流域、中美洲、非洲刚果河流域、东南亚、澳大利亚北部和众多太平洋岛屿；从狭义上而言，热带雨林仅分布于 10°N 和 10°S 之间的赤道地区，而南北纬 10°～23.5°由于受热带季风气候影响比较强烈，分布着大面积的热带季雨林。由此可知，热带雨林资源在我国极为稀缺，并主要分布于热带季风气候区北缘，包括海南全部，以及云南、广东、广西的部分地区、西藏东南部和台湾南部。热带森林生态系统服务的全球通量在陆地生态系统中最高（Costanza et al.，1997），热带森林拥有多种生态系统功能（Saatchi et al.，2011）。由于森林砍伐、土地利用变化和许多其他原因，热带森林的面积正在全球范围内缩小（Hansen et al.，2013）。此外，剩余的热带森林中有很大一部分正在经历各种形式的退化，在全球范围内，估计有 5 亿 hm^2 的热带森林处于退化的各个阶段（Ghazoul et al.，2015），这削弱了热带森林发挥多种有价值的生态系统功能的能力（Liu et al.，2015）。因此，维持来自热带森林的多种生态系统服务功能供应是必要的，这仍然是科学和政策领域面临的一个挑战（Portman and Polinov，2014）。

图 6-4 热带雨林生态系统（海南热带雨林国家公园管理局供图）

6.1 森林生态系统质量评价

6.1.1 概念

生态系统是指在一定时间和空间内，由生物群落与其环境组成的一个整体，该整体具有一定的大小和结构，各成员借助能量流动、物质循环和信息传递而相互联系、相互影响、相互依存，并形成具有自组织和自调节功能的复合体。生态系统质量是指在特定的时间和空间范围内生态系统的总体或部分组分的质量，具体表现为生态系统的生产服务能力、抗干扰能力和对人类生存和社会发展的承载能力 3 个方面。生态系统质量是决定生态系统要素、结构、过程的生态系统功能学属性，可以概括为生态系统为人类提供生活物质、生产资料、社会福祉、自然资源、人居环境等功能状态及其演变和稳定性的生态系统生态学特性（于贵瑞等，2022）。

森林生态系统是森林生物群落与其环境在物质循环和能量流动过程中形成的功能系统。简单说，就是以乔木树种为主体的生态系统，也是陆地上面积较大、结构最复杂、对其他生态系统产生最巨大影响的一个系统。森林生态系统生态质量是指一定时空范围内森林生态系统要素、结构和功能的综合特征，具体表现为生态系统的状况、生产能力、结构和功能的稳定性、抗干扰能力和恢复能力（Wang et al.，2019）。森林生态系统所具有的产品供给与生态服务能力表征着其生态系统质量状态，其生态质量高低主要取决于森林生态系统的组分、结构和过程的系统特性。

6.1.2　生态系统生态质量评价

生态系统生态质量评价是区域生态系统质量管理的重要任务，是对生态系统功能特征、稳定性及生态产品的度量评估。目前，生态质量的评价体系主要是基于生态质量的现状和相关变化而建立的，由能够反映生态质量的组成、结构和功能的指标组成。评估生态系统的状态和变化最有效的工具之一是使用指标，可以简化和缩短生态系统功能与结构的评估过程，并有助于定义变化和指示趋势。生态系统生态质量评价的核心是使用数学模型，建立科学的评价指标体系，对生态系统质量进行量化，以评估生态系统的优劣程度，从多角度评价生态系统生态质量现状及相关变化（陈强等，2015）。

近年来，生态系统生态质量评价得到世界各国的高度重视，国外学者从各个尺度进行了大量的研究，并将评价结果与国家经济建设、生态保护和可持续发展相结合制定相关政策（Uknea，2011）。相比较而言，我国生态系统生态质量评价工作起步较晚，早期的生态质量评价多集中在生态服务功能评价、生态系统健康评价（何念鹏等，2019）。生态系统生态质量的概念与服务功能和健康的研究类似，但生态系统生态质量更关注生态系统自身的特征（陈强等，2015）。目前关于生态质量评价的研究内容包括筛选评价指标、构建评价体系、优化评价模型和改进评价方法等多个方面。从质量评价的生态系统类型来看，有森林、红树林、自然保护区、湿地、流域、水生生态系统等；从评价的方法来看，有层次分析法（Chen et al.，2013）、综合指数法（郭雪艳，2017）、模糊评价法（徐丽，2014）、主成分分析法（Jing et al.，2020）等。目前，生态质量评价在评价方法的量化分析、评价指标体系的构建及评价模型的改进等问题上有待进一步研究。

森林生态系统生态质量评价是对森林生态系统的结构、功能和稳定性的度量，是对不同类型的森林生态质量及其时空变异的定量认证，为分布在特定地理空间的森林生态系统质量管理提供科学依据。就分布在不同地理区域、不同类型的各演替阶段或干扰程度的森林生态系统而言，其生态功能强度和服务功能却存在巨大差异，体现在生态系统客观质量的空间变异和动态演变。近年来，森林生态系统生态质量评价更加关注各类森林生态系统的生态、社会和经济综合效益，评价指标也逐步扩展至生物学质量、生态学质量和经济学质量方面。

6.1.3　生态质量评价指标体系

当前，生态系统生态质量评价体系主要是基于现状-相对变化量的评价体系，其主要是由能反映生态系统生态质量的组成、结构和功能等方面的指标共同构建评价指标体系，多角度评价生态系统生态质量的现状及相对变化情况。现有的评价体系目标明确、可操作性强，不仅能较准确地评价某一时间点（时期）生态系统生态质量的相对优劣情况，同时还能评价一段时间内生态系统质量的相对变化，即根据两个时间点（时期）内同一评价指标的实际监测值的增加或减少来判断生态系统生态质量改善或恶化情况。

进行生态系统生态质量评价时，应从其生态质量组成、结构和功能等方面筛选评价指标。在理想的情况下，评价指标数量越多，所覆盖的范围就越广，更能真实地反映生态系统的生态质量；但在实际筛选指标的过程中，由于经济、设备等可行性因素，构建全面覆盖的评价指标体系是难以实现的，特别是在大尺度范围上，许多指标无法反映生态系统或群落水平的状况，只能从指标中选择一些科学、有代表性、可操作、可信的关键指标来构建评价模型。因此，如何科学地选择关键评价指标十分重要。

依据森林生态系统生态质量的含义，根据指标选取原则，考虑指标变量的科学性、系统性、动态稳定性以及可操作性，结合野外实际调查的相关数据和指标，参考相关文献，将评价森林生态系统生态质量这一目标分解成多个组成因素，每个组成因素再进一步细分，形成一个自上而下的递阶层次结构，通常较简单的层级结构模型包括目标层、准则层和方案层三个层次。最终确定与森林群落结构、功能紧密相关的 24 个指标，建立森林生态质量评价指标体系（表 6-1）。

表 6-1　森林生态质量评价指标体系

一级指标	二级指标	三级指标	指标获取方法
结构特征	森林结构	树种组成	地面调查
		龄组结构	地面调查
		林层与群落结构	地面调查
		平均胸径	地面调查、激光雷达
		平均树高	地面调查、激光雷达
		径级组	地面调查、激光雷达
		天然更新等级	地面调查
		植被覆盖度	地面调查、遥感
		叶面积指数	遥感
		郁闭度	遥感
	多样性指标	丰富度	地面调查
		Shannon-Wiener 多样性指数	地面调查
		均匀度指数	地面调查
		特有种指数	地面调查
		濒危物种指数	地面调查
功能特征	生产力	森林蓄积年增长量	地面调查、激光雷达
		净生态系统生产力	遥感、地面调查

续表

一级指标	二级指标	三级指标	指标获取方法
功能特征	服务功能	空气负离子浓度	地面传感器
		土壤持水能力	地面传感器
		土壤有机质	地面调查、模型模拟
健康状态	抗干扰力	病虫害	地面调查、遥感
		森林火灾	地面调查、遥感
		气候灾害	地面调查、遥感
		其他灾害	地面调查、遥感

6.2 森林生态质量监测与评价技术

6.2.1 监测方法

森林生态质量监测主要分为地面定位监测与遥感空间监测。森林生态系统长期定位监测是以生态系统生态学理论为基础，针对野外观测研究的关键科学问题，在典型森林地段上，选定具有代表群落基本特征（如种类组成、群落结构、层片、外貌以及数量特征等）的地段作为森林生态系统长期定位观测样地，获取森林生态系统各参数要素的观测数据，对森林生态系统内的生物多样性、土壤、水文、健康状况等方面进行长期定位观测研究。森林生态系统长期观测的目标是对生态系统中反映生物状况的重要参数（如动植物种类组成、生物量、植物元素含量与热值等）和关键生境因子进行长期观测，经过各级质量控制系统的审核、筛选，获得质量可靠、规范和具有良好可比性的生态系统的生物动态信息；反映各生态系统类型中生物群落的变化规律；与环境要素的监测数据相结合，利用遥感、地理信息系统和数学模型等现代生态学研究手段，探讨有关生态过程变化的机制，为深入研究并揭示生态系统的结构、功能、动态和持续利用的途径、方法及其与环境变化、人类活动的关系提供数据服务（中国生态学学会，2020）。从 20 世纪 50 年代开始，国家结合林业建设需要开始建立生态站，经过几十年的发展，逐步形成了覆盖全国主要生态区、具有重要影响的中国陆地生态系统定位观测研究网络（CTERN），成为国家林业和草原局（原国家林业局）开展生态效益评价、支撑生态文明建设的重要科学平台和长期试验基地。目前，CTERN 在全国典型生态区已初步建设生态站 210 个，其中，森林生态站 106 个（图 6-5），竹林生态站 8 个，湿地生态站 40 个，荒漠生态站 26 个，城市生态站 18 个，草原生态站 10 个。

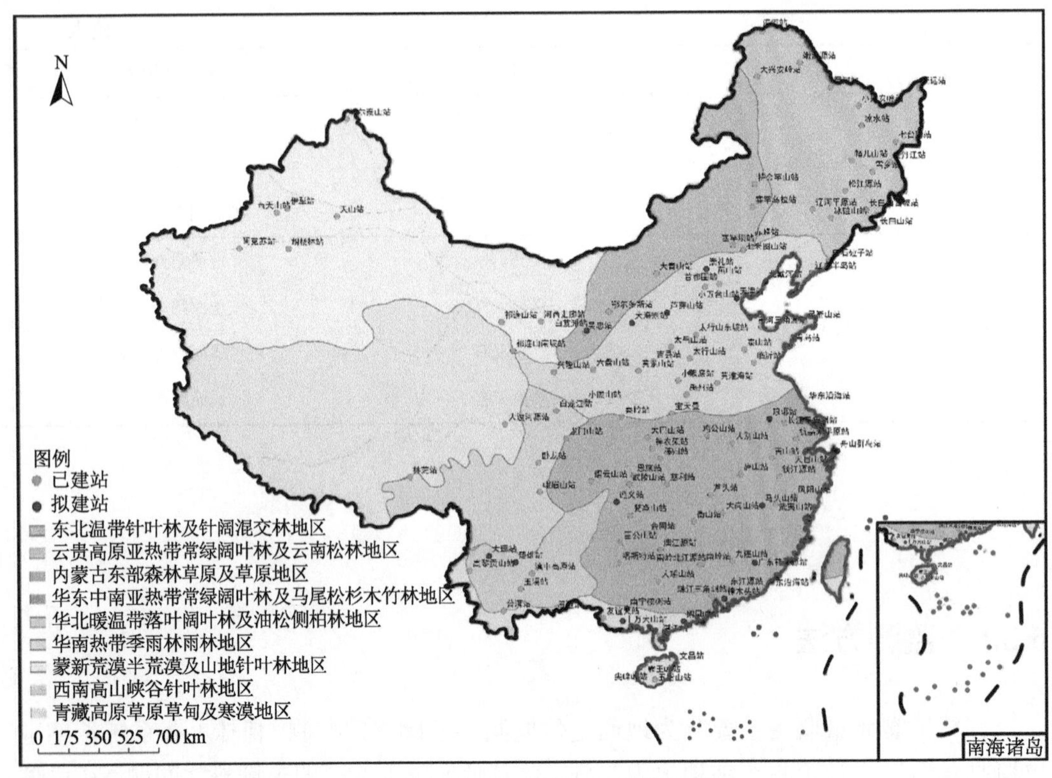

图 6-5　森林生态站布局（国家林业和草原局科技司，2021）

随着遥感技术、地理信息系统和无人机监测的发展，以及森林生态质量评价研究范围的扩大，借助卫星遥感和无人机数据进行生态质量评价成为当前森林生态质量研究的重要内容。由于遥感数据具有时间序列长、时空分辨率高和覆盖范围广等特点，采用遥感数据的生态质量评估能够精确反映大范围、短时间尺度的生态质量变化，从而对森林生态质量进行定量评估。并且遥感数据易于获取，减少了实地考察和人工监测高昂的时间成本与经济成本，具有广泛的适用性和便捷性。基于遥感数据的森林生态质量评价，不仅丰富了森林生态质量评价方式，还为生态环境的管理和政策的制定提供理论支持和决策依据。

基于国家林业和草原局森林生态系统定位观测研究网络观测指标体系以及观测方法，采用集卫星遥感、无人机、传感器网络等天空地一体化的监测技术，建立并筛选表征森林生态系统生态质量等级的关键指标，通过多元线性回归和显著性检验选取反映森林生态系统生态质量的关键指标。通过大样本数据，利用层次分析法结合专家知识，确定森林生态系统生态质量等级和阈值范围。在海南岛尖峰岭和江西大岗山森林生态站开展技术集成与应用实验示范，完善森林生态系统生态质量监测指标体系，优化生态质量监测技术，对指标阈值范围进行验证，采用层次分析法、主成分分析法、模糊评价法或灰色关联度法等，构建森林生态系统生态质量评估模型，为国家森林生态系统生态质量动态监测提供技术支撑（图 6-6）。

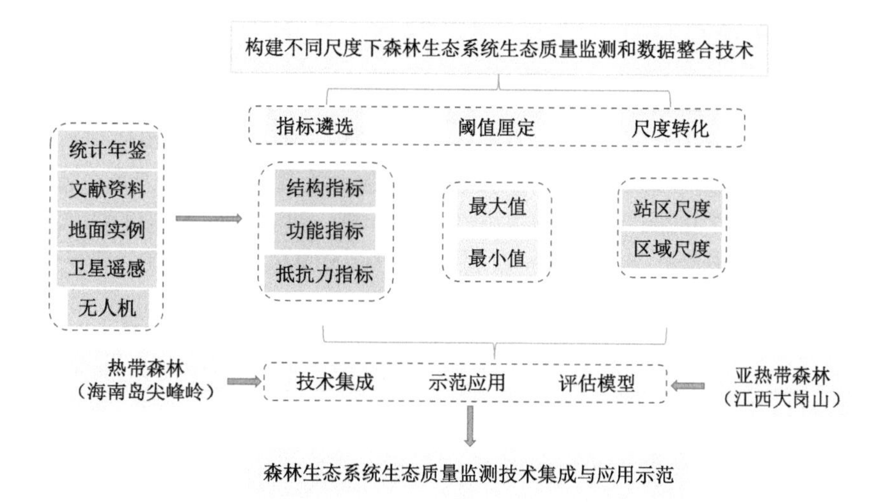

图 6-6　森林生态系统生态质量监测技术集成与应用示范技术路线

6.2.2　监测技术标准与规范

1. 树种组成

通过地面调查获取森林生态系统中的树种类别，并确定优势种与伴生种的分布。

2. 龄组结构

通过地面调查获取不同龄组的分布结构，乔木林的龄组根据优势树种（组）的平均年龄确定，速生丰产用材林、短轮伐期工业原料用材林的龄组由各省（自治区、直辖市）根据生物学特性和生长过程及经营目的确定。

3. 林层与群落结构

通过地面调查获取林层结构组成，参照《森林资源连续清查技术规程》（GB/T 38590—2020）。

4. 平均胸径、平均树高

采用激光雷达定期测定并提取树高、胸径等冠层结构参数，利用这些参数构建随机森林回归模型，并建立树高胸径曲线模型。

5. 径级组

依据平均胸径确定径级组，参照《森林资源连续清查技术规程》（GB/T 38590—2020）。

6. 天然更新等级

通过调查不同高度级的幼苗株树，进行天然更新等级的确定。

7. 植被覆盖度

区域植被覆盖度信息可由实地测量和遥感图像进行反演估算两种方法获取。其中，遥感估算法分为植被指数法和混合像元分解法。众多植被指数中归一化植被指数（NDVI）被广泛运用于植被生长状况的监测，且与植被覆盖度具有很好的相关关系。采用 ERDAS 的模型生成器（model maker）模块将 NDVI 代入计算，进行植被覆盖度的反演。

其中，利用遥感影像红光波段和近红外波段计算 NDVI，具体计算公式见式（5-40）。

同时，采用 TIMESAT 软件对原始的 NDVI 数据进行平滑重构处理，得到重构后的 NDVI。

8. 叶面积指数

运用四尺度几何光学模型和切比雪夫多项式，并考虑双向反射分布函数（BRDF）效应，明确在不同地表覆盖类型、反射率、方位角条件下 LAI 与比值植被指数（SR）以及减化比值植被指数（PSR）之间的关系，计算有效的 LAI。其计算公式如式（6-1）：

$$\begin{aligned} \mathrm{LE} &= f_{\mathrm{LE\_SR}}\left[\mathrm{SR} \cdot f_{\mathrm{BRDF}}(\theta_{\mathrm{v}}, \theta_{\mathrm{s}}, \phi)\right] \\ \mathrm{SR} &= \rho_{\mathrm{red}} / \rho_{\mathrm{nir}} \\ \mathrm{LAI} &= \mathrm{LE} / \Omega_{\mathrm{b}} \end{aligned} \tag{6-1}$$

式中，LE 为有效叶面积指数；$f_{\mathrm{LE\_SR}}$ 为在特定视角和太阳高度角组合（θ_{v}，θ_{s}，ϕ）条件下，LE 和 LAI 之间的关系；SR 为比值植被指数；ρ_{red} 为 MODIS 红光波段；ρ_{nir} 为 MODIS 近红外波段；θ_{s} 为太阳天顶角；θ_{v} 为传感器天顶角；ϕ 为太阳和传感器之间的相对方位角；LAI 为真实的叶面积指数；Ω_{b} 为植物群落 b 的植被冠层聚集度系数，禾草和禾谷类作物的植被冠层聚集度系数为 0.74，热带落叶林为 0.67，针叶林为 0.67，混交林为 0.69，灌木为 0.71。

9. 郁闭度

根据 NDVI，结合土地覆盖数据，计算森林郁闭度，公式见式（5-38）。

10. 生物多样性指数

生物多样性指数采用地面调查的方法，基于样地调查数据进行计算，参照《森林生态系统生物多样性监测与评估规范》（LY/T 2241—2014）、《森林生态系统服务功能评估规范》（GB/T 38582—2020）。

运用多样性指数表征生态系统类型的丰富程度，计算公式如式（6-2）：

$$\mathrm{DI}=N \tag{6-2}$$

式中，DI 为多样性指数；N 为评价单元内生态系统类型的数量。

11. 森林蓄积年增长量

森林蓄积年增长量地面调查法应符合《森林资源连续清查技术规程》（GB/T

38590—2020）的规定，基于地面调查和激光雷达相结合的方法，用材积差法计算林分蓄积生长量。利用一元材积表按式（6-3）计算各径阶材积差 ΔV：

$$\Delta V = \frac{1}{2c}(v_2 - v_1) \tag{6-3}$$

式中，ΔV 为 1cm 材积差，m^3/hm^2；v_1 为比该径阶小一个径阶的材积，m^3/hm^2；v_2 为比该径阶大一个径阶的材积，m^3/hm^2；c 为径阶距。

12. 净生态系统生产力

净生态系统生产力的监测技术方法应符合《森林生态系统长期定位观测方法》（GB/T 33027—2016）的规定。净生态系统生产力是植被净初级生产力扣除土壤异养呼吸 R_h 后的剩余部分，其中土壤异养呼吸 R_h 的计算采用各土壤分碳库分解速率及在各碳库间的转移速率方程求解：

$$R_h = \sum_{j=1}^{9} \tau_j k_j c_j \tag{6-4}$$

式中，R_h 为异养呼吸；τ_j 为碳库 j 定义的呼吸系数；k_j 为碳库 j 的分解速率；c_j 为碳库 j 的大小。

13. 空气负离子浓度

在森林生态系统不同植被类型中设置监测场，建设要求参照《森林生态系统长期定位观测方法》（GB/T 33027—2016）、《森林生态系统长期定位观测指标体系》（GB/T 35377—2017）。

空气负离子浓度的监测方法如下。

（1）交通、电力等条件满足的情况下，采用原位空气负离子监测仪，长期连续自动测量不同时间间隔的林分内空气负离子浓度值。

（2）不满足 1 的情况或者加密测定应采用便携式手持设备。在同一监测点相互垂直的 4 个方向，待仪器稳定后每个方向连续记录 5 个空气负离子浓度的峰值，4 个方向共 20 组数据的平均值为此监测点的林分内空气负离子浓度值。

（3）所有监测数据实时传输至指定服务器或者接收端。

14. 土壤持水能力

采用环刀法测定土壤容重和毛管孔隙度，采用比重瓶法测定土粒密度，计算出总孔隙度、非毛管孔隙度。其计算公式为

$$P_{总} = (1 - D_p/D_v) \times 100 \tag{6-5}$$

$$P_{毛} = 1 - P_{非}$$

式中，D_p、D_v 为土壤容重、土粒密度，g/cm^3；$P_{总}$、$P_{毛}$、$P_{非}$ 为总孔隙度、毛管孔隙度、

非毛管孔隙度，%。

15. 土壤有机质

土壤有机质含量测定方法参照《森林生态系统长期定位监测方法》（GB/T 33027—2016）、《森林生态系统长期定位观测指标体系》（GB/T 35377—2017）。

16. 抗干扰力指标

通过样线调查、标准地调查、标本采集、拍照和遥感判读相结合的方法了解森林受灾情况，查清森林灾害类型（病虫害、森林火灾、气候灾害和其他灾害等）、危害面积（受害立木株数）及其受害程度。

6.2.3 森林生态质量评价

1. 评价指标标准化处理

采用相对标准评价法来评价森林生态质量，即以全国该指标的最佳值为标准，将其具有不同量纲的指标转变成无量纲的属性数据。依据数量化理论I（将反映生态质量的各因子作为项目，其各自不同的分级作为相应的类目）对每个评价指标因子各等级进行赋值：优 4 分，良 3 分，中 2 分，差 1 分。

$$Y_i = Y_{ijk}/\max Y_{ijk} \tag{6-6}$$

式中，Y_{ijk} 为某一项指标的具体数值；$\max Y_{ijk}$ 为当年该指标的最大值；Y_i 为该指标的评价得分值。

由于指标间量纲不统一，缺乏可比性，因此采用相对标准评价法对评价因子进行标准化处理（李美娟等，2004；彭舜磊和王得祥，2011），即以该指标当年的实测最优值为标准，将其具有不同量纲的指标转变成无量纲的属性数据。

若评价指标与生态系统质量为正相关关系，则根据式（6-7）进行标准化：

$$Y_i = (Y_{ijk} - \min Y_{ijk}) / (\max Y_{ijk} - \min Y_{ijk}) \tag{6-7}$$

式中，Y_{ijk} 为某一项指标的具体数值；$\max Y_{ijk}$ 为当年该指标的最大值；$\min Y_{ijk}$ 为当年该指标的最小值；Y_i 为评价因子标准化值，即该指标的评价得分值。

若评价指标与生态系统质量为负相关关系，则根据式（6-8）进行标准化：

$$Y_i = 1 - (Y_{ijk} - \min Y_{ijk}) / (\max Y_{ijk} - \min Y_{ijk}) \tag{6-8}$$

2. 评价指标权重确定

1）构建判断矩阵

采用层次分析法与专家打分法（Saaty，1979）来构建判断矩阵并通过一致性检验确定各评价指标的相对权重。按照层次分析法原理，邀请具有生态学、林学、土壤学、水文学等学科背景的学者组成专家打分组（共计 17 人），向专家发放问卷，问卷中设置了1～9 的比例标度对各指标的重要性程度进行赋值（表 6-2），请专家对这些因素进行优劣性比较后，获得判断矩阵的组成元素，进而构建判断矩阵（表 6-3）。所构建的各层判断矩阵通过 MATLAB 7.0 软件进行运算。

表 6-2 标度及其含义

标度	含义
1	x_i 因素和 x_j 因素重要性相同
3	x_i 因素和 x_j 因素相比，一个比另一个稍微重要，但二者的区别不明显、不突出
5	x_i 因素和 x_j 因素相比，一个比另一个明显重要，但二者的区别不是很明显
7	x_i 因素和 x_j 因素相比，一个比另一个强烈重要，但二者的区别不十分突出
9	x_i 因素和 x_j 因素相比，一个比另一个极端重要，并且二者的区别十分突出
2、4、6、8	介于以上两种比较之间的标度值
倒数	x_i 因素与 x_j 因素相比，得出判断矩阵的元素 x_{ij}，则 x_j 因素与 x_i 因素比较的判断值为 $x_{ji}=1/x_{ij}$

表 6-3 判断矩阵

	p_1	p_2	…	p_n
p_1	b_{11}	b_{12}	…	b_{1n}
p_2	b_{21}	b_{22}	…	b_{2n}
…	…	…	…	…
p_n	b_{n1}	b_{n2}	…	b_{nn}

2）一致性检验

求出步骤 1）中获得的判断矩阵的最大特征值 λ_{max}，根据一致性检验公式 $CI=(\lambda_{max}-n)/(n-1)$ 得到 CI 值。由表 6-4 得到平均一致性指标 RI，按照公式 $CR=CI/RI$ 得到随机一致性比值 CR。当 CR≤0.1 时，则认为判断矩阵具有一致性，可以继续进行层次单排序；当 CR>0.1 时，则认为判断矩阵的一致性偏差过大，需要将其调整至满足 CR≤0.1。

表 6-4 平均一致性指标

	1	2	3	4	5	6	7	8	9
RI	0	0	0.58	0.9	1.12	1.24	1.32	1.41	1.45

3）层次单排序和层次总排序

层次单排序是通过判断矩阵计算，将某一层的所有因素针对上一层某个因素排出优劣顺序，即求得满足特征向量的分量值。而层次总排序是在层次单排序结果的基础上，综合得出本层次各因素对上一层次的优劣顺序，最终得到最底层（方案层）对于最顶层（目标层）的优劣顺序（Ward et al.，2021）。若 c 层对 a 层完成单排序得到的优劣顺序为 $a_1,a_2,\cdots,a_m$，而 p 层对 c 层各因素 $c_1,c_2,\cdots,c_m$ 的单排序结果数值为 $w_1^1,w_2^1,\cdots,w_n^1$、$w_1^2,w_2^2,\cdots,w_n^2$、$w_1^m,w_2^m,\cdots,w_n^m$；层次总排序要结合每一个指标的子指标进行乘积赋权，p 层各因素对 a 层的总排序数值由 $w_1=\sum_{j=1}^{m}a_jw_1^j$，$w_2=\sum_{j=1}^{m}a_jw_2^j$，…，$w_n=\sum_{j=1}^{m}a_jw_n^j$ 判定（束加稳和杨文培，2019；徐丽，2014）。

本研究采用权重加权法，即按照不同指标所占的权重进行加权，最后得到森林生态质量的综合指数。由于森林生态质量是综合性的，因此衡量指标也需要多重因子来表征（表 6-5）。

表 6-5 森林生态质量评价指标及权重

目标层	约束层（权重）	指标层（权重）	因子层（权重）
森林生态质量等级	结构特征（0.4742）	森林结构（0.3215）	树种组成（0.0412）
			龄组结构（0.0363）
			林层与群落结构（0.0331）
			平均胸径（0.0122）
			平均树高（0.0094）
			径级组（0.0205）
			天然更新等级（0.0285）
			植被覆盖度（0.0555）
			叶面积指数（0.0373）
			郁闭度（0.0475）
		多样性指标（0.1527）	Shannon-Wiener 多样性指数（0.0277）
			均匀度指数（0.0221）
			特有种指数（0.0398）
			濒危物种指数（0.0631）
	功能特征（0.3764）	生产力（0.1873）	森林蓄积年增长量（0.1039）
			净生态系统生产力（0.0834）
		服务功能（0.1891）	空气负离子浓度（0.0510）
			土壤持水能力（0.0641）
			土壤肥力（0.0740）
	健康状态（0.1494）	抗干扰力（0.1494）	抗病害能力（0.0298）
			抗虫害能力（0.0477）
			抗森林火灾能力（0.0357）
			抗其他自然灾害能力（0.0362）

4）赋值标准

森林生态质量监测指标赋值标准与等级及天然更新等级划分见表6-6和表6-7。

表6-6　森林生态质量监测指标赋值标准与等级

类别	赋值标准与等级			
	1	2	3	4
胸径年生长量/cm	>1.0	0.5～1.0	0.1～0.5	<0.1
树高年生长量/m	>1.0	0.5～1.0	0.1～0.5	<0.1
森林蓄积年增长量/（m^3/hm^2）	>15	10～15	5～10	<5
净初级生产力/[g C/（m^2·a）]	>1000	500～1000	250～500	<250
净生态系统生产力/[g C/（m^2·a）]	>1000	500～1000	250～500	<250
森林覆盖度/%	>80	40～80	20～40	<20
林冠结构/层	≥4	3	2	1
生物多样性指数	>8	5～8	3～5	<3
郁闭度	0.8～1.0（含0.8）	0.6～0.8（含0.6）	0.2～0.6（含0.2）	<0.2
叶面积指数	>5	3～5	2～3	<2
植被指数	>0.7	0.5～0.7	0.3～0.5	<0.3
景观结合度指数	≥1	0.5～1	0.25～0.5	<0.25
水质等级	I类	II类和III类	IV类和V类	劣V类
固碳量/（g/a）	>440	220～440	110～220	< 110
空气负离子浓度/（个/m^3）	>5000	1000～5000	600～1000	<600

表6-7　天然更新等级划分

等级	高度		
	<30cm/株	30～49cm/株	≥50cm/株
I（优）	≥5000	≥3000	≥2500
II（良）	4000～4999	2000～2999	1500～2499
III（中）	3000～3999	1000～1999	500～1499
IV（低）	<3000	<1000	<500

注：天然更新等级根据幼苗各高度级的天然更新株数（株/hm^2或株/亩[①]）确定。

3. 森林生态质量综合评价模型

从森林结构、多样性指标、生产力、服务功能、抗干扰力方面，选取24个指标。对这些指标进行数量化和等级划分后，依据数量化理论I对每个评价指标因子各等级进行赋

① 1亩≈666.7m^2。

值，采用层次分析法和专家打分法确定评价指标因子的相对权重。根据每个评价指标因子的权重值与等级分值进行加权计算求和，得到森林生态质量指数（FEQ），计算公式为

$$FEQ=\sum V_i \cdot W_i / 24 \tag{6-9}$$

式中，FEQ 为森林生态质量指数，值为 0～1；V_i 为各指标评分值；W_i 为各指标权重。

基于构建的森林生态质量评价指标体系，构建森林生态系统生态质量评估模型，对海南岛尖峰岭林区进行总体与局部的森林生态质量综合评分的计算。最终参照国内外各种综合指数分级方法（张华等，2021；Colak et al.，2003；Xu et al.，2019），并结合大岗山实际状况，将森林生态系统生态质量划分为 5 个等级（表 6-8），评价研究区域生态质量的优劣程度。

表 6-8 森林生态系统生态质量评价分级标准

生态质量综合得分	等级	等级评价	描述
0～0.2	I	差	生态系统质量较为恶劣
0.2～0.35	II	低	生态系统结构较差，生产力相对较低，服务功能价值较低
0.35～0.55	III	中	生态系统结构一般，生产力处于一般水平，服务功能价值处于中等水平
0.55～0.75	IV	良	生态系统结构良好，生产力相对较高，服务功能价值较高
>0.75	V	优	生态系统结构稳定、功能完备，生态质量高

6.3 区域尺度森林生态质量监测技术与应用

6.3.1 海南岛尖峰岭森林生态质量综合评价

1. 海南岛尖峰岭森林植被概况

尖峰岭地区位于海南省西南部乐东黎族自治县和东方市交界处，具体地理位置坐标为 18°20′N～18°57′N，108°41′E～109°12′E，总面积约为 640 km^2，包括尖峰岭林区及周边地区，行政区域隶属海南省乐东黎族自治县尖峰镇。尖峰岭林区面积为 472.27 km^2，森林覆盖率达到 93.18%，为海南岛五大林区之一，区域内的热带雨林是我国现存面积较大、保存较完好的热带原始森林区域之一（李意德等，2012）。

尖峰岭地区森林类型丰富，其中热带常绿季雨林为该地区的地带性植被，热带山地雨林则为该地区发育最为完善、结构最为复杂的类型。热带山地雨林分布在海拔 700～1300 m 的山体中至上部，其植物种类组成复杂，以樟科、茜草科、壳斗科和桃金娘科为优势科。该地森林类型丰富，从低海拔到高海拔依次形成滨海有刺灌丛、稀树草地、热带半落叶季雨林（图 6-7）、热带低地雨林（图 6-8）、热带沟谷雨林、热

带山地雨林（图 6-9 和图 6-10）以及热带山顶云雾林/苔藓矮林（图 6-11）等植被类型（李意德等，2012）。

图 6-7　热带半落叶季雨林

图 6-8　热带低地雨林

图 6-9　热带山地雨林原始林林貌与林内景观

图 6-10　热带山地雨林次生林林貌与林内景观

图 6-11　热带山顶云雾林林貌（海南热带雨林国家公园管理局供图）

2. 评估方法

1）数据来源

尖峰岭生态站样地分布在热带山地雨林区，选择热带原始林（热带低地雨林、热带山地雨林次生林、热带山地雨林原始林），以及热带人工林[槟榔林（图 6-12）、三华李

图 6-12　槟榔林

林（图 6-13）、橡胶林（图 6-14）、杉木（*Cunninghamia lanceolata*）林（图 6-15）、加勒比松林（图 6-16）、鸡毛松（*Podocarpus imbricatus*）林、柚木（*Tectona grandis*）林、马占相思（*Acacia mangium*）林、红花天料木（*Homalium hainanense*）林、海南蕈树（*Altingia obovata*）林］共 13 个森林类型作为研究对象，在各森林类型中建立 3～4 个 600～10000 m^2 的样地，记录样地基本信息，包括植被类型、地点、经纬度、样地建立时间、海拔、坡度坡向坡位、土壤类型等，并通过查找资料或询问当地工人获得样地的造林年份以及干扰历史信息，建立样地信息表（表 6-9）。

图 6-13　三华李林

图 6-14　橡胶林

图 6-15　杉木林

图 6-16 加勒比松林

表 6-9 海南岛尖峰岭生态站监测样地基本信息

林分起源	植被类型	林分类型/优势种/科	样地数量	样地面积/m^2	海拔/m	历史干扰
人工林	热带经济林	槟榔林	3	600	400～500	2009 年人工种植
		三华李林	3	600	800～850	20 世纪 80 年代人工种植
		橡胶林	3	600	500～550	2004 年人工种植
	针叶用材林	杉木林	3	600	950	1985 年人工种植
		加勒比松林	3	900	800～830	20 世纪 60 年代皆伐后人工种植
		鸡毛松林	3	2000～5000	800～830	20 世纪 60 年代皆伐后人工种植
	阔叶用材林	柚木林	3	600	100～200	20 世纪 80 年代种植
		马占相思林	3	900	300～400	20 世纪 90 年代种植
	乡土阔叶人工林	红花天料木林	3	600	200～300	20 世纪 80 年代种植
		海南蕈树林	3	900	650	20 世纪 80 年代种植
天然林	热带低地雨林	青梅等龙脑香科树种	3	5000	200～300	20 世纪 60 年代择伐
	热带山地雨林次生林	黧蒴、厚壳桂等	6	3000～5000	800～900	1964 年皆伐后天然更新
	热带山地雨林原始林	陆均松、红锥等	5	3000～5000	800～900	无人为干扰，仅自然干扰

依据《森林生态系统长期定位观测研究站建设规范》（GB/T 40053—2021）进行样地建设，依据《森林生态系统长期定位观测方法》（GB/T 33027—2016）、《森林生态系统长期定位观测指标体系》（GB/T 35377—2017）对所需指标进行观测。

2）评价指标体系及指标权重

对各专家打分所构建的判断矩阵进行运算，得到层次总排序结果，再对由各专家打分结果所构建的权重矩阵进行运算，得到各指标的权重矩阵（0.1255；0.0653；0.1081；0.0562；0.0344；0.0736；0.0566；0.1968；0.1060；0.0904；0.0871），根据权重计算得到森林生态系统质量评价指标体系中各层级指标相对于上一层级的权重值（表6-10）。

表 6-10　森林生态系统质量评价指标体系及指标权重值

总目标层	次目标层	权重值	准则层	权重值	指标层	权重值
森林生态系统质量A	生态系统结构 A1	0.5198	群落结构 B1	0.5750	水平结构 C1	0.4199
					垂直结构 C2	0.2185
					郁闭度 C3	0.3616
			群落多样性 B2	0.4250	Shannon-Wiener 多样性指数 C4	0.2544
					均匀度指数 C5	0.1557
					物种数 C6	0.3335
					Simpson 多样性指数 C7	0.2564
	生态系统功能 A2	0.4802	生产力 B3	0.4098	森林年度生长量 C8	1.0000
			服务功能 B4	0.5902	调节小气候 C9	0.3739
					改善空气环境 C10	0.3189
					有害生物防治 C11	0.3072

森林生态系统质量作为总目标层 A，生态系统结构和生态系统功能分别作为次目标层 A1 和 A2。A1 权重 0.5198 大于 A2 权重 0.4802。A1 的准则层由群落结构 B1、群落多样性 B2 组成，B1 权重为 0.5750，大于 B2 的权重 0.4250；A2 的准则层由生产力 B3 和服务功能 B4 组成，B3 权重为 0.4098，小于 B4 的权重 0.5902。C 层为隶属于各准则层的评价指标层，各指标相对于总目标层的权重大小顺序为：森林年度生长量（0.1968）>水平结构（0.1255）>郁闭度（0.1081）>调节小气候（0.1060）>改善空气环境（0.0904）>有害生物防治（0.0871）>物种数（0.0736）>垂直结构（0.0653）>Simpson 多样性指数（0.0566）>Shannon-Wiener 多样性指数（0.0562）>均匀度指数（0.0344）。

最终建立的森林生态系统质量评价模型为

$$\begin{aligned}\mathrm{EQI}=&0.1255\times H_{\mathrm{st}}(\mathrm{DBH})+0.0653\times H_{\mathrm{st}}(H)+0.1081\times \mathrm{DC}\\&+0.0562\times H_{\mathrm{sp}}+0.0566\times D+0.0344\times J+0.0736\times N+0.1968\times \Delta\mathrm{AGB}\\&+0.1060\times \mathrm{CHI}+0.0904\times \mathrm{NAI}+0.0871\times \mathrm{DPI}(32)\end{aligned}\tag{6-10}$$

式中，H_{st}（DBH）为水平结构指标的评价得分值；H_{st}（H）为垂直结构指标的评价得分值；DG 为郁闭度指标的评价得分值；H_{sp} 为 Shannon-Wiener 多样性指数的评价得分值；

D 为 Simpson 多样性指数的评价得分值；*J* 为均匀度指数的评价得分值；*N* 为物种数指标的评价得分值；ΔAGB 为森林年度生长量指标的评价得分值；CHI 为调节小气候指标的评价得分值；NAI 为改善空气环境指标的评价得分值；DPI 为有害生物防治指标的评价得分值。

3. 森林生态质量综合评价结果

根据建立的生态质量综合评价模型，计算得出尖峰岭林区不同森林生态质量综合评价结果（表 6-11）。整体来看，尖峰岭林区森林生态质量综合评分值平均为 0.51±0.19，处于等级Ⅲ，生态质量中等，各林分类型评分值介于 0.20～0.83，森林生态质量等级百分比见图 6-17。不同林分类型间存在极显著差异（P<0.01），其中各林分生态质量评价得分的顺序为：槟榔林（0.2）<三华李林（0.24）<橡胶林（0.34）<红花天料木林（0.38）<柚木林（0.43）<马占相思林（0.45）<加勒比松林（0.50）=杉木林（0.50）<海南蕈树林（0.55）<热带低地雨林（0.69）<鸡毛松林（0.73）<热带山地雨林次生林（0.75）<热带山地雨林原始林（0.83）。从不同林分起源来看，天然林（0.75）生态质量要极显著（P<0.01）高于人工林（0.43）。

表 6-11　尖峰岭林区森林生态质量综合评价结果

林分起源	林分类型	群落结构	群落多样性	生态系统结构评价值	生产力	服务功能	生态系统功能评价值	生态质量综合评价值（等级）
人工林	槟榔林	0.26±0.02	0±0	0.15±0.01^{e}	0.06±0.06	0.39±0.07	0.25±0.06^{e}	0.20±0.03（Ⅱ）^{g}
	海南蕈树林	0.69±0	0.54±0.07	0.62±0.03^{b}	0.65±0.17	0.33±0.06	0.46±0.03^{bcd}	0.55±0.03（Ⅳ）^{c}
	红花天料木林	0.55±0.08	0.14±0.06	0.38±0.07^{d}	0.51±0.16	0.30±0.15	0.39±0.10^{cd}	0.38±0.01（Ⅲ）^{ef}
	鸡毛松林	0.80±0.02	0.83±0.02	0.81±0.02^{a}	0.56±0.04	0.70±0.06	0.65±0.02^{a}	0.73±0.002（Ⅳ）^{b}
	加勒比松林	0.63±0.02	0.30±0.13	0.49±0.07^{c}	0.73±0.21	0.37±0.03	0.52±0.09^{b}	0.50±0.07（Ⅲ）^{cd}
	马占相思林	0.56±0.10	0.41±0.27	0.50±0.09^{c}	0.43±0.09	0.38±0.08	0.40±0.06^{bcd}	0.45±0.05（Ⅲ）^{de}
	三华李林	0.25±0.08	0.02±0.02	0.15±0.05^{e}	0.34±0.08	0.34±0.04	0.34±0.04^{de}	0.24±0.02（Ⅱ）^{g}
	杉木林	0.57±0.06	0.42±0.02	0.50±0.04^{c}	0.43±0.05	0.56±0.06	0.50±0.02^{bc}	0.50±0.02（Ⅲ）^{cd}
	橡胶林	0.40±0.02	0±0	0.23±0.01^{e}	0.63±0.03	0.34±0.05	0.46±0.02^{bcd}	0.34±0.02（Ⅱ）^{f}
	柚木林	0.59±0.03	0.25±0.12	0.45±0.06^{cd}	0.54±0.13	0.33±0.06	0.42±0.05^{bcd}	0.43±0.02（Ⅲ）^{de}
	平均	0.53±0.18	0.28±0.28	0.42±0.21（Ⅲ）	0.48±0.21	0.41±0.14	0.44±0.12（Ⅲ）	0.43±0.15（Ⅲ）
天然林	热带低地雨林	0.85±0.03	0.88±0.06	0.86±0.04^{a}	0.47±0.06	0.52±0.07	0.50±0.02^{bc}	0.69±0.03（Ⅳ）^{b}

续表

林分起源	林分类型	群落结构	群落多样性	生态系统结构评价值	生产力	服务功能	生态系统功能评价值	生态质量综合评价值（等级）
天然林	热带山地雨林次生林	0.85±0.02	0.83±0.03	0.84±0.01[a]	0.58±0.05	0.69±0.06	0.65±0.05[a]	0.75±0.03（V）[b]
	热带山地雨林原始林	0.92±0.01	0.87±0.02	0.90±0.01[a]	0.54±0.01	0.89±0.07	0.75±0.05[a]	0.83±0.03（V）[a]
	平均	0.87±0.04	0.86±0.05	0.87±0.03（V）	0.53±0.07	0.70±0.16	0.63±0.11（Ⅳ）	0.75±0.06（V）
总计		0.62±0.22	0.43±0.35	0.54±0.26（Ⅲ）	0.50±0.19	0.48±0.19	0.49±0.14（Ⅲ）	0.51±0.19（Ⅲ）

注：a、b、c 等字母代表各林分生态质量显著性检验差异。

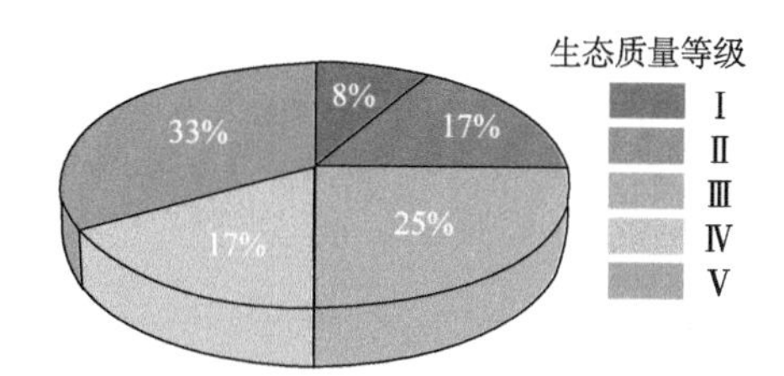

图 6-17　森林生态质量等级百分比

在生态系统结构目标层中，结构指数评价值在不同林分类型间存在极显著差异（$P<0.01$），各林分评价值排序为：槟榔林（0.15）=三华李林（0.15）<橡胶林（0.23）<红花天料木林（0.38）<柚木林（0.45）<加勒比松林（0.49）<马占相思林（0.50）=杉木林（0.50）<海南蕈树林（0.62）<鸡毛松林（0.81）<热带山地雨林次生林（0.84）<热带低地雨林（0.86）<热带山地雨林原始林（0.90）。从不同林分起源来看，天然林（0.87）的生态系统结构评价值要极显著（$P<0.01$）高于人工林（0.42）。在群落结构评价值中，热带山地雨林原始林（0.92）、热带低地雨林（0.85）、热带山地雨林次生林（0.85）较高，三华李林（0.25）最低，天然林（0.87）>人工林（0.53）；在群落多样性评价值中，热带低地雨林（0.88）和热带山地雨林原始林（0.87）较高，槟榔林和橡胶林最低，天然林（0.86）>人工林（0.28）。

在生态系统功能目标层中，功能指数评价值在不同林分类型间存在极显著差异（$P<0.01$），各林分评价值排序为：槟榔林（0.25）<三华李林（0.34）<红花天料木林（0.39）<马占相思林（0.40）<柚木林（0.42）<海南蕈树林（0.46）<橡胶林（0.46）<杉木林（0.50）=热带低地雨林（0.50）<加勒比松林（0.52）<鸡毛松林（0.65）=热带山地雨林次生林（0.65）<热带山地雨林原始林（0.75）。从不同林分起源来看，天然林（0.63）的生态系统功能评价值要极显著（$P<0.01$）高于人工林（0.44）。在生产力评价值中，槟榔林（0.06）最低，加勒比松林（0.73）最高，天然林（0.53）>人工林（0.48）；在服务功能评价值中，热带山地雨林原始林（0.89）最高，红花天料木林（0.30）最低，天然林（0.70）>人工林（0.41）。

通过对尖峰岭林区生态系统结构与功能评价值进行皮尔逊（Pearson）相关性分析，

得到结构与功能评价值呈现极显著（$P<0.01$）的强相关关系（$R^2=0.765$）。

1）人工林生态系统综合评价

通过尖峰岭林区四种类型人工林生态系统的综合评价和得分等级可知，人工林生态质量综合评价值介于 0.26～0.58，平均值为 0.43±0.15，处于Ⅲ等级，说明尖峰岭林区人工林生态质量处于中等水平。不同人工林类型间森林生态质量综合评价值排序为：槟榔林（0.20）<三华李林（0.24）<橡胶林（0.34）<红花天料木林（0.38）<柚木林（0.43）<马占相思林（0.45）<杉木林和加勒比松林（0.50）<海南蕈树林（0.55）<鸡毛松林（0.73）。其中，人工林生态质量等级百分比见图 6-18。

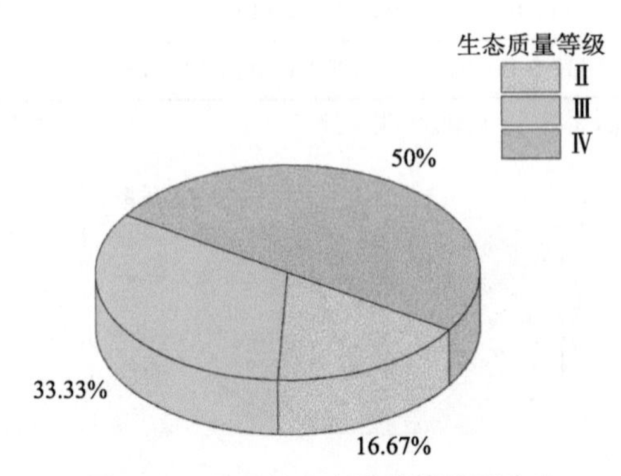

图 6-18　人工林生态质量等级百分比

A. 人工林生态系统结构评价

人工林生态系统结构评价值介于 0.18～0.6，平均值为 0.42±0.21，处于Ⅲ等级，说明尖峰岭林区人工林生态系统结构状况一般。不同人工林类型间森林生态系统结构综合评价值排序为：热带经济林（0.18）<阔叶用材林（0.47）<乡土阔叶人工林（0.48）<针叶用材林（0.60）。其中，各林种从Ⅰ～Ⅴ级所占比例分别为 20.00%、10.00%、50.00%、10.00%、10.00%。

B. 人工林生态系统功能评价

人工林生态系统功能评价值介于 0.35～0.56，平均值为 0.44±0.12，处于Ⅲ等级，说明尖峰岭林区人工林生态系统功能状况一般。不同人工林类型间森林生态系统功能综合评价值排序为：热带经济林（0.35）<阔叶用材林（0.41）<乡土阔叶人工林（0.42）<针叶用材林（0.56）。其中，各林种从Ⅰ～Ⅴ级所占比例分别为 0.00%、20.00%、70.00%、10.00%、0.00%。

2）天然林生态系统综合评价

通过尖峰岭林区三种类型天然林生态系统的综合评价和得分等级可知，天然林生态质量综合评价值介于 0.69～0.83，平均值为 0.75±0.06，处于Ⅴ等级，说明尖峰岭林区天然林生态质量处于高等水平。不同天然林类型间森林生态质量综合评价值排序为：热带低地雨林（0.69）<热带山地雨林次生林（0.75）<热带山地雨林原始林（0.83）。其中，天然林生态质量等级百分比见图 6-19。

A. 天然林生态系统结构评价

天然林生态系统结构评价值介于0.84～0.90，平均值为0.87±0.03，处于V等级，说明尖峰岭林区天然林生态系统结构状况优，生态系统结构稳定。不同天然林类型间森林生态系统结构综合评价值排序为：热带山地雨林次生林（0.84）<热带低地雨林（0.86）<热带山地雨林原始林（0.90）。其中，各林种从Ⅰ～Ⅴ级所占比例分别为 0.00%、0.00%、0.00%、0.00%、100%。

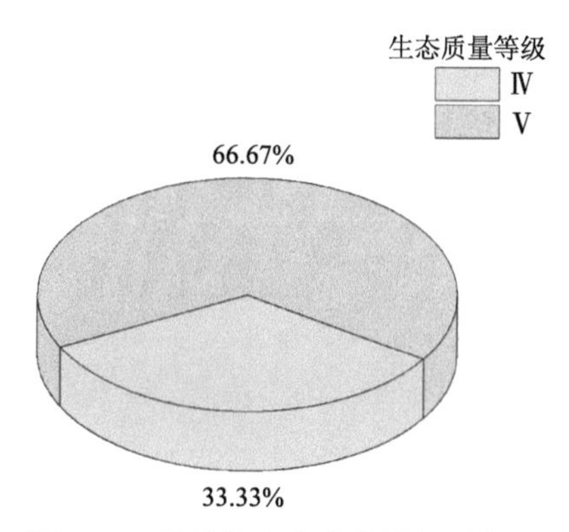

图6-19　天然林生态质量等级百分比

B. 天然林生态系统功能评价

天然林生态系统功能评价值介于0.26～0.58，平均值为0.63±0.11，处于Ⅲ等级，说明尖峰岭林区天然林生态系统功能状况一般。不同天然林类型间森林生态系统功能综合评价值排序为：热带低地雨林（0.50）<热带山地雨林次生林（0.65）<热带山地雨林原始林（0.75）。其中，各林种从Ⅰ～Ⅴ级所占比例分别为0.00%、0.00%、33.33%、33.33%、33.33%。

6.3.2　海南热带雨林国家公园生态质量综合评价

1. *海南热带雨林国家公园*

海南热带雨林国家公园（简称雨林国家公园）位于海南岛中南部，地理坐标为108°44′32″E～110°04′43″E，18°33′16″N～19°14′16″N，涉及五指山市、琼中黎族苗族自治县、白沙黎族自治县、东方市、陵水黎族自治县、昌江黎族自治县、乐东黎族自治县、保亭黎族苗族自治县和万宁市9个县（市），总面积4269km^2（图6-20）。雨林国家公园保护了我国分布最集中、类型最多样、连片面积最大、保存最完好的大陆性热带雨林。

雨林国家公园以森林生态系统为主体，森林覆盖率为95.9%，其中热带低地雨林、山地雨林和云雾林等雨林总面积为3154km^2，约占雨林国家公园面积的73.9%。其次为湿地和草地生态系统。湿地生态系统包括河流、沼泽和库塘；草地生态系统为次生性生态系统，以禾草植物为主的草地。植被型组有阔叶林、针叶林、灌丛和草丛，包括9个植被型、15个植被亚型、17个群系组和82个群系。

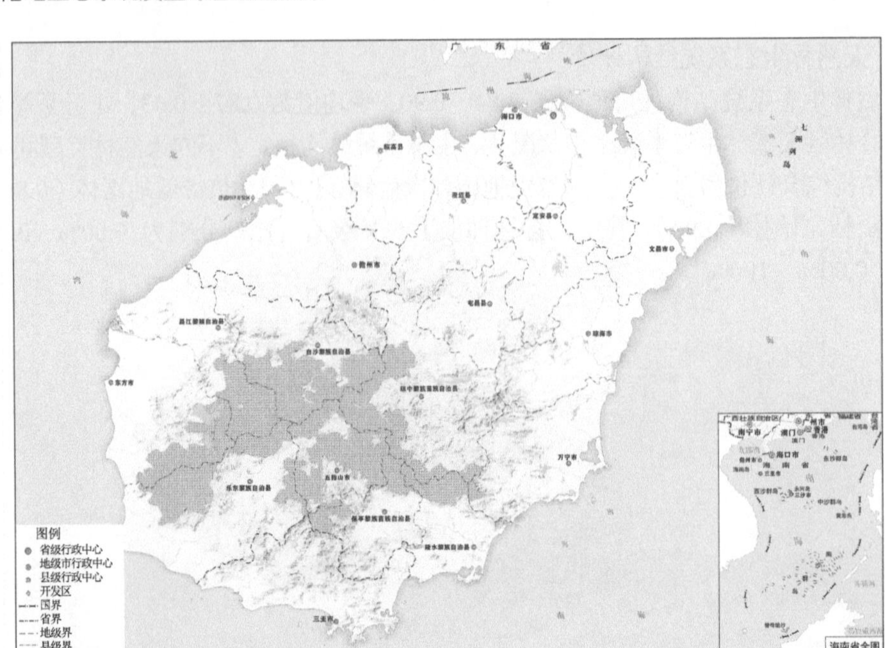

图 6-20 海南热带雨林国家公园分布图

雨林国家公园野生动植物丰富，其中，野生维管束植物 3653 种，野生脊椎动物 540 种，是我国生物多样性保护的重点地区，也是全球生物多样性保护的热点地区。雨林国家公园是南渡江、昌化江、万泉河等海南岛主要江河的发源地和汇水区，为海南省 86.0% 的饮用水源地提供稳定安全的饮用水源，是海南岛主要的水源地，是海南岛的“水塔”。

2. 生态系统功能指数

2001～2018 年雨林国家公园各森林类型的生态系统功能指数（EFI）变化趋势如图 6-21 所示。各林分类型生态系统功能指数均呈现波动上升的趋势，国家公园生态系统功能逐渐改善。各森林类型生态功能指数较为接近，其中防护林生态系统功能指数最高，平均值为 2.1522，其次是用材林（2.1258）、原生林（2.1180）、次生林（2.0827）、橡胶林（2.0756）、灌木林（2.0387）、经济林（2.0056）、非林地（1.9903）。各森林类型变化趋势差异较小，防护林拥有最高的趋势线斜率（0.0139），其次是非林地（0.0108）、灌木林（0.0105）、用材林（0.0101）、橡胶林（0.0095）、经济林（0.0092）、次生林（0.0081）、原生林（0.0062）。

2002～2005 年和 2014～2018 年雨林国家公园生态系统功能指数的空间分布，如图 6-22 所示。雨林国家公园生态系统功能指数整体较高，仅在水体和西南部非林地出现较低值，高值区域集中，低值区域分布较为零散。对比图 6-22（a）和图 6-22（b），雨林国家公园高生态系统功能指数区域得到扩大，整体生态系统功能呈现增加趋势。其中，生态系统功能指数值在 0～0.5 的区域面积减少了 31.04%，在 0.5～1 的区域面积减少了 47.02%，在 1～1.5 的区域面积减少了 41.57%，在 1.5～2 的区域面积减少了 44.33%，在 2～2.5 的区域面积增加了 17.27%。

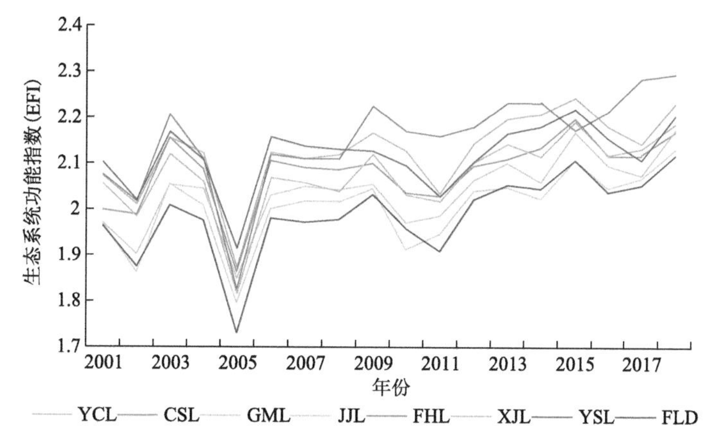

图 6-21 2001～2018 年雨林国家公园各森林类型的生态系统功能指数变化趋势

YCL：用材林；CSL：次生林；GML：灌木林；JJL：经济林；FHL：防护林；XJL：橡胶林；YSL：原生林；FLD：非林地。下同

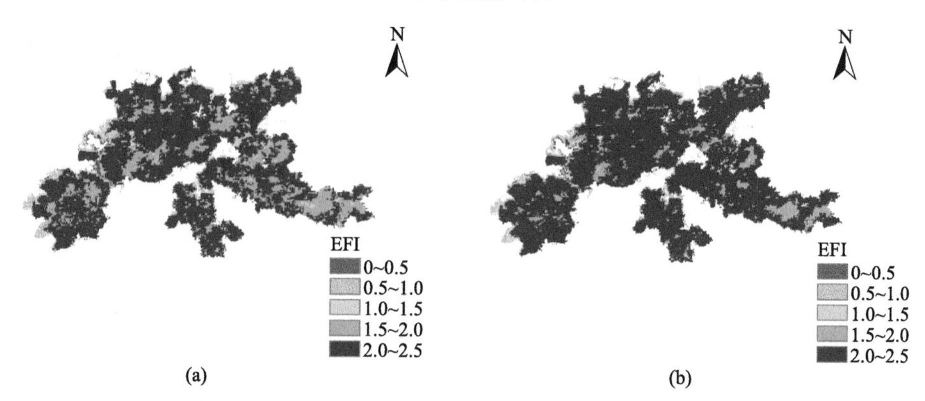

图 6-22 2001～2005 年（a）和 2014～2018 年（b）雨林国家公园生态系统功能指数的空间分布

3. 生态系统稳定指数

2002～2018 年雨林国家公园各森林类型的生态系统稳定指数（ESI）变化趋势如图 6-23 所示。各森林类型生态系统稳定指数在 2002～2007 年变化波动较大，随后趋于稳定波动下降。

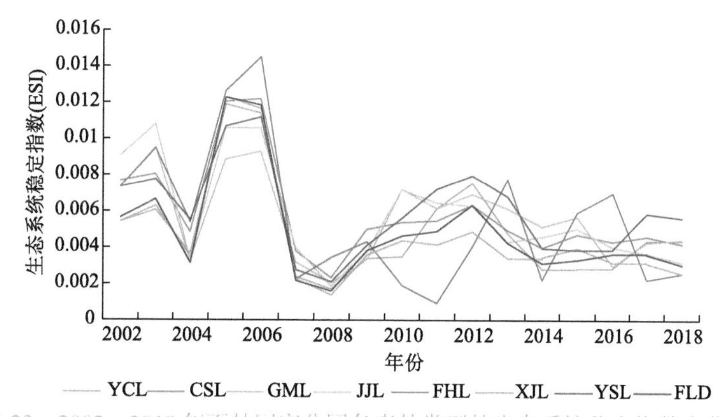

图 6-23 2002～2018 年雨林国家公园各森林类型的生态系统稳定指数变化趋势

图 6-24 展示了 2002～2005 年和 2014～2018 年雨林国家公园生态系统稳定指数的空间分布。如图 6-24（a）可见，前五年雨林国家公园生态系统稳定指数空间分布分散，高值区域主要分布在国家公园南部，稳定性较差，北部的生态系统稳定性指数较低，呈现较好的稳定性。对比图 6-24（a）和图 6-24（b），雨林国家公园低生态系统稳定指数区域得到扩大，整体生态系统稳定性呈现增加趋势，雨林国家公园生态系统稳定指数值域在 0～0.005 的区域范围增加了 82.13%，其他值域范围均为减少趋势，大于 0.02 的范围减少了 76.12%。

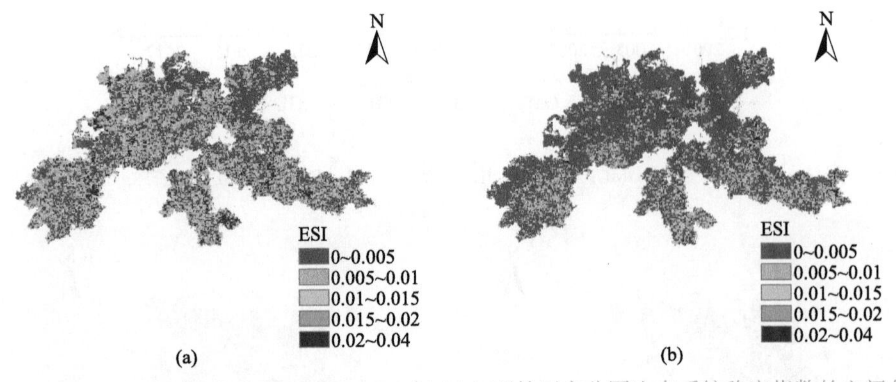

图 6-24　2002～2005 年（a）和 2014～2018 年（b）雨林国家公园生态系统稳定指数的空间分布

4. 生态系统生态质量指数

图 6-25 展示了 2002～2018 年雨林国家公园各森林类型的生态质量指数（EQI）变化趋势。如图 6-25 所示，各森林类型生态质量指数均呈现波动上升的趋势，雨林国家公园生态质量逐渐改善。各森林类型生态质量指数较小，平均生态质量指数在 80.66～82.98，其中防护林生态质量指数最高，平均值为 82.98，其次是用材林（82.94）、橡胶林（82.45）、原生林（82.32）、次生林（81.87）、灌木林（81.26）、经济林（80.66）。各森林类型变化趋势差异较小，防护林拥有最高的趋势线斜率（0.4574），其次是经济林（0.3653）、橡胶林（0.3383）、用材林（0.2909）、次生林（0.2870）、灌木林（0.2776）、原生林（0.2081）。

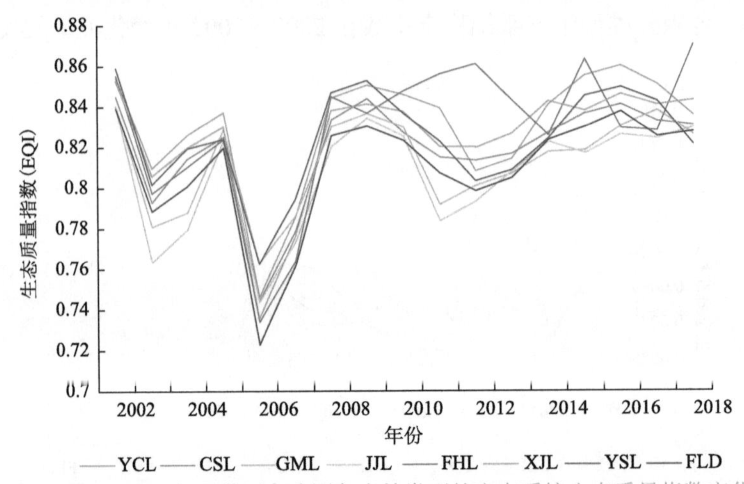

图 6-25　2002～2018 年雨林国家公园各森林类型的生态系统生态质量指数变化趋势

图6-26展示了2001～2005年和2014～2018年雨林国家公园生态质量指数的空间分布，图6-27展示了雨林国家公园生态质量指数各值域范围所占百分比。如图6-26所示，雨林国家公园生态质量整体为优，生态质量为良好的区域分散分布在雨林国家公园北部的非林地和水体周围。对比图6-26（a）、图6-26（b），雨林国家公园生态质量为优的区域得到扩大，整体生态质量呈现增加趋势。由图6-27可见，高生态质量指数范围初见扩大，低生态质量指数范围逐渐缩小。对比2001年、2018年各值域比例，其中生态质量等级中等以下的区域面积减少了77.86%，生态质量良好的区域面积减少16.98%，生态质量为优的区域面积增加66.25%。

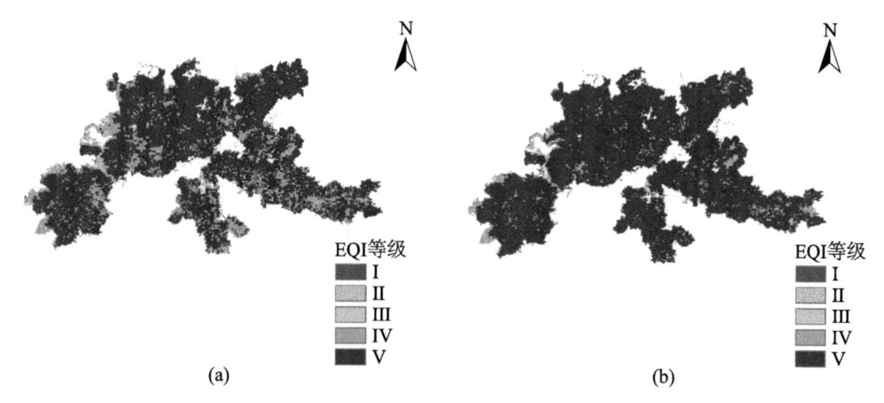

图6-26　2001～2005年（a）和2014～2018年（b）雨林国家公园生态质量指数的空间分布

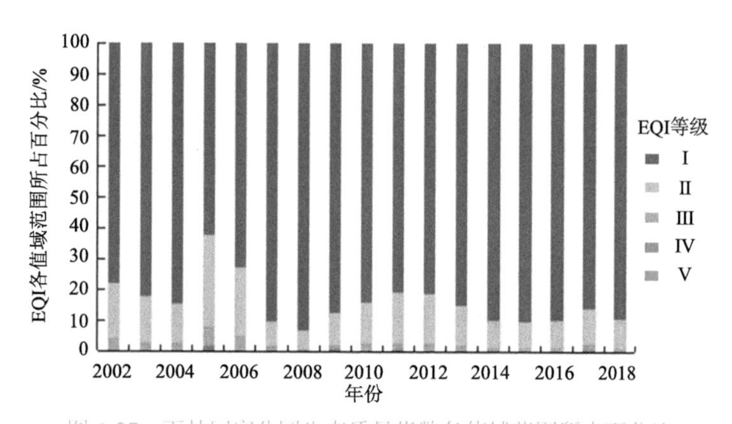

图6-27　雨林国家公园生态质量指数各值域范围所占百分比

以2014～2018年生态质量指数均值为例，雨林国家公园平均生态质量指数各值域比例如图6-28所示，生态质量等级主要为优，防护林、用材林、橡胶林、原生林、次生林、灌木林、经济林所占比例依次为100%、96.07%、93.68%、93.37%、91.85%、90.55%、90.20%。灌木林在生态质量中等等级以下的区域面积比例最大（0.71%），其次是经济林（0.48%）、次生林（0.27%）、用材林（0.20%）、橡胶林（0.16%）和原生林（0.10%）。

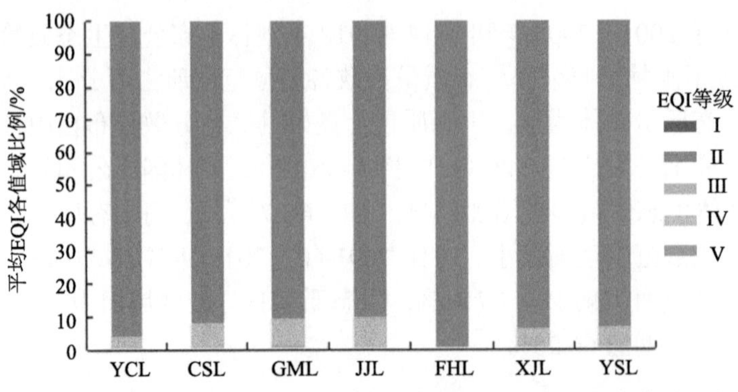

图 6-28 2014～2018 年雨林国家公园平均生态质量指数各值域比例

使用 Theil-Sen 中值趋势分析耦合 Mann-Kendall 趋势检验分析雨林国家公园生态质量指数的空间变化趋势（图 6-29 和表 6-12）。雨林国家公园生态质量指数整体表现为轻微改善趋势，各变化趋势所占比例分别为：轻微改善趋势占 52.82%，显著改善趋势占 29.21%，轻微退化趋势占 17.14%，显著退化趋势占 0.83%。橡胶林显著改善趋势比例最高，约占 41.33%，其次为灌木林（40.38%）、用材林（36.99%）、经济林（34.94%）、次生林（29.72%）。灌木林显著退化趋势比例最高（5.92%），其他林分类型显著退化趋势面积均未超过 1%。

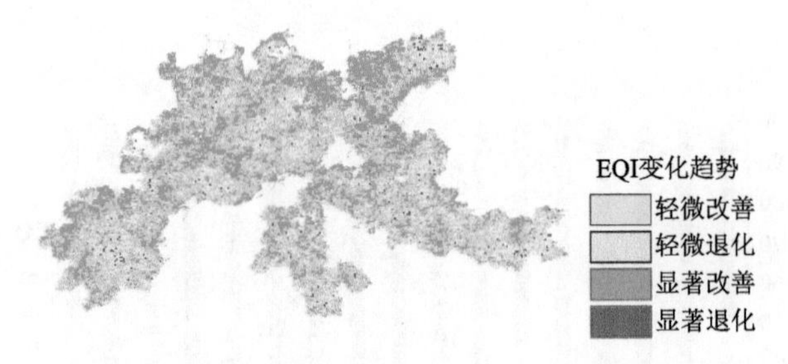

图 6-29 雨林国家公园生态质量指数变化趋势

表 6-12 国家公园各森林类型生态质量指数变化趋势比例 （单位：%）

森林类型	显著改善	显著退化	轻微改善	轻微退化
用材林	36.99	0.57	49.56	12.89
次生林	29.72	0.74	52.82	16.72
灌木林	40.38	5.92	39.30	14.39
经济林	34.94	0.65	48.91	15.51
防护林	39.18	0.00	59.56	1.25
橡胶林	41.33	0.40	48.69	9.58
原生林	23.89	0.95	55.01	20.14
非林地	42.87	0.76	45.19	11.18
总计	29.21	0.83	52.82	17.14

6.3.3　江西大岗山生态质量综合评价

1. 研究区概况

大岗山位于江西省分宜县境内，地理坐标为 114°30′E～114°45′E，27°30′N～27°50′N，属罗霄山脉北端的武功山支脉，地形起伏较大，相对高差 1000m。该区属亚热带湿润气候区，年平均温度 15.8～17.7℃，年平均降水量 1590.9mm，主要集中在 4～6 月。其土壤属长江中下游低山丘陵红壤、黄壤类型，自上而下形成不太明显的垂直地带谱：黄棕壤-黄壤-红黄壤-黄红壤-红壤，其中黄壤分布最广，分布海拔为 300～700m，土质疏松，肥沃湿润，腐殖质层较厚，红壤多分布于海拔 200m 以下的低山丘陵，土质深厚黏重，土壤侵蚀比较严重。

该区地带性植被（亚热带常绿阔叶林）已被严重破坏，现在各种植被类型均为次生或人工种植，主要有天然次生常绿阔叶林、落叶阔叶林、各类针阔混交林、马尾松林、毛竹林、杉木林、油茶林、灌木林和山顶草地等（图 6-30）。大量名木古树如樟（*Cinnamomum camphora*）、红楠（*Machilus thunbergii*）、红豆杉（*Taxus wallichiana* var. *chinensis*）等被砍伐，药用植物被毁灭性地挖掘。

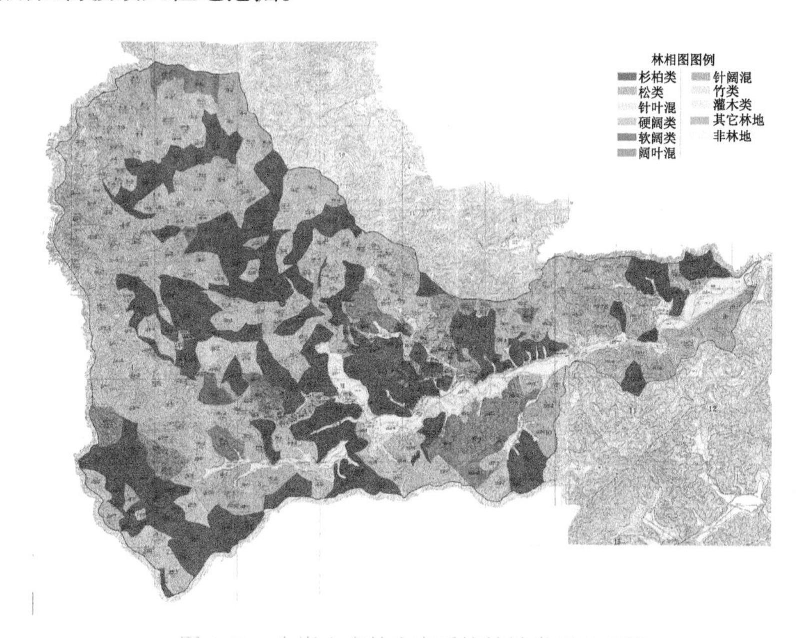

图 6-30　大岗山森林生态系统植被类型示意图

来源：中国林业科学研究院亚热带林业实验中心，2010 年 1 月

2. 评价方法

1）数据来源

大岗山森林生态站样地分布在杉木林、常绿阔叶林、针阔混交林和毛竹林 4 种林型中。其中，杉木林样地占地 72050m^2，常绿阔叶林占地 25500m^2，针阔混交林占地 1425m^2，毛

竹林占地 3925m^2，占地总面积达 10.29hm^2。其地理坐标为 114°33′10.44″E～114°34′57.96″E，27°34′50.88″N～27°35′5.27″N。不同采样地分别代表着大岗山林区不同林分类型的主要群落特征。大岗山森林生态站共设有样地 26 个，涵盖的森林类型有杉木林、常绿阔叶林、针阔混交林、毛竹林 4 种，其中长期样地 19 个，永久样地 7 个，见表 6-13。

表 6-13 江西大岗山森林生态站样地一览表

样地名称	样地代码
杉木林永久样地 001	0136145_YD_001
杉木纯林长期样地 002	0136145_YD_002
常绿阔叶混交林长期样地 001	0136145_YD_003
常绿阔叶混交林长期样地 002	0136145_YD_004
常绿阔叶混交林永久样地 003	0136145_YD_005
常绿阔叶纯林永久样地 004	0136145_YD_006
常绿阔叶纯林永久样地 005	0136145_YD_007
常绿阔叶混交林永久样地 006	0136145_YD_008
常绿阔叶混交林永久样地 007	0136145_YD_009
常绿阔叶混交林长期样地 008	0136145_YD_010
常绿阔叶混交林长期样地 009	0136145_YD_011
常绿阔叶混交林永久样地 010	0136145_YD_012
常绿阔叶混交林长期样地 011	0136145_YD_013
常绿阔叶混交林长期样地 012	0136145_YD_014
常绿阔叶纯林长期样地 013	0136145_YD_015
杉木纯林长期样地 003	0136145_YD_016
杉木纯林长期样地 004	0136145_YD_017
杉木纯林长期样地 005	0136145_YD_018
杉木纯林长期样地 006	0136145_YD_019
针阔混交林长期样地 001	0136145_YD_020
针阔混交林长期样地 002	0136145_YD_021
针阔混交林长期样地 003	0136145_YD_022
毛竹林长期样地 001	0136145_YD_023
毛竹林长期样地 002	0136145_YD_024
毛竹林长期样地 003	0136145_YD_025
毛竹林长期样地 004	0136145_YD_026

依据《森林生态系统长期定位观测研究站建设规范》（GB/T 40053—2021）进行样地建设，依据《森林生态系统长期定位观测方法》（GB/T 33027—2016）、《森林生态系统长期定位观测指标体系》（GB/T 35377—2017）对所需指标进行观测。

2）评价指标体系

评价指标体系在充分考虑森林生态系统服务功能价值机制的基础上，通过认真分析国内外各种评价指标体系，结合大岗山森林生态环境背景特征，采用频度分析法结合专家咨询法，构建适合的森林生态系统服务功能评价指标体系，主要从涵养水源、保育土壤、固碳释氧、林木营养积累、净化大气环境、保护生物多样性、森林游憩与生态文化 7 个方面 14 个指标对大岗山森林生态系统服务功能价值进行估算。由于气候调节等服务功能的评价指标尚难以找到合适的评价方法及指标体系，在此暂不列入研究范围。

3. 江西大岗山森林生态系统服务功能评价结果

通过构建适合大岗山森林生态系统服务功能的评价指标体系，依据大岗山森林生态站长期、连续观测数据及多年科研成果、2 次森林资源二类调查资料及社会经济公共数据估算大岗山“九五”和“十五”期间森林生态系统服务功能的总价值。结果表明，“九五”期间大岗山森林生态系统服务功能总价值平均为 18495.00 万元/年，单位面积价值为 7.89 万元/（hm^2・a），“十五”期间为 19180.00 万元/年，单位面积价值为 8.09 万元/（hm^2・a），总价值增长 3.70%，单位面积价值增长 2.53%。在“九五”和“十五”期间，7 项森林生态系统服务功能由大到小依次均为涵养水源>固碳释氧>保护生物多样性>净化大气环境>保育土壤>林木营养积累>森林游憩与生态文化（图 6-31 和图 6-32），“九五”和“十五”期间各森林类型总价值由大到小均为毛竹林>杉木林>硬阔林>软阔林>针阔混交林>灌木林>马尾松林，单位面积价值由大到小均为硬阔林>软阔林>毛竹林>灌木林>马尾松林>针阔混交林>杉木林。

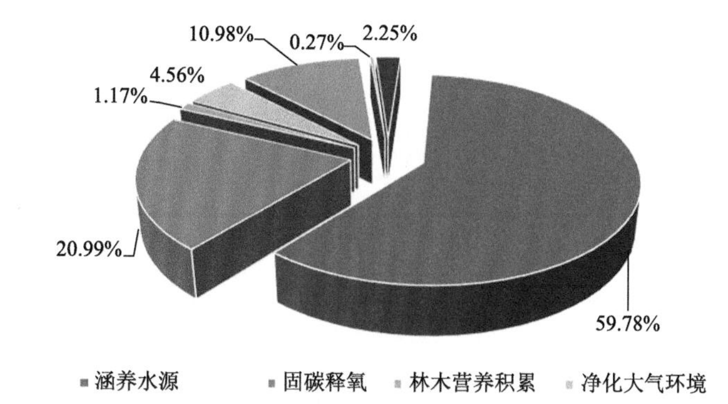

图 6-31 “九五”期间大岗山森林生态系统服务各项功能价值占比

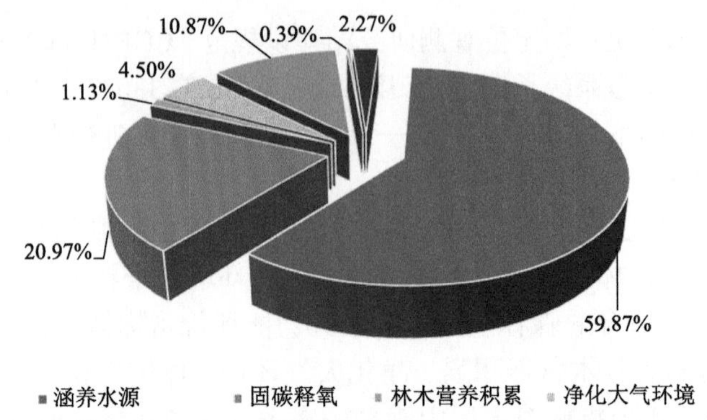

图 6-32 “十五”期间大岗山森林生态系统服务各项功能价值占比

4. 江西大岗山森林生态质量综合评价结果

图 6-33 为大岗山各林分类型的生态质量综合评价结果，其中常绿阔叶林生态质量综合得分最高，达到了 0.8215，毛竹林为 0.7845，杉木林为 0.7793，常绿阔叶林属混交林，乔木层优势种有青冈、木荷、苦槠、丝栗栲、香樟、赤杨叶、山矾等，乔木树种种类组成复杂，具有多优势树种的多种组合；灌木层优势种有杜茎山、柃木、朱砂根、矩叶鼠刺、黄栀子等；草本层优势种有鸢尾、蕨类、楼梯草、苔草、淡竹叶等，代表着大岗山林区常绿阔叶林不同林龄的主要群落特征。大岗山森林生态质量为 0.7946，属于优等级的森林，生态系统结构稳定、功能完善，生态质量较高。

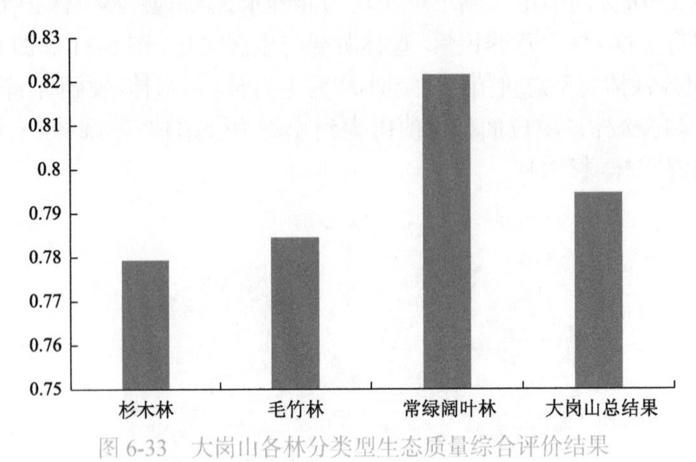

图 6-33 大岗山各林分类型生态质量综合评价结果

6.4 本章小结

我国“十四五”规划提出要构建以国家公园为主体、自然保护区为基础、各类自然公园为补充的自然保护地体系，进一步提升生态系统质量和稳定性，这对于促进人与自然和谐共生、建设美丽中国具有重大意义。本章介绍了生态质量概念、生态监测技术方法、生态质量评价技术规范，最后以海南岛尖峰岭热带森林和江西大岗山亚热带森林为应用案例，从样地尺度研究了尖峰岭林区不同类型热带森林基于结构、多样性和生态功能等指标的生态系统质量，从区域尺度研究了雨林国家公园和大岗山基于生态系统功能指数、生态系统稳定指数的生态系统质量。根据评价指标选取原则，结合野外实际调查的相关数据以及相关文献遴选出反映森林生态系统生态质量的关键指标，通过层次分析法、相对标准法等建立了不同尺度（样地尺度与遥感尺度）和监测手段（地面调查与卫星遥感）下的生态系统生态质量评价模型，并评价了生态系统生态质量，以揭示热带亚热带森林结构、功能与生态质量的现状及空间差异，探索其主要环境影响因素及结构和功能之间的耦合关系，以期为热带亚热带森林保护、可持续管理和森林质量精准提升等提供技术支撑，为森林生态产品价值实现路径提供参考依据。

采用层次分析法、相对标准法、权重加权法，通过多位专家打分和计算，利用样地调查获得的相关指标构建尖峰岭林区森林生态系统生态质量综合评价模型，评价结果表明尖峰岭林区森林生态质量综合评价分值平均为 0.69，处于等级Ⅳ，生态质量良好，其中各林分类型评分值介于 0.2～0.83，变异系数较大，各林分类型生态质量评价值存在极显著差异（P<0.01）。各林分中热带山地雨林原始林生态质量评价值最高为 0.83±0.03，接着依次为热带山地雨林次生林、鸡毛松林、热带低地雨林、海南蕈树林、杉木林、加勒比松林、马占相思林、柚木林、红花天料木林、橡胶林、三华李林，槟榔林最低，仅为 0.20±0.03。天然林（0.75±0.06，等级Ⅴ）生态质量极显著（P<0.01）高于人工林（0.43±0.15 等级Ⅲ）。

雨林国家公园生态质量整体为优（综合得分 83.65），仅在小部分非林地和水体周边区域生态质量为良好，生态质量为优的区域占国家公园的 89.01%。2018 年，平均生态系统功能指数、生态系统稳定指数分别为 2.1437、0.0042，各项生态系统评价指数均高于海南全岛平均水平。生态系统功能指数呈增加趋势，趋势斜率平均值（0.0079）高于全岛森林趋势斜率平均值（0.0052）。空间上仅在水体周围和非林地等地出现较低值（0～1.5）。生态系统功能指数在 1.5～2 的中等区域零散出现在国家公园各片区，后期中等值域区域逐渐减小，生态系统功能指数在 2～2.5 的高值域区域逐渐增加。雨林国家公园生态系统稳定指数，除在 2005～2006 年出现较高值外，其余年份均呈现缓慢的波动下降趋势。

大岗山森林生态质量为 0.7946，属于优等级的森林，生态系统结构稳定、功能完善，生态质量较高。大岗山各林分类型的生态质量综合评价结果中，常绿阔叶林生态质量综合得分最高，达到了 0.8215，毛竹林为 0.7845，杉木林为 0.7793。

参 考 文 献

陈强, 陈云浩, 王萌杰, 等. 2015. 2001—2010 年洞庭湖生态系统质量遥感综合评价与变化分析. 生态学报, 35(13): 4347-4356.

方精云. 2021. 碳中和的生态学透视. 植物生态学报, 45(11): 1173-1176.

郭雪艳. 2017. 上海城市森林多尺度生态质量评价研究. 上海: 华东师范大学.

国家林业和草原局科技司. 2021. 中国陆地生态系统质量定位观测研究报告 2020. 北京: 中国林业出版社.

何念鹏, 徐丽, 何洪林. 2019. 生态系统质量评估方法的再思考——理想参照系和关键指标. 生态学报, 40(6): 1877-1886.

李美娟, 陈国宏, 陈衍泰. 2004. 综合评价中指标标准化方法研究. 中国管理科学, 12(1): 45-48.

李意德, 许涵, 骆土寿, 等. 2012. 中国生态系统定位观测与研究数据集 森林生态系统卷: 海南尖峰岭站(生物物种数据集). 北京: 中国农业出版社.

刘国华, 傅伯杰, 方精云. 2000. 中国森林碳动态及其对全球碳平衡的贡献. 生态学报, 20(5): 733-740.

彭舜磊, 王得祥. 2011. 秦岭主要森林类型近自然度评价. 林业科学, 47(1): 135-142.

束加稳, 杨文培. 2019. 杭州市生态环境质量综合评价研究. 生态经济, 35(2): 128-134.

习近平. 2022. 努力建设人与自然和谐共生的现代化. 求是, 11.

徐丽. 2014. 森林类自然保护区生态质量评价研究. 武汉: 华中农业大学.

于贵瑞, 王永生, 杨萌. 2022. 生态系统质量及其状态演变的生态学理论和评估方法之探索. 应用生态学报, 33(4): 865-877.

张华, 宋金岳, 李明, 等. 2021. 基于 GEE 的祁连山国家公园生态环境质量评价及成因分析. 生态学杂志, 40(6): 1883-1894.

中国科学院中国植被图编辑委员会. 2001. 1∶1000000 中国植被图集. 北京: 科学出版社.

中国生态学学会. 2020. 中国生态学学科 40 年发展回顾. 北京: 科学出版社.

Chen Z, Yuan L, Shihai L, et al. 2013. Evaluation of urbanized ecological environment quality: A case study on Beijing Chaoyang District. Environmental Engineering and Management Journal, 12: 1779-1784.

Colak A H, Rotherham I D, Calikoglu M. 2003. Combining naturalness concepts with close to nature silviculture. Springer-Verlag, 122(6): 421-431.

Costanza R, Arge A, Groot R, et al. 1997. The value of the world's ecosystem services and natural capital. Ecological Economics, 25: 3-15.

FAO. 2020. Global Forest Resources Assessment 2020. https: //doi. org/10. 4060/ca8753en.

Friedlingstein P, O'Sullivan M, Jones M W, et al. 2020. Global carbon budget 2020. Earth System Science Data, 12: 3269-3340.

Ghazoul J, Burivalova Z, Garcia-Ulloa J, et al. 2015. Conceptualizing forest degradation. Trends in Ecology and Evolution, 30(10): 622-632.

Hansen M C, Potapov P, Moore R, et al. 2013. High-resolution global maps of 21st-century forest cover change. Science, 342(6160): 850-853.

Jing Y, Zhang F, He Y, et al. 2020. Assessment of spatial and temporal variation of ecological environment quality in Ebinur Lake Wetland National Nature Reserve, Xinjiang, China. Ecological Indicators, 110: 105874.

Johnson E A, Miyanish K. 2008. Testing the assumptions of chronosequences in succession. Ecology Letters, 11: 419-431.

Liu Y, van Dijk A, de Jeu R, et al. 2015. Recent reversal in loss of global terrestrial biomass. Nature Climate Change, 5: 470-474.

Malhi Y, Baldocchi D D, Jarvis P G. 1999. The carbon balance of tropical, temperate and boreal forests. Plant, Cell and Environment, 22(6): 715-740.

Pan Y, Birdsey R A, Fang J, et al. 2011. A large and persistent carbon sink in the world's forests. Science, 333: 988-993.

Portman M, Polinov S. 2014. Ecosystem services in practice: Challenges to real world implementation of ecosystem services across multiple landscapes-A critical review. Applied Geography, 45(1): 185-192.

Saatchi S, Harris N, Brown S, et al. 2011. Benchmark map of forest carbon stocks in tropical regions across three continents. Proceedings of the National Academy of Sciences of the United States of America, 108: 899-904.

Saaty T L. 1979. A scaling method for priorities in hierarchical structures. Journal of Mathematical Psychology, 15(3): 234-281

Uknea. 2011. The UK National Ecosystem Assessment: Synthesis of Key Findings. Cambridge: UNEP-WCMC.

Wang S, Wang J, Zhang L, et al. 2019. A national key R&D program: Technologies and guidelines for monitoring ecological quality of terrestrial ecosystems in China. Journal of Resources and Ecology, 10(2): 105-111.

Ward M, Poleacovschi C, Perez M. 2021. Using AHP and spatial analysis to determine water surface storage suitability in cambodia. Water, 13(3): 367.

Wu R N, Cong W W, Li Y H, et al. 2019. The scientific conceptual framework for ecological quality of the dryland ecosystem: Concepts, indicators, monitoring and assessment. Journal of Resources and Ecology, 10(2): 196-201.

Xu C, Zhang X, Hernandez-Clemente R, et al. 2022. Global forest types based on climatic and vegetation data. Sustainability, 634.

Xu J, Zhao H, Yin P, et al. 2019. Landscape ecological quality assessment and its dynamic change in coal mining area: A case study of Peixian. Environmental Earth Sciences, 78(24):708.

Zhang Y, Cao X, Wang C, et al. 2019. Forty years of reform and opening up: China's progress toward a sustainable path. Science Advances, 5(8): eaau9413.

第7章

湿地生态系统质量监测技术与评估

湿地是地球上重要的生态系统类型，发挥着涵养水源、蓄洪防旱、净化水质、调节气候、固碳增汇、改善环境、维护生物多样性等生态功能，对于维护地球生态平衡具有至关重要的作用。我国湿地分布广泛、类型多样，区域差异显著。湿地生态系统质量的监测和评估对于湿地生态系统的保护、管理和合理利用具有重要意义。

7.1 湿地类型

7.1.1 湿地的概念

湿地的概念多种多样，其内涵和外延也在不断发展。对湿地概念的理解，是科学评估湿地生态系统质量的前提和基础。1971 年，《关于特别是作为水禽栖息地的国际重要湿地公约》(简称湿地公约) 签署，其中对湿地的定义为："湿地是指，不问其为天然或人工、长久或暂时的沼泽地、泥炭地或水域地带，带有静止或流动的淡水、半咸水或咸水水体，包括低潮时水深不超过 6m 的水域"。如今，这一概念得到了普遍认可。湿地公约第二条第一款还规定：湿地还可包括邻接湿地的河湖沿岸、沿海区域以及位于湿地内的岛屿或低潮时水深超过 6m 的海水水体。

2022 年 6 月 1 日，《中华人民共和国湿地保护法》开始实施，将湿地定义为"具有显著生态功能的自然或者人工的、常年或者季节性积水地带、水域，包括低潮时水深不超过六米的海域"，但将水田以及用于养殖的人工的水域和滩涂排除在外。这一定义强调了湿地的生态功能和水文特征，既体现了湿地的生态系统特征，又考虑了湿地保护和管理的实际需要。

7.1.2 湿地的类型

1. 湿地公约中的湿地分类

湿地公约中，将湿地划分为 3 级、42 类，其中天然湿地 32 类，人工湿地 10 类，如表 7-1 所示。

表 7-1　湿地公约中的湿地分类

1 级	2 级	3 级	代码	分类依据
天然湿地	海洋/海岸湿地	永久性浅海水域	A	多数情况下低潮时水位小于 6m，包括海湾及海峡
		海草层	B	潮下藻类、海草、热带海草植物生长区
		珊瑚礁	C	珊瑚礁及其邻近水域
		岩石性海岸	D	近海岩石性岛屿、海边峭壁
		沙滩、砾石与卵石滩	E	滨海沙洲、沙岛、沙丘及丘间沼泽
		河口水域	F	河口水域和河口三角洲水域
		滩涂	G	潮间带泥滩、沙滩和海岸其他咸水沼泽
		盐沼	H	滨海盐沼、盐化草甸
		潮间带森林湿地	I	红树林沼泽和海岸淡水沼泽森林
		咸水、碱水潟湖	J	有通道与海水相连的咸水、碱水潟湖
		海岸淡水湖	K	淡水三角洲潟湖
		海滨岩溶洞穴水系	Zk（a）	滨海岩溶洞穴
	内陆湿地	永久性内陆三角洲	L	内陆河流三角洲
		永久性河流	M	包括河流及其支流、溪流、瀑布
		时令河	N	季节性、间歇性、定期性的河流、溪流、小河
		湖泊	O	面积大于 $8hm^2$ 永久性淡水湖，包括大的牛轭湖
		时令湖	P	面积大于 $8hm^2$ 的季节性、间歇性的淡水湖，包括漫滩湖泊
		盐湖	Q	永久性的咸水、半咸水、碱水湖
		时令盐湖	R	季节性、间歇性的咸水、半咸水、碱水湖及其浅滩
		内陆盐沼	Sp	永久性的咸水、半咸水、碱水沼泽与泡沼
		时令碱、咸水盐沼	Ss	季节性、间歇性的咸水、半咸水、碱性沼泽与泡沼
		永久性的淡水草本沼泽、泡沼	Tp	草本沼泽及面积小于 $8hm^2$ 泡沼，无泥炭积累，大部分生长季节伴生浮水植物
		泛滥地	Ts	季节性、间歇性洪泛地，湿草甸和面积小于 $8hm^2$ 的泡沼
		无林泥炭地	U	无林泥炭地，包括藓类泥炭地和草本泥炭地
		高山湿地	Va	包括高山草甸、融雪形成的暂时性水域
		苔原湿地	Vt	包括高山苔原、融雪形成的暂时性水域
		灌丛湿地	W	灌丛沼泽、灌丛为主的淡水沼泽，无泥炭积累
		淡水森林沼泽	Xf	包括淡水森林沼泽、季节泛滥森林沼泽、无泥炭积累的森林沼泽
		森林泥炭地	Xp	泥炭森林沼泽
		淡水泉及绿洲	Y	
		地热湿地	Zg	温泉
		内陆岩溶洞穴水系	Zk（b）	地下溶洞水系

续表

1级	2级	3级	代码	分类依据
人工湿地		水产池塘	1	如鱼、虾养殖塘
		水塘	2	包括农用池塘、储水池塘，一般面积小于 $8hm^2$
		灌溉地	3	包括灌溉渠系和稻田
		农用泛洪湿地	4	季节性泛滥的农用地，包括集约管理或放牧的草地
		盐田	5	晒盐池、采盐场等
		蓄水区	6	水库、拦河坝、堤坝形成的一般大于 $8hm^2$ 的蓄水区
		采掘区	7	积水取土坑、采矿地
		废水处理场所	8	污水场、处理池、氧化池等
		运河、排水渠	9	输水渠系
		地下输水系统	Zk（c）	人工管护的岩溶洞穴水系等

2. 中国的湿地分类

参照中华人民共和国国家标准《湿地分类》（GB/T 24708—2009），将湿地划分为3级、42类，其中，自然湿地30类，人工湿地12类，如表7-2所示。

表7-2 中国的湿地分类

1级	2级	3级	分类依据
自然湿地	近海与海岸湿地	浅海水域	湿地底部基质为无机部分组成，植被盖度<30%的区域，包括海湾、海峡
		潮下水生层	海洋潮下，湿地底部基质为有机部分组成，植被盖度≥30%的区域，包括海草层、热带海洋草地
		珊瑚礁	基质由珊瑚聚集生长而成的浅海区域
		岩石海岸	底部基质75%以上是石头和砾石，包括岩石性沿海岛屿、海岩峭壁
		沙石海滩	由砂质或沙石组成，植被盖度<30%的疏松海滩
		淤泥质海滩	由淤泥质组成的植被盖度<30%的泥/沙海滩
		潮间盐水沼泽	潮间地带形成的植被盖度≥30%的潮间区域，包括盐碱沼泽、盐水草地和海滩盐泽、高位盐水沼泽
		红树林	由红树植物为主组成的潮间沼泽
		河口水域	从近口段的潮区界（潮差为零）至口外河海滨段的淡水舌锋缘之间的永久性水域
		河口三角洲/沙洲/沙岛	河口系统四周冲积的泥/沙滩、沙洲、沙岛（包括水下部分），植被盖度<30%
		海岸性咸水湖	地处海滨区域，有一个或多个狭窄水道与海相通的湖泊，也称为潟湖，包括海岸性微咸水、咸水或盐水湖
		海岸性淡水湖	起源于潟湖，但已经与海隔离后演化而成的淡水湖泊

续表

1级	2级	3级	分类依据
自然湿地	河流湿地	永久性河流	常年有河水径流的河流，仅包括河床部分
		季节性或间歇性河流	一年中只有季节性（雨季）或间歇性有水径流的河流
		洪泛湿地	在丰水季节由洪水泛滥的河滩、河谷，季节性泛滥的草地，以及保持了常年或季节性被水浸润的内陆三角洲的统称
		喀斯特溶洞湿地	喀斯特地貌下形成的溶洞集水区或地下河/溪
	湖泊湿地	永久性淡水湖	面积大于 8hm²，由淡水组成的具有常年积水的湖泊
		永久性咸水湖	由微咸或咸水组成的具有常年积水的湖泊
		永久性内陆盐湖	由含盐量很高的卤水（矿化度>50g/L）组成的永久性湖泊
		季节性淡水湖	由淡水组成的季节性或间歇性湖泊
		季节性咸水湖	由微咸水/咸水/盐水组成的季节性或间歇性湖泊
	沼泽湿地	苔藓沼泽	发育在有机土壤的、具有泥炭层的以苔藓植物为优势群落的沼泽
		草本沼泽	由水生和沼生的草本植物组成优势群落的淡水沼泽，包括无泥炭草本沼泽和泥炭草本沼泽
		灌丛沼泽	以灌丛植物为优势群落的淡水沼泽，包括无泥炭灌丛沼泽和泥炭灌丛沼泽
		森林沼泽	以乔木植物为优势群落的淡水沼泽，包括无泥炭森林沼泽和泥炭森林沼泽
		内陆盐沼	受盐水影响，生长盐生植被的沼泽
		季节性咸水沼泽	受微咸水或咸水影响，只在部分季节维持浸湿或潮湿状况的沼泽
		沼泽化草甸	为典型草甸向沼泽植被的过渡类型，是在地势低洼、排水不畅、土壤过分潮湿、通透性不良等环境条件下发育起来的，包括分布在平原地区的沼泽化草甸以及高山和高原地区具有高寒性质的沼泽化草甸
		地热湿地	以地热矿泉水补给为主的沼泽
		淡水泉/绿洲湿地	以露头地下泉水补给为主的沼泽
人工湿地		水库	以蓄水和发电为主要功能而建造的，面积大于 8hm²的人工湿地
		运河、输水河	以输水和水运为主要功能而建造的人工河流湿地
		淡水养殖场	以淡水养殖为主要目的修建的人工湿地
		海水养殖场	以海水养殖为主要目的修建的人工湿地
		农用池塘	以农业灌溉、农村生活为主要目的修建的蓄水池塘
		灌溉用沟、渠	以灌溉为主要目的修建的沟、渠
		稻田/冬水田	能种植水稻或者是冬季蓄水或浸湿状的农田
		季节性洪泛农业用地	在丰水季节依靠泛滥能保持浸湿状态进行耕作的农地，集中管理或放牧的湿草场或牧场
		盐田	为获取盐业资源而修建的晒盐场所或盐池
		采矿挖掘区和塌陷积水区	由于开采矿产资源而形成的矿坑、挖掘场所蓄水或塌陷积水后形成的湿地，包括砂/砖/土坑、采矿地

续表

1级	2级	3级	分类依据
	人工湿地	废水处理场所	为污水处理而建设的污水处理场所,包括污水处理厂和以水净化功能为主的湿地
		城市人工景观水面和娱乐水面	在城镇、公园，为环境美化、景观需要、居民休闲和娱乐而建造的各类人工湖、池、河等人工湿地

7.1.3 湿地的面积与分布

2018 年 9 月，我国开展了第三次全国国土调查，新增了一级地类“湿地”，包括红树林、森林沼泽、灌丛沼泽、沼泽草地、沿海滩涂、内陆滩涂、沼泽地 7 个二级地类，调查结果显示，“湿地”一级地类面积为 2346.93 万 hm^2。另有一级地类“水域及水利设施用地”，面积 3628.79hm^2，包括河流水面、湖泊水面、水库水面、坑塘水面、沟渠和水工建筑用地、冰川，以及常年积雪等区域。

《全国湿地保护规划（2022—2030 年）》显示，根据第三次全国国土调查及 2020 年度全国国土变更调查结果，全国湿地面积约 5634.93 万 hm^2。其中，现状红树林地 2.71 万 hm^2, 占 0.05%; 森林沼泽 220.76 万 hm^2, 占 3.92%; 灌丛沼泽 75.48 万 hm^2, 占 1.34%; 沼泽草地 1113.91 万 hm^2, 占 19.77%; 沿海滩涂 150.97 万 hm^2, 占 2.68%; 内陆滩涂 607.21 万 hm^2, 占 10.77%; 沼泽地 193.64 万 hm^2, 占 3.44%; 河流水面 882.98 万 hm^2, 占 15.67%; 湖泊水面 827.99 万 hm^2, 占 14.69%; 水库水面 339.35 万 hm^2, 占 6.02%; 坑塘水面 456.54 万 hm^2，占 8.10%；沟渠 351.71 万 hm^2，占 6.24%。浅海水域（以海洋基础测绘成果中的零米等深线及 5 m、10 m 等深线插值推算）411.68 万 hm^2，占 7.31%。

红树林地、沿海滩涂、浅海水域等湿地集中分布在东部及南部沿海区域；森林沼泽、灌丛沼泽、沼泽草地等湿地集中分布在东北平原、大小兴安岭和青藏高原；具有显著生态功能的河流水面、湖泊水面和内陆滩涂等湿地集中分布在青藏高原和长江中下游地区；具有显著生态功能的水库水面、坑塘水面、沟渠等湿地集中分布在长江中下游地区和东南沿海地区。

7.2 湿地生态系统质量概念及监测指标体系

7.2.1 湿地生态系统质量的概念

湿地生态系统是地球上单位面积生态系统服务价值最高的生态系统，湿地生态系统质量对于维持人类生存和可持续发展具有重要意义，是湿地可持续性的保障，也是衡量湿地生态功能是否正常运行的重要依据。随着全球范围内自然湿地生态退化问题日益突出，湿地的生态恢复、保护、评价与可持续利用已成为当今国际社会关注的热点，湿地生态系统质量评价的研究日益迫切。同时，湿地生态系统质量状况评价有助于更好地了解和进一步协调湿地生态系统状况与社会经济发展的关系，为湿地生态系统的保护性管理提供策略指导。

在本研究中，湿地生态系统质量是指一定时空范围内湿地生态系统要素、结构和功能的综合特征，具体表现为湿地生态系统的状况、生产能力、结构和功能的稳定性、抗干扰和恢复能力。

影响湿地生态系统质量的因素大体可分为自然因素与人为因素。各种自然因素，如地震、洪水、泥石流、河流改道、海平面上升等，引起湿地生态系统功能削弱或者消失；也包括由自然力量引起的生态系统的退化，如河流、湖泊和土壤生态系统的退化，可直接导致湿地生态系统功能减弱。人为因素对湿地生态系统质量的影响往往具有持续性、渐进性的特点，随着人类活动的增加，这种影响呈现频度和强度增加的趋势，并成为影响湿地生态系统健康的主要胁迫因素，包括过度开发利用、全球气候变化、外来物种入侵等。

7.2.2　湿地生态系统质量指标体系

生态系统指标是指用来推断或解释该生态系统其他属性的相应变量或组分，并提供生态系统或其他组分的综合特性或概况。同时，生态系统指标必须精确和准确地反映生态系统及其管理和评价目标。因此，选择生态系统指标必须包括生态系统结构特性、功能特性、变化特性和扰动特性。

结合我国湿地生态系统的特点，本研究遴选了湿地生态系统生态质量监测指标 20 个，如表 7-3 所示。其中，一级指标 3 个，分别是结构指标、状态指标和干扰指标；二级指标 5 个，分别是景观结构指标、多样性指标、水质指标、服务指标和自然干扰指标；三级指标 12 个，分别是湿地面积、湿地植被面积、维管束植物丰度指数、水鸟种类、水鸟数量、水体透明度、水中叶绿素 a、总磷（TP）、总氮（TN）、化学需氧量（COD）、空气负离子含量和外来入侵种物种种类。

表 7-3　湿地生态系统生态质量监测指标体系

一级指标	二级指标	三级指标
结构指标	景观结构指标	湿地面积
		湿地植被面积
	多样性指标	维管束植物丰度指数
		水鸟种类
		水鸟数量

续表

一级指标	二级指标	三级指标
状态指标	水质指标	水体透明度
		水中叶绿素 a
		总磷
		总氮
		COD
	服务指标	空气负离子含量
干扰指标	自然干扰指标	外来入侵种物种种类

7.3 湿地生态质量监测技术

7.3.1 数据与方法

1. 景观结构指标

湿地面积和湿地植被面积的数据可来自于研究区土地利用遥感影像解译、无人机遥感监测以及中国生态系统评估与生态安全数据库（http://www.ecosystem.csdb.cn/）等（例如，河北衡水湖国家级自然保护区 2016 年景观格局遥感解译数据如图 7-1 所示）。

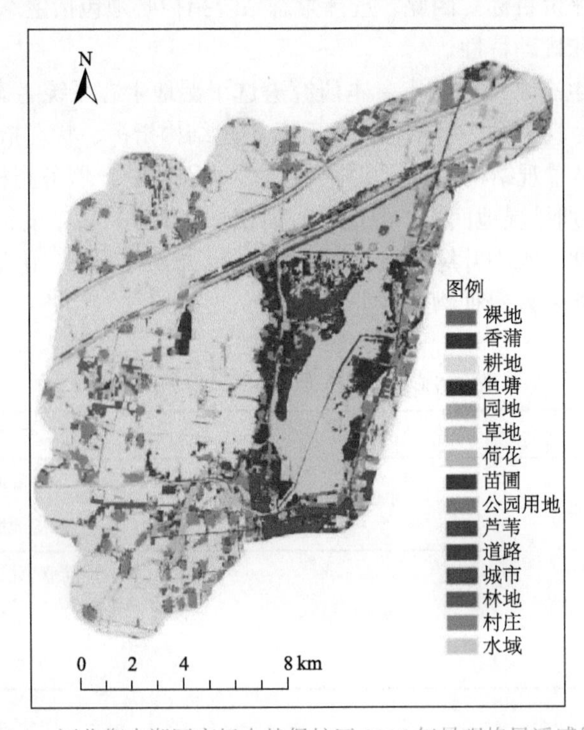

图 7-1 河北衡水湖国家级自然保护区 2016 年景观格局遥感解译

2. 多样性指标

物种数量（包括维管束植物、鸟类、兽类、两栖爬行类、鱼类、昆虫和国家重点保护物种）可基于野外实地调查而获得（例如，河北衡水湖国家级自然保护区 2018 年公里网格实地调查数据如图 7-2 所示）。

图 7-2　河北衡水湖国家级自然保护区 2018 年公里网格实地调查

3. 水质指标

水体综合营养状态指标（包括叶绿素 a、总磷、总氮、透明度和高锰酸盐指数）和水质状况指标（包括 pH、溶解氧、高锰酸盐指数、氨氮、总氮、总磷、铜、砷、汞、六价铬、镉和铅）可通过实地取样测试而获得。

4. 服务指标

空气负离子含量指标可通过野外实地监测数据而获得（例如，河北衡水湖湿地空气负离子含量逐小时数据如图 7-3 所示）。

5. 自然干扰指标

外来入侵物种种类数据主要通过野外实地样地调查而获得（图 7-4）。

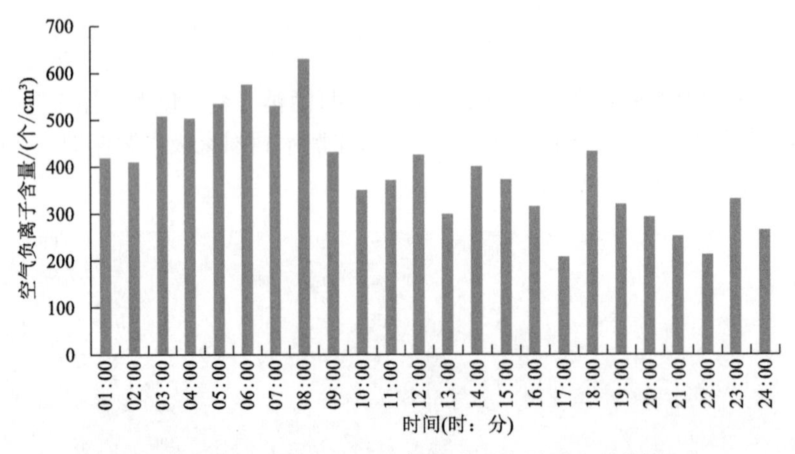

图 7-3 河北衡水湖湿地空气负离子含量逐小时数据

图 7-4 河北衡水湖湿地野大豆（*Glycine soja*）群落

7.3.2 监测指标体系

从湿地生态学的原理出发，指标选取以科学性、逻辑性、可操作性、可测量性和可报告性为主要原则，具体包括：①表现出时间和空间变化；②对状态变化高度响应；③可重复测量；④指标明确，避免模棱两可；⑤指标获得性经济可行；⑥具有区域适应性；⑦与生物学相关；⑧采用简单常用的观测参数；⑨对生态系统无破坏性；⑩结果能汇总，便于非专业人士理解。

根据以上原则，构建本研究湿地生态系统生态质量监测指标体系，详见表 7-4。

表 7-4　湿地生态系统生态质量监测指标体系

一级指标	二级指标	三级指标	监测方法	监测频次
结构指标	景观结构指标	湿地面积	卫星、无人机测量	1 次/年
		湿地植被面积	卫星、无人机测量	1 次/年
	多样性指标	维管束植物丰度指数	样方法	1 次/年（生长季）
		水鸟种类	样点样线法	1 次/年（迁徙季）
		水鸟数量	样点样线法	1 次/年（迁徙季）
状态指标	水质指标	水体透明度	人工测量	1 次/季
		水中叶绿素 a	人工测量	1 次/季
		总磷	实验室测量	1 次/季
		总氮	实验室测量	1 次/季
		COD	实验室测量	1 次/季
	服务指标	空气负离子含量	在线连续观测	1 次/2h
干扰指标	自然干扰指标	外来入侵种物种种类	人工测定	1 次/年（生长季）

7.3.3　监测技术标准与规范

1. 指标监测技术标准

1）景观结构指标

将遥感技术与无人机监测技术相结合，通过遥感解译获取湿地面积、湿地植被面积等信息。采用无人机监测技术手段，辅以遥感数据，分辨率 2m 以上，云量小于 5%，选择与调查时最接近的影像，时间差不超过 1 年；遥感数据源以湿地资源为主体进行图像增强，依据地形图进行几何校正；基于解译结果，求算各图斑面积，单位为 hm^2，数据保持小数点后一位，统计出湿地面积及湿地植被面积。

2）多样性指标

植物监测：植物监测选择在生物量最高和开花结实的时期，对于现场不能确定的植物种类，应拍照并采集标本，在室内分析鉴定；面积大于 $10hm^2$ 的湿地，样方数不少于 10 个；面积小于 $10hm^2$ 的湿地，每公顷选择 1 处样方；样方面积 $1m^2$（1m×1m）。

鸟类监测：选择冬季、夏季和鸟类迁徙季节分别开展；一天中宜选择早、晚的鸟类活动高峰；采用样线法监测，样线长宜为 2～6km。

3）水质指标

水质监测每年应不少于 3 次，宜在丰水期、平水期和枯水期各一次。样品采集方法按照《水质采样技术规程》（SL 187—96）的规定执行，样品保存及预处理方法按照《水环境监测规范》（SL 219—98）的规定执行，监测指标、单位、测定方法和引用方法见表 7-5。

表 7-5 湿地水质指标监测技术规范

监测指标	单位	测定方法	引用方法
水体透明度	—	塞氏盘/透明度计	《水质 水温的测定 温度计或颠倒温度计测定法》（GB 13195—91）
水中叶绿素 a	mg/L	分光光度法	《水环境监测规范》（SL 219—98）
总氮	mg/L	气相分子吸收光谱法/碱性过硫酸钾消解紫外分光光度法	《水质 总氮的测定 碱性过硫酸钾消解紫外分光光度法》（HJ 636—2002）
总磷	mg/L	钼酸铵分光光度法	《水质 总磷的测定 钼酸铵分光光度法》（GB 11893—1989）
COD	mg/L	重铬酸钾法	《水质 化学需氧量的测定 重铬酸盐法》（HJ 828—2017）

4）服务指标

在湿地生态系统设置监测场，监测场地势平坦，四周无遮挡雨、雪、风的高大树木，且受人为干扰较少，对空气负离子含量进行连续观测。

5）自然干扰指标

进行植物监测时，同步进行外来入侵物种的监测，从生态学、生物学特性、传入途径、适生区域、危险程度等方面开展监测评估。

2. 监测指标阈值范围

基于国内外研究文献、相关国家标准和行业标准以及本研究湿地监测站点的长时间序列的监测数据，给出了评价指标体系中各单项指标的阈值范围，指标等级设置为 4 级：很好、较好、一般、较差，如表 7-6 所示。

表 7-6 湿地生态质量监测指标体系中各单项指标阈值

指标	很好	较好	一般	较差
湿地面积	完全满足主要保护对象生存、繁衍需求	能够满足主要保护对象生存、繁衍需求	能够满足主要保护对象停歇需求，但不能长期生存、繁衍	不能满足主要保护对象停歇需求
湿地植被面积	指示植被和水面占湿地总面积的 90%以上	指示植被和水面占湿地总面积的 70%～90%	指示植被和水面占湿地总面积的 50%～70%	指示植被和水面占湿地总面积的 50%以下
维管束植物丰度指数	极丰富	较丰富	较少	匮乏
水鸟种类	极丰富	较丰富	较少	匮乏
水鸟数量	数量规模庞大，属常见	数量规模较大，较常见	数量较少	数量极少、罕见
水体透明度/m	>1	0.6～1	0.2～0.6	<0.2
水中叶绿素 a/（mg/cm^3）	<10	10～25	25～60	>60

续表

指标	很好	较好	一般	较差
总磷/（mg/L）	<0.1	0.1～0.3	0.3～0.4	>0.4
总氮/（mg/L）	<0.5	0.5～1.0	1.0～2.0	>2.0
COD/（mg/L）	<15	15～30	30～40	>40
空气负离子含量/（个/cm^3）	>1200	500～1200	100～500	<100
外来入侵种物种种类	未受到外来入侵物种危害	轻微危害	中度危害	严重危害

7.4　区域尺度湿地生态质量监测技术与应用

7.4.1　河北衡水湖湿地生态质量评价

衡水湖湿地位于河北衡水湖国家级自然保护区内，北依河北省衡水市、南靠冀州区（37°31′N～37°43′N，115°27′E～115°43′E），湖面积 75.00km^2，湖深 3～4m。

本研究以衡水湖湿地作为评价对象，基于 DPSIR 模型（图 7-5），筛选了 15 个指标构建评价指标体系，在求得各指标隶属度矩阵的基础上，应用模糊综合评价法对衡水湖湿地的生态质量进行评价。

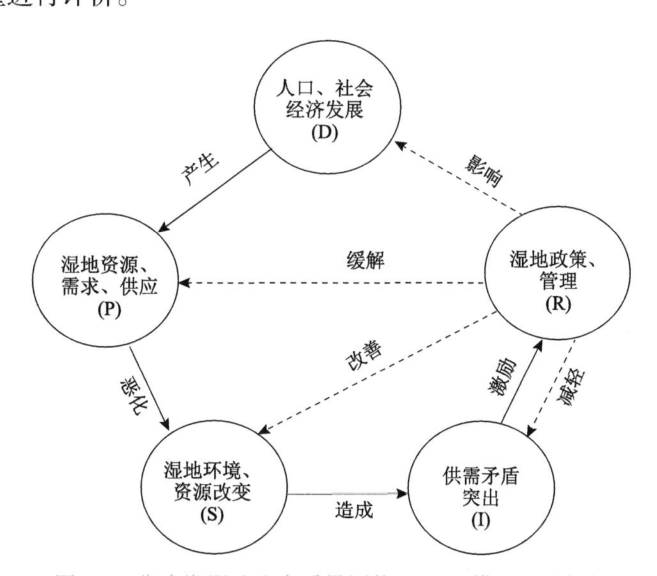

图 7-5　衡水湖湿地生态质量评价 DPSIR 模型理论框架

生态质量评价分级标准的主要参考依据有：①基于历史资料，通过评价指标的相关历史记录与对比，确定评价等级；②实地考察，对比指标现状值与区域背景值，获得评价分级；③借鉴国内外相关研究文献中广泛使用的标准；④借助专家经验确定评价指标的临界值来确定评价等级。由此，本研究将衡水湖湿地评价指标标准分为 5 个等级，即Ⅰ级（很好，0.8～1.0）、Ⅱ级（较好，0.6～0.8）、Ⅲ级（一般，0.4～0.6）、Ⅳ级（较差，0.2～0.4）、Ⅴ级（差，0～0.2）。表 7-7 为衡水湖湿地生态质量评价标准。

表 7-7 衡水湖湿地生态质量评价标准

EQI	等级	系统特征
0.8～1.0	很好（Ⅰ）	湿地生态系统保持良好的自然状态，活力极强，组织结构十分合理，生态功能极其完善，人类活动干扰等外界压力很小，湿地变化很小，无生态异常出现，系统极稳定，处于可持续状态
0.6～0.8	较好（Ⅱ）	湿地生态系统自然状态保存较好，活力比较强，组织结构较合理，生态功能较完善，湿地格局尚完美，弹性度比较强，人类活动干扰等外界压力小，湿地变化很小，无生态异常，系统尚稳定，处于可持续状态
0.4～0.6	一般（Ⅲ）	湿地生态系统自然状态受到一定的影响，结构发生一定程度的变化，受人类活动影响较大，接近湿地生态阈值，系统尚稳定，但敏感性强，已有少量的生态异常出现，可发挥基本的湿地生态系统功能，湿地生态系统可维持
0.2～0.4	较差（Ⅳ）	湿地生态系统自然状态受到相当程度的破坏，湿地生态系统活力较低，组织结构出现缺陷，生态功能及弹性度比较弱，人类活动影响较大，生态异常较多，湿地生态功能已不能满足维持湿地生态系统的需要，湿地生态系统已开始退化
0～0.2	差（Ⅴ）	湿地生态系统自然状态受到严重破坏，湿地生态系统活力极低，组织结构极不合理，人类活动影响很大，湿地破碎化严重，湿地生态异常大面积出现，湿地生态系统已经严重恶化

基于各评价指标的权重与隶属度矩阵，应用改进的加权求和模型，对衡水湖生态质量评价体系中各项目层（驱动力层 β_1、压力层 β_2、状态层 β_3、影响层 β_4、响应层 β_5）的评价指数进行计算，结果如下所示。

驱动力层生态质量评价指数为：$\gamma_1=\alpha'_1 \cdot \beta_1 \cdot C^{\mathrm{T}}=0.4292$

压力层生态质量评价指数为：$\gamma_2=\alpha'_2 \cdot \beta_2 \cdot C^{\mathrm{T}}=0.8018$

状态层生态质量评价指数为：$\gamma_3=\alpha'_3 \cdot \beta_3 \cdot C^{\mathrm{T}}=0.5998$

影响层生态质量评价指数为：$\gamma_4=\alpha'_4 \cdot \beta_4 \cdot C^{\mathrm{T}}=0.6297$

响应层生态质量评价指数为：$\gamma_5=\alpha'_5 \cdot \beta_5 \cdot C^{\mathrm{T}}=0.8123$

衡水湖湿地生态质量评价指数为：$y=\alpha'' \cdot (\beta_1, \beta_2, \beta_3, \beta_4, \beta_5)^{\mathrm{T}} \cdot C^{\mathrm{T}}=0.6600$

由此可知，衡水湖湿地生态质量综合评价指数为 0.6600，依据衡水湖湿地生态质量评价分级标准可得，目前衡水湖湿地的生态质量处于第Ⅱ等级（较好）。从各项目层来看，驱动力层与状态层的生态质量处于第Ⅲ等级（一般），压力层与响应层的生态质量处于第Ⅰ等级（很好），影响层的生态质量处于第Ⅱ等级（较好）。从隶属度矩阵可知，制约衡水湖湿地生态质量的指标因子主要为衡水湖总氮含量和空气负离子浓度。

7.4.2 河北衡水湖国家级自然保护区生态质量评价

河北衡水湖国家级自然保护区（简称衡水湖自然保护区）坐落在河北省衡水市桃城、冀州两区境内，是国家 AAAA 级旅游景区，也是华北平原唯一保持沼泽、水域、滩涂、草甸和森林等完整湿地生态系统的自然保护区，总面积 187.87km^2。

本研究以生物多样性指数（BI）来表示衡水湖自然保护区的生态质量状况，研究结果表明，整个衡水湖自然保护区的生物多样性状况较好，67 个取样点的评价结果几乎全部为第二等级“中”（图 7-6、表 7-8 和表 7-9），表明衡水湖自然保护区范围内的生态质量状况“较好”。其中，生物多样性指数计算公式如下：

$$\mathrm{BI} = R'_{\mathrm{V}} \times 0.2 + R'_{\mathrm{P}} \times 0.2 + D'_{\mathrm{E}} \times 0.2 + E'_{\mathrm{D}} \times 0.2 + R'_{\mathrm{T}} \times 0.1 + (100 - E'_{\mathrm{I}}) \times 0.1$$

式中，BI 为生物多样性指数；R'_{V} 为归一化后的野生动物丰富度；R'_{P} 为归一化后的野生植物丰富度；D'_{E} 为归一化后的生态系统类型多样性；E'_{D} 为归一化后的物种特有性；R'_{T} 为归一化后的受威胁物种的丰富度；E'_{I} 为归一化后的外来物种入侵度。

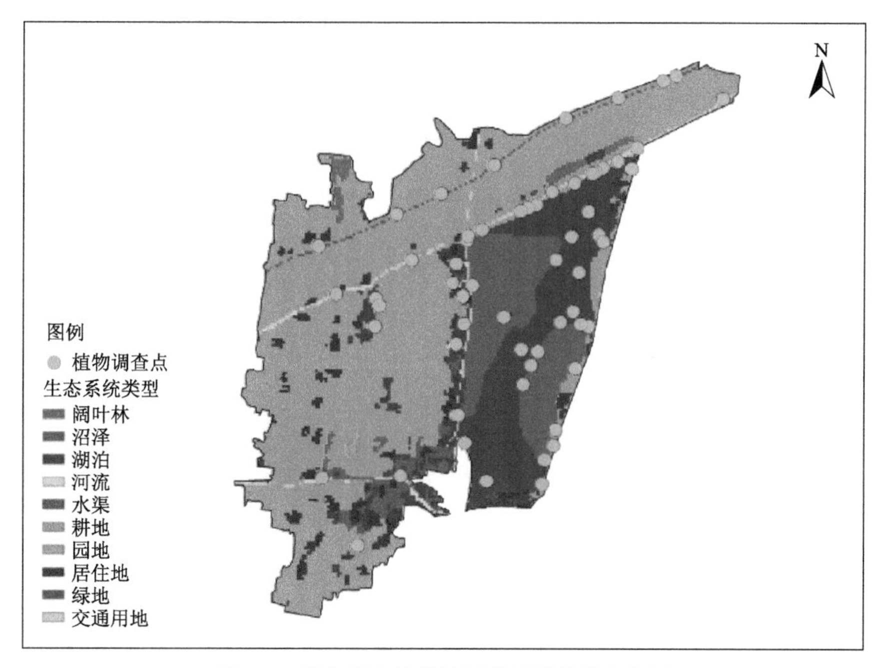

图 7-6　衡水湖自然保护区范围及采样点位置

表 7-8　衡水湖自然保护区生态质量评价标准

生物多样性等级	BI	生物多样性状况
高	BI≥10.9	物种高度丰富
中	5.5≤BI<10.9	物种较丰富
一般	3.6≤BI<5.5	物种较少
低	BI<3.6	物种贫乏

表 7-9 衡水湖自然保护区采样点生物多样性等级评价结果

取样点	BI	生物多样性等级	取样点	BI	生物多样性等级
1	10.5	中	35	7.0	中
2	10.4	中	36	9.0	中
3	10.3	中	37	5.9	中
4	10.5	中	38	8.2	中
5	10.4	中	39	10.8	中
6	10.4	中	40	10.7	中
7	10.3	中	41	10.5	中
8	10.2	中	42	7.6	中
9	10.2	中	43	7.5	中
10	10.2	中	44	10.3	中
11	10.2	中	45	7.9	中
12	10.2	中	46	8.3	中
13	10.2	中	47	8.0	中
14	10.2	中	48	6.9	中
15	10.2	中	49	8.8	中
16	10.2	中	50	8.5	中
17	10.2	中	51	7.8	中
18	10.2	中	52	10.7	中
19	9.0	中	53	8.3	中
20	7.6	中	54	7.6	中
21	10.4	中	55	10.3	中
22	7.2	中	56	10.3	中
23	10.4	中	57	9.1	中
24	8.7	中	58	8.1	中
25	8.7	中	59	10.3	中
26	8.5	中	60	6.3	中
27	8.3	中	61	10.2	中
28	10.7	中	62	10.2	中
29	7.2	中	63	10.3	中
30	8.5	中	64	4.4	一般
31	5.0	一般	65	10.4	中
32	7.0	中	66	10.2	中
33	4.6	一般	67	10.4	中
34	6.8	中			

7.4.3 中国湿地生态质量状况评价

本研究基于《中国湿地资源》、中国生态系统评估与生态安全数据库、环境状况公报等数据，应用结构方程模型，对我国湿地生态质量综合指数空间分布特征进行分析，结果如下。

第一次到第二次湿地资源调查期间，我国湿地生态质量综合指数提高了 7.2%（表 7-10）。除南方部分省份[海南（−15.8%）、广西（−7.6%）、江西（−5.8%）和黑龙江（−5.7%）]外，绝大多数省份湿地生态质量综合指数均呈现升高趋势。其中，长江中游[湖南（109.0%）、湖北（40.7%）]、青藏高原东部和北部[甘肃（76.9%）、四川（70.1%）、青海（64.9%）和新疆（47.7%）]地区增长较大。

表 7-10 全国各省（自治区、直辖市）湿地生态质量综合指数

省（自治区、直辖市）	综合指数		增长率/%
	第一次湿地调查	第二次湿地调查	
北京	0.334	0.394	18.1
天津	0.342	0.435	27.4
河北	0.363	0.472	30.2
山西	0.346	0.451	30.2
内蒙古	0.220	0.254	15.1
辽宁	0.314	0.393	25.1
吉林	0.340	0.352	3.4
黑龙江	0.409	0.386	−5.7
上海	0.427	0.429	0.4
江苏	0.305	0.399	30.8
浙江	0.525	0.627	19.4
安徽	0.364	0.461	26.7
福建	0.577	0.675	17.0
江西	0.447	0.421	−5.8
山东	0.311	0.355	14.3
河南	0.357	0.505	41.3
湖北	0.342	0.481	40.7
湖南	0.252	0.527	109.0
广东	0.461	0.471	2.2
广西	0.547	0.506	−7.6
海南	0.561	0.472	−15.8

续表

省（自治区、直辖市）	综合指数		增长率/%
	第一次湿地调查	第二次湿地调查	
重庆	0.441	0.514	16.6
四川	0.266	0.453	70.1
贵州	0.509	0.563	10.6
云南	0.391	0.536	37.3
台湾	0.429	0.512	19.3
陕西	0.318	0.384	20.8
甘肃	0.261	0.461	76.9
青海	0.279	0.460	64.9
宁夏	0.450	0.478	6.4
新疆	0.255	0.376	47.7
中国平均	0.505	0.542	7.2

另外，湿地生态质量综合指数呈现明显的空间变化（图 7-7）。第一次调查期间，南部省份（福建、海南、广西和广东）、中部和东部省份（浙江、江西和上海）、西南部省份（贵州、重庆、西藏）和黑龙江湿地生态质量综合指数较高，达到一般水平。其余省份均为较低水平，最低的在内蒙古[图 7-7（a）]。第二次调查期间，福建省湿地生态质量综合指数最高，其次为浙江，均达到良好水平；一半的省份湿地生态质量综合指数为一般水平，最低的仍在内蒙古[图 7-7（b）]。

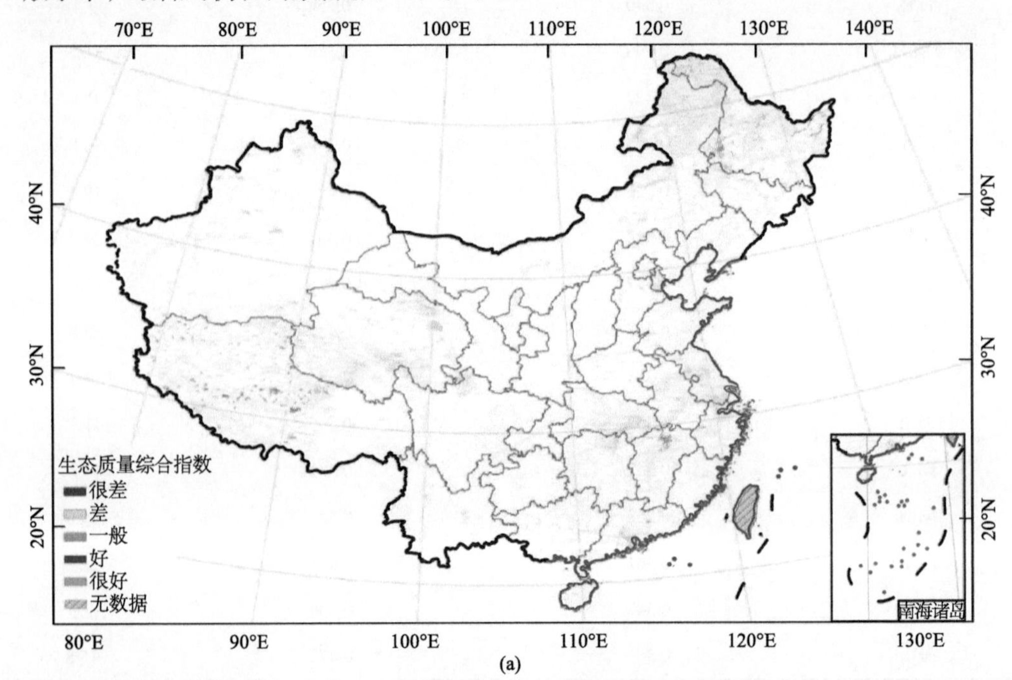

(a)

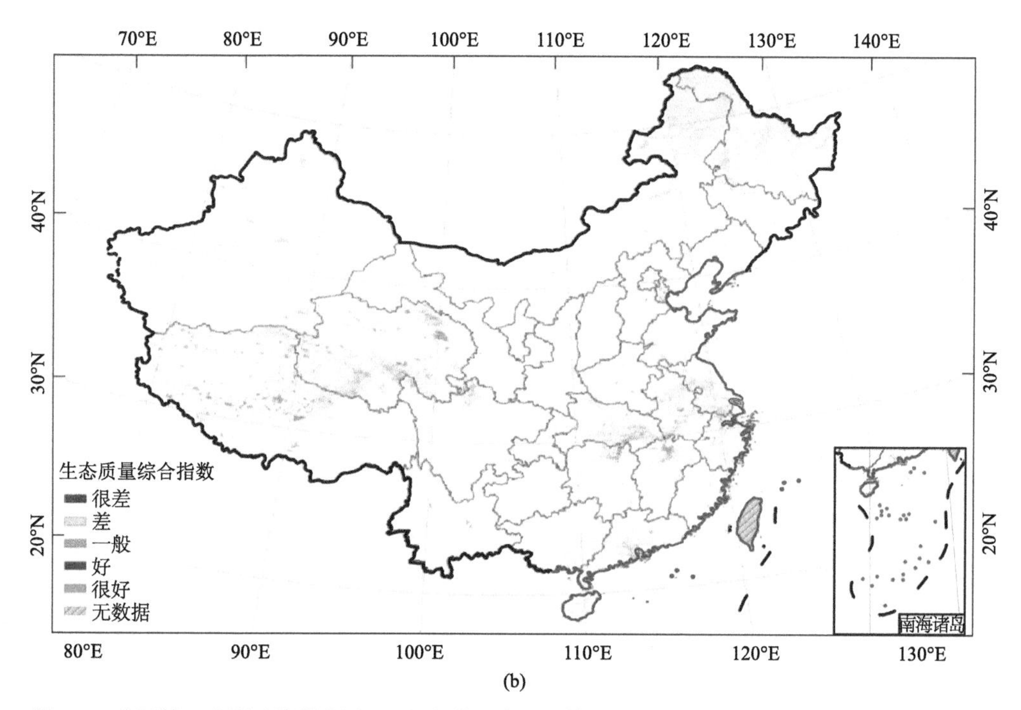

(b)

图7-7　我国第一次湿地资源调查（a）和第二次湿地资源调查（b）期间湿地生态质量综合指数

7.5　本章小结

（1）在《中华人民共和国湿地保护法》出台后，湿地有了明确的法律定义。据第三次全国国土调查结果显示，全国湿地总面积5634.93万hm^2。

（2）湿地生态质量是指一定时空范围内湿地生态系统要素、结构和功能的综合特征，影响湿地生态质量的因素大体包括自然因素与人为因素；结合我国湿地生态系统的特点，本研究遴选了湿地生态系统生态质量监测指标20个，其中，一级指标3个，二级指标5个，三级指标12个。

（3）湿地生态质量评价指标监测过程中，各监测指标数据多采用遥感影像解译、无人机遥感监测、野外取样和野外实地调查的方法。

（4）对衡水湖湿地生态质量的评价结果表明，目前衡水湖湿地的生态质量处于第Ⅱ等级（较好），制约衡水湖湿地生态质量的指标因子主要为衡水湖总氮含量和空气负离子含量；以生物多样性指数来表示衡水湖自然保护区的生态质量状况，研究结果表明，衡水湖自然保护区范围内的生态质量状况为“较好”；结合第一次与第二次全国湿地资源调查结果，对中国湿地生态质量状况进行评价，结果表明，我国湿地生态质量综合指数提高了7.2%，且呈现明显的空间变化。

参考文献

陈永林. 2015. 不同景观格局的红树林湿地生态系统质量比较研究——以广西北部湾地区为例. 生态环境学报, 24(6): 965-971.

崔保山, 杨志峰. 2002. 湿地生态系统健康评价指标体系I. 理论. 生态学报, 22(7): 1005-1011.

崔丽娟, 马牧源, 张曼胤. 2021. 中国湖沼湿地生态系统服务及其评价. 北京: 中国林业出版社.

董普, 黄晓品, 秦玉霞, 等. 2008. 基于3S技术的北京翠湖湿地生态环境质量评估. 中国土地科学, (5): 34-39.

李春艳, 华德尊, 陈丹娃, 等. 2008. 人工神经网络在城市湿地生态环境质量评价中的应用. 北京林业大学学报, (S1): 282-286.

王贺年, 张曼胤, 崔丽娟, 等. 2019. 基于DPSIR模型的衡水湖湿地生态环境质量评价. 湿地科学, 17(2): 193-198.

王丽春, 焦黎, 来风兵, 等. 2019. 基于遥感生态指数的新疆玛纳斯湖湿地生态变化评价. 生态学报, 39(8): 2963-2972

张峥, 朱琳, 张建文, 等. 2000. 我国湿地生态质量评价方法的研究. 中国环境科学, (z1): 55-58.

赵广东, 王兵, 靳芳. 2004. 中国湿地生态环境质量及湿地自然保护区管理. 世界林业研究, 17(6): 35-39.

中国农业科学院, 中国林业科学研究院, 河北衡水湖自然保护区管理处. 2002. 河北衡水湖自然保护区科学考察报告. 中国农业科学院农业资源与农业区划研究所, 中国林业科学研究院森林生态环境与自然保护研究所, 河北衡水湖自然保护区管理处.

Liu W, Guo Z, Jiang B, et al. 2020. Improving wetland ecosystem health in China. Ecological Indicators, 113: 106184.

Wang S, Wang J, Zhang L, et al. 2019. A national key R&D program: Technologies and guidelines for monitoring ecological quality of terrestrial ecosystems in China. Journal of Resources and Ecology, 10(2): 105-111.

第 8 章

荒漠生态系统质量监测技术与规范

荒漠生态系统是由旱生、超旱生的小乔木、灌木、半灌木和小半灌木，以及相适应的动物和微生物等构成的生物群落与其生境共同形成物质循环和能量流动的动态系统。荒漠生态系统生境的特点是降水稀少、气候干燥、风大沙多、植被稀疏，是陆表过程中最为脆弱的一种生态系统，也是我国西北干旱区代表性的生态系统类型，具有独特的结构和功能。

我国荒漠生态系统面积大约 165 万 km^2，主要分布于西北干旱和半干旱区，涵盖我国八大沙漠、四大沙地与戈壁，包括塔克拉玛干沙漠、古尔班通古特沙漠（准噶尔盆地沙漠）、巴丹吉林沙漠、腾格里沙漠、库姆塔格沙漠、柴达木盆地沙漠、库布齐沙漠、乌兰布和沙漠和科尔沁沙地、毛乌素沙地、浑善达克沙地、呼伦贝尔沙地（图 8-1）。

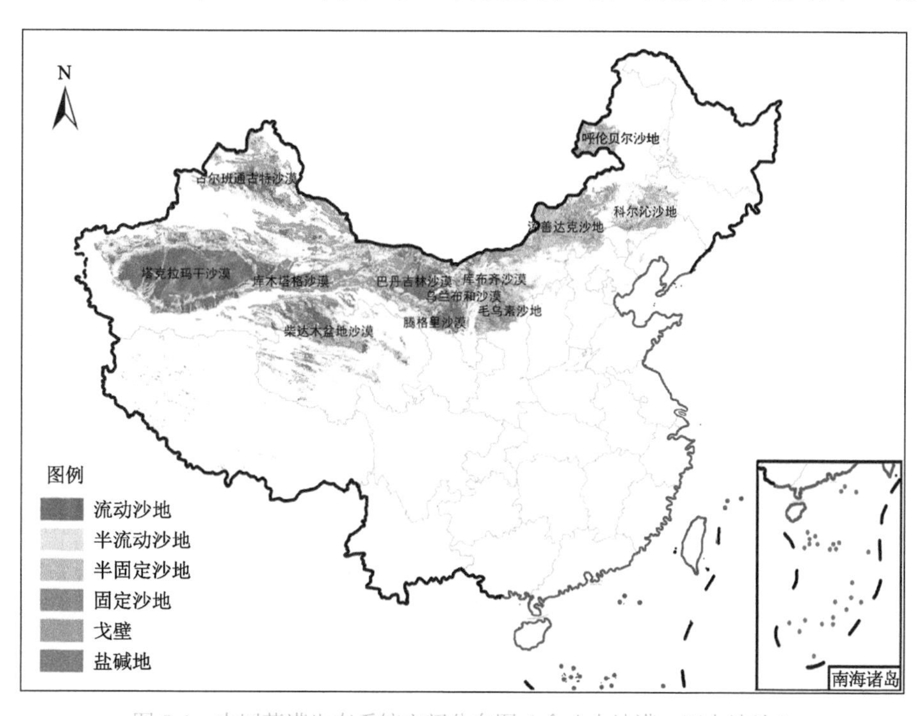

图 8-1　中国荒漠生态系统空间分布图（含八大沙漠、四大沙地）

荒漠生态系统的类型根据不同的参照标准，有不同的分类方法。荒漠生态系统按照降水量可划分为 3 种类型，即半荒漠、普通荒漠和极旱荒漠，年降水量分别为 100～200mm、50～100mm 和 50mm 以下。按土壤基质类型可以分为沙质荒漠（沙漠）、砾石荒漠（砾漠）、石质荒漠（石漠）、黄土状或壤土荒漠（壤漠）、龟裂地或黏土荒漠、风蚀劣地（雅丹）荒漠与盐土荒漠（盐漠）等。根据建群层片的生活型，我国荒漠可分为小乔木荒漠、灌木荒漠、半灌木荒漠、小灌木荒漠和垫状小半灌木高寒荒漠。

本章提出了荒漠生态系统生态质量指标、监测及评估的科学框架（图 8-2），基于生态系统质量的定义，制定了反映生态系统质量优劣，包含结构、功能和抗干扰能力的关键监测指标与评估指标，研发了集成卫星、无人机和地面传感器网络的“星-空-地”一体化监测技术，在区域和站点两个尺度上对荒漠生态系统的生态要素、生物多样性和生态功能开展了连续监测。通过标准化生态系统质量指标数值、厘定其阈值范围，基于“最小限制因子”理论建立了生态系统质量综合评价模型。在距离北京最近的内蒙古浑善达克沙地开展观测应用，以浑善达克沙地为例，评价了近 20 年浑善达克沙地生态系统质量变化情况。本章阐明的荒漠生态系统质量概念、监测技术标准、生态系统质量科学评估框架及应用示范，可以为实现我国荒漠生态系统生态质量综合监测、科学诊断和定量评估提供理论基础和应用案例，为国家生态质量监测和生态文明建设提供亟须的技术支撑。

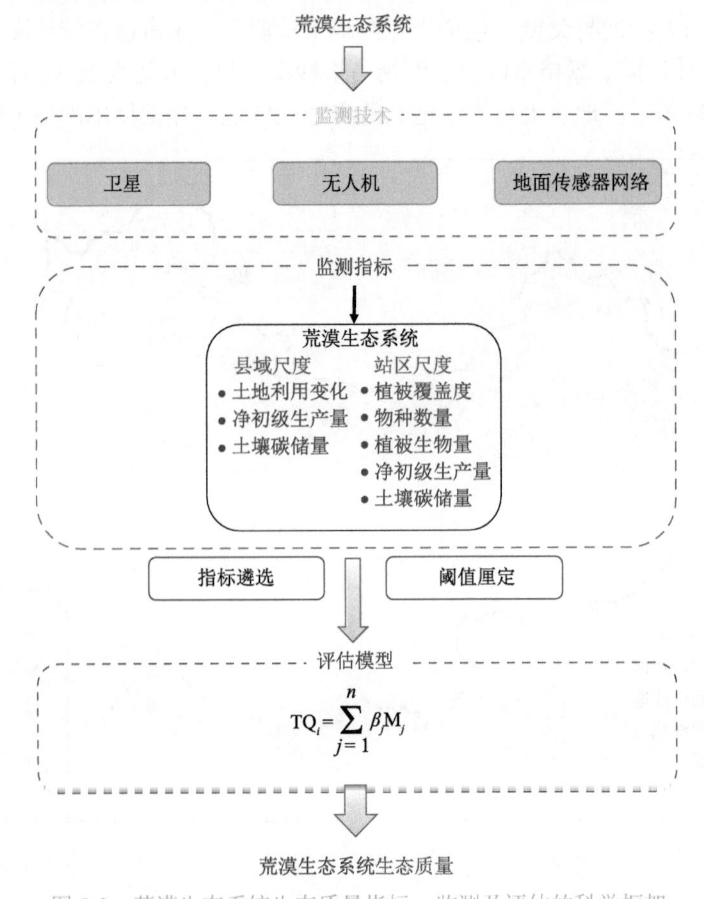

图 8-2　荒漠生态系统生态质量指标、监测及评估的科学框架

8.1　荒漠生态系统质量概念及监测指标体系

8.1.1　荒漠生态系统质量概念和内涵

荒漠生态系统质量是指一定时空范围内，在区域气候、地理及人为因子等生境特征的影响下，荒漠生态系统结构和功能的综合特征，具体包括荒漠生态系统结构和功能稳定性、生产能力、抗干扰和恢复能力以及对人类的影响程度。荒漠生态系统质量的稳定性主要体现在生态系统、群落及种群结构、多样性的波动变化程度。其结构和功能主要体现在植被覆盖度、沙地面积、物种种类、物种面积以及生物量、生态系统碳储量、净生态系统生产力。其生产能力主要体现在生态系统的生物量与生产力，对人类的影响程度主要体现在沙尘侵扰频率与强度。

8.1.2　荒漠生态系统质量监测指标体系

1. 指标体系构建原则

随着荒漠生态系统定位研究网络的建立，从站点到区域乃至全国尺度的观测体系建设已经成为生态系统观测研究的发展趋势。目前国家林业和草原局已拥有 19 个北方荒漠生态系统观测研究站（沙漠、戈壁、沙地等）和 6 个南方荒漠生态系统观测研究站（石漠化、干热河谷、红壤、河湖岸线沙地等）（图 8-3）。未来全国荒漠生态系统观测网络将基本涵盖八大沙漠、四大沙地，并考虑青藏高原高寒区及西南、东南地区等特殊区域环境，如岩溶石漠化、干热河谷和零星沙地等。因此，构建科学、合理、具有指导性的荒漠生态系统质量监测指标体系，可以为生态质量的监测和评估、生态系统的保护和恢复、生态系统的管理等提供指导，同时推动现有生态网络的优化和升级，为实现国家和区域尺度的生态系统保护、恢复与优化管理决策提供有效的科学支持。

荒漠生态系统质量监测指标体系构建依据以下原则。

（1）系统性原则。构建的指标体系能够基本涵盖荒漠生态系统质量监测的整体布局，监测指标之间能够协调统一，保证监测指标体系的完整性，充分发挥监测指标的作用。

（2）实用性原则。构建指标体系遵循统一、简化和优化原则，充分考虑荒漠生态系统独特的结构和功能，监测指标的选定应具有代表性、针对性，能够适用于荒漠生态系统（崔向慧等，2017）。

荒漠生态系统质量的指标体系框架以生态系统的宏观结构和服务功能的基本特征及其变化为核心，结合我国荒漠生态系统的背景特征、主要问题以及不同区域的生态环境条件等，进行分析、比较、综合，筛选出针对性较强、反映荒漠生态系统主要特征的指标，构成荒漠生态系统质量监测指标框架，开展不同时空尺度的荒漠生态系统监测与评估工作。

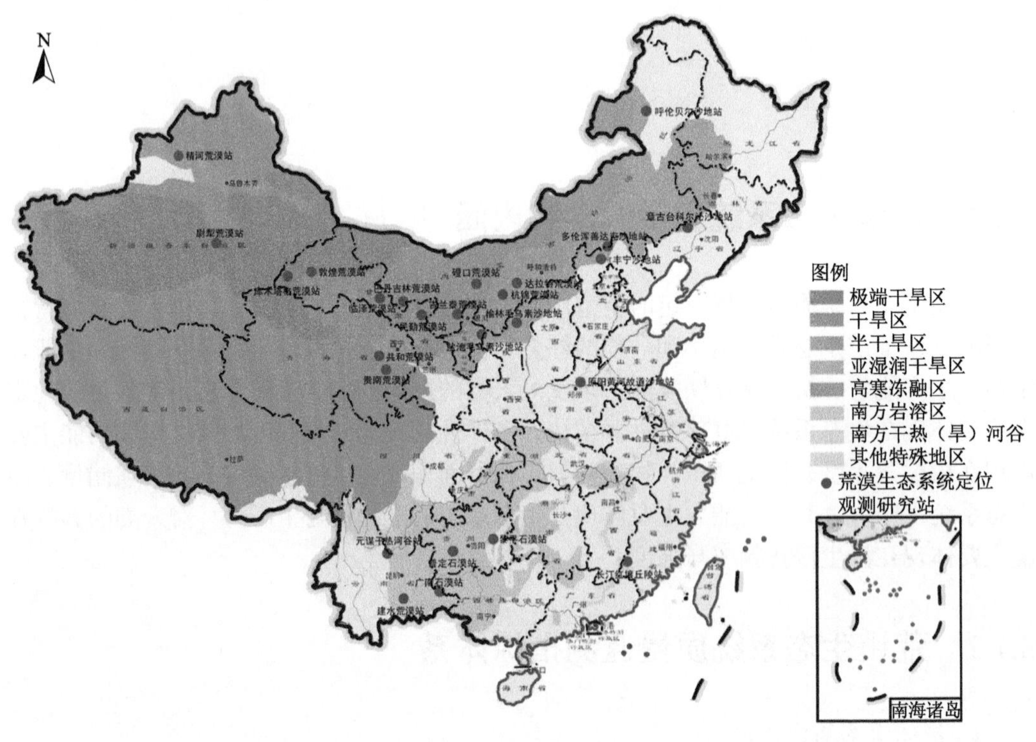

图 8-3 中国荒漠生态系统定位观测研究网络台站分布

2. 监测指标体系

根据我国荒漠生态系统的背景特征，开展国内外生态系统网络生态要素、生物多样性和生态功能观测指标与技术体系的比较研究，构建了由 3 个一级指标、4 个二级指标（评价指标）、8 个三级指标（监测指标）组成的荒漠生态系统质量监测和评估指标体系（表 8-1）。其中，一级指标分别是结构指标、功能指标和干扰指标；二级指标又可称为评价指标，分别反映生态系统结构、生物多样性、生产支持、干扰强度；三级指标分别是植被覆盖度、沙地面积、物种种类、物种数量、指示物种、生物量/碳储量、植被生产力和沙尘暴（DSS）频率。

表 8-1 荒漠生态系统质量监测和评估指标体系

一级指标	二级指标（评价指标）	三级指标（监测指标）	定义
结构指标	生态系统结构	植被覆盖度	植被（包括叶、茎、枝）在地面的垂直投影面积占区域总面积的百分比
		沙地面积	区域内没有植物生长的裸露地表的面积
	生物多样性	物种种类	区域内植物和动物的物种数量
		物种数量	区域内植物和动物单个物种的个数
		指示物种	区域内指示物种的数量和分布

续表

一级指标	二级指标（评价指标）	三级指标（监测指标）	定义
功能指标	生产支持	生物量/碳储量	单位面积上的植物干物质量/生态系统碳累积量
		植被生产力	可分为初级生产力和净生产力
干扰指标	干扰强度	沙尘暴频率	1 年内发生沙尘暴的次数

8.2　荒漠生态系统质量监测技术

8.2.1　数据与方法

生态系统质量监测技术是运用科学的、可比的和成熟的技术方法，对生态系统进行长期监测，获取反映生态系统质量多层次和高精度的信息。利用自上而下的遥感技术、地理信息技术和模型模拟技术，自下而上的野外观测台站观测、野外调查、人文调查等方法，获取荒漠生态系统长时间序列空间信息。在生态系统观测研究网络的基础上，实现数据的集成分析，通过多源数据融合、尺度转换与天-空-地一体化数据互相验证，评价生态系统质量状况及其变化，为区域生态系统的保护和修复提供技术支撑。荒漠生态系统质量监测方法包括遥感监测方法和地面监测方法（刘纪远等，2016）。

长期生态定位观测网络、多时空尺度观测技术和现代物联网技术的快速发展为构建国家尺度生态质量监测技术体系提供了可能与条件，并为生态要素（水、土、气、生）的快速测定、生物多样性的连续监测和区域生态功能的遥感反演等提供了重要的技术支撑。

1. 中国荒漠生态系统定位观测研究网络

我国荒漠化土地面积 257.37 万 km^2，占国土面积的 26.8%；石漠化土地面积为 722.32 万 km^2，占国土面积的 0.7%。按照“三北”防护林体系建设、京津风沙源治理、石漠化治理等国家重大生态工程的宏观需求，兼顾国家生态工程效益评估的需要，荒漠生态系统定位观测研究网络布局基本涵盖我国八大沙漠、四大沙地，并统筹考虑我国青藏高原高寒区及我国西南、东南地区等特殊区域环境，分别在极端干旱区、干旱区、半干旱区、亚湿润干旱区、青藏高原高寒区和特殊环境区域（包括岩溶石漠化、干热河谷和零星沙地）六大类型区构建生态站网络。

中国荒漠生态系统定位观测研究网络（CDERN）始建于 1998 年，为国家林业和草原局生态定位观测网络中心管辖。经过 20 多年的建设与发展，目前由 47 个野外站（点）组成（其中科学技术部批复建设站点 1 个、国家林业和草原局批复建设站点 25 个、高校和科研单位自建站点 21 个）。目前，荒漠生态网已建成国家和局级生态站 26 个，分布在极干旱区 3 个、干旱区 6 个、半干旱区 4 个、亚湿润干旱区 4 个、青藏高原高寒区 2 个，同时在干热河谷、岩溶石漠化、岸线沙地（河、湖、海、盐碱）、红壤丘陵重点侵蚀区等特殊环境区域布局生态站 7 个。

2. 卫星遥感监测

卫星遥感监测生态质量主要利用卫星采集的影像、地理位置等信息，分析地物形态、结构与功能。卫星影像主要包含多光谱和高光谱数据，影像分辨率从千米级到亚米级，为获取不同尺度地貌、植物结构特征，分析不同生态系统物质、能量循环，揭示单株-群落-生态系统尺度上的生物物理过程提供了强大的数据支撑。目前，不同分辨率的连续时间序列卫星影像已成为分析生态系统结构、功能状态及变化的重要数据源，通过影像数据解译，可以为大区域尺度上的生态系统质量监测提供植被覆盖度、生物量、生产力等长期可信的动态数据。

3. 近地遥感监测

近 10 年来，低空无人机监测技术一直处于快速发展期，尤其是随着民用轻型无人机技术的逐步成熟，低空无人机遥感已逐步成为生态环境监测研究的重要工具。目前轻型无人机亦可以搭载普通 RGB 相机及多光谱、高光谱、激光雷达等多类型相机进行监测，影像分辨率可以实现厘米级（甚至毫米级）的精度，为干旱稀疏植被区的生态监测提供了更为便捷、精准、可信的数据源。对于植物稀少、生境单一的荒漠生态系统，通过影像解译，利用无人机遥感技术监测的指标有植被覆盖度、物种数量、植物生物量等。

中国林业科学研究院荒漠化研究所近年来研发了一套基于无人机的植被监测平台，实现利用无人机获取厘米级分辨率数字正射影像（韩东等，2018）；开发了利用机器学习算法（分类和回归树模型），基于高分辨率无人机影像自动、快速、准确获取植被类型和提取海量植物个体结构参数、估算植被生物量的新方法（图 8-4）；基于该算法开发的软件“无人机高精度影像分析平台”（https://www.uav-hirap.org），已经上线开始正式运行（Wang et al.，2019）。该无人机植被监测平台，已在荒漠生态系统浑善达克沙地、乌兰布和沙漠和库姆塔格沙漠开展了植被结构信息近地遥感监测（图 8-5）。

4. 地面定位监测

地面定位监测包括地面气象监测、土壤监测、水文监测和生物学监测。地面气象监测指标有辐射、温度、湿度、气压、降水和风速等。地面气象指标的长期定位监测可以获取区域气象（气候）特征及变化过程信息。土壤监测主要包括对土壤地表状况、土壤水分、土壤温度、土壤物理性质、土壤化学性质等指标的观测。土壤地表状况包括地表的覆沙厚度、沙丘移动距离和土壤风蚀量等；土壤物理性质包括土壤腐殖质层厚度、容重、机械组成以及土壤水分等指标，其状况可以表征土壤水、热、肥、气的情况和协调程度；土壤化学性质主要包括土壤的酸碱度、阳离子交换量、交换性钙和镁、交换性钠、

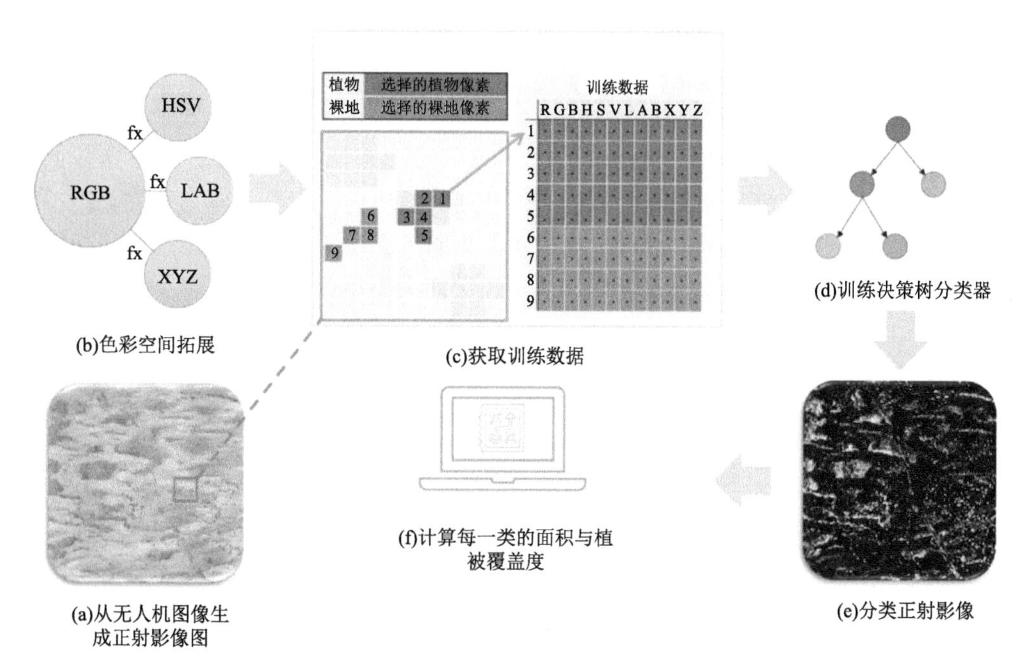

图 8-4　基于决策树算法的植被分类和盖度估计方法计算流程

HSV、LAB、XYZ 均是色彩空间。其中，HSV 表示色度、饱和度、明度；LAB 表示亮度；XYZ 表示波长分布与人类色觉中生理感知颜色之间的定量联系。fx 表示 RGB 颜色空间模式向不同色彩空间模式的转换函数

图 8-5　无人机高精度影像在线分析平台（https://www.uav-hirap.org）

有机质、烧失量，以及各种营养元素、微量元素和重金属元素含量等。水文监测包括径流、蒸发（散）、土壤水和地下水等。生物学监测包括植物群落种类组成与结构、生物多样性状况、植物群落物质生产与循环、植物群落动态、动物群落种类组成与结构、微生物种类组成与结构等。

地面监测数据获取途径主要有地面传感器自动监测、自动收集与人工测定记录相结合的半自动监测，以及完全依靠人工调查与取样分析的人工监测三种方式。目前地面气

象监测、土壤监测、水文监测和生物学监测中，主要依赖人工监测的指标包括物种丰富度、生物量、放牧强度。部分指标可以实现半自动或自动监测，如沙尘频率和植物净初级生产力。

野外台站观测仪器远程监控和数据管理在线平台是提高生态系统野外台站数据获取效率的有效工具。中国林业科学研究院荒漠化研究所以内蒙古自治区锡林郭勒盟正蓝旗的疏林草原定位站为应用示范站点，搭建了一套野外台站数据在线管理平台，功能主要包括站点信息、站点管理、数据管理和主动预警四大模块，主要实现整个台站设备状态实时监控、数据远程传输、质量控制、实时预警、可视化和存储检索共享数据等，野外台站设备监控、数据传输、仪器故障预警实时管理在线系统的具体功能如图 8-6 所示。

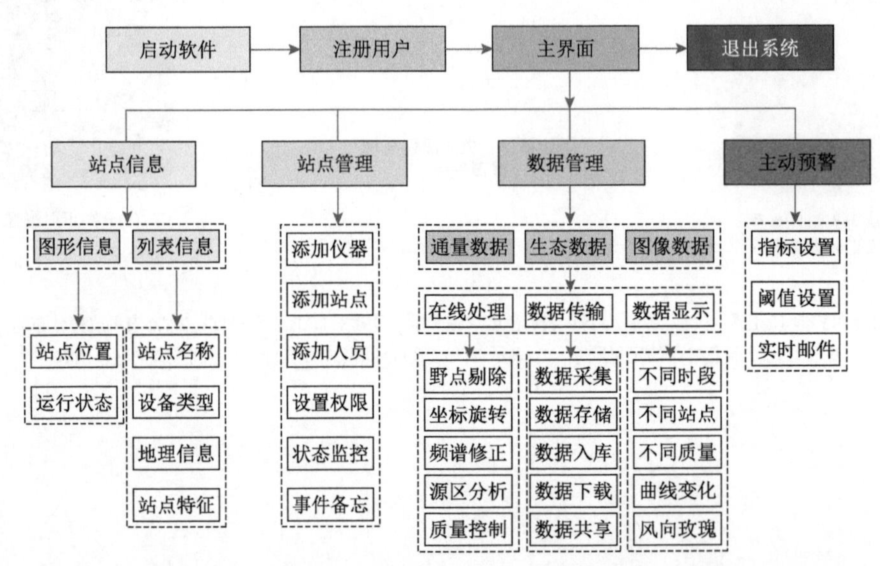

图 8-6 野外台站设备监控、数据传输、仪器故障预警实时管理在线系统

研究荒漠生态系统质量监测技术体系与规范，将推进我国生态环境综合监测的资源整合和能力提升，为国家实现跨部门生态系统状况及其变化诊断提供强有力的技术支撑。

8.2.2 监测技术标准与规范

1. 术语和定义

1）荒漠

荒漠是指在长期干旱气候条件下形成的植被稀疏的地理景观，按成因可以把荒漠归类为：风力作用形成的沙漠、砾漠、岩漠和风蚀地；流水侵蚀形成的劣地和砾漠；土壤盐渍化形成的盐漠；低温生理性干旱形成的寒漠。

2）生物多样性

生物多样性是指在一定时间和一定地区所有生物（动物、植物、微生物）物种及其遗传变异和生态系统的复杂性总称，包括遗传（基因）多样性、物种多样性、生态系统多样性和景观生物多样性四个层次。

3）遥感

遥感是指通过任何不接触被观测物体的手段来获取信息的过程和方法，包括卫星影像（航天遥感）、空中摄影（航空遥感）、雷达影像以及用数字照相机或普通照相机摄制的图像。

4）无人机

无人驾驶飞机简称“无人机”，英文缩写为“UAV”，是利用无线电遥控设备和自备的程序控制装置操纵的不载人飞机。从技术角度定义可以分为无人固定翼机、无人垂直起降机、无人飞艇、无人直升机、无人多旋翼飞行器、无人伞翼机等。

2. 监测方法和指标

1）植被覆盖度

通过卫星、无人机和地面测量监测植被覆盖度。在卫星尺度，可通过光谱反射计算植被指数，基于植被指数与植被覆盖度的关系，采用像元分解模型估算植被覆盖度；在无人机尺度，按照无人机影像中植被像素的个数占无人机影像中像素总数的比例计算；在地面测量尺度，可通过人工测量树冠的冠幅估算植被覆盖度。

2）沙地面积

通过卫星、无人机和地面测量计算没有植被覆盖的裸露沙地面积。在卫星尺度，可通过植被覆盖度反演裸露沙地面积；在无人机尺度，按照无人机影像中裸地像素的个数占无人机影像中像素总数的比例计算。

3）物种种类

物种种类是指调查区域内自然植被的物种数量。乔木群落随机设置 5 个 100m × 100m 样方，灌木群落随机设置 5 个 10m × 10m 样方，草本群落随机设置 10 个 1m × 1m 样方。在样方内计算植物物种的数量，每年调查 1 次。

4）物种数量

物种数量指调查区域内每个物种的数量。样方设置方法同 3）。

5）指示物种

指示物种是指可以代表群落演替系列中某个阶段的特征或可用来判断自然环境类型和特点的物种，样方设置方法同 3）。

6）生物量/碳储量

植被生物量包括乔木层生物量（树干生物量、枝叶生物量、根系生物量）、灌木层生物量、草本层生物量，具体获取方法如下：①基于星载/机载激光雷达实现对树高的建模反演，获取离散光斑点的植物高估算结果；②在植物高反演结果的基础上，依据植物异速生长方程进行植物地上生物量的反演计算，进而获取离散光斑点的植物地上生物量估算结果。每年调查 1 次，目前可采用卫星、无人机和地面调查法获取生物量，不同植物物种的生物量乘以碳含量系数即可获取碳储量。

7）植被生产力

植被生产力表示植被所固定的有机碳中扣除本身呼吸消耗的部分，这一部分用于植被的生长和生殖（也称净初级生产力）。净初级生产力采用中高分辨率遥感反演或模型模拟方法监测得到，具体参考《植被生态质量气象评价指数》（GB/T 34815—2017）。

8）沙尘暴频率

沙尘暴（沙暴和尘暴的总称）是指强风从地面卷起大量沙尘，使水平能见度小于 1km 的天气过程。沙尘暴频率是指 1 年内发生沙尘暴的次数，基于气象观测数据计算获取。

8.3 区域尺度荒漠生态系统质量的监测技术应用

人为干扰和自然环境变化都会导致荒漠生态系统质量发生变化，如何全面评估干旱区生态系统质量变化是近年来生态环境学领域的研究热点之一。我国自 2000 年开始实施长期、大规模的国家生态修复项目，但针对生态修复项目实施后我国北方特定干旱区生态系统质量变化的研究较少。本节主要内容包括：①基于要素短板效应（1OAO）建立评估框架，整合生态系统质量的评估指标；②评价 2000～2020 年浑善达克沙地生态系统质量的时空格局。该评估框架可用于全球干旱区生态系统质量评估和区域间生态系统质量比较，为干旱区生态系统管理决策提供科学依据，对于提高全球生态系统管理具有重要意义。

8.3.1 研究区域概况

干旱区面积约占地球陆地表面面积的 41%，为约 20 亿人口提供生态服务（Reynolds et al.，2007）。由于低降水量和强太阳辐射，干旱区生态系统的植物生产力较低（Maestre et al.，2016）。人为干扰和气候变化极易导致干旱区生态系统质量发生变化，如退化或提高（Pan et al.，2016；Scheffer et al.，2001）。浑善达克沙地地处中国北方和东北亚大陆的地理中心，被认为是亚洲东北部地下水的补给源（Yang et al.，2015；Zhu and Ren，2018）。该地区占地约 53000km^2，平均海拔为 1300m（图 8-7）；年平均温度为 1.8℃，年最高温度为 37℃，年最低温度为−40℃；年平均降水量从东南的 350～400mm 到西北的 100～200mm，夏季降水量占年降水量的 50%；年平均蒸发量为 2306mm。该地区主要土壤类型为栗土和棕色钙质土壤，典型的植被为榆树（*Ulmus pumila*）、灌木[黄柳（*Salix gordejevii*）、柴桦（*Betula fruticosa*）等]和草本[盐蒿（*Artemisia halodendron*）、羊草（*Leymus chinensis*）等]。放牧是该地区主要的经济活动。由于土地退化，地表植被破坏，自 20 世纪 80 年代开始，浑善达克沙地成为中国北方沙尘暴的主要来源之一（Li et al.，2011，2015；Zheng et al.，2006）。

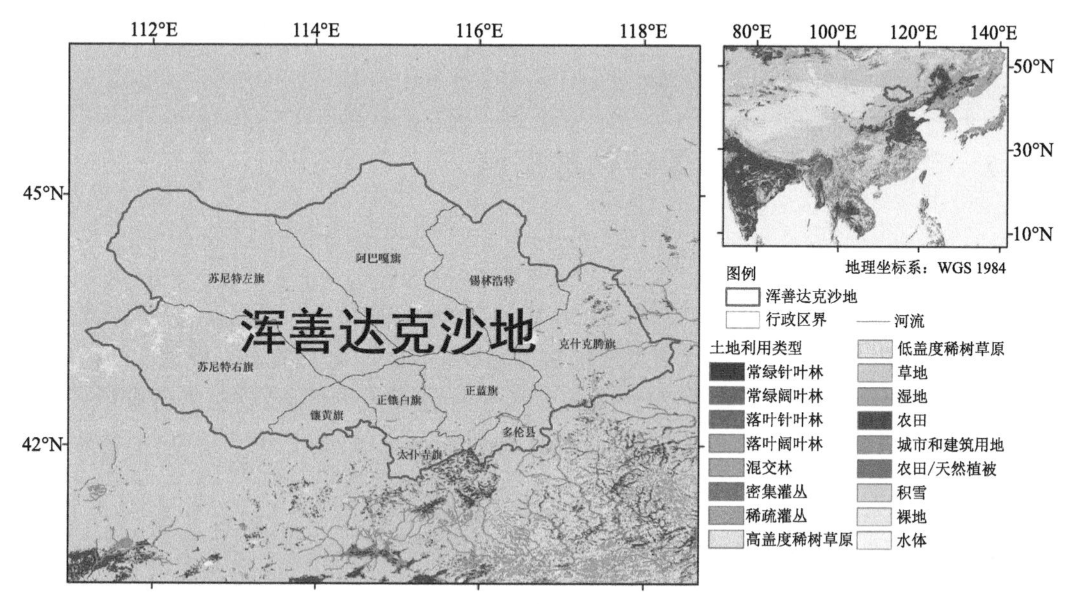

图 8-7　中国浑善达克沙地位置、分布和植被类型

国家生态修复项目是中国北方生态系统恢复的重要推动力（Chen et al.，2019；Lu et al.，2018）。为了防止土地退化，我国在西北、华北地区实施了一系列生态系统恢复项目，如京津冀风沙源治理项目（2001～2022 年）、退耕还林项目（2003 年至今）和退牧还草项目（2003 年至今）（Lu et al.，2018；Runnström，2000；Wang et al.，2013）。目前已有研究主要集中于整个北方地区的荒漠化或植被恢复趋势分析（Chen et al.，2019；Wang F et al.，2020）。浑善达克沙地位于中国北方的农牧过渡带，是我国生态恢复政策影响最大的地区。实施国家生态修复项目 15 年后，浑善达克沙地整体的生态系统质量是否发生变化目前并不清楚。

目前已有较多用于评估生态系统质量的方法，如层次分析法（AHP）、决策树评估和压力-状态-响应（PSR）框架等。生态系统的质量通常通过生态系统结构和功能的指标与指标权重相乘或相加计算获得。然而，生态特征指标的演变速度不同，对环境变化的敏感性也不同，相加或者相乘意味着其中一项指标的降低可能被其他指标的增加所抵消或掩盖（Sims et al.，2019）。例如，植被覆盖度可能受降水影响数月内发生变化，或者由于土地利用方式改变几天内发生变化。相比之下，土壤有机碳（SOC）库的变化可能需要几年时间才能对土地覆盖或植被生产力的变化做出响应（Smith，2004）。如果代表 SOC 和植被覆盖度的指标相加或相乘，综合指标的变化将由快速变化的指标决定，提高和退化的指标将掩盖变化较小的指标，而生态系统退化或恢复是一个整体结构和功能的转变（Borja et al.，2014）。为了监测和防治土地退化，《联合国防治荒漠化公约》（UNCCD）于 2017 年提出了“1OAO”的原则。“1OAO”原则的核心是如果土地评估单元的任一指标退化，则该土地单元将被视为退化（Cowie et al.，2018）。“1OAO”的主要优势在于，所有评估指标都通过非加法和非乘法进行组合，以避免快速变化的指标掩盖提高或者退化速率较低的指标（Cowie et al.，2018；Sims et al.，2020）。许多国家已将

“1OAO”原则应用于土地退化评估（Borja et al.，2014；Caroni et al.，2013），但其在生态系统质量评估中的应用尚未报道。

8.3.2 荒漠生态系统质量评估数据源

1. 植被数据产品

归一化植被指数（NDVI）来自于 MODIS 2000～2020 年 500 m 空间分辨率的 MOD13A1 数据产品，使用最大值合成法对 MODIS NDVI 数据集进行处理，获得年度 NDVI 数据。然后使用双线性方法以 1 km × 1 km 的空间分辨率对数据集进行重新采样。NDVI 通过在线云平台谷歌地球引擎（google earth engine，GEE）基于云量（< 10%）和像素可靠性从 MOD13A1 数据集中提取。

2. 土壤有机碳（SOC）数据

SOC 需要数年才能响应环境变化。因此，本研究将 1993～1996 年第二次全国土壤调查数据构建的世界土壤数据库（HWSD）V 1.2 数据集中的 SOC（0～100 cm）数据作为 SOC 变化的基线数据集。中国高分辨率国家土壤信息格网基本属性数据集（2009～2019 年）最新发布的 SOC 数据集（0～100 cm），空间分辨率为 1 km（Liu et al.，2021），作为代表 2019 年报告期的 SOC 数据集。这两个数据集都是通过土壤实地调查建立的。

3. 沙尘暴（DSS）数据

年度 DSS 天数反映了风蚀和生态条件的脆弱程度。自 20 世纪 80 年代以来，浑善达克沙地成为中国北方主要的 DSS 来源之一（Zou and Zhai，2004）。本研究使用年度 DSS 天数代表大气质量变化，通过累加每年的 DSS 天数值，计算浑善达克沙地及其周围 20 个气象站 2000～2019 年的 DSS 天数数据。其数据来源于中国国家气象信息中心。采用普通克里金插值方法，生成了 1 km × 1 km 网格的 DSS 天数分布图（Wu et al.，2019）。

8.3.3 基于“1OAO”原则的荒漠生态系统质量综合评价框架

荒漠生态系统质量评估框架使用了三个指标：归一化植被指数（NDVI）、土壤有机碳（SOC）和沙尘暴（DSS），分别代表植被质量、土壤质量和大气质量。生态系统质量由所有指标的最差状态决定。植被质量由归一化植被指数（NDVI）整合计算，反映了植被覆盖度和净初级生产力的变化。土壤和大气质量分别由土壤年 SOC 含量和年发生的 DSS 天数衡量。荒漠生态系统质量评估方法流程图见图 8-8。

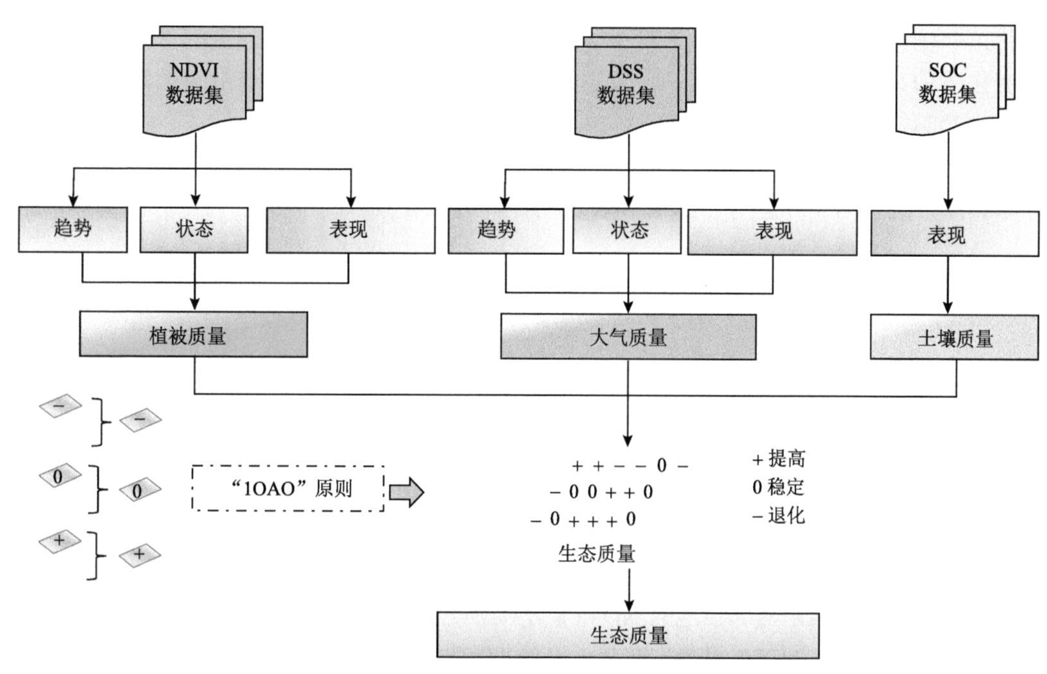

图 8-8　荒漠生态系统质量评估方法流程图

趋势（trend）、状态（state）和表现（performance）根据《联合国防治荒漠化公约》（UNCCD）可持续发展指标实施指南第二版计算（Sims et al.，2017）。三级指标的趋势、状态和表现以及二级指标植被质量、大气质量和土壤质量的整合均基于"1OAO"原则（图 8-8），指标整合结果具有三个水平：提高、稳定和退化。如果同一评价单元所有指标中的一个指标是退化，则该评价单元将被视为退化。如果同一评价单元的一个指标是改善而其他指标是稳定的，则该评价单元将被视为提高。如果同一评价单元所有指标都是稳定，则该评价单元将被视为稳定。

植被质量通过 NDVI 计算。趋势是 NDVI 在基线期和报告期的变化轨迹。Mann-Kenall 检验用于确定趋势斜率的显著性（Sims et al.，2021），趋势的提高、退化和稳定取决于 Z 值：显著增加（Z 值 >1.96）、显著减少（Z 值 <-1.96）和无显著变化（$-1.96 \leqslant Z \leqslant 1.96$）（Sims et al.，2021），分别计算基线期（2000～2015 年）和报告期（2005～2020 年）的趋势。状态是近 3 年植被状况与前 13 年平均值的比较，使用 Z 检验确定状态提高和退化的显著性：提高 $Z>1.96$；退化 $Z<-1.96$；稳定 $-1.96 \leqslant Z \leqslant 1.96$（Sims et al.，2021），分别计算基线期（2000～2015 年）和报告期（2005～2020 年）的状态。表现表示同一区域实际值与其潜在最大值相比的结果，根据近 3 年的年度 NDVI 平均值与数据的最大 NDVI 的比率计算体现。表现有两个级别：退化和稳定，比率<0.5 或比率$\geqslant 0.5$。比例阈值 0.5 来自《联合国防治荒漠化公约》可持续发展指标实施指南第二版（Sims et al.，2021），分别计算基线期（2000～2015 年）和报告期（2005～2020 年）的表现。

土壤质量通过报告期和基线期 SOC 储量的差异进行计算。土壤质量指标有三个层次：提高、退化和稳定。报告期和基线期 SOC 比率$\geqslant 8\%$为提高，比率$\leqslant -10\%$为退化，−10%<比率<8%为稳定。目标 SOC 存量相当于基准 SOC 存量的 8%。SOC 存量变化阈值来自于《联合国防治荒漠化公约》可持续发展指标实施指南第二版（Sims et al.，2021）。

大气质量的趋势、状态和表现分别利用基线期和报告期的年度 DSS 天数数据集进行计算。该方法与 NDVI 趋势、状态和表现的计算方法相同。

8.3.4 浑善达克沙地生态系统质量评价结果

1. 浑善达克沙地植被、土壤和大气质量的时空变化

基于“1OAO”原则，以 1 km × 1 km 的网格作为评估单元，计算出评价指标的趋势、状态和表现，然后对植被、土壤和大气质量的时空变化进行评估。由图 8-9 可见，基线期内，从东到西，浑善达克沙地东南部 NDVI 呈上升趋势，包括多伦县、克什克腾旗、太仆寺旗、正蓝旗、正镶白旗、锡林浩特和阿巴嘎旗[图 8-9（a）]。报告期内，苏尼特左旗西部和浑善达克沙地东南部沙地的 NDVI 趋势有所改善[图 8-9（b）]。报告期和基线期相比整个浑善达克沙地 NDVI 呈稳定趋势。基线期和报告期内的植被状态分别如图 8-9（c）和图 8-9（d）所示。与 NDVI 趋势相似，浑善达克沙地植被状态稳定[图 8-9（c）和图 8-9（d）]。基线期状态提高主要发生在浑善达克沙地东南部，包括多伦县、克什克腾旗、太仆寺旗、正蓝旗、正镶白旗、锡林浩特和阿巴嘎旗[图 8-9（c）]。在报告期，浑善达克沙地东南部和西部的植被状态都有所改善[图 8-9（d）]。基线期内植被状态退化主要发生在浑善达克沙地西部，包括苏尼特左旗、苏尼特右旗、阿巴嘎旗和镶黄旗，报告期内未出现状态退化。图 8-9（e）和图 8-9（f）分别为基线期和报告期植被的表现。浑善达克沙地西部苏尼特左旗、苏尼特右旗和阿巴嘎旗在基线期表现出植被退化[图 8-9（e）]。报告期内，大部分地区表现稳定，苏尼特右旗和阿巴嘎旗有少部分的植被表现退化[图 8-9（f）]。根据基线期和报告期植被的趋势、状态和表现计算了植被质量。植被质量提高和稳定的面积分别为 13000km^2 和 39000km^2，分别占浑善达克沙地总面积的 26%和 74%[表 8-2，图 8-9（h）]。基线期和报告期相比，植被质量退化减少主要在苏尼特左旗、苏尼特右旗和阿巴嘎旗，占浑善达克沙地总面积的 4%[表 8-2，图 8-9（g）和图 8-9（h）。上述结果表明，与基线期相比，浑善达克沙地大部分区域的植被质量稳定，约 1/3 区域植被质量有所提高。

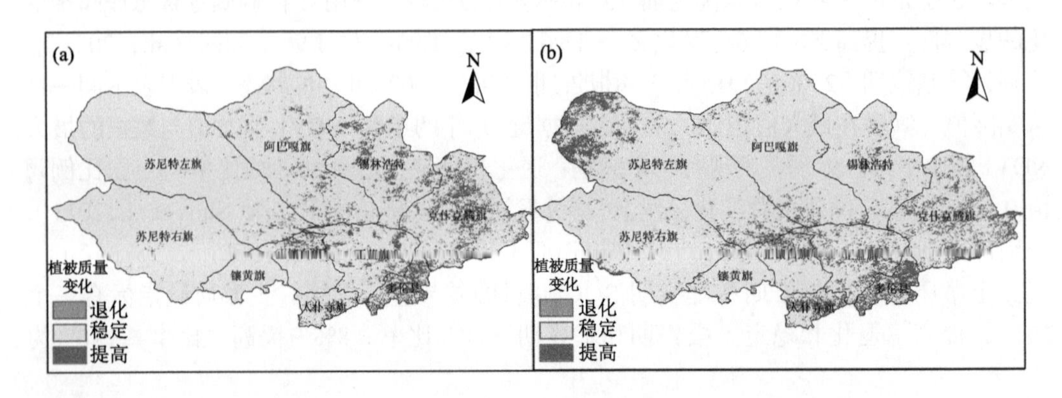

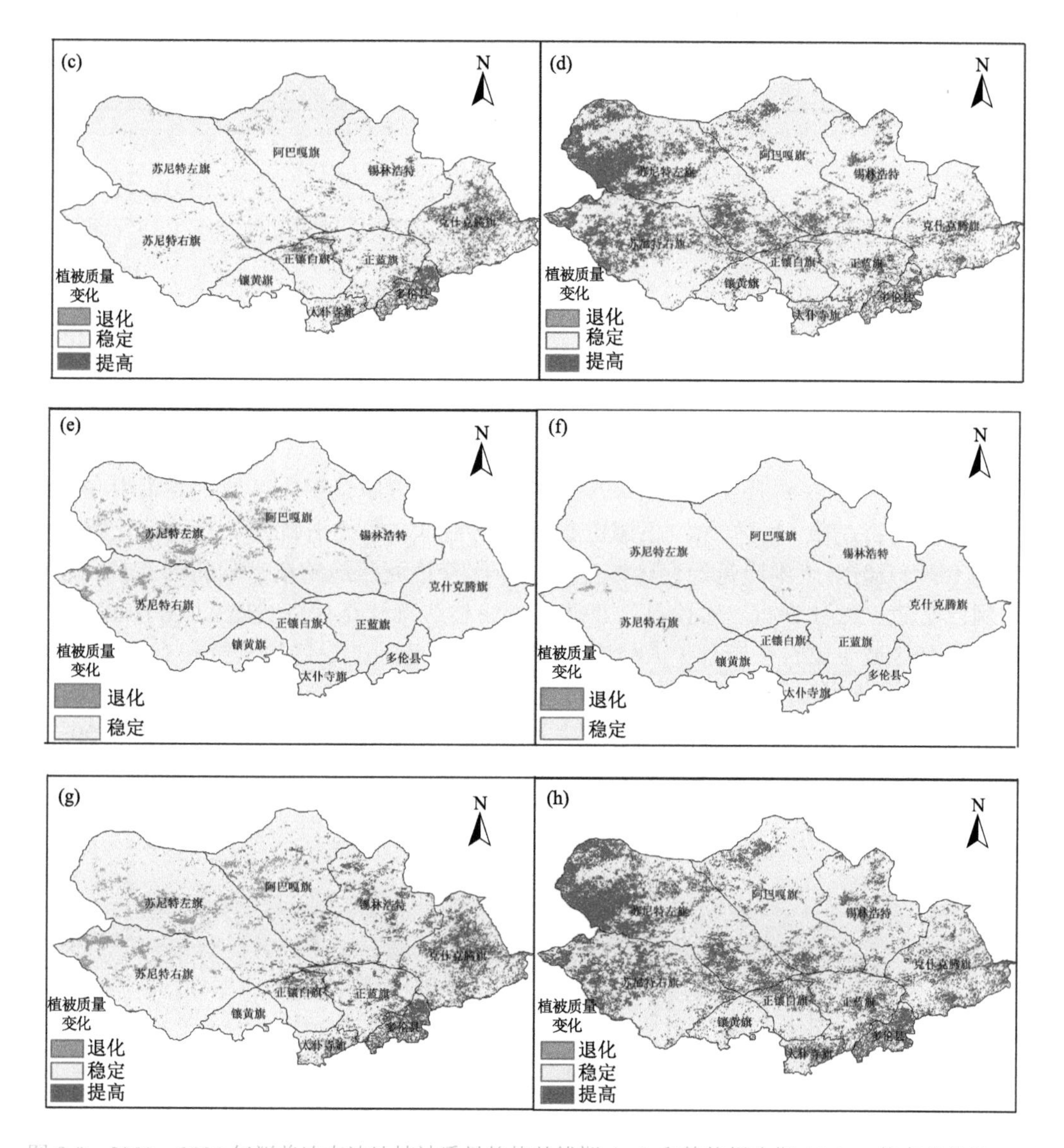

图 8-9　2000～2020 年浑善达克沙地植被质量趋势基线期（a）和趋势报告期（b）、状态基线期（c）和状态报告期（d）、表现基线期（e）和表现报告期（f）以及植被综合质量基线期（g）和报告期（h）变化的空间分异

表 8-2　2000～2020 年浑善达克沙地各区生态系统质量提高、稳定和退化面积百分比

（单位：%）

区域	持续退化面积	近期退化面积	稳定面积	提高面积
锡林浩特	73	0	0	27
阿巴嘎旗	92	0	0	8
苏尼特左旗	94	0	0	6
苏尼特右旗	99	0	0	1

续表

区域	持续退化面积	近期退化面积	稳定面积	提高面积
太仆寺旗	44	0	0	56
镶黄旗	97	0	0	3
多伦县	43	0	0	57
克什克腾旗	48	0	6	46
正镶白旗	94	0	0	6
正蓝旗	67	0	0	33
浑善达克沙地	83	0	1	16

浑善达克沙地 SOC 质量变化显著。从西到东，土壤质量退化区域主要集中在苏尼特右旗、苏尼特左旗、镶黄旗、正镶白旗、阿巴嘎旗、锡林浩特西部和克什克腾旗部分地区（图 8-10）。土壤质量稳定区域主要位于浑善达克沙地的东部和北部（苏尼特左旗、阿巴嘎旗、太仆寺旗、多伦县、正蓝旗、锡林浩特和克什克腾旗）（图 8-10）。土壤质量提高区域主要在东南部（太仆寺旗、多伦县、正蓝旗、锡林浩特和克什克腾旗）（图 8-10）。总的来说，土壤质量退化面积约为 44000km^2，占浑善达克沙地的 83%。2000～2020 年，土壤质量稳定和提高区域分别占浑善达克沙地的 3700km^2（7%）和 5300km^2（10%）（图 8-10）。

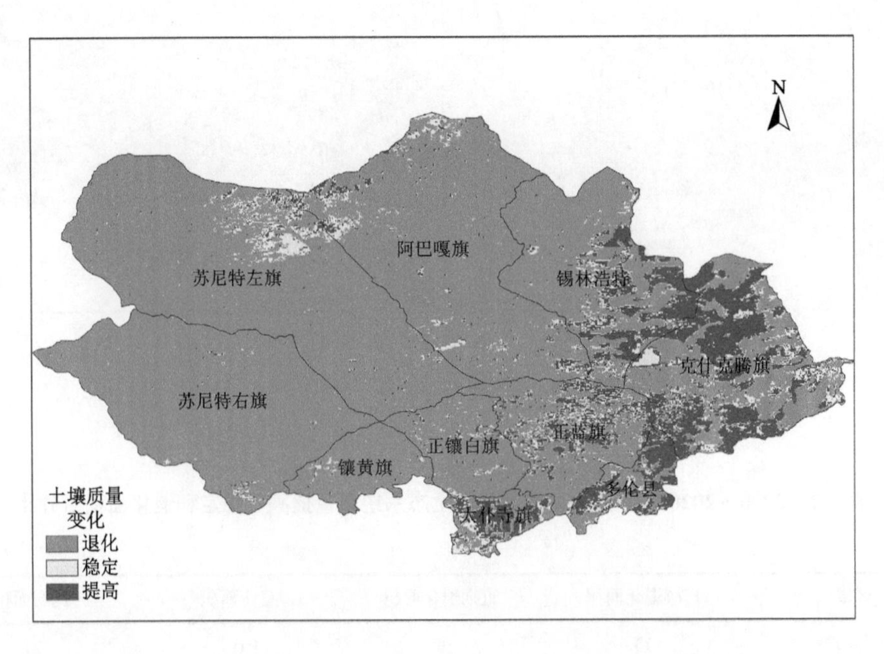

图 8-10 浑善达克沙地土壤质量变化空间分布图（2000～2020 年）

图 8-11（a）和图 8-11（b）分别显示了基线期和报告期内浑善达克沙地的年平均 DSS 天数。年平均 DSS 天数为 0～7 天，DSS 日发生频率最高的是苏尼特左旗西部和苏

尼特右旗西部。DSS 天数的最低频率出现在东部的克什克腾旗和多伦县。DSS 天数从东向西逐渐增加，表明风蚀主要发生在浑善达克沙地西部。通过 DSS 天数趋势、状态和表现的整合，基线期间的大气质量没有变化[图 8-11（c）]。报告期内，大部分地区的大气质量有所提高[图 8-11（d）]。比较基线期和报告期的大气质量，提高区域面积占浑善达克沙地面积的 98%[图 8-11（c）和图 8-11（d），表 8-2]。这表明浑善达克沙地大部分地区的风蚀显著降低。

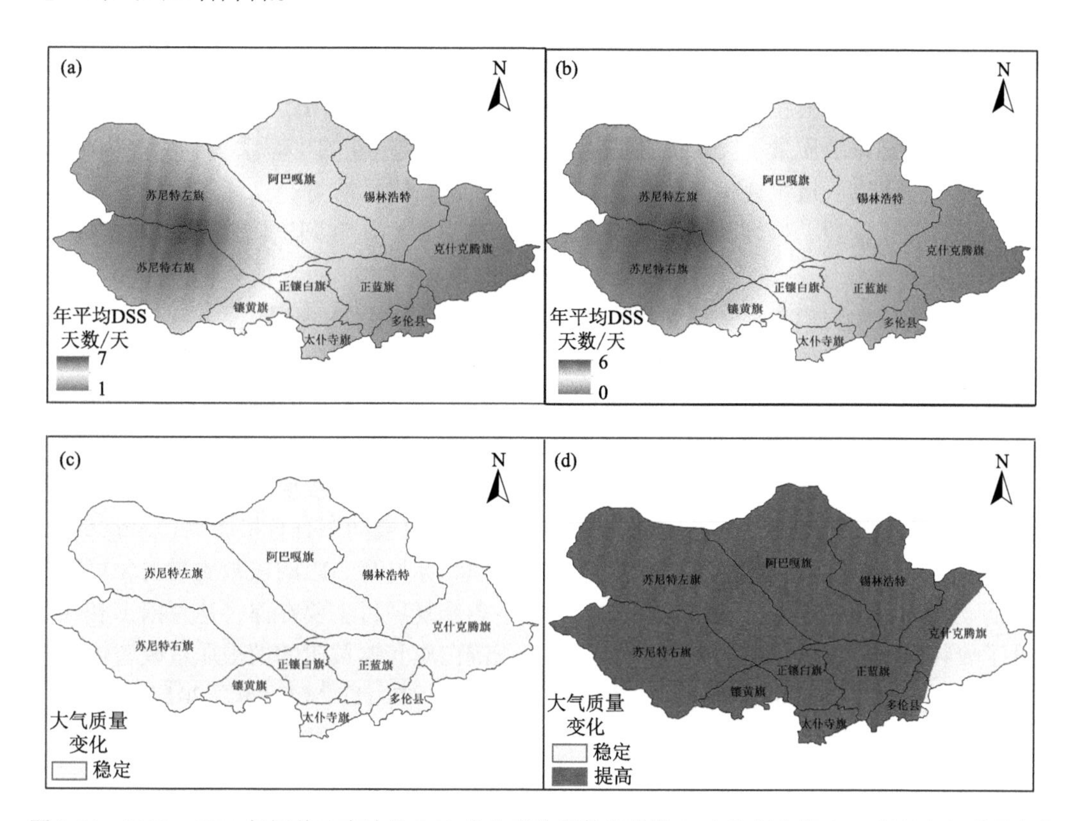

图 8-11　2000～2020 年浑善达克沙地 DSS 发生平均天数基线期（a）和报告期（b）以及大气质量变化空间分异基线期（c）和报告期（d）

如何整合代表生态系统特征的指标是生态系统质量评估的关键。常用的方法是对指标进行归一化以消除单位的影响，并根据权重将指标相加或者相乘（Raji et al.，2019；Ramanathan，2001；Sun et al.，2016；Wu et al.，2018）。权重根据专家打分法计算，如利用层次分析法（AHP）进行计算（Schmoldt et al.，2013）。由于专家打分结果不同，同一区域的生态系统质量评估框架可能具有不同的指标权重（Ramanathan，2001；Toth and Vacik，2018）。而由于评估框架不同，无法比较相同或相似区域的生态系统质量，应用“1OAO”原则整合指标可以克服上述影响。首先，基于“1OAO”原则的指标整合方法避免了专家个人的影响。如果评估框架使用相同的指标和指标基准值，不同干旱区生态系统质量可以相互比较。其次，该方法避免了指标的相加或者相乘。同一评价单元中的“较高”指标值不会掩盖“较低”指标值（Cowie et al.，2018）。对于脆弱的干旱区生态系统，“1OAO”原则的评估框架可以追踪所有潜在的退化区域。该框架还可以促进干旱区生态系统质量区域间的比较，并有助于改善全球生态系统管理（Geist and Lambin，2004；Reynolds et al.，2007）。

2. 浑善达克沙地生态系统质量时空变化

浑善达克沙地生态系统质量变化分为提高、稳定和退化三个级别。基线期内，浑善达克沙地生态系统质量提高、稳定和退化区域分别占总面积的 12%、5%和 83%。报告期内，生态系统质量提高、稳定和退化区域分别占 16%、1%和 83%（表 8-2）。从西到东，苏尼特右旗、苏尼特左旗、镶黄旗、正镶白旗、正蓝旗、阿巴嘎旗和克什克腾旗的少部分区域生态系统质量下降（图 8-12）。将基线期与报告期的生态系统质量进行比较，生态系统质量提高区域主要位于浑善达克东南部，包括锡林浩特、克什克腾旗、太仆寺旗、多伦县和正蓝旗，以及浑善达克北部，包括苏尼特左旗和阿巴嘎旗[图 8-12（c），表 8-2]。稳定区域主要分布在克什克腾旗东部[图 8-12（c）]。总体而言，2000～2020 年，浑善达克沙地的生态系统质量提高了 1/5，约 4/5 的地区出现退化。

本研究结果表明，从基线期到报告期，未出现植被质量退化。气候变化主要通过年降水量、温度及其季节分布影响植被动态。研究表明，与过去几年相比，2000～2015 年浑善达克沙地的气候条件更加湿润（Yan et al.，2019；Zhang et al.，2020）。与此同时，国家生态工程在中国北方地区启动。这说明气候变化和国家工程项目是植被质量稳定的主要原因。研究表明，人类社会经济活动对这一时期的植被动态有直接影响（Dong et al.，2011；Wang F et al.，2020）。基线期内苏尼特左旗和苏尼特右旗的植被质量退化可能是工业活动增加所致（Dong et al.，2015）。国家生态修复项目主要在浑善达克南部和西部降低了放牧强度，促进了植被恢复。多伦县、正镶白旗和镶黄旗的植被质量改善可能是土地利用变化的结果，如退耕还林、还草（Dong et al.，2011；Ma et al.，2017）。本研究中，正蓝旗和阿巴嘎旗的植被质量改善可能得益于降水量增加和放牧强度降低（Zhang et al.，2005）。这些结果表明，气候因素和人类活动综合影响植被质量动态变化。

2000～2020 年，虽然植被质量提高了 30%，大气质量提高了 98%，但是土壤质量退化了 83%。植被的地下生物量是半干旱草原 SOC 的主要来源（Tian et al.，2016）。研究证明，森林种植和草地集中放牧等人类活动导致地上生物量减少，草地场地的地下生物量并未持续减少（Tang et al.，2018）。除了地下生物量外，与湿润地区相比，干旱地区的水分利用效率对 SOC 储量的影响更为显著（Tang et al.，2018；Tian et al.，2016）。2000～2015 年，浑善达克沙地气候较为湿润（Yan et al.，2019；Zhang et al.，2020）。土壤结构和质地的异质性可能引起不同环境和人类活动条件下 SOC 储量变化的差异（Sun et al.，2019）。因此，以 SOC 为代表的土壤质量退化和提高可能是这一时期植被生产力、人类活动与气候条件变化的综合作用。

本研究中，以 DSS 天数表示的大气质量改善面积最大（98%）。一些研究表明，植被覆盖面积的增加与中国北方沙尘天气的减少之间相关性不显著（Middleton，2019；Zhang X and Zhang Y，2001）。但也有研究证明，浑善达克沙地的沙尘天气与平均风速、

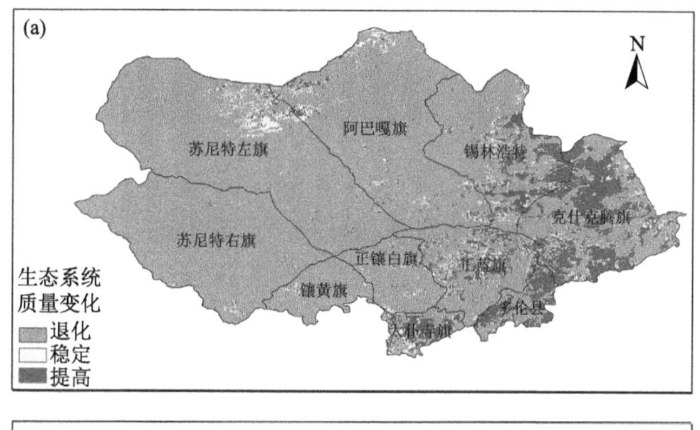

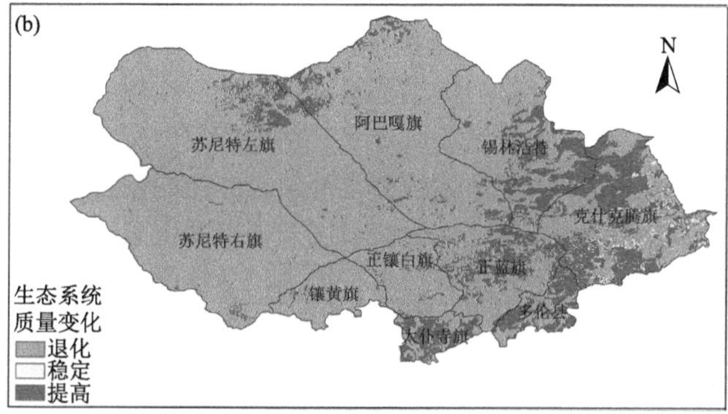

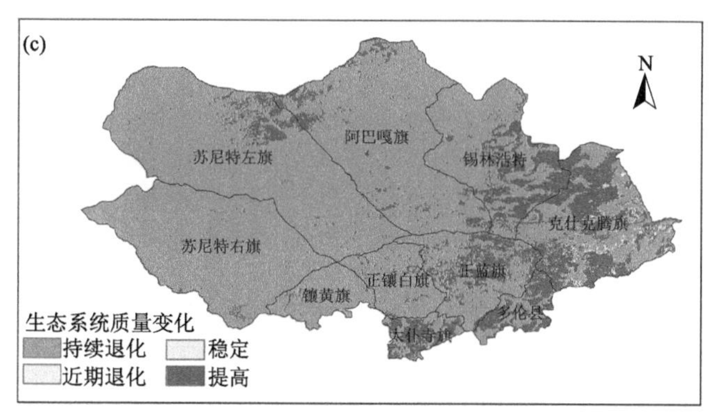

图 8-12　2000～2020 年浑善达克沙地基线期（a）和报告期（b）生态系统质量变化及近 20 年生态系统质量变化空间分异（c）

同期的累积降水量以及前一年当地最大植被覆盖度显著相关(Wu et al., 2012; Zhao et al., 2018)。除了气候条件变化外，人类活动引起的植被变化也会影响沙尘天气的频率（Tan and Li，2015；Wu et al.，2012）。DSS 天数所代表的大气质量改善可能是国家生态工程项目以及湿润气候的综合影响（Middleton，2019；Tan and Li，2015；Wu et al.，2012；Zhao et al.，2018）。本章提出的荒漠生态系统质量评估框架，可应用于全球干旱区生态质量评估和区域间生态质量比较，对于提高全球生态系统管理具有重要意义。

8.4 本章小结

本章首先阐明了荒漠生态系统的特征和分布、荒漠生态系统质量的概念以及监测技术标准。荒漠生态系统质量是指一定时空范围内，在区域气候、地理及人为因子等生境特征的影响下，荒漠生态系统结构和功能的综合特征。荒漠生态系统质量监测和评估指标体系由 3 个一级指标、4 个二级指标（评价指标）、8 个三级指标（监测指标）组成。荒漠生态系统质量监测方法包括卫星、近地遥感监测以及地面定位监测。监测指标涵盖气象、土壤、水文和生物学指标。荒漠生态系统观测研究站以及荒漠生态系统定位研究网络的建立为荒漠生态系统质量监测提供了基础。野外台站观测仪器实时监控和数据管理在线平台提高了荒漠生态系统数据获取效率。基于荒漠生态系统质量的概念和监测评估指标体系，提出了生态系统质量评估的科学框架，并在内蒙古浑善达克沙地开展了荒漠生态系统质量评价应用示范。该评估框架可用于干旱区生态系统质量评估和区域间生态系统质量比较，为干旱区生态系统管理决策提供科学支撑。

参考文献

崔向慧, 卢琦, 郭浩. 2017. 荒漠生态系统长期观测标准体系研究与构建. 中国沙漠, 37(6): 1121-1126.

韩东, 王浩舟, 郑邦友, 等. 2018. 基于无人机和决策树算法的榆树疏林草原植被类型划分和覆盖度生长季动态估计. 生态学报, 38(18): 6655-6663.

荒漠生态系统服务功能监测与评估技术研究项目组. 2014. 荒漠生态系统功能评估与服务价值研究. 北京: 科学出版社.

京津风沙源治理工程二期规划思路研究项目组. 2013. 京津风沙源治理工程二期规划思路研究(第 1 版). 北京: 中国林业出版社.

李卓, 孙然好, 张继超, 等. 2017. 京津冀城市群地区植被覆盖动态变化时空分析. 生态学报, 37(22): 7418-7426.

刘纪远, 邵全琴, 于秀波, 等. 2016. 中国陆地生态系统综合监测与评估. 北京: 科学出版社.

卢琦, 雷加强, 李晓松, 等. 2020. 大国治沙: 中国方案与全球范式. 中国科学院院刊, 35(6): 655-664.

卢琦, 李永华, 崔向慧, 等. 2020. 中国荒漠生态系统定位研究网络的建设与发展. 中国科学院院刊, 35(6): 779-792.

唐毅, 蒋德明, 陈雪峰, 等. 2011. 疏林草原榆树天然更新研究进展. 中国沙漠, 31(5): 1226-1230.

Borja A, Prins T C, Simboura N, et al. 2014. Tales from a thousand and one ways to integrate marine ecosystem components when assessing the environmental status. Frontiers in Marine Science, 704(1): 437-451.

Caroni R, van de Bund W, Clarke R T, et al. 2013. Combination of multiple biological quality elements into waterbody assessment of surface waters. Hydrobiologia, 704: 437-451.

Chen C, Park T, Wang X, et al. 2019. China and India lead in greening of the world through land-use management. Nature Sustainability, 2: 122-129.

Cowie A L, Orr B J, Castillo Sanchez V M, et al. 2018. Land in balance: The scientific conceptual framework for land degradation neutrality. Environmental Science and Policy, 79: 25-35.

DeFries R, Achard F, Brown S, et al. 2007. Earth observations for estimating greenhouse gas emissions from deforestation in developing countries. Environmental Science and Policy, 10(4): 385-394.

Dong J, Liu J, Yan H, et al. 2011. Spatio-temporal pattern and rationality of land reclamation and cropland abandonment in mid-eastern Inner Mongolia of China in 1990–2005. Environmental Monitoring and Assessment, 179 (1-4): 137-153.

Dong X, Dai G, Ulgiati S, et al. 2015. On the relationship between economic development, environmental integrity and well-being: The point of view of herdsmen in Northern China Grassland. PLoS One, 10(9): e0134786.

Geist H J, Lambin E F. 2004. Dynamic causal patterns of desertification. Bioscience, 54: 817-829.

Harris A, Carr A S, Dash J. 2014. Remote sensing of vegetation cover dynamics and resilience across Southern Africa. International Journal of Applied Earth Observation and Geoinformation, 28: 131-139.

Li G, Li Y, Liu M, et al. 2011. Vegetation biomass and net primary production of sparse forest grassland in Hunshandake Sandland. Science and Technology Review, 29: 30-37.

Li X, Wang H, Wang J, et al. 2015. Land degradation dynamic in the first decade of twenty-first century in the Beijing–Tianjin dust and sandstorm source region. Environmental Earth Sciences, 74: 4317-4325.

Liu F, Wu H, Zhao Y, et al. 2021. Mapping high resolution national soil information grids of China. Science Bulletin, 67(3): 328-340.

Liu L, Wang H, Lin C C, et al. 2013. Vegetation and community changes of elm (Ulmus pumila) woodlands in Northeastern China in 1983-2011. Chinese Geographical Science, 23(3): 321-330.

Liu X, Zhang W, Cao J, et al. 2018. Carbon sequestration of plantation in Beijing-Tianjin sand source areas. Journal of Materials Sciences, 15: 2148-2158.

Lu F, Hu H, Sun W, et al. 2018. Effects of national ecological restoration projects on carbon sequestration in China from 2001 to 2010. Proceeding of the National Academy of Sciences of the United States of America, 115: 4039-4044.

Ma W, Wang X, Zhou N, et al. 2017. Relative importance of climate factors and human activities in impacting vegetation dynamics during 2000–2015 in the Otindag Sandy Land, Northern China. Journal of Arid Land, 9(4): 558-567.

Maestre F T, Eldridge D J, Soliveres S, et al. 2016. Structure and functioning of dryland ecosystems in a changing world. Annual Review of Ecology Evolution and Systematics, 47: 215-237.

Malenovsky Z, Lucieer A, King D H, et al. 2017. Unmanned aircraft system advances health mapping of fragile polar vegetation. Methods in Ecology and Evolution, 8(12): 1842-1857.

Meersmans J, Wesemael B V, Goidts E, et al. 2011. Spatial analysis of soil organic carbon evolution in Belgian croplands and grasslands, 1960–2006. Global Change Biology, 17: 466-479.

Middleton N. 2018. Rangeland management and climate hazards in drylands: Dust storms, desertification and the overgrazing debate. Natural Hazards, 92: 57-70.

Middleton N. 2019. Variability and trends in dust storm frequency on decadal timescales: Climatic drivers and human impacts. Geosciences, 9 (6): 261.

Pan X, Luo Z, Liu Y. 2016. Environmental deterioration of farmlands caused by the irrational use of agricultural technologies. Frontiers of Environment Science and Engineering, 10(4): 18.

Raji S A, Odunuga S, Fasona M. 2019. GIS-based vulnerability assessment of the semi-arid ecosystem to land degradation: Case study of Sokoto-Rima Basin. Journal of Environment Protection, 10(10): 1224-1243.

Ramanathan R. 2001. A note on the use of the analytic hierarchy process for environmental impact assessment.

Journal of Environmental Management, 63: 27-35.

Reynolds J F, Smith D M S, Lambin E F, et al. 2007. Global desertification: Building a science for dryland development. Science, 316: 847-851.

Runnström M C. 2000. Is Northern China winning the battle against desertification? Satellite remote sensing as a tool to study biomass trends on the Ordos Plateau in semiarid China. AMBIO: A Journal of the Human Environment, 29: 468-476.

Scheffer M, Carpenter S, Foley J A, et al. 2001. Catastrophic shifts in ecosystems. Nature, 413: 591-596.

Schmoldt D, Kangas J, Mendoza G A, et al. 2013. The Analytic Hierarchy Process in Natural Resource and Environmental Decision Making. Berlin: Springer Science and Business Media.

Sims N C, Barger N N, Metternicht G I, et al. 2020. A land degradation interpretation matrix for reporting on UN SDG indicator 15. 3. 1 and land degradation neutrality. Environmental Science and Policy, 114: 1-6.

Sims N C, England J R, Newnham G J, et al. 2019. Developing good practice guidance for estimating land degradation in the context of the United Nations Sustainable Development Goals. Environmental Science and Policy, 92: 349-355.

Sims N C, Newnham G J, England J R, et al. 2021. Good Practice Guidance. SDG Indicator 15. 3. 1, Proportion of Land That is Degraded over Total Land Area. Version 2.0. Bonn: United Nations Convention to Combat Desertification (UNCCD).

Sims N, Green C, Newnham G, et al. 2017. Good Practice Guidance. SDG Indicator 15. 3. 1, Proportion of Land That is Degraded over Total Land Area. Version 1.0. Bonn: United Nations Convention to Combat Desertification (UNCCD).

Smith P. 2004. How long before a change in soil organic carbon can be detected? Global Change Biology, 10: 1878-1883.

Sun B, Wang Y, Li Z, et al. 2019. Estimating soil organic carbon density in the Otindag Sandy Land, Inner Mongolia, China, for modelling spatiotemporal variations and evaluating the influences of human activities. CATENA, 179: 85-97.

Sun T, Lin W, Chen G, et al. 2016. Wetland ecosystem health assessment through integrating remote sensing and inventory data with an assessment model for the Hangzhou Bay, China. Science of the Total Environment, 566-567: 627-640.

Tan M, Li X. 2015. Does the Green Great Wall effectively decrease dust storm intensity in China? A study based on NOAA NDVI and weather station data. Land Use Policy, 43: 42-47.

Tang X, Zhao X, Bai Y, et al. 2018. Carbon pools in China's terrestrial ecosystems: New estimates based on an intensive field survey. Proceeding of the National Academy of Science of the United States of America, 115(16): 4021-4026.

Tian F P, Zhang Z N, Chang X F, et al. 2016. Effects of biotic and abiotic factors on soil organic carbon in semi-arid grassland. Journal of Soil Science and Plant Nutrition, 16: 1087-1096.

Toth W, Vacik H. 2018. A comprehensive uncertainty analysis of the analytic hierarchy process methodology applied in the context of environmental decision making. Journal of Multi-Criteria Decision Analysis, 25: 142-161.

Wang F, Pan X, Gerlein-Safdi C, et al. 2020. Vegetation restoration in Northern China: A contrasted picture. Land Degradation and Development, 31: 669-676.

Wang F, Pan X, Wang D, et al. 2013. Combating desertification in China: Past, present and future. Land Use Policy, 31: 311-313.

Wang H, Han D, Mu Y, et al. 2019. Landscape-level vegetation classification and fractional woody and herbaceous vegetation cover estimation over the dryland ecosystems by unmanned aerial vehicle platform.

Agricultural and Forest Meteorology, 278: 107665.

Wang J, Wei H, Cheng K, et al. 2020. Spatio-temporal pattern of land degradation from 1990 to 2015 in Mongolia. Environmental Development, 34: 100497.

Wu C, Liu G, Huang C, et al. 2018. Ecological vulnerability assessment based on fuzzy analytical method and analytic hierarchy process in Yellow River Delta. International Journal of Environment Research and Public Health, 15(5): 855.

Wu J, Zhao L, Zheng Y, et al. 2012. Regional differences in the relationship between climatic factors, vegetation, land surface conditions, and dust weather in China's Beijing-Tianjin sand source region. Nature Hazards, 62: 31-44.

Wu R, Cong W, Li Y, et al. 2019. The scientific conceptual framework for ecological quality of the dryland ecosystem: Concepts, indicators, monitoring and assessment. Journal of Resources and Ecology, 10(2): 196-201.

Wu Z, Wu J, Liu J, et al. 2013. Increasing terrestrial vegetation activity of ecological restoration program in the Beijing–Tianjin sand source region of China. Ecological Engineering, 52: 37-50.

Yan Y, Liu X, Wen Y, et al. 2019. Quantitative analysis of the contributions of climatic and human factors to grassland productivity in Northern China. Ecological Indicators, 103: 542-553.

Yang J, Weisberg P J, Bristow N A. 2012, Landsat remote sensing approaches for monitoring long-term tree cover dynamics in semi-arid woodlands: Comparison of vegetation indices and spectral mixture analysis. Remote Sensing of Environment, 119: 62-71.

Yang X, Scuderi L A, Wang X, et al. 2015. Groundwater sapping as the cause of irreversible desertification of Hunshandake Sandy Lands, Inner Mongolia, Northern China. Proceeding of the National Academy of Sciences of the United States of America, 112: 702-706.

Zhang C, Wang X, Li J, et al. 2020. Identifying the effect of climate change on desertification in Northern China via trend analysis of potential evapotranspiration and precipitation. Ecological Indicators, 112: 106141.

Zhang J Y, Wang Y, Zhao X, et al. 2005. Grassland recovery by protection from grazing in a semi-arid sandy region of Northern China. New Zealand Journal of Agricultural Research, 48 (2): 277-284.

Zhang X L, Zhang Y F. 2001. Causes of sand-dust storm in Northern China in recent years and its control (Chinese). Journal of Catastrophology, 16: 70-75.

Zhao Y, Xin Z, Ding G. 2018. Spatiotemporal variation in the occurrence of sand-dust events and its influencing factors in the Beijing-Tianjin sand source region, China, 1982–2013. Regional Environmental Change, 18 (8): 2433-2444.

Zheng Y R, Xie Z X, Robert C, et al. 2006. Did climate drive ecosystem change and induce desertification in Otindag sandy land, China over the past 40 years? Journal of Arid Environment, 64: 523-541.

Zhu B Q, Ren X Z. 2018. Direct or indirect recharge on groundwater in the middle-latitude desert of Otindag, China? Hydrology and Earth System Sciences Discussions: 1-33.

Zou X K, Zhai P M. 2004. Relationship between vegetation coverage and spring dust storms over Northern China. Journal of Geophysical Research: Atmospheres, 109 (D3): D03104.

第 9 章

农田生态系统质量监测技术与规范

9.1 农田生态质量概念和监测指标体系及技术规范

9.1.1 农田生态质量概念和内涵及现状

1. 农田生态质量概念和内涵

农田指农业生产的用地，耕种的田地又称为耕地，在地理学上是指可以用来种植农作物的土地。根据国际地圈生物圈计划（IGBP）全球土地覆被分类系统，农田指由农作物覆盖，包括作物收割后的裸露土地。农田生态系统是人类为了满足生存需要，积极干预自然生态系统，依靠土地资源，利用农作物的生长繁殖来获得产品物质而形成的半自然人工生态系统；是由农作物及其周围环境构成的物质转化和能量流动系统，在自然生态系统的基础上，“叠加”了人类的经济活动而形成的更高层次上的自然与经济的统一体，具有自然和社会的双重属性。农田生态系统也包括生物与环境两大组分，其中生物组分包括以人类种植的各种作物为主的生产者、以动物为主的大型消费者和以微生物为主的小型消费者；环境组分包括自然环境组分和人工环境组分两部分，自然环境组分是从自然生态系统中继承下来的部分，但都不同程度地受到人类的调节与控制，如作物群体内的温度、光照、土壤的理化特性等；人工环境组分主要指对农田生态系统的各种社会资源的投入，如施肥、灌溉、防治病虫害、设施栽培等。农田生态系统提供着全世界 66%的粮食供给，习近平总书记指出，“耕地是粮食生产的命根子”。然而，长期以来，农业生产受利益驱动，片面追求高产，过量使用化肥、农药及除草剂等化学品，导致农田土壤板结，犁底层增厚并上移，侵蚀加剧，土壤酸化，农药毒性残留，造成环境污染，破坏生态平衡，严重威胁着我国农产品安全和人类健康，农田生态环境质量引起广泛关注（李秀军等，2018），特别是在当前国际局势动荡及极端气候频繁出现的新形势下，保障粮食安全对确保国家安全具有非常重要的作用。因此，亟待明确农田生态质量的概念和内涵，依据农田生态系统的组成，农田生态质量是指农田生态系统内的农田土壤质量、农田生产力和生产要素的综合状况，反映农田综合肥力的高低、生产能力的大小，以及环境的影响程度。

2. 农田生态质量现状

我国农田分布受河流、地形和水热条件影响，大致分为三种分布形式：一是连片分布，大河形成的大平原，如黄淮海平原、松嫩平原、长江中下游平原、渭河平原、成都平原、珠江三角洲等；二是分散分布，广泛地形上有起伏但相对高度差异不大的地区，如黄土高原、南方红黄壤丘陵；三是零星分布，受热量条件或水分条件限制的地区，如高山、荒漠地区。研究表明，受过度集约化利用、化肥投入量大等诸多因素影响，我国农田耕层变薄、土壤有机质含量降低、养分不均衡、酸化、板结及肥力下降等土壤退化问题加重。2019 年全国耕地质量等级情况公报显示（中华人民共和国农业农村部，2020），全国耕地平均等级为 4.76 等，较 2014 年提升了 0.35 个等级。其中，评价为 1～3 等的耕地面积为 6.32 亿亩，占耕地总面积的 31.24%，这部分耕地基础地力较高，障碍因素不明显，应按照用养结合方式开展农业生产，确保耕地质量稳中有升；评价为 4～6 等的耕地面积为 9.47 亿亩，占耕地总面积的 46.81%。这部分耕地所处环境气候条件基本适宜，农田基础设施条件相对较好，障碍因素较不明显，是今后粮食增产的重点区域和重要突破口；评价为 7～10 等的耕地面积为 4.44 亿亩，占耕地总面积的 21.95%。这部分耕地基础地力相对较差，生产障碍因素突出，短时间内较难得到根本改善，应持续开展农田基础设施建设和耕地内在质量建设。

9.1.2　农田生态质量监测指标体系

1. 农田生态质量监测指标术语和定义

1）农田生态质量监测

通过定点调查、观测记载和采样测试等方式，对农田土壤质量、生产力和生产要素开展动态监测。

2）土壤综合肥力指数（integrated fertility index，IFI）

采用改进的内梅罗指数法计算土壤综合肥力指数，其表征土壤综合肥力状况，综合反映关键养分指标的肥力状况。

3）产量可持续性指数（sustainable yield index，SYI）

利用作物产量的标准差、平均值和最大值计算产量可持续性指数，其表征产量的可持续性程度，是衡量系统能否持续生产的一个重要参数。

4）作物产量空间均值

作物产量空间均值反映了区域尺度农作物产量的平均情况。

5）作物产量空间异质性指数

作物产量空间异质性指数反映了区域尺度农作物产量的空间差异性。

6）作物长势空间均值

作物长势空间均值反映了区域尺度农作物长势的平均情况。

7）作物长势空间异质性指数

作物长势空间异质性指数反映了区域尺度农作物长势的空间差异性。

8）采样

采样指样品的采集与制备过程。

9）采样误差

采样误差是用总体的一部分来外推总体时所产生的误差。

10）长期采样地

长期采样地是用于开展长期监测的、能反映所在地代表性生态系统类型的最小面积的样地。

11）样方

样方是用于调查和采集土壤样品的有限面积的样地。

12）样点

样点是样方内实施土壤监测采样的地点。

13）土壤混合样品

土壤混合样品是在样方表层（深度低于 20 cm）采集 10～20 个点的等量土壤并混合均匀后形成的土壤样品。

14）土壤剖面样品

按土壤发生学特征或者固定深度，将表土垂直向下的土壤平面划分成不同的层次，在各层中部多点取样，并分别将每层样品混合均匀后组成的一系列能代表各层次性状的土壤样品。

2. 台站尺度农田生态质量监测指标体系

台站尺度农田生态质量监测指标体系主要包括一级指标农田土壤质量、农田生产力和农田生产要素。其中，农田土壤质量的二级指标分为土壤化学指标、土壤物理指标、土壤生物指标和土壤环境指标，土壤化学指标的三级指标包括耕层土壤有机质、全氮、全磷、全钾、碱解氮、有效磷、速效钾、pH 和电导率，土壤物理指标的三级指标包括耕层土壤容重和耕层厚度，土壤生物指标的三级指标包括土壤微生物量碳、微生物量氮、微生物群落结构和蚯蚓（土壤动物），土壤环境指标的三级指标包括耕层土壤重金属和土壤有机污染物（除草剂和农药）。农田生产力的二级指标包括作物产量和作物长势，作物产量指标的三级指标包括作物籽粒产量及地上部生物量、作物产量空间均值、作物产量空间异质性指数，作物长势指标的三级指标包括作物长势空间均值、作物长势空间异质性指数。作物籽粒产量及地上部生物量用常规方法测定，作物产量空间均值、作物产量空间异质性指数、作物长势空间均值、作物长势空间异质性指数用无人机遥感估测。其中，利用无人机遥感估测作物产量空间均值和作物产量空间异质性指数，该方法是选择 LAI 较高生育期，采用无人机遥感，通过光学遥感数据计算调查区域内指定作物像元数量，并通过遥感光谱指数与作物产量之间的经验关系，计算作物产量空间均值和作物产量空间异质性指数；利用无人机遥感估测作物长势空间均值和作物长势空间异质性指数，该方法是选择 NDVI 较高生育期，采用无人机遥感，通过光学遥感数据计算调查区域内指定作物像元的 NDVI，计算作物长势空间均值和作物长势空间异质性指数。农田生产要素包括气象要素、生产信息、灌溉制度、化学品带入量、酸沉降、病虫草害防治和特殊灾害记录。台站尺度农田生态质量监测指标体系详见表 9-1。

表 9-1 台站尺度农田生态质量监测指标体系

一级指标	二级指标	三级指标	监测频率	监测方法
农田土壤质量	土壤化学指标	有机质	3 年/次	重铬酸钾氧化-外加热法，参考《森林土壤有机质的测定及碳氮比的计算》（LY/T 1237—1999）
		全氮	3 年/次	半微量凯氏法，参考《森林土壤氮的测定》（LY/T 1228—2015）
		全磷	3 年/次	氢氧化钠熔融，硫酸-高氯酸消煮，钼锑抗比色法，参考《森林土壤磷的测定》（LY/T 1232—2015）
		全钾	3 年/次	氢氧化钠熔融，火焰光度法，参考《森林土壤钾的测定》（LY/T 1234—2015）
		碱解氮	1 年/次	碱解扩散法，参考《森林土壤氮的测定》（LY/T 1228—2015）
		有效磷	1 年/次	碳酸氢钠浸提，钼锑抗比色法（中性、石灰性、碱性土壤）；盐酸-氟化铵浸提，钼锑抗比色法（风化程度中等的酸性土壤）；盐酸-硫酸浸提，钼锑抗比色法（质地较轻的酸性土壤），参考《森林土壤磷的测定》（LY/T 1232—2015）
		速效钾	1 年/次	乙酸铵浸提，火焰光度法，参考《森林土壤钾的测定》（LY/T 1234—2015）
		pH	1 年/次	水土比=2.5∶1，电位法，参考《森林土壤 pH 值的测定》（LY/T 1239—2015）
		电导率	每季/次	水土比=5∶1，电导法，参考《森林土壤水溶性盐分分析》（LY/T 1251—1999）
	土壤物理指标	容重	3 年/次	环刀法，参考《土壤检测 第 4 部分：土壤容重的测定》（NY/T 1121.4—2006）
		耕层厚度	3 年/次	调查法，参考《森林土壤颗粒组成（机械组成）的测定》（LY/T 1225—1999）
	土壤生物指标	微生物量碳	1 年/次	氯仿熏蒸提取法（Jenkinson et al.，1976）
		微生物量氮	1 年/次	
		微生物群落结构	1 年/次	磷脂脂肪酸法（王曙光和侯彦林，2004；颜慧等，2006）
		蚯蚓	3 年/次	手检法，欧盟推荐方法：冬末至春初调查为宜（温度在 6～10℃，日晒不太强），在各处理小区随机挖 30cm×30cm×20 cm 土壤样方，将土壤放置在防水帆布上，用手计数蚯蚓数量，并称鲜重。每个处理重复 2 次，挖土时要足够快，以防止蚯蚓逃跑，并立即检查洞周边及底部，获取逃逸的蚯蚓

续表

一级指标	二级指标	三级指标	监测频率	监测方法
农田土壤质量	土壤环境指标	土壤重金属	3 年/次	原子荧光法，参考《土壤质量 总汞、总砷、总铅的测定 原子荧光法 第 1 部分：土壤中总汞的测定》（GB/T 22105.1—2008）、《土壤质量 总汞、总砷、总铅的测定 原子荧光法 第 2 部分：土壤中总砷的测定》（GB/T 22105.2—2008）、《土壤质量 总汞、总砷、总铅的测定 原子荧光法 第 3 部分：土壤中总铅的测定》（GB/T 22105.3—2008）
		农药	3 年/次	气相色谱法，参考《土壤中六六六和滴滴涕测定的气相色谱法》（GB/T 14550—2003）、《水、土中有机磷农药测定的气相色谱法》（GB/T 14552—2003）
		除草剂	3 年/次	液相色谱-质谱法，参考《土壤中 9 种磺酰脲类除草剂残留量的测定 液相色谱-质谱法》（NY/T 1616—2008）
农田生产力	作物产量	作物籽粒产量及地上部生物量	每季/次	常规方法
		作物产量空间均值	每季/次	选择 LAI 较高生育期，无人机遥感估测 $\text{Yield}_{\text{mean}}=\frac{\sum_{i=1}^{n}\text{Yield}_i}{n}$ $\text{Yield}_i=a\text{VI}_i+b$ 式中，VI 为 LAI 较高时期的遥感光谱指数；a 和 b 为统计区域内指定作物的经验系数；n 为研究区域内像元的总数；i 为像元编号
		作物产量空间异质性指数		选择 LAI 较高生育期，无人机遥感估测 $\text{Yield}_{\text{CV}}=\text{Yield}_{\text{STD}}/\text{Yield}_{\text{mean}}\times 100\%$ $\text{Yield}_{\text{STD}}=\sqrt{\frac{\sum_{i=1}^{n}\left(\text{Yield}_i-\overline{\text{Yield}}\right)^2}{n}}$ $\text{Yield}_{\text{mean}}=\frac{\sum_{i=1}^{n}\text{Yield}_i}{n}$ $\text{Yield}_i=a\text{VI}_i+b$
	作物长势	作物长势空间均值	每季/次	选择 NDVI 较高生育期，无人机遥感估测 $\text{NDVI}_{\text{mean}}=\frac{\sum_{i=1}^{n}\text{NDVI}_i}{n}$ $\text{NDVI}_i=(\text{NIR}_i-\text{R}_i)/(\text{NIR}_i+\text{R}_i)$ 式中，i 为像元编号；n 为统计区域内指定作物像元的总数；NDVI_i 为第 i 个作物像元的 NDVI 值；NIR_i 为某像元的近红外波段反射率；R_i 为某像元的红光波段反射率

续表

一级指标	二级指标	三级指标	监测频率	监测方法
农田生产力	作物长势	作物长势空间异质性指数	每季/次	选择 NDVI 较高生育期，无人机遥感估测 $NDVI_{CV}=NDVI_{STD}/NDVI_{mean}\times 100\%$ $NDVI_{STD}=\sqrt{\frac{\sum_{i=1}^{n}\left(NDVI_i-\overline{NDVI}\right)^2}{n}}$ $NDVI_{mean}=\frac{\sum_{i=1}^{n}NDVI_i}{n}$
农田生产要素	气象要素	降水、温度、相对湿度和辐射等气象要素监测	每天监测	自动监测
	生产信息	作物物候动态监测	生育阶段记录	人工记录
		作物种类、品种、栽培制度、施肥等动态信息	生育阶段记录	人工记录
	灌溉制度	灌溉量、灌溉水质、方式、次数及时间	每季动态记录	人工记录
		地下水水位	3 年/次	常规方法
	化学品带入量	化肥、有机肥的重金属	3 年/次	行业标准
	酸沉降	大气干湿沉降（总量、电导率、pH、化学成分）	3 年/次	常规方法
	病虫草害防治	病虫草害种类、发生时间、持续时间、危害程度及防治措施（农药/除草剂名称、用量、时间与方式）和效果	每季动态记录	人工记录
	特殊灾害记录	台风、冰雹、长期高温或低温寡照、严重干旱、洪涝等发生时间与损害程度	发生时记录	人工记录

注：$Yield_{mean}$ 表示作物产量空间均值；$Yield_{STD}$ 表示作物产量空间标准差；$Yield_{CV}$ 表示作物产量空间异质性指数；$\overline{Yield}$ 表示作物产量均值；$NDVI_{mean}$ 表示作物长势空间均值；$NDVI_{STD}$ 表示作物长势空间标准差；$NDVI_{CV}$ 表示作物长势空间异质性指数；$\overline{NDVI}$ 表示作物长势均值。下同。

3. 区域尺度农田生态质量监测指标体系

区域尺度农田生态质量监测指标体系主要包括一级指标农田土壤质量和农田生产力。其中，农田土壤质量的二级指标为土壤综合肥力指数（IFI），采用改进的内梅罗指数法计算土壤综合肥力指数，其表征土壤综合肥力状况，综合反映关键养分指标的肥力状况，选取土壤有机质、全氮、有效磷、速效钾、pH 5 个土壤分肥力指标。农田生产力的二级指标包括产量可持续性指数（SYI）、作物产量和作物长势，产量可持续性指数的监测采用产量可持续性指数法，作物产量和作物长势的监测采用卫星遥感估测方法。其中，产量可持续性指数法是利用作物产量计算产量可持续性指数，其表征产量的可持续性程度，是衡量系统能否持续生产的一个重要参数；作物产量的三级指标包括作物产量空间均值和作物产量空间异质性指数，利用卫星遥感估测，该方法是选择 LAI 较高生育期，通过光学遥感数据计算调查区域内指定作物像元数量，并通过遥感光谱指数与作物产量之间的经验关系，计算作物产量空间均值和作物产量空间异质性指数。作物产量空间均值反映了区域尺度农作物产量的平均情况，作物产量空间异质性指数反映了区域尺度农作物产量的空间差异性。作物长势的三级指标包括作物长势空间均值和作物长势空间异质性指数，采用卫星遥感估测，该方法是选择 NDVI 较高生育期，通过光学遥感数据计算调查区域内指定作物像元的 NDVI，计算作物长势空间均值和作物长势空间异质性指数，作物长势空间均值反映了区域尺度农作物长势的平均情况，作物长势空间异质性指数反映了区域尺度农作物长势的空间差异性。区域尺度农田生态质量监测指标体系详见表 9-2。

表 9-2 区域尺度农田生态质量监测指标体系

一级指标	二级指标	三级指标	计算方法
农田土壤质量	土壤综合肥力指数	土壤有机质、全氮、有效磷、速效钾、pH	采用改进的内梅罗指数法计算土壤综合肥力指数 （1）分肥力系数 IFI_i 的计算： $IFI_i=\begin{cases} x/x_a & x\leqslant x_a \\ 1+(x-x_a)/(x_c-x_a) & x_a<x\leqslant x_c \\ 2+(x-x_a)/(x_p-x_c) & x_c<x\leqslant x_p \\ 3 & x>x_p \end{cases}$ 式中，x 为土壤养分指标值，x_a、x_p、x_c 为指标等级阈值。 （2）土壤综合肥力指数的计算： $IFI=\frac{\sqrt{(IFI_{i平均})^2+(IFI_{i最小})^2}}{2}+\frac{n-1}{n}$ 式中，$IFI_{i平均}$与 $IFI_{i最小}$为土壤各属性分肥力均值与最小值；n 为评价指标个数
农田生产力	产量可持续性指数	产量可持续性指标	产量可持续性指数计算： $SYI=\frac{Ave(Yield)-Std(Yield)}{Max(Yield)}$ 式中，Std（Yield）、Ave（Yield）和 Max（Yield）分别为产量的标准差、平均值和最大值
	作物产量	作物产量空间均值	选择 LAI 较高生育期，卫星遥感估测 $Yield_{mean}=\frac{\sum_{i=1}^{n}Yield_i}{n}$ $Yield_i=aVI_i+b$ 式中，VI 为 LAI 较高时期的遥感光谱指数；a 和 b 为统计区域内指定作物的经验系数；n 为研究区域内像元的总数；i 为像元编号

续表

一级指标	二级指标	三级指标	计算方法
	作物产量	作物产量空间异质性指数	选择 LAI 较高生育期，卫星遥感估测 $\text{Yield}_{CV}=\text{Yield}_{STD}/\text{Yield}_{mean}\times100\%$ $\text{Yield}_{STD}=\sqrt{\frac{\sum_{i=1}^{n}\left(\text{Yield}_i-\overline{\text{Yield}}\right)^2}{n}}$ $\text{Yield}_{mean}=\frac{\sum_{i=1}^{n}\text{Yield}_i}{n}$ $\text{Yield}_i=a\text{VI}_i+b$
农田生产力	作物长势	作物长势空间均值	选择 NDVI 较高生育期，卫星遥感估测 $\text{NDVI}_{mean}=\frac{\sum_{i=1}^{n}\text{NDVI}_i}{n}$ $\text{NDVI}_i=(\text{NIR}_i-\text{R}_i)/(\text{NIR}_i+\text{R}_i)$ 式中，i 为像元编号；n 为统计区域内指定作物像元的总数；NDVI_i 为第 i 个作物像元的 NDVI 值；NIR_i 为某像元的近红外波段反射率；R_i 为某像元的红光波段反射率
		作物长势空间异质性指数	选择 NDVI 较高生育期，卫星遥感估测 $\text{NDVI}_{CV}=\text{NDVI}_{STD}/\text{NDVI}_{mean}\times100\%$ $\text{NDVI}_{STD}=\sqrt{\frac{\sum_{i=1}^{n}\left(\text{NDVI}_i-\overline{\text{NDVI}}\right)^2}{n}}$ $\text{NDVI}_{mean}=\frac{\sum_{i=1}^{n}\text{NDVI}_i}{n}$ 若 $\text{NDVI}_{CV}<10\%$，说明变量有轻微的变异；$10\%\leqslant\text{NDVI}_{CV}\leqslant100\%$，说明变量具有中等程度的变异；$\text{NDVI}_{CV}>100\%$，说明变量具有强变异性

上述各项指标的测试方法皆采纳国际或行业标准方法，以获得可靠的结果和不同站点及区域之间结果的对比。

9.1.3　农田生态质量监测技术规范

1. 土样采集和预处理

1）样品采集

A. 采样工具

按《森林生态系统长期定位观测方法》（LY/T 1952—2011）的规定进行采样，采样工具包括工具类：铁锹、铁铲、圆状取土钻、螺旋取土钻、竹片以及适合特殊采样要求的工具；器材类：GPS、罗盘、照相机、卷尺、铝盒、样品袋、样品箱等；文具类：样品标签、采样记录表、铅笔、资料夹等。

B. 采样

每年 8～11 月统一进行土壤样品采集。土壤物理性质测定样品的采集按《土壤检测 第 1 部分：土壤样品的采集、处理和贮存》（NY/T 1121.1—2006）规定的方法进行，土壤混合样品和土壤剖面样品的采集按《土壤检测 第 1 部分：土壤样品的采集、处理和贮存》（NY/T 1121.1—2006）规定的耕层混合土样采集方法进行。

采样前要进行现场勘查和有关资料的收集，根据土壤类型、肥力等级和地形等因素将采样范围划分为若干采样单元，每个采样单元的土壤尽可能均匀一致。

要保证有足够多的采样点，使之能够代表采样单元的土壤特性，采样点的多少取决于采样范围的大小、采样区域的复杂程度和实验要求的精密度等因素。

2）样品流转

样品流转按《土壤环境监测技术规范》（HJ/T 166—2004）的规定执行，在采样现场样品必须逐件与样品登记表、样品标签和采样记录表进行核对，核对无误后分类装箱，由专人将土壤送到实验室，送样者和接样者双方同时清点核实样品，并在样品交接单上签字确认，双方各留一份备查。

3）样品制备

样品制备按《土壤检测 第 1 部分：土壤样品的采集、处理和贮存》（NY/T 1121.1—2006）规定的方法进行，风干用白色陶瓷盘及木盘，粗粉碎用木锤、木棒、有机玻璃棒等，磨样用玛瑙研钵、白色瓷研钵等，过筛用尼龙筛，规格为 2～100 目。

4）样品保存

样品保存按《土壤检测 第 1 部分：土壤样品的采集、处理和贮存》（NY/T 1121.1—2006）规定的方法进行，分为新鲜样品和风干样品的保存。新鲜样品一般不宜储存，如需要暂时储存时，可将新鲜样品放入塑料袋，扎紧袋口，放进冰箱冷藏室或进行速冻固定。如需风干样品，则将野外采回的样品及时放在样品盘上，摊成薄薄的一层，置于干净整洁的室内通风处自然风干，严禁曝晒，并注意防止酸、碱等气体和灰尘的污染。

5）样品测定

土壤长期定位监测项目的分析方法参见表 9-1。

2. 质量控制

质量控制应涉及监测的全部过程，保证所产生的土壤长期定位监测数据具有代表性、准确性、精密性、可比性和完整性。

1）采样和制样质量控制

采样和制样过程应采取以下质量控制措施。

（1）预先确定样方和采样点的位置及数量，设计好样品编号，不应临时决定或随意更改。

（2）不同类型样品的采集应分开进行，避免样品混淆和交叉污染。

（3）样品采集后应立即装入容器，同时填写标签和采样记录。

（4）样品容器和标签既不能污染土样也不能被土样污损。

（5）制样过程中土壤标签与土壤样品应始终放在一起，样品名称和编号不应改动。

（6）每处理一份土样后应擦（洗）净采样和制样工具，避免交叉污染。

2）实验室质量控制

A. 精密度控制

使用平行双样测定进行精密度控制时，应满足以下要求。

（1）每批样品应做 20%平行双样重复测定，平行双样在测定前可由分析者自行编入或者由质量控制人员编入；当样品数量在 5 个以下时，平行双样应不少于 1 个。

（2）平行双样测定结果的误差落在方法要求的允许误差范围之内为合格，当方法中没有给出允许误差时，应按表 9-3 规定的允许误差执行。

表 9-3　土壤监测平行双样最大允许相对偏差

因子含量范围	最大允许相对标准偏差/%
>100mg/kg	±5
10～100 mg/kg	±10
1.0～10 mg/kg	±20
0.1～1.0 mg/kg	±25
<0.1 mg/kg	±30

引自《土壤环境监测技术规范》（HJ/T 166—2004）。

（3）当平行双样测定合格率低于 95%时，当批样品应全部重新测定，并再增加 10%～20%的平行双样，直至测定合格率大于等于 95%。

B. 准确度控制

a. 土壤标准物质

使用土壤标准物质进行准确度控制时，应满足以下要求。

（1）土壤标准物质应经国家标准化管理委员会批准。

（2）土壤标准物质的背景结构、组分、含量水平应与待测样品近似。

（3）每批样品应待测土壤标准物质的平行双样，在测定精密度合格的前提下，测定值应落在标准定值的不确定范围内，否则本批结果无效，应重新分析测定。

b. 加标回收实验

当分析项目无标准物质或质量控制样品时，应用加标回收实验进行准确度控制。加标回收实验应满足以下要求。

（1）应在每批样品测定前随机抽取 10%～20%样品，与正常样品一同分析；样品数不足 10 个时，加标样品应不少于 1 个。

（2）加标量视被测组分含量而定，含量高的可加被测组分含量的 50%～100%，含量低的可加 2～3 倍，且加标后被测组分的总量不应超出方法的测定上限。

（3）加标浓度宜高，体积不宜超过原试样体积的 1%，否则应进行体积校正。

（4）加标回收率在允许范围（表 9-4）内为合格。

（5）当加标回收合格率小于 70%时，应对不合格者重新进行回收率的测定，并另增加 10%～20%的试样做加标回收率测定，直至总合格率大于等于 70%。

表 9-4 回收率容许值表

浓度或含量范围/（mg/L）或（mg/kg）	回收率/%
<0.1	60～110
0.1～1.0	80～110
>1.0	90～110
容量及重量法	95～105

引自《海洋监测规范 第 2 部分：数据处理与分析质量控制》（GB 17378.2—2007）。

c. 质量控制图

按《控制图 第 2 部分：常规控制图》（GB/T 17989.2—2020）的规定使用多次土壤标准物质测定数据绘制均值-标准差控制图（X-S 图）。测定值落在上下警告线之内表示分析正常，测定结果可靠；测定值落在上下警告线之外但位于上下控制线之内，表示分析结果虽可接受，但有失控倾向，应予以注意；测定值落在上下控制线之外，表示分析失控，测定结果不可信，应分析查找原因，纠正后重新测定。

C. 干扰处理

当影响检测质量的干扰（如停水、停电、停气等）产生后，全部样品应重新测定。仪器发生故障后，应使用相同等级并能满足检测要求的备用仪器重新测定；无备用仪器时，应将仪器修复，检定合格后重新测定。

3. 数据管理

1）元数据

元数据按《生态科学数据元数据》（GB/T 20533—2006）的规定描述。

2）分析数据结果表示

土壤监测数据应保留 3～4 位有效数字，有效数字的计算修约规则按《数值修约规则与极限数值的表示和判定》（GB/T 8170—2008）的规定执行。平行双样的测定结果用平均值表示，低于分析方法检出限的测定值应按“未检出”报出，参与统计时可按 1/2 检出限计算。

3）异常值处理

分析仪器的灵敏度变化较大时，或者双样平行测定的结果相差较大时，即可判断测定结果的可信度有问题，需要重新分析，同时注意检查原因，确保其后样品分析的可靠性。通常，对于超过平均值 3 倍标准差的异常数据，应复查检测过程，纠正过失误差或舍弃；未发现过失时，应采用狄克松（Dixon）检验法（用于一组测定数据的一致性检验和剔除异常值检验）和格鲁布斯（Grubbs）检验法（用于多组测定均值的一致性检验和剔除离群值的检验，也适用于实验室内一系列单个测定值的一致性检验）或 Cochran 最大方差检验法（用于多组测定值的方差一致性检验和剔除离群方差检验）进行异常值检验，具体方法按《海洋监测规范 第 2 部分：数据处理与分析质量控制》（GB 17378.2—2007）的规定执行。另外，样品处理和分析的全过程中，应及时记录可能导致测定结果产生偏差的任何操作的问题，并保留记录，向质量管理人员报告，以便数据整理分析过程中核查。

4）数据文档管理

A. 分析测定过程中应记录、整理和保管信息

测定过程中应记录、整理和保管的信息如下。

（1）样品溶液的制备条件。

（2）分析仪器的校准和操作程序。

（3）到获得测定结果为止的所有原始数据。

（4）操作过程中出现的可能导致潜在误差的事件。

（5）质量控制相关信息，包括：标准操作程序（SOP）规定的内容，如日常检查、调整的记录（仪器校准等），标准样品的生产商和其溯源性，分析仪器的测定条件设定和结果，检出限的测定结果，空白试验的结果，预处理等操作的回收率试验结果，分析仪器灵敏度的变化，记录和监测报告等。

B. 整个监测过程中应记录和保存数据文档

（1）场地记录文档：记录采样地的背景信息和管理信息等场地记录文档。

（2）方法记录文档：记录采样时间、采样地点、采样设计、采样方法、样品保存和预处理情况等方法记录文档。

（3）分析记录文档：记录分析测试条件、分析方法、精密度控制和准确度控制等分析记录文档。

（4）数据处理文档：记录从原始数据到最终结果报告的过程以及数据转换步骤等数据处理文档。

（5）监测数据文档：记录最终野外观测数据和实验室分析数据等监测数据文档。

5）数据备份

对长期监测的数据文档应同时进行纸质、光盘和硬盘备份，每年检查并更新备份数据一次，防止由存储介质问题引起的数据丢失。

6）数据记录、检验和上传

数据分析记录要求如下：设计成记录本格式（页码、内容齐全），用碳素墨水笔填写翔实、字迹清楚，需要更正时，应在错误数据（文字）上画一横线，在其上方写上正确内容，并在所画横线上加盖修改者名章或签字以示负责。分析记录本也可设计成活页，随分析报告流转和保存，便于复核审查。分析记录还应以电子版形式储存于电脑和磁盘/光盘/移动硬盘中，以双份备份（纸质、电子），确保万无一失。

对监测数据实行三级检验，监测/分析人检查数据的精密度、准确度和可靠性，以保证数据准确可靠；监测质控负责人检查实验室内数据的精密度、准确度和实验室间数据的精密度、准确度，以及数据的完整性和区域可比性，以保证专业数据的准确可靠；监测数据质控负责人检查数据归并错误、数据完整性和归纳总结生态系统内各专业监测数据之间的可比性，以保证综合分析数据的准确可靠。

每个监测点/实验室，需每年 12 月将本年度收集及分析的数据联网、上传给国家土壤质量数据中心及国家农业科学数据中心，以便及时更新和完善国家土壤质量监测数据库及信息系统，从而生成科学的监测年度报告和土壤监测咨询报告，供国家有关部委咨询、决策、发布。

4. 实验室外部质量控制

实验室外部质量控制主要通过插入外部控制样品方法进行。通过外部质量控制进行实验室能力验证，判断分析批次间是否存在系统偏差，以及实验室整体分析测定结果的准确性和可靠性。外部控制样品有两种类型：①采用标准参照物作为外部控制样品；②制备外部质量控制参照物，即运用有证标准物质，按不同比例配制成不同浓度、不同基体组成的外部控制样品。要求将外部控制样品以密码样编入测试样品中，并且外部控制样品必须与测试样品同时分析。

外部控制样品测定结果需从精密度、准确度等方面进行评定，而且各实验室需填写国家土壤标准样品外部质量控制统计表，存档备查。

5. 土壤样品管理与分析

1）土壤样品管理

（1）样品处理间管理应注意几点：①环境要求；②设备要求；③样品制备方法，包括风干、磨样、过筛及土壤标签信息；④样品交接，包括采样人员与管理员交接，制样者与样品管理员交接；⑤质控要求。

（2）土壤样品库管理应注意几点：①环境要求；②设备要求；③土壤样品入库管理；④土壤样品定期清理检查制度和土壤样品使用登记制度；⑤建立土壤样品档案，包括土壤样品档案检索索引、土壤调查实施方案、土壤样品采集相关资料、样品分析结果、采集和风干样品的交接单、样品陈列示意图、土壤样品清理检查及使用登记等。

2）土壤样品分析

土壤样品分析包括统一土壤样品采样时间、采样方法和统一样品预处理方法（风干、磨碎、过筛、消解、提取等），统一监测项目指标和分析方法，甚至统一测试分析的仪器型号；统一实验室质量控制方法（精密度、准确度、制图控制图等）等。土壤样品分析对从业人员、仪器设备和实验室环境有相关要求，具体包括以下三点。

（1）从事土壤长期定位监测的人员应符合下列条件：①经专业培训，具备基本的土壤学和分析化学理论知识，以及相应的专业技术能力和操作水平；②能够选择适当的方法和措施进行土壤监测和分析工作，并能够有效控制影响监测数据质量的因素。

（2）仪器设备：应定期保养维护和校准，由专人负责建立仪器档案，包括仪器说明书原件、验收调试记录、各种原始参数记录、定期保养维护和校准记录以及维修与使用情况记录。

（3）实验室环境：实验室应清洁整齐，其温度、湿度、微生物、通风、采光、供水、供电、振动、噪声、抗电磁辐射干扰、防尘等环境条件应满足分析方法、分析仪器使用条件和分析人员安全的要求。

9.2 农田生态质量遥感监测技术应用

农田生态质量监测常结合传感器、信息系统、机械设备和信息管理等多重技术，综合考虑农田生态系统的变异性和不确定性，基于田间获取的各种定点农情数据，实现提升生产力（徐冠华等，2016）。作物长势快速、精确的诊断可为农田经营管理与粮食政策的制定提供有效支撑，是发展精准农业的迫切需求（高林等，2016）。目前，卫星遥感技术广泛应用于大尺度农情监测（郭庆华等，2020；赵风华等，2020），其具有宏观动态的特点，是不可替代的、唯一的全球化观测手段（朱婉雪等，2021）。卫星遥感监测的结果对宏观决策具有重要意义，但其受到重访周期固定、影像分辨率粗糙、混合像元、气象条件等问题的限制，难以满足农田生态系统质量精准监测的需求。

随着科学技术的发展，遥感监测尺度逐渐趋向多元化，监测精度也逐渐提高。地基遥感可获取超高空间分辨率和光谱分辨率的图像，以捕获生态系统关键参数。但地基遥感的拍摄范围有限，不适宜大范围监测应用。近年来，快速发展的无人机遥感技术成为田间尺度农田生态系统监测与农艺管理优化的有效途径（冯美臣和杨武德，2011）。相比于传统的卫星和地基遥感，无人机遥感具有独特的优势。在图像空间分辨率上，无人机遥感系统能快速获取厘米级遥感影像，较好地解决长久以来卫星遥感图像存在混合像元的问题，并可根据实际需求降低飞行高度从而提升图像空间分辨率（Gebbers and Adamchuk，2010）。在时间分辨率上，无人机遥感灵活多变，具有在云下低空飞行的能力，并能根据实际需要调整飞行任务，从而避免恶劣天气情况的影响。在光谱分辨率上，卫星遥感通常只有数十个光谱波段，波段宽度通常大于等于 10nm。而无人机搭载的高光谱成像仪可获取数百个连续波段的地物反射率，波段宽度通常小于 5nm，更能捕捉地物的空间异质性。机载多光谱相机的波段设置更具有针对性，且目前也有一些相机支持用户自定义，从而更能满足精准农业的需求。无人机遥感是卫星遥感和地面遥感的有益补充，其兼顾了高精度预测和高效率作业的双重要求（Mueller et al.，2012），成为多尺度遥感家族中的重要成员，特别适合小区域范围的遥感调查（Daryaei et al.，2020），能有效地辅助农业作业管理与调控，正成为未来遥感产业化发展的重要驱动力。

9.2.1　作物生长无人机遥感监测方案优化

该研究（Zhu et al.，2021）的试验地点为中国科学院禹城综合试验站，位于山东省德州市，地理坐标为 36.83°N，116.57°E。研究区域是黄淮海平原的鲁西北黄河冲积平原，平均海拔为 20m，土壤母质为黄河冲积物。该区域土壤为石灰性冲击土；表土质地为中轻质壤土，含砂 12%、粉砂 66%、黏土 22%。研究区域属于典型的暖温带半湿润季风气候，年平均气温约 13.40℃，无霜期 220 天，年平均降水量为 576.70mm，主要集中在 7～9 月；种植制度为华北平原典型的冬小麦和夏玉米轮作制度，一年两熟。小麦在每年的 10 月播种、次年的 6 月上旬收获，玉米在每年 6 月播种、当年 10 月收获。

本研究主要选择站内两个长期观测实验田：养分平衡试验场和水-氮-作物长期观测试验场。养分平衡试验场始建于 1990 年，目前已有长达 30 年历史。该试验场设有 1 个空白不施肥处理、3 个单因素养分亏缺处理（缺氮、缺磷、缺钾）、1 个氮磷钾平衡处理，共计 5 个处理，每个处理设 4 个小区，共计 20 个小区，采取随机区组设计进行布点。另外，该试验场还设置有 5 个常规氮磷钾平衡对照小区，2003 年在这 5 个对照小区中选取

2个小区，并设置为氮磷钾平衡施肥+秸秆还田处理。其中，秸秆还田为小麦、玉米双季还田。两个试验场每个小区的面积均为5m × 6m，共计25个小区。

研究使用的无人机机载传感器包括光学[RGB、多光谱和高光谱（HS）]相机、热红外（TM）相机和激光雷达（LiDAR）探测系统（图 9-1）。无人机飞行选择晴朗无云、风速较小的时间进行；具体飞行时间为北京时间10：00～14：00光照辐射较强时间。飞行前，采集RGB、多光谱和HS相机的白板数据，用于后期光谱数据的辐射校正；而TM相机由于内置校正系统，因此无须进行人为校正。

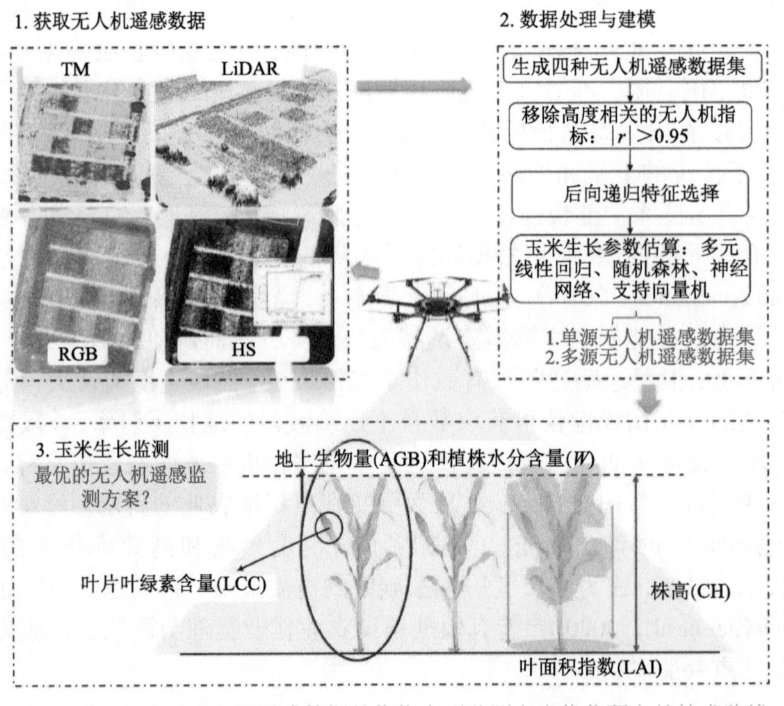

图 9-1 基于多源无人机遥感数据的作物表型监测方案优化研究的技术路线

无人机遥感数据和地面数据的采集时间为2018年7月22～24日玉米拔节期；地面观测采集了作物叶面积指数（LAI）、地上生物量（AGB）、株高（CH）、叶片叶绿素含量（LCC）和植株水分含量（W）共计5个生长参数；无人机飞行获取了LiDAR、HS、RGB和TM四种遥感数据集。研究采用多元线性回归、反向传播神经网络、随机森林和支持向量机进行建模；使用皮尔逊相关系数分析和递归特征消除方法，筛选与建模高度相关的无人机遥感变量。

研究结果表明：①对于单源无人机遥感数据（图 9-2），LiDAR和RGB纹理适用于叶面积指数、地上生物量和株高的估算；HS数据适用于叶片叶绿素含量的估算；TM数据适用于植株水分含量的监测。②融合多源无人机数据集（图 9-3）可轻微提升叶面积指数、地上生物量和株高的估算精度，而单源热红外和高光谱遥感数据对植株水分含量与叶片叶绿素含量的估算精度优于多源遥感数据。③叶面积指数、地上生物量和株高的最优无人机方案为“LiDAR+HS+RGB”。本研究有助于优化大田尺度作物表型无人机农业监测方案，并进一步拓展无人机技术在精准农业中的应用（李秀军等，2018）。

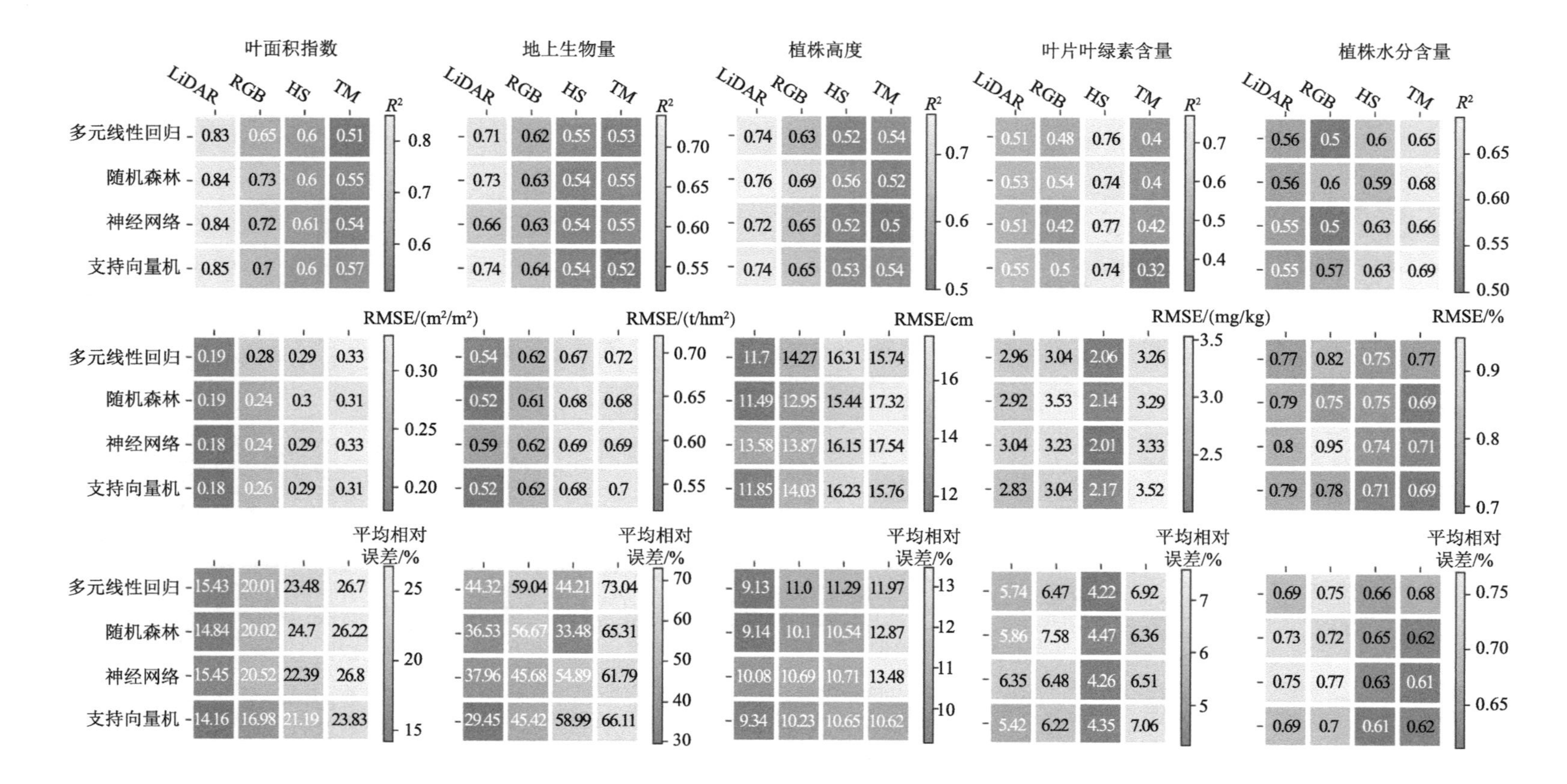

图 9-2 多源无人机遥感单一数据集的玉米表型估算精度评估

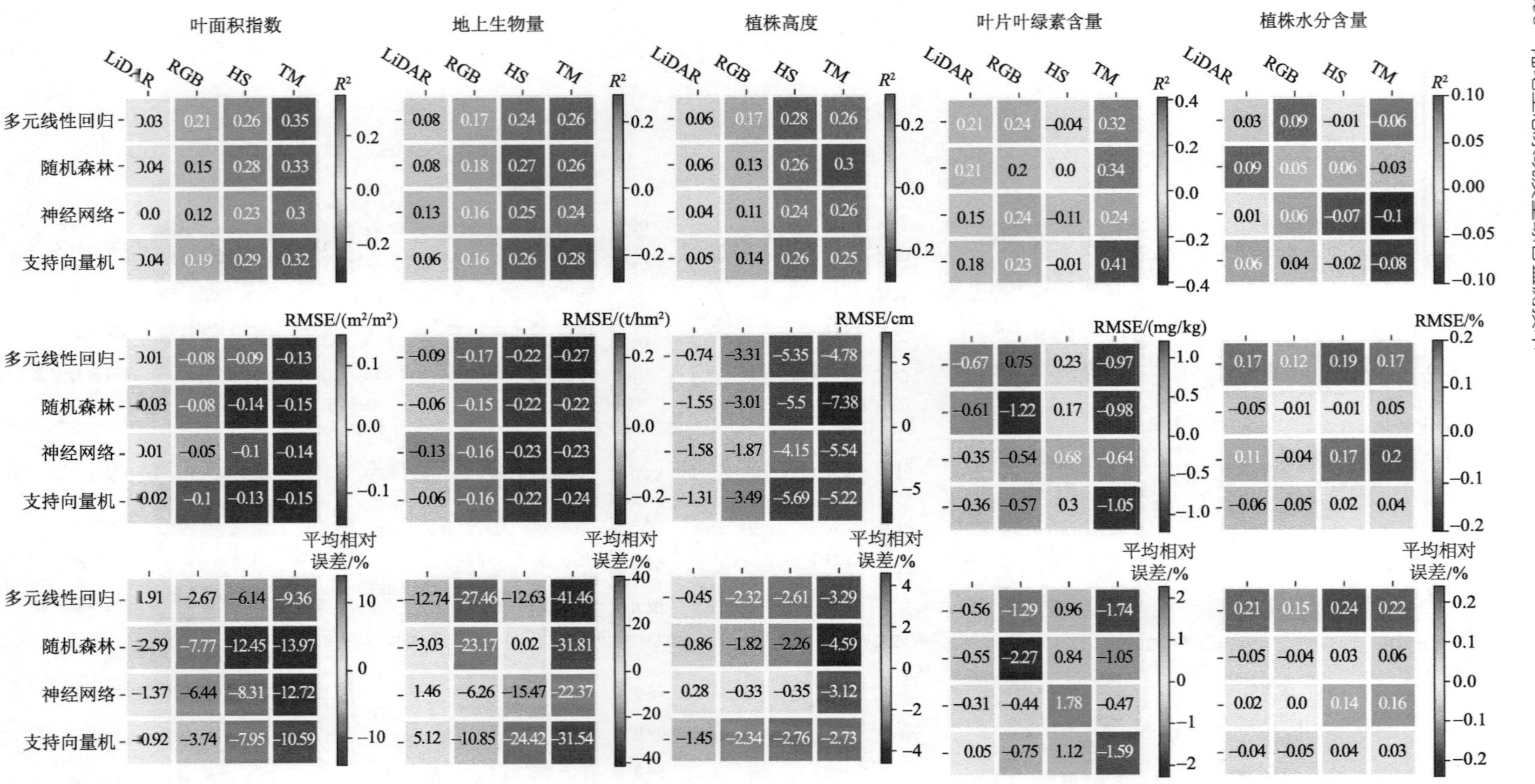

图 9-3 多源无人机遥感数据的融合对玉米表型估算精度的影响评估

9.2.2 基于无人机遥感的夏玉米地上生物量估算

本研究（Zhang et al., 2021）的试验于 2018 年 7 月 22 日玉米拔节期进行，选取的试验田为中国科学院禹城综合试验站水氮耦合试验场（32 个试验小区）、水分梯度试验场（32 个试验小区）和养分平衡试验场（25 个试验小区），共计 89 个研究小区（禹城试验站的详细情况请见 9.2.1 节）。

研究采用了三种类型的无人机遥感观测系统，根据点云数据密度由高到低分别为 EWZ-D6 + Alpha Series AL3-32 激光雷达系统、DJ M100 + MicaSense RedEdge-M 多光谱系统和 eBee + MultiSpec-4C 多光谱系统，分别记为 LiDAR、MicaSense 和 MultiSpec-4C。MultiSpec-4C 的图像与航向和旁向的重叠率分别为 65%、85%，MicaSense 为 75%、85%，而 LiDAR 为 70%、70%。MultiSpec-4C、MicaSense 和 LiDAR 系统的飞行高度分别为 120m、60m 和 40m。MicaSense 和 MultiSpec-4C 的光谱图像空间分辨率分别为 4cm、10cm。

研究选取了传统的多元线性回归方法和 3 种常用的机器学习方法，即神经网络、随机森林和支持向量机，对作物生长参数进行估算（图 9-4）。神经网络、支持向量机和随机森林模型分别使用 R 语言中的 nnet、e1071、randomForest 软件包进行。

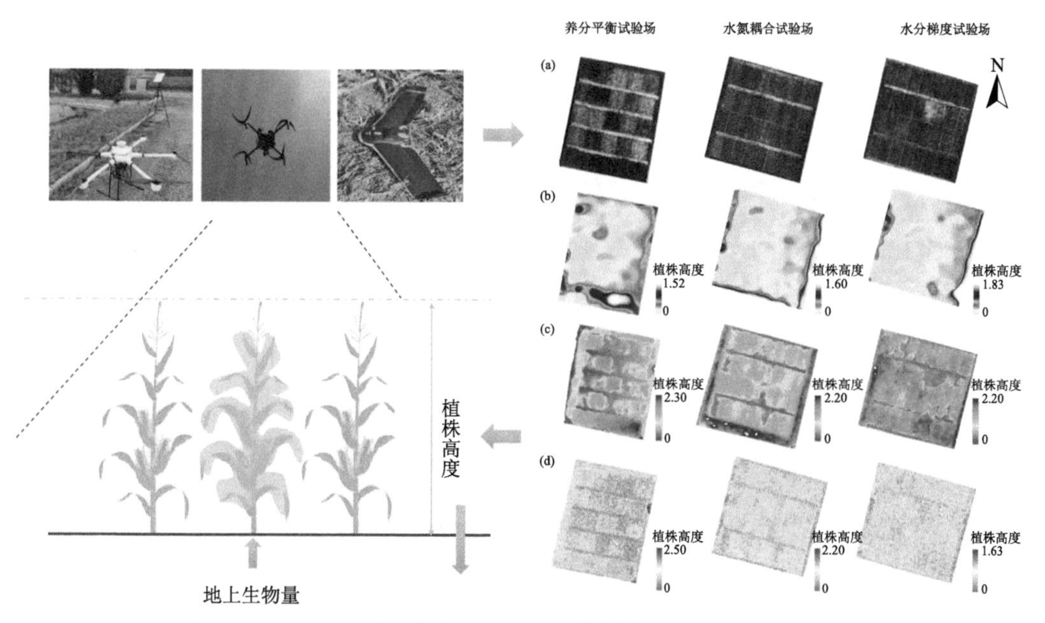

图 9-4 基于多空间密度的无人机点云数据的玉米地上生物量估算

研究结果显示，作物高度是确保玉米地上生物量估算精度的关键参数，具有高空间分辨率且点云密度高的无人机数据能提高地上生物量的估算精度；LiDAR 数据的地上生物量估算精度最高，其次为 MicaSense 数据，MultiSpec-4C 估算精度最低（图 9-5）。具有较高空间分辨率的多光谱 MicaSense SfM 点云已经能满足玉米生物量估算精度的要求，且多光谱数据的估算成本较 LiDAR 数据低，更适合于农业应用。多元线性回归模型方法和三种机器学习方法在生物量的估算中都表现较好。在三种机器学习模型中，支持向量机和随机森林的估算精度稍好，因此推荐用于作物生物量估算。

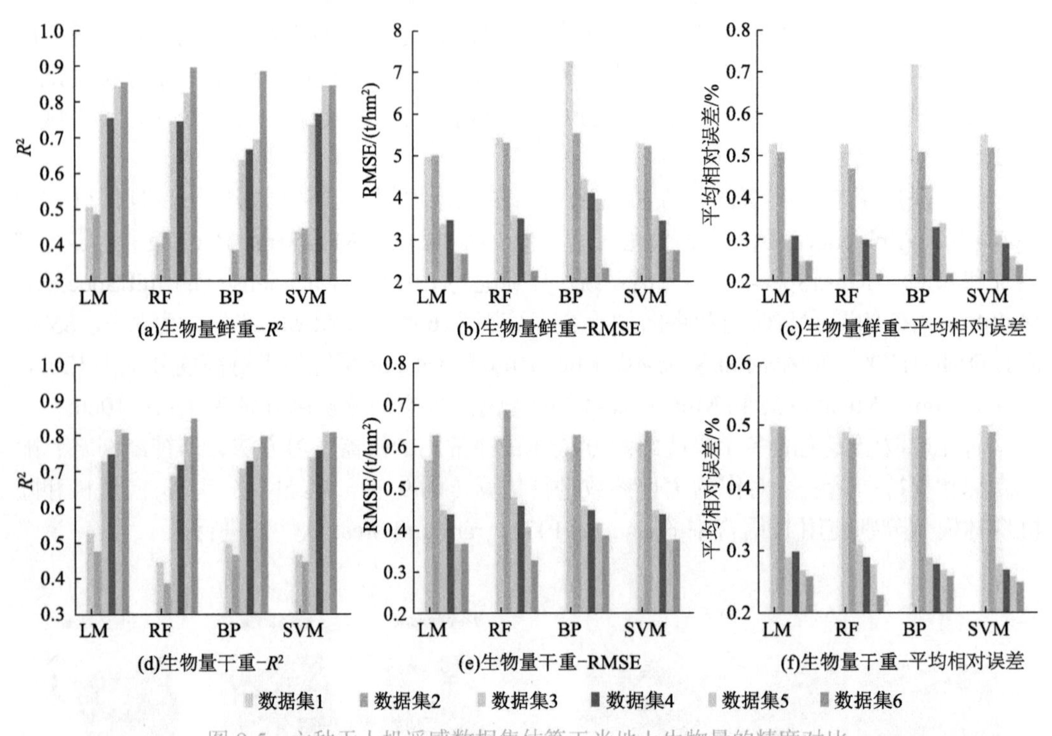

图 9-5 六种无人机遥感数据集估算玉米地上生物量的精度对比

LM 为多元线性回归；RF 为随机森林；BP 为神经网络；SVM 为支持向量机

数据集 1 和数据集 2 为 MultiSpec-4C 数据集；数据集 3 和数据集 4 为 MicaSense 数据集；数据集 5 和数据集 6 为 LiDAR 数据集

9.2.3 基于无人机遥感的冬小麦叶面积指数反演

本研究（Zhang and Kovacs，2020）于 2018 年 5 月 15 日和 2019 年 5 月 16 日在中国科学院禹城综合试验站进行（试验站详细信息可见 9.2.1 节）。2018 年和 2019 年的观测均采用了大疆 M100 搭载 MicaSense RedEdge-M 多光谱相机无人机遥感系统；2019 年试验还采用了大疆 M600 搭载 Cubert S185 凝像式相机无人机遥感系统。

利用小麦灌浆期无人机多光谱遥感数据（MicaSense RedEdge-M 数据），结合冠层辐射传输模型和快速傅里叶变换模型全局敏感性分析，构建适宜于无人机多光谱遥感数据的“植被指数-叶面积指数（LAI）”查找表，对传统的“光谱反射率-LAI”查找表进行改进；并利用改进后的“植被指数-LAI”查找表，实现对冬小麦 LAI 的反演。另外，利用无人机高光谱（Cubert S185）小麦灌浆期数据，实现对传统植被指数中心波长和波段宽度的改进，进一步优化“植被指数-LAI”查找表，且利用优化后的查找表进行 LAI 反演。研究结果显示，植被指数-LAI 反演策略较波段反射率-LAI 反演策略的反演精度更高（表 9-5 和表 9-6）；不同植被指数查找表的 LAI 反演精度差异并不显著，但修正叶绿素吸收比指数 2（MCARI2）和 NDVI 查找表的反演精度稍高，因此推荐用于 LAI 反演（图 9-6）。此外，植被指数的中心波长和波段宽度均会影响 LAI 的反演精度；窄波段（4nm）

数据中，优化中心波长后（近红外和红光波段分别为 756nm、612nm）的 MCARI2-LAI 查找表的 LAI 反演精度有所提升。本研究创建了具有机理性的、不需要地面采样，用于模型构建的、简单快速、精准性和稳健性较高的，适用于无人机多光谱遥感数据的作物 LAI 反演算法。

表 9-5　基于多光谱无人机数据的 LAI 反演精度

年份	波段反射率-LAI 查找表				植被指数-LAI 查找表			
	波段	R^2	RMSE	平均相对误差	植被指数	R^2	RMSE	平均相对误差
2018（$n=107$）	R,NIR	0.42	0.94	0.70	NDVI	0.76	0.44	0.25
	R,NIR,B	0.42	0.94	0.70	ARVI	0.74	0.51	0.30
	R,NIR,G	0.42	0.94	0.70	MCARI2	0.75	0.38	0.22
	R,NIR,E	0.42	0.94	0.70	NRI	0.75	0.46	0.25
2019（$n=57$）	R,NIR	0.01	2.23	2.71	NDVI	0.78	0.38	0.27
	R,NIR,B	0.01	2.23	2.71	ARVI	0.74	0.47	0.23
	R,NIR,G	0.01	2.23	2.71	MCARI2	0.83	0.33	0.30
	R,NIR,E	0.01	2.23	2.71	NRI	0.74	0.43	0.31

注：ARVI 指修正的大气抗性植被指数（modified atmospherically resistant vegetation index）；NRI 指修正氮比指数（modified nitrogen ratio index）。下同。

表 9-6　基于高光谱数据的 LAI 反演精度

年份	波段反射率-LAI 查找表				植被指数-LAI 查找表			
	波段	R^2	RMSE	MRE	植被指数	R^2	RMSE	平均相对误差
2018（$n=89$）	R, NIR	0.27	2.58	2.22	NDVI	0.80	0.55	0.31
	R, NIR, B	0.27	2.58	2.22	ARVI	0.76	0.66	0.40
	R, NIR, G	0.27	2.58	2.22	MCARI2	0.82	0.37	0.26
	R, NIR, E	0.32	2.60	2.24	NRI	0.75	0.58	0.32

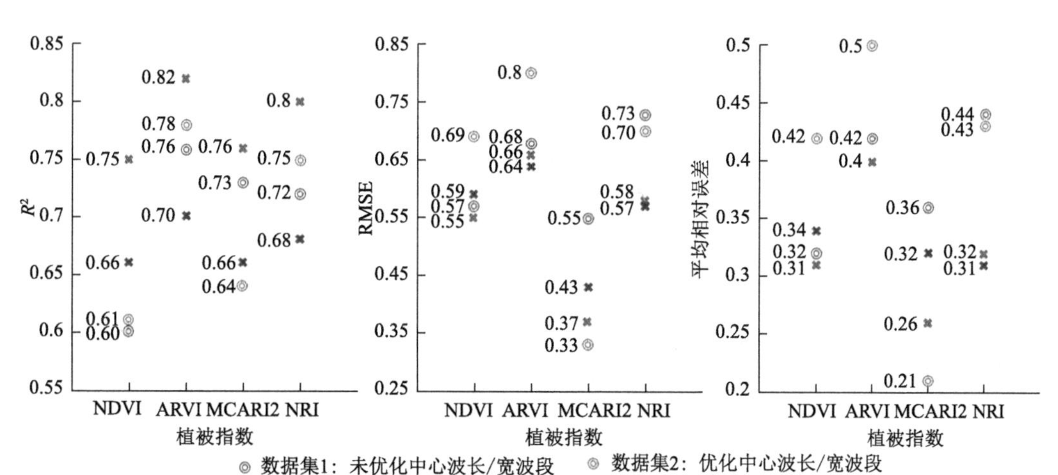

图 9-6　不同无人机遥感数据集和策略的 LAI 反演精度对比

9.2.4 基于多尺度的高光谱无人机遥感的作物叶绿素含量估算

本研究（Zhu et al.，2021）的试验在中国科学院禹城综合试验站水氮耦合试验场进行（试验站与试验田详细信息见 9.2.1 节）。试验时间为 2019 年小麦抽穗期、开花期、灌浆期，玉米拔节期、抽穗期和灌浆前期，共计 6 次飞行任务；采用的是大疆 M600 与 Cubert S185 高光谱相机无人机遥感系统；叶绿素的测量采用 MultiSpecQ 仪器。研究综合评估了无人机影像的光谱信息和空间尺度、作物表型和物候因子对玉米与小麦叶片叶绿素含量（LCC）估算的影响（图 9-7）。

图 9-7　小麦抽穗期（a）、开花期（b）、灌浆期（c）和玉米拔节期（d）、抽穗期（e）、灌浆前期（f）的 RGB 高清数码影像

结合室内化学测量，对 MultiSpecQ 叶绿素测量值进行校正，得到小麦和玉米三个生育期的叶绿素含量真值（图 9-8）。研究采用皮尔逊相关性分析，滤除高度相关的无人机遥感指标，并通过后向递归特征消除方法，选择适宜的无人机遥感指标进行叶绿素含量估算建模。研究共使用冠层尺度、叶片尺度、混合尺度的无人机高光谱遥感数据进行叶片叶绿素含量的估算，采用了多元线性回归（LM）、神经网络（BP）、支持向量机（SVM）和随机森林（RF）四种方法进行建模。研究结果表明：①冠层尺度和叶片尺度的无人机遥感数据对小麦与玉米的叶片叶绿素含量估算更精准；②在作物生长的三个阶段，小麦开花期（TW2）和玉米灌浆期（TM3）的叶片叶绿素含量估算精度最高；③四种估算模型均能较好地估算作物叶片叶绿素含量，但支持向量机和随机森林模型的估算精度稍佳；④红、绿和蓝波段是对叶绿素含量敏感的波段，而在作物不同的生长阶段，最佳的适用于叶片叶绿素含量估算的无人机光谱信息存在一定区别（图 9-9 和图 9-10）。

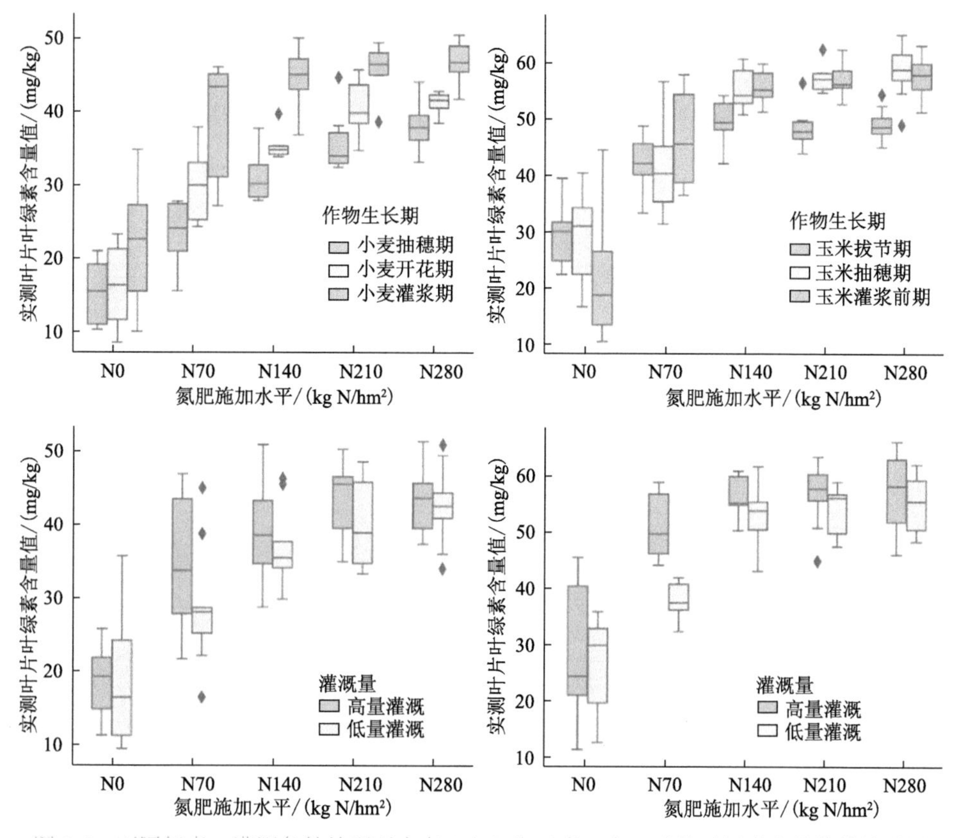

图 9-8　不同氮素、灌溉条件处理下小麦（左）和玉米（右）叶片叶绿素含量值的箱形图

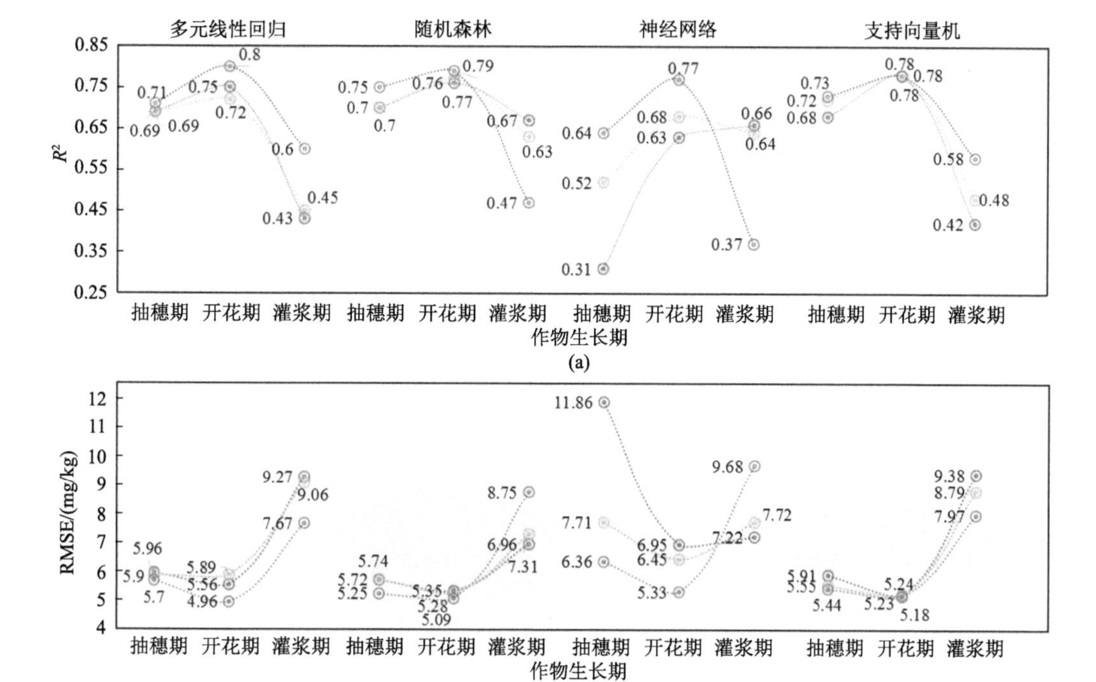

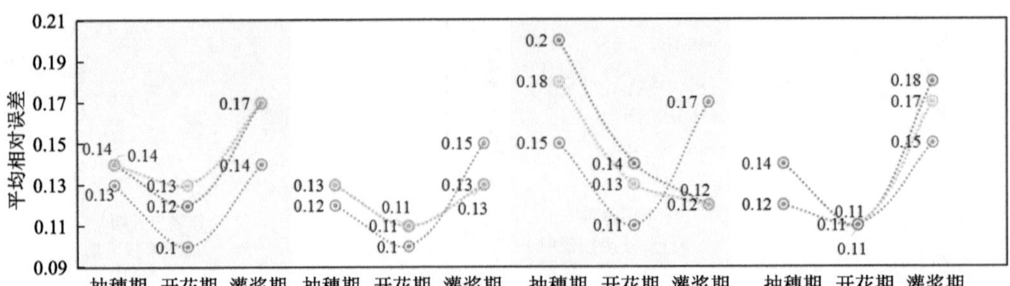

(c)

叶片尺度 混合尺度 冠层尺度

图 9-9 不同尺度的高光谱无人机遥感的小麦叶片叶绿素含量估算精度对比

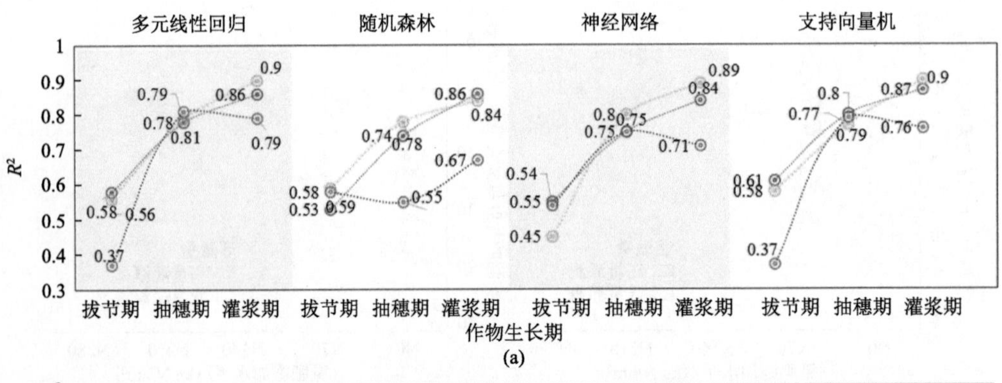

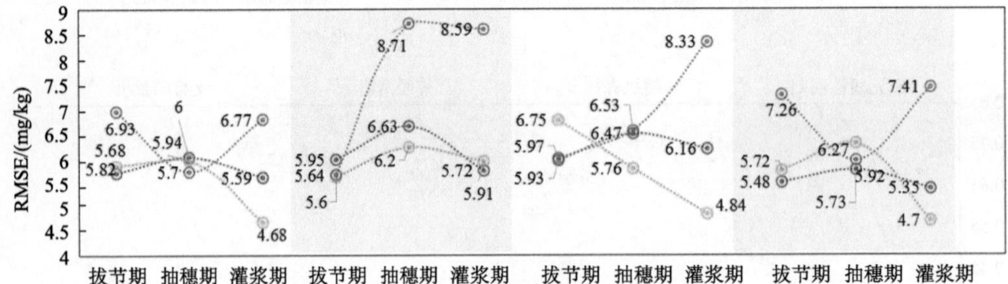

(b)

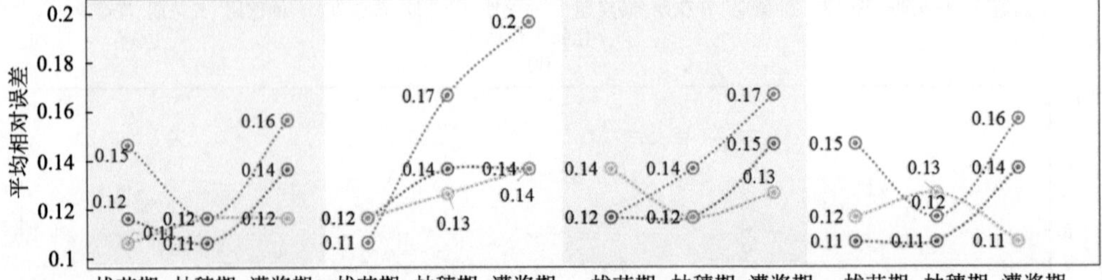

(c)

叶片尺度 混合尺度 冠层尺度

图 9-10 不同尺度的高光谱无人机遥感的玉米叶片叶绿素含量估算精度对比

9.2.5　基于冠层阻抗遥感估算模型的环境胁迫下冬小麦气孔行为反演

黄河下游部分地区由于降水量少，且黄河水中挟带大量泥沙，农业用水需求大，因此淡水资源短缺。该地区丰富的地下浅层咸水资源为缓解这一问题提供了可能性，但不适当的微咸水灌溉会引起作物的生理胁迫，造成减产。冬小麦作为该地区重要的粮食作物之一，其耐盐性较弱。干热风（DHW）则是冬小麦关键生长期（灌浆期）易出现的气候灾害。DHW 发生时，干燥的空气、较高的气温（> 32℃）和较大的风速（> 3m/s）会造成冬小麦叶片在短时间内迅速失水，导致严重生理干旱（赵风华等，2020）。因此，对这两种黄河下游的典型环境胁迫（微咸水灌溉造成的盐分胁迫和 DHW 胁迫）下，冬小麦生理响应的监测有利于实时掌握该地区冬小麦的生长状态，从而有效采取措施，避免损失。

气孔是作物与空气之间气体和水进行交换的重要通道。当作物遭受环境胁迫时，通常会通过气孔的开闭来维持体内平衡，因此监测气孔行为有助于了解作物受环境胁迫程度。冠层阻抗是作物群体气孔阻抗，能够代表作物整体的气孔行为，比气孔导度更容易测量。本研究基于 P-M 公式与简单遥感蒸散发模型（simple remote sensing evapo transpiration model，Sim-ReSET）构建了一种新型冠层阻抗遥感估算模型（Zhu K et al.，2020），并在中国科学院禹城综合试验站设计模拟了华北平原冬小麦灌浆期两种典型环境胁迫（微咸水灌溉造成的盐分胁迫和 DHW 胁迫），以检验模型的可靠性（图 9-11）。微咸水灌溉实验共设置三个盐分水平处理：淡水灌溉[CK，矿化度（TDS）< 1 g/L]，轻度微咸水灌溉（MS，TDS = 3 g/L）和重度微咸水灌溉（SS，TDS = 5 g/L）。依据当地常规灌溉制度，足墒播种，在冬小麦生育期内进行两水灌溉：在返青-拔节期（3 月末 4 月初左右）灌溉 70mm，在开花-灌浆期（5 月 10 日前后）灌溉 50mm。由于自然 DHW 发生具有不确定性，本实验采用便携式干热风模拟装置对小区内的冬小麦进行 DHW 处理。依据 DHW 气象标准[《小麦干热风灾害等级》（QX/T 82-2019）]，实验控制箱体内气温 33.0～35.0℃，风速 3.0～4.0m/s，空气相对湿度 25%～28%。DHW 模拟试验分别在冬小麦灌浆中后期进行，距离灌浆期的微咸水灌溉 15 天左右；在 DHW 处理之前没有自然 DHW 发生。DHW 处理当天，天气晴朗，选择长势均匀具有代表性的样点进行 DHW 处理，处理时段为 DHW 极易发生的时段，即 13:00～15:00，共持续 2h。利用 Resonon Pika XC2 高光谱成像仪与 IR FlexCam Ti55 便携式红外摄像机对长势均匀的冬小麦群体进行观测，反演作物冠层阻抗，并利用基于地面观测数据计算的冠层阻抗进行验证。

不同灌溉处理下模型估算的冠层阻抗（r_c）与实测值之间的比较结果说明了该模型在冬小麦对盐分胁迫下的气孔响应表现突出（图 9-12）。比较两个阶段的结果可以清楚地看出，冬小麦冠层抗性随时间增加。这是由于衰老削弱了冬小麦的生理功能，降低了光合作用和蒸腾速率，并促使作物关闭了气孔。从图 9-12 中可看出，在实验的灌溉处理

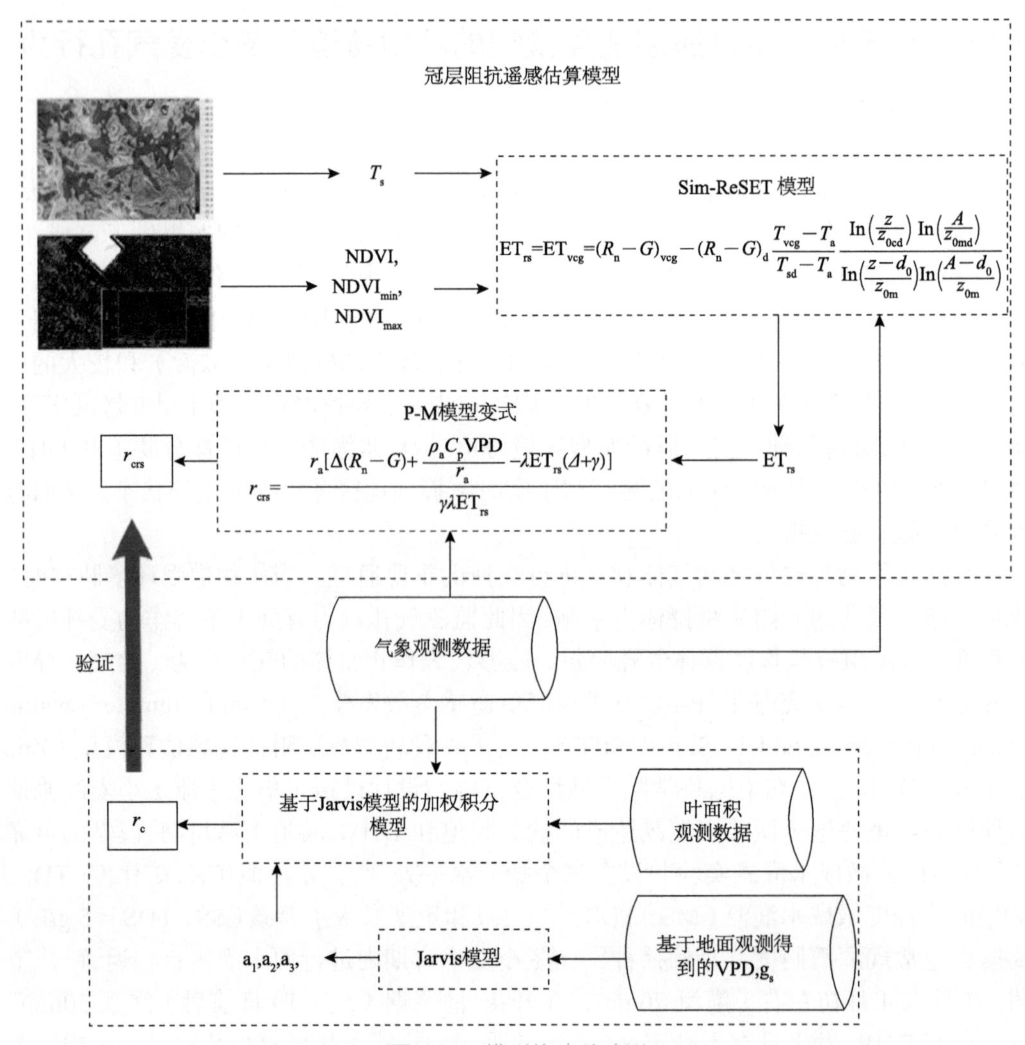

$$ET_{rs}=ET_{veg}=(R_n-G)_{veg}-(R_n-G)_d\frac{T_{veg}-T_a}{T_{sd}-T_a}\frac{\ln\left(\frac{z}{z_{0cd}}\right)\ln\left(\frac{A}{z_{0md}}\right)}{\ln\left(\frac{z-d_0}{z_{0m}}\right)\ln\left(\frac{A-d_0}{z_{0m}}\right)}$$

$$r_{crs}=\frac{r_a[\Delta(R_n-G)+\frac{\rho_a C_p VPD}{r_a}-\lambda ET_{rs}(\Delta+\gamma)]}{\gamma\lambda ET_{rs}}$$

图 9-11 模型构建及验证

P-M 模型变式中，r_{crs} 为基于遥感模型估算的冠层阻抗，s/m；r_a 为空气动力学阻力，s/m；R_n 为净辐射通量，W/m^2；G 为土壤热通量，W/m^2；λ 为汽化潜热，J/g；γ 为湿度常数，kPa/℃；ET_{rs} 为基于遥感模型估算的蒸散量，W/m^2；Δ 为饱和蒸气压与温度的斜率，kPa/℃；ρ_a 为空气密度，kg/m^3；C_p 为空气定压热容，J/（kg·K）；VPD 为基于空气温度和相对湿度计算出的水气压差，hPa。Sim-ReSET 模型中，T_{veg}、T_{sd} 和 T_a 分别为从热红外光谱影像中获取的植被温度、地表温度和空气温度，℃；z_{0h} 和 z_{0m} 分别是热力学粗糙度和动力学粗糙度，m；对于农作物，通常 $z_{0m}=0.123h$，$z_{0h}=z_{0m}/7$（Sun et al.，2009）；h 为冠层高度，m；A 为大气表层的高度（ASL），m，通常比均匀地表高 100m（Brutsacrt and Wilfied，1998）；公式中的下标参数 veg 和 d 分别代表植被覆盖和干燥裸土条件。R_n 和 G 由自动气象站监测获得

范围内，冬小麦冠层阻抗随 TDS 的增加而上升。这表明，在盐分胁迫下，冬小麦会关闭叶片气孔，以减少因蒸腾作用而引起的水分流失。然而，2017～2019 年，在轻度微咸水灌溉下，冬小麦冠层阻力几乎没有增加。这表明低 TDS 的微咸水对冬小麦的气孔开闭影响很小，证明微咸水在灌浆期可以用于冬小麦的灌溉。

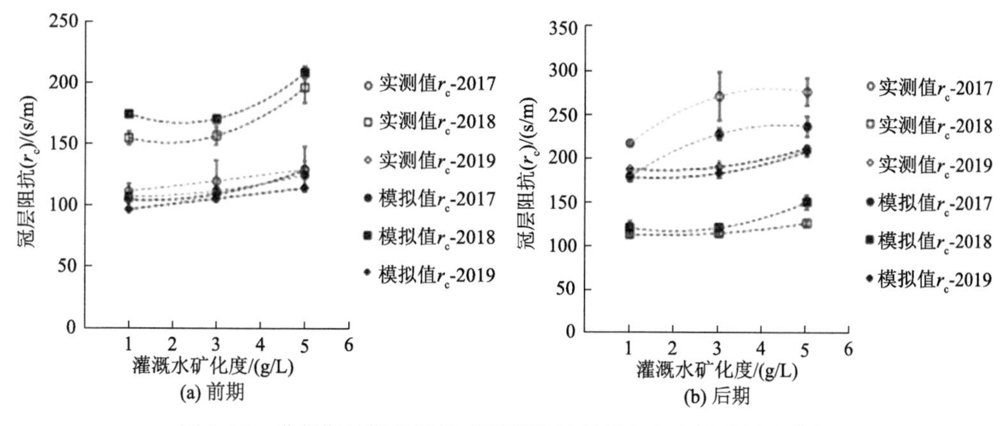

图 9-12　灌浆期前期及后期不同灌溉处理下冬小麦气孔行为变化

研究表明，冠层阻抗遥感估算模型在 DHW 胁迫下冬小麦气孔行为的反演估算精度较高。结果显示，DHW 会促使冬小麦关闭气孔，减少蒸腾作用损失的水分，冠层阻抗上升（图 9-13）。2018～2019 年的结果显示，在 DHW 处理后，冬小麦冠层阻抗随着灌溉水 TDS 从 1g/L 升高到 3g/L 而降低，并当升高至 5g/L 时冠层阻抗增加。2017 年的结果表明，在 DHW 处理前后，冠层阻抗都随着 TDS 的增加而增加。这可能是因为测量日期靠后导致叶片衰老，抵御 DHW 能力减弱。

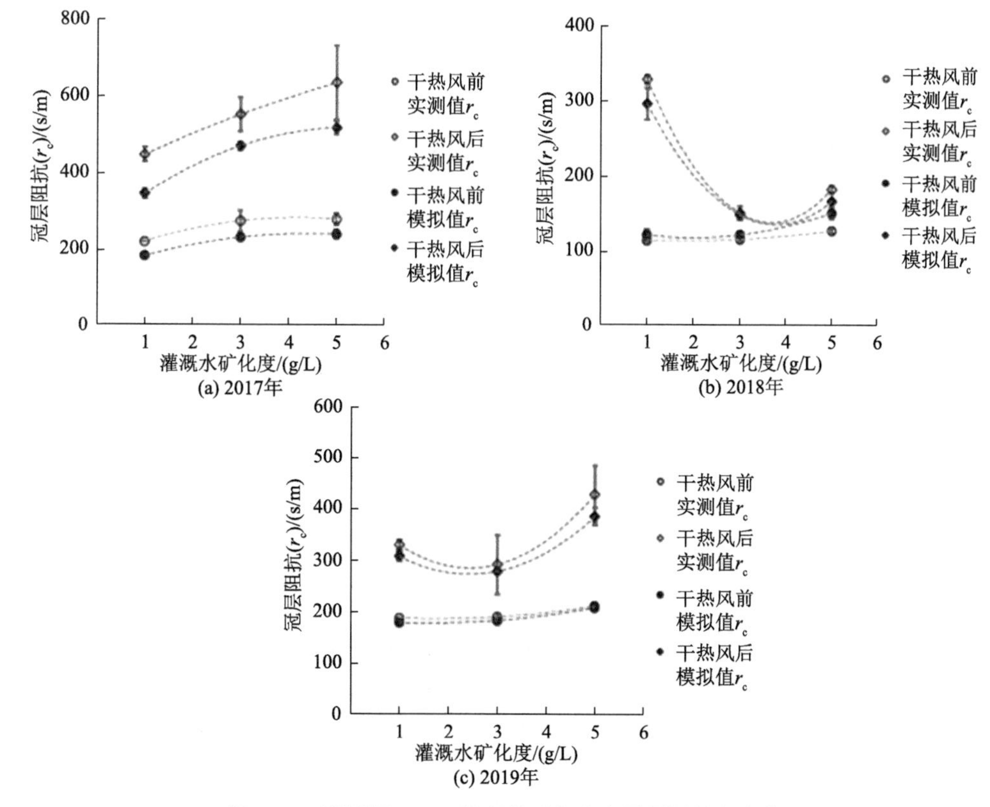

图 9-13　灌浆期 DHW 处理前后冬小麦冠层阻抗的变化

研究主要结论为：①模型在盐分胁迫与 DHW 处理环境下反演精度较高。在盐分胁迫下，遥感估算模型的误差小于±20%；DHW 处理前后，模型估算的误差在±25%之内，证明能够通过遥感手段更准确地监测作物生长，为精准农业的大面积遥感作物胁迫诊断提供可能性。②在盐分胁迫下，冬小麦会关闭叶片气孔，以减少水分流失。低矿化度的微咸水对冬小麦的气孔开闭影响很小，表明微咸水在灌浆期可以用于冬小麦的灌溉。③DHW 会促使冬小麦关闭气孔，但在灌浆期，轻度的微咸水灌溉（矿化度为 3 g/L）能够缓解 DHW 对冬小麦的胁迫作用，为今后微咸水灌溉选择合适的矿化度范围提供了参考，并为抵御 DHW 等自然灾害提供了有效途径。

9.3 区域尺度农田生态质量评估

我国耕地面积广阔，传统的地面采样测量方法需耗费大量的人力与物力。目前，卫星遥感技术已广泛应用于大面积区域农情监测，对于宏观层面决策具有重要意义。但由于卫星遥感影像的空间分辨率粗糙，且受天气云雨情况和卫星重访周期的限制性较强，卫星遥感在精准农业中的应用受到明显限制，难以满足实际农业应用的需求。无人机作为近年来新兴起的遥感平台，具有时效高、空间分辨率高、作业成本低以及灵活和可重复实施等特点，可以及时、准确地获取较大面积农田的厘米级遥感影像，对农业经营决策管理起到有力的辅助作用。

9.3.1 基于无人机遥感的盐碱地农田生态质量区域评估

在已集中连片改造为农田的盐碱地上开展无人机遥感作物生长环境胁迫诊断，对于提升盐碱地利用效率、创造更多经济效益与生态价值具有重要意义。本研究（朱婉雪等，2021）以山东省东营市黄河三角洲典型滨海盐碱地集中连片旱作农田的主要作物——高粱和玉米为研究对象，利用固定翼无人机获取 400 hm^2 滨海盐碱地多光谱遥感数据，并结合地面 195 个采样点 3 个土层（0～10cm、10～20cm、20～40 cm）的土壤属性数据，对该研究区域内作物生长的土壤环境胁迫因子进行协同诊断。基于土壤属性数据，利用反距离加权插值法，绘制该研究区域内土壤盐分、pH、有机质、全氮和速效氮共 5 个土壤属性指标含量的水平空间分布图与垂直空间分布图。插值结果显示（图 9-14），5 种土壤属性指标存在显著水平空间异质性和垂直空间异质性。基于随机森林模型，采用递归特征消除法，结合土壤指标对光谱指数的重要性，探讨影响作物生长的主要土壤环境胁迫因子。结果表明，5 个指标均会对玉米和高粱的生长造成影响，但主要胁迫因子分别为土壤速效氮含量（10～20 cm）和 3 个土层的土壤盐分含量；同时，在利用多光谱无人机遥感数据并结合地面土壤属性数据，对作物生长土壤环境胁迫因子进行协同诊断的基础上，本研究综合评估了盐碱地农田生态质量（图 9-15），制定了“因盐治宜”的农田

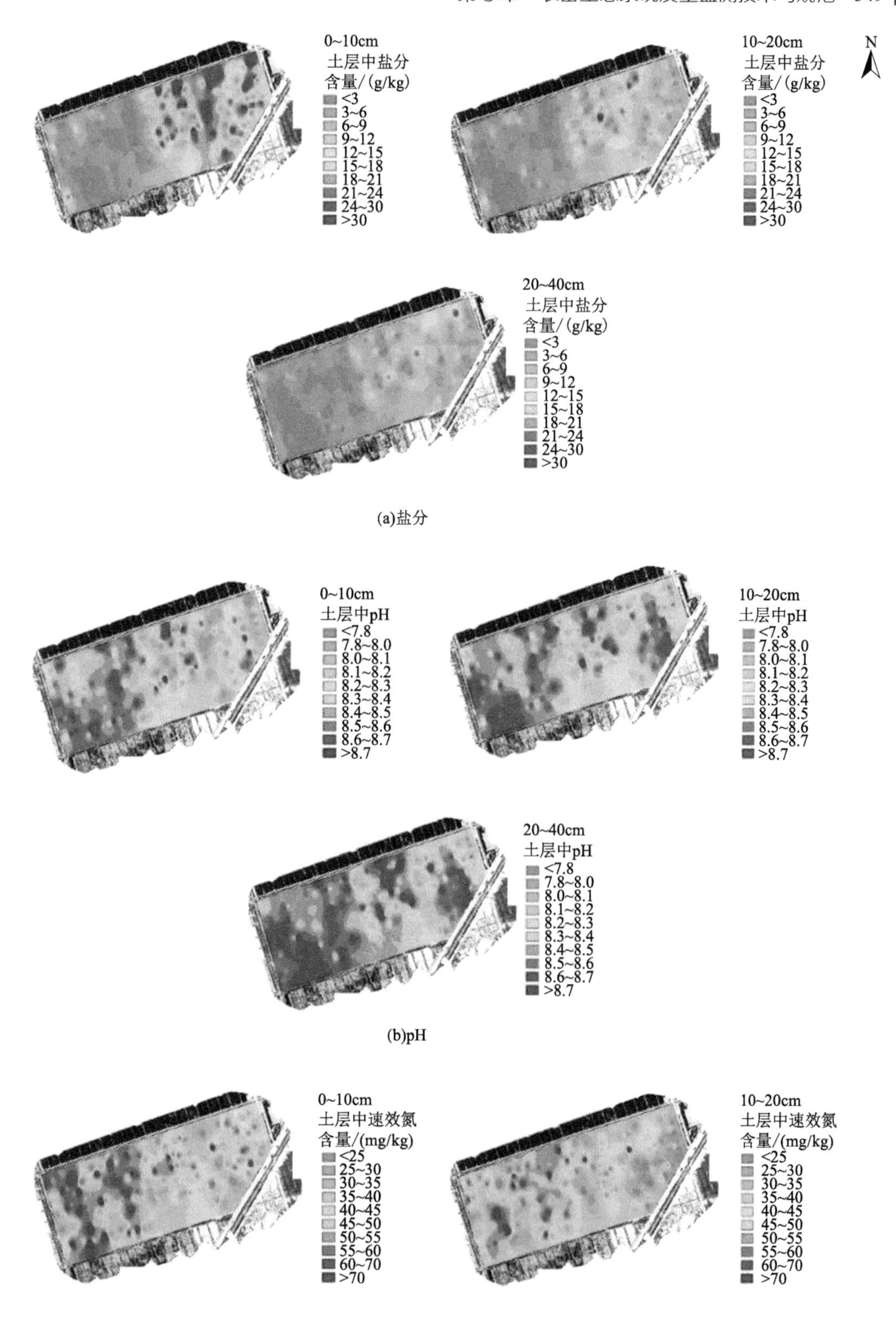
0~10cm
土层中盐分
含量/(g/kg)
<3
3~6
6~9
9~12
12~15
15~18
18~21
21~24
24~30
>30
10~20cm
土层中盐分
含量/(g/kg)
N
20~40cm
土层中盐分
含量/(g/kg)
0~10cm
土层中pH
<7.8
7.8~8.0
8.0~8.1
8.1~8.2
8.2~8.3
8.3~8.4
8.4~8.5
8.5~8.6
8.6~8.7
>8.7
10~20cm
土层中pH
20~40cm
土层中pH
0~10cm
土层中速效氮
含量/(mg/kg)
<25
25~30
30~35
35~40
40~45
45~50
50~55
55~60
60~70
>70
10~20cm
土层中速效氮
含量/(mg/kg)

(a)盐分

(b)pH

(c)速效氮

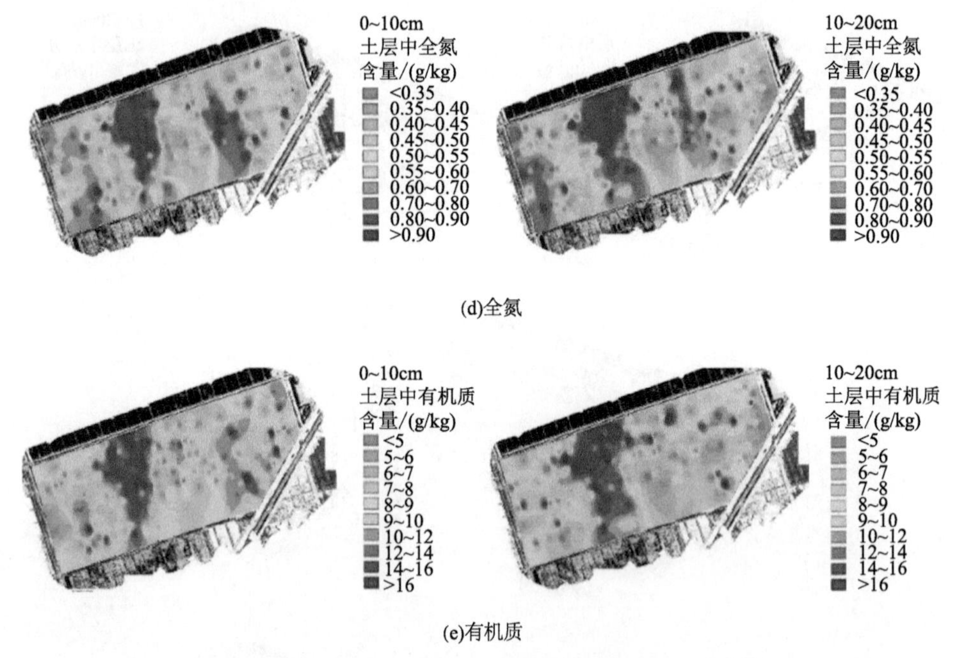

图 9-14 研究区域不同深度土层的土壤属性空间分布情况

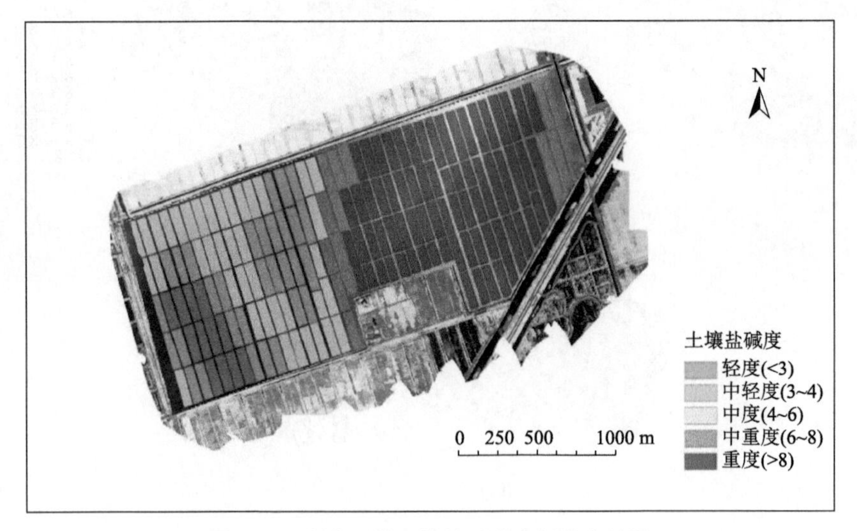

图 9-15 研究区域土壤盐碱度空间分布情况

生态质量提升方案，具体提升方案是通过有机肥部分代替化肥对土壤进行改良，进而提升土壤环境容量，种植布局分为：在轻度盐碱区种植耐盐小麦、玉米（800 亩）；在中度盐碱区种植甜高粱、耐盐牧草（1500 亩）；在重度盐碱区引黄灌溉种植优质水稻（2400 亩）。本研究为大面积农情胁迫监测提供了有效的地面与航空协同监测方案，为盐碱地旱作农田管理与决策提供了理论依据和技术支持。

9.3.2　基于卫星遥感的区域农田生产力评估

作物长势和产量是衡量农田生态质量的重要指标。作物的长势和产量可用不同空间尺度的植被指数和产量的空间平均值与空间异质性指数来衡量。空间平均值反映一个特定尺度（田块、县域等）农作物长势和产量的平均情况，而空间异质性指数则反映了农作物长势和产量的空间差异性，是表征较大空间尺度农田生态质量的关键指标。本研究基于成熟的遥感植被指数和遥感估产数据，提出计算县域尺度农田生态质量监测评价方法，并在禹城市（图 9-16）开展应用示范，证明提出规范方法的可行性及易操作性。本研究使用数据为 2020 年 4 月 Landsat8 数据，来源于美国地质调查局（USGS），空间分辨率为 30m。禹城市作物长势空间平均值和空间异质性指数及作物产量空间平均值和空间异质性指数结果如下。

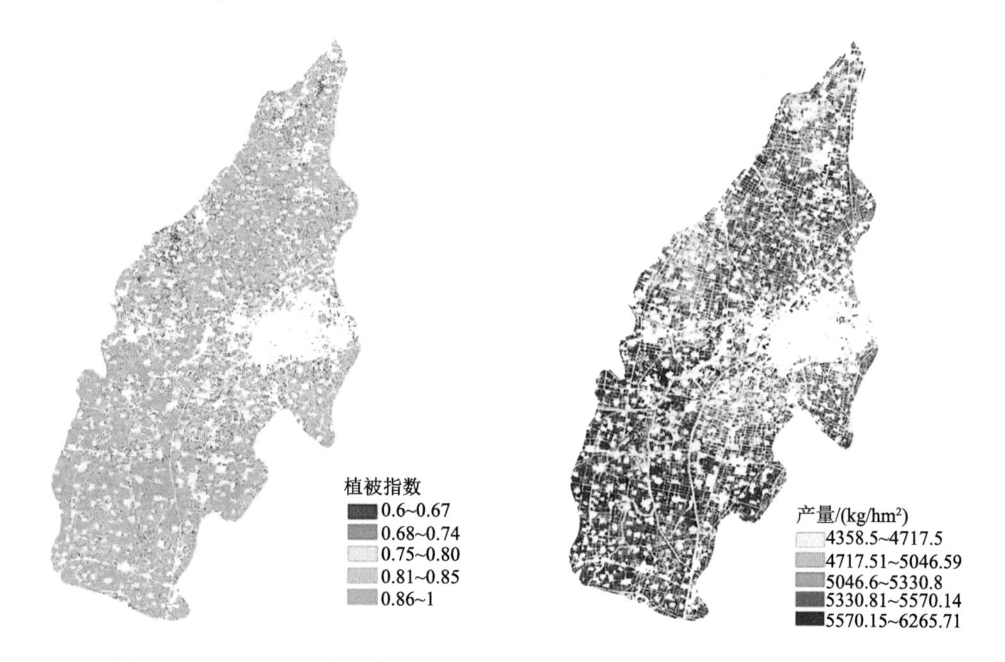

图 9-16　基于卫星遥感估算禹城市 2020 年小麦植被指数图（左，CV=10.02%）及产量分布图（右，CV=7.24%）

1）作物长势空间平均值

$NDVI_{mean} = 0.79$；

2）作物长势空间异质性指数

$NDVI_{CV} = NDVI_{STD}/NDVI_{mean} \times 100\%=10.02\%$。若 $10\% \leqslant NDVI_{CV} \leqslant 100\%$，说明冬小麦长势具有轻微程度的空间变异。

3）作物产量空间平均值

利用经验公式（Zhu W et al.，2020），小麦产量 Yield（kg/hm^2）= $4823.0 \times NDVI+1464.7$，$R^2$ 可达 0.57。

通过计算，得到 $Yield_{mean}$=5277.23。

4）作物产量空间异质性指数

$Yield_{CV} = Yield_{STD}/Yield_{mean} \times 100\%$=7.24%。若 $Yield_{CV} < 10\%$，说明产量空间变异较小。

9.3.3 华北典型区域农田土壤质量评估

基于华北地区国家级耕地质量监测点近 31 年来的定位监测试验数据（图 9-17），运用改进的内梅罗指数法进行土壤综合肥力评估，土壤综合肥力指数（IFI）计算选取 pH、有机质、全氮、有效磷和速效钾 5 项土壤指标来计算；并运用主成分分析方法对土壤肥力进行分析，探究影响土壤肥力的主要影响因素，同时计算土壤肥力不同监测阶段的综合得分。

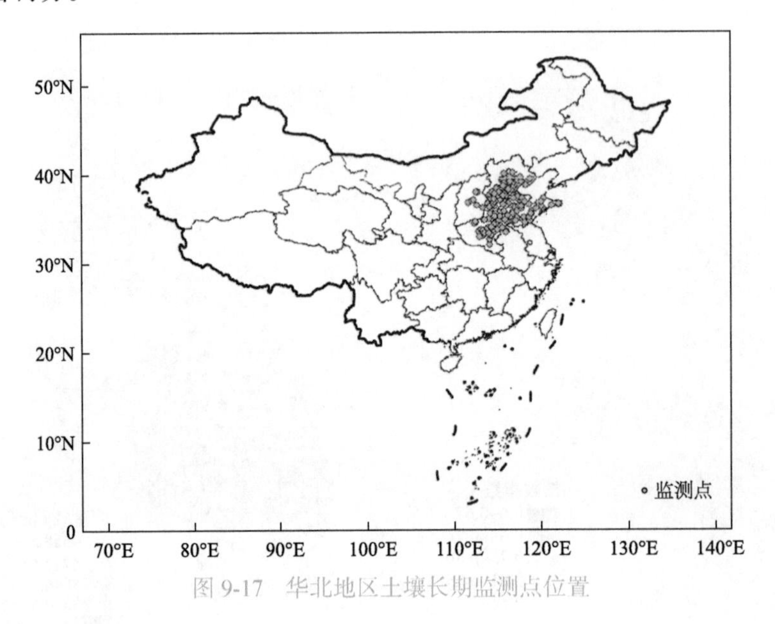

图 9-17 华北地区土壤长期监测点位置

1. 土壤 IFI 变化特征

从土壤 IFI 的变化趋势来看（图 9-18），长期施肥条件下土壤 IFI 呈增加的趋势，监测后期（2004～2018 年）比监测前期（1988～1997 年）显著增加 32%（王乐，2021）。

2. 土壤肥力主要影响因素

运用主成分分析方法对土壤肥力进行分析（表 9-7），探究影响土壤肥力的主要影响因素。由表 9-7 可知，按照得分系数的大小，5 个土壤属性指标从小到大的顺序依次为：pH<有效磷<速效钾<有机质<全氮。其中，指标权重为全氮最大，pH 最小。第一主成分（全氮）的特征值是 2.89，第二主成分（有机质）的特征值是 1.09，分别解释了总方差的 50.34%和 21.74%，两者之和达到 72.08%。也就是说，第一主成分和第二主成分影响了

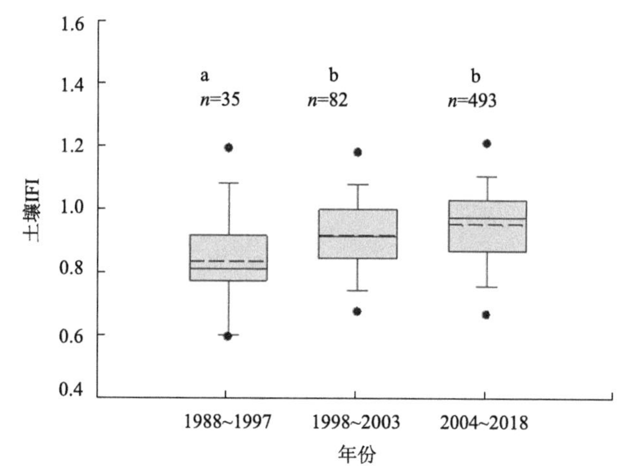

图 9-18　监测初期（1988～1997 年）、中期（1998～2003 年）和后期（2004～2018 年）华北地区土壤IFI 演变趋势

n 表示样点个数；a、b 分别表示不同监测时期在 5%水平上差异显著

土壤肥力全部变化特征的 72.08%，进一步说明全氮和有机质是华北地区土壤肥力的重要影响因素。

表 9-7　主成分特征值及其在总变异方差中的占比

主成分	指标	主成分特征值	方差占比/%
1	全氮	2.89	50.34
2	有机质	1.09	21.74
3	速效钾	0.64	12.23
4	有效磷	0.59	11.76
5	pH	0.46	3.93

3. 土壤属性综合得分

主成分即原各指标的线性组合，各指标的权数为特征向量，表示着各单项指标对主成分的重要程度。根据主成分计算公式，可得到 2 个主成分值及其与土壤属性指标的关系式，如式（9-1）和式（9-2）：

$$F1=0.57\times\text{全氮}+0.52\times\text{有机质}+0.39\times\text{速效钾}+0.30\times\text{有效磷}-0.40\times\text{pH} \tag{9-1}$$

$$F2=-0.22\times\text{全氮}-0.10\times\text{有机质}+0.33\times\text{速效钾}+0.41\times\text{有效磷}+0.51\times\text{pH} \tag{9-2}$$

综合得分就是通过数据分析将标准化后的数据代入公式，从而得出每个主成分的得分情况，然后与其对应的贡献率相乘加和，$F=F1\times49.31\%+F2\times20.85\%$。不同监测阶段的综合属性得分分别为−0.8、−0.38 和 0.09（图 9-19），而 2004～2018 年的综合属性得分比 1988～1997 年增加了 1.12，这表明土壤肥力在监测后期（2004～2018 年）有显著的提高。

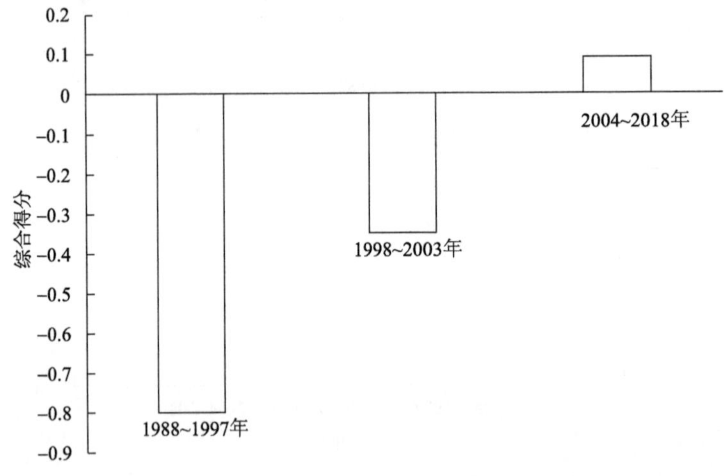

图 9-19 不同监测阶段土壤综合肥力得分

9.3.4 华北典型区域农田生产力评估

1. 产量可持续性指数变化特征

作物产量反映农田生产力状况，产量的可持续性程度可用产量可持续性指数（SYI）来表示，SYI 是衡量系统能否持续生产的一个重要参数，SYI 值越大，表明系统的可持续性越好。不施肥的小麦、玉米的 SYI 分别只有 0.13±0.04、0.20±0.02，玉米的 SYI 略高于小麦；施肥后，小麦、玉米的 SYI 分别增加到 0.44±0.02 和 0.42±0.02，两者相当，说明常规施肥和不施肥处理之间差异显著。可见，常规施肥下，小麦和玉米的 SYI 较大，表明其产量可持续性较好（表 9-8）。

表 9-8 长期施肥小麦和玉米的 SYI

作物	处理	SYI
小麦	不施肥	0.13±0.04[b]
	常规施肥	0.44±0.02[a]
玉米	不施肥	0.20±0.02[b]
	常规施肥	0.42±0.02[a]

注：相同小写字母表示同列数据在 5%水平上差异不显著。

2. 产量主要影响因素

运用随机森林对华北地区产量的影响因素进行分析（图 9-20），初步明确气候因素、土壤肥力和养分盈亏对小麦与玉米产量产生影响的定量关系。结果表明，对小麦影响较大的分别是氮肥（21.4%）、pH（20.1%）、温度（18.7%）、全氮（17.9%）；对玉米影响较大的分别是钾肥（25.3%）、氮肥（24.2%）、温度（18.2%）、全氮（17.5%）（王乐等，2018）。

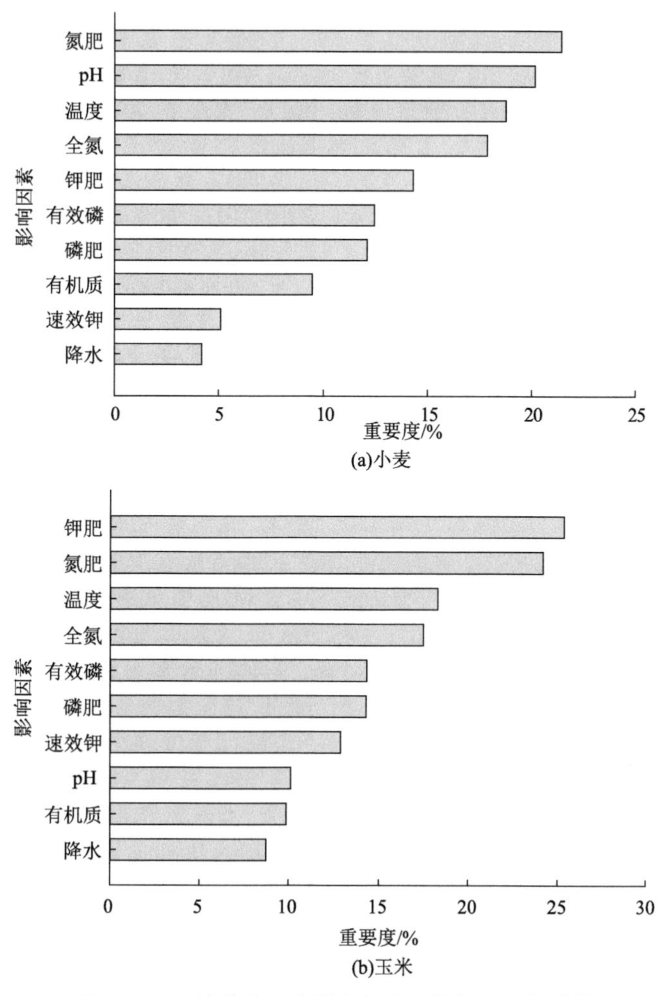

图 9-20　土壤养分、施肥和气候对作物产量的贡献

9.4　本 章 小 结

本章系统阐述了农田的概念、农田生态系统的概念与组成等，明确了农田生态质量的概念和内涵，构建了农田生态质量监测指标体系及技术规范，在作物生长无人机遥感监测方案优化、基于无人机遥感的夏玉米地上生物量估算与冬小麦叶面积指数反演、基于多尺度的高光谱无人机遥感的作物叶绿素含量估算和基于冠层阻抗遥感估算模型的环境胁迫下冬小麦气孔行为反演方面开展了农田生态质量遥感监测技术应用及优化，并评估了区域尺度农田生态质量状况，主要包括基于无人机遥感的盐碱地农田生态质量区域评估、基于卫星遥感的区域农田生产力评估和华北典型区域农田土壤质量与农田生产力评估，明确了典型区域农田生态质量要素对农田综合肥力的高低、生产能力的大小，为区域农田生态质量评估提供了方法支撑。

参考文献

冯美臣, 杨武德. 2011. 不同株型品种冬小麦 NDVI 变化特征及产量分析. 中国生态农业学报, 19(1): 87-92.

高林, 李长春, 王宝山, 等. 2016. 基于多源遥感数据的大豆叶面积指数估测精度对比. 应用生态学报, 27(1): 191-200.

郭庆华, 胡天宇, 马勤, 等. 2020. 新一代遥感技术助力生态系统生态学研究. 植物生态学报, 44(4): 418-435.

李秀军, 田春杰, 徐尚起, 等. 2018. 我国农田生态环境质量现状及发展对策. 土壤与作物, 7(3): 267-275.

王乐, 张淑香, 马常宝, 等. 2018. 潮土区 29 年来土壤肥力和作物产量演变特征. 植物营养与肥料学报, 24(6): 1435-1444.

王乐. 2021. 长期施肥下华北土壤化学肥力指标和作物产量演变及影响因素分析. 北京: 中国农业科学院.

王曙光, 侯彦林. 2004. 磷脂脂肪酸方法在土壤微生物分析中的应用.微生物学通报, (1): 114-117.

徐冠华, 柳钦火, 陈良富, 等. 2016. 遥感与中国可持续发展: 机遇和挑战. 遥感学报, 20(5): 679-688.

颜慧, 蔡祖聪, 钟文辉. 2006. 磷脂脂肪酸分析方法及其在土壤微生物多样性研究中的应用. 土壤学报, 43(5): 851-859.

赵风华, 朱康莹, 龙步菊, 等. 2020. 微咸水灌溉对冬小麦叶片抗干热风能力的影响. 中国生态农业学报(中英文), 28(10): 1609-1617.

中华人民共和国农业农村部. 2020. 2019 年全国耕地质量等级情况公报〔2020〕1 号.

朱婉雪, 孙志刚, 李彬彬, 等. 2021. 基于无人机遥感的滨海盐碱地土壤空间异质性分析与作物光谱指数响应胁迫诊断. 地球信息科学学报, 23(3): 536-549.

Daryaei A, Sohrabi H, Atzberger C, et al. 2020. Fine-scale detection of vegetation in semi-arid mountainous areas with focus on riparian landscapes using Sentinel-2 and UAV data. Computers and Electronics in Agriculture, 177: 105686.

Gebbers R, Adamchuk V I. 2010. Precision agriculture and food security. Science, 327: 828-831.

Jenkinson D S, Powlson D S, Wedderburn R W M. 1976. The effects of biocidal treatments on metabolism in soil—Ⅲ. The relationship between soil biovolume, measured by optical microscopy, and the flush of decomposition caused by fumigation. Soil Biology and Biochemistry, 8(3): 189-202.

Mueller N D, Gerber J S, Johnston M, et al. 2012. Closing yield gaps through nutrient and water management. Nature, 490(7419): 254-257.

Sun Z, Wang Q, Matsushita B, et al. 2009. Development of a simple remote sensing evapotranspiration model (Sim-ReSET): algorithm and model test. Journal of Hydrology, 376(3-4): 476-485.

Zhang C, Kovacs J M. 2020. The application of small unmanned aerial systems for precision agriculture: A review. Precision Agriculture, 13: 693-712.

Zhang Y, Xia C, Zhang X, et al. 2021. Estimating the maize biomass by crop height and narrowband vegetation indices derived from UAV-based hyperspectral images. Ecological Indicators, 129: 107985.

Zhu K Y, Sun Z G, Zhao F H, et al. 2020. Remotely sensed canopy resistance model for analyzing the stomatal behavior of environmentally-stressed winter wheat. ISPRS Journal of Photogrammetry and Remote Sensing, 168: 197-207.

Zhu W, Sun Z, Huang Y, et al. 2021. Optimization of multi-source UAV RS agro-monitoring schemes designed for field-scale crop phenotyping. Precision Agriculture, 22(11): 1768-1802.

Zhu W, Sun Z, Yang T, et al. 2020. Estimating leaf chlorophyll content of crops via optimal unmanned aerial vehicle hyperspectral data at multi-scales. Computers and Electronics in Agriculture, 178: 105786.

第 10 章

草地生态系统质量监测技术与规范

草地生态系统是以饲用植物和食草动物为主体的生物群落与其生存环境共同构成的开放生态系统（《中国资源科学百科全书》编辑委员会，2000）。世界草地总面积占地球陆地总面积的 40.5%，主要分布在干旱和半干旱区，占干旱和半干旱区总面积的 88%。草地生态系统储存了陆地生态系统总碳量的 34%，维持着 30%的净初级生产力，提供了全球 30%～50%的畜产品，养育了 25%的世界人口（White et al.，2000），对维系生态平衡、地区经济、人文历史具有重要地理价值。

我国是世界草地资源大国，草地面积占世界草地面积的 13%，也是欧亚大陆草地的重要组成部分（韩国栋，2021）。根据我国第一次草地资源普查数据，我国草地总面积近 4×10^8hm^2，占国土总面积的 41.7%，总面积仅次于澳大利亚，位居世界第二（白永飞等，2020）。根据不同的估测技术方法，我国天然草地的面积在 2.80×10^6～3.93×10^6km^2，可以划分为草原、草甸、草丛和草本沼泽四大类，分别占草地总面积的 50.4%、36.6%、10.7%和 2.3%。这 4 类草地与不同的气候、土壤或地形因子结合，又可以进一步划分，按面积由大到小排序依次为：高寒草甸（24.4%）、高寒草原（22.9%）、温性草原（16.2%）、亚热带热带草丛（8.7%）、荒漠草原（8.1%）、盐生草甸（5.6%）、山地草甸（4.4%）、草甸草原（3.3%）、沼泽化草甸（2.3%）、寒温带温带沼泽和温带草丛（2.1%）、高寒沼泽（<1%）（沈海花等，2016）。

我国的天然草地主要分布在西藏、内蒙古、青海、新疆、四川、甘肃、黑龙江以及云南等地（图 10-1），占全国草地总面积的 80%以上。其中，西藏的天然草地面积最大，为 7.47×10^5km^2，占全国草地面积的 26.7%，主要是高寒草原和高寒草甸。其次是内蒙古、青海和新疆，分别为 5.53×10^5km^2、4.40×10^5km^2 和 3.53×10^5km^2。其中，内蒙古草地以温性草原和荒漠草原为主，青海以高寒草甸和高寒草原为主，新疆则盐生草甸、高寒草原、荒漠草原、温性草原和高寒草甸均有分布。此外，四川、甘肃、黑龙江和云南的草地面积也较大，分别为 1.10×10^5km^2、1.04×10^5km^2、9.1×10^4km^2 和 9.1×10^4km^2，四川 80%以上为高寒草甸，云南 86%以上为热带亚热带草丛。在北方主要牧区中，宁夏草地面积较少，约 1.8×10^4km^2，主要为温性草原和荒漠草原（沈海花等，2016）。这些草地构成了我国天然草地的主体，对保障我国的生态安全、提升生态系统服务和稳定性具有重要作用（白永飞等，2020）。

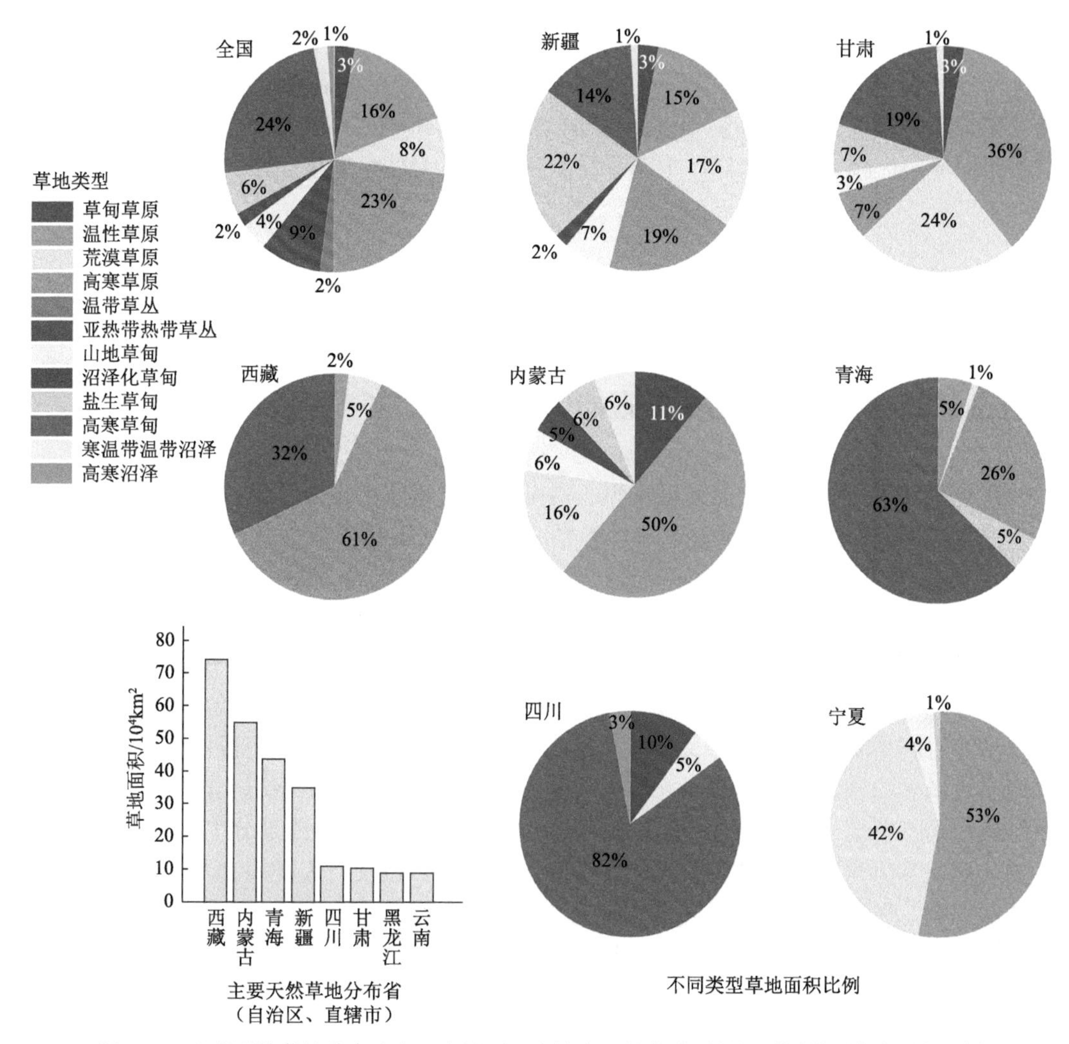

图 10-1　主要天然草地分布在省（自治区、直辖市）的草地面积与不同类型草地面积比例（沈海花等，2016）

中国人均草地面积仅为 0.33hm^2，约占世界人均草地面积的 1/2（刘高朋和马翠，2020）。我国草地分布的自然环境多样，气候时空变化大，加上人为干扰严重，草地面积的年际变化很大。遥感数据发现，20 世纪 90 年代到 21 世纪初，我国草地面积除在青海、江西、宁夏等地区有所增加外，在其他大部分地区都呈减少状态，且草地的断片化明显，全国成片草地的面积总共减少 7%（Ni et al.，2000）。过度放牧及草地开垦为农田是导致草地面积减少的主要因素。研究表明，2000～2005 年减少的 1.19×10^{6}hm^2 草地中，48%以上被开垦为农田（刘纪远等，2009）。同时，过度放牧也会导致草地向荒漠化转变，引起草地生态系统质量下降（韩永伟和高吉喜，2005）。此外，一些自然灾害也会导致草地面积减少（刘高朋和马翠，2020）。随着工业发展和人类社会对自然的开发与可持续利用的需求，草地生态系统面临的这些问题亟待解决。

草地不仅是陆地生态系统的重要组成部分，还是人类福祉的重要自然资源（韩国栋，

2021）。草地生态系统不仅为人类提供了肉、奶、皮、毛等具有直接经济价值的产品，还具有调节气候、涵养水源、防风固沙和碳固定等极其重要的生态系统服务功能（White et al.，2000；白永飞等，2014）。因此，草地生态系统的质量监测与相关技术规范的制定，对于面积分布广阔、类型多样、生态系统服务潜力巨大的草地生态系统具有重要意义。

10.1 草地生态系统质量概念和内涵

10.1.1 草地生态系统质量概念

草地是世界上分布最广的植被类型，是陆地生态系统的重要组成部分。随着人们生态建设与环境保护的意识增强，草地生态系统质量的研究也逐渐被学者关注（高艺宁等，2019）。但长期以来，对草地生态系统的研究工作多从其组成、结构、功能、环境等方面分别展开，并未对草地生态系统质量形成综合全面的分析与认识，甚至常把“草地生态系统质量”与“草地生态环境质量”的概念、研究范围、评价体系等一概而论（俞文政等，2007）。因此，目前关于“草地生态系统质量”尚未形成统一的概念。

草地生态系统结构、功能及其对外界响应等各方面的复杂性，使得人们对草地生态系统质量概念的认识随着相关研究的需求与进展而不断改变。早期研究认为，草地生态系统质量是指草地生态系统在一定的时间和空间范围内，其总体或部分生命组分的质量，主要表现在其生产能力和受到外界干扰后的动态变化，以及对人类生存及社会经济持续发展的影响（陈强等，2015）。随着人们对生态系统结构、功能和服务三大基本特征认识的加深，学界认为草地生态系统质量是指在一定时空范围内，草地生态系统内各要素、结构、功能和服务的综合状况，体现为生态系统的生产力、结构和功能的稳定性、适应性和恢复能力（王绍强等，2019）。

目前，为了适应人类对良好生态环境的需求与社会经济发展的需要，草地生态系统质量研究及相关工作的最终目的也发生了转变，更多的研究者开始关注草地生态系统在全球气候变化背景下的可持续发展状况，以及评价人类系列活动对草地生态系统的正向或负向影响，并建立了相应的评价体系（何念鹏等，2020）。因此，基于该目的，从可操作性层面，将草地生态系统质量定义为草地生态系统的结构、功能与服务相对于所确定的“参照系”的变化。“参照系”在此处指的是在生态系统处于适宜环境且人为活动干扰极小的条件下，反映生态系统质量的一系列关键指标（如组成、结构和功能等方面）的具体数值（潘竟虎和董磊磊，2016）。

10.1.2 草地生态系统质量内涵

草地生态系统是以多年生草本为主要生产者，与环境共同构成的综合有机体。草地生态系统包括生产者、消费者、分解者和非生物环境 4 个基本组成部分，系统中的不同组分通过物质循环和能量流动联系在一起，生物与生物、生物与环境之间相互作用、相互制约，在长期协调下使系统相对稳定、持续共生（俞文政等，2007）。因此，不同类型的草地生态系统具有不同的结构，草地生态系统质量的研究内容需全面反映草地生态系统的状态与过程，包括各因子是否协调发展、生态结构是否合理、生态功能是否全面等。草地生态系统质量的内涵应包括以下几个方面。

（1）生物组成：草地的植物、动物与微生物是草地生态系统的重要生物组成要素，也是周围环境基本属性的综合指标（方精云等，2009），反映了特定草地生态系统所具有的结构与功能（草甸草原与退化草地如图 10-2 所示）。调查各生物要素的数量、质量与分布，可以了解生态系统生物的生产量、物种的多度和种群的丰富度，计算植被生产力与生物多样性，从而很好地指示该生态系统的结构稳定性与服务功能水平（张秀云等，2009）。通常情况下，生态系统功能作为生态系统及其服务功能得以维持和发展的最基础功能，当生物多样性指数较高时，生态系统的结构完整，稳定性高，相应地表现出更好的生态系统功能强度与服务水平（徐炜等，2016）。但需要指出的是，基于生物多样性的草地生态系统质量在不同尺度下定义的方法不同，如在群落尺度中可用物种丰富度定义，但在区域尺度则相对复杂（Soltanifard and Jafari，2019），需从种群、群落、栖息地等不同层次进行评价。

图 10-2　草甸草原与退化草地

（2）环境条件：环境条件是指草地生态系统的气候、土壤、水分（马治华等，2007）等因子，这些因子并不是独立存在的，而是相互作用，共同影响着草地生态系统质量。因此，这些因子既是评价草地生态系统质量的组成部分，又是致使草地生态系统质量发生变化的重要因素（徐有绪等，2007）。

气候环境主要考虑大气的物理性质（如温度、湿度、辐射）与组成成分（如气体浓度、组成与转化）（图 10-3）。同时，草地生态系统也可以通过自身对局部气候的调节反过来影响气候质量。例如，草地生态系统的碳储量超过全球生物圈碳储量的 1/10（Eswaran et al.，1993），植物和其他生物通过光合作用、呼吸作用以及其他碳的吸收和储存过程与大气交换 CO_2 与 O_2，改变大气 CO_2 含量，减缓温室效应，从而影响气象过程（周亚萍和安树青，2001）。土壤质量需要考虑土壤肥力。土壤肥力是指土壤提供植物养分和生产生物物质的能力，是衡量环境质量的重要组成部分（刘占锋等，2006）。土壤肥力直接影响植物群落的组成和生理活力，决定着生态系统的结构、功能和生产力水平（王长庭等，2005）。一般来说，增加土壤肥力可促进植物生长，提高生态系统生物量和生产力。反映土壤肥力的指标多为土壤物理（如土壤质地、土壤容重、粒径）、化学（如土壤有机质、全氮、全磷等养分含量）和生物学指标，以及水土保持能力。水环境质量应从水的物理（如含水量、水位、蒸散、径流）和化学（如 pH、矿化度、元素含量）两方面考虑水分有效性和水环境安全性。当生态系统拥有良好的水环境质量时，由此形成的良好的草地生态系统质量也会进一步扩大水功能的影响程度。当植被根系深入土壤时，土壤对雨水更具有渗透性，使得生态系统具有良好的调节降水和径流的作用（周亚萍和安树青，2001）。

图 10-3　草地气象观测与土壤监测

（3）草地生态系统功能：草地生态系统功能是草地生态系统的能量流动和物质循环，其能量和物质输出的平衡既可使得生态系统表现出较高的生产力，又可保证草地生态系统处于一定的平衡状态，进而发挥其各项生态功能，因此在草地生态系统质量评价中占据重要地位。草地生态系统功能可从生产功能［如提供牧草、药品、畜牧产品等，可用初级生产力（Del Grosso et al.，2008）衡量］、生态功能［如防风固沙、调节气候、涵养水源、保持水土等（侯向阳，2013）］以及维持系统的平衡能力（如稳定性、恢复力等）三个主要方面进行衡量。在实际应用中，哪些功能需要优先考虑以及指标的易获得性都是需要考虑的问题，从而确定所纳入的生态系统功能项。

（4）外界干扰：外界干扰是决定生态系统稳定且可持续发展的重要条件，包括自然灾害和人为影响。自然灾害有雪灾、旱灾、鼠害、虫害等（杜金鸿等，2017）；人为影响包括积极和消极两个方面，积极影响如鼠虫害防治、草地生态工程建设等，消极影响如过度开垦、超载放牧（梁茂伟，2019）等。这些外界干扰会改变草地生态系统的物种组成、生物多样性、土壤呼吸、土壤养分与物质循环、能量流动等各个方面，进而影响草地生态系统功能。如果过度干扰会导致草地由碳汇转变为碳源（刘志民等，2002），但适时适当的干扰能够提高草地生态系统的固碳能力。因此，外界干扰对草地生态系统质量的影响是巨大的，将外界对草地生态系统的干扰控制在一定范围内，会极大地有利于生态系统功能的形成与维持（图 10-4）。

图 10-4　不同草地利用方式

结合长期定位观测数据和前人的研究，我们对草地生态系统质量监测指标体系进行了筛选，形成草地生态系统质量监测指标及技术规范，该体系分成台站尺度草地生态系统质量指标体系和区域尺度草地生态系统质量指标体系。本章后续章节将进一步论述在不同尺度开展的草地生态系统质量监测技术与应用工作。图 10-5 是草地生态系统质量监测技术框架。

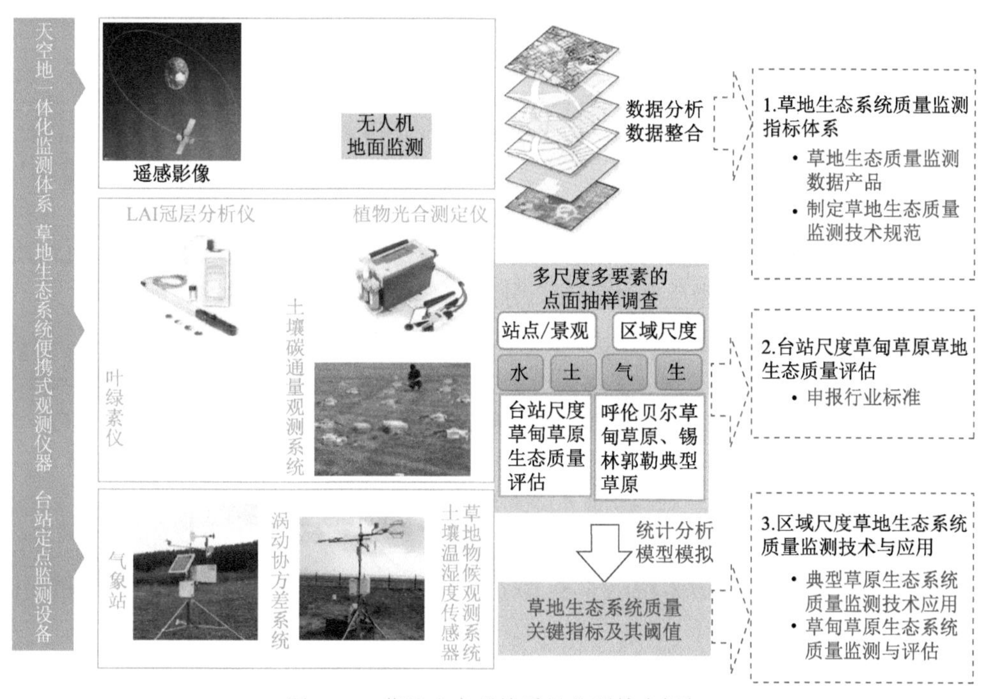

图 10-5　草地生态系统质量监测技术框架

10.2　草地生态系统质量监测指标体系

随着草地生态系统定位研究网络的建立，从站点到区域乃至全国尺度的观测体系建设已经成为草地生态系统观测研究的发展趋势。因此，遵循着使草地生态系统质量监测体系更具系统性、典型性、动态性、科学性、可行性、可操作性、代表性、为草地管理服务的原则，在不同尺度上对草地生态系统质量监测进行科学的指标选择与体系构建，不仅可以全面且准确地评估草地生态系统质量，更可以为草地生态系统的保护和恢复提供系统性指导与管理决策建议，推动现有草地生态监测网络的优化升级，满足国家和区域尺度对草地生态系统质量动态变化的监测需求。

10.2.1 草地生态系统质量常用监测指标术语和定义

1. 土壤容重

土壤容重是指在没有遭到破坏的自然土壤结构条件下，单位体积的干土重量。

2. 土壤相对湿度

土壤相对湿度是指土壤实际含水量占土壤田间持水量的比值。

3. 土壤 pH

土壤 pH 说明土壤的酸碱程度，是土壤形成过程和熟化培肥过程的一个指标。

4. 土壤有机质

土壤有机质（soil organic matter，SOM）是指存在于土壤中的所含碳的有机物质，包括各种动植物的残体、微生物体及其会分解和合成的各种有机质。

5. 土壤全氮

土壤中的氮分为有机态氮（如蛋白质）和无机态氮（如 NH_4^+-N、NO_3^--N、NO_2^--N），两者总和为全氮。

6. 土壤微生物生物量

土壤微生物生物量是指体积小于 $5\times10^3\mu m^3$ 活体微生物总量，但不包括活的植物体，如植物根系等。

7. 土壤微生物群落组成（PLFA）

用磷脂脂肪酸（PLFA）表示土壤微生物的群落组成。PLFA 是微生物细胞膜中的重要成分，不同类群的微生物具有不同的 PLFA 组成。因此，通过分析土壤中 PLFA 的组成和含量，可以了解土壤微生物的群落结构、丰度和活性状况。

8. 草层高度

草层高度是指平视的自然状态草层高度，对突出少量的叶和茎不予考虑。

9. 地上生物量

地上生物量是指牧草植株经干燥后的重量。干物质是牧草光合作用的产物，其重量是表征天然牧草生长状况的基本特征量之一，是确定牲畜存栏数的重要依据。

10. 植被覆盖度

植被覆盖度是指植被冠层的垂直投影面积占对应土地面积的百分比。

11. 中型禾草比例

中型禾草是指在正常水热条件下，植株高度一般达到 45～80cm 的禾本科草类。中型禾草比例是指中型禾草地上生物量占全部植物地上生物量的百分比，以%表示。

12. 凋落物量

凋落物量是指单位面积凋落死亡植物体的干物质量，以 kg/hm^2 表示。

13. 退化指示植物比例

退化指示植物（degraded indicative plant）是指可以指示天然打草场质量下降的植物。退化指示植物比例是指退化指示植物占全部植物的百分比，以%表示。

14. 裸斑、盐碱斑比例

裸斑、盐碱斑比例是指样地内裸斑或盐碱斑占样地面积的比例。

15. 降水量

降水量是指从天空降落到地面上的液态和固态（经融化后）降水，没有经过蒸发、渗透和流失而在水平面上积聚的深度。

16. 蒸发量

蒸发量是指在一定时段内，水分经蒸发而散布到空中的量，通常用蒸发掉的水层厚度的毫米数表示。

17. 有效生长季

有效生长季指某地每年牧草稳定通过生长下限温度的持续日数。大多数牧草有效生长季指稳定通过 3℃（或 5℃）的日平均气温持续日数。

18. 旱灾

旱灾指某一具体的年、季或月的降水量比多年平均降水量显著偏少而发生的危害。

19. 雪灾

雪灾指冬春牧场降雪过多时，积雪过深掩埋牧草，造成家畜采食困难或根本采不到牧草，其因饥饿而消瘦以致死亡的灾害现象。

20. 鼠害

鼠害是指草地鼠类大量啃食牧草的地上枝叶和地下根茎、推出土堆，造成牧草大面积减产甚至死亡的一种自然灾害。

21. 虫害

虫害是指使草地牧草生长和发育受到抑制与损害，造成牧草产量减少或品质下降的草地昆虫灾害。

22. 波文比

波文比（β）为感热与潜热的比值，表征区域地表能量分配状况，值越低表示分配用于加热空气的感热通量越少，用于地表蒸散的潜热通量越多，生态系统调节气候的能力越强。

23. 总初级生产力

总初级生产力（GPP），也称第一性生产力，指单位时间和单位面积内，绿色植物通过光合作用途径所产生的全部有机物同化量，即光合总量，可表征植物光合作用的能力。

24. 归一化植被指数

归一化植被指数（NDVI）是根据植被光谱特性，基于卫星可见光与红外波段的波段归一化差构造的指数，可以反映植物群落地表覆盖、绿度、健康与否等生长状况。

10.2.2 指标体系构建原则

以草地生态学及可持续发展理论为基础，在收集历史资料、放牧控制试验的基础上，根据草地生态系统与服务功能之间存在的内在联系、草原生态系统退化演替特征，借鉴国内外相关评估指标体系构建的思路和方法，构建反映草原生态系统质量基本内涵的评价指标体系。在多年应用实践和调查研究的基础上，根据我国退化草原生态系统社会、经济及生产状况和技术现状，结合草地恢复目标，提出了构建草地生态系统质量监测指标体系的基本原则。

草地生态系统质量监测指标体系构建主要遵循以下几个原则。

1. 系统性原则

各监测指标之间要有一定的逻辑关系，其不但要从不同的侧面反映草地生态系统质量的主要特征和状态，还要反映各类生态质量之间的内在联系。每一类生态质量由一组指标构成，各指标之间相互独立，又彼此联系，共同构成一个有机的整体。构建的指标体系应具有合理而清晰的层次结构，各类指标应逐层展开、相互补充。

2. 典型性原则

选择指标时务必确保监测指标具有一定的代表性和指示性，尽可能准确反映出草地生态系统质量的特征，即使在减少指标数量的情况下，也要便于数据计算和提高结果的可靠性。

3. 动态性原则

草地生态系统质量是一个动态发展的变量，由于影响环境的因素随着时间和周围条件的变化而随机变化，需要通过一定时间尺度的指标才能反映出来，因此指标的选择要充分考虑到动态的变化特点，进行长期和持续的监测。

4. 科学性原则

监测指标体系的构建必须以科学性为原则，这样能客观真实地反映草地生态系统质量的特点和状况。各评价指标应具有典型代表性，不能过多过细，使指标过于烦琐，相互重叠，指标又不能过少过简，避免指标信息遗漏，出现错误、不真实现象。

5. 可行性原则

监测指标的选取要特别注意其在总体范围内的一致性，指标体系的构建为区域政策制定和科学管理服务。因此，指标选取的计算量度和方法必须一致统一，各指标尽量简单明了、便于收集，各指标在时间、空间、隶属关系等方面要尽量做到范围明确、概念清晰、含义明确、便于理解和掌握，同时各个指标要具有可测性和可量化性，以便于统计、计算、比较和分析。

6. 可操作性原则

构建评估指标体系要从实际服务出发，与经济、技术发展水平相适应，指标目的明确，定义准确，评估方法及过程简单、可操作、易于应用和推广，以供不同层次水平和不同专业的使用者采用。计算评估指标的基本数据应是通过历史资料的收集、地面监测等手段获取，数据能够持续更新和支持。

7. 代表性原则

影响草地生态系统的生物和生态环境评估因子十分复杂，限于现有条件，选择其中主导作用强的指标反映总体特征，以草地生态、生产及社会安全为核心目标，同时避免指标之间的重叠。

8. 为草地管理服务的原则

为使管理者科学、合理决策及解决问题，评价指标体系的建立应以对区域草地生态系统结构和功能足够了解为基础。

10.2.3 台站尺度草地生态系统质量指标体系

台站尺度草地生态系统质量指标体系旨在评估草地生态系统的健康水平和质量，以便更好地了解和监测生态系统的状况，确保生态系统的稳定和可持续发展。该指标体系包括一级指标和二级指标，以及相应的测量频度。表 10-1 给出了台站尺度草地生态系统质量指标体系。

表 10-1 台站尺度草地生态系统质量指标体系

一级指标	二级指标	测量频度
土壤生态系统质量指标	土壤容重	1 次/5 年，测定表层土（0～20 cm）
	土壤相对湿度	
	土壤 pH	
	土壤有机质	
	土壤全氮	
	土壤微生物生物量	2 次/5 年（生长季旺期）
	土壤微生物群落组成	1 次/5 年（生长季旺期）
植被生态系统质量指标	草层高度	1 次/年（生长季旺期）
	地上生物量	
	植被覆盖度	
	中型禾草比例	
	凋落物量	
	退化指示植物比例	
	裸斑、盐碱斑比例	
气象评估指标	降水量	连续观测
	蒸发量	
	有效生长季	
干扰评估指标	旱灾	产生时测
	雪灾	
	鼠害	1 次/5 年，高发期连续调查
	虫害	1 次/5 年，发生期（6～9 月的每月 15 日）连续调查

土壤生态系统质量指标主要包括土壤容重、土壤相对湿度、土壤 pH、土壤有机质、土壤全氮、土壤微生物生物量和土壤微生物群落组成等方面。这些指标可以反映土壤质

量、肥力和微生物多样性等方面的变化，为台站尺度草地生态系统的评估提供基础数据。

植被生态系统质量指标则包括草层高度、地上生物量、植被覆盖度、中型禾草比例、凋落物量、退化指示植物比例和裸斑、盐碱斑比例等方面。这些指标可以反映草地植被的生长状况、生物多样性和健康状况，对于评估台站尺度草地生态系统的稳定性和恢复潜力具有重要意义。

气象评估指标主要关注降水量、蒸发量和有效生长季等方面。这些指标用于反映草地生态系统所处的气候条件，以及气候变化对草地生态系统的影响。气象评估指标通常需要连续观测。

干扰评估指标则包括旱灾、雪灾、鼠害和虫害等方面，反映出自然灾害和人为干扰对草地生态系统的影响，有助于我们了解草地生态系统的抗干扰能力和恢复力。

该指标体系在台站尺度上为草地生态系统评估提供了一个系统的、综合性的指标框架，有助于科研人员和管理者全面了解草地生态系统的状况，为草地生态系统的保护和恢复提供科学依据。

10.2.4　区域尺度草地生态系统质量指标体系

表 10-2 展示了区域尺度草地生态系统质量指标体系。该指标体系关注了草地生态系统的四个关键生态功能，分别是气候调节、生态系统生产力、植被生长程度和土壤肥力。每个生态功能都有对应的指示意义、具体指标和监测频率/空间分辨率。

表 10-2　区域尺度草地生态系统质量指标体系

生态功能	指示意义	具体指标	监测频率/空间分辨率
气候调节	表征生态系统将到达地表净辐射以潜热形式输送到大气的能力	波文比（β）	月/500m
生态系统生产力	表征生态系统的生产能力，是生态系统提供其他服务功能的基础	总初级生产力（GPP）	月/500m
植被生长程度	表征植被生长状况，反映生态系统结构稳定性、抗干扰力及恢复力	归一化植被指数（NDVI）	月/250m
土壤肥力	表征土壤肥沃程度的一个重要指标，是衡量土壤能够为作物生长提供所需的各种养分的能力	土壤有机质（SOM）	年/空间取样调查（生长季旺期）

气候调节功能表征生态系统将到达地表净辐射以潜热形式输送到大气的能力。在这个体系中，波文比（β）作为指标，监测频率为月/500m 空间分辨率。通过波文比的监测，可以评估草地生态系统在气候调节方面的作用。

生态系统生产力功能反映了生态系统的生产能力，是生态系统提供其他服务功能的基础。总初级生产力（GPP）作为指标，监测频率为月/500m 空间分辨率。通过对总初级生产力的测量，可以了解草地生态系统的生产力水平，以及其对生态系统服务功能的贡献。

植被生长程度功能表征植被生长状况，反映生态系统结构的稳定性、抗干扰力及恢复力。归一化植被指数（NDVI）为常见指标，监测频率为月/250m 空间分辨率。NDVI的监测，可以帮助研究人员和管理者了解植被的数量和健康状况，识别植被变化，及其对生态系统结构和功能的影响，同时还能监测气候变化和土地利用变化对植被的影响。

土壤肥力功能则是表征土壤肥沃程度的一个重要指标，是衡量土壤能够为作物生长提供所需的各种养分的能力。其可以通过对土壤有机质（SOM）的测量，了解草地生态系统的土壤肥力状况。它不仅对土壤团聚体结构和透水性有改善作用，还对土壤物理化学性质和生物学性质以及温室效应有调控作用。

区域尺度草地生态系统质量指标体系为草地生态系统评估提供了一个更全面的视角，有助于研究人员和生态管理者更深入地了解不同尺度下草地生态系统的状况。这一综合评估体系为制定科学的生态保护和恢复策略奠定了坚实的基础，有助于确保我们能够更有效地保护和维护重要的生态系统，也有助于我们更好地理解草地在生态系统中的作用，并采取必要的措施以促进其可持续发展。

10.3 台站尺度草甸草原草地生态质量评估

温性草甸草原是我国地带性草地生态系统的重要类型，主要分布于我国北方地区，包括内蒙古、吉林、黑龙江、辽宁、河北、新疆、宁夏、西藏、陕西等 10 个省（自治区）。其不仅为人类提供了多种多样的物质生产和生态服务功能，还是重要的畜牧业基地和生态安全及文化传承的基础（陈仲新和张新时，2000；傅伯杰等，2001）。然而，由于受人类活动和自然因素的影响，草地生态系统内的初级产品消耗过度，导致草地生态环境普遍存在不同程度退化（聂浩刚等，2005），系统功能协调机制弱化或失调，直接影响着可持续发展。联合国《千年生态系统评估报告》指出，全球自然资源提供的各类服务有 2/3 已经出现下降趋势，生态退化日益严重，且这种趋势可能在未来 50 年内仍然得不到有效扭转。国内外各界逐渐认识到草地生态系统服务功能、地位以及潜在价值的重要性。因此，必须正确评估草地生态质量状况及其消长变化趋势，为制定合理的草地保护和开发利用决策提供基础和依据。

目前，我国尚无统一的针对草原生态质量评估的指标体系和评估标准。许多学者对典型草原与草甸草原生态群落特征及演替规律进行了大量研究，揭示了放牧、割草及其他干扰对草地植被及其生态环境的演替影响，并从不同角度提出生态学和草地学关于草甸草原生态系统研究的众多指标特征及其内在联系分析数据模型，以及草原生态系统退化演替规律及机制（阚雨晨等，2012；李静鹏等，2016；韩梦琪等，2017）。这些基本理论和基础数据，有利于了解草原生态系统的生物特征及其生态环境的性质和特征，为草原生态质量评估奠定了坚实的依据和基础。

特别是从生态系统评估或评价角度，世界各国众多学者通过各种方法，对各大生态资源进行评估，以防止或减少对生态的破坏，加强对生态资源的保护和合理开发利用，对生态、经济和社会的可持续发展起到重要作用（单贵莲等，2008）。1990 年，经济合作与发展组织（OECD）在启动环境指标评价项目时，首次提出生态系统的压力-状态-响应评价模型。20 世纪 90 年代，Costanza 等（1997）对生态系统服务功能分类和货币化评估进行研究，为生态系统服务功能及其价值评估奠定了理论和方法基础，随之推动了国内外对生态系统服务功能价值评估的研究。美国、澳大利亚的有关学者提出以草地健康为尺度评价草地基本状况，提出包括环境、植被以及经济收益等流域健康评价指标。有学者提出草地健康评价指标与方法，认为可用 17 个可观测指标（包括裸地、表土的流失或退化、凋落物数量、年生产量、多年生植物的繁殖能力等）来对草地的土壤稳定性、水文学功能和生物群落的完整性 3 个属性进行快速评价，该评价方法是目前为止比较完善并且应用于实践的方法（张志强等，2001）。千年生态系统评估（MA）是世界上第一个针对全球陆地和水生生态系统开展的多尺度、综合性评估项目，其目的是提高对生态系统的管理水平，为决策者提供信息，任务是评估生态系统现状、预测生态系统的未来变化、提出对策、在典型地区实施评估计划。MA 的评估框架拓展了压力-状态-响应评估框架。刘纪远和邓祥征（2009）基于 MA 概念框架，提出了完整的三江源区草地生态系统评估指标体系，包括生态系统结构、支持功能、调节功能和供给功能四大类以及 15 个一级指标、75 个二级指标。2008 年，我国农业部提出的《草原健康状况评价》（GB/T 21439—2008），规定了定量化的 12 个指标，根据草原健康指数综合评估的方法，将草原健康状况分为 5 个等级。2003 年，我国农业部提出了《天然草地退化、沙化、盐渍化的分级指标》（GB 19377—2003），规定了必须监测项目和辅助监测项目以及评定退化的方法。徐丽君等（2019）依据半干旱牧区天然打草场合理利用和清查研究工作，采用 5 级级差法及指标阈值范围，构建了天然打草场退化分级的评估指标体系。闫瑞瑞等（2021）依据呼伦贝尔谢尔塔拉放牧控制试验为基础，通过总结草地放牧场退化演替规律及驱动机制，采用层次分析法、专家调查法以及比较矩阵分析法，构建了内蒙古草甸草原放牧场退化指标体系及定量评价方法。以上工作及研究成果为草地生态质量评估提供了可借鉴的指标和方法论。

10.3.1　草甸草原草地生态质量指标权重确定

为了科学评价草甸草原生态质量状况，项目组正在编制农业行业标准《草甸草原生态质量评估技术规范》，保障天然草地保护和建设政策及草畜平衡制度的贯彻实施。针对草甸草原生态系统固有的属性特征，采用综合指数评价方法，构建草甸草原生态质量评估的指标体系和选择评估方法。该标准是我国草地管理工作中的一项重要任务，通过草甸草原生态质量标准的制定和实施，能够规范草甸草原生态质量评价的操作技术，促进草地生态系统的评价研究向实用化方向发展，将提升草甸草原生态质量评价工作的技术水平，可为加大草地生态系统的保护和修复提供有效依据，为科学管理和决策提供重要的技术支撑，对草地畜牧业发展和维护草地生态系统平衡具有非常重要的意义。

草甸草原生态质量评估标准列出了 15 个术语和定义，属于草地生态质量评估常用到的专业术语，包括温性草甸草原、草原生态质量、生境、生境稳定性、生物完整性、指标参照值、多年生植物种类、地上生物量、平均高度、盖度、退化指示植物比例、土壤有机质含量、土壤容重、凋落物量、退化指示植物。对于各术语的定义，如果已存在于其他相关国家标准和行业标准中，则直接进行引用参考，部分尚未在标准中定义的专业术语，则通过查阅相关专业论文、词典等资料，结合专业知识进行定义，并咨询相关领域的专家最终确定。

在草甸草原生态质量评估中，各指标权重值的高低直接影响着综合评价指数值大小及评价结果，科学地确定各评价指标的权重在综合评价中是非常重要的。权重相互独立地反映各指标在不同方面的重要性，权重赋值主要考虑草甸草原植被和土壤的各个因子对草甸草原生态系统功能、结构的重要性与特殊性。在草甸草原生态质量评价中，各指标的相对重要性主要从四个方面来考虑：一是各指标获取成本及应用推广的价值；二是各指标对干扰响应的敏感性；三是指标独立性的大小；四是指标测定值获取的主观性大小。

各评价指标权重的确定采用了专家调查、咨询的方法，充分收集专家的意见，使指标赋权更科学、客观、合理。项目组收集了 12 位专家对天然草地资源进行深入了解后的意见，让他们各自独立地对最终确定的 8 个指标进行赋权，然后将专家意见集中起来，求出每个指标权重的平均值。专家对各评价指标赋权汇总见表 10-3。

表 10-3　专家对各评价指标赋权汇总

准则	评价指标及其权重系数		各准则权重系数
	评价指标	权重系数	
生物完整性	地上生物量	0.15	0.6
	多年生植物种类	0.15	
	平均高度	0.1	
	盖度	0.1	
	退化指示植物比例	0.1	
生境稳定性	土壤有机质含量	0.18	0.4
	土壤容重	0.12	
	凋落物量	0.1	

10.3.2　术语与定义

1. 温性草甸草原

草甸草原是温带半干旱半湿润地区的地带性草地类型，建群种为中旱生或广旱生的多年生草本植物，经常混生大量中生或旱中生植物。其主要是杂类草，其次为根茎禾草与丛生苔草，主要分布于内蒙古、吉林、黑龙江、辽宁、河北、新疆、宁夏、青海、甘肃、西藏、陕西等省（自治区）。

2. 草原生态质量

草原生态质量反映草原生物生产与生态环境的优劣程度，基于草原植物群落的完整性、生境条件的稳定性等特征，反映草原生态系统功能发挥的能力和可持续程度。

3. 生境

生境指物种或物种群体赖以生存的生态环境。

4. 生境稳定性

生境稳定性指土壤有机质、土壤容重等对外来干扰或影响的抵抗能力，以及干扰引起土壤有机质和土壤容重等改变后的恢复能力。

5. 生物完整性

生物完整性指维持植物群落特有的结构与功能处于正常波动范围之内的能力，抵抗因干扰所导致结构功能丧失的能力，以及受干扰后恢复其结构的能力。

6. 指标参照值

指标参照值指用作对比分析的生态参考指标值，即未退化或接近原生状况的基准指标值。一般选择历史资料中同类草地出现过的最大指标值作为基准指标值。

7. 多年生植物种类

多年生植物种类指单位面积多年生植物种的数量，以种/m^2表示。

8. 地上生物量

地上生物量指单位面积植物地上绿色部分的干物质量，以 kg/hm^2 表示。

9. 平均高度

平均高度指草群的平均自然高度，以 cm 表示。

10. 盖度

盖度指植物地上部分的垂直投影面积占地表面积的比例，以%表示。

11. 土壤有机质含量

土壤有机质含量指土壤中以各种形式存在的含碳有机化合物的量，以 g/kg 表示。

12. 土壤容重

土壤容重指在自然状态下，单位容积土壤（包括土粒和孔隙）的烘干重量，以 g/cm^3 表示。土壤容重是反映土壤孔隙度、板结程度、土壤空气容量以及土壤持水能力的重要指标。

13. 凋落物量

凋落物量指单位面积内凋落死亡植物体的干物质量，以 kg/hm^2 表示。

14. 退化指示植物

退化指示植物指可以指示天然草原质量下降的植物。

10.3.3 综合评定与分级

1. 指标体系的结构

根据草地生态质量评估的目的和草地生态系统的理论，从生物完整性和生境稳定性两个重要方面出发，构建草甸草原生态质量评估的指标体系，体现特定时空范围内草地生态系统整体功能的稳定性和可持续性。《草甸草原生态质量评估技术规范》的评估指标体系结构分为目标层、准则层和指标层。

1）目标层的形成

目标层——草甸草原生态质量评估。草甸草原生态质量评估是对草地生态环境的优劣程度进行评估，其目的是尽可能地对草地生态系统的生物与环境整体的功能运行状况做出客观、公平、有效的评价，为草地科学管理目标提供一种技术服务。草地科学管理目标是维护草地生态系统的稳定和可持续发展，让草地植被处于良好的生态环境，保证植物群落能够更有效地利用光照进行有机物和养分的循环，保墒蓄水，为家畜及野生动植物创造良好生境，提高草地最高生产潜力。

通过草甸草原生态质量评估可以预警草地存在的风险程度，以便采取有效的应对和管理措施，控制对草地生态系统的干扰程度，保护草地内部结构与功能的协调。生物与其环境构成草地生态系统的组分和基本结构，由此，草甸草原生态质量评估的重点应着眼于草地生物因素和其所处的土壤基质条件，通过生物的种类、数量、生物量、空间分布，以及土壤基质环境对生物群落的作用和生物群落对土壤基质环境的反作用，反映草地生态系统能量流动和物质循环的能力。

目标层下包括两个准则层，即生物完整性和生境稳定性。

2）准则层的形成

属性层（准则层）——生物完整性。植物群落在生物群落中起基础性作用，其将无机环境中的能量同化，维系着整个生态系统的稳定，各种绿色植物还能为各种生物提供栖息、繁殖的场所。植物生产者是连接无机环境和生物群落的桥梁。植物群落特征是评价草地生态质量的基础指标，直接影响草地生态系统功能的发挥及提供产品和服务的能力。可持续发展的草地能够生产最大的生物量，为家畜和野生动物提供更多的饲草；为各种生物（如昆虫、腐殖菌等）提供消耗品，维持植物多样性；提供家畜和野生动物所需的高品质饲草；维持生物多样性和复杂的生物网。草地生物的完整性首先考虑植物群落功能发挥的程度，若植物群落功能正常发挥，土壤生境处于好的状况，草地产生可最高的生产力或产生最高的价值。因此，将植物群落的重要特征作为生物完整性的重点内容。

属性层（准则层）——生境稳定性。草地生境一般指土壤基质状况。在生态学中，生境条件的稳定一般用土壤环境表征生境条件的稳定性。以土壤状况为主的生境，用以评价生境质量和评估期望结果，而不应“牺牲生境”使草地生态质量变差。在草地管理中，需要保护好几个世纪形成的土壤，维持草地的潜在生产力；为植物生长和其他生物体提供更为良好的环境，支撑稳定的长期生物量生产，存储、保持并缓慢释放营养和水分；确保干旱期间草地生态系统的稳定性，减少土壤流失和侵蚀。

生境是生物和非生物因素综合形成的。生境稳定性表现在两个方面：一是土壤环境抵抗外界干扰并使自身的结构与功能维持原状的能力；二是土壤环境在受到外界干扰因素的破坏后恢复到原状的能力。草地生态系统自我调节能力的基础与植物种类的组成、营养结构的复杂程度有关。生态系统的成分越多，具有越强的自我修复能力，抵抗力的稳定性越高、恢复力的稳定性越强。草地植被的一大威胁就是生境的破坏，生境的破坏可能导致植物物种局部灭绝，特别是导致野生资源量减少，从而进一步加剧资源过度利用的压力，形成恶性循环。由此，用土壤资源和地表表征作为生境稳定性的关键指标。

3）指标层的形成

根据指标体系目标层和准则层的内涵与原则，以准则层分类特征为指标层。生物完整性指标的选择，遵循与国家和行业标准的相关指标体系保持一致性和可比性的原则，针对草甸草原生态质量评估内容，将《天然打草场退化分级》（NY/T 3448—2019）中的部分指标作为植物群落完整性的备选指标。《天然打草场退化分级》（NY/T 3448—2019）中的指标虽然侧重于打草场退化评价，但是部分指标适用于《草甸草原生态质量评估技术规范》的生物完整性准则，因此，其被该标准直接引用，引用指标包括地上生物量、平均高度、盖度、凋落物量。

此外，其他指标是根据文献引用频次高且具有可操作性、客观性及科学性的特征进行选择，包括多年生植物种类、土壤有机质含量、土壤容重、退化指示植物比例。作为农业行业标准，指标不仅需要具有科学性，其可操作性也尤为重要。许多草地评估研究中，由于指标过于复杂，而且获取成本高，只能用于小区域研究，且是一次性的，不能应用于草地管理的实际工作中。因此，《草甸草原生态质量评估技术规范》的指标体系是建立在实际应用的可操作性和合理性的基础之上，为草地生态质量评估工作顺利开展提供一套有效的评估指标体系和评价方法。

2. 指标体系

草甸草原生态质量评估设置了目标层、属性层（准则层）及指标层，以草甸草原生态质量评估为目标层，生物完整性、生境稳定性为准则层，各准则层的分类特征为指标层。该指标体系包括 5 个生物完整性指标、3 个生境稳定性指标，共 8 个指标来反映草甸草原生态质量状况（图 10-6）。这些评价指标是草地资源和生态系统监测、评价及研究的重要指标，尤其在相关文献中这些指标出现频次较高。

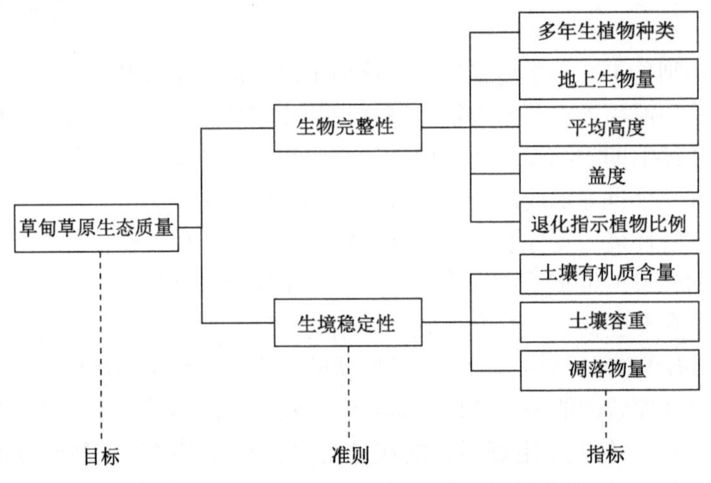

图 10-6 草甸草原生态质量评估的指标体系

3. 指标测定方法

1）测定时间

依据《草原资源与生态监测技术规程》（NY/T 1233—2006）的地面调查时间，北方地区的草甸草原植物的生长旺期大多取决于不同情况。指标的获取通过野外调查或监测工作进行，测定时间通常按各地区植物生长繁育的旺期。因地域性气候不同，各地植物生长的旺期不尽一致。因此，《草甸草原生态质量评估技术规范》规定：选择评估区域草地地上生物量最高峰期，一般为 7 月下旬～8 月上旬。

2）样地选择

样地依据《天然草地利用单元划分》（GB/T 34751—2017）中的“观测样地设置”进行选择，并结合其他相关文献资料以及专家野外调查的工作经验确定代表性样地。《草甸草原生态质量评估技术规范》规定：在评估区域选择地形和草地类型特征一致的地段，设置 3 个以上有代表性的样地，样地面积≥100 hm^2。

3）样地设置

样地设置主要依据《草地资源调查技术规程》（NY/T 2998—2016）对“样方设置”的描述：应在样地的中间区域设置样方。按照样方内植物的高度和株丛幅度进行分类：一类是植物以高度<80cm 草本或<50cm 灌木半灌木为主的中小草本及小半灌木样方；另一类是植物以高度≥80cm 草本或高度≥50cm 灌木为主的灌木及高大草本植物样方。

本书规定：在样地的中心区域随机设置样方，样方分为草本样方和灌木样方。

草本样方：以中小草本（高度<80cm）及灌木半灌木（高度<50 cm）植物为主。

灌木样方：以灌木（高度≥50cm）及高大草本（高度≥80cm）植物为主。

样方数量及样方面积依据《草地资源调查技术规程》（NY/T 2998—2016）中的“样方数量”和“样方面积”而定。

4）测定

对于各指标的测定方法，如果已存在于其他相关国家标准和行业标准中，则直接进行引用参考，部分尚未在其他标准中的指标测定方法，则通过查阅相关专业文献资料、结合项目组在研究和工作中的各指标测定方法，并咨询相关领域的专家最终确定。

（1）多年生植物种类：依据相关文献资料，项目组给出多年生植物种类，应在各样方内计算多年生植物种类，求取平均值。

（2）地上生物量：草本样方地上生物量测定依据《天然打草场退化分级》（NY/T 3448—2019）而定。草本样方：各样方内全部植物按退化指示植物、其他植物齐地面剪割，称取鲜重，取 500 g 装袋，鲜重不足 500 g 的应全部收获带回，带回的样品经 65℃ 烘干 24h 至恒重，用平均数表示单位面积植物干重。

灌木样方地上生物量测定及计算方法依据《天然草原等级评定技术规范》（NY/T 1579—2007）中的“灌木样方中草本产量测定”和“灌木样方中总产量计算”而定。灌木样方：在各样方内选取某灌木或高大草本植物 1 个株丛作为标准株，剪割当年嫩枝叶测定生物量，其他株丛根据冠幅的大小，按同标准株的差异进行折算，得到样方内标准株丛数，再乘以标准株生物量，即得出某种灌木的总生物量。按此方法，依次测定其他灌木或高大草本植物的生物量。灌木样方中草本产量测定方法与草本样方相同，但需要扣除灌木的比例。灌木样方的灌木总产量和草本总产量即该样方内的总量，计算各样方平均单位面积植物干重。干重测定方法与草本样方相同。

（3）平均高度：依据《天然打草场退化分级》（NY/T 3448—2019），并结合草甸草原各类型的特性而定。《草甸草原生态质量评估技术规范》规定：样方内测定从地面至草群顶部的自然高度时，每个样方内随机测定 3～10 株，计算平均值。

（4）盖度：根据文献资料和项目组工作经验给出盖度。《草甸草原生态质量评估技术规范》规定：利用网格样方，目视估计植物群落总体或各个植物种地上部分垂直投影面积占样方内地表面积的比例，计算平均值。

（5）土壤有机质含量：依据《土壤检测 第 6 部分：土壤有机质的测定》（NY/T 1121.6—2006），结合前期研究基础给出土壤有机质含量。《草甸草原生态质量评估技术规范》规定：在各样方内取表层（0～20cm）土壤 100g 进行混合，风干后装袋，带回的样品经 65℃烘干 24h 至恒重。

（6）土壤容重：依据《土壤检测 第 4 部分：土壤容重的测定》（NY/T 1121.4—2006），结合项目组工作经验给出土壤容重。《草甸草原生态质量评估技术规范》规定：在各样方内用环刀取表层（0～20cm）土壤 100g 进行混合，风干后装袋，带回的样品经 65℃烘干 24h 至恒重。

（7）凋落物量：依据《天然打草场退化分级》（NY/T 3448—2019），结合项目组工作经验给出凋落物量。《草甸草原生态质量评估技术规范》规定：收集各样方内全部凋落物，称取鲜重，取 500g 装入袋内，鲜重不足 500g 的应全部收获带回，带回的样品经 65℃烘干至恒重，计算平均值。

（8）退化指示植物比例：依据《天然打草场退化分级》（NY/T 3448—2019），结合前期研究给出退化指示植物比例。《草甸草原生态质量评估技术规范》规定：按《天然打草场退化分级》中的“退化指示植物比例”而定，即测定全部植物地上现存量，计算退化指示植物地上现存量占全部植物地上现存量的百分比。

10.3.4 综合评定值计算

《草甸草原生态质量评估技术规范》参考《区域生物多样性评价标准》（HJ 623—2011）、《生态环境状况评价技术规范》（HJ 192—2015）中的评价方法，采用综合评价法来制定草甸草原生态质量评估技术规范。

1. 综合评价法的特点及原则

（1）评价过程不是逐个指标依次完成的，而是通过归一化方法同时完成多个指标的评价。

（2）在综合评价过程中，应根据指标的重要性进行加权。

（3）评价结果不再是具有具体含义的统计指标，而是以指数或分值表示评价对象"综合评价"的排序。

2. 综合评价法的步骤

（1）确定综合评价指标体系，这是综合评价的基础和依据。

（2）收集历史资料，选取基准指标参考最大值，并对不同计量单位的指标数据进行同度量处理，也就是进行归一化处理。

（3）确定指标体系中各指标权重，以保证评价的科学性。

（4）对经过处理后的指标再进行汇总计算，得出综合评价指数。

（5）根据综合评价指数对评价对象进行等级划分，得出结论。

3. 评价指标计算公式

依据统计学加权方法进行指数综合计算，加法合成一般适用于各评价指标之间相对独立的场合。为了消除不同指标间量纲的差异，需要对指标值做标准化处理，将不同量纲的指标通过适当的变换，转化为无量纲的标准化指标。

评价指标的归一化处理：

归一化后的评价指标=归一化前的评价指标×归一化系数

式中，归一化系数=100/AX_n，n=1, 2, …, 8；AX_n为指标参照值。

北方草甸草原生态质量评估的指标评定值按式（10-1）计算：

$$
\begin{aligned}
\mathrm{EI} = {} & 0.17X_1\left(\frac{100}{\mathrm{AX}_1}\right)+0.15X_2\left(\frac{100}{\mathrm{AX}_2}\right)+0.1X_3\left(\frac{100}{\mathrm{AX}_3}\right)+0.1X_4\left(\frac{100}{\mathrm{AX}_4}\right) \\
& +0.1\left[100-X_5\left(\frac{100}{\mathrm{AX}_5}\right)\right]+0.16X_6\left(\frac{100}{\mathrm{AX}_6}\right)+0.12\left[100-X_7\left(\frac{100}{\mathrm{AX}_7}\right)\right] \\
& +0.1X_8\left(\frac{100}{\mathrm{AX}_8}\right)
\end{aligned}
\qquad (10\text{-}1)
$$

式中，EI为综合评定值；X_1为多年生植物种类测定值；X_2为地上生物量测定值；X_3

为平均高度测定值；X_4为盖度测定值；X_5为退化指示植物比例测定值；X_6为土壤有机质含量测定值；X_7为土壤容重测定值；X_8为凋落物量测定值；AX_n为指标参照值（表10-4）。

表10-4 北方草甸草原生态质量评估指标参照值

指标	AX_n
多年生植物种类/（种/m²）	50
地上生物量/（kg/hm²）	3400
平均高度/cm	85
盖度/%	87
退化指示植物比例/%	90
土壤有机质含量/（g/kg）	80
土壤容重/（g/cm³）	1.35
凋落物量/（kg/hm²）	2600

10.4 区域尺度草地生态系统质量监测技术与应用

10.4.1 典型草原生态系统质量监测技术应用

1. 锡林浩特市草原概况

锡林郭勒草原是我国北方温带草原的主体部分，也是我国草原从东部半湿润草甸草原区向西北干旱荒漠和山地草原区的过渡地带（胡云锋等，2013；赵芬，2015）。锡林郭勒草原作为我国北方至关重要的生态屏障，其草原生态环境状况及变化趋势对于保障首都北京乃至我国整个华北地区的生态安全具有重要意义。锡林浩特市位于锡林郭勒草原的中心（43°02′N～44°52′N，115°13′E～117°06′E），总面积约 $1.48\times10^5\text{km}^2$，地势由东南向西北倾斜，东南部多为石质的低山丘陵，北部地势逐渐平坦，低山丘陵零星分布。锡林浩特市属温带干旱半干旱气候区，春季多大风天气，夏季相对高温多雨，秋季短促，冬季寒冷且持续时间长。锡林浩特市草地大面积发育，草地面积约占全市总面积的86.8%，主要为发育在栗钙土上的温带典型草原，建群种以典型大针茅为主，次优势种为克氏针茅、羊草（刘珏宏等，2010）。

然而，在近年来气候变化和人类活动的共同影响下（佟斯琴等，2016；曹艳萍等，2019），锡林浩特市草地植被生长状况发生了变化。因此，需要对研究区草地生长变化进行监测（图10-7），进而掌握区域草地质量的动态变化特征，以便及时有针对性地施行政策进行调控。

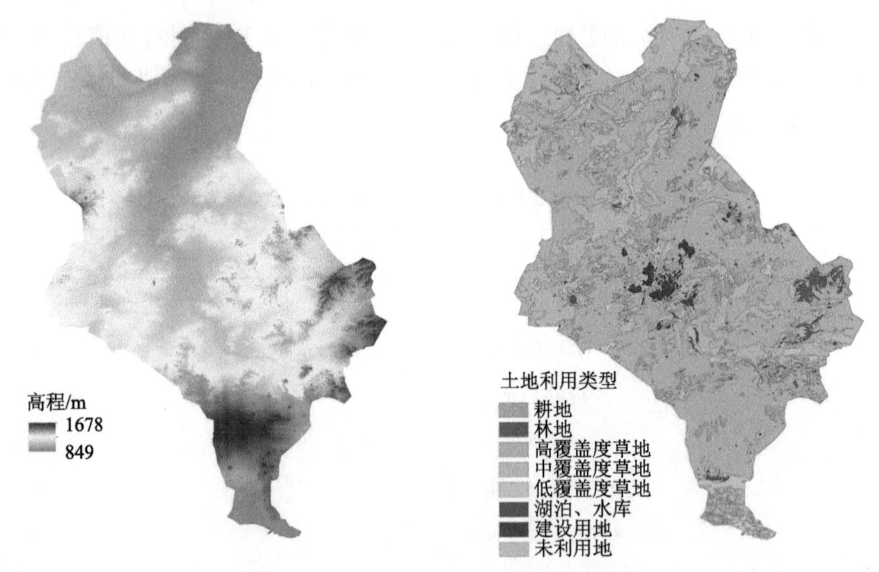

图 10-7 内蒙古锡林浩特研究区示意图

2. 草地生态系统质量评估方法

草地生态系统的退化是指草原生态系统受到自然和人为活动的影响而导致草地质量衰退的过程，是目前我国干旱、半干旱地区草原所面临的最主要的生态问题（樊江文等，2007；巴图娜存等，2012）。草地的生长状况是衡量草地生态系统生物生产力和生态系统质量最直观、最便捷的生态系统质量指标。在特定时间段内，草原植被的变化能在一定程度上反映草原生态系统服务功能的强弱与草地生态系统质量的好坏。同时，在相对大的尺度上，NDVI、LAI、GPP 等能够很好地反映地表植被的繁茂程度，可用来分析地表植被的覆盖变化（赵冰茹等，2004；Fensholt et al.，2009；蔡博峰和于嵘，2009；Jin et al.，2014）。研究案例将采用 NDVI、LAI、GPP、NPP、波文比作为评价指标，以此为基础设置不同阈值，将锡林浩特市草地划分为不同等级，在区域尺度上分析各级别草地的增减趋势，从而反映草原生态系统质量的变化。

1）数据来源

研究区域各生态指标提取所用到的原始数据包括美国地质调查局（USGS）陆地过程分布式数据档案中心（LP DAAC，http://lpdaac.usgs.gov/）的 MODIS 数据，以及北京师范大学开发的全球陆表特征参量（GLASS）产品（http://glass-product.bnu.edu.cn/），分别为：MOD13Q1（NDVI）、MOD15A2H（LAI）、MOD16A2（ET）、MOD17A3（GPP、NPP）、GLASS02A06（反照率）。MODIS 传感器获取的数据覆盖范围广、时间分辨率高并且数据免费，因此成为长时间序列植被覆盖年际变化研究的常用数据源。本研究用到的 MOD13Q1 数据的时间序列为 2000～2017 年，空间分辨率和时间分辨率分别为 250m、16 天；MOD15A2H 数据的时间序列为 2000～2017 年，空间分辨率和时间分辨率分别为 500m、8 天；MOD16A2 数据的时间序列为 2000～2017 年，空间分辨率和时间分辨率分别为 500m、8 天；MOD17A3 数据的时间序列为 2000～2014 年，空间分辨率和时间分辨率分别为 1000m、每年；GLASS02A06 数据的时间序列为 2000～2017 年，空间分辨率和时间分辨率分别为 1000m、17 天。原始数据的格式均为 EOS-HDF，地图投影格式为正弦曲线投影。

本研究使用来自中国科学院资源环境科学与数据中心（https://www.resdc.cn/）的土地利用数据提取草地范围，选取覆盖锡林郭勒盟锡林浩特市 2000 年、2005 年、2010 年、2015 年四期 30m 分辨率的土地覆盖数据。

2）数据处理

遥感数据的批处理借助 ArcGIS 10.3 软件与 Python 2.7 的 ArcPy 库完成，依据不同数据的处理标准和条件完成数据提取和后期处理。首先，调用提取子数据集（extract subdataset）工具从 HDF 格式的 MODIS 数据及 GLASS 数据中提取所需图层，保存为 TIFF 格式；其次，调用 project raster 工具将数据的正弦曲线投影转换为阿伯斯投影（Krasovsky_1940_Albers），重采样方法均采用最邻近法，同时，NDVI 数据的重采样分辨率为 250m，LAI 数据的重采样分辨率为 500m，GPP 与 NPP 数据的重采样分辨率为 1000m，ET 数据的重采样分辨率为 500m，反照率数据的重采样分辨率为 1000m。NDVI、LAI、ET、反照率数据分别采用最大值合成法获取 2000～2017 年的逐年数据，最大值合成法可在一定程度上消除太阳高度角以及云等噪声对像元值的影响（朴世龙和方精云，2001）。

波文比是感热通量与潜热通量的比值，本研究在能量平衡公式的基础上[式（10-2）]，运用地表净辐射以及由遥感数据计算得到的潜热通量计算研究区草地的波文比，如式（10-3）：

$$H = R_n - \lambda_{ET} - G \tag{10-2}$$

$$\beta = \frac{H}{\lambda_{ET}} \tag{10-3}$$

式中，R_n 为通过地表反照率等遥感数据估算的地表净辐射；H 为感热通量，是地表净辐射与潜热通量的差值；ET 为蒸散发，由 MOD16A2 数据处理得到；λ 为汽化热系数；G 为土壤热通量，由于其数值较小且年际波动较小，本研究计算中忽略土壤热通量。

波文比计算中的潜热通量由处理后的 MODIS ET 数据乘以汽化热系数 λ 后得到，感热通量的数值需通过地表净辐射与潜热通量的差值获取。研究区地表净辐射的计算运用了 GLOPEM-CEVSA 模型（王军邦，2007），模型运算需用到反照率数据，计算公式如式（10-4）～式（10-6）：

$$R_n = R_{ns} - R_{nl} \tag{10-4}$$

$$R_{nl} = \sigma T_s^4 \left(0.56 - 0.079\sqrt{e_a}\right)\left(0.10 + 0.90\frac{n}{N_s}\right) \tag{10-5}$$

$$R_n = R_s(1-\alpha) + R_l(1-\varepsilon_s) - \varepsilon_s \sigma T_s^4 \tag{10-6}$$

式中，R_n 为地表净辐射；R_{ns} 为短波净辐射；R_{nl} 为长波净辐射；α 为地表反照率；ε_s 为地表比辐射率；T_s 为地表温度；σ 为 Bolzaman 常数，取值 4.903×10^{-9} MJ/（$K^4\cdot m^2\cdot d$）；e_a 为实际水气压；n 为日照时数；N_S 为理想的日照时数。计算过程详见王军邦（2007）的研究。

各年份的土地利用数据利用 ArcGIS 10.3 软件处理，分别提取 2000 年、2005 年、2010 年、2015 年研究区的草地范围。调用 ArcGIS 10.3 的叠加分析（intersect）工具对 2000 年、2005 年、2010 年、2015 年四期草地覆盖图做相交处理，本次阈值估计所涉及的草地区域是被认定为在四期相交后没有发生变化的区域，并对这一区域的 NDVI、LAI、GPP、NPP 数据进行提取。

在上述处理多年数据的基础上，以累积概率密度的方式提取锡林浩特市温带典型草原在各生态指标下的分级阈值，累积概率密度阈值分界点设置为 0.2、0.4、0.6、0.8。

3. 锡林浩特市草地生态系统质量评估结果

本研究通过累积概率密度的方式分析了经过预处理后长时间序列的 NDVI、LAI、GPP、NPP、波文比数据，在对校正后的多年栅格值进行分析之后，得到了基于不同生态指标的草地生态系统质量分级阈值。基于 NDVI 的草地生态系统质量分级阈值分别为 0.32、0.39、0.46、0.56；基于 LAI 的草地生态系统质量分级阈值分别为 0.6、0.8、1.1、1.5；基于 GPP 的草地生态系统质量分级阈值分别为 214 g C/（$m^2\cdot a$）、258 g C/（$m^2\cdot a$）、298 g C/（$m^2\cdot a$）、347g C/（$m^2\cdot a$）；基于 NPP 的草地生态系统质量分级阈值分别为 129 g C/（$m^2\cdot a$）、154 g C/（$m^2\cdot a$）、175 g C/（$m^2\cdot a$）、198 g C/（$m^2\cdot a$）；基于波文比的草地生态系统质量分级阈值分别为 0.65、0.71、0.77、0.83。在此阈值标准下，分别将各生态指标评估下的草地生态系统质量分为优、良、一般、较差、差五个等级，结果如表 10-5 所示。

表 10-5 锡林浩特市温带典型草原区域尺度草地生态系统质量指标阈值范围

项目	等级				
评价结果	差	较差	一般	良	优
评价得分	1	2	3	4	5
NDVI	0～0.32	0.32～0.39	0.39～0.46	0.46～0.56	>0.56
LAI	0～0.6	0.6～0.8	0.8～1.1	1.1～1.5	>1.5
NPP/[g C/（$m^2\cdot a$）]	0～129	129～154	154～175	175～198	>198
GPP/[g C/（$m^2\cdot a$）]	0～214	214～258	258～298	298～347	>347
波文比	>0.83	0.77～0.83	0.71～0.77	0.65～0.71	0～0.65

在确定好阈值的基础上，本研究基于不同生态监测指标分别选取了三期影像进行草地生态系统质量变化的分析（图 10-8），同时运用此阈值进行草地生态系统质量分级。

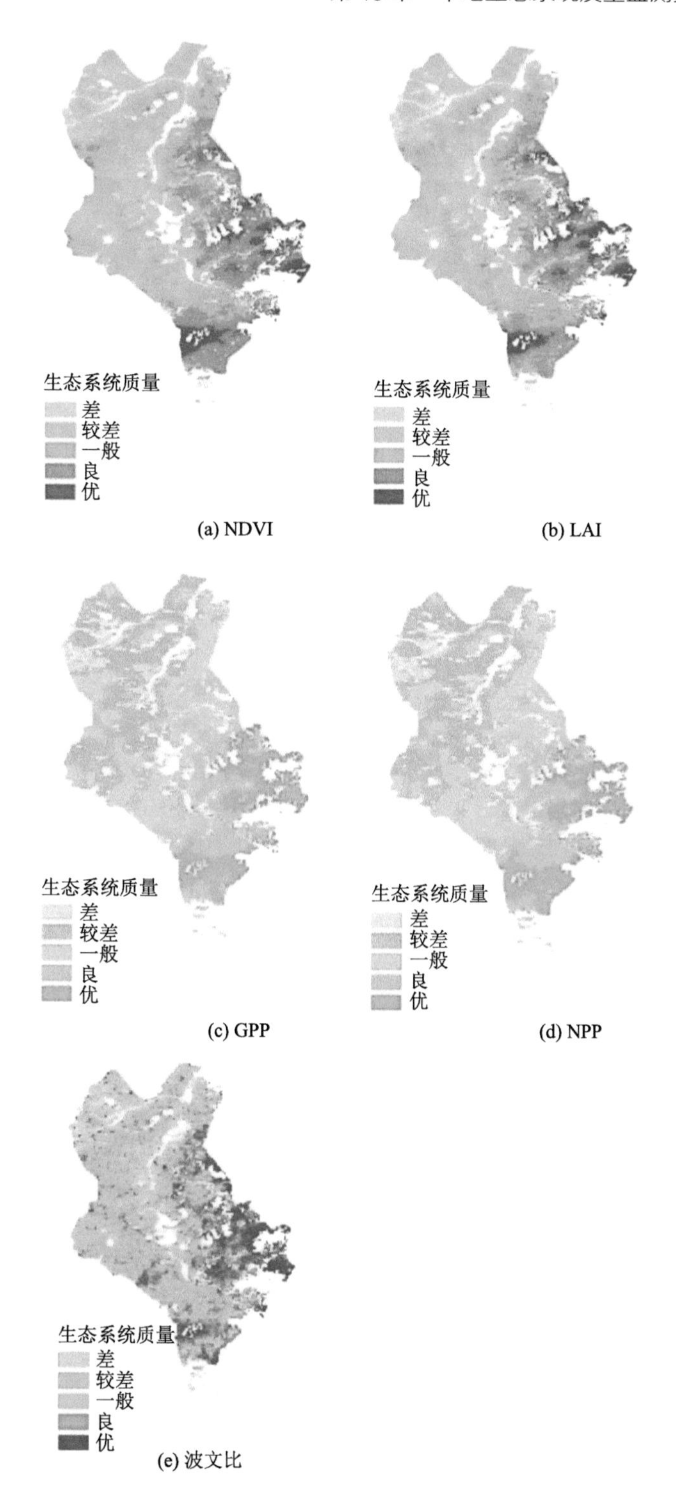

图 10-8　基于各生态指标多年均值的锡林浩特市草地生态系统质量评价结果

运用 NDVI 指标对锡林浩特市典型草原草地生态系统质量进行分级（图 10-9），结果表明：2000 年、2010 年、2017 年三期影像中，评级为优的草地面积占比分别为 3.1%、

6.4%、11.4%；评级为良的草地面积占比分别为 6.8%、14.2%、17.5%；评级为一般的草地面积占比分别为 11.3%、22.8%、20.1%；评级为较差的草地面积占比分别为 19.2%、30.7%、26.3%；评级为差的草地面积占比分别为 59.6%、25.9%、24.7%。

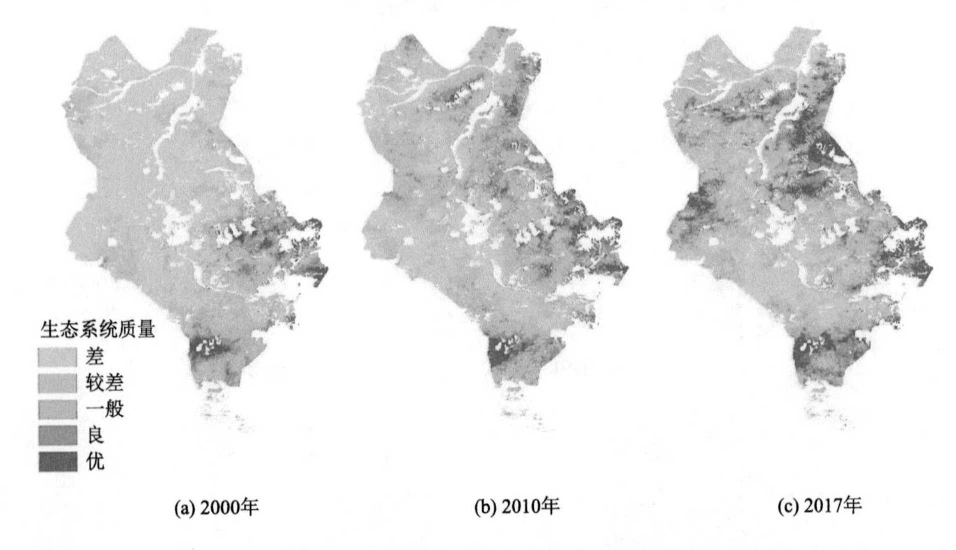

图 10-9 基于 NDVI 的锡林浩特市草地生态系统质量评价结果

从时间尺度来看，研究区基于 NDVI 指标监测的草地生态系统质量呈上升趋势。自 2000～2017 年，研究区生态系统质量达到一般及以上的草地面积增加了 27.8%，草地生态系统质量整体趋好。

从空间尺度来看，2000～2010 年研究区东北部区域草地生态系统质量明显好转。2010～2017 年研究区西部区域草地生态系统质量明显好转。

运用 LAI 指标对锡林浩特市典型草原草地生态系统质量进行分级（图 10-10），结果

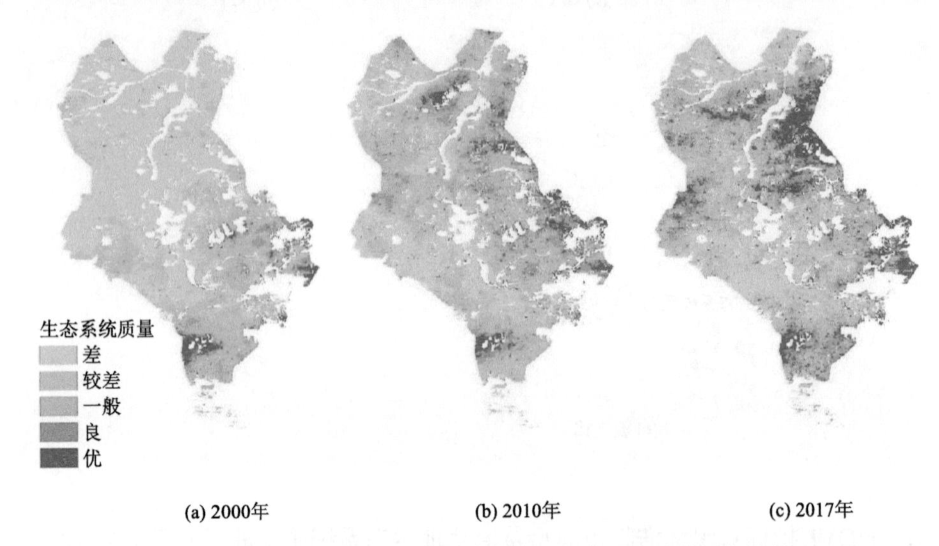

图 10-10 基于 LAI 的锡林浩特市草地生态系统质量评价结果

表明：2000 年、2010 年、2017 年三期影像中，评级为优的草地面积占比分别为 2.9%、6%、13.7%；评级为良的草地面积占比分别为 4.6%、13.8%、16.6%；评级为一般的草地面积占比分别为 14.6%、27.9%、24.4%；评级为较差的草地面积占比分别为 18.9%、29.8%、23.7%；评级为差的草地面积占比分别为 59%、22.5%、21.6%。

从时间尺度来看，研究区基于 LAI 指标监测的草地生态系统质量呈上升趋势。自 2000～2017 年，研究区生态系统质量达到一般及以上的草地面积增加了 32.6%，草地生态系统质量整体向好的方向发展。

从空间尺度来看，与 NDVI 指标监测结果一致，即 2000～2010 年研究区东北部区域草地生态系统质量明显好转，2010～2017 年研究区西部区域草地生态系统质量明显好转。

运用 NPP 指标对锡林浩特市典型草原草地生态系统质量进行分级（图 10-11），结果表明：2000 年、2010 年、2014 年三期影像中，评级为优的草地面积占比分别为 2%、5.1%、28.3%；评级为良的草地面积占比分别为 7.3%、24.3%、40.3%；评级为一般的草地面积占比分别为 12.2%、33.7%、24.4%；评级为较差的草地面积占比分别为 14.7%、29.6%、6.2%；评级为差的草地面积占比分别为 63.8%、7.3%、0.8%。

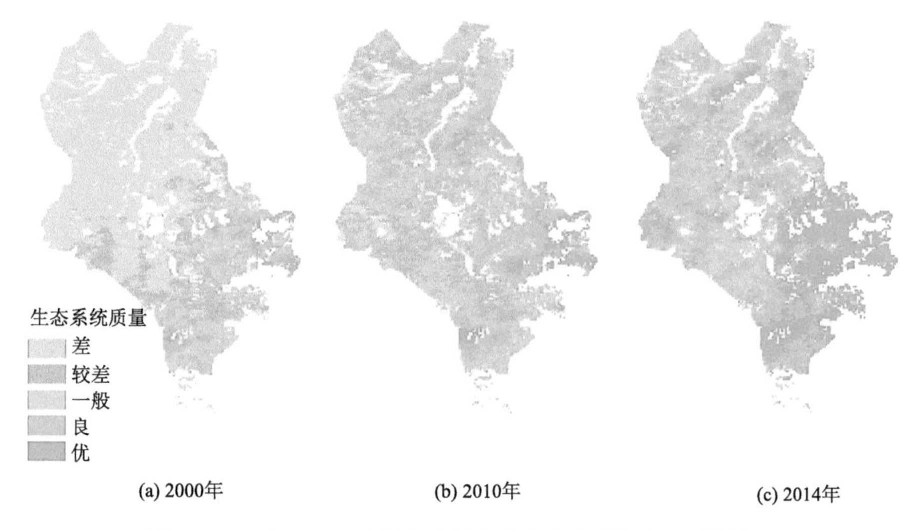

图 10-11 基于 NPP 的锡林浩特市草地生态系统质量评价结果

从时间尺度来看，研究区基于 NPP 指标监测的草地生态系统质量呈上升趋势。自 2000～2014 年，研究区生态系统质量达到一般及以上的草地面积增加了 71.5%，草地生态系统质量明显好转。

从空间尺度来看，2000～2010 年研究区整个北部区域草地生态系统质量明显好转，2010～2014 年研究区西南部区域草地生态系统质量明显好转。

运用 GPP 指标对锡林浩特市典型草原草地生态系统质量进行分级（图 10-12），结果表明：2000 年、2010 年、2014 年三期影像中，评级为优的草地面积占比分别为 5.3%、12.3%、22%；评级为良的草地面积占比分别为 10.2%、27.8%、38.5%；评级为一般的草地面积占比分别为 10.3%、30.2%、30.4%；评级为较差的草地面积占比分别为 15.3%、

25.2%、8.1%；评级为差的草地面积占比分别为 58.9%、4.5%、1%。

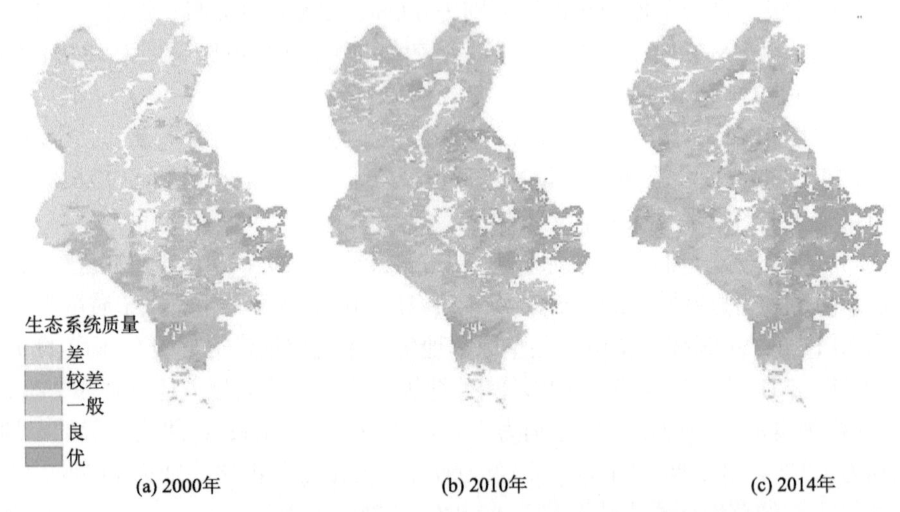

图 10-12 基于 GPP 的锡林浩特市草地生态系统质量评价结果

从时间尺度来看，研究区基于 GPP 指标监测的草地生态系统质量呈上升趋势。自 2000～2014 年，研究区生态系统质量达到一般及以上的草地面积增加了 65.1%，草地生态系统质量呈现明显的好转趋势。空间上的变化趋势与 NPP 指标监测结果一致。

运用波文比指标对锡林浩特市典型草原草地生态系统质量进行分级（图 10-13），研究结果表明：2000 年、2010 年、2017 年三期影像中，评级为优的草地面积占比分别为 22.5%、13.4%、24.9%；评级为良的草地面积占比分别为 21.6%、18.1%、20.2%；评级为一般的草地面积占比分别为 20.2%、19.6%、19.1%；评级为较差的草地面积占比分别为 19.4%、21.5%、17.8%；评级为差的草地面积占比分别为 16.3%、27.4%、18.0%。

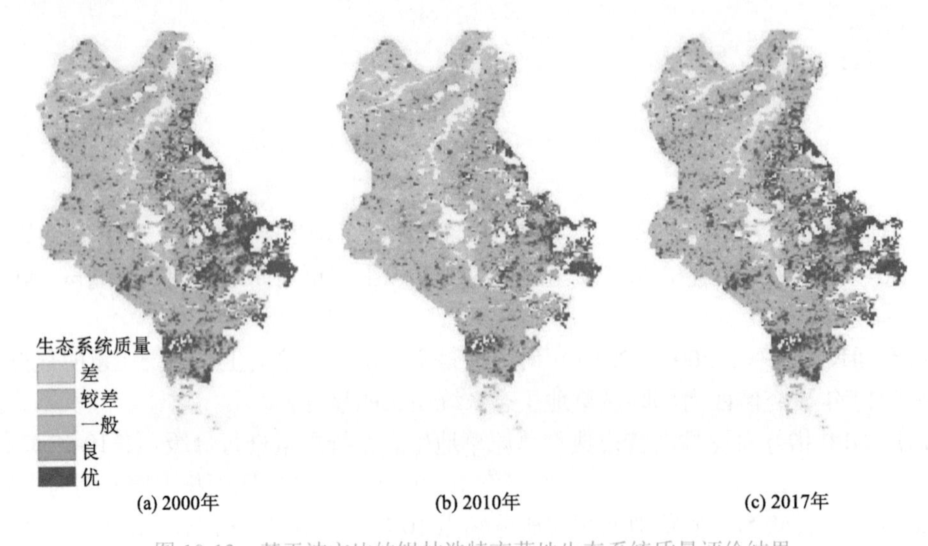

图 10-13 基于波文比的锡林浩特市草地生态系统质量评价结果

2000～2017 年，研究区草地的波文比整体上呈现先下降后上升的趋势。2017 年研究区草地波文比明显优于 2010 年，草地生态系统质量好转。

从空间尺度来看，2000～2017 年研究区草地波文比变化剧烈的地区为研究区的中部及东部地区，草地生态系统质量整体表现为前半段的整体下降和后半段的明显好转。

10.4.2 草甸草原生态系统质量监测与评估

1. 陈巴尔虎旗草原概况

陈巴尔虎旗位于中国内蒙古自治区呼伦贝尔市西北部，地处呼伦贝尔大草原腹地，地理坐标为 48°48′N～50°12′N，118°22′E～121°02′E，冬季寒冷干燥，夏季炎热多雨，年平均气温 1.0℃左右，年降水量 300～550 mm。其植被类型以温性草原、温性草甸草原、沙地草原、山地草甸、低地草甸打草场为主。该旗境内可利用草原面积 $1.63\times10^6\text{hm}^2$，年可利用饲草储量 2.42×10^9 kg。

2. 陈巴尔虎旗草地生态系统质量评估方法

1）基于 TM 影像的天然打草场识别

TM 的 432 波段分别赋予红、绿、蓝合成的标准假彩色图像，植被在影像上表现为红色，而打草场是呈现深浅不一的暗红色。地势平坦且影像质量好的地区，利用颜色（草地呈现红色、打草场呈现暗红色）、形状（较规则的条带状）和纹理（较细、均一、不粗糙）可进行直接判读；其他地区可利用时相动态对比，一是利用打草前的影像与打草后的影像进行对比，二是利用同时段历史影像进行对比，三是利用专题图、地形图或高分辨率影像与遥感影像重合进行识别，本研究主要利用 Google Earth 影像进行对比解译。信息复合法贯穿在整个解译过程中，直接判定法和对比分析法判出的打草场为固定打草场，信息复合法判出的为机动打草场。

2）基于 MOD13Q1 的天然打草场生物量估算

由于地面样方数据的质量会显著影响模型估算的准确性，因此，在建模型前对地面样方数据进行了检验。根据草地类型、含水量等，剔除表现异常的 4 个样点数据。有效数据中，随机选取 56 个样点数据（总数据的 2/3）构建模型，余下的 28 个样点数据检验模型精度。根据地面样方点坐标信息，利用 ArcGIS 软件提取每个样方点周围 1×1 个像元（250 m × 250 m）的 NDVI 均值。利用统计软件 SPSS，对 NDVI 与样方生物量进行一元线性回归分析，得到陈巴尔虎旗天然打草场生物量-NDVI 估算模型。

$$\text{Biomass} = a \cdot \text{NDVI} + b \tag{10-7}$$

式中，Biomass 为地面实测样方生物量，kg/hm^2；a、b 为模型系数；NDVI 为影像对应的归一化植被指数。

利用未参加建模的 28 个样点数据，通过平均相对误差（relative mean error，RME）来评价模型精度。其计算公式如式（10-8）：

$$\mathrm{RME}=\frac{\sqrt{\frac{1}{N\sum_{i=1}^{n}\left(Y_i-Y_i'\right)^2}}}{Y}\times 100 \tag{10-8}$$

式中，RME 为平均相对误差；Y_i 为实测的干草产量，kg/hm^2；Y_i' 为估算的干草产量，kg/hm^2；Y 为平均实测干草产量，kg/hm^2；N 为样点数。

最后，根据建立的生物量-NDVI 估算模型，对陈巴尔虎旗草原区进行生物量反演，得到生物量分布图。

3. 陈巴尔虎旗草地生态系统质量评估结果

1）陈巴尔虎旗天然打草场分布状况

A. 天然打草场分布总体状况

基于 2009～2011 年研究区遥感影像结果，2015 年 7 月中旬至下旬，利用遥感技术和实地调查相结合的方法，对陈巴尔虎旗 3 个镇 6 个苏木 43 个嘎查的天然打草场（包括固定打草场、机动打草场）进行了全面调查。研究发现，陈巴尔虎旗天然打草场面积达 8.028×10^5 hm^2，占内蒙古天然打草场面积的 11.81%，占呼伦贝尔天然打草场面积的 44.78%，占陈巴尔虎旗可利用草原面积的 49.51%。陈巴尔虎旗固定打草场利用的面积为 7.255×10^5 hm^2，占打草场总面积的 90.37%；机动打草场面积为 7.73×10^4 hm^2，占打草场总面积的 9.63%（图 10-14）。打草场主要分布在温性草原（55.94%）和温性草甸草原（31.25%），分别占对应类型可利用草原面积的 70.69%和 63.60%，少量分布在低地草甸草原（4.88%）、山地草甸草原（5.94%）及沙地草原（1.99%），分别占对应类型可利用草原面积的 13.97%、23.86%及 14.34%（表 10-6）。

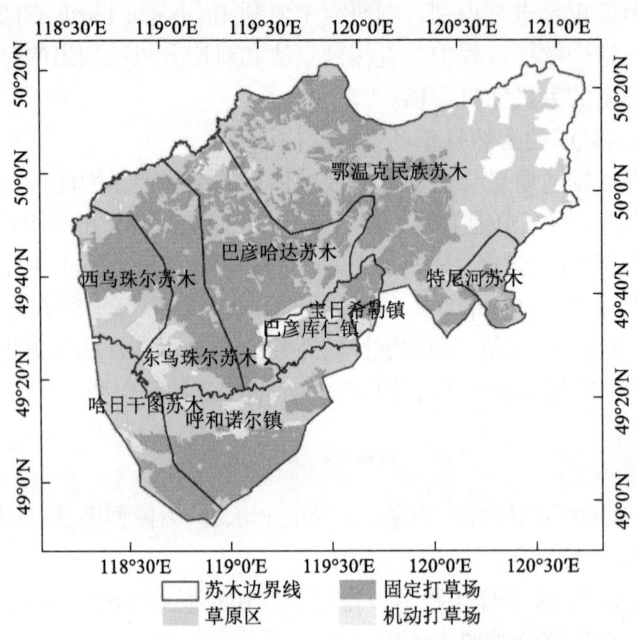

图 10-14　陈巴尔虎旗天然打草场资源分布图

表 10-6　陈巴尔虎旗各草原类型的可利用草原和天然打草场的面积及比例

草原类型	天然打草场		可利用草原		天然打草场面积占可利用草原面积百分比/%
	面积/10^4 hm^2	比例/%	面积/10^4 hm^2	比例/%	
温性草原	44.91	55.94	63.53	39.18	70.69
温性草甸草原	25.09	31.25	39.45	24.33	63.60
低地草甸草原	3.92	4.88	28.06	17.31	13.97
山地草甸草原	4.76	5.94	19.95	12.30	23.86
沙地草原	1.60	1.99	11.16	6.88	14.34
总计	80.28	100.00	162.15	100.00	49.51

对陈巴尔虎旗天然打草场面积进行统计、聚类分析，结果如表 10-7 所示，天然打草场面积在 6.67×10^4 hm^2 以上的有 4 个地区，4.67×10^4～6.67×10^4 hm^2 的有 10 个地区，2.67×10^4～4.67×10^4 hm^2 的有 16 个地区，6.7×10^3～2.67×10^4 hm^2 的有 9 个地区，低于 6.7×10^3 hm^2 的有 4 个地区。

表 10-7　陈巴尔虎旗各地区天然打草场面积

天然打草场面积	地区
$>6.67/10^4$ hm^2	国营哈达图农牧场、那吉林场、海拉图嘎查、国营特泥河农牧场
4.67～$6.67/10^4$ hm^2	巴彦哈达嘎查、格根胡硕嘎查、乌珠尔嘎查、乌兰础鲁嘎查、安格尔图嘎查、巴彦布日德嘎查、额尔敦乌拉嘎查、呼和道布嘎查、特尼河办事处、雅图克嘎查
2.67～$4.67/10^4$ hm^2	陈巴尔虎旗夏营地、巴彦库仁镇机动打草场、恩和嘎查、孟根诺尔嘎查、萨如拉塔拉嘎查、毕鲁图嘎查、完工嘎查、辉屯嘎查、宝日汗图嘎查、哈腾胡硕嘎查、巴彦乌拉嘎查、呼和温都尔嘎查、哈日诺尔嘎查、西格登嘎查、乌布日诺尔嘎查、查干诺尔嘎查
0.67～$2.67/10^4$ hm^2	呼和诺尔镇机动打草场、哈吉嘎查、国营浩特陶海农牧场、阿尔山嘎查、哈日干图嘎查、谢尔塔拉种牛场、鄂温克苏木夏营地、鄂温克苏木秋营地、乌珠尔苏木机动打草场
$<0.67/10^4$ hm^2	库热格太嘎查、布敦胡硕嘎查、宝日希勒镇镇区、拉布大林六队

B. 不同苏木天然打草场分布状况

陈巴尔虎旗各苏木可利用草原及天然打草场的面积及比例见表 10-8，结果发现，鄂温克民族苏木的天然打草场面积占全旗打草场面积的 28.26%；巴彦哈达苏木、东乌珠尔苏木、呼和诺尔镇及西乌珠尔苏木的天然打草场面积均大于 9.00×10^4 hm^2，其余 4 个苏木的天然打草场面积较小，均不足全旗打草场面积的 10%。其中，宝日希勒镇面积最小，为 6.4×10^3 hm^2，仅占全旗打草场面积的 0.80%。虽然宝日希勒镇的天然打草场面积及可利用草原面积均最小，但其天然打草场面积占可利用草原面积的比例最高（79.01%）。巴彦哈达苏木、东乌珠尔苏木、呼和诺尔镇、西乌珠尔苏木的可利用草原有超过一半的面积为天然打草场，巴彦库仁镇的天然打草场面积占可利用草原面积的比例最小，为 31.38%。

表 10-8 陈巴尔虎旗各苏木可利用草原和天然打草场的面积及比例

地区	天然打草场		可利用草原		天然打草场面积占可利用草原面积百分比/%
	面积/10^4 hm^2	比例/%	面积/10^4 hm^2	比例/%	
鄂温克民族苏木	22.69	28.26	59.80	36.88	37.94
巴彦哈达苏木	17.88	22.28	26.61	16.41	67.19
东乌珠尔苏木	12.22	15.22	19.74	12.17	61.90
呼和诺尔镇	10.45	13.01	20.26	12.49	51.58
西乌珠尔苏木	9.08	11.31	13.15	8.11	69.05
哈日干图苏木	3.90	4.85	10.88	6.71	35.85
巴彦库仁镇	2.04	2.54	6.50	4.01	31.38
特泥河苏木	1.39	1.73	4.42	2.73	31.45
宝日希勒镇	0.64	0.80	0.81	0.50	79.01

陈巴尔虎旗各苏木天然打草场的草地类型分布图和面积及比例见图 10-15 和表 10-9。巴彦哈达苏木、东乌珠尔苏木、呼和诺尔镇、西乌珠尔苏木、哈日干图苏木天然打草场的草地类型以温性草原为主。其中，哈日干图苏木的分布比例最高，为 94.74%；巴彦哈达苏木的分布比例最低，为 66.60%。鄂温克民族苏木、巴彦库仁镇、宝日希勒镇天然打草场以温性草甸草原为主，其中，宝日希勒镇天然打草场全部为温性草甸草原，巴彦库仁镇的分布比例超过 95%，鄂温克民族苏木的分布比例最低，为 63.38%。特泥河苏木有 78.85%的天然打草场分布在山地草甸草原，此外，鄂温克民族苏木、巴彦哈达苏木的天然打草场在山地草甸草原也有分布，分布比例分别为 15.37%及 1.04%。除宝日希勒镇外的所有苏木天然打草场在低地草甸草原均有分布，但是分布比例均不超过 12.22%。沙地草原在东乌珠尔苏木、呼和诺尔镇、西乌珠尔苏木、哈日干图苏木有少量分布，分布比例为 1.72%～6.37%。总体上，陈巴尔虎旗的各苏木除特泥河苏木天然打草场主要分布在山地草甸草原外，其余苏木天然打草场主要分布在温性草原或温性草甸草原。所有苏木的天然打草场在低地草甸草原及沙地草原的分布比例都较低。

2）陈巴尔虎旗天然打草场生物量

A. 天然打草场生物量总体状况

利用生物量-NDVI 估算模型，估算 2015 年陈巴尔虎旗天然打草场以及草原的生物量，陈巴尔虎旗各苏木天然打草场生物量分布如图 10-16 所示。统计陈巴尔虎旗各草地类型的可利用草原及天然打草场的平均生物量、总生物量及比例（表 10-10），陈巴尔虎旗天然打草场平均生物量为 1.24×10^3 kg/hm^2，略高于可利用草原的平均生物量（1.21×10^3 kg/hm^2）；其总生物量为 9.9290×10^8 kg，占可利用草原总生物量的 50.68%。天然打草场与可利用草原平均生物量的高低顺序一致，即山地草甸草原最高（均为 1.36×10^3 kg/hm^2），其次是温性草甸草原，再次是低地草甸草原，然后是温性草原，沙地草原最低。温性草原虽然平均生物量不高，但是分布面积大（4.491×10^5 hm^2），所以总

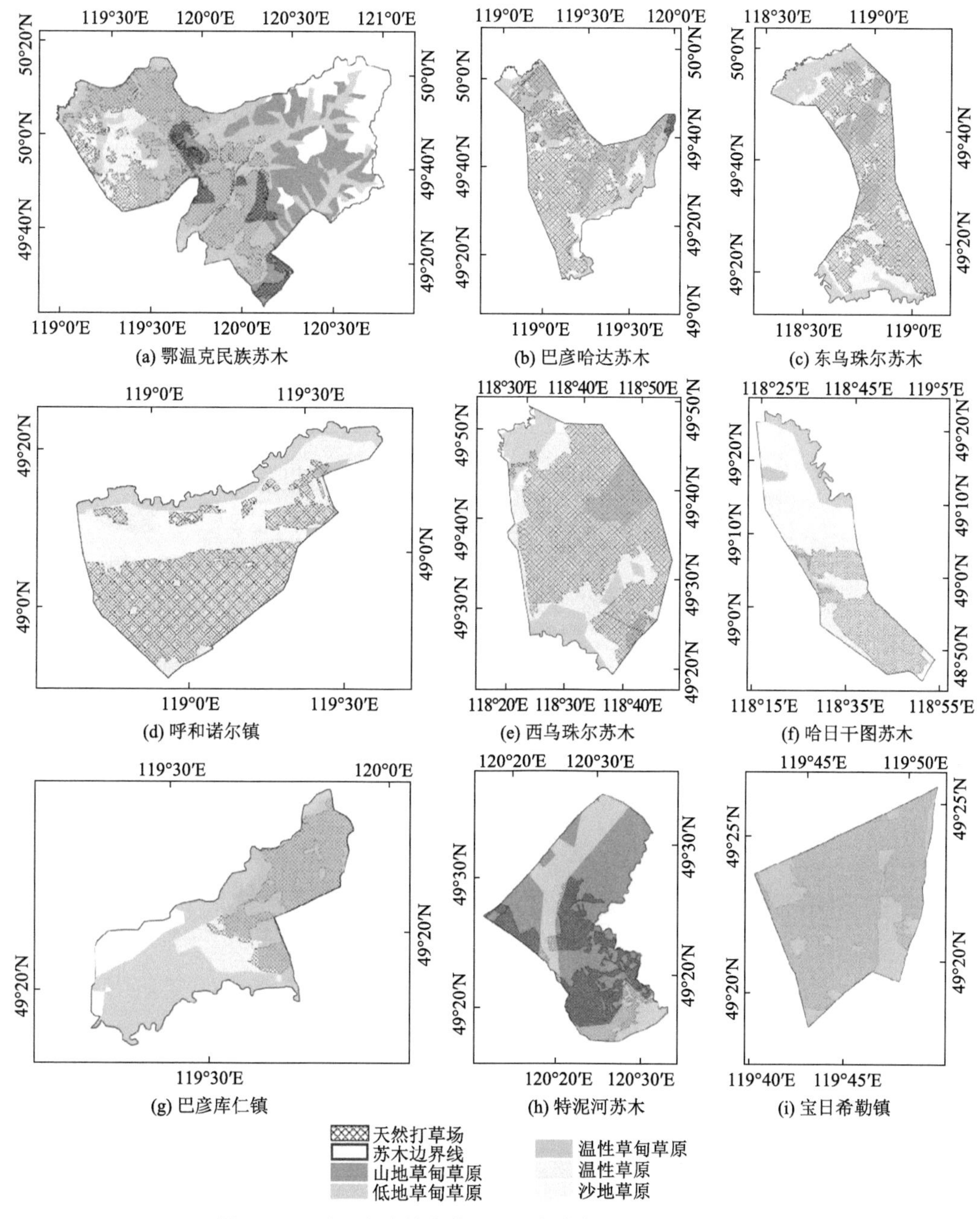

图 10-15　陈巴尔虎旗各苏木天然打草场的草地类型分布图

表 10-9　陈巴尔虎旗各苏木天然打草场的草地类型面积及比例

地区	温性草原		温性草甸草原		低地草甸草原		山地草甸草原		沙地草原	
	面积 /10^4 hm^2	比例/%	面积 /10^4 hm^2	比例/%	面积 /10^4 hm^2	比例/%	面积 /10^4 hm^2	比例/%	面积 /10^4 hm^2	比例/%
鄂温克民族苏木	2.49	10.97	14.38	63.38	2.33	10.29	3.49	15.37	—	—
巴彦哈达苏木	11.91	66.60	4.79	26.76	1.00	5.60	0.19	1.04	—	—

续表

地区	温性草原		温性草甸草原		低地草甸草原		山地草甸草原		沙地草原	
	面积/10^4 hm^2	比例/%	面积/10^4 hm^2	比例/%	面积/10^4 hm^2	比例/%	面积/10^4 hm^2	比例/%	面积/10^4 hm^2	比例/%
东乌珠尔苏木	9.32	76.33	2.06	16.90	0.05	0.40	—	—	0.78	6.37
呼和诺尔镇	9.78	93.63	0.08	0.77	0.01	0.07	—	—	0.58	5.53
西乌珠尔苏木	7.63	84.02	1.05	11.61	0.24	2.64	—	—	0.16	1.72
哈日干图苏木	3.69	94.74	—	—	0.12	3.08	—	—	0.09	2.18
巴彦库仁镇	0.09	4.19	1.96	95.78	0.00	0.03	—	—	—	—
特泥河苏木	—	—	0.12	8.93	0.17	12.22	1.09	78.85	—	—
宝日希勒镇	—	—	0.64	100.00	—	—	—	—	—	—

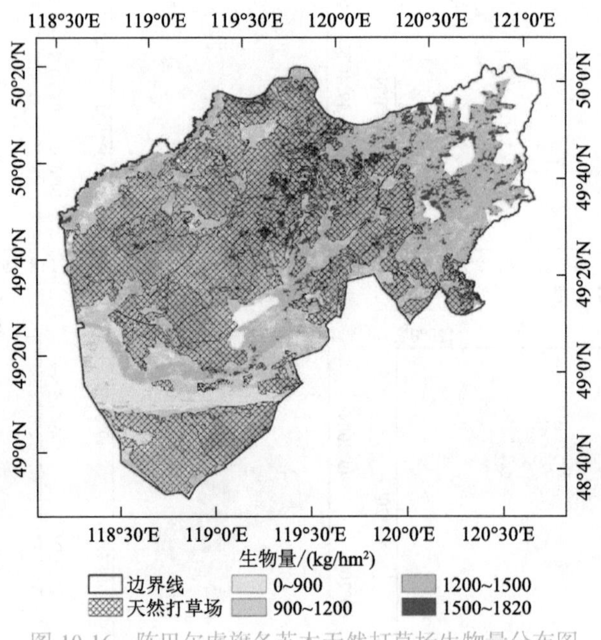

图 10-16 陈巴尔虎旗各苏木天然打草场生物量分布图

表 10-10 陈巴尔虎旗各草地类型的天然打草场和可利用草原平均生物量、总生物量及比例

草地类型	天然打草场			可利用草原			天然打草场总生物量占可利用草原总生物量百分比/%
	平均生物量/(10^3kg/hm^2)	总生物量/10^6kg	占天然打草场总生物量比例/%	平均生物量/(10^3kg/hm^2)	总生物量/10^6kg	占可利用草原总生物量比例/%	
温性草原	1.18	532.04	53.59	1.16	737.90	37.66	72.10
温性草甸草原	1.32	330.87	33.32	1.30	512.46	26.16	64.57
低地草甸草原	1.25	48.96	4.93	1.23	346.18	17.67	14.14
山地草甸草原	1.36	64.67	6.51	1.36	271.92	13.88	23.78
沙地草原	1.02	16.35	1.65	0.81	90.68	4.63	18.03
总计	1.24	992.90	100.00	1.21	1959.14	100.00	50.68

生物量最高（5.3204×10^8 kg），占天然打草场总生物量的 53.59%，占可利用草原总生物量的 37.66%。温性草甸草原天然打草场面积为 2.509×10^5 hm^2，总生物量排第二位，生物量为 3.3087×10^8 kg，占天然打草场总生物量的 33.32%，占可利用草原总生物量的 26.16%。其他类型天然打草场面积和生物量分别仅占 13.09%和 36.18%，其中山地草甸草原虽然平均生物量最高，但面积较小（4.76×10^4 hm^2），所以总生物量较低，仅占天然打草场总生物量的 6.51%，占可利用草原总生物量的 13.88%。低地草甸草原的平均生物量接近所有草地类型的平均生物量，其总生物量占天然打草场总生物量的 4.93%，占可利用草原总生物量的 17.67%。沙地草原平均生物量最低、分布面积最小（1.60×10^4 hm^2），所以总生物量最低，仅占天然打草场总生物量的 1.65%，占可利用草原总生物量的 4.63%。总体上，温性草原及温性草甸草原生物量天然打草场占比高（>64%），山地草甸草原、低地草甸草原及沙地草原生物量天然打草场占比低（<23%）。

B. 不同苏木天然打草场生物量

对陈巴尔虎旗各苏木的天然打草场和可利用草原的平均生物量及总生物量进行统计（表 10-11，图 10-17），结果表明，所有苏木在天然打草场的平均生物量均略高于在可利用草原的平均生物量。鄂温克民族苏木天然打草场的平均生物量较高，为 1.34×10^3 kg/hm^2，哈日干图苏木天然打草场的平均生物量最低，为 1.00×10^3 kg/hm^2。鄂温克民族苏木的天然打草场总生物量最高，占全旗天然打草场总生物量的 30.64%，巴彦哈达苏木为 2.2101×10^8 kg，占 22.26%，其他苏木占 47.11%，其中东乌珠尔苏木、呼和诺尔镇及西乌珠尔苏木天然打草场的总生物量次之，均超过全旗天然打草场总生物量的 10%；其余 4 个苏木天然打草场的总生物量较小，均不足全旗天然打草场的 10%，其中宝日希勒镇最小，仅占全旗天然打草场总生物量的 0.70%。虽然宝日希勒镇的天然打草场总生物量及可利用草原总生物量均最小，但其天然打草场总生物量占可利用草原总生物量的比例最高（81.63%）。特尼河苏木天然打草场的总生物量占可利用草原的比例最小，为 32.40%。

表 10-11　陈巴尔虎旗各苏木的天然打草场和可利用草原平均生物量、总生物量及比例

地区	天然打草场			可利用草原			天然打草场总生物量占可利用草原总生物量百分比/%
	平均生物量/（10^3 kg/hm^2）	总生物量/10^6 kg	占天然打草场总生物量比例/%	平均生物量/（10^3 kg/hm^2）	总生物量/10^6 kg	占可利用草原总生物量比例/%	
鄂温克民族苏木	1.34	304.21	30.64	1.33	793.49	40.50	38.34
巴彦哈达苏木	1.24	221.01	22.26	1.23	327.11	16.70	67.56
东乌珠尔苏木	1.21	147.70	14.88	1.17	231.64	11.82	63.76
呼和诺尔镇	1.14	118.74	11.96	1.04	211.26	10.78	56.21
西乌珠尔苏木	1.22	110.57	11.14	1.17	153.46	7.83	72.05
哈日干图苏木	1.00	38.85	3.91	0.88	95.73	4.89	40.58
巴彦库仁镇	1.28	26.18	2.64	1.24	80.23	4.09	32.63
特泥河苏木	1.35	18.71	1.88	1.30	57.74	2.95	32.40
宝日希勒镇	1.08	6.93	0.70	1.05	8.49	0.43	81.63

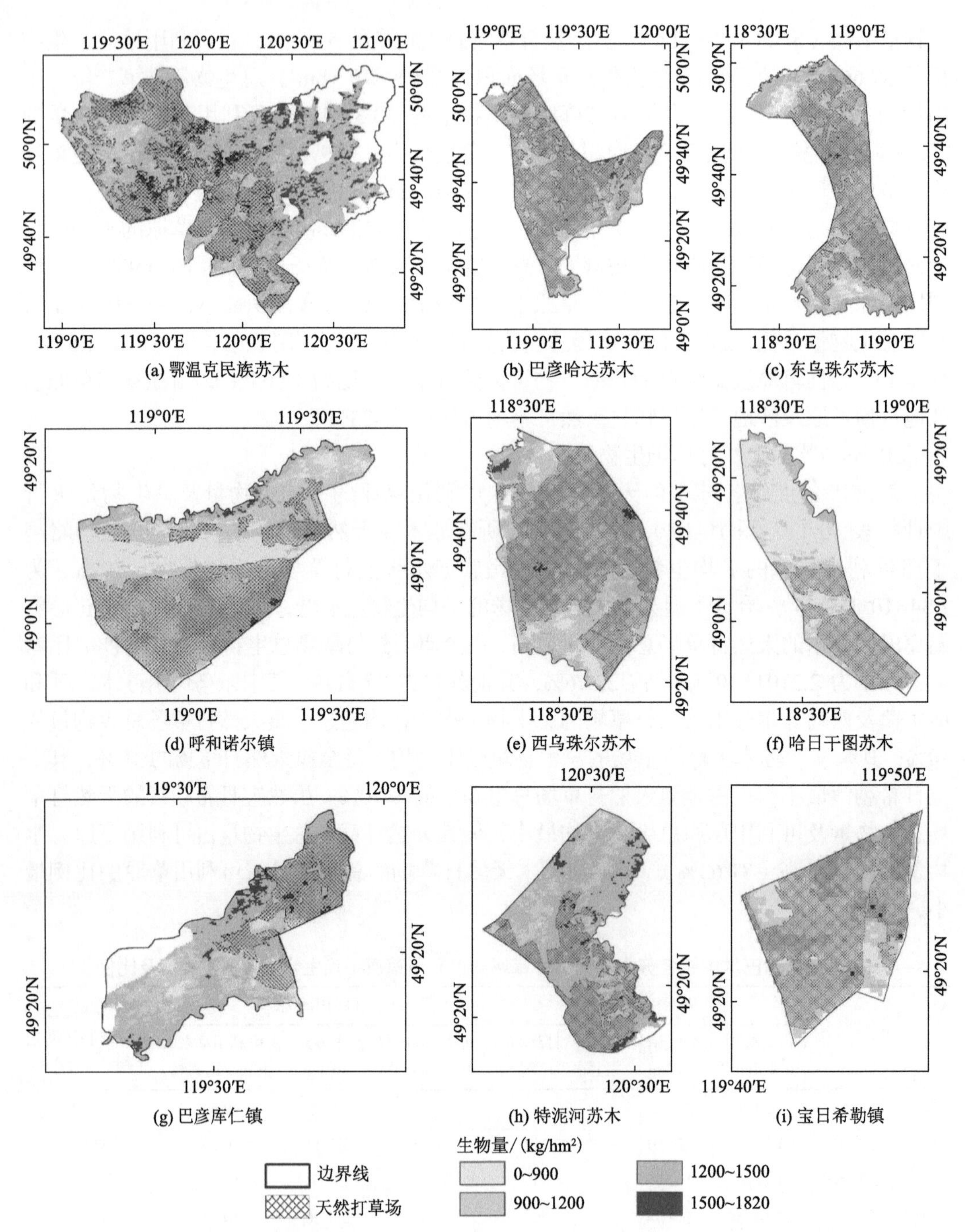

图 10-17 陈巴尔虎旗不同地区各草地类型天然打草场生物量分布图

进一步对陈巴尔虎旗各苏木天然打草场草地类型的平均生物量、总生物量及比例进行研究（表 10-12）。结果表明，巴彦哈达苏木、东乌珠尔苏木、呼和诺尔镇、西乌珠尔苏木、哈日干图苏木天然打草场的生物量主要分布在温性草原，其中，哈日干图苏木的分布比例最高，为 95.31%；巴彦哈达苏木的分布比例最低，为 65.09%。鄂温克民族苏

表 10-12　陈巴尔虎旗各苏木天然打草场草地类型平均生物量、总生物量及比例

地区	温性草原			温性草甸草原			低地草甸草原			山地草甸草原			沙地草原		
	平均生物量/（10^3kg/hm^2）	总生物量/10^6kg	比例/%	平均生物量/（10^3kg/hm^2）	总生物量/10^6kg	比例/%	平均生物量/（10^3kg/hm^2）	总生物量/10^6kg	比例/%	平均生物量/（10^3kg/hm^2）	总生物量/10^6kg	比例/%	平均生物量/（10^3kg/hm^2）	总生物量/10^6kg	比例/%
鄂温克民族苏木	1.30	32.36	10.64	1.35	193.74	63.69	1.31	30.61	10.06	1.36	47.50	15.62	—	—	—
巴彦哈达苏木	1.21	143.86	65.09	1.32	62.99	28.50	1.17	11.77	5.33	1.29	2.39	1.08	—	—	—
东乌珠尔苏木	1.21	112.39	76.09	1.27	26.21	17.74	1.17	0.58	0.39	—	—	—	1.10	8.53	5.77
呼和诺尔镇	1.15	112.54	94.78	1.02	0.82	0.69	1.02	0.07	0.06	—	—	—	0.92	5.31	4.47
西乌珠尔苏木	1.22	92.89	84.02	1.26	13.33	12.06	1.09	2.62	2.37	—	—	—	1.10	1.72	1.56
哈日干图苏木	1.00	37.03	95.31	0.00	—	—	0.86	1.03	2.65	—	—	—	0.93	0.79	2.04
巴彦库仁镇	1.13	0.97	3.71	1.29	25.20	96.26	1.39	0.01	0.03	—	—	—	—	—	—
特泥河苏木	—	—	—	1.34	1.66	8.85	1.34	2.28	12.17	1.35	14.78	78.98	—	—	—
宝日希勒镇	—	—	—	1.08	6.93	100.00	—	—	—	—	—	—	—	—	—

木、巴彦库仁镇、宝日希勒镇天然打草场的生物量主要分布在温性草甸草原，其中，宝日希勒镇天然打草场全部为温性草甸草原，巴彦库仁镇的分布比例超过95%，鄂温克民族苏木的分布比例最低，为63.69%。特泥河苏木78.98%天然打草场的生物量分布在山地草甸草原，此外，鄂温克民族苏木、巴彦哈达苏木天然打草场的生物量在山地草甸草原也有分布，分布比例分别为15.62%及1.08%。除宝日希勒镇外的所有苏木天然打草场的生物量在低地草甸草原均有分布，但是分布比例均不超过13%。东乌珠尔苏木、呼和诺尔镇、西乌珠尔苏木、哈日干图苏木在沙地草原有少量生物量分布，分布比例为1.56%～5.77%。总体上，陈巴尔虎旗各苏木除特泥河苏木的天然打草场生物量分布在山地草甸草原外，其余苏木天然打草场生物量主要分布温性草原或温性草甸草原。所有苏木的天然打草场在低地草甸草原及沙地草原的生物量分布比例都较低。

10.5 本章小结

草地生态系统质量内涵丰富，组分复杂，具体表征为草地生态系统的生产力、结构和功能的稳定性、适应性及恢复能力的综合状况，具有不可替代的生态系统服务功能与价值。根据草地生态系统质量的概念和内涵，本章整合了具有普适性的草地生态系统质量评价指标，提出了构建草地生态系统质量监测指标体系需遵循的原则，进一步构建了不同尺度上的草地生态系统质量监测指标体系与评估方法，以期对草地生态系统内各要素、结构、功能和服务的综合情况进行客观、公平、有效的评估，从而为草地科学管理提供具有较强针对性的技术服务。

参考文献

《中国资源科学百科全书》编辑委员会. 2000. 中国资源科学百科全书. 北京: 中国大百科全书出版社.

巴图娜存, 胡云锋, 艳燕, 等. 2012. 1970年代以来锡林郭勒盟草地资源空间分布格局的变化. 资源科学, 34: 1017-1023.

白永飞, 黄建辉, 郑淑霞, 等. 2014. 草地和荒漠生态系统服务功能的形成与调控机制. 植物生态学报, 38(2): 93-102.

白永飞, 赵玉金, 王扬, 等. 2020. 中国北方草地生态系统服务评估和功能区划助力生态安全屏障建设. 中国科学院院刊, 35(6): 675-689.

蔡博峰, 于嵘. 2009. 基于遥感的植被长时序趋势特征研究进展及评价. 遥感学报, 13: 1170-1186.

曹艳萍, 庞营军, 庞肖杰. 2019. 1956-2017 年锡林郭勒盟气候变化特征. 干旱地区农业研究, 37(4): 284-290.

陈强, 陈云浩, 王萌杰, 等. 2015. 2001—2010 年洞庭湖生态系统质量遥感综合评价与变化分析. 生态学报, 35: 4347-4356.

陈仲新, 张新时. 2000. 中国生态系统效益的价值. 科学通报, (1): 17-22, 113.

杜金鸿, 张玉波, 刘方正, 等. 2017. 中国草地类自然保护区生态环境质量动态评价指标体系构建与案例. 草业科学, 34: 2378-2387.
樊江文, 钟华平, 陈立波, 等. 2007. 我国北方干旱和半干旱区草地退化的若干科学问题. 中国草地学报, (5): 95-101.
方精云, 王襄平, 沈泽昊, 等. 2009. 植物群落清查的主要内容、方法和技术规范. 生物多样性, 17: 533-548.
傅伯杰, 刘世梁, 马克明. 2001. 生态系统综合评价的内容与方法. 生态学报, (11): 1885-1892.
高艺宁, 赵萌莉, 王宏亮, 等. 2019. 景观生态视角下草地生态质量的空间差异及其影响因素——以内蒙古四子王旗为例. 生态学报, 39: 5288-5300.
韩国栋. 2021. 中国草地资源. 草原与草业, 33(4): 2.
韩梦琪, 王忠武, 靳宇曦, 等. 2017. 短花针茅荒漠草原物种多样性及生产力对长期不同放牧强度的响应. 西北植物学报, 37(11): 2273-2281.
韩永伟, 高吉喜. 2005. 中国草地主要生态环境问题分析与防治对策. 环境科学研究, (3): 60-62.
何念鹏, 徐丽, 何洪林. 2020. 生态系统质量评估方法——理想参照系和关键指标. 生态学报, 40: 1877-1886.
侯向阳. 2013. 中国草原科学. 北京: 科学出版社.
胡云锋, 阿拉腾图雅, 艳燕. 2013. 内蒙古锡林郭勒生态系统综合监测与评估. 北京: 中国环境出版社.
阚雨晨, 黄欣颖, 王宇通, 等. 2012. 干扰对草地碳循环影响的研究与展望. 草业科学, 29: 1855-1861.
李静鹏, 郑志荣, 赵念席, 等. 2016. 刈割、围封、放牧三种利用方式下草原生态系统的多功能性与植物物种多样性之间的关系. 植物生态学报, 40: 735-747.
梁茂伟. 2019. 放牧对草原群落构建和生态系统功能影响的研究. 呼和浩特: 内蒙古大学.
刘高朋, 马翠. 2020. 中国草地资源面临的问题及应对措施. 山西农经, (13): 84, 86.
刘纪远, 邓祥征. 2009. LUCC 时空过程研究的方法进展. 科学通报, 54: 3251-3258.
刘纪远, 张增祥, 徐新良, 等. 2009. 21 世纪初中国土地利用变化的空间格局与驱动力分析. 地理学报, 64(12): 1411-1420.
刘珏宏, 高慧, 张丽红, 等. 2010. 内蒙古锡林郭勒草原大针茅-克氏针茅群落的种间关联特征分析. 植物生态学报, 34: 1016-1024.
刘占锋, 傅伯杰, 刘国华, 等. 2006. 土壤质量与土壤质量指标及其评价. 生态学报, (3): 901-913.
刘志民, 赵晓英, 刘新民. 2002. 干扰与植被的关系. 草业学报, (4): 1-9.
马治华, 刘桂香, 李景平, 等. 2007. 内蒙古荒漠草原生态环境质量评价. 中国草地学报, 29(6): 17-21.
聂浩刚, 岳乐平, 杨文, 等. 2005. 呼伦贝尔草原沙漠化现状、发展态势与成因分析. 中国沙漠, 25(5): 635-639.
潘竟虎, 董磊磊. 2016. 2001—2010 年疏勒河流域生态系统质量综合评价. 应用生态学报, 27: 2907-2915.
朴世龙, 方精云. 2001. 最近 18 年来中国植被覆盖的动态变化. 第四纪研究, 21(4): 294-302.
单贵莲, 徐柱, 宁发. 2008. 草地生态系统健康评价的研究进展与发展趋势. 中国草地学报, (2): 98-103, 115.
沈海花, 朱言坤, 赵霞, 等. 2016. 中国草地资源的现状分析. 科学通报, 61(2): 139-154.
佟斯琴, 刘桂香, 武娜. 2016. 1961-2010 年锡林郭勒盟气温和降水时空变化特征. 水土保持通报, 36(5): 340-345, 351.
王军邦. 2007. 基于遥感-过程耦合模型的区域陆地生态系统碳通量模拟研究. 北京: 中国科学院地理科学与资源研究所.
王绍强, 王军邦, 张雷明, 等. 2019. 国家重点研发项目: 中国陆地生态系统生态质量综合监测技术与规范研究(英文). Journal of Resources and Ecology, 10(2): 105-111.
王长庭, 龙瑞军, 王启基, 等. 2005. 高寒草甸不同海拔梯度土壤有机质氮磷的分布和生产力变化及其与环境因子的关系. 草业学报, 14(4): 15-20.

徐丽君，沈贝贝，聂莹莹，等. 2019. 我国北方半干旱牧区天然打草场退化分级(英文). Journal of Resources and Ecology, 10: 163-173.

徐炜，马志远，井新，等. 2016. 生物多样性与生态系统多功能性：进展与展望. 生物多样性，24(1): 55-71.

徐有绪，宋理明，朱宝文，等. 2007. 环青海湖地区草地生态环境质量评价方法. 青海草业，16(4): 40-43.

闫瑞瑞，高娃，沈贝贝，等. 2021. 草甸草原放牧场退化定量评估指标体系建立. 中国农业科学，54: 3343-3354.

俞文政，常庆瑞，陶秉元，等. 2007. 草地生态质量及可持续利用研究. 草业与畜牧，(7): 29-32.

张秀云，姚玉璧，王润元，等. 2009. 亚高山草甸类草地生态质量评价指标. 干旱区资源与环境，23: 132-136.

张志强，徐中民，程国栋. 2001. 生态系统服务与自然资本价值评估. 生态学报，21(11): 1918-1926.

赵冰茹，刘闯，王晶杰，等. 2004. 锡林郭勒草地 MODIS 植被指数时空变化研究. 中国草地，26(1): 1-8.

赵芬. 2015. 基于 CASA 模型的锡林郭勒盟草地净初级生产力遥感估算与验证. 北京：中国农业科学院.

周亚萍，安树青. 2001. 生态质量与生态系统服务功能. 生态科学，20: 85-90.

Costanza R, d'Arge R, de Groot R, et al. 1997. The value of the world's ecosystem services and natural capital. Nature, 387: 253-260.

Del Grosso S, Parton W, Stohlgren T, et al. 2008. Global potential net primary production predicted from vegetation class, precipitation, and temperature. Ecology, 89: 2117-2126.

Eswaran H, van Den Berg E, Reich P. 1993. Organic carbon in soils of the world. Soil Science Society of America Journal, 57(1): 192-194.

Fensholt R, Rasmussen K, Nielsen T T, et al. 2009. Evaluation of earth observation based long term vegetation trends—Intercomparing NDVI time series trend analysis consistency of Sahel from AVHRR GIMMS, Terra MODIS and SPOT VGT data. Remote Sensing of Environment, 113: 1886-1898.

Jin Y X, Yang X C, Qiu J J, et al. 2014. Remote sensing-based biomass estimation and its spatio-temporal variations in temperate grassland, Northern China. Remote Sensing, 6: 1496-1513.

Ni J, Sykes M T, Prentice I C, et al. 2000. Modelling the vegetation of China using the process-based equilibrium terrestrial biosphere model BIOME3. Global Ecology and Biogeography, 9(6): 463-479.

Soltanifard H, Jafari E. 2019. A conceptual framework to assess ecological quality of urban green space: A case study in Mashhad city, Iran. Environment, Development and Sustainability, 21: 1781-1808.

White R P, Murray S, Rohweder M, et al. 2000. Grassland Ecosystems. Washington D.C.: World Resources Institute.

第 11 章

区域尺度生态系统质量监测技术

区域作为不同类型生态系统共同组成的地域单元，具有异质性、复杂性和动态性，既能将微观与宏观尺度的生态问题紧密联系起来，又能使生态质量与社会经济影响相互关联。针对国家开展生态质量综合评价与动态监测的重大管理需求，构建生态质量监测指标体系和综合技术规范，加强生态监管的针对性和有效性，全面提高生态监管能力，推动生态质量变化的评估和预警，将有助于提高社会和公众对生态质量的关注和保护。同时，研究并制定典型生态系统的监测技术和规范，不仅能够节省各地生态系统监测与评估的实施成本，提高地方生态管理水平和效率，还能为政府部门的生态保护管理决策提供可靠的依据，减少决策风险，提高国家财政转移支付资金的使用效率，获得较大的社会与经济效益。

11.1 区域尺度生态系统质量监测技术需求

11.1.1 生态监管需求

生态质量是指一定时空范围内生态系统要素、结构和功能的综合特征（王绍强等，2019），具有显著的时空尺度特征。单一生态系统内部相对均质，生态质量研究有助于解析生态系统问题的成因机理，但只属于类型研究，难以反映地域空间的整体质量水平（彭建等，2007）；全球尺度的生态质量研究有利于了解总体态势，加深公众对生态问题的认识，但缺乏决策者制定政策时所必需的地方针对性特点（傅伯杰等，2001）。区域生态质量的评价通过对所在区域生态系统条件、面临的压力以及环境暴露、反映进行综合分析，揭示区域生态系统健康状况，找出区域生态系统中的脆弱区域或因子，为生态环境保护与生态恢复提供决策支持（王文杰等，2001）。在行政区划、流域、地质地貌、气候区等区域单元中，以行政区划为单元构建生态质量监测和评价的指标体系与技术方法，可以方便获取社会经济统计数据，生态质量监测和评价的结果更易为公众感知（陈利顶等，2019），不仅有利于生态系统问题从站点到区域的综合研究，对于生态保护恢复政策的制定和实施也具有重要的参考价值。

随着我国社会经济的快速发展和气候变化影响的加剧，一方面生态系统退化问题日益凸显，政府的生态保护管理决策需要建立在准确把握生态环境信息的基础上，这就迫切需要加强生态监测能力以科学认知我国生态质量及其变化状况；另一方面人们对生态产品和服务的需求不断增加，生态产品价值评估和生态资产核算需要以生态系统健康和服务的监测为基础，这些都有赖于健全的生态监测体系。

区域生态质量综合评价的现实目标是生态系统管理（傅伯杰等，2001），因此既需要反映生态系统内部和生态系统类型间的状况与质量水平，还需要研究区域内部各生态环境要素及社会人文要素之间的关系特征。不同尺度的生态质量特征需要不同的监测内容和方法。生态系统尺度的生态质量监测需要基于野外台站进行生态要素、生物多样性和生态功能的观测；区域尺度的生态质量监测需要以台站监测为基础，研究单一生态系统内指标由点至面的监测技术方法，更需要考虑区域内存在森林、草地、农田、荒漠、湿地等不同生态系统类型时，生态质量综合监测指标体系和技术规范的构建方法（图 11-1）。

图 11-1　不同生态系统类型交错分布

因此，针对国家开展生态质量综合评价与动态监测的重大管理需求，本研究构建以县级行政区为基本单元的区域生态质量监测指标体系，设计地面与遥感相结合的数据采集、汇总、验证等规范化监测技术方法，在河北农牧交错带、三江源典型地区、浙闽山地丘陵区开展区域生态质量综合监测技术体系的应用示范研究，并在全国尺度开展生态质量监测指标的计算、分析和基于生态系统功能指标的生态质量评价，以期对我国生态系统地面监测技术体系形成有效的补充和完善（图 11-2）。

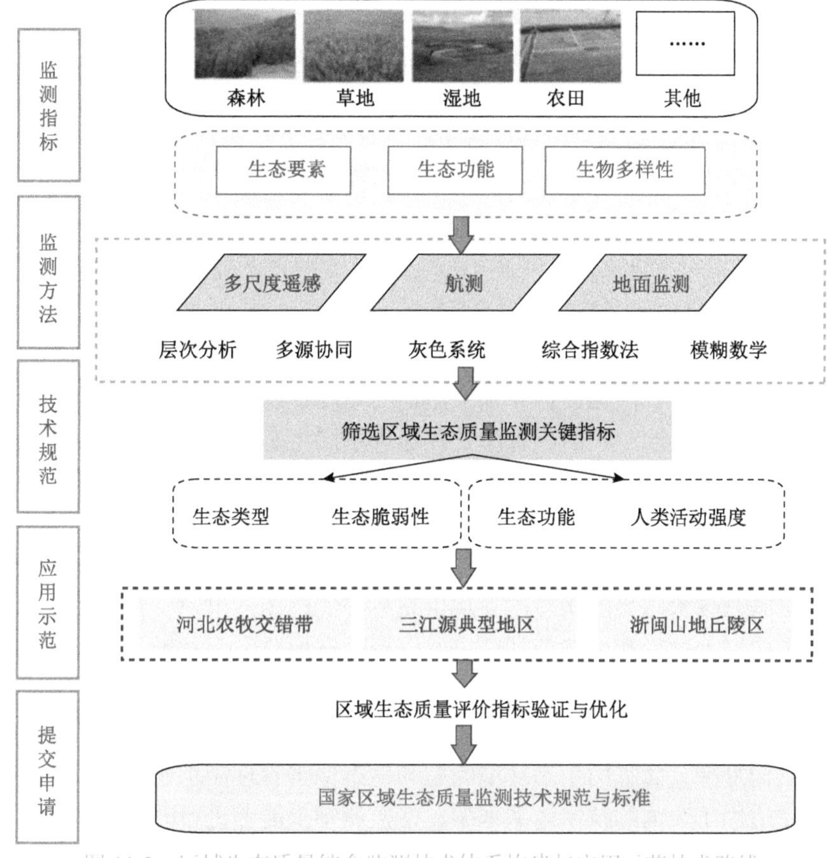

图 11-2　区域生态质量综合监测技术体系构建与应用示范技术路线

11.1.2　监测指标需求

现有的生态质量监测和评价标准规范主要由环境、林业、农业、气象、水利等多个行业部门分别制定，根据职能部门业务需求的不同分别提出了监测指标体系和技术方法，并得到了广泛应用。但是这也造成指标体系、技术手段和数据规范等多方面存在显著差异，缺乏统一的生态监测网络和从站点到区域的综合观测技术，难以准确监测和及时评估我国重要生态区域的生态状况及其变化，应用于区域尺度的生态监测和评价工作时存在一些不足。

当前生态质量监测评价相关标准主要针对单一生态系统类型或某种生态要素制定监测指标，包括林业标准体系中的《森林生态系统长期定位观测指标体系》（GB/T 35377—2017）、《森林生态系统长期定位观测方法》（GB/T 33027—2016）、《森林植被状况监测技术规范》（GB/T 30363—2013）、《重要湿地监测指标体系》（GB/T 27648—2011）等；气象标准体系中的《植被生态质量气象评价指数》（GB/T 34815—2017）、《北方草地监测要素与方法》（QX/T 212—2013）、《陆地植被气象与生态质量监测评价等级》（QX/T 494—2019）等；农业标准体系中的《草原健康状况评价》（GB/T 21439—2008）、《草原资源与生态监测技术规程》（NY/T 1233—2006）、《草地植被健康监测评价方法》（NY/T 3648—

2020）等。这些标准在生态质量监测工作中发挥了重要作用，但从区域生态系统整体性出发开展的综合监测相对较少，相关监测指标和技术方法也有所欠缺。

基于工作职能需求，生态环境部门陆续从综合管理的角度发布了一些评价标准，包括环境保护部2011年发布的《区域生物多样性评价标准》（HJ 623—2011）、2015年发布的《生态环境状况评价技术规范》（HJ 192—2015）以及生态环境部2021年发布的《全国生态状况调查评估技术规范——生态系统质量评估》（HJ 1172—2021）等，这些标准对于科学掌握全国生态状况分布、制定生态保护相关策略发挥了一定作用，但是所采用的监测技术方法相对单一，对于区域内部的差异性和问题反映不够。

不同尺度的生态系统监测和评价在内容与方法上有不同的需求（傅伯杰等，2001）。从坚持山水林田湖草沙一体化保护和系统治理的角度，区域尺度生态质量监测需要考虑当区域内存在森林、草地、农田、荒漠、湿地等不同生态系统类型时，如何从生态系统的整体性和系统性出发反映区域综合生态特征和质量水平，实现生态保护管理的决策支持。现有生态系统观测研究网络在站点尺度上的观测内容包括水、土、大气等环境要素和动物、植物、微生物等生物要素，观测指标和样地样点数量多，对仪器设备要求高。区域生态质量监测技术体系的构建需要从生态系统的整体性出发，筛选关键指标综合反映区域的生态格局、过程和功能等特征，并以台站样地监测为基础，研究单一生态系统内指标由点至面的监测技术方法。

我国不同地区的气候、地形、土壤、植被等自然条件差异显著，生态系统类型多样，种群和群落结构复杂，面临的生态环境问题和生态保护管理需求也不同。区域生态质量监测需要构建适用于全国的技术体系框架，使监测结果能够进行时间和空间的对比，同时考虑差异化的自然禀赋和生态功能定位，对生态系统的现状及其未来变化趋势做出正确的评估。因此，区域尺度生态质量监测指标体系既要代表生态系统的客观状态，又要体现人类活动的影响；既要适应当前科技水平，又要具有一定的前瞻性和引导性。

11.1.3 监测技术需求

不断丰富和更新观测技术手段、强调标准化和规范化的联网观测、加强从站点到区域乃至全国尺度的观测体系建设已经成为国际生态系统观测研究网络的发展趋势。长期生态定位观测网络、多时空尺度观测技术和现代物联网技术的快速发展为构建区域尺度生态质量监测技术体系提供了可能与条件，并为生态要素的快速测定、生物多样性的连续监测和区域生态功能的遥感反演等提供了重要的技术支撑。对于生态质量指标的获取，在站点尺度以地面观测为主，包括水、土、气、辐射等环境指标和生物指标的仪器自动观测与人工观测，观测频率分为长期定位观测和定期样地样线调查。现场观测或采样分析的指标数据精度高，但一方面要求地面观测站点的布设对所在区域的生态特征具有较强的代表性，另一方面对观测人员的技术要求或仪器设备的需求也较高，数据获取成本高。

区域尺度的生态质量监测分为大尺度和中小尺度两种情况，以国家、流域等大范围地理空间为研究对象时，指标一般通过卫星遥感技术获取，包括利用中分辨率遥感影像解译生态系统类型数据、利用高时间分辨率或高光谱分辨率遥感影像反演生态功能数据。以县域、自然保护区等小范围地理空间为研究单元时，单一的卫星遥感技术在数据真实性、准确性、时效性等方面难以满足生态质量监测的需求。例如，中分辨率遥感影像难以区分二级甚至三级生态系统类型；千米或百米级生态功能遥感产品不能反映小尺度区域内部的生态功能状况及其变化；生物多样性状况，特别是物种多样性难以通过遥感技术直接监测。

因此，区域尺度的生态质量监测需要充分利用卫星遥感、航空遥感（无人机等）和地面监测的优势，构建天、空、地一体化的生态质量综合监测技术体系，在现有观测技术的基础上，既能满足中小尺度区域生态质量监测指标的精度要求，又具备较强的可操作性和可推广性。

11.2　区域尺度生态系统质量监测指标体系

从服务国家生态质量动态变化监测的需求出发，为掌握县域、省域以及自然保护地、重点生态功能区等生态区的生态质量水平，本书根据生态系统的格局、过程和功能特征构建了区域尺度的生态系统质量监测指标体系。

11.2.1　指标体系构建原则

1. 科学性

区域生态系统质量综合监测指标体系具有明确的科学内涵，具备系统性与完整性，能够客观反映生态系统质量状况。

2. 继承性

广泛借鉴国内外生态系统质量监测工作的指标体系、技术方法等成熟经验，在相关科研成果的基础上优化提升，充分利用已有生态监测调查工作基础。

3. 引领性

充分利用先进的监测设备和技术手段，纳入个别有难度但极具科学意义的重要指标（如生物多样性），以引领未来生态监测评价工作的开展。

4. 综合性

从山水林田湖草的整体性出发，注重多因素的综合性评价，兼顾全国通用性与自然禀赋差异，使指标体系框架整体适用于所有地区。

5. 主导性

综合考量区域生态功能定位，针对影响生态质量的关键因素，选择具有主导作用、代表性强的指标，反映主要生态问题。

6. 实用性

指标选择时必须考虑区域生态保护、生态恢复管理与决策的需要，使监测技术方法具有可操作性，监测结果具有时空可比性，监测工作能够业务化运行。

11.2.2 监测指标框架

从生态格局、生物多样性、生态功能和生态胁迫四个方面构建了区域生态系统质量综合监测指标体系，主要包括 4 个一级指标，10 个二级指标，以及 21 个三级指标（表 11-1）。

表 11-1 区域生态系统质量综合监测指标体系

<table>
<tr><th>一级指标</th><th>二级指标</th><th>三级指标</th></tr>
<tr><td rowspan="3">生态格局</td><td>生态组分</td><td>生态用地面积比例</td></tr>
<tr><td rowspan="2">生态结构</td><td>生境质量指数</td></tr>
<tr><td>重要生态空间连通度</td></tr>
<tr><td rowspan="3">生物多样性</td><td>重点保护生物</td><td>重点保护生物指数</td></tr>
<tr><td rowspan="2">重要生物功能群</td><td>指示生物类群生命力指数</td></tr>
<tr><td>原生功能群种占比</td></tr>
<tr><td rowspan="8">生态功能</td><td rowspan="3">调节功能</td><td>波文比</td></tr>
<tr><td>水分蓄存指数</td></tr>
<tr><td>防风固沙指数</td></tr>
<tr><td rowspan="3">支持功能</td><td>总初级生产力</td></tr>
<tr><td>固碳量</td></tr>
<tr><td>释氧量</td></tr>
<tr><td rowspan="2">维持功能</td><td>植被覆盖指数</td></tr>
<tr><td>植被生长程度</td></tr>
<tr><td rowspan="7">生态胁迫</td><td rowspan="5">生态退化</td><td>森林退化指数（森林结构、净生态系统生产力）</td></tr>
<tr><td>草地退化指数（土壤质量、退化指示植物比例）</td></tr>
<tr><td>湿地退化指数（湿地景观结构、动物多样性）</td></tr>
<tr><td>农田退化指数（土壤质量、生产力）</td></tr>
<tr><td>荒漠退化指数（植被盖度、物种丰富度）</td></tr>
<tr><td>自然干扰</td><td>自然灾害受灾面积比例</td></tr>
<tr><td>生物安全</td><td>外来物种入侵度</td></tr>
</table>

11.2.3 监测指标

基于一级指标框架的生态学内涵提出主要监测内容，筛选构建相应下级监测指标。

1. 生态格局

生态格局指生态系统的类型、数量、空间分布与配置情况，是自然、生态、人为多重作用下的现实表征。生态格局影响生态过程，进而对生态系统产生重大影响，包括生态组分和生态结构两个二级指标。

生态组分反映森林、草地、湿地等所有自然属性的生态要素数量，用生态用地面积比例来表示。生态用地面积比例指林地、草地、湿地、荒漠等具有自然生态属性的用地（不包含裸地）面积占县域行政区面积的比例。

生态结构反映重要生态要素的类型、分布、空间联系和保护情况等，用生境质量指数和重要生态空间连通度来表示。生境质量指数表征由于生态系统类型不同而体现的质量差异。重要生态空间连通度指区域内重要生态空间（如生态保护红线斑块、自然保护区等）的整体连通程度（图 11-3）。

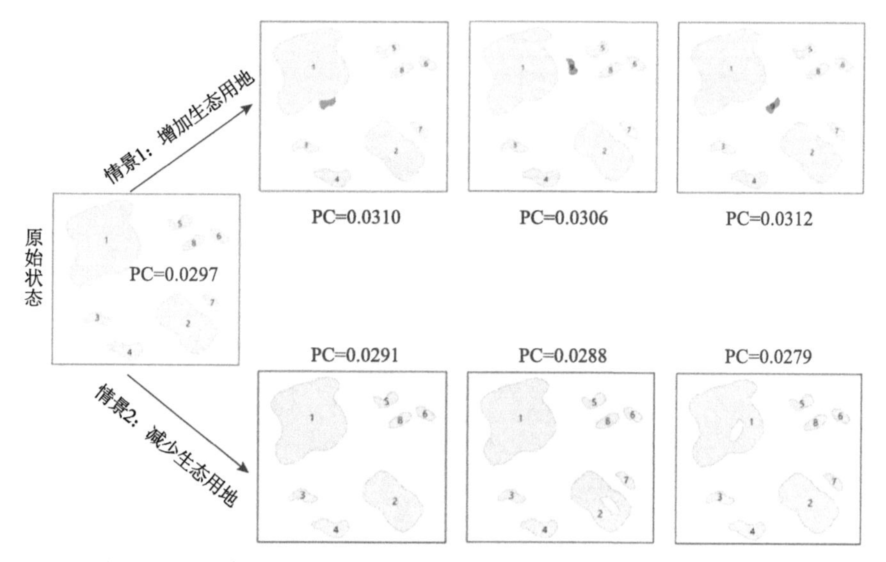

图 11-3　生态用地的数量和分布影响区域尺度重要生态空间连通度

PC 表示重要生态空间连通度。图中的多边形指生态空间斑块，表示生态空间斑块的增加或减少会影响重要生态空间连通度的大小；同样面积下，生态空间斑块的位置变化也会导致斑块之间的连通度不同

2. 生物多样性

生物多样性主要从物种层面反映生命形式的多样性，包括重点保护生物和重要生物功能群两个指标，一方面关注珍稀濒危物种和国家一、二级野生动、植物的受保护程度，另一方面关注非重点保护但对区域生态质量有指示性作用的生物状态。

重点保护生物指国家一、二级野生动、植物和珍稀濒危物种，参照《国家重点保护野生动物名录》《国家重点保护野生植物名录》中的Ⅰ级、Ⅱ级保护物种和《中国生物多样性红色名录》中的濒危（EN）、易危（VU）物种（图 11-4）。

国家重点保护野生动物名录

中文名	学名	保护级别		备注
脊索动物门 CHORDATA				
哺乳纲 MAMMALIA				
灵长目#	PRIMATES			
懒猴科	Lorisidae			
蜂猴	*Nycticebus bengalensis*	一级		
倭蜂猴	*Nycticebus pygmaeus*	一级		
猴科	Cercopithecidae			
短尾猴	*Macaca arctoides*		二级	
熊猴	*Macaca assamensis*		二级	
台湾猴	*Macaca cyclopis*	一级		
北豚尾猴	*Macaca leonina*	一级		原名"豚尾猴"
白颊猕猴	*Macaca leucogenys*		二级	
猕猴	*Macaca mulatta*		二级	
藏南猕猴	*Macaca munzala*		二级	
藏酋猴	*Macaca thibetana*		二级	
喜山长尾叶猴	*Semnopithecus schistaceus*	一级		
印支灰叶猴	*Trachypithecus crepusculus*	一级		
黑叶猴	*Trachypithecus francoisi*	一级		
菲氏叶猴	*Trachypithecus phayrei*	一级		
戴帽叶猴	*Trachypithecus pileatus*	一级		
白头叶猴	*Trachypithecus leucocephalus*	一级		
肖氏乌叶猴	*Trachypithecus shortridgei*	一级		
滇金丝猴	*Rhinopithecus bieti*	一级		
黔金丝猴	*Rhinopithecus brelichi*	一级		
川金丝猴	*Rhinopithecus roxellana*	一级		
怒江金丝猴	*Rhinopithecus strykeri*	一级		
长臂猿科	Hylobatidae			
西白眉长臂猿	*Hoolock hoolock*	一级		
东白眉长臂猿	*Hoolock leuconedys*	一级		
高黎贡白眉长臂猿	*Hoolock tianxing*	一级		
白掌长臂猿	*Hylobates lar*	一级		
西黑冠长臂猿	*Nomascus concolor*	一级		
东黑冠长臂猿	*Nomascus nasutus*	一级		

国家重点保护野生植物名录

中文名	学名	保护级别		备注
苔藓植物 Bryophytes				
白发藓科	Leucobryaceae			
桧叶白发藓	*Leucobryum juniperoideum*		二级	
泥炭藓科	Sphagnaceae			
多纹泥炭藓*	*Sphagnum multifibrosum*		二级	
粗叶泥炭藓*	*Sphagnum squarrosum*		二级	
藻苔科	Takakiaceae			
角叶藻苔	*Takakia ceratophylla*		二级	
藻苔	*Takakia lepidozioides*		二级	
石松类和蕨类植物 Lycophytes and Ferns				
石松科	Lycopodiaceae			
石杉属（所有种）	*Huperzia* spp.		二级	
马尾杉属（所有种）	*Phlegmariurus* spp.		二级	
水韭科	Isoëtaceae			
水韭属（所有种）*	*Isoëtes* spp.	一级		
瓶尔小草科	Ophioglossaceae			
七指蕨	*Helminthostachys zeylanica*		二级	
带状瓶尔小草	*Ophioglossum pendulum*		二级	
合囊蕨科	Marattiaceae			
观音座莲属（所有种）	*Angiopteris* spp.		二级	
天星蕨	*Christensenia assamica*		二级	Flora of China使用*Christensenia aesculifolia*
金毛狗科	Cibotiaceae			
金毛狗属（所有种）	*Cibotium* spp.		二级	其他常用中文名：金毛狗蕨属
桫椤科	Cyatheaceae			
桫椤科（所有种，小黑桫椤和粗齿桫椤除外）	Cyatheaceae spp. (excl. *Alsophila metteniana* & *A. denticulata*)		二级	
凤尾蕨科	Pteridaceae			
荷叶铁线蕨*	*Adiantum nelumboides*	一级		
水蕨属（所有种）*	*Ceratopteris* spp.		二级	
冷蕨科	Cystopteridaceae			
光叶蕨	*Cystopteris chinensis*	一级		
铁角蕨科	Aspleniaceae			
对开蕨	*Asplenium komarovii*		二级	
乌毛蕨科	Blechnaceae			
苏铁蕨	*Brainea insignis*		二级	
水龙骨科	Polypodiaceae			

图 11-4 重点保护生物物种名录来源

重要生物功能群是指被评价区域内已记录的野生哺乳类、鸟类、两栖类和蝶类等生态环境指示生物类群特征以及原生功能群种占比。指示生物类群生命力指数指区域内已记录的野生哺乳类、鸟类、两栖类和蝶类等生态环境指示生物类群所有物种的种数。原生功能群种占比指监测样地地带性原生生态系统群落建群种的生物量或生物个数。

3. 生态功能

生态功能指生态系统维持地球生命支持系统，并为人类提供惠益的能力，用调节功能、支持功能和维持功能来表示。

区域生态调节功能定义为生态系统通过自身生态过程，间接减缓气候和环境变化对人类产生负面影响的功能，包括生态系统气候调节功能、水源涵养功能和防风固沙功能。调节功能用波文比、水分蓄存指数、防风固沙指数三个指标来表示。

区域生态支持功能是为地球生命所需基本条件提供保障的功能，包括生态系统生产功能和固碳释氧功能。支持功能用总初级生产力、固碳量、释氧量三个指标来表示。

区域生态维持功能即生态系统在面对自然灾害、环境胁迫或人类活动等干扰时，通过容纳和吸收，保持及恢复其结构和功能、维持生境稳定的能力，主要表现为生态系统面对外部干扰时的调节力、抵抗力与恢复力。维持功能用植被覆盖指数、植被生长程度两个指标来表示。

4. 生态胁迫

生态胁迫指生态系统正常结构和功能所受到的干扰与压力，用生态退化、自然干扰和生物安全来表示。

生态退化指在自然因素或人为干扰下，生态系统处于一种不稳定或失衡的状态，表现为对自然或人为干扰较低的抗性、较弱的缓冲能力以及较强的敏感性和脆弱性，生态系统逐渐演变为与自然或人为干扰相适应的低水平状态的过程。根据生态系统类型与特征，森林退化指数用森林结构、净生态系统生产力来表示，监测内容包括归一化植被指数、叶面积指数等指标；草地退化指数用土壤质量、退化指示植物比例来表示，监测内容包括土壤有机质含量、退化指示植物物种数；湿地退化指数用湿地景观结构、动物多样性来表示，监测内容包括湿地植被面积、水鸟数量；农田退化指数用土壤质量、生产力来表示，监测内容包括土壤微生物、作物产量；荒漠退化指数用植被盖度、物种丰富度来表示，监测内容包括归一化植被指数、物种数。

自然干扰反映气象、地质、生物、火灾等自然灾害对生态系统造成的扰动，用自然灾害受灾面积比例来表示，监测内容包括各种自然灾害的受灾面积。

生物安全表征生态系统受到外来入侵物种干扰的程度，用外来物种入侵度来表示，监测内容包括区域内外来入侵物种数。

11.3　区域尺度生态质量监测方法

区域尺度生态质量监测方法将综合利用台站尺度、样地尺度、卫星遥感、近地面航空遥感等生态质量监测的技术方法，实现多类生态要素的综合监测。

11.3.1　监测内容与方法

区域尺度生态质量监测内容包括生态系统类型与面积、生物物种数、生物种类与数量（生物量）、叶面积指数、归一化植被指数、净初级生产力、气象指标、土壤成分及含量、农作物产量、自然灾害受灾面积等指标。

1. 生态系统类型与面积

生态系统类型与面积监测采用卫星遥感、近地面航空遥感（无人机）、地面监测相结合的方法。选取植被生长季、高分辨率的卫星遥感影像，通过影像解译提取生态系统类型信息，并利用无人机和地面监测对典型地区生态系统类型与面积信息进行核查和修正。生态系统类型参考"中国多时期生态系统类型空间分布数据集"的分类体系（徐新良，2023）。

2. 生物物种数

生物物种数监测包括对重点生物物种数、指示生物类群物种数、外来入侵物种数、草地生态系统退化指示植物物种数、荒漠生态系统物种数的监测。

重点生物物种数主要来自现有文献资料和实地调查。文献资料应以近 5 年或 10 年的文献为主；指示生物类群物种数、外来入侵物种数、草地生态系统退化指示植物物种数、荒漠生态系统物种数主要来源于地面调查和监测数据。其数据由具有一定资质的、从事生物多样性调查的专业人员采集，并由相关专家审定。

物种实地调查方法包括样线法、样方法、红外相机观测、笼捕法等（图 11-5），技术方法可以参照《区域生物多样性评价标准》（HJ 623—2011）、《生物多样性观测技术导则》系列标准、《生态保护红线监管技术规范 生态状况监测（试行）》（HJ 1141—2020）、《县域生物多样性调查与评估技术规定》（环境保护部 2017 年第 84 号公告）等标准。

图 11-5 物种实地调查方法

3. 生物种类与数量（生物量）

生物种类与数量（生物量）监测包括对地带性原生生态系统群落建群种的生物量或生物个数开展的监测，以及对湿地生态系统的水鸟和农田生态系统土壤微生物的种类与数量开展的监测。

生物种类与数量（生物量）监测采用实地调查方法，具体参照《生物多样性观测技术导则》系列标准（图 11-6）。

图 11-6　不同覆盖度草地的生物量调查

4. 叶面积指数

叶面积指数指单位土地面积绿色叶片的单面面积总和，主要表征植被垂直结构的复杂性。叶面积指数采用中高分辨率遥感反演或模型模拟方法监测得到。

5. 归一化植被指数

归一化植被指数监测指通过测量近红外（植被强烈反射）和红光（植被吸收）之间的差异来量化植被。归一化植被指数采用中高分辨率遥感反演方法监测得到，具体参照《卫星遥感影像植被指数产品规范》（GB/T 30115—2013）。

6. 净初级生产力

净初级生产力表示植被所固定的有机碳中扣除本身呼吸消耗的部分，这部分用于植被的生长和生殖（也称净第一性生产力）。净初级生产力采用中高分辨率遥感反演或模型模拟方法监测得到，具体参考《植被生态质量气象评价指数》（GB/T 34815—2017）。

7. 气象指标

气象指标监测包括对降水量、蒸散量、相对湿度等气象指标的监测，监测方法参照《地面气象观测规范 总则》（GB/T 35221—2017）。

8. 土壤成分及含量

土壤成分及含量监测包括对土壤粗砂、粉砂、黏粒、有机质等成分和含量的监测，监测方法参照《土壤环境监测技术规范》（HJ/T 166—2004）、《农田土壤环境质量监测技术规范》（NY/T 395—2012）等标准。

9. 农作物产量

农作物产量指一定时期（通常是一年）和区域范围内，在农作物播种面积上收获的农产品总量。针对农田生态系统，主要采用遥感监测和统计调查结合的方法获取农作物产量信息。

10. 自然灾害受灾面积

自然灾害受灾面积包括气象灾害、地质地震灾害、生物灾害、生态环境灾害等自然灾害的受灾面积，主要采用高分辨率遥感影像解译和统计调查的方法监测得到。

气象灾害受灾面积指气象和水文要素的数量或强度、时空分布及要素组合的异常，对生态环境造成损害的自然灾害的受灾面积。

地质地震灾害受灾面积指地球岩石圈的能量强烈释放运动或物种强烈迁移，或是长期累积的地质变化，对生态环境造成损害的自然灾害的受灾面积。

生物灾害受灾面积指在自然条件下的各种生物活动或由雷电、自燃等原因导致的发生于森林或草原，以及有害生物对农作物、林木、养殖动物和设施造成损害的自然灾害的受灾面积。

生态环境灾害受灾面积指生态系统结构破坏或生态失衡，对人地关系和谐发展和人类生存环境带来不良后果的一大类自然灾害的受灾面积。

11.3.2 监测频次

监测频次分为年度监测和 5 年监测。年度监测指标包括生态系统类型与面积、叶面积指数、归一化植被指数、净初级生产力、气象指标、农作物产量、自然灾害受灾面积。5 年监测指标包括生物物种数、生物种类与数量（生物量）、土壤成分及含量。5 年监测指标在自然保护地、重点生态功能区等区域可加大监测频次，即每年开展 1 次监测。

11.3.3 数据质量控制

1. 卫星遥感监测

数字正射影像图空间分辨率应优于相应比例尺 1∶10000。按照《遥感影像平面图制作与规范》（GB/T 15968—2008），对于数字正射影像图的平面位置误差，平地、丘陵地不大于±0.5mm，山地、高山地不大于±0.75mm，明显地物点最大不应超过两倍中误差。遥感解译中图斑属性的判对率应大于 90%。采用总体精度、Kappa 系数进行监测指标总体精度的控制；采用用户精度、生产者精度对单个类别分类情况进行精度验证；辅之以地面核查，确保总体精度达到 90%以上。

遥感反演要求在大规模进行产品生产前完成算法适用性检验与精度分析，针对每个待反演的参数，分别对其反演模型算法进行参数检验、模型拟合能力检验，要求算法通过置信度为 95%的假设检验。植被覆盖度、净初级生产力、叶面积指数的反演精度应依次大于等于 85%、80%、85%。

2. 航空遥感监测

参照《测绘成果质量检查与验收》（GB/T 24356—2023）的相关要求进行精度验证

和质量控制。

3. 地面调查

地面调查质量控制主要包括现场采样质量控制和实验室质量控制两个方面，要根据相关标准，全过程保证现场监测数据的质量，具体参照《生物多样性观测技术导则》系列标准中质量控制和安全管理的相关规定，以及《生态保护红线监管技术规范 数据质量控制（试行）》（HJ 1145—2020）中的相关要求。

11.4　区域生态系统质量监测示范应用

为验证和优化区域生态质量综合监测技术体系，选择代表不同生态系统类型的典型区域开展示范应用。同时，从国家尺度开展了县级行政单元生态质量监测指标的计算与分析，并基于生态系统功能指标以公里网格为单元开展了全国生态质量的评价，为区域生态质量综合监测技术体系对国家生态保护监督管理等工作的支撑提供了参考和依据。

根据《全国主体功能区规划》中的主导生态功能，选择河北农牧交错带、三江源典型地区、浙闽山地丘陵区作为示范应用区，分别代表以防风固沙、水源涵养和生物多样性保护为主导生态功能的典型区域（图 11-7）。通过遥感监测以及样方、样线、红外相机调查和大样地等地面监测收集相关资料，建立区域生态质量监测与评估专题基础数据库，对区域生态质量综合监测指标进行计算和评估，分析指标的空间分布特征和时空变化特征。

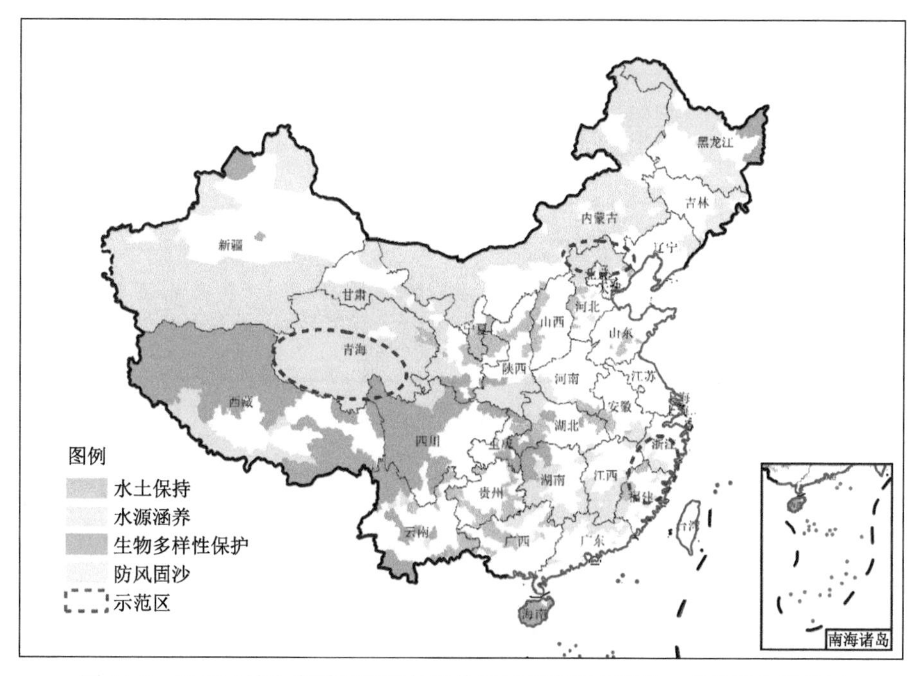

图 11-7　用于区域生态质量监测与评价的河北农牧交错带、三江源典型地区和浙闽山地丘陵区典型示范区

11.4.1 河北农牧交错带生态质量监测与评价

1. 区域概况

河北农牧交错带包括张家口市全域，承德市的围场满族蒙古族自治县、丰宁满族自治县、隆化县、御道口牧场管理区，北部与内蒙古自治区相接，西部与山西省相接，南部与北京市相邻。其地理坐标为 113°54′E～118°18′E，39°29′N～42°36′N，面积约 60051km^2。研究区地形以高原、山地、盆地为主，海拔在 331～2883m，平均海拔为 1211m。其西北部为坝上高原，属于内蒙古高原南部，地势较高且开阔平坦，平均海拔为 1438m；东南部为燕山，相对高度较高，平均海拔为 1126m；西南部为冀西北间山盆地，平均海拔为 1135m（图 11-8）。

研究区根据地形地貌可分为三部分：坝上高原包括康保县、张北县、察北管理区、沽源县、塞北管理区及御道口牧场管理区全部，尚义县、丰宁满族自治县、围场满族蒙古族自治县北部；燕山山区包括赤城县、隆化县全域，丰宁满族自治县、围场满族蒙古族自治县南部；冀西北间山盆地包括万全区、崇礼区、桥西区、桥东区、经开区、宣化区、下花园区、怀安县、阳原县、蔚县、涿鹿县和怀来县全域，以及尚义县南部。

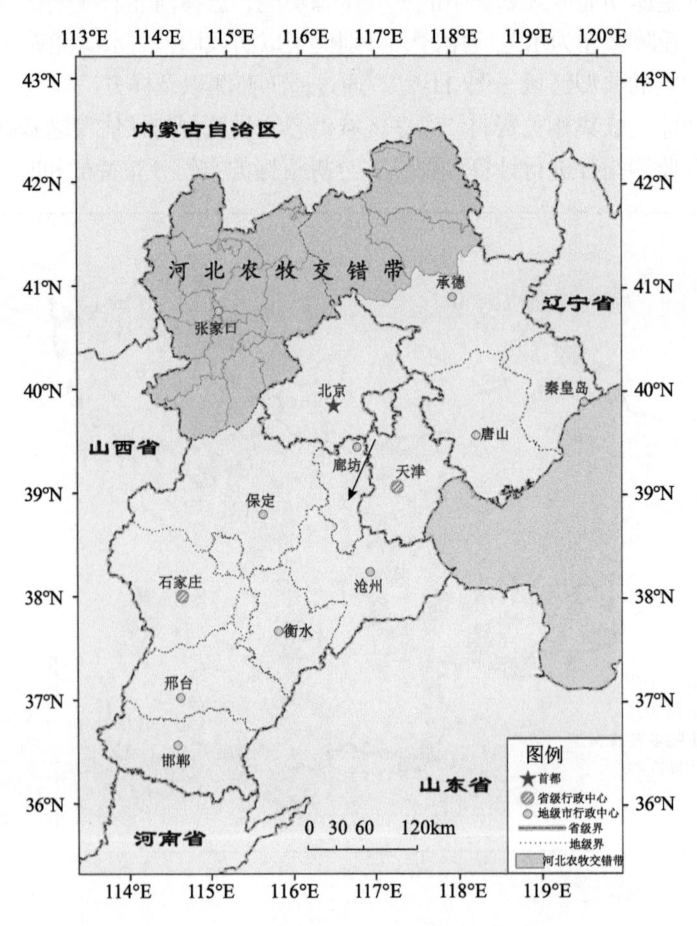

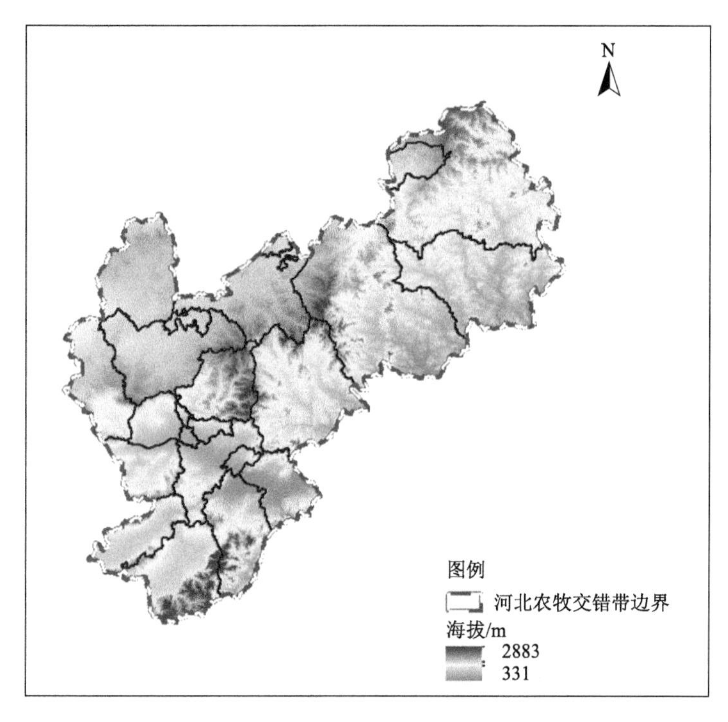

图 11-8　研究区位置与地形

2. 监测与评价结果

在区域生态质量综合监测指标体系框架下，结合研究区生态系统的特点，按照科学性、准确性、可操作性、主导性等原则设计具有农牧交错带特色的生态质量综合监测指标体系（表 11-2）。其一级指标由生态格局、生物多样性、生态功能和生态胁迫组成。生态格局由生态组分和生态完整性表征，监测示范区的土地覆被类型及面积；生物多样性由物种多样性表征，参考《生态保护红线划定指南》中的生物多样性维护功能评估方法，监测示范区的植被净初级生产力、降水和气温；生态功能参考《森林生态系统服务功能评估规范》（GB/T 38582—2020），监测土地覆被类型、气象指标、土壤状况、植被指数等指标；生态胁迫由生态变化度和生态退化表征，生态变化度监测土地覆被类型在特定时间内变化的总体趋势，生态退化监测水土流失量。

表 11-2　河北农牧交错带生态质量综合监测指标体系

一级指标		二级指标		三级指标	
名称	权重	名称	权重	名称	权重
生态格局	0.36	生态组分	0.50	生态用地面积比例	1.00
		生态完整性	0.50	景观连通度	1.00
生物多样性	0.22	物种多样性	1.00	生物多样性维护指数	1.00

续表

一级指标		二级指标		三级指标	
名称	权重	名称	权重	名称	权重
生态功能	0.27	调节功能	0.40	产水量	0.50
				防风固沙量	0.50
		支持功能	0.20	生产能力指数	1.00
		维持功能	0.40	植被覆盖指数	0.50
				植被生长程度指数	0.50
生态胁迫	0.15	生态变化度	0.74	土地覆被转类指数	1.00
		生态退化	0.26	水土流失量	1.00

为验证上述指标体系的合理性，本研究结合历史监测数据，在示范区开展了历时19年，共5期生态质量监测与评估示范工作，并采用5km×5km网格对结果进行时间变化分析。

1）生态格局

基于研究区生态组分与生态完整性计算结果，根据指标体系权重进一步计算，得到生态格局指数情况。河北农牧交错带平均生态格局指数为60.98。从时间上看，研究区景观生态格局指数略有下降趋势，各年景观生态格局指数变化不大（图11-9），最高的年份是2000年，为61.06；最低的年份是2015年，为60.88。各时间段中，生态格局指数减小的区域面积均大于增加的区域，且2000～2005年、2005～2010年、2015～2018年生态格局指数减小的面积明显大于增加的区域（表11-3）。这主要与研究区内生态用地面积比例减少有关。

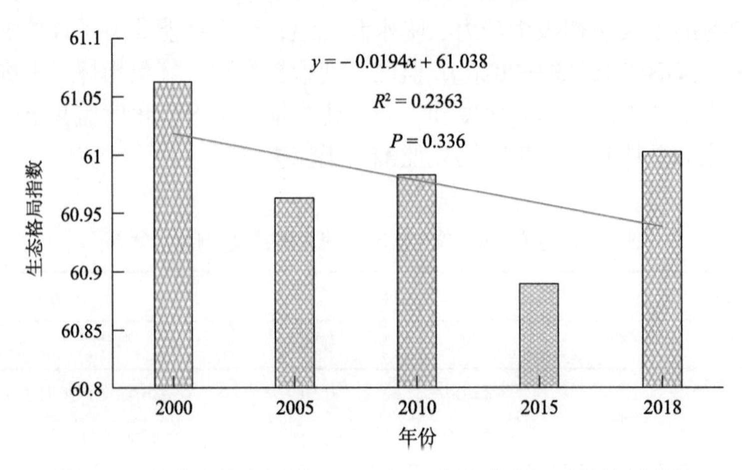

图11-9　河北农牧交错带2000～2018年生态格局指数均值变化

表 11-3　河北农牧交错带 2000～2018 年生态格局变化统计

变化类型	2000～2005 年		2005～2010 年		2010～2015 年		2015～2018 年		2000～2018 年	
	面积/km^2	比例/%	面积/km^2	比例/%	面积/km^2	比例/%	面积/km^2	比例/%	面积/km^2	比例/%
减小	53182.56	88.56	58663.04	97.69	32898.87	54.78	54240.52	90.32	32796.77	54.61
增加	6869.41	11.44	1388.94	2.31	27153.10	45.22	5811.45	9.68	27255.20	45.39

2000～2018 年研究区生态格局指数空间分布差异较为明显（图 11-10）。燕山山区生态格局指数最高，为 68.88，生态系统结构最合理；其次为冀西北间山盆地，得分为 58.17，最小的是坝上高原，指数为 51.37，生态系统结构合理性较差。这主要是因为坝上高原以耕地为主，生态用地面积比例小；同时坝上高原多分散的农村居民点，降低了生态系统完整性，因此生态格局指数较小。

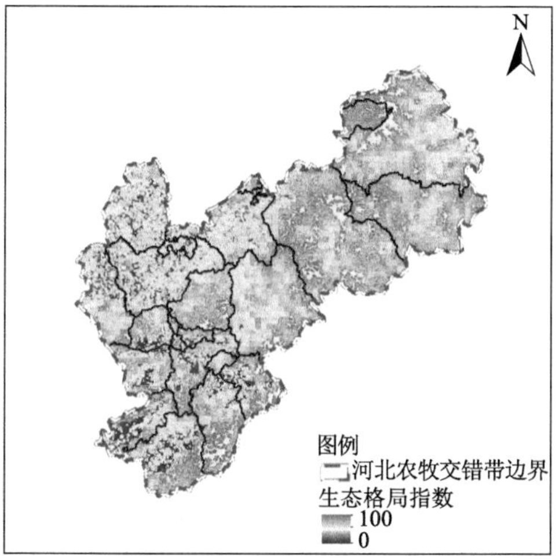

(a)2000年

(b)2005年

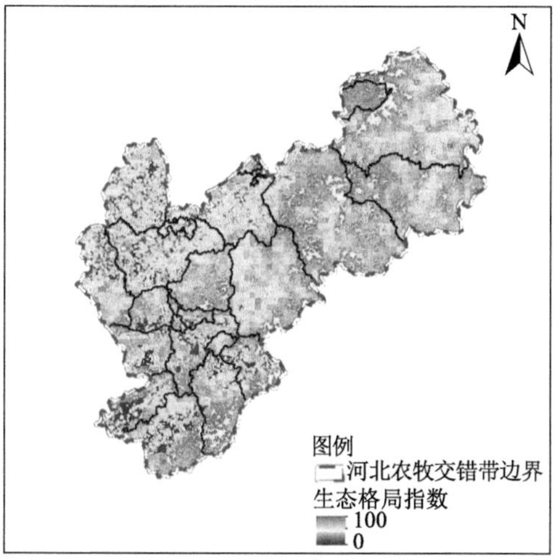

(c)2010年

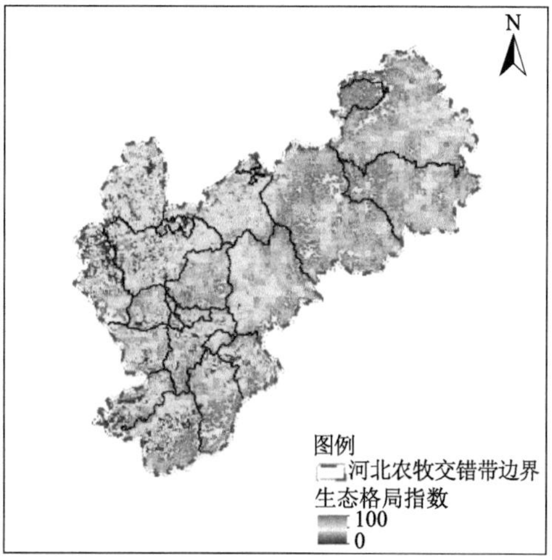

(d)2015年

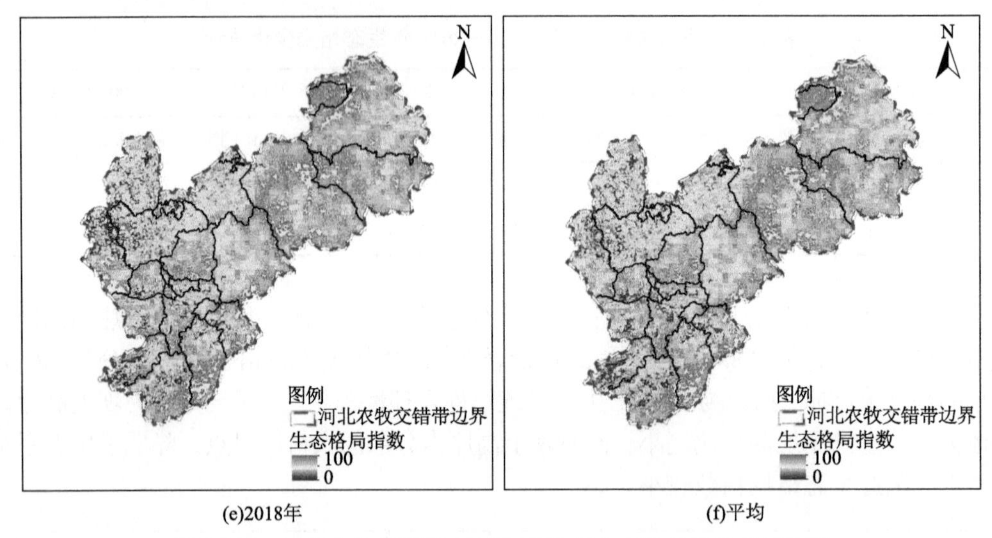

图 11-10 河北农牧交错带 2000～2018 年生态格局指数空间分布

2）生物多样性

基于生物多样性维护功能计算结果，利用 ArcGIS 软件对研究区 2000～2018 年五期生物多样性维护功能数据进行统计，发现多年平均生物多样性维护指数为 0.027，各年生物多样性维护功能变化较大，总体呈上升趋势（图 11-11）。其中，2015 年生物多样性维护指数最大，为 0.026；2018 年生物多样性维护指数最小，为 0.016。生物多样性维护功能呈增强趋势的主要原因可能是研究区开展的生态建设使植被覆盖度增加，植被净初级生产力提高，同时降水增加，水热组合好，使得生物多样性维护功能增强。

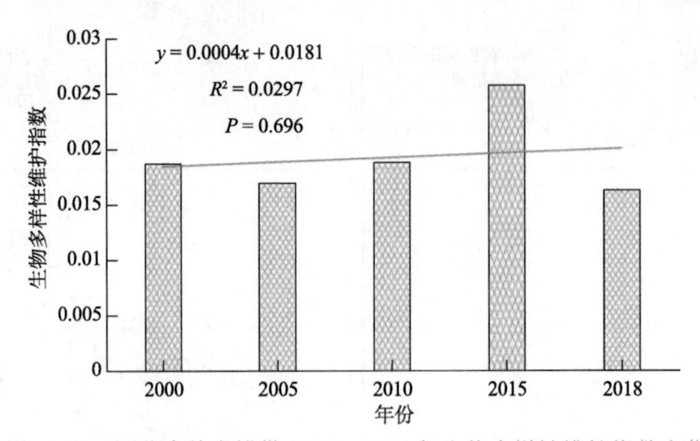

图 11-11 河北农牧交错带 2000～2018 年生物多样性维护指数变化

河北农牧交错带生物多样性维护功能空间分布存在较大差异，主要表现为燕山山区生物多样性维护功能较好，平均生物多样性维护指数为 0.036，坝上高原及冀西北间山盆地生物多样性维护能力较差，平均生物多样性维护指数分别 0.011 和 0.002（图 11-12）。这主要是因为燕山山区地形复杂，人类干扰较少，且降水较多，植被覆盖度较高，生物多样性维护功能较好；坝上高原和冀西北间山盆地位于背风坡，降水少，气候较干旱，村落城镇较密集，植被覆盖度较低，生物多样性维护功能较差。

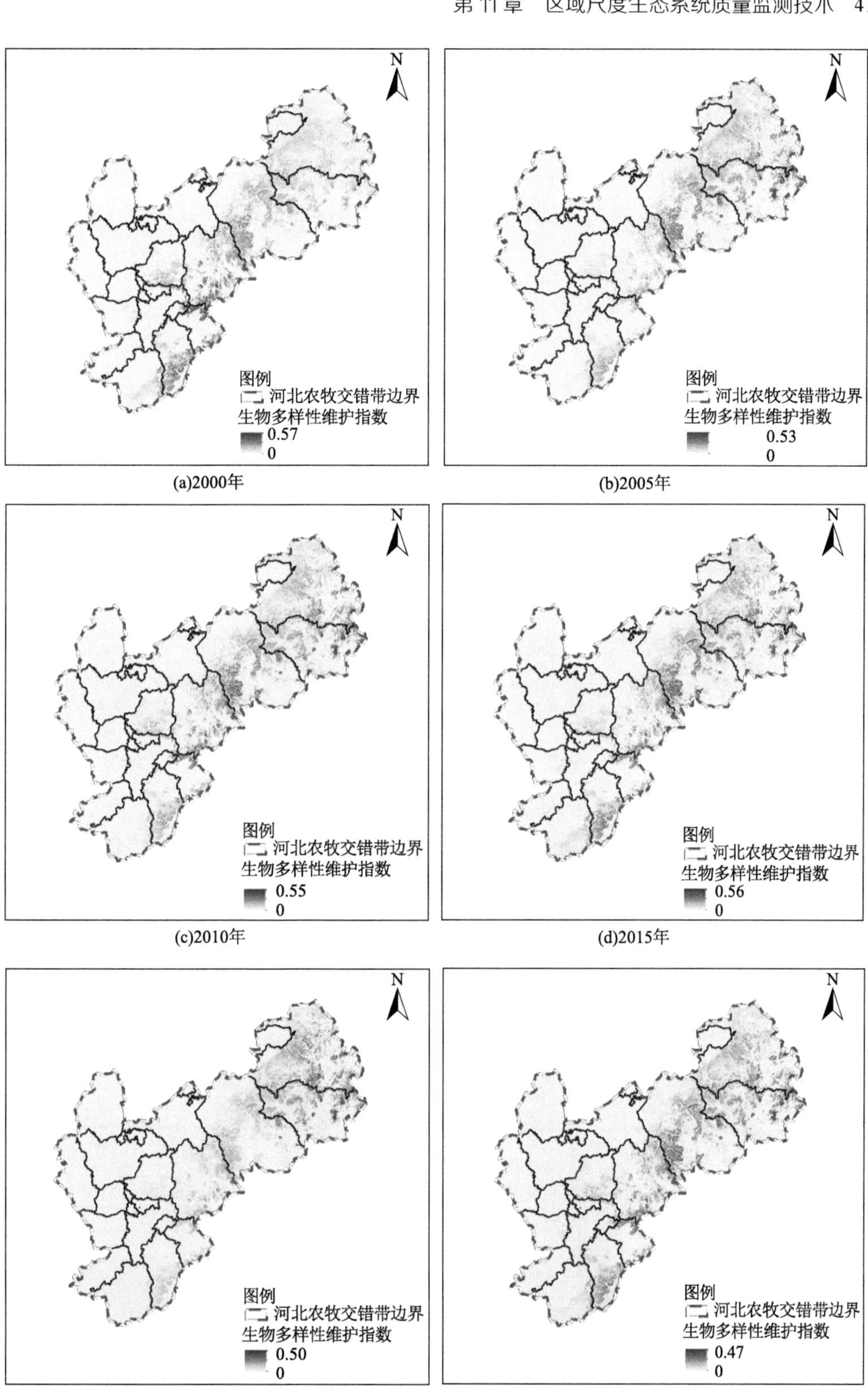

图 11-12　河北农牧交错带 2000～2018 年生物多样性维护指数空间分布

利用研究区六种土地利用类型边界对各期生物多样性维护指数结果进行提取统计，发现不同土地利用类型生物多样性维护功能存在较大的差异。其中，林地的生物多样性维护功能最好，其次为草地，五期平均生物多样性维护指数分别为 0.062、0.032（图 11-13）；建设用地的生物多样性维护功能最差，五期平均生物多样性维护指数约为 0.03。从时间尺度来看，六种土地利用类型生物多样性维护指数均呈上升趋势。

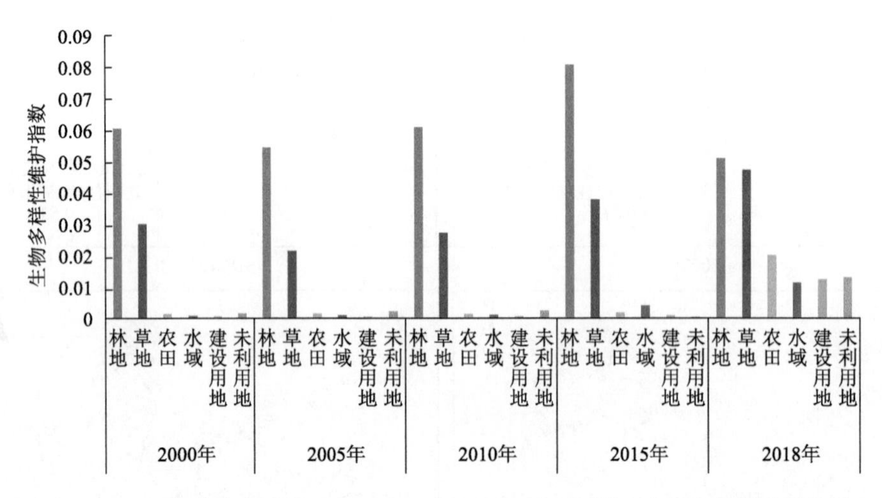

图 11-13 河北农牧交错带 2000～2018 年不同土地利用类型生物多样性维护指数

3）生态功能

基于研究区各类生态功能的计算结果，根据指标体系权重进行计算，得到研究时段内五期生态功能指数和多年平均生态功能指数。结果表明，河北农牧交错带多年平均生态功能指数为 40.79，且 2000～2018 年生态功能指数呈显著持续上升趋势（R^2=0.9902，P=0.001），各年生态功能指数变化较大（图 11-14）。其中，2018 年生态功能指数最高，为 44.45；2000 年生态功能指数最低，为 37.56。2000～2018 年，各时间段内生态功能增强的面积均大于退化的面积（表 11-4）。

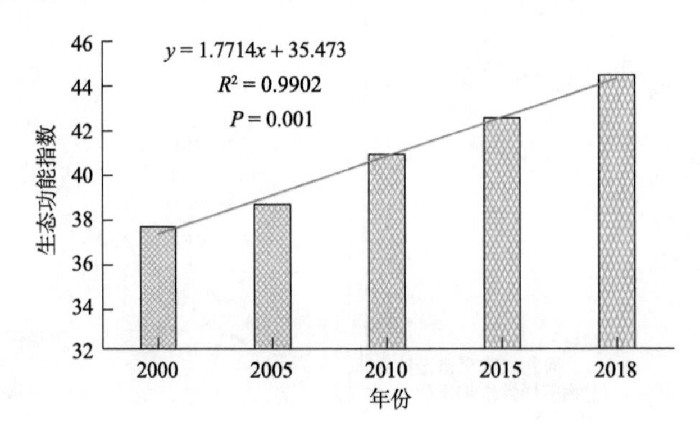

图 11-14 河北农牧交错带 2000～2018 年生态功能指数变化

表 11-4　河北农牧交错带 2000～2018 年各类生态功能变化统计

变化类型	2000～2005 年		2005～2010 年		2010～2015 年		2015～2018 年		2000～2018 年	
	面积/km²	比例/%	面积/km²	比例/%	面积/km²	比例/%	面积/km²	比例/%	面积/km²	比例/%
退化	27878.19	46.42	15073.45	25.10	23840.89	39.70	17592.74	29.30	2964.14	4.94
增强	32172.81	53.58	44977.55	74.90	36210.11	60.30	42458.26	70.70	57086.86	95.06

研究区生态功能指数空间分布存在较大差异，主要表现为燕山山区生态功能指数高，平均生态功能指数为 46.36，坝上高原及冀西北间山盆地生态功能指数相差不大，生态功能指数较低，平均生态功能指数分别 36.10 和 37.23（图 11-15）。各项生态功能均呈现燕山山区较强，坝上高原和冀西北间山盆地较差的空间分布格局，使得河北农牧交错带生态功能指数整体呈现这种分布格局。

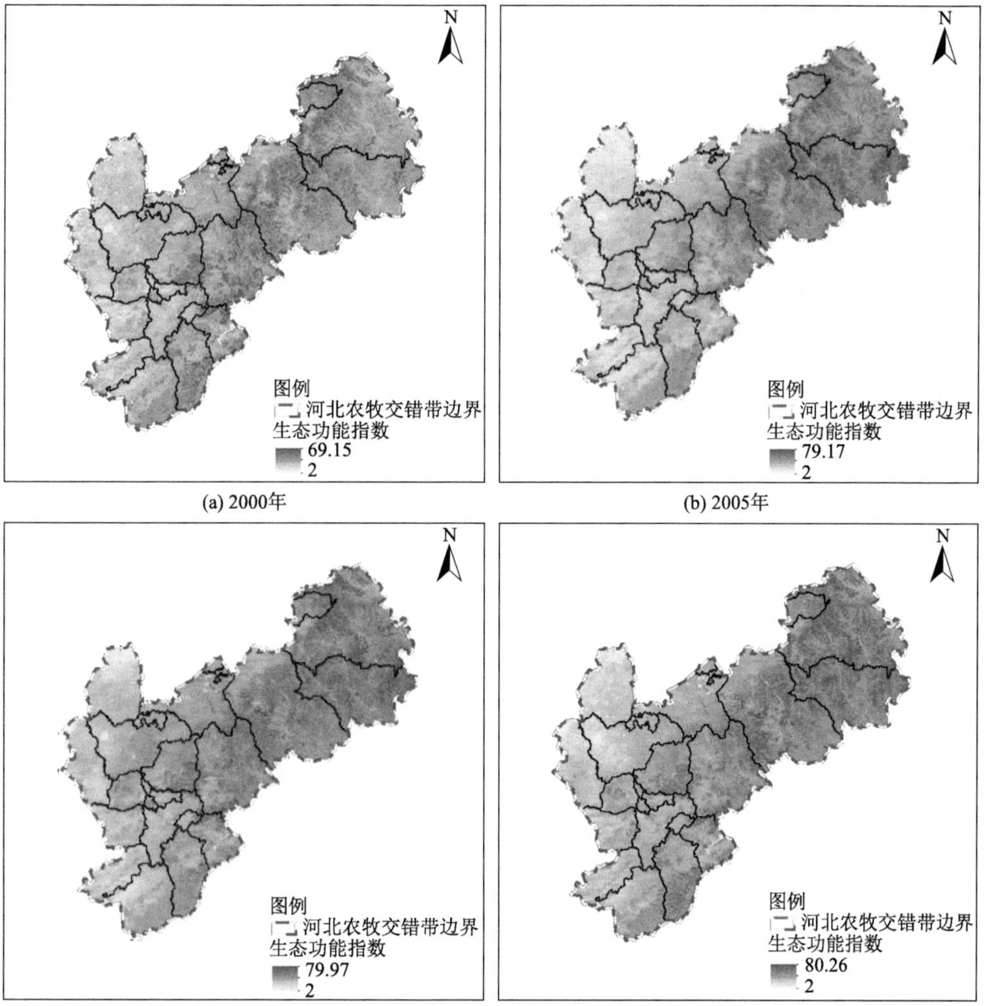

(a) 2000年

(b) 2005年

(c) 2010年

(d) 2015年

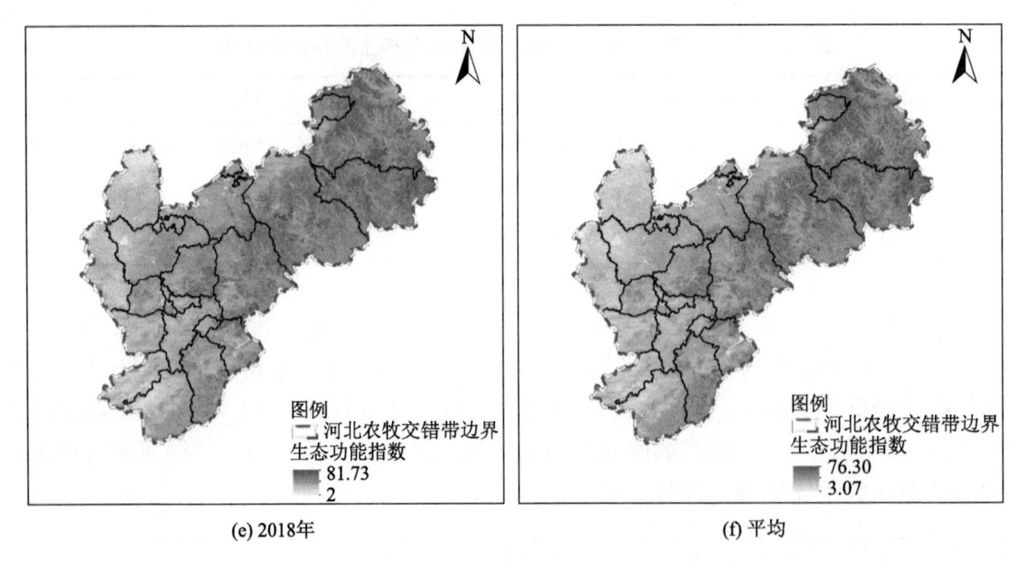

图 11-15 河北农牧交错带 2000～2018 年生态功能指数空间分布

利用研究区六类土地利用类型数据边界对各期生态功能指数结果进行提取统计，发现不同土地利用类型生态功能指数存在差异（图 11-16）。六种土地利用类型生态功能指数由大到小依次为：林地>建设用地>草地>未利用地>农田>水域。从时间尺度来看，未利用地的生态功能呈下降趋势，其他五种土地利用类型均呈现不同程度的上升趋势。

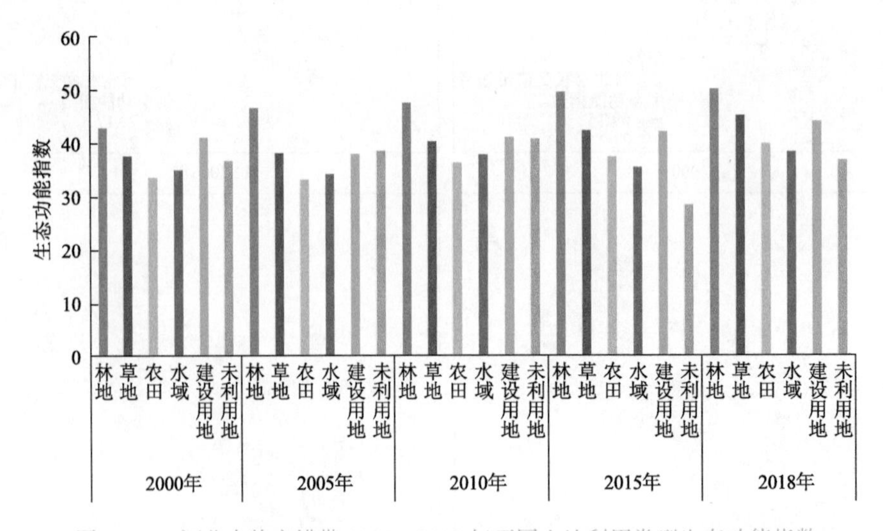

图 11-16 河北农牧交错带 2000～2018 年不同土地利用类型生态功能指数

4）生态胁迫

基于研究区生态系统动态度和生态系统退化计算结果，根据逆向指标的权重进行计算，得到研究时段内五期生态胁迫指数和多年平均生态胁迫指数。因为生态胁迫为逆向指标，所以根据指标体系标准化后进行权重计算，生态胁迫指数越大，生态系统质量越好。结果表明，研究区多年平均生态胁迫指数为 97.66，且 2000～2018 年生态胁迫指数呈上升趋势，各年生态胁迫指数变化较大。其中，生态胁迫指数最高的年份为 2018 年，生态胁迫指数为 99.63；生态胁迫指数最低的年份为 2000 年，生态胁迫指数为 93.18（图 11-17）。2005～2010 年和 2010～2015 年生态胁迫指数减小的面积大于增加的面积，其他时间段减小的面积均小于增加的面积（表 11-5）。

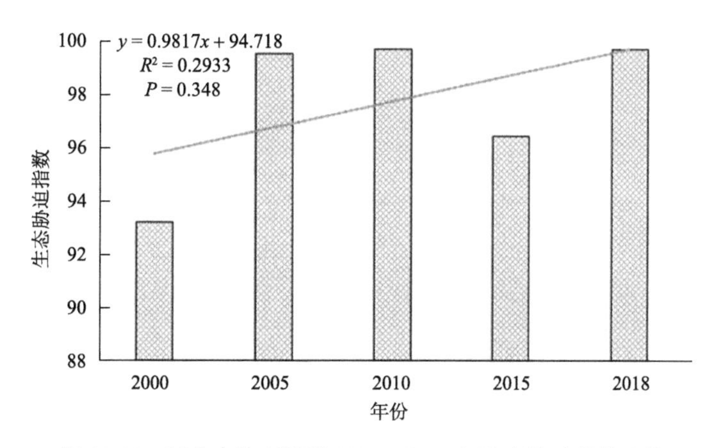

图 11-17　河北农牧交错带 2000～2018 年生态胁迫指数变化

表 11-5　河北农牧交错带 2000～2018 年生态胁迫指数变化统计

变化类型	2000～2005 年		2005～2010 年		2010～2015 年		2015～2018 年		2000～2018 年	
	面积/km^2	比例/%	面积/km^2	比例/%	面积/km^2	比例/%	面积/km^2	比例/%	面积/km^2	比例/%
减小	15811.17	26.33	50372.92	83.88	48893.71	81.42	7441.56	12.39	20102.15	33.48
增加	44239.83	73.67	9678.08	16.12	11157.29	18.58	52609.44	87.61	39948.85	66.52

研究区生态胁迫指数空间分布存在差异（图 11-18），主要表现为燕山山区生态胁迫指数最大，平均生态胁迫指数为 98.12；坝上高原及冀西北间山盆地生态胁迫指数相差不大，生态胁迫指数较低，平均生态胁迫指数分别 97.34 和 97.32。这主要是因为坝上高原和冀西北间山盆地人口较密集，生态系统受人类活动影响变化较大，生态胁迫因素较多。

5）生态系统质量综合监测与评价

基于生态系统各因子计算结果，对各因子进行归一化处理，并进行加权计算，得到研究区 2000～2018 年五期生态系统质量数据和平均生态系统质量数据。研究发现，生态系统质量总体呈显著上升趋势（R^2=0.9631，P=0.005）（图 11-19），研究区多年平均生态系统质量为 58.29。其中，2000 年生态系统质量最差，为 55.96，2018 年生态系统质量最好，为 60.46。

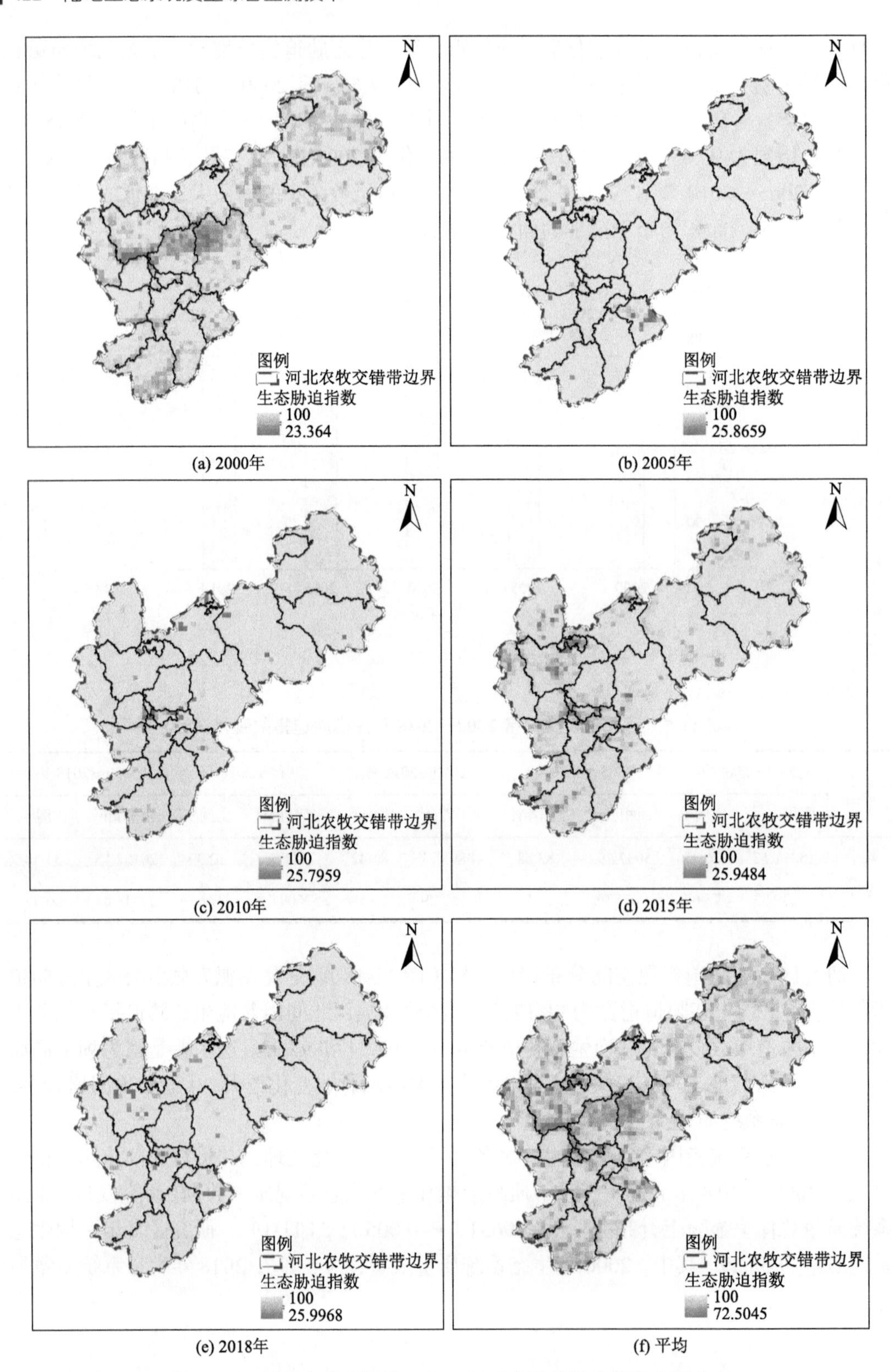

图 11-18 河北农牧交错带 2000～2018 年生态胁迫指数空间分布

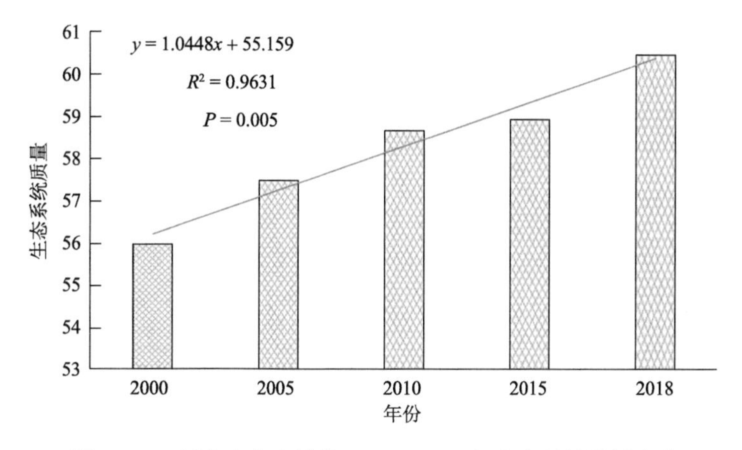

图 11-19　河北农牧交错带 2000～2018 年生态系统质量变化

研究时段内生态系统质量各指标变化情况表明，2005 年与 2000 年相比，正向指标中产水量、生产能力指数增加，逆向指标中土地覆被转类指数和水土流失量减少，使生态系统质量好转；2010 年与 2005 年相比，正向指标中景观连通度、产水量、生物多样性维护指数、植被覆盖指数增加，逆向指标中土地覆被转类指数和水土流失量减少，使生态系统质量好转；2015 年与 2010 年相比，正向指标中生态用地面积比例、防风固沙量、生产能力指数、生物多样性维护指数、植被覆盖指数增加，逆向指标也有所增加，但幅度小于正向指标，因此生态系统质量仍表现出好转趋势；2018 年与 2015 年相比，正向指标中生态用地面积比例、景观连通度、防风固沙量、生产能力指数、植被覆盖指数增加，逆向指标中土地覆被转类指数减少，使生态系统质量好转；2018 年与 2000 年相比，正向指标中生态用地面积比例、防风固沙量、产水量、生产能力指数和植被覆盖指数增加，逆向指标中土地覆被转类指数减少，使生态系统质量好转。

研究区生态系统质量空间分布存在差异，呈现东高西低的空间分布格局（图 11-20），主要表现为燕山山区生态系统质量高，平均生态系统质量为 63.55，坝上高原及冀西北间山盆地生态系统质量低，平均生态系统质量分别为 52.95 和 55.57。这主要是因为燕山山区植被覆盖度较高，生态系统完整性好，生态系统功能好，生态胁迫小；而坝上高原和冀西北间山盆地人口与城镇密集，人类活动干扰生态系统稳定性，造成生态系统质量较低。

不同时段内生态系统质量变好区域的面积均大于变差区域的面积（图 11-21，表 11-6）。

利用河北农牧交错带六种土地利用类型数据对各期生态系统质量结果进行提取统计发现，不同土地利用类型的生态系统质量存在差异（图 11-22）。其中，林地生态系统质量最高，平均生态系统质量为 69.56；其次为草地，平均生态系统质量为 65.53；生态系统质量最低的是未利用地，其生态系统质量为 56.32。从时间尺度来看，未利用地生态系统质量呈现降低趋势，其余土地利用类型的生态系统质量均呈上升趋势。

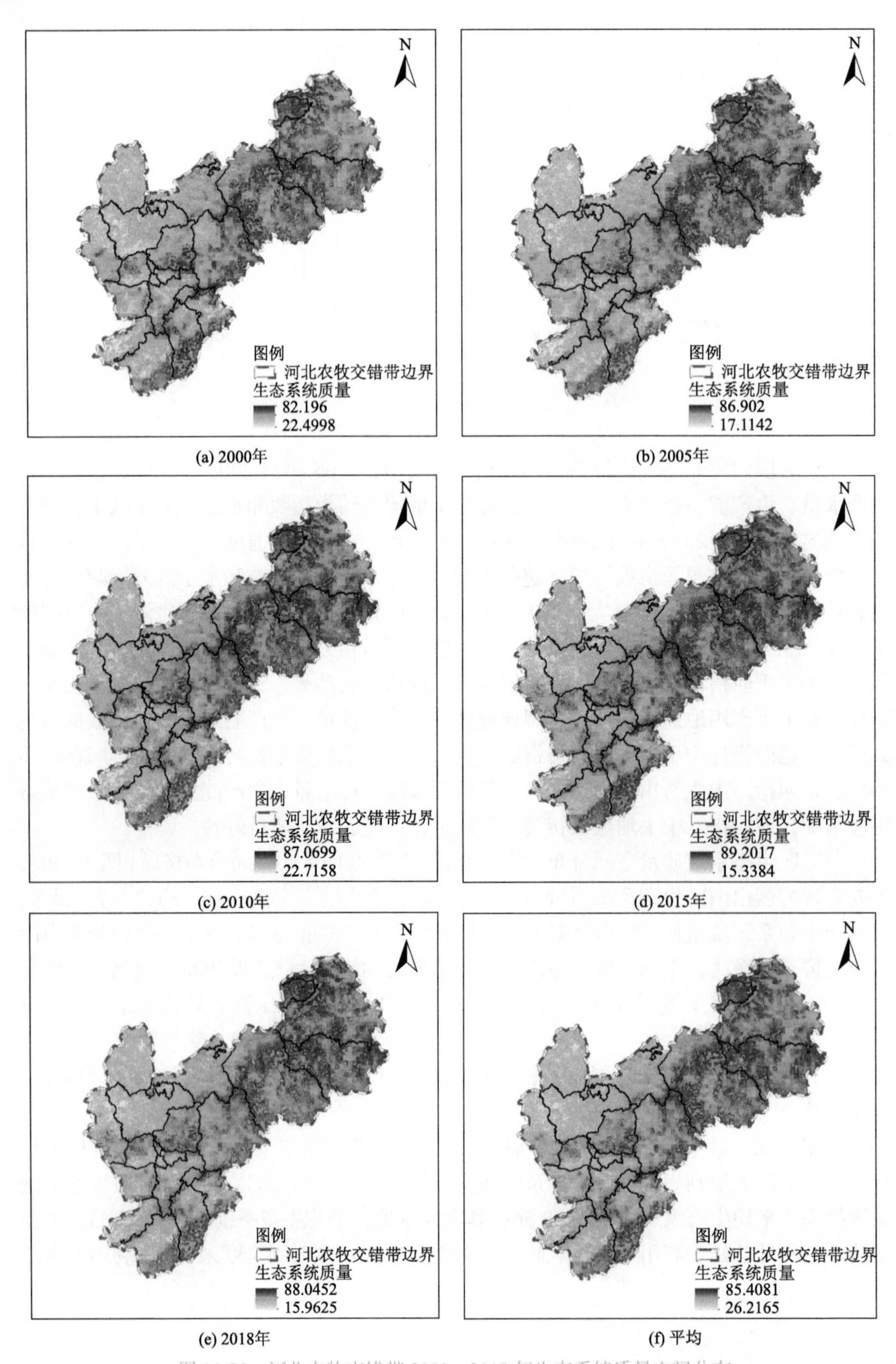

图 11-20 河北农牧交错带 2000～2018 年生态系统质量空间分布

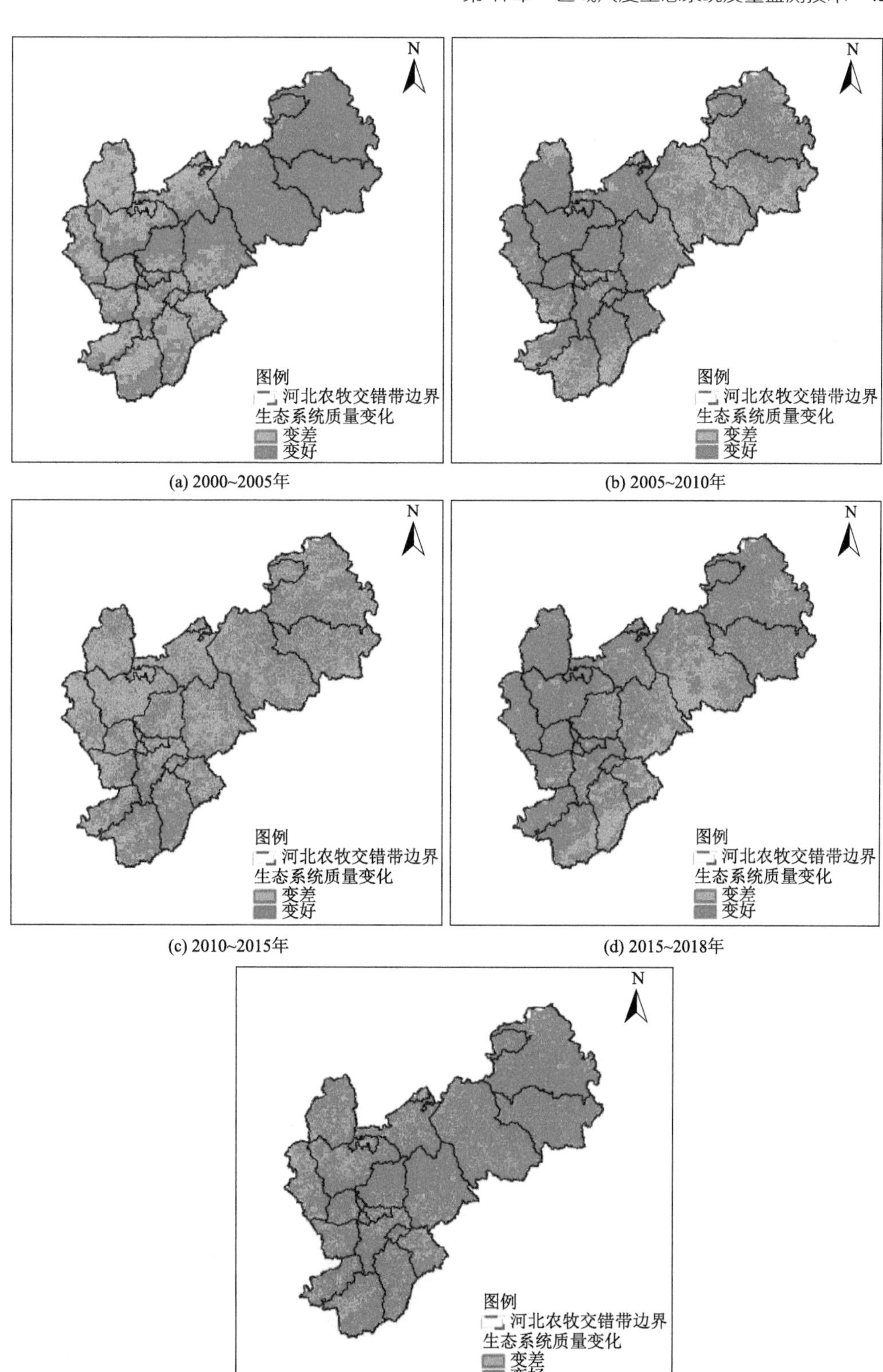

图 11-21　河北农牧交错带 2000～2018 年生态系统质量动态格局

表 11-6 河北农牧交错带 2000～2018 年生态系统质量变化统计

变化类型	2000～2005 年		2005～2010 年		2010～2015 年		2015～2018 年		2000～2018 年	
	面积/km^2	占比/%	面积/km^2	占比/%	面积/km^2	占比/%	面积/km^2	占比/%	面积/km^2	占比/%
变差	18265.14	30.42	15330.56	25.53	26847.36	44.71	12879.88	21.45	9063.66	15.09
变好	41786.83	69.58	44721.42	74.47	33204.61	55.29	47172.10	78.55	50988.31	84.91

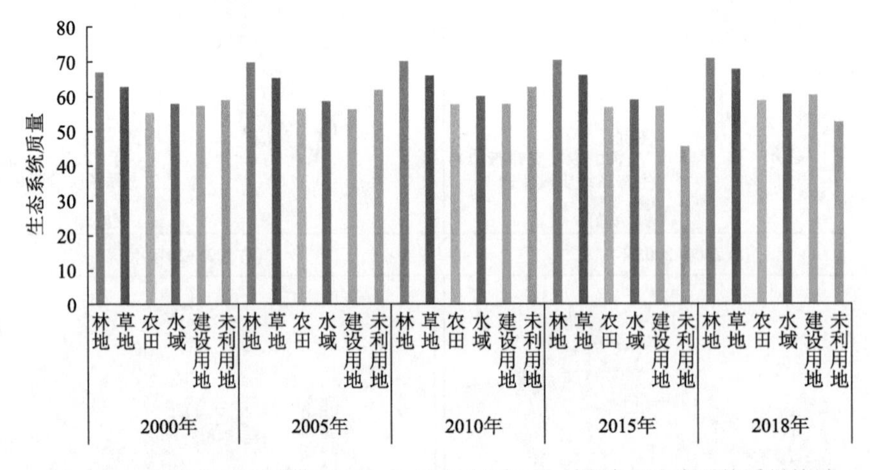

图 11-22 河北农牧交错带 2000～2018 年不同土地利用类型生态系统质量统计

11.4.2 三江源典型地区生态质量监测与评价

1. 区域概况

三江源区覆盖青海省果洛藏族自治州、海南藏族自治州、黄南藏族自治州、玉树藏族自治州的 24 个县级行政区和海西蒙古族藏族自治州格尔木市的唐古拉山镇。三江源典型地区是三江源区的核心部分，共有长江源、黄河源、澜沧江源 3 个园区，总面积为 12.31 万 km^2，具体范围涉及青海三江源国家级自然保护区的扎陵湖-鄂陵湖、星星海、索加-曲麻河、果宗木查、昂赛 5 个保护分区和青海可可西里国家级自然保护区（图 11-23）。

三江源典型地区位于青藏高原腹地，属于高原地区，平均海拔 4500m 以上，地势高耸，地形复杂，山系绵延，主要山脉有昆仑山主脉及其支脉可可西里山、巴颜喀拉山、唐古拉山等。其中，西部和北部为河谷山地，多宽阔而平坦的滩地，因冻土广泛发育、排水不畅，形成了大面积以冻胀丘为基底的高寒草甸和沼泽湿地；东南部唐古拉山北麓则以高山峡谷为多，河流切割强烈，地势陡峭，山体相对高差多在 500m 以上。

三江源典型地区具有独特而典型的高寒生态系统，最主要的是高寒草甸和高寒草原生态系统，面积大，分布广，种类组成和层次较简单，在维护三江源水源涵养和生物多样性主导服务功能中具有基础性地位，但较易受气候变化和超载放牧的影响，部分草地已出现退化现象。高寒湿地生态系统是园区内主要的保护对象之一，具有非常重要的水源涵养功能，是野生动物和家畜的重要水源，维护着水生植物、鱼类和多种水鸟的生存。园区内森林灌丛生态系统较少且结构单一，主要分布于澜沧江源园区，包括少量的属于针叶林生态系统的大果圆柏（*Sabina tibetica*）林，以及相对较多、较广布的高寒灌丛生态系统。园区内荒漠生态系统主要分布于可可西里，植被稀疏，结构单一，十分脆弱，对气候变化较敏感。可可西里的荒漠未受到人类活动干扰，仍保留着原始风貌，是极其珍贵的自然遗产。

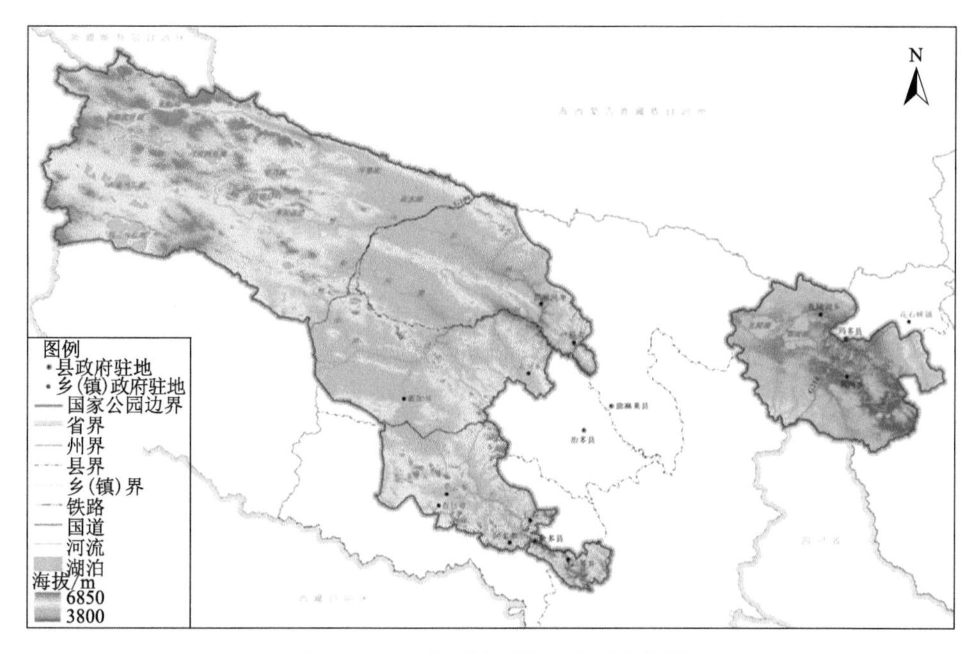

图 11-23　三江源典型地区地形地貌图

2. 监测与评价结果

结合三江源典型地区的特征和区域生态质量监测指标体系框架，在对生态环境各要素进行深入分析的基础上，构建三江源典型地区生态质量综合监测体系框架，包括生态格局、生物多样性、生态功能、生态胁迫共 4 项监测内容（表 11-7）。

表 11-7　三江源典型地区生态质量监测指标与技术方法

一级指标	二级指标	监测周期	监测技术方法
生态格局	生态系统分布	一年 1～2 次	遥感监测、地面调查
	生态系统完整性指数	五年 1 次	地面调查
	植被覆盖度	一年 1～2 次	遥感监测、地面调查
	净初级生产力	一年 1～2 次	地面调查
生物多样性	主要生物类群多样性指数	五年 1 次	地面调查
生态功能	径流调节指数	一年 1 次	基于水量平衡法测算
	土壤保持指数	一年 1 次	基于水土流失通用方程测算
	生态固碳指数	一年 1 次	基于光能利用率模型测算
	防风固沙指数	一年 1 次	基于修正风蚀模型测算
生态胁迫	外来入侵物种	一年 1～2 次	地面调查
	草地退化比例	一年 1～2 次	地面调查

生态格局从宏观生态系统状况、植物群落结构、植被状况等方面反映生态系统的结构、组成、质量等基本特征，包括生态系统分布、生态系统完整性指数、植被覆盖度、净初级生产力四个二级指标。其中，宏观生态系统状况从区域整体上反映生态系统的结构和典型特征，选用生态系统分布来表征；植物群落结构反映草地生态系统的结构和组成状况，选用生态系统完整性指数来表征；植被状况反映草地生态系统的质量情况，选用植被覆盖度和净初级生产力（NPP）来表征。

生物多样性反映区域层面生物种类的丰富程度，采用主要生物类群多样性指数来表征。其中，主要生物类群多样性指数表征哺乳动物、鸟类、两栖动物、爬行动物和高等植物种类数占所在自然生物地理区域的该类群物种数的比值。

生态功能反映区域层面草地生态系统所提供的人类赖以生存的重要服务功能，包括径流调节指数、土壤保持指数、生态固碳指数、防风固沙指数四个二级指标。

生态胁迫反映区域层面面临的生态压力和问题，包括外来入侵物种、草地退化比例两个二级指标。

1）生态格局

A. 生态系统分布

按照生态系统分类体系，三江源典型地区生态系统类型包括森林、灌丛、草地、湿地、农田、城镇、荒漠、其他 8 个一级分类，16 个二级分类，18 个三级分类（表 11-8，图 11-24）。

表 11-8　三江源典型地区生态系统分类统计表

一级分类	二级分类	三级分类	面积/km^2	比例/%
森林生态系统	针叶林	常绿针叶林	0.04	0.00
	稀疏林	—	2.17	0.00
灌丛生态系统	阔叶灌丛	落叶阔叶灌木林	165.47	0.13
草地生态系统	草甸	温带草甸	3420.57	2.78
		高寒草甸	10709.75	8.69
	草原	温带草原	13315.81	10.80
		高寒草原	18890.02	15.33
	稀疏草地	—	34945.41	28.35
湿地生态系统	沼泽	草本沼泽	7725.18	6.27
	湖库	湖泊	5749.40	4.66
		水库/坑塘	18.05	0.01
	河流	—	341.73	0.28
农田生态系统	耕地	旱地	1.63	0.00

续表

一级分类	二级分类	三级分类	面积/km^2	比例/%
城镇生态系统	居住地	—	4.54	0.00
	城市绿地	草本绿地	0.03	0.00
	工矿交通	交通用地	55.79	0.05
		采矿场	5.32	0.00
荒漠生态系统	荒漠	沙漠	660.30	0.54
		戈壁	4.88	0.00
其他	冰川/永久积雪	—	888.40	0.72
	裸地	裸岩	12761.10	10.35
		裸土	13376.11	10.85
		盐碱地	219.05	0.18
合计			123260.75	100.00

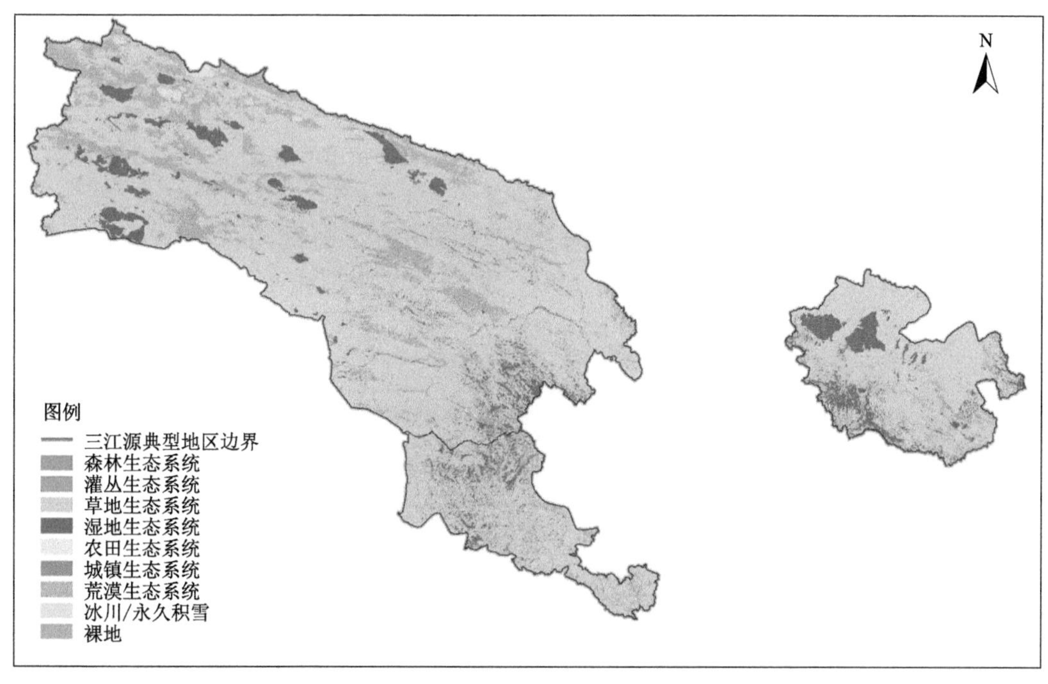

图 11-24　三江源典型地区生态系统类型空间分布图

B. 生态系统完整性指数

采用生态系统完整性指数表征三江源典型地区生态系统完整性。生态系统完整性指数由生态系统破碎化指数和生态系统边缘效应指数计算得到，其计算公式为

$$F=\frac{(1-\mathrm{IF})+(2-\mathrm{IFD})}{2} \tag{11-1}$$

式中，F 为生态系统完整性指数；IF 为生态系统破碎化指数；IFD 为生态系统边缘效应指数。

$$\mathrm{IF}=1-\sum_{i=1}^{n}\left(\frac{A_i}{A}\right)^2 \tag{11-2}$$

$$\mathrm{IFD}=\sum_{i=1}^{n}\left(\frac{A_i}{A}\times\frac{2\lg 0.25P_i}{\lg A_i}\right) \tag{11-3}$$

式中，A_i 为第 i 个生态系统斑块面积；A 为生态系统的总面积；P_i 为第 i 个生态系统斑块周长；n 为生态系统斑块个数。

经计算，2018 年三江源典型地区生态系统破碎化指数为 0.7238，生态系统边缘效应指数为 0.3875，生态系统完整性指数为 0.9443。

C. 植被覆盖度

植被覆盖度与归一化植被指数（NDVI）之间存在着极显著的线性相关关系。通常使用 NDVI 来估算区域植被覆盖度，选取 NDVI 年内最大值（NDVI_{max}）所对应的草地盖度最大值（C_{max}），用于分析草地覆盖变化，其计算公式如式（11-4）：

$$C_{max}=(\mathrm{NDVI}_{max}-\mathrm{NDVI}_{s})/(\mathrm{NDVI}_{v}-\mathrm{NDVI}_{s}) \tag{11-4}$$

式中，NDVI_v 为纯草地的 NDVI 值；NDVI_s 为裸土的 NDVI 值。根据以往对草地植被的研究结果，本书取 NDVI_v=0.8，NDVI_s=0.05。

计算结果表明，三江源典型地区 2000 年、2005 年、2010 年和 2015 年植被覆盖度分别为 30.76%、35.99%、37.60%、31.31%。在空间上，呈现由西北向东南逐步升高的趋势（图 11-25）。

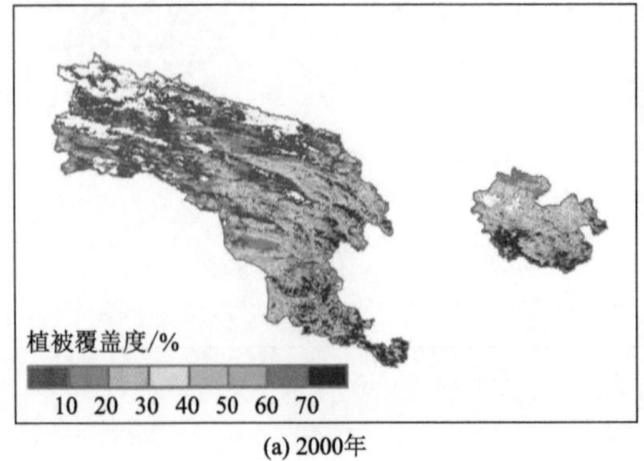

(a) 2000年

(b) 2005年

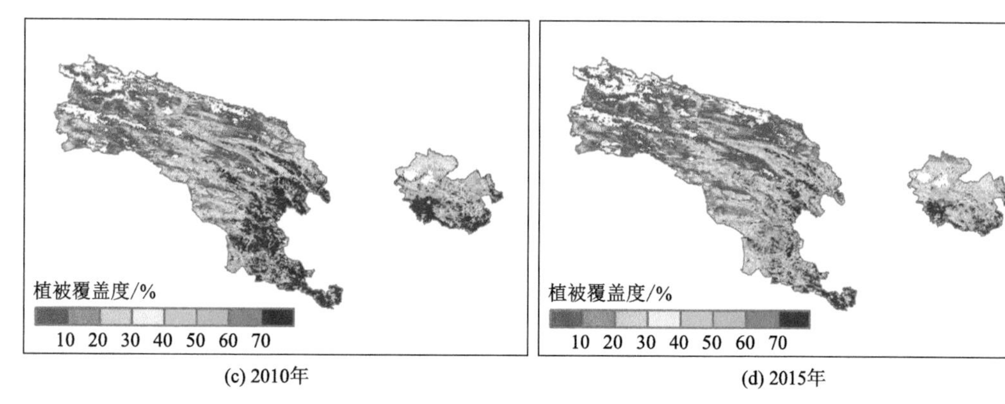

(c) 2010年　　(d) 2015年

图 11-25　三江源典型地区 2000～2015 年植被覆盖度时空变化

D. 净初级生产力

NPP 用 CASA 模型模拟计算。CASA 模型是一种光能利用率模型，主要由植物吸收的光合有效辐射（APAR）与光能转化率（ε）2 个变量决定（Potter et al.，1993）：

$$\mathrm{NPP_a}(x,t)=\mathrm{APAR}(x,t)\times\varepsilon(x,t) \tag{11-5}$$

式中，t 为时间；x 为具体的位置；APAR 为植被吸收的光合有效辐射。

$$\mathrm{APAR}(x,t)=\mathrm{SOL}(x,t)\times f_{\mathrm{PAR}}(x,t)\times 0.5 \tag{11-6}$$

式中，SOL 为太阳辐射总量，$\mathrm{MJ/m^2}$；f_{PAR} 为植被层对入射光合有效辐射（PAR）的吸收比例；0.5 为植被利用的太阳有效辐射。f_{PAR} 由 NDVI 和植被类型 2 个因子计算获得：

$$f_{\mathrm{PAR}}(x,\ t)=\left[\frac{\mathrm{SR}(x,t)-\mathrm{SR_{min}}}{\mathrm{SR_{max}}-\mathrm{SR_{min}}},\ 0.95\right] \tag{11-7}$$

$$\mathrm{NDVI}=\frac{R_{\mathrm{nir}}-R_{\mathrm{red}}}{R_{\mathrm{nir}}+R_{\mathrm{red}}} \tag{11-8}$$

$$\mathrm{SR}(x,\ t)=\frac{1+\mathrm{NDVI}(x,\ t)}{1-\mathrm{NDVI}(x,\ t)} \tag{11-9}$$

式中，f_{PAR} 的最大值应小于 0.95；$\mathrm{SR_{max}}$ 和 $\mathrm{SR_{min}}$ 分别为 NDVI 的 95%和 5%下侧百分位数，$\mathrm{SR_{min}}$ 取值为 1.08，$\mathrm{SR_{max}}$ 的大小与植被类型有关；R_{nir}、R_{red} 分别为近红外和红光波段的反射率；ε 表示植被转化 APAR 为有机碳的效率，主要受温度和水分的影响（朱文泉等，2007），其公式为

$$\varepsilon(x,t)=T_{\varepsilon_1}(x,t)\times T_{\varepsilon_2}(x,t)\times W_{\varepsilon}(x,t)\times\varepsilon^* \tag{11-10}$$

式中，T_{ε_1}、T_{ε_2} 为温度对 NPP 的限制；W_{ε} 为水分胁迫影响系数；ε^* 为植被的最大光能

转化率，本书取 0.56 g C/MJ（周才平等，2008）。

计算结果表明，在时间上，三江源典型地区 2000 年、2005 年、2010 年和 2015 年 NPP 分别为 86.30 g C/m^2、94.08 g C/m^2、121.79 g C/m^2 和 82.60 g C/m^2。在空间上，同样呈现由西北向东南逐步升高的趋势（图 11-26）。

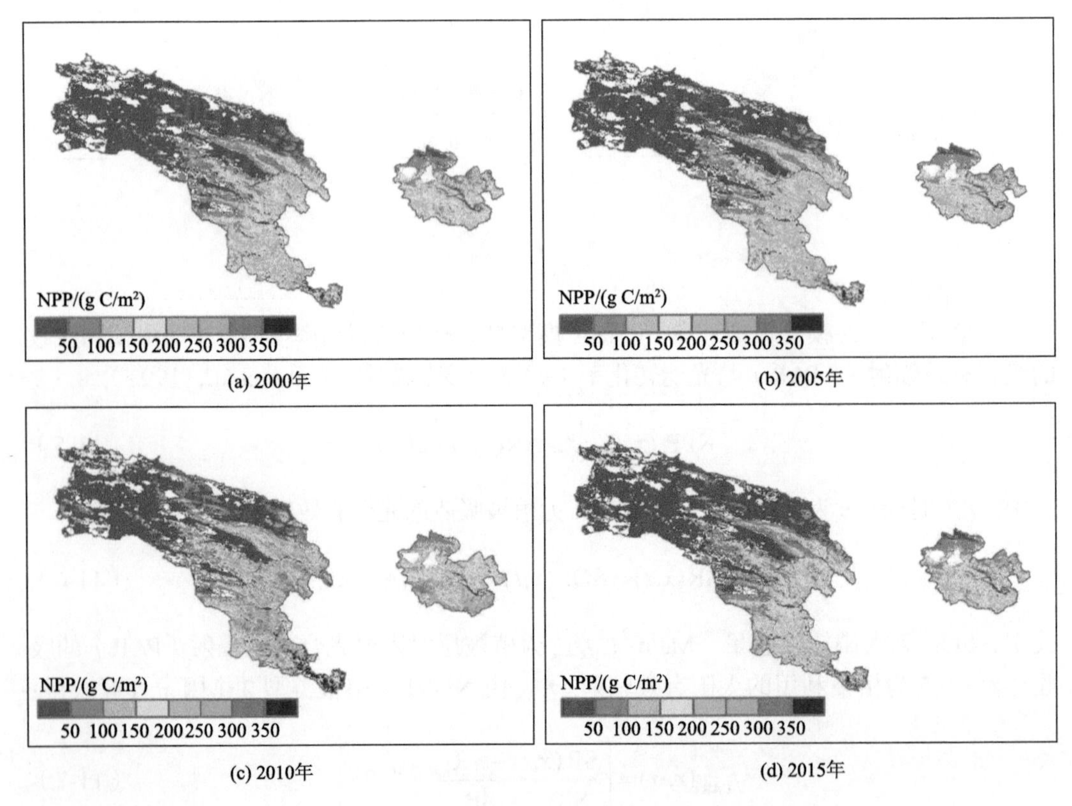

图 11-26 三江源典型地区 2000～2015 年 NPP 时空变化

2）生物多样性

采用主要生物类群多样性指数表征三江源典型地区生物多样性。主要生物类群多样性指数为国家公园内哺乳动物、鸟类、两栖动物、爬行动物和高等植物种类数占所在自然生物地理区域的该类群物种数的比值。其计算公式为

$$S = \frac{D_M + D_B + D_R + D_A + D_S}{5} \tag{11-11}$$

式中，S 为主要生物类群多样性指数；D_M、D_B、D_R、D_A、D_S 分别为哺乳动物、鸟类、爬行动物、两栖动物和高等植物种类数占所在自然生物地理区域的该类群物种数的比值。

根据《中国动物地理》中的中国动物地理区划和《中华人民共和国植被图 1：1000000》中的中国植被区划图（1∶600 万），三江源典型地区处于青藏区和青藏高原高寒植被区域（图 11-27）。

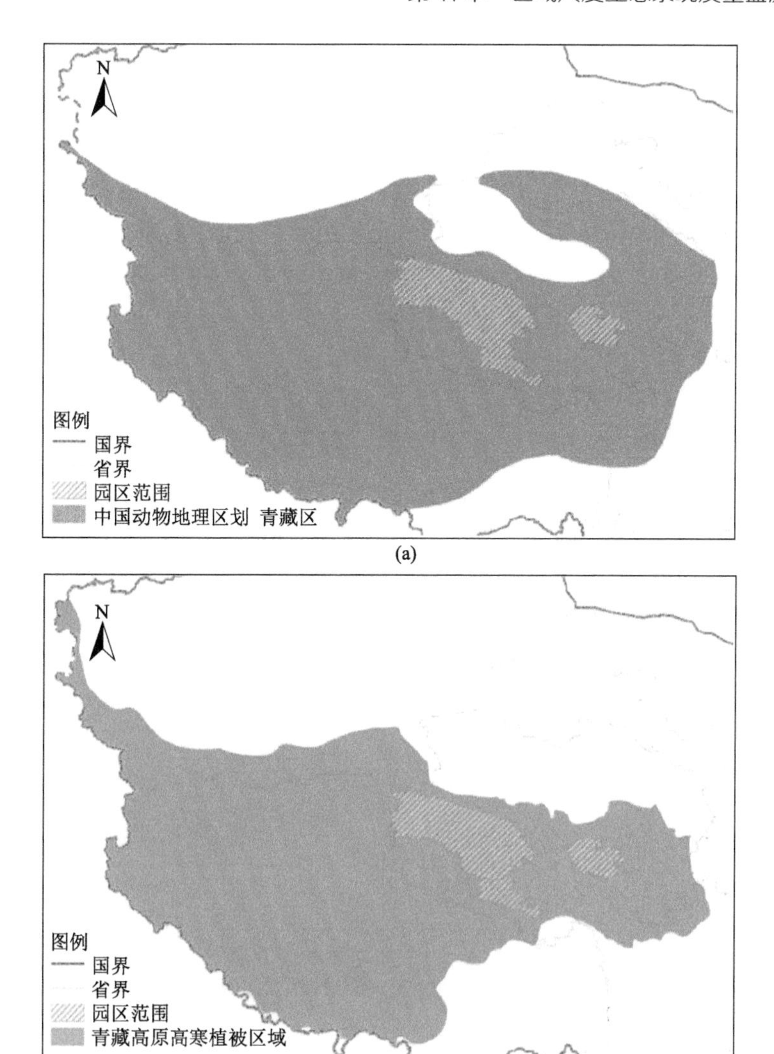

图 11-27　三江源典型地区的动物（a）和植被（b）地理区划

陆生脊椎动物数据来源于《三江源国家公园公报（2018）》，种子植物数据来源于《三江源国家公园种子植物区系特征分析》（张静等，2019）。各类群分布数据来源于文献、标本库以及公众科学数据的综合整理（表 11-9）。经计算，2018 年三江源典型地区主要生物类群多样性指数为 0.32。

表 11-9　主要生物类群物种数与所在生物地理区域物种数比较

类群名称	物种数	所在动物/植被地理区域物种数	占比/%
哺乳动物	62	176	35.23
鸟类	196	470	41.70
爬行动物	5	26	19.23
两栖动物	7	17	41.18
高等植物	832	3600	23.11

3）生态功能

A. 径流调节指数

采用 SWAT 水文模型，以水文站点径流监测数据为验证数据，以实际径流量与潜在径流量之差作为径流调节指数，反映三江源典型地区的径流调节功能。评估结果表明，2000～2015 年三江源典型地区径流调节指数的空间分布基本一致，整体呈现出黄河源园区为高值区，长江源园区上游为低值区的空间分布特征（图 11-28）。

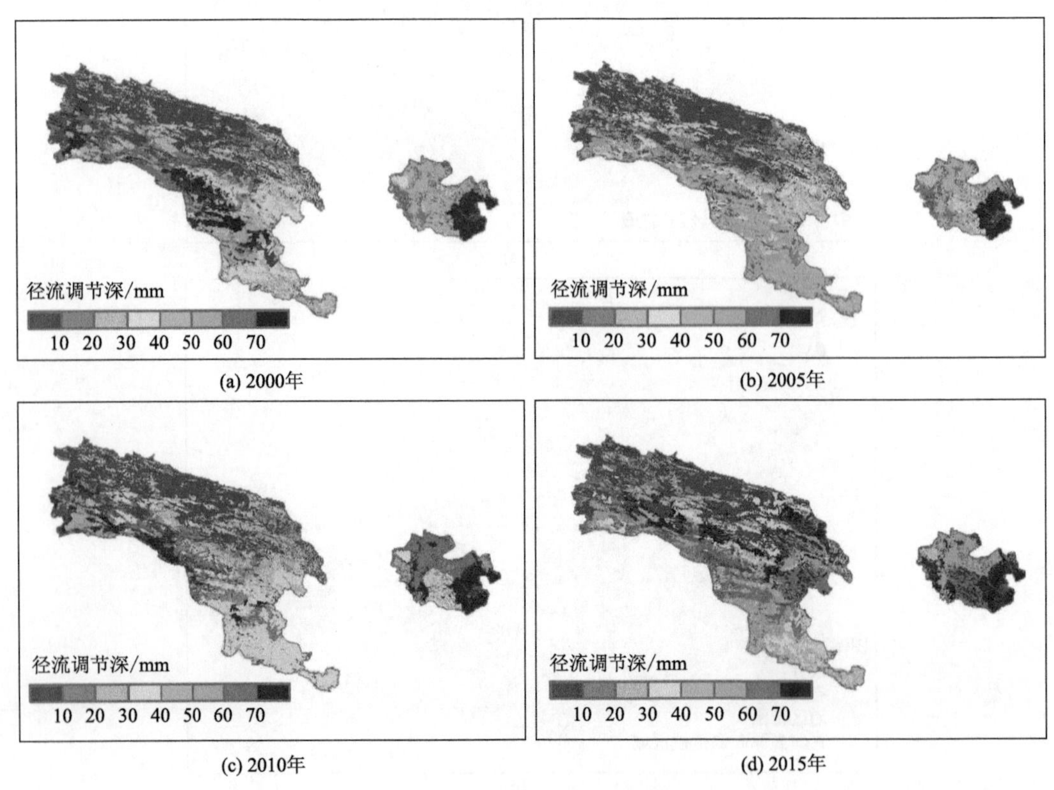

图 11-28 三江源典型地区 2000～2015 年径流调节深时空变化

2015 年，三江源典型地区径流调节量为 45.17 亿 m^3，平均径流调节深为 35.58mm。黄河源、澜沧江源、长江源三个园区中的径流调节量分别为 11.21 亿 m^3、6.04 亿 m^3、27.92 亿 m^3，占比分别为 24.82%、13.37%和 61.81%。黄河源、澜沧江源、长江源三个园区中的平均径流调节深分别为 56.33mm、40.45mm、30.31mm（表 11-10）。

表 11-10 三江源典型地区径流调节服务

年份	径流调节量/亿 m^3				平均径流调节深/mm			
	黄河	澜沧江	长江	三江源典型地区	黄河	澜沧江	长江	三江源典型地区
2000	9.22	5.75	24.37	39.34	46.35	38.52	26.45	30.99
2005	8.67	6.57	19.69	34.93	43.58	44.01	21.38	27.52
2010	10.09	4.93	23.48	38.50	50.71	33.01	25.49	30.33
2015	11.21	6.04	27.92	45.17	56.33	40.45	30.31	35.58

2000～2015 年，三江源典型地区径流调节量增加了 5.83 亿 m^3，黄河源、澜沧江源、长江源三个园区分别增加了 1.99 亿 m^3、0.29 亿 m^3 和 3.55 亿 m^3。

B. 土壤保持指数

土壤保持指数用生态系统土壤保持量表示，计算方法为实际生态系统的土壤侵蚀量与极度退化裸地无植被状态下的潜在土壤侵蚀量之差，土壤侵蚀量采用《土壤侵蚀分类分级标准》推荐的年平均土壤水蚀模数公式进行计算。

评估结果表明，2010 年和 2015 年三江源典型地区土壤保持量的空间分布基本一致，整体呈现出黄河源园区为高值区，长江源园区上游为低值区的空间分布特征（图 11-29）。

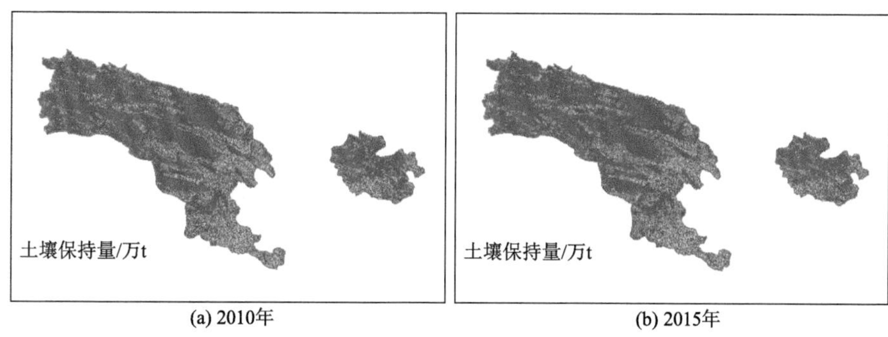

(a) 2010年　　(b) 2015年

图 11-29　三江源典型地区 2010 年和 2015 年土壤保持量时空变化

2015 年，三江源典型地区土壤保持量为 8871 万 t，其中长江源、黄河源、澜沧江源三个园区土壤保持量分别为 3721 万 t、1213 万 t、3937 万 t，占比分别为 41.95%、13.67%、44.38%。2010～2015 年，三江源典型地区土壤保持量有所减少，大约减少了 1040 万 t，其中长江源、黄河源、澜沧江源三个园区分别减少了 854 万 t、131 万 t 和 56 万 t。

C. 生态固碳指数

陆地生态系统通过光合作用固定大气中的 CO_2，同时通过呼吸作用向大气中释放 CO_2，两者的差值为净生态系统生产力（NEP）。陆地生态固碳服务功能由 NEP 表征，其数值变化可以反映陆地生态系统的碳收支状况。本研究综合利用光能利用率模型（vegetation photosynthesis model，VPM）和生态系统呼吸遥感模型（ecosystem respiration remote sensing model，ReRSM）评估三江源典型地区生态固碳服务功能。

评估结果表明，2010 年和 2015 年三江源典型地区生态固碳的空间分布基本一致，整体呈现出黄河源园区为高值区，长江源园区上游为低值区的空间分布特征（图 11-30）。

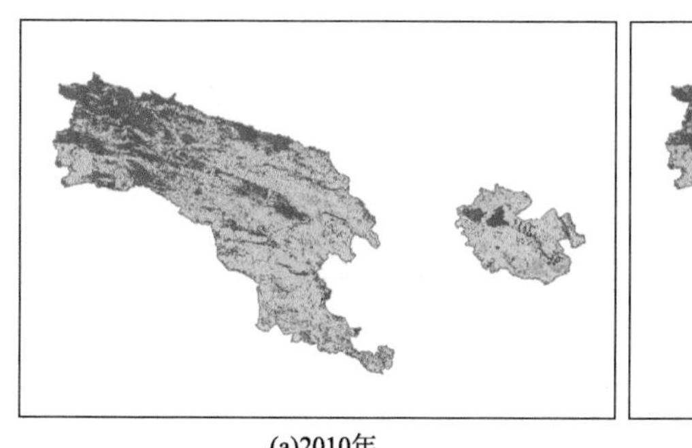

(a)2010年　　(b)2015年

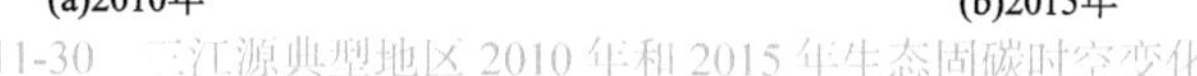

图 11-30　三江源典型地区 2010 年和 2015 年生态固碳时空变化

2015 年，三江源典型地区生态固碳量为 635.21 万 t，单位面积固碳量为 51.60 t C/km^2。长江源、黄河源、澜沧江源三个园区中的生态固碳量分别为 328.74 万 t、151.47 万 t、155.00 万 t，占比分别为 51.76%、23.85%、24.40%。长江源、黄河源、澜沧江源三个园区中的单位面积固碳量分别为 35.68g C/m^2、76.12g C/m^2 和 103.83g C/m^2。

2010～2015 年，三江源典型地区生态固碳量有所减少，大约减少了 161.74 万 t，长江源、黄河源、澜沧江源三个园区分别减少了 58.46 万 t、37.28 万 t 和 66 万 t。

D. 防风固沙指数

三江源典型地区 2016 年、2019 年单位面积防风固沙量分别为 34.75 t/hm^2、36.24 t/hm^2，生态系统防风固沙总量分别为 4.29 亿 t、4.47 亿 t，呈西高东低的空间格局（表 11-11）。

表 11-11 三江源典型地区防风固沙功能评估统计表

园区	单位面积防风固沙量/（t/hm^2）		防风固沙总量/亿 t	
	2016 年	2019 年	2016 年	2019 年
长江源园区	36.68	40.24	3.32	3.64
黄河源园区	25.71	15.45	0.49	0.29
澜沧江源园区	34.80	39.20	0.48	0.54
合计	—	—	4.29	4.47

从单位面积防风固沙量来看，2019 年与 2016 年相比，澜沧江源园区单位面积防风固沙量增加 12.64%，其次是长江源园区增加 9.71%，黄河源园区减少 39.91%。从防风固沙总量来看，长江源园区防风固沙总量增加 0.32 亿 t，其次是澜沧江源园区增加 0.06 亿 t，黄河源园区减少 0.2 亿 t，总计增加 0.18 亿 t（图 11-31）。

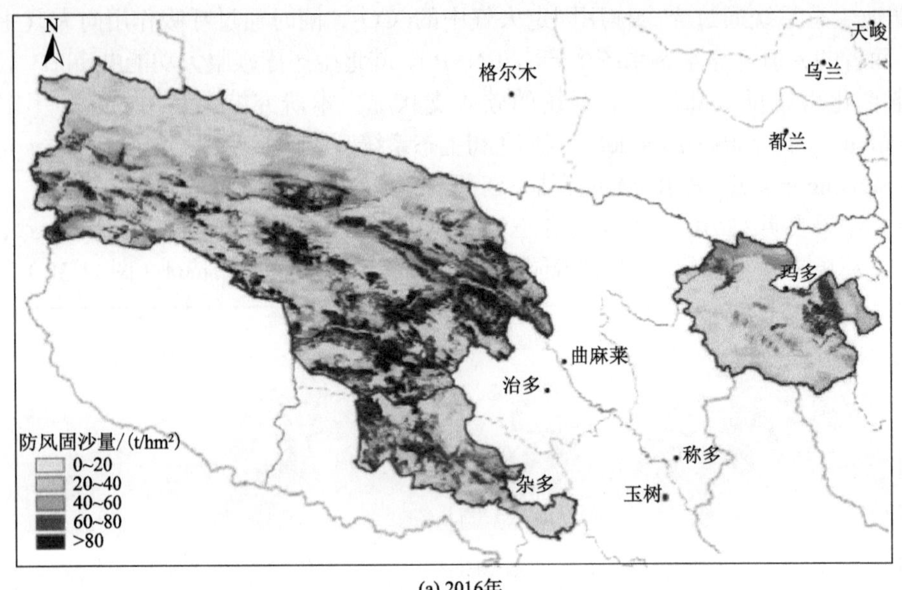

(a) 2016年

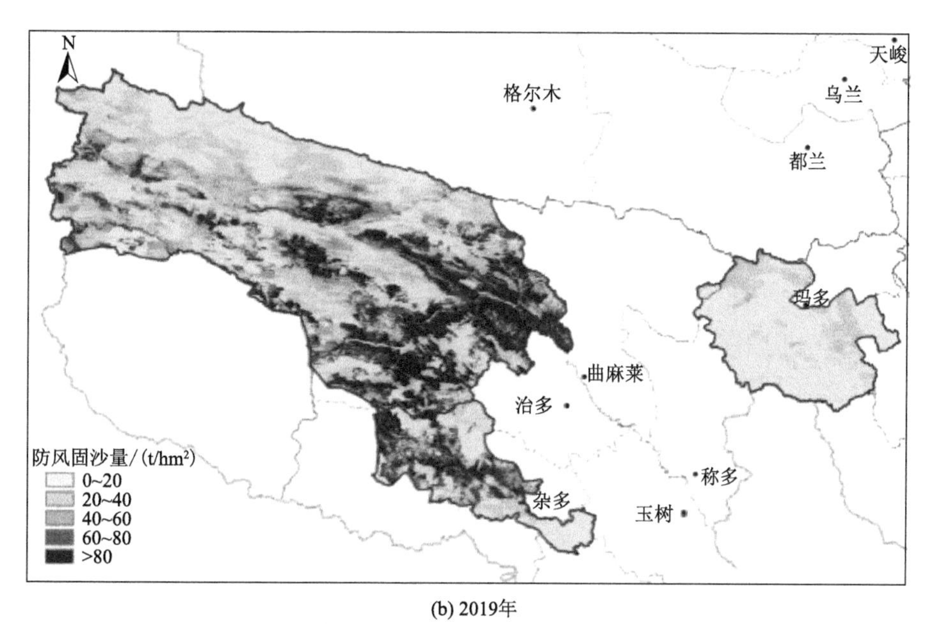

(b) 2019年

图 11-31　三江源典型地区 2016 年和 2019 年防风固沙量时空变化

4）生态胁迫

A. 外来入侵物种

园区内尚未发现外来入侵植物和陆生动物物种，但水域中存在外来鱼类物种，部分鱼类已形成自然繁殖的种群，包括鲫、鲤、麦穗鱼、大鳞副泥鳅等。在玉树藏族自治州水域放生禁令实行以来，外来鱼类的数量明显减少，2019 年对长江源河段的调查中，共捕获各种鱼类 3035 条，仅 2 条鲫鱼为外来种。该类禁令需进一步推广至整个园区施行。

B. 草地退化比例

本研究采用草地退化比例表征三江源典型地区生态系统退化程度。根据《天然草地退化、沙化、盐渍化的分级指标》（GB 19377—2003）和青藏高原植被退化实际情况，选择 NDVI 作为植被退化的遥感监测指标，将三江源典型地区 2000～2018 年植被退化程度分为 3 级：未退化、轻度退化、中重度退化（表 11-12）。采用 Sen+Mann-Kendall 趋势检验分析法对三江源典型地区 2000～2018 年 NDVI 的变化趋势及空间格局进行分析。该方法可以对定量数据的趋势变化进行统计意义上的显著性检验，具有不需要样本遵从某一特定分布、不受少数异常值的干扰、对于测量误差和离群数据有较好规避能力等优点（蔡博峰和于嵘，2009）。

表 11-12　基于植被覆盖度的草地退化程度分级

Sen	Mann-Kendall	变化趋势	退化程度
<0	$\|Z\|>1.96$	显著减少	中重度退化
<0	$\|Z\|\leqslant 1.96$	不显著减少	轻度退化
=0		基本不变	未退化
>0		不显著增加	
>0	$\|Z\|>1.96$	显著增加	

Sen 趋势度β的计算公式为

$$\beta = \text{Median}\left(\frac{X_j - X_i}{j-i}\right),\quad \forall j > i \tag{11-12}$$

式中，$2000 \leqslant i < j \leqslant 2018$。当$\beta>0$ 时，表示该时间序列数据的变化趋势为上升；当$\beta<0$ 时，表示该时间序列数据的变化趋势为下降。由于β是一个非归一化的参数，因此其只能反映时间序列本身变化趋势的大小，但是该趋势变化的显著性无法通过其自身来判断，因此趋势的显著性检验需结合 Mann-Kendall 方法来进行。

Mann-Kendall 检查方法主要包括对时间序列数据（$X_1, X_2, \cdots, X_n$）构建统计变量 s 以用于检验：

$$s = \sum_{i=1}^{n-1}\sum_{j=i+1}^{n}\text{sgn}\left(X_j - X_i\right) \tag{11-13}$$

$$\text{sgn}\left(X_j - X_i\right) = \begin{cases} 1, X_j - X_i > 0 \\ 0, X_j - X_i = 0 \\ -1, X_j - X_i < 0 \end{cases} \tag{11-14}$$

s 服从正态分布，$E(s)=0$，方差：

$$\text{var}(s) = \frac{n(n+1)(2n+5) - \sum_{i=1}^{m} t_i(t_i - 1)(2t_i + 5)}{18} \tag{11-15}$$

式中，m 为该时间序列中重复出现的数据组的个数；t_i 为第 i 组重复数据的个数。

$$Z = \begin{cases} \dfrac{p-1}{\sqrt{\text{var}(p)}}, p > 0 \\ 0, \qquad p = 0 \\ \dfrac{p+1}{\sqrt{\text{var}(p)}}, p < 0 \end{cases} \tag{11-16}$$

式中，Z 为检验结果；p 为中间参数。取显著水平α=0.05，$Z_{1-\alpha/2}=Z_{0.975}=1.96$，$|Z|\geqslant 1.96$ 呈显著变化，$|Z|<1.96$ 呈不显著变化。

青藏高原现有的草原、灌丛、森林等植被是在长期严酷的自然环境下形成的，一旦遭到破坏短期内难以恢复。高寒草甸草原作为三江源典型地区主要的植被类型，在保障区域生态安全格局和响应全球气候变化等方面发挥着重要作用。综合 Sen+Mann-Kendall 趋势检验分析结果，未退化草地面积 10.98 万 km^2，占比 89.05%。部分地区存在着显著退化现象，中重度退化草地面积 1.03 万 km^2，占比 8.35%；轻度退化草地面积 0.32 万 km^2，占比 2.60%（图 11-32）。

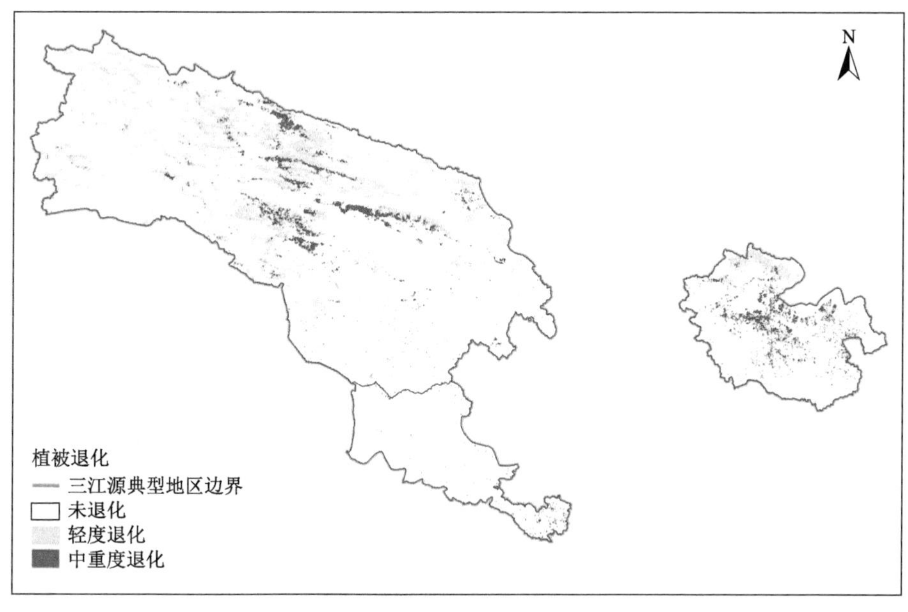

图 11-32　三江源典型地区 2000～2018 年植被退化等级空间分布图

11.4.3　浙闽山地丘陵区生态质量监测与评价

1. 区域概况

浙闽山地丘陵区的生态质量综合监测应用示范研究从区域尺度、县域尺度和国家公园尺度三个层次开展。

浙闽山地丘陵区地处我国东南沿海，覆盖浙江省和福建省的 6 个市 50 个县（区、市），包括浙江省的杭州市、金华市、衢州市、丽水市，以及福建省的南平市和三明市的部分区县（图 11-33）。该区域属于亚热带季风气候，四季分明，雨量丰沛；地势由内陆山区向沿海地区倾斜，地貌类型以低山丘陵为主，内陆大部分为山地丘陵区，沿海地带分布有低平的冲积平原；该区以森林和农田生态系统为主，二者分别占研究区域面积的 73.5%和 13.23%，植被种类繁多，生长旺盛，地带性植被主要有亚热带常绿阔叶林、针叶林、针阔混交林等；地表水资源总体较为丰富，但水资源时空分布不均。

县域尺度以浙江省开化县和福建省将乐县为研究区。开化县位于浙闽山地西部、浙皖赣三省七县交界处，是钱塘江源头所在地，面积约 2236km^2；开化县为国家级生态县，生态环境优良、生物多样性丰富，珍稀濒危物种众多，境内生物丰度指数、植被覆盖指数均列全国前 10 名，是 17 个具有全球意义生物多样性保护的关键地区之一，也是华东地区重要的生态屏障（图 11-34）。将乐县位于福建省西北部，地处武夷山脉东南面、闽江支流金溪中下游，属于我国东南沿海内陆山区地带。县辖境呈斜长方形状，东西宽 59 km，南北长 71 km，总面积 2241 km^2（图 11-35）。

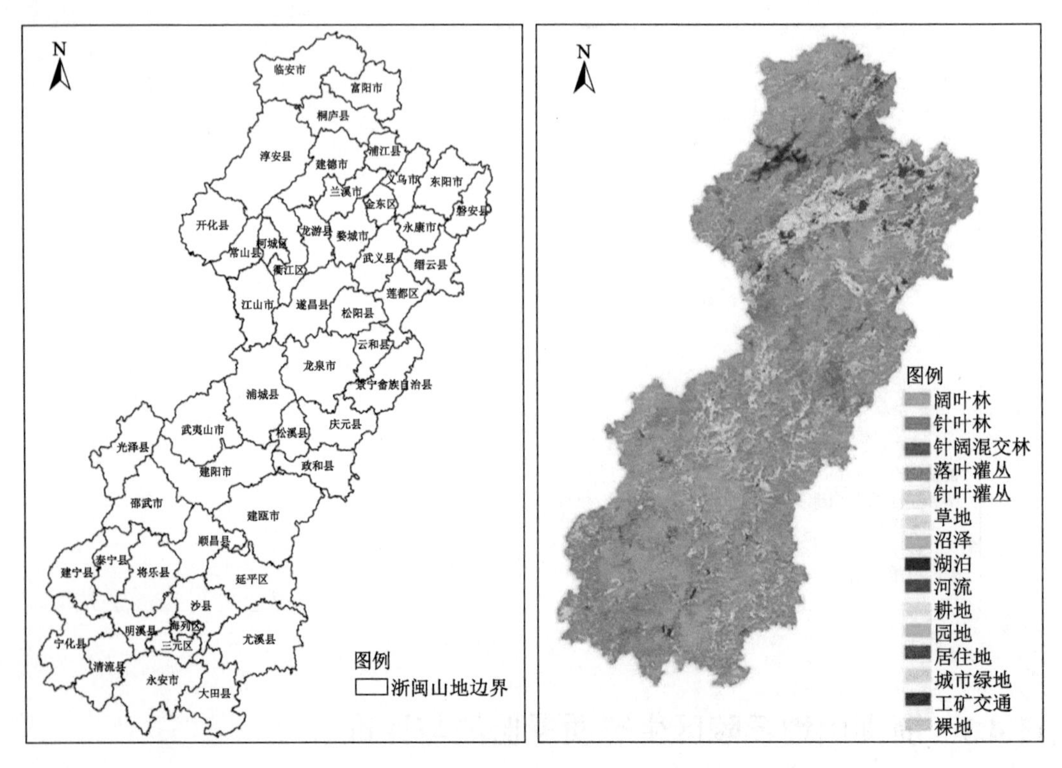

图 11-33 浙闽山地丘陵区研究范围

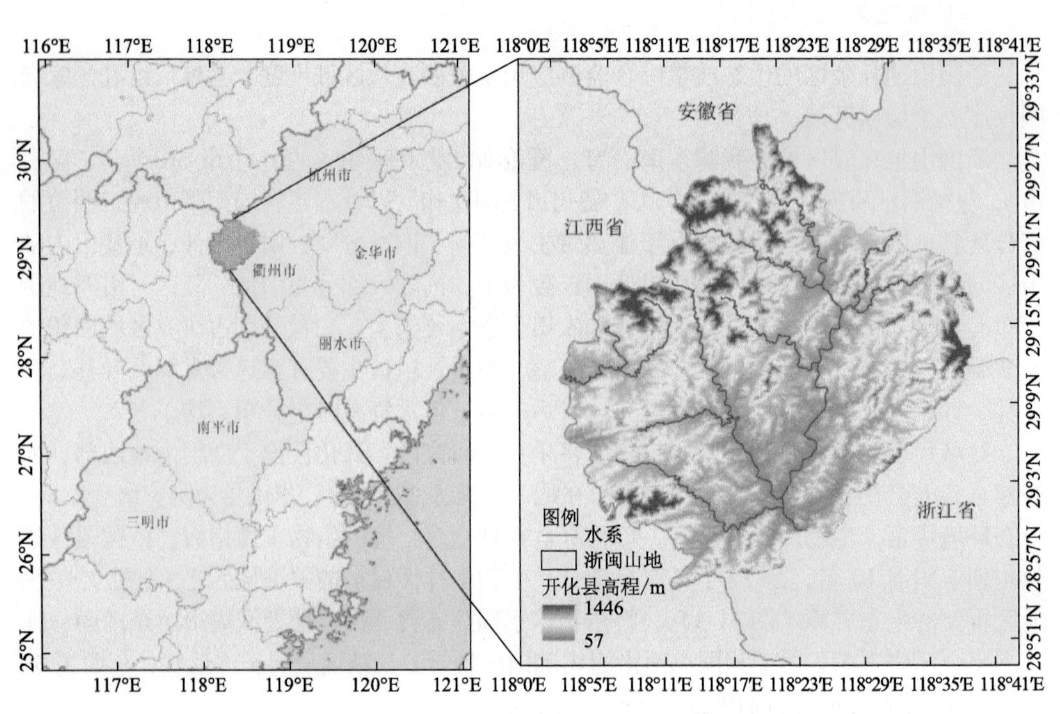

图 11-34 开化县区位

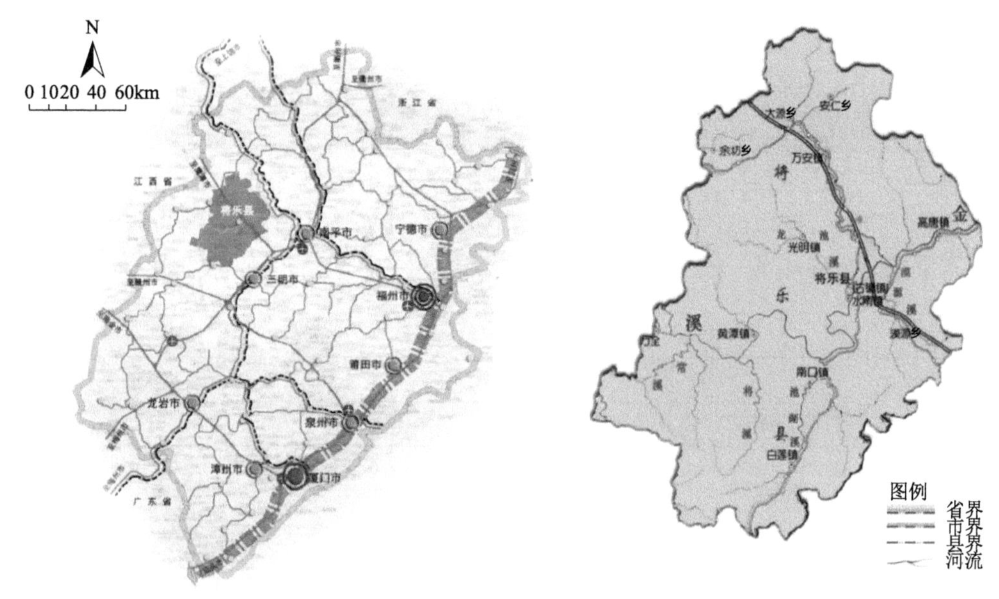

图 11-35　将乐县区位

国家公园尺度以钱江源国家公园体制试点区为研究区，公园地处浙江省开化县，与江西省婺源县、德兴市，安徽省休宁县相毗邻，面积约 252 km^2，包括古田山国家级自然保护区、钱江源国家森林公园、钱江源省级风景名胜区 3 个保护地，以及连接以上自然保护地之间的生态区域，2016 年 6 月涵盖 4 个乡镇，21 个行政村、72 个自然村，是中国首批 10 个国家公园体制试点区之一，也是浙江省唯一的试点区（图 11-36）。

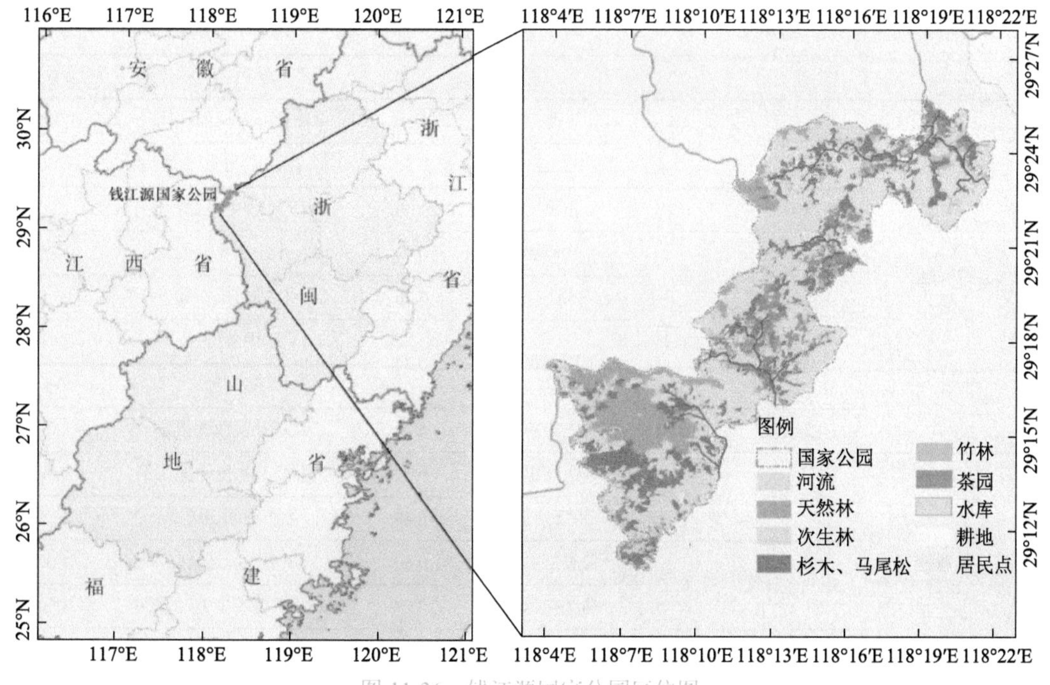

图 11-36　钱江源国家公园区位图

2. 浙闽山地丘陵区生态质量综合监测指标体系

根据区域生态质量综合监测指标体系框架，参考《生态环境状况评价技术规范》(HJ 192—2015)、《森林生态系统服务功能评估规范》(GB/T 38582—2020)等文件，结合浙闽山地丘陵区亚热带森林生态系统特征，遵循指标选取时的综合性、准确性、可操作性、独立性等原则，分别以浙闽山地、开化县和钱江源国家公园体制试点区为测评区域确定生态质量监测指标体系（表 11-13），服务于不同层次的生态质量监测需求。

表 11-13 浙闽山地丘陵区生态质量监测指标体系

	一级指标		二级指标		三级指标	
	名称	权重	名称	权重	名称	权重
区域尺度	生态格局	0.30	生态组分	0.50	自然生态系统面积比例	1.00
			生态连通度	0.50	生态空间连通度	1.00
	生物多样性	0.22	兽类指示物种	0.50	黑麂生境适宜性	1.00
			鸟类指示物种	0.50	白颈长尾雉生境适宜性	1.00
	生态功能	0.28	调节功能	0.40	波文比	0.50
					水分蓄存指数	0.50
			支持功能	0.30	总初级生产力	0.40
					固碳量	0.30
					释氧量	0.30
			维持功能	0.30	植被覆盖指数	0.50
					植被生长程度	0.50
	生态胁迫	0.20	生态退化	1.00	生态系统退化面积比例	1.00
县域尺度	生态格局	0.30	生态组分	0.50	自然生态系统面积比例	1.00
			生态连通度	0.50	生态空间连通度	1.00
	生物多样性	0.22	指示物种	1.00	指示物种生境适宜性	1.00
	生态功能	0.28	水源涵养	0.40	水源涵养指数	1.00
			水土保持	0.30	植被质量指数	1.00
			固碳释氧	0.30	固碳量	0.5
					释氧量	0.5
	生态胁迫	0.20	人为胁迫	1.00	景观开发强度指数	1.00
国家公园尺度	生态格局	0.30	生态组分	0.52	自然生态系统面积比例	1.00
			生态连通度	0.48	生态空间连通度	1.00
	生物多样性	0.22	兽类指示物种	0.50	黑麂生境适宜性	1.00
			鸟类指示物种	0.50	白颈长尾雉生境适宜性	1.00
	生态功能	0.28	水源涵养	1.00	水源涵养指数	1.00
	生态胁迫	0.20	人为胁迫	1.00	景观开发强度指数	1.00

三个尺度的指标体系的一级指标均为生态格局、生物多样性、生态功能和生态胁迫。生态格局指标主要考虑各生态组分比例和生态连通度。生物多样性指标运用指示物种法进行监测评估，从珍稀性、敏感性、代表性的角度出发，选择黑麂和白颈长尾雉作为浙闽山地丘陵区生物多样性监测的指示物种，最后通过指示物种生境适宜性来评估生物多样性质量。不同尺度生态系统发挥的生态功能不同，所以三个尺度的生态功能评估指标差异较大。区域尺度上生态系统发挥的生态功能更多，主要通过大尺度的遥感辐射数据进行监测评估；县域尺度的生态功能参考《森林生态系统服务功能评估规范》（GB/T 38582—2020），包括水源涵养、水土保持和固碳释氧，借助土地利用数据、遥感监测数据和公开的生态环境数据库进行监测评估；国家公园尺度的生态功能定位于水源涵养，通过土地利用数据进行监测评估。生态胁迫指标主要考虑景观和土地开发强度。

参考《生态环境状况评价技术规范》（HJ 192—2015）中生态环境状况的分级方法，结合浙闽山地丘陵区生态质量较为良好的本底条件，将生态质量分为 5 个区间，分别对应优、良、一般、较差和差 5 个等级（表 11-14）。

表 11-14　生态质量分级

级别	范围	状态
优	$Q \geq 75$	生态格局稳定，系统物种组成结构完整性好，生态系统功能完备，生态质量优
良	$65 \leq Q < 75$	生态格局较稳定，系统物种组成结构完整性较好，受到轻微人类活动扰动，生态系统功能较完备，生态质量良
一般	$45 \leq Q < 65$	生态格局较稳定，系统物种组成结构完整性一般，受到一定程度人类活动的干扰，自然生态系统功能受到一定抑制，生态质量状况受到一定胁迫
较差	$30 \leq Q < 45$	生态格局较稳定，系统物种组成结构完整性发生一定改变，人类活动较强，某些生态系统功能受到抑制，生态质量状况需要人为维护，健康受到胁迫
差	$Q < 30$	生态格局和系统物种组成结构完整性发生根本性转变，以人类活动为主，生态质量状况重度受损

3. 区域尺度生态质量综合监测示范应用

1）生态格局

在生态格局指标中，浙闽山地丘陵区自然生态系统面积 81266.11km^2，占浙闽山地丘陵区总面积的 83.51%（表 11-15）。其生态空间连通度为 44.49，因浙闽山地金衢盆地人口密集区将北部和中部、南部割裂，所以生态空间连通度较低。综合计算，生态格局指标得分 64，级别为一般。

表 11-15　浙闽山地各级生态系统面积及比例

一级分类	面积/km^2	比例/%	二级分类	面积/km^2	比例/%	三级分类	面积/km^2	比例/%
森林生态系统	71531.41	73.50	阔叶林	25709.25	26.42	常绿阔叶林	24676.27	25.36
						落叶阔叶林	1032.98	1.06
			针叶林	40956.26	42.08	常绿针叶林	38797.11	39.87
						落叶针叶林	2159.15	2.22
			针阔混交林	4865.90	5.00	—	—	—

续表

一级分类	面积/km²	比例/%	二级分类	面积/km²	比例/%	三级分类	面积/km²	比例/%
灌丛生态系统	6638.14	6.82	阔叶灌丛	6585.49	6.77	常绿阔叶灌木林	6540.94	6.72
						落叶阔叶灌木林	44.54	0.05
			针叶灌丛	52.66	0.05	常绿针叶灌木林	52.66	0.05
草地生态系统	970.42	1.00	草地	970.42	1.00	草甸	970.42	1.00
湿地生态系统	2126.14	2.18	沼泽	7.00	0.01	灌丛沼泽	4.44	0.00
						草本沼泽	2.56	0.00
			湖泊	1157.17	1.19	面状水域	59.31	0.06
						水库/坑塘	1097.87	1.13
			河流	961.97	0.99	线状水域	959.11	0.99
						运河/水渠	2.86	0.00
农田生态系统	12871.56	13.23	耕地	12370.75	12.71	水田	8185.42	8.41
						旱地	4185.33	4.30
			园地	500.81	0.51	乔木园地	141.45	0.15
						灌木园地	359.36	0.37
城镇生态系统	3154.20	3.24	居住地	2470.39	2.54	—	—	—
			城市绿地	92.64	0.10	乔木绿地	8.07	0.01
						灌木绿地	0.41	0.00
						草本绿地	84.16	0.09
			工矿交通	591.17	0.61	工业用地	360.63	0.37
						交通用地	177.83	0.18
						采矿场	52.71	0.05
裸地	25.12	0.03	裸地	25.12	0.03	裸岩	2.15	0.00
						裸土	22.97	0.02
合计	97316.99	100.00	合计	97316.99	100.00	合计	97316.99	100.00

2）生物多样性

在浙闽山地丘陵区选择指示物种黑鹿和白颈长尾雉，根据黑鹿、白颈长尾雉潜在适宜生境的环境特征，划分适宜性得分（表 11-16）。

表 11-16 指示物种潜在生境的适宜性得分

指示物种	适宜性得分	高程/m	坡度/（°）	植被类型
黑鹿	3 分	800～1000	15～30	阔叶林、针阔混交林
	2 分	600～800 或>1000	<15 或 30～45	针叶林、灌木林
	1 分	<600	>45	其他

续表

指示物种	适宜性得分	高程/m	坡度/（°）	植被类型
	3 分	300～600	20～30	阔叶林、针阔混交林
白颈长尾雉	2 分	<300 或 600～1000	0～20 或 30～50	针叶林
	1 分	>1000	>50	其他

在 ArcGIS 软件中，根据赋值求积的方法进行指示物种生境适宜性评价。

在生物多样性指标中，浙闽山地丘陵区居住地、工矿交通用地生物多样性匮乏，山区丘陵地带生物多样性丰富，生物多样性指标得分 77.46，级别为优（图 11-37）。

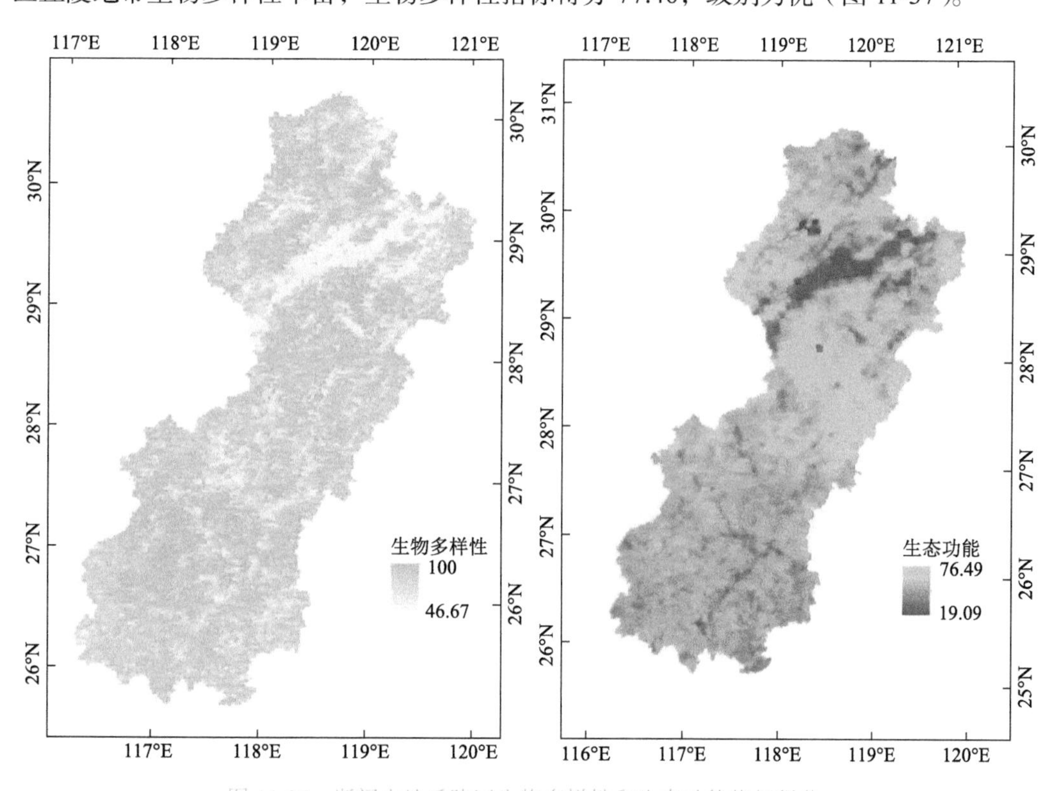

图 11-37　浙闽山地丘陵区生物多样性和生态功能指标得分

3）生态功能

在生态功能指标中，浙闽山地丘陵区中部和钱江源国家公园体制试点区生态功能较强，沿东北—西南走向贯穿浙闽山地丘陵区北部的居住工矿用地带生态功能弱。生态功能指标得分 50.48，级别为一般。

4）生态胁迫

在生态胁迫指标中，浙闽山地丘陵区退化生态系统类型有草甸、采矿场、裸岩和裸土，总面积为 1048.25km^2，计算得到生态系统退化面积比例为 1.08%，生态胁迫指标得分为 1.08。

5）综合监测与评价

在区域尺度上，浙闽山地丘陵区生态质量综合得分为70.15分，生态质量级别为良，浙闽山地丘陵区中部和西部钱江源国家公园体制试点区是生态质量最好的地区。浙闽山地丘陵区北部有较强开发，生态质量级别为一般至良好，这片区域居住地和耕地相混合，形成一条东北—西南走向的条带（图11-38）。

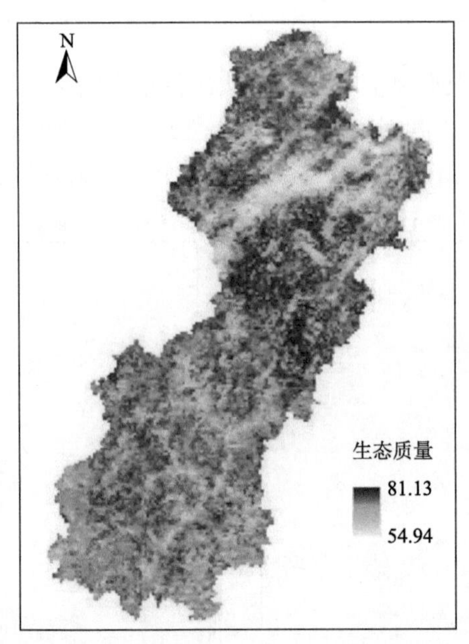

图11-38 浙闽山地丘陵区生态质量的空间分布

整体来看，浙闽山地丘陵区大多数地区生态质量级别为良，占比达到73.67%；10.64%的地区生态质量级别为优；15.69%的地区生态质量级别为一般，这部分区域分布于贯穿浙闽山地丘陵区北部东北—西南的居民工矿带（表11-17）。

表11-17 浙闽山地丘陵区生态质量级别面积及占比

生态质量级别	栅格数量/个	面积/km²	占比/%
优	1766	10296.16	10.64
良	12227	71286.02	73.67
一般	2604	15181.88	15.69

4. 县域尺度生态质量综合监测示范应用

1）开化县生态质量综合监测与评估

A. 生态格局

根据计算结果，开化县自然生态系统面积比例为87.00%，齐溪镇、苏庄镇自然生态系统面积比例较高，音坑乡、马金镇自然生态系统面积比例较低。开化县生态空间连通度得分为76.79，齐溪镇、何田乡、长虹乡连通度较高，音坑乡连通度最低（图11-39）。

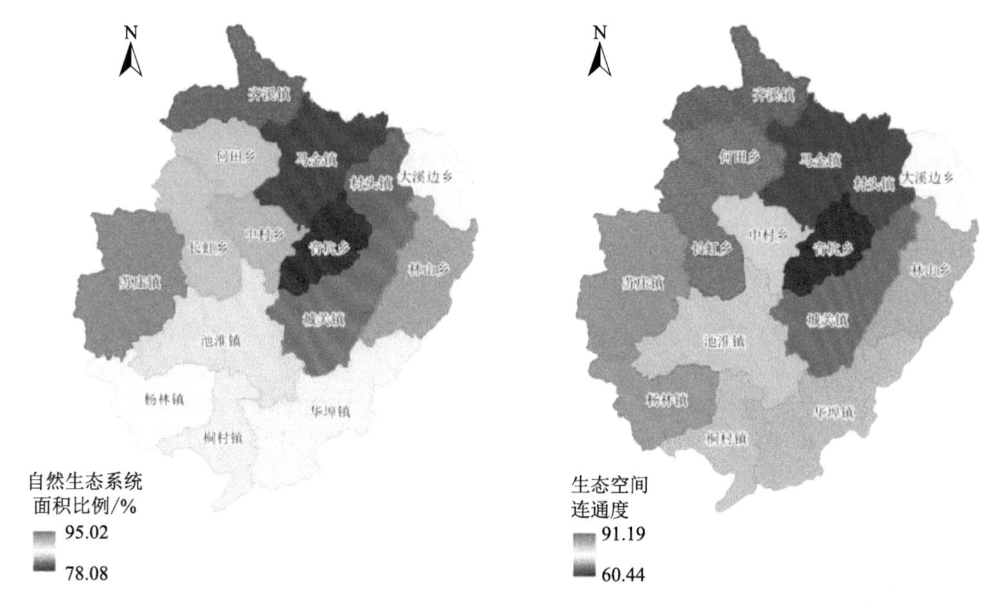

图 11-39　开化县自然生态系统面积比例和生态空间连通度的空间分布

经叠加分析，开化县生态格局得分为 81.89，级别为优。从空间上看，开化县生态格局在空间上均呈现出西北高、东北及中部低的特征，这样的分布特征与土地覆盖和保护措施有着密切关系。开化县西北部林地覆盖率较高，同时分布有钱江源国家公园体制试点区，较好的自然本底和国家级的保护措施保证了这里优良的生态格局；开化县东北部及中部城镇化程度高，林地覆盖率降低，草地和裸岩裸土地覆盖率增加，造成生态格局变差。西部齐溪镇、何田乡、长虹乡、苏庄镇、杨林镇生态格局较好，中部马金镇、村头镇、音坑乡、城关镇生态格局较差（图 11-40）。

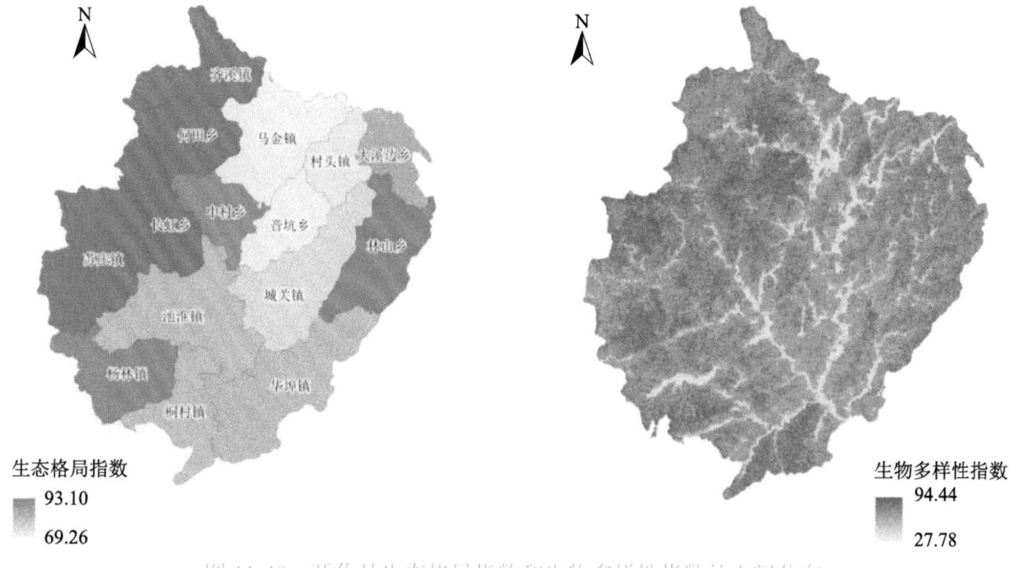

图 11-40　开化县生态格局指数和生物多样性指数的空间分布

B. 生物多样性

在开化县选择黑麂和白颈长尾雉作为指示物种。经计算，开化县生物多样性指数为70.79，级别为良，表现出沿水系等低海拔地区指数降低的特征，这是因为黑麂和白颈长尾雉两种指示物种均属于林栖动物，低海拔地区环境开阔、人类活动频繁，易使其受到干扰。

C. 生态功能

a. 水源涵养

依据《生态环境状况评价技术规范》（HJ 192—2015），选择水源涵养指数来计算开化县水源涵养功能。

$$
\begin{aligned}
\mathrm{WR} = A_{\mathrm{con}} \times \{ & 0.45 \times [0.1 \times \mathrm{RA} + 0.3 \times \mathrm{LA} + 0.6 \times (\mathrm{MA} + \mathrm{SA})] \\
& + 0.35 \times (0.6 \times \mathrm{FA} + 0.25 \times \mathrm{BA} + 0.15 \times \mathrm{OFA}) \\
& + 0.20 \times (0.6 \times \mathrm{HGA} + 0.3 \times \mathrm{MGA} + 0.1 \times \mathrm{LGA}) \} / A_0
\end{aligned}
\tag{11-17}
$$

式中，WR 为水源涵养指数；A_{con} 为水源涵养指数的归一化系数，参考值为526.7925984400；RA 为河流面积，km^2；LA 为湖库面积，km^2；MA 为滩涂面积，km^2；SA 为沼泽面积，km^2；FA 为有林地面积，km^2；BA 为灌木林地面积，km^2；OFA 为其他林地面积，km^2；HGA、MGA、LGA 分别为高、中、低盖度草地面积，km^2；A_0 为开化县总面积，km^2。

经计算，开化县水源涵养指数为 85.29，级别为优（图 11-41）。齐溪镇、苏庄镇水源涵养能力较强，音坑乡、大溪边乡水源涵养能力较弱。

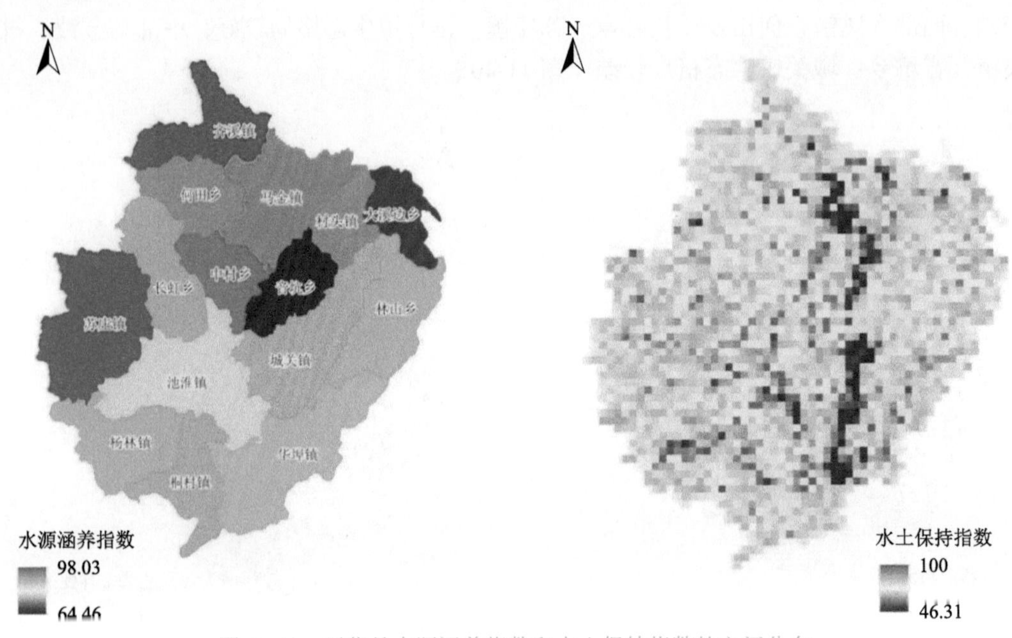

图 11-41　开化县水源涵养指数和水土保持指数的空间分布

b. 水土保持

$$\mathrm{VQI}=100\times\left(0.5\times\frac{\mathrm{NDVI}-0.05}{0.90}+0.5\times\frac{\mathrm{NPP}}{\mathrm{NPP}_{\max}}\right) \tag{11-18}$$

式中，NDVI 为归一化植被指数；NPP 为植被净初级生产力；$\mathrm{NPP}_{\max}$ 为在特定区域内最好气象条件下的植被净初级生产力。

经计算，开化县水土保持得分为 74.45，级别为良，海拔较低的河谷水土保持能力较弱。

c. 固碳释氧

评估使用的固碳释氧指数在固碳释氧物质量的基础上乘以归一化系数得到。

固碳释氧指数：

$$Q_{\mathrm{CO_2}}=\frac{100}{Q_{t\mathrm{CO_{2max}}}}\times Q_{t\mathrm{CO_2}} \tag{11-19}$$

$$Q_{\mathrm{O_2}}=\frac{100}{Q_{t\mathrm{O_{2max}}}}\times Q_{t\mathrm{O_2}} \tag{11-20}$$

式中，$Q_{\mathrm{CO_2}}$ 为固碳指数；$Q_{t\mathrm{CO_2}}$ 为生态系统固碳物质量，g CO_2/a；$Q_{t\mathrm{CO_{2max}}}$ 为生态系统固碳物质量的最大值，g CO_2/a；$Q_{\mathrm{O_2}}$ 为释氧指数；$Q_{t\mathrm{O_2}}$ 为生态系统释氧物质量，g O_2/a；$Q_{t\mathrm{O_{2max}}}$ 为生态系统释氧物质量的最大值，g O_2/a。

固碳物质量、释氧物质量以 NPP 和土壤呼吸损失的碳量为基础，通过质量平衡方程估算。

固碳释氧物质量：

$$Q_{t\mathrm{O_2}}=\frac{32}{44}\times Q_{t\mathrm{CO_2}} \tag{11-21}$$

$$Q_{t\mathrm{CO_2}}=\frac{M_{\mathrm{CO_2}}}{M_{\mathrm{C}}}\times\mathrm{NEP} \tag{11-22}$$

$$\mathrm{NEP}=\alpha\times\mathrm{NPP} \tag{11-23}$$

式中，$\frac{M_{\mathrm{CO_2}}}{M_{\mathrm{C}}}=44/12$，为 C 转化为 CO_2 的系数；NEP 为净生态系统生产力，g C/a；α 为 NEP 和 NPP 的转换系数，取值 0.175；NPP 为生态系统净初级生产力，t C/a。

经计算，开化县固碳释氧指数为 78.70，级别为优（图 11-42）。植被分布区的固碳释氧能力较强，河流、裸地所在区域固碳释氧能力较弱。

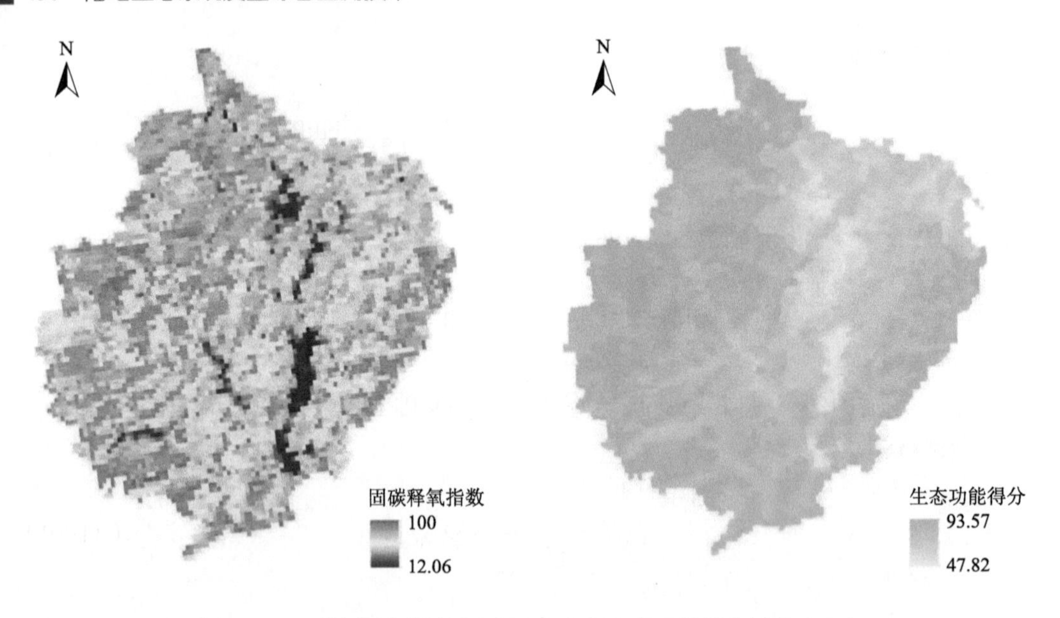

图 11-42 开化县固碳释氧功能（左）和生态功能综合评价（右）

d. 生态功能综合评测结果

经计算，开化县生态功能得分为 79.99，级别为优（图 11-42）。在空间上均呈现出西北高、东北及中部低的特征，如前所述，这样的分布特征与土地覆盖和保护措施有着密切关系。苏庄镇、齐溪镇生态功能较强，音坑乡、大溪边乡、马金镇生态功能较弱。

D. 生态胁迫

本研究采用 Brown 和 Vivas（2005）提出的景观开发强度（landscape development intensity，LDI）指数对开化县自然生态环境承受的人为胁迫进行量化。LDI 指数最初通常探讨湿地范围内，人类活动对周围土地或水域的生物、物理和化学过程的影响水平，目前 LDI 指数的应用范围并不限于湿地，在更大尺度的城市群生态系统中也有应用。本研究尝试在县域尺度应用 LDI 指数，其计算步骤是：确定 LDI 指数的计算单元是开化县各乡镇；计算出每一乡镇各土地利用类型的面积比例；参考李鸿伟等（2018）使用的 LDI 指数，对计算单元中的土地利用类型进行赋值；最后通过面积加权平均计算 LDI 指数。

$$\mathrm{LDI}_{\mathrm{total}} = \sum \mathrm{LU}_i \times \mathrm{LDI}_i \tag{11-24}$$

式中，$\mathrm{LDI}_{\mathrm{total}}$ 为各乡镇的景观开发强度指数；LU_i 为第 i 种土地利用类型的面积占该区域总面积的百分比，%；LDI_i 为第 i 种土地利用类型所对应的景观开发强度指数。

经计算，开化县生态胁迫得分为 2.05，生态胁迫指标是负向指标，呈现出西北低、中部高的特征（图 11-43，表 11-18）。如前所述，这样的分布特征与土地覆盖和保护措施有着密切关系。

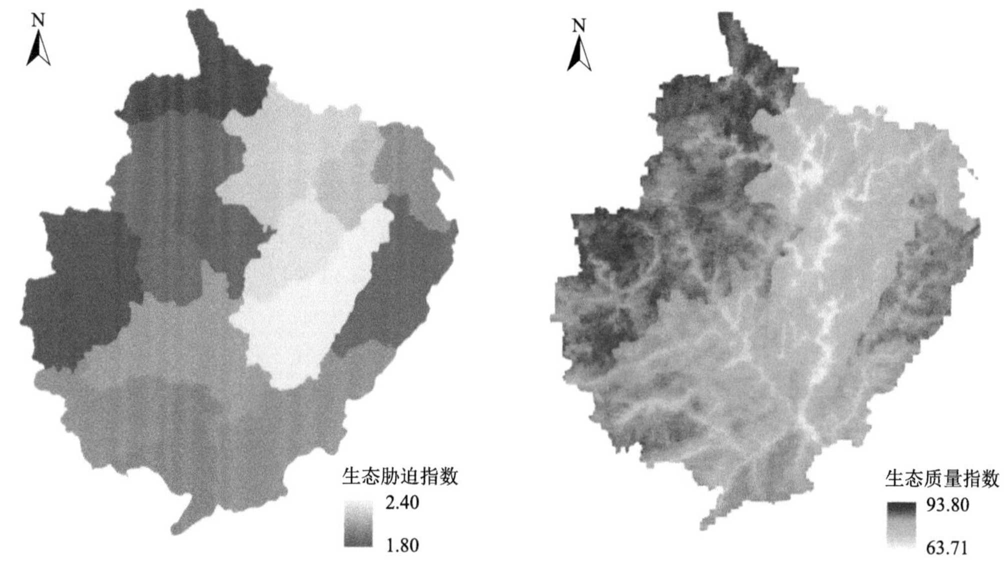

图 11-43　开化县生态胁迫和生态质量综合评价

表 11-18　不同土地利用类型的 LDI 指数

土地利用类型	LDI 指数	土地利用类型	LDI 指数
耕地	4.54	湿地	1.83
林地	1.58	居民工矿用地	8.66
草地	2.77	未利用地	1.2

E. 综合监测与评价

开化县生态质量指数 82.07，级别为优。从生态质量级别来看（表 11-19），优、良、一般级别的面积占比分别为 89.95%、10.03%、0.02%，说明开化县绝大多数地区生态质量为优。从空间分布来看（图 11-43），县域西北部生态质量较好；东北部及中部生态质量较一般；沿水系和低洼平坦地区分布的农田、村镇以及裸岩裸土地生态质量也较一般。开化县西北部林地覆盖率较高，同时分布有自然保护地钱江源国家公园体制试点区，较好的自然本底和国家级的保护措施保证了这里优良的生态质量；开化县东北部及中部城镇化程度高，林地覆盖率降低，草地和裸岩裸土地覆盖率增加，造成生态质量降低。

表 11-19　开化县生态质量分级情况及面积占比

级别	栅格数量/个	面积/km^2	占比/%
优	2173512	1956.16	89.95
良	242432	218.19	10.03
一般	510	0.46	0.02

2）将乐县生态质量综合监测与评估

A. 生态格局

在生态格局指标中，将乐县自然生态系统面积为1988.49km^2，自然生态系统面积比例89.24%，生态组分得分为89.24，生态空间连通度为77.76。

生态格局指标总得分83.50,级别为优。龙栖山国家级自然保护区生态格局得分最高，水南镇、古镛镇生态格局得分最低，这是由于城镇用地主要集中在古镛镇和水南镇等乡镇，而县域西南部的植被覆盖度较高，生态环境较好（图11-44）。

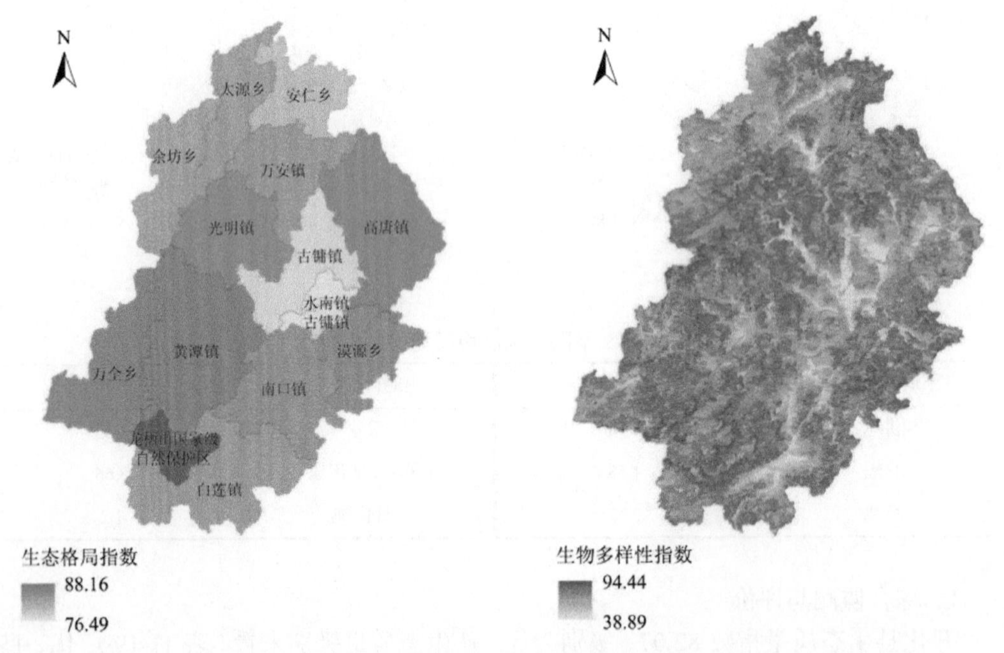

图11-44 将乐县生态格局指数（左）和生物多样性指数（右）的空间分布

B. 生物多样性

将乐县生物多样性得分为74.13，级别为良，其中黑麂生境适宜性得分69.92，级别为良，白颈长尾雉生境适宜性得分78.35，级别为优。东北部、中南部城镇集中区域生物多样性水平较低，西部生物多样性水平较高（图11-44）。

C. 生态功能

将乐县生态功能得分为72.64，级别为良。三个二级指标中，水源涵养指数为90.52，级别为优，龙栖山国家级自然保护区的水源涵养功能最优，城镇建设用地较多的水南镇、古镛镇水源涵养功能较弱；水土保持指数为69.28，级别为良，中东部水土保持功能较弱，西南部水土保持功能较好；固碳释氧指数为52.18，级别为一般，森林覆盖度高的地区固碳释氧指数较高（图11-45）。

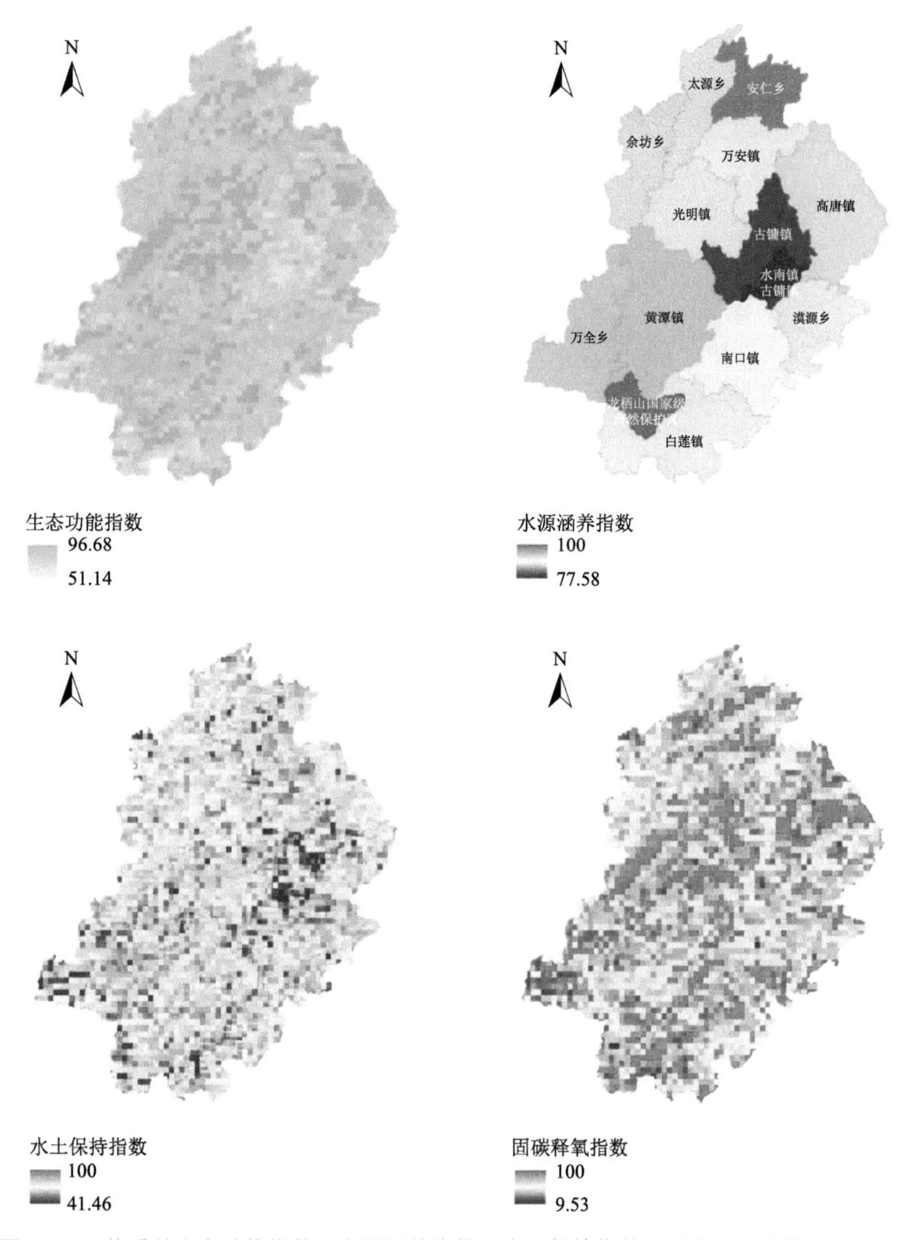

图 11-45　将乐县生态功能指数、水源涵养指数、水土保持指数、固碳释氧指数的空间分布

D. 生态胁迫

将乐县生态胁迫得分为 1.98，古镛镇、水南镇城镇相对发达、人口集中，生态胁迫得分最高，龙栖山国家级自然保护区植被覆盖率高、生态环境优美，生态胁迫得分最低（图 11-46）。

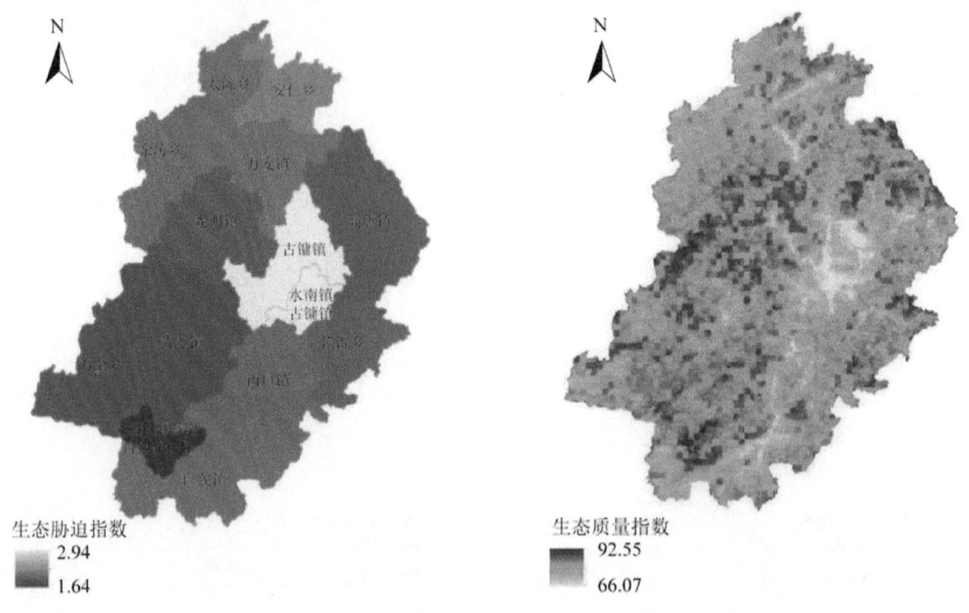

图 11-46 将乐县生态胁迫指数和生态质量指数的空间分布

E. 将乐县综合监测与评价

经测算，将乐县生态质量指数为 81.30，级别为优。从空间分布来看，城镇集中区的古镛镇、水南镇生态质量指数较低，生态环境较好的龙栖山国家级自然保护区、万全乡、黄潭镇、余坊乡生态质量指数较高。未来一方面，需要巩固西部各乡镇的环境保护措施，提高自然保护区的管护力度；另一方面，要优化城镇生态结构，提高绿地覆盖率和水系连通度，改善城镇集中区的生态环境。

5. 国家公园尺度生态质量综合监测应用示范

1）生态格局

在生态格局指标中，钱江源国家公园体制试点区（简称钱江源国家公园）自然生态系统面积为 217.45km^2，自然生态系统面积比例 86.00%，生态组分得分 86.00，生态空间连通度为 75.00。生态格局指标总得分 80.72，级别为优。

2）生物多样性

在生物多样性指标中，钱江源国家公园生物多样性丰富的地区分布在西南部古田山国家级自然保护区，这一部分地区也位于古田山生物多样性维护生态保护红线内；另一部分生物多样性丰富的地区分布于北部的国家公园核心区[图 11-47（左）]。经过计算，钱江源国家公园生物多样性得分为 73.23，级别接近于优。

3）生态功能

生态功能包括水源涵养、水土保持、防风固沙、生态宜居、生态活力 5 类，根据地方政府提供的生态保护红线数据，钱江源国家公园的主导功能是水源涵养，因此生态功能指标主要考虑水源涵养指数。经过计算，钱江源国家公园水源涵养指数为 92.03，级别为优（表 11-20）。

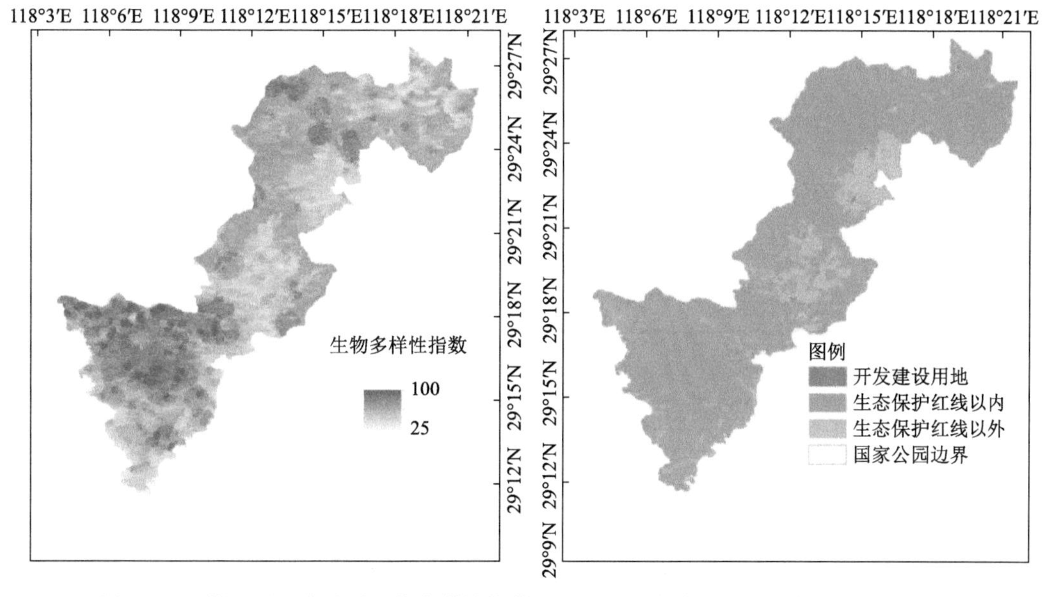

图 11-47　钱江源国家公园生物多样性指数（左）和开发建设用地（右）的空间分布

表 11-20　钱江源国家公园水源涵养指数计算指标取值

湿地	面积/km^2	林地	面积/km^2	草地	面积/km^2
河流	1.48	有林地	206.92	低盖度草地	0.85
湖库	1.83	灌木林	0.19	中盖度草地	0.00
滩涂和沼泽	0.23	其他林地	5.91	高盖度草地	0.00

4）生态胁迫

生态胁迫是 4 个一级指标中唯一的负向指标，生态胁迫得分越大，生态质量指数越小。钱江源国家公园开发建设用地总面积 1.38km^2，其中生态保护红线内的开发建设用地面积为 0.71km^2，生态保护红线外的开发建设用地面积为 0.67km^2。开发建设用地主要分布在国家公园中部和东北部[图 11-47（右）]。经计算，钱江源国家公园生态胁迫得分为 0.81。

5）综合监测与评价

钱江源国家公园生态质量指数为 85.20，级别为优（表 11-21）。古田山国家级自然保护区的生态质量最好，从生态系统分类图也可以看出这里天然林覆盖率最高（图 11-48）。

表 11-21　钱江源国家公园生态质量评价指标得分情况

一级指标		二级指标		三级指标	
名称	得分	名称	得分	名称	得分
生态格局	80.72	生态组分	86.00	自然生态系统面积比例	86.00
		生态连通度	75.00	生态空间连通度	75.00

续表

一级指标		二级指标		三级指标	
名称	得分	名称	得分	名称	得分
生物多样性	73.23	兽类指示物种	72.66	黑麂生境适宜性	72.66
		鸟类指示物种	73.81	白颈长尾雉生境适宜性	73.81
生态功能	92.03	水源涵养	92.03	水源涵养指数	92.03
生态胁迫	0.81	人为胁迫	0.81	景观开发强度指数	0.81

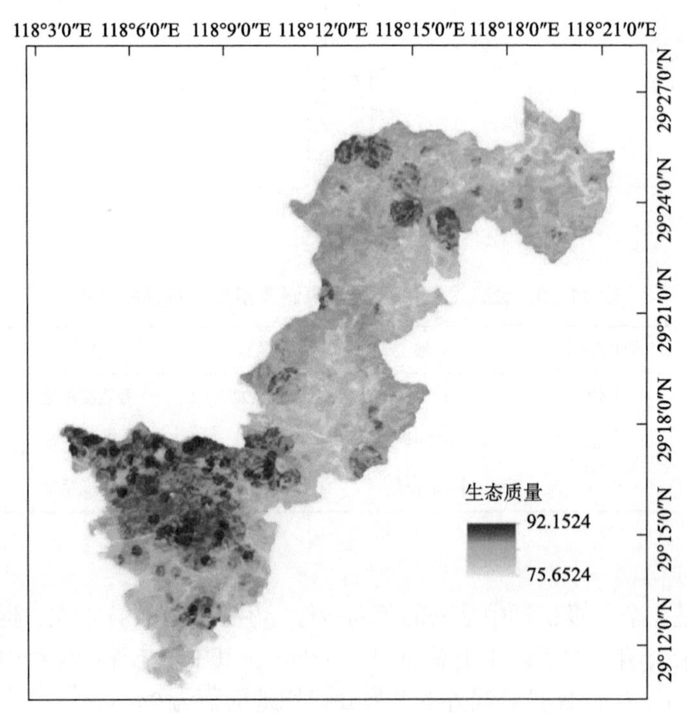

图 11-48　钱江源国家公园生态质量

在生态格局指标中，生态空间连通度需要优化提升，国家公园的重要生态斑块共有 3 处，但斑块之间的沟通联系受距离、人类活动等的干扰，需要设置物种迁徙通道、优化廊道设计，提高重要生态斑块连通度，并通过监督管理减小人类活动的干扰。生物多样性级别为良，未来需要通过红外相机等仪器深入了解鸟兽生存栖息的现状及生境选择的偏好，加大对保护区和核心区植被的保护与恢复，并加大对人类活动的监督与管理。钱江源水源涵养等生态功能表现优异，这与钱江源国家公园良好的本底条件密不可分，未来可依托国家公园的优越条件，保护植被、爱护水源，继续发挥其水源涵养的功能。负向指标生态胁迫得分仅为 0.81，但需要注意的是生态保护红线里有 0.71km^2 的开发建设用地，针对这部分用地，要按照“开发服从保护”的要求，严密关切、严格管理。

11.4.4　国家尺度生态质量监测与评价

1. 分项监测与评估

为验证区域生态质量监测指标在国家尺度的可获取性和实用性，本研究计算了 2018 年全国县级行政单元的生态质量监测指标，并分析了各指标的时空分布特征。在生态格局指标中，生态组分指标计算了生态用地面积比例，生态结构指标计算了生境质量指数和景观结合度；生物多样性指标计算了重点保护物种数；在生态功能指标中，生态调节功能指标计算了波文比、水分蓄存指数，生态支持功能指标计算了总初级生产力、叶面积指数，生态维持功能指标计算了植被覆盖度指数和植被生长程度指数；生态胁迫指标由于受到全国尺度数据获取限制，以 2000～2018 年 NDVI 年最大值的平均值作为生态胁迫指数基准值，通过将 2018 年 NDVI 最大值与基准值进行比较计算得到生态胁迫指数，反映生态系统受胁迫的程度。

生态系统类型数据、生物多样性数据、生态功能数据等的数据来源如下。

（1）生态系统类型数据来源于中国科学院资源环境科学与数据中心的中国陆地生态系统类型空间分布数据集（http://www.resdc.cn），该数据集将陆地生态系统分为 7 类，即农田、森林、草地、水体与湿地、荒漠、聚落和其他；数据格式为分辨率 30 m 的栅格数据。

（2）生物多样性数据来源包括生态环境部生物多样性重大工程观测及收集整理数据；国家标本平台标本数据；全球生物多样性信息服务数据库；国际鸟类联盟观测数据库；IUCN 物种观测记录数据库；中国动物志数据库；中国观鸟记录中心观测记录；中国科学院、部分高校、研究机构和非政府组织等合作单位提供的观测数据，以及收集的各类物种志书等。在上述数据中，本研究只使用了 1970～2020 年具有空间坐标信息的物种观测记录。

（3）生态功能数据来源于国家生态科学数据中心（http://www.nesdc.org.cn/），由 MODIS 数据产品通过相关模型计算得到。

生态格局指标中，生态用地面积比例的计算结果显示，低值区域主要分布在以农田生态系统为主的东北平原、黄淮平原、四川盆地和以荒漠生态系统为主的西北地区，其他地区的森林、草地、湿地等生态用地面积比例较高。生境质量指数的计算方法参考《生态环境状况评价技术规范》（HJ 192—2015），计算结果显示，生境质量指数较高的区域主要分布在中东部地区的山区、青藏高原东部、横断山区和西北部的阿尔泰山地区[图 11-49（b）]。景观结合度计算结果显示中西部地区生态空间连通性较强，东部平原和四川盆地等农业和城镇化程度较高的地区以及西北部生态空间连通性相对较低[图 11-49（c）]。

生物多样性指标中，重点保护物种数统计了各县区列入《国家重点保护野生动物名录》和《国家重点保护野生植物名录》的高等植物、哺乳动物、鸟类、爬行动物和两栖动物的物种数，数据显示重点保护物种数较高的地区主要分布在西南地区和东部沿海地区[图 11-49（d）]。

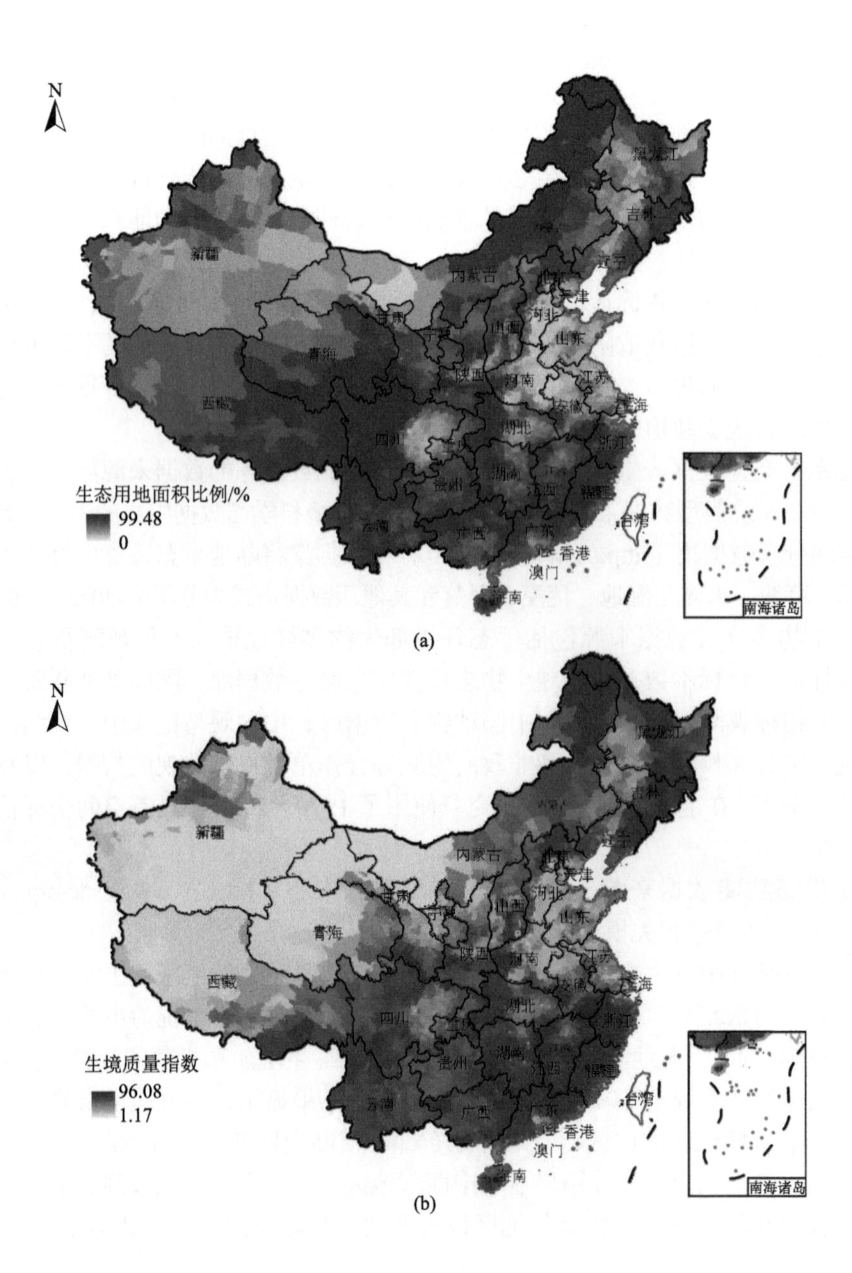

生态用地面积比例/%
99.48
0
(a)
生境质量指数
96.08
1.17
(b)
南海诸岛

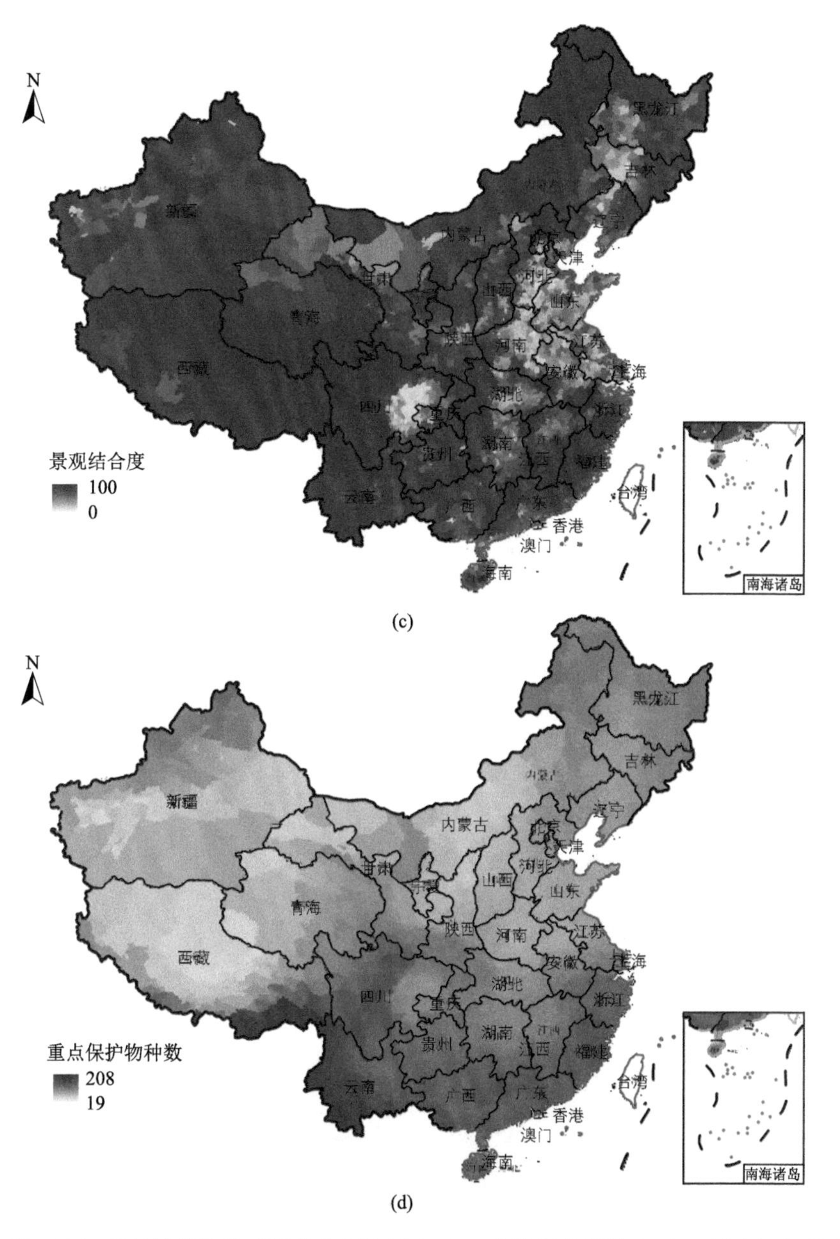

图 11-49 2018 年县域尺度生态用地面积比例（a）、生境质量指数（b）、景观结合度（c）和重点保护物种数（d）的空间分布

香港、澳门、台湾省资料暂缺

生态功能指标中，反映调节功能的波文比在西北部地区高于东南部地区，水分蓄存指数整体表现出南部和东北地区较高，北部和西北地区较低的趋势[图 11-50（a）和图 11-50（b）]；反映支持功能的总初级生产力和叶面积指数整体表现出东南部高于西北部的趋势，东北地区的叶面积指数在全国处于较高水平；反映维持功能的植被覆盖度指数和植被生长程度指数整体表现出南部高于北部，东部高于西部的趋势（图 11-50）。

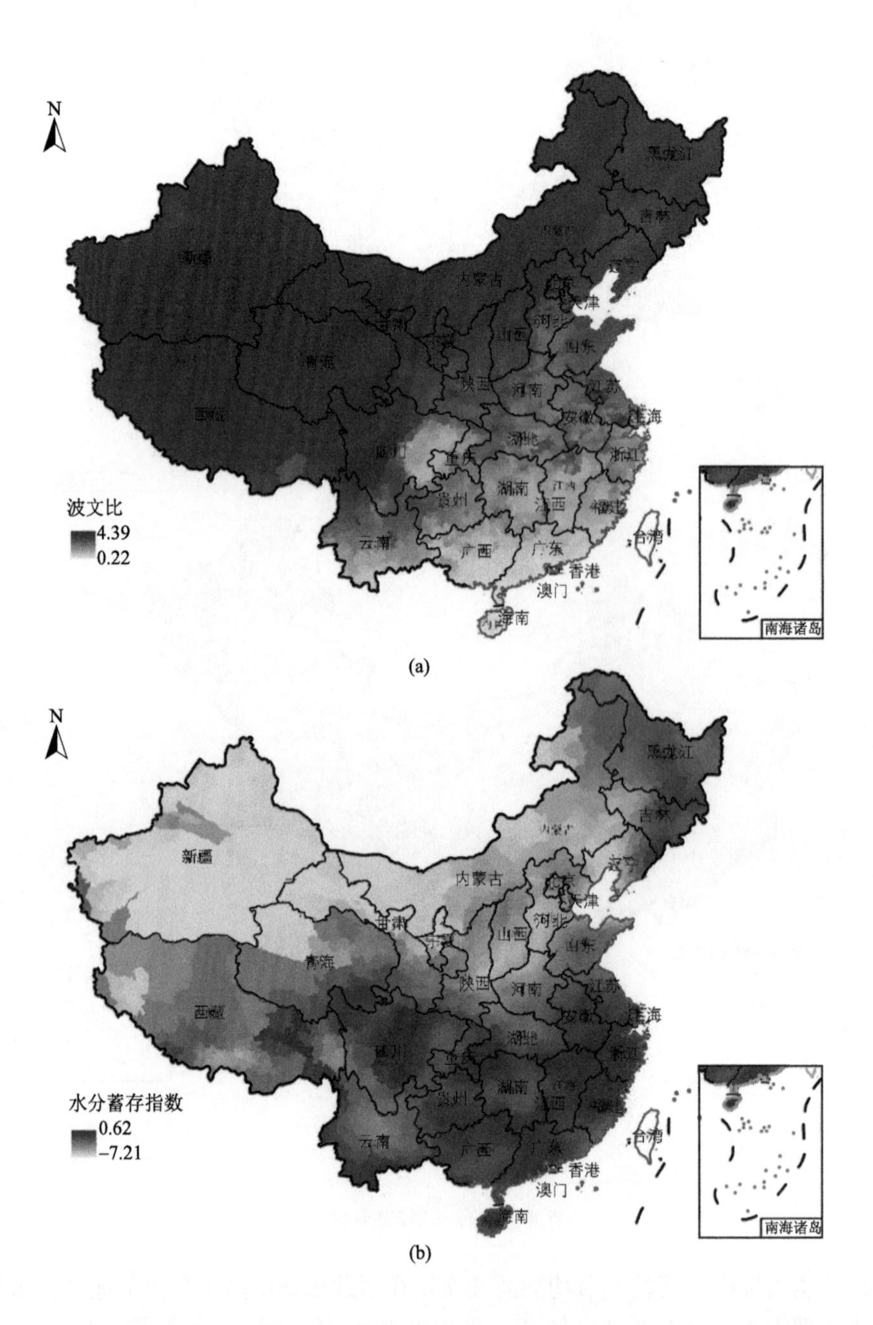
波文比
4.39
0.22
(a)
水分蓄存指数
0.62
−7.21
(b)
南海诸岛

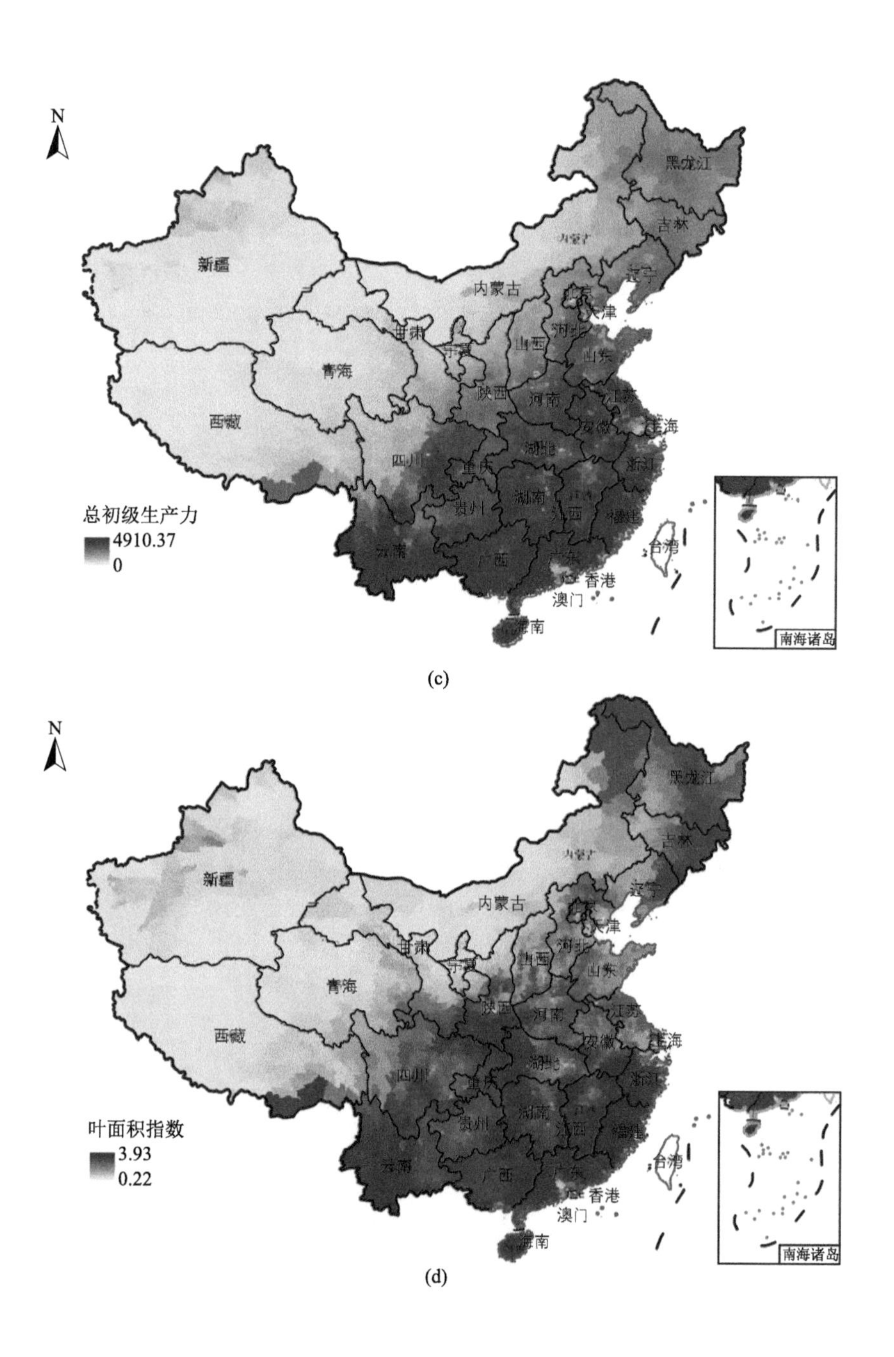
N
新疆
内蒙古
黑龙江
吉林
辽宁
天津
甘肃
山西
河北
山东
青海
陕西
河南
江苏
西藏
安徽
上海
四川
湖北
重庆
浙江
贵州
湖南
江西
福建
云南
广西
台湾
香港
澳门
海南
南海诸岛
总初级生产力
4910.37
0

(c)

N
新疆
内蒙古
黑龙江
吉林
辽宁
天津
甘肃
山西
河北
山东
青海
陕西
河南
江苏
西藏
安徽
上海
四川
湖北
重庆
浙江
贵州
湖南
江西
福建
云南
广西
台湾
香港
澳门
海南
南海诸岛
叶面积指数
3.93
0.22

(d)

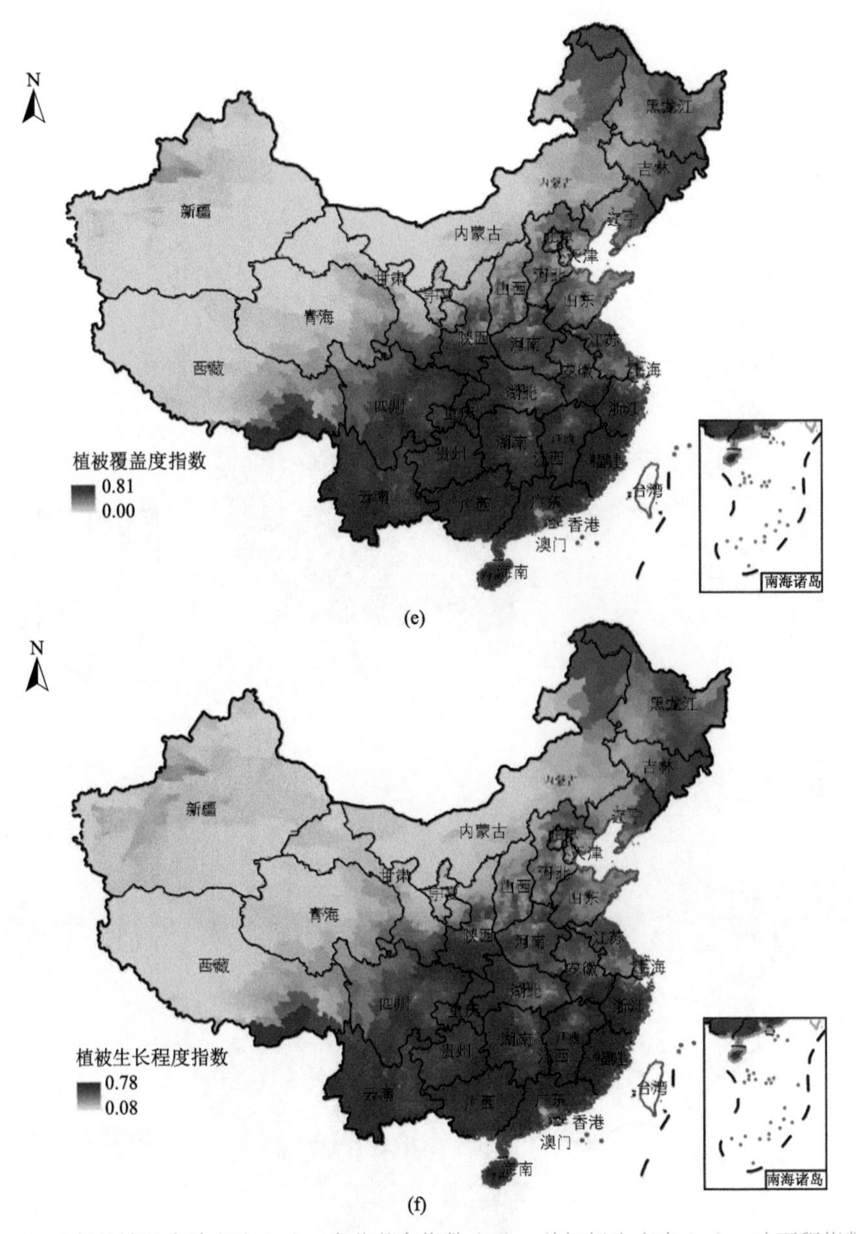

图 11-50　2018 年县域尺度波文比（a）、水分蓄存指数（b）、总初级生产力（c）、叶面积指数（d）、植被覆盖度指数（e）和植被生长程度指数（f）的空间分布

香港、澳门、台湾省资料暂缺

生态胁迫指标中，生态胁迫指数基准值主要反映植被覆盖的最优状态。根据 2018 年生态胁迫指数计算结果（图 11-51），华北平原、长江中下游平原、珠江三角洲、四川盆地等以农田为主的县域生态胁迫风险较高，值得注意的是，横断山区特别是西藏东部的生态胁迫风险较高，胁迫原因有待进一步研究。

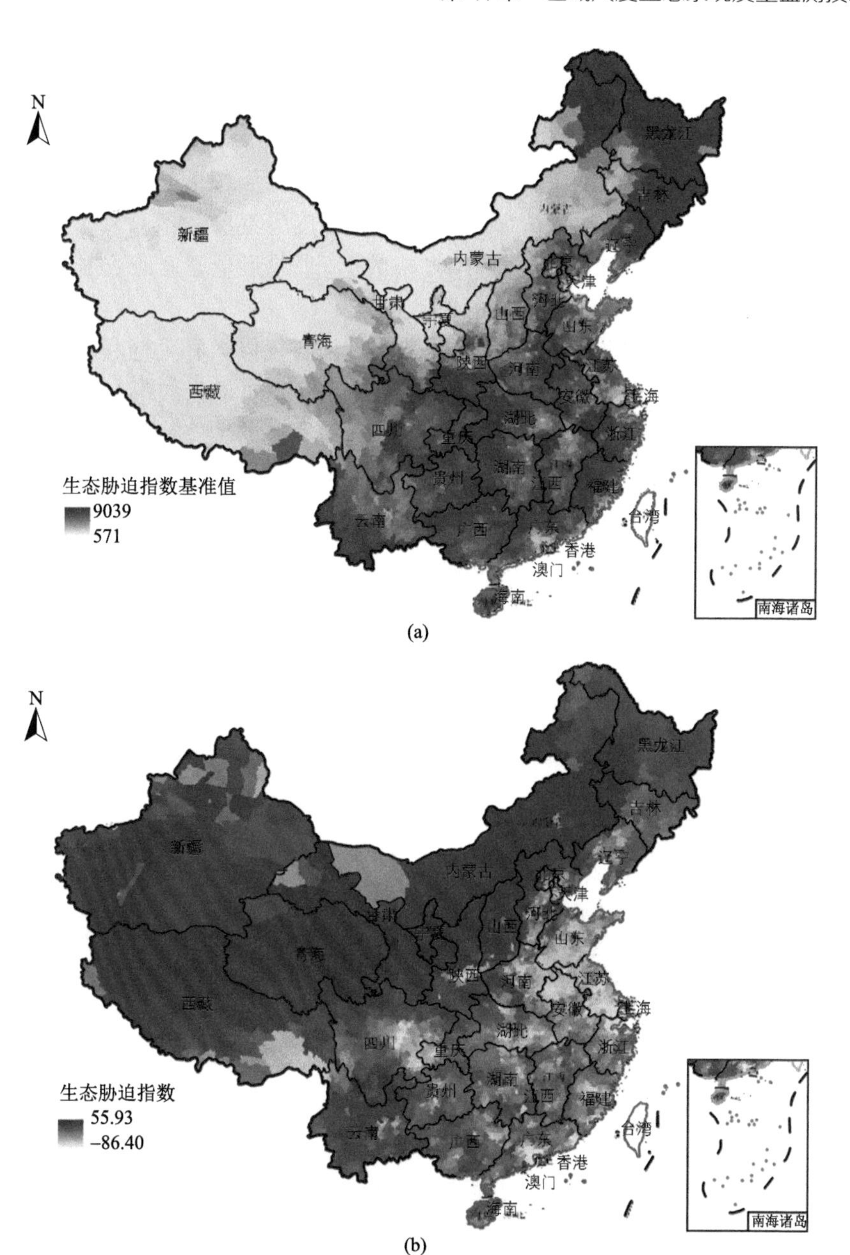

图 11-51 全国县域生态胁迫指数基准值（a）和 2018 年生态胁迫指数（b）的空间分布

香港、澳门、台湾省资料暂缺

2. 综合评估

区域生态质量监测指标体系从调节、支持、维持三个方面筛选了生态功能类指标，本研究尝试计算基于生态功能的生态质量指数（EQI），用生态功能指标在一段时间内的变化与其最大和最小基线值的比较来评价生态质量，评价结果不受气候条件或生态系统类型的影响，是对区域生态质量监测指标有效性和实用性的验证（Wang et al.，2022）。

基于生态功能的全国生态质量评价指标有 11 个，包括反映生态维持功能的归一化植被指数、植被覆盖度、叶面积指数，反映生态支持功能的总初级生产力、净初级生产力、净生态系统生产力，反映生态调节功能的波文比、地表温度、湿润指数、水分蓄存指数、水分利用效率。

评价数据包括来源于 MODIS 的归一化植被指数、叶面积指数等遥感数据产品，来源于中国气象科学数据共享服务网的降水、温度、湿度等气象数据，来源于中国科学院资源环境科学与数据中心的 1km 土地利用栅格数据，来源于全球人口数据集（WorldPop）的人口数据。评价数据时段为 2000～2018 年。

评价结果表明，全国平均生态质量指数为 0.52，各气候区和土地利用类型之间的差异很小。2000～2018 年，大部分地区（18.97%）的生态质量指数都有明显的上升趋势（P<0.05），其中，东北、黄土高原、青藏高原和华南地区的生态质量指数明显上升，西南、华北和西北的部分地区明显下降。从生态系统类型的角度来看，湿地的生态质量指数变化最大，森林和湿地的生态质量指数明显增加。整体来看，2000～2018 年全国基于生态功能的生态质量得到了改善（Wang et al.，2022）（图 11-52）。

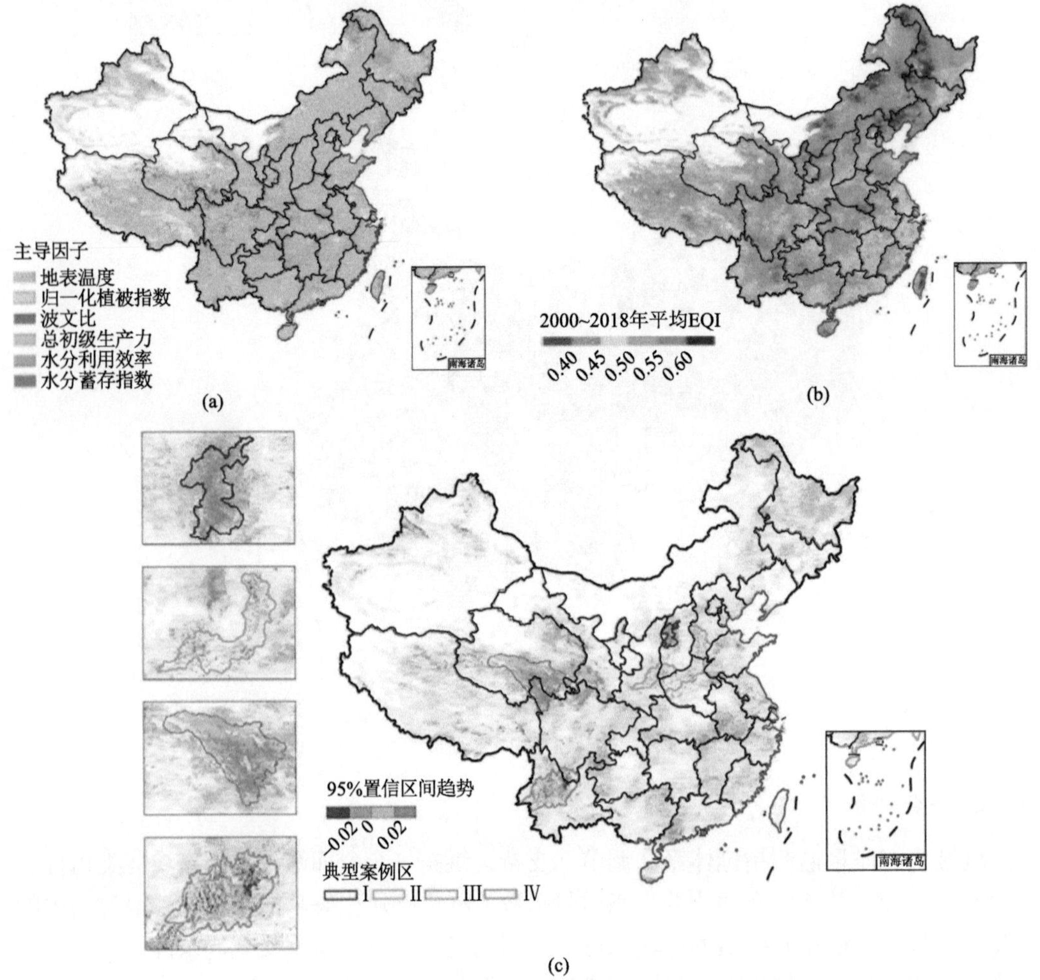

图 11-52 2000～2018 年主导生态功能指标（a）、平均生态质量指数（b）和生态质量指数年际变化趋势（c）的空间分布（Wang et al.，2022）

11.5 本章小结

为支撑国家生态质量综合评价与动态监测工作，本研究分析了区域尺度生态质量的特征和监测需求，以科学性、继承性、引领性、综合性、主导性、实用性的原则为指导，从生态格局、生物多样性、生态功能和生态胁迫四个方面构建了区域生态质量监测指标体系，结合遥感和地面监测技术优势，构建了以县级行政区为基本单元的区域生态质量监测技术体系。基于以上研究，在河北农牧交错带、三江源典型地区和浙闽山地丘陵区开展了区域生态质量监测与评价的示范应用，在国家尺度开展了县级行政单元生态质量监测指标的计算和基于生态功能指标的生态质量评价，充分验证了区域生态质量监测技术体系的实用性和有效性。研究成果是陆地生态系统质量监测技术在区域尺度的应用和优化，为国家生态质量监测评价等管理工作提供了技术支撑，为国家生态质量监测技术标准的制定提供了参考和依据。

参考文献

蔡博峰，于嵘. 2009. 基于遥感的植被长时序趋势特征研究进展及评价. 遥感学报, 13(6): 1170-1186.

陈利顶，吕一河，赵文武，等. 2019. 区域生态学的特点、学科定位及其与相邻学科的关系. 生态学报, 39: 4593-4601.

傅伯杰，刘世梁，马克明. 2001. 生态系统综合评价的内容与方法. 生态学报, (11): 1885-1892.

李鸿伟，赵锐锋，王福红. 2018. 人类土地利用干扰对黑河中游湿地时空变化的影响. 干旱区地理, 41: 375-383.

彭建，王仰麟，吴健生，等. 2007. 区域生态系统健康评价——研究方法与进展. 生态学报, (11): 4877-4885.

王绍强，王军邦，张雷明，等. 2019. 国家重点研发项目：中国陆地生态系统生态质量综合监测技术与规范研究(英文). Journal of Resources and Ecology, 10(2): 105-111.

王文杰，潘英姿，李雪. 2001. 区域生态质量评价指标选择基础框架及其实现. 中国环境监测, (5): 17-21.

徐新良. 2023. 中国多时期生态系统类型空间分布数据. http://www.resdc.cn/DOI/.

张静，才文代吉，谢永萍，等. 2019. 三江源国家公园种子植物区系特征分析. 西北植物学报, 39(5): 935-947.

张新时. 2006. 中华人民共和国植被图(1∶1000000). 北京：地质出版社.

周才平，欧阳华，曹宇，等. 2008. “一江两河”中部流域植被净初级生产力估算. 应用生态学报, (5): 1071-1076.

朱文泉，潘耀忠，张锦水. 2007. 中国陆地植被净初级生产力遥感估算. 植物生态学报, (3): 413-424.

Brown M, Vivas M. 2005. A landscape development intensity index. Environmental Monitoring and Assessment, 101: 289-309.

Potter C, Randerson J, Field C, et al. 1993. Terrestrial ecosystem production: A process model based on global satellite and surface data. Global Biogeochemical Cycles, 7: 811-841.

Wang J, Ding Y, Wang S, et al. 2022. Pixel-scale historical-baseline-based ecological quality: Measuring impacts from climate change and human activities from 2000 to 2018 in China. Journal of Environmental Management, 313: 114944.

Wang S, Wang J, Zhang L, et al. 2019. A national key R&D program: Technologies and guidelines for monitoring ecological quality of terrestrial ecosystems in China. Journal of Resources and Ecology, 10: 105-111.

第12章

生态系统质量监测技术展望

《中共中央关于制定国民经济和社会发展第十四个五年规划和二〇三五年远景目标的建议》中明确提出了提升生态系统质量和稳定性的目标。生态系统质量反映了生态系统支撑人类生存和社会发展的综合能力。随着全球环境变化的日益加剧和人类社会的快速发展，生态系统面临着越来越大的压力和需求，因此，开展生态系统质量的综合监测，对于获取生态系统状态和功能及其动态变化与环境响应至关重要，也是支撑生态文明建设和人与自然协调发展的重大科技需求。

基于生态系统质量呈现的自然和社会的“二维属性”，以及生态系统结构和功能的“多尺度性”，对生态系统质量的监测研究应以不同时空尺度的生态系统耦联机制和联动效应的系统认知为基础，对生态系统质量开展动态监测和定量评价，可以有效支撑区域综合治理和行政监管（于贵瑞等，2022）。生态环境部印发的《“十四五”生态环境监测规划》也明确指出，需要建立天地一体化的生态系统质量监测网络和指标体系，以满足生态系统质量监测与评估的需求。

在传统的生态系统监测的基础上，以自动化和智能化为标志的新技术和新方法不断出现，并且随着5G信息传输技术和人工智能等新一代信息技术的快速发展，全球新一代生态系统联网监测逐渐形成，融合卫星遥感、无人机和地面监测的天-空-地一体化监测技术，已经逐渐广泛应用于生态系统和生态环境的科学监测与行政监管（于贵瑞等，2018），并为生态系统质量的监测提供了新的技术方法和技术方案。

通过前面章节对不同尺度和不同类型生态系统质量监测技术与方法的介绍，本章围绕未来生态系统质量监测技术发展和应用，从台站尺度联网监测、生物多样性监测和区域尺度生态功能监测，以及山水林田湖草沙等生态系统类型监测出发，分析了相关新技术的发展态势，展望了多尺度和多技术综合的生态系统质量监测体系的发展，以期为我国生态系统质量的综合监测与科学研究提供参考借鉴。

12.1 从站点到区域的多尺度监测与评估体系

12.1.1 台站联网监测

1. 新一代联网监测得到快速发展

野外科学监测研究站（简称野外站）是面向国家战略需求和学科发展长远需要而设立的，是重要的国家科技创新基地之一。近 30 年来，不同行业部门分别建设完成了专业性的野外科学监测研究网络。2004 年，跨部门的国家生态系统监测研究网络开始建设，2020 年，随着新一批野外站加入，进一步丰富和完善了我国野外站的空间布局和类型代表性。我国野外科学监测研究网络的快速发展，为开展全国不同区域、不同类型生态系统的协同监测提供了重要平台和基础（廖小罕等，2021）。

2. 新仪器和新方法的研发与应用

在台站尺度生态系统监测技术中，传统的监测方法存在工作量大和监测频率低等突出问题，限制了对生态系统质量变化的快速获取。近年来，随着自动化、智能化和信息化技术的飞速发展，野外站监测技术也随之发生了明显变化，如激光雷达、光谱成像、碳水通量、互通互联和远程传输等已经在部分台站与网络得到了实践应用，从而显著提高了监测效率和监测效果，并使生态学向微观和宏观两个尺度逐渐拓展成为可能（于贵瑞等，2018）。与此同时，生态系统的定位监测中，针对群落生物量、土壤元素含量和水环境营养物等方面的测定技术与方法需开展持续的技术研发，以提高监测频度和减少野外工作量，同时也能为数据的快速获取与远程传输提供基础。

3. 基于物联网的立体化和智能化监测

立体化综合监测是获取多尺度生态系统信息的重要手段。仪器设备、物联网和计算机信息技术的快速发展与应用，为实现天空地一体化的立体监测提供了技术上的可行性，通过物联网和人工智能等技术的研发和应用，支撑野外站科技资源可视化管理、野外站监测数据多源集成及质控、野外业务动态可视化呈现；同时，实现野外站终端数据采集和数据管理的智能化，以及仪器设备管理的智能化，实现监测数据全生命周期管理的标准化、系统化及全程可溯源跟踪。与此同时，一方面，由于每个野外站监测设备众多且类型、测定频度不一，对于多设备接入和多类型数据管理还存在较大难度；另一方面，相当数量的野外站位于偏远地区，通信保障能力偏弱，导致场地监控和数据传输存在较大限制。因此，还需要在生态系统的立体组网监测和数据远程获取保障等方面开展研究工作，利用包括无人机技术、自组织物联技术在内的技术方法，支撑野外台站天空地立体化的综合监测。

4. 多台站数据综合汇聚与集成分析

基于台站网络的协同监测是获取区域和全国尺度生态系统质量综合状态的重要手段。一方面，对于多台站联网监测而言，监测数据的跨台站快速汇聚是实现真正协同监测的重要环节。虽然目前已经基于现代 5G 通信技术和物联网技术开发了数据远程汇聚技术，但由于野外站监测类型多、数据量大，面临着数据传输成本高和传输速率不足等问题。因此，亟待开发适用于野外站的低成本、高效率的数据远程技术。另一方面，生态系统质量的评估需要基于监测数据开展综合分析，甚至是实时的动态分析。因此，还需根据生态系统质量评估的方法与途径，开发相应的评估模型和运行平台，以支撑对生态系统质量进行评估的客观需要。

12.1.2 站点到区域的生物多样性监测

生物多样性是生态系统质量优劣的重要反映指标，是区域生态环境好坏的直接体现。我国地域辽阔，自然环境和生境类型多样，蕴含了丰富的生物多样性。由于过去传统监测方法存在局限性，我国生物多样性本底资源仍未完全掌握，许多区域缺乏调查记录或长期监测资料。为满足国家层面生态环境长期监测与生态系统质量动态评估的科技需求，亟须提高生物多样性监测技术水平，构建完善的评估体系。

1. 监测技术的自动化和智能化

近些年，生物多样性监测技术从主要依赖人工监测逐渐向自动化、信息化、智能化发展。自动传感、数码、通信等多个技术领域的交叉发展，推动了红外相机、无人机、GPS 项圈、自动声学记录等一批专业新技术在生物多样性监测工作中的应用。通过新技术应用可获得高频率、高精确度的科学数据，大大降低了监测工作对自然环境的干扰和主观人工误差，突破了时间、环境等因素的限制，实现从个体、种群、群落到生态系统多个尺度的监测和研究，为生物多样性监测与评估体系的构建提供了技术支撑。

2. 监测网点布局的优化和监测内容的拓展

面对国家、地方生态文明建设的重大需求以及科学前沿的重大问题，需进一步完善生物多样性监测的顶层设计，合理布局和优化监测网点。基于我国生物多样性的分布特点，可结合国家野外站、以国家公园为主体的自然保护地体系建设，重点推进长期监测样区建设，发挥监测样区的联网优势，形成区域性、全国性的网络布局。同时，需关注气候变化和人类活动对生物多样性的影响评估、外来入侵物种监测、有害生物暴发等重大科学问题，为自然灾害的发生和生态系统质量变化提供快速、准确的预警，服务于国家生态安全建设。

3. 监测技术优化集成和监测数据的高效处理

虽然自动化的生物多样性监测技术大大提高了数据采集效率，但面对产生的大量密集的原始数据，后续处理技术发展相对滞后，存在数据庞大分散、后期处理时间长和人力成本高等突出问题，严重影响了数据的标准程度和数据利用的时效性。例如，红外相机获取的原始图像数据需要进行清理，提取有效数据、开展物种和个体数识别、建立模型对数据进行统计分析，才能将监测结果应用于科学研究和保护管理，目前虽然有这方面的成功应用案例，但尚需大范围推广应用。生物类群众多，生境多样、监测方法各异，监测对象、监测指标和数据格式等方面存在差异，为了满足综合性生物多样性监测与评估的重大国家需求，亟须开展关键监测技术优化集成，整合多源监测数据，加强人工智能、大数据、模型分析和可视化等技术的应用，为开展长期的生物多样性监测与评估提供高效的科技支撑。

4. 监测标准的更新和监测数据的广泛共享

新的自动化技术方法为大规模监测提供了技术基础，尚需结合新技术的特性，及时对监测标准进行更新和完善。需要在监测方法、监测仪器设备参数设置、监测频率、数据格式、数据存储等方面建立相应的标准，推进数据标准化进程，以形成可持续性、可对比的生物多样性监测数据。在此基础上，还需要各科研机构、政府管理部门、民间团体组织等多方机构加强交流与合作，共同协商制定不同单位间数据共享的机制，推进标准化数据库建设，为跨尺度的生物多样性评估提供必要的数据支持，为我国履行国际《生物多样性公约》和生态环境保护相关的保护目标与科学决策提供技术支持、决策依据。

12.1.3 区域生态系统功能监测

1. 生态系统多功能性综合监测

生态系统最为显著的特点之一是具有多功能性，即生态系统同时提供多种功能或服务，这些功能彼此叠加，形成相互作用的复杂关系（Garland et al.，2021；La Notte et al.，2017）。在本书第 5 章中，由于数据限制，目前仅考虑了生物多样性维持、水土保持、水源涵养和气候调节等基本功能，这些功能被划分为维持功能、支持功能和调节功能，构建了基于这些生态系统功能的区域生态系统质量指数，并评估了典型区域和全国尺度的生态系统质量（Wang et al.，2022）。但需要进一步从生态系统自然和社会二元属性出发，综合生物多样性、自然资源再生、气候调节、环境净化等生态系统的多种功能（于贵瑞等，2022），实现对区域或全球尺度生态系统质量的科学监测和定量评价。

2. 区域生态功能的多尺度监测

区域生态功能的多尺度监测仍然建立在监测、模拟和统计解析等传统生态学研究方法和技术的基础上。尽管随着现代信息技术的快速发展，构建天-空-地立体化的联网监测系统已成为生态学、环境学和地理学学术研究与行业管理部门的共识，但传统的地面网络监测仍然是区域生态功能监测的基础，仍然需要进一步加强和规范化（于贵瑞等，2018）。

目前遥感已经成为区域尺度生态系统研究和管理的重要数据源。最近 40 年发展迅猛的遥感技术，已经从可见光向全谱段、从被动向主被动协同、从低分辨率向高精度快速发展，在生态环境领域的应用越加广泛，对生态学的发展和方法创新起到了非常重要的推动作用（高吉喜等，2020）。近年来，随着激光雷达、日光诱导叶绿素荧光（SIF）等新型遥感技术以及无人机等近地面遥感技术的发展，近地面遥感监测逐渐成熟，为传统样地监测与卫星遥感之间的尺度外推提供了新的途径，也给区域生态功能研究和监测带来了新的机遇（郭庆华等，2020）。然而，遥感数据产品仍然难以满足区域生态功能监测的需要，缺乏一些针对生态系统功能特征的有效的遥感数据产品，因此，充分挖掘遥感数据的深层特征，发展出一些易于处理且能反映生态系统功能的新型遥感数据产品，为区域生态监测和评价提供新的解决途径（吴炳方等，2020）。

叶绿素荧光作为植物光合作用的伴生产物，为植物光合过程提供了一种更直接的测量方式。SIF 利用地基或天基被动遥感探测植被光合过程中发射的叶绿素荧光信号，为陆地生态系统 GPP 的估算提供了新的途径和方法（Damm et al.，2015；Guanter et al.，2014；Hand，2014；Li X et al.，2018；Morello，2014；Sun et al.，2017；吴炳方等，2020）。搭载在通量塔的高光谱仪可以连续、高频地获取冠层顶的反射率和 SIF 数据，结合通量和气象数据的同步监测，推动了 SIF 的时序变化、对环境变化的响应以及与光合作用的关系研究（Liu et al.，2017；Yang et al.，2017，2015；Yang K et al.，2018）。当前塔基的可用于连续 SIF 监测的冠层高光谱系统主要包括 FUSION、FluoSpec、PhotoSpec、AutoSIF 和 SIFSpec（Du et al.，2019；Grossmann et al.，2018；Mohammed et al.，2019；Yang et al.，2015；Yang X et al.，2018；Zhou et al.，2016）。

基于无人机或航空飞机的机载高光谱仪（如 AirSIF、AIRFLEX）或成像光谱仪[如美国国家航空航天局/喷气推进实验室（NASA/JPL）的机载叶绿素荧光成像光谱仪（CFIS）]也为小区域尺度的 SIF 监测提供了数据支持。其中，CFIS 成像光谱仪的 SIF 数据被用于与 OCO-2 卫星监测的 SIF 数据对比，证实了二者在纬度梯度上的高度一致性（Sun et al.，2018）。

区域或全球尺度叶绿素荧光应用于光合作用的研究正受到极大的关注，目前在轨的可用于 SIF 探测的卫星包括 GOSAT、GOME-2、TROPOMI、OCO-2 和 TanSat；但卫星遥感 SIF 数据仍受制于较粗的空间分辨率和离散的时间采样。例如，GOSAT 采样足迹直径为 10.5 km，空间采样间隔高达数百公里，无法提供空间连续的地表覆盖数据。搭载在 Metop-A/B 卫星上的 GOME-2 传感器可以提供 740 nm 处空间连续的全球荧光数据产品，但其空间分辨率仅 40 km×40 km（Joiner et al.，2013；Köhler et al.，2015）。2014 年发射的 OCO-2 卫星采样足迹大小达到 1.3 km×2.25 km，2016 年我国发射 TanSat 卫星，采样足迹为 2 km×2 km，二者空间分辨率和数据密度都比 GOSAT 和 GOME-2 更高（Du et al.，2018），但 OCO-2 和 TanSat 卫星同样存在采样间隔大、空间不连续的问题。搭载 TROPOMI 传感器的欧洲哨兵 5 号卫星，发射于 2017 年末，能够提供空间分辨率高达 7 km×7 km 的每日 SIF 监测数据（Köhler et al.，2018）。

基于通量台站开展的冠层高光谱和涡度相关通量的同步连续监测，有助于理解叶绿素荧光和光合作用的关联机制，为站点和卫星监测间的尺度外推建立了桥梁

（Paul-Limoges et al.，2018；Yang et al.，2017，2015；Zarco-Tejada et al.，2012）。相较于表征植被绿度和冠层结构的传统植被指数，与植被光合作用直接密切相关的叶绿素荧光，应是常绿植被光合作用动态监测的良好指标。我国通量站点的植被高光谱监测刚刚起步，目前尚难以满足我国卫星遥感叶绿素荧光数据的应用需求，因此在我国南方森林开展冠层高光谱和涡度相关通量的同步连续监测，不仅可以填补当前科学研究的空缺，还为 SIF 卫星遥感提供了有力的地基监测支持，对于进一步发展和改进生态系统过程模型，提升区域尺度生态系统功能模型模拟提供科学支撑和理论参考。

无人机是继传统航天（卫星平台）和航空（载人飞机平台）发展而来的第三代近地面获取高分辨率遥感数据的新型平台，为区域生态功能监测与评价带来了前所未有的机遇和挑战（郭庆华等，2020）。针对轻小型无人机因其自身特点在实际应用中存在的问题，从硬件研发、数据算法和作业管理三个方面，郭庆华等（2020）提出了无人机遥感技术的研发方向。其认为未来无人机遥感载荷与飞行平台发展的总体趋势，是轻小型、高精度、标准化与集成化应用、多源数据融合技术的发展以及多无人机区域组网协同运行技术。其中，多源数据融合能够解决单一数据源难以系统地获取目标信息的问题，促进不同时空尺度和交叉领域的新发现。同样，在无人机遥感应用领域，多源数据融合需要解决不同空间分辨率的数据融合，如厘米级无人机数据与米级或公里级卫星数据的融合；不同时间分辨率的数据融合，如无人机数据与地面实时监测数据的融合等；不同维度数据的融合，如三维激光雷达点云数据与二维光学图像的融合等。而多无人机区域组网协同运行技术需要解决个体之间组网协同和智能化运行，这将成为未来无人航空器及其应用领域科研的突破点。

激光雷达（LiDAR）作为一种主动三维遥感监测技术，为构建森林生物量模型和实现空间连续生物量制图提供了丰富、全面的信息（Lu et al.，2016；Polewski et al.，2019；Wang et al.，2019；刘茜等，2015）。早期遥感技术反演生物量的研究主要集中在光学遥感数据，利用指标的反射光谱指数、植被的纹理特征反映的植被叶片组织结构的光学特性、冠层生物物理特征等信息，反演森林生物量（黄华国，2019；闫敏等，2016）。但光学遥感难以获取森林冠层垂直结构信息，且在森林生物量较高区域的变化不敏感，存在光谱信号饱和问题 （Duncanson et al.，2010；Li et al.，2014）。尽管激光雷达不会出现遥感信息饱和的问题，但缺少植被的光谱信息及纹理信息（郭庆华等，2020）。因此，利用激光雷达获取的森林三维结构信息，发展激光雷达与光学遥感等的多源数据融合技术（曹林等，2013），可以有效提高森林生物量反演精度（Lu et al.，2016；胡凯龙等，2018）。

进一步地，如何实现地面联网监测、无人机和卫星多平台、光学传感器与激光雷达等多数据源的复合协同应用，从样地、生态系统、景观、区域等多尺度构建一体化和标准化的“天-空-地”生态系统监测技术体系，是未来国家尺度生态系统质量遥感多尺度监测技术应用的重点研究方向。在当今生态大数据时代，人工智能和云计算等高新技术的发展，将加快多源、多尺度、多平台遥感数据的进一步应用，其将全面提升遥感数据集群化处理、自动智能化信息提取以及生态系统动态变化智能探测的能力，实现区域生态功能的一体化监测和评估，是区域生态功能多尺度监测的未来发展方向。

3. 区域生态功能模型发展

生态系统过程模型本身需要进一步发展和完善。生态系统模型中植被通常会依赖植被功能型（PFT）来设置模型关键参数（Kattge et al.，2009）。基于有限的监测资料，目前大部分模型通常设置光合能力参数（25℃最大羧化速率 Vc_{max25} 和最大电子传输速率 J_{max25}）为依据 PFT 变化的常数（Wullschleger，1993）。但是光最大羧化速率 Vc_{max} 和最大电子传输速率 J_{max} 实际上存在明显的季节变化，而且对于特定的 PFT 往往又包含多种不同的叶片特性，导致即使同种 PFT，这些光合参数也可能不同。因此，越来越多的研究尝试基于新的技术和方法在生态系统模型中引入时间和空间变化的光合参数。

由于 Vc_{max} 与叶氮含量之间存在显著的相关关系，很多研究采用全球叶片氮含量来反演 Vc_{max25} 和 J_{max25}（Kattge et al.，2009；Walker et al.，2014）。但是由于缺乏详细的空间上叶氮含量，制约了区域乃至全球 Vc_{max25} 和 J_{max25} 的反演（Knyazikhin et al.，2013）。随着卫星资料的丰富，叶绿素（Chl）含量的反演逐渐成为可能（Croft et al.，2014；Houborg et al.，2015；包永康等，2018），叶绿素含量-Vc_{max25} 函数关系在区域/全球尺度模拟中起着重要的作用。在全球植被净初级生产力（NPP）的模拟中纳入了由中等分辨率成像光谱仪（MERIS）陆地叶绿素指数反演的冠层最大羧化速率空间分布数据，发现相比于传统依赖 PFT 设置 Vc_{max} 参数的模拟结果，全球年 NPP 仅变化 2%。然而，在通用陆地模型（CLM）中加入时间变异的 Vc_{max} 导致全球总初级生产力（GPP）下降 3%～12%（Bauerle et al.，2012；Bonan et al.，2011）。具有时空变异参数的生态生理模型将会影响 GPP 模拟精度的 11%～12%（Alton，2017）。综上所述，基于叶绿素含量与 Vc_{max} 的同步监测来构建两者的定量化关系，纳入生态系统过程模型中，是提高生态系统过程模型模拟精度的重要发展方向。

羰基硫（carbonyl sulfide，COS）是大气中的含硫痕量气体，其分子结构与 CO_2 类似，为生态过程模型发展和完善提供了新的监测数据和机理解释。传统基于植物 CO_2 交换监测 GPP 时，由于基于环境因子预测生态系统呼吸的方法缺少基于生理生态学研究的机理支撑，通量拆分模型造成 GPP 监测的不确定性。而基于植物 COS 通量直接监测 GPP，成为生态系统监测和基于过程的陆面过程模拟的新兴手段（Commane et al.，2015；Kooijmans et al.，2017）。目前全球长期通量观测网络（FLUXNET）的一些台站已经开展了 COS 的定位监测。这些台站通过整合基于激光光谱分析技术的高频 COS 气体分析仪器（Goulden et al.，1996），实现了植被 COS 通量的长期定位监测（Billesbach et al.，2014），同时，采用梯度廓线和土壤室监测等手段，实现了植被冠层和土壤 COS 通量的拆分（Commane et al.，2015）。但是，COS 与 CO_2 间的叶片相对吸收率（LRUs）紧密相关，造成这一方法在应用时存在复杂机制（Kooijmans et al.，2019，2021）。

基于上述生理生态学机理，一些陆面过程模式的研究中，采用“自下而上”手段，构建了 COS 通量模拟系统。全球简单生物圈模式第三版率先实现了整合叶片和土壤 COS 理论与实验参数的陆地表层 COS 通量反演（Kooijmans et al.，2021）。同时，在全球尺度上，基于定位站的 COS 与 CO_2 大气浓度监测对量化全球和半球尺度碳源汇的分布具有重要意义（Krysztofiak et al.，2015；Rödenbeck et al.，2003），利用联网监测的大气浓度模型，通过大气化学传输模型计算理论源汇分布（Gurney et al.，2002）。利用边界层条件同化大气化学传输模型，能够反演全球大气 COS 与 CO_2 浓度的时空分布（Ma et al.，2021）。进一步地，在多模式比对计划下对照研究了基于多个动态植被模型的陆面 COS 通量，并与基于机器学习的全球碳通量空间化产品、多陆面过程模式集成的 GPP。另外，以碳同化系统为基础，“自上而下”地构建 COS 同化系统，反演陆地生态系统 COS 通量（Hu et al.，2021；Knohl and Cuntz，2017）。

12.2 面向国家需求的生态系统质量监测技术

12.2.1 森林生态系统

全国《“十四五”林业草原保护发展规划纲要》指出，我国森林生态系统仍面临资源总量不足、质量不高和生态系统不稳定等挑战。国家“十四五”期间将通过实施黄河、长江流域等全国重要生态系统保护与修复重大工程、森林质量精准提升工程、全国生物多样性保护工程，构建以国家公园为主体的自然保护地体系，推动碳中和等应对气候变化，在推进京津冀、珠江三角洲国家森林城市群建设等方面着力提高森林生态系统质量和稳定性。因此，需要建立国家地方一体化管理的“天空地网”一体化生态系统质量监测技术体系，以生态系统质量等指标开展生态保护修复效果评估。

充分利用现代测量、信息网络以及空间探测等技术手段，构建起“天-空-地-网”为一体的生态系统质量监测技术体系，实现对森林生态系统全要素、全流程、全覆盖的现代化监测。其中，在航天遥感方面，利用卫星遥感等航天飞行平台，搭载可见光、红外、高光谱、微波、雷达等探测器，实现广域的定期影像覆盖和数据获取，支持周期性的自然资源调查监测。在航空摄影方面，利用飞机、无人机等航空飞行平台，搭载各类专业探测器，实现快捷机动的区域监测。在实地调查方面，借助测量工具、检验检测仪器、照（摄）相机等设备，利用实地调查、样点监测、定点监测等监测模式，进行实地调查和现场监测。在网络方面，利用“互联网+”等手段，有效集成各类监测探测设备和资料，提升调查监测工作效率。加强森林生态系统质量模型建设和研究，建成系统完整的各种森林类型的生态系统质量综合评价模型库。采用信息化手段，对森林资源调查监测数据成果进行集成、处理、表达和统一管理。继续加强智能化识别、大数据挖掘、网络爬虫、区块链等技术研究，支撑森林资源调查监测、分析评价和成果应用全过程技术体系高效运行。

1. 持续开展森林生态系统的定位综合监测

生态系统长期定位监测是对生态系统进行研究的重要手段，通过在典型自然或人工生态系统地段建立长期定位监测设施，对生态系统的组成、结构、生物生产力、养分循环、水循环和能量平衡等在自然状态或人为干扰下的变化过程进行长期连续监测，以阐明生态系统发生、发展、演替的内在机制。在监测手段上，需要配齐生态功能监测相关仪器设备，主要包括固定样地、水文监测设施、气象监测设施、生物监测设施、数据传输设施等，开展针对生态功能及突出生态问题等的相关监测及评估研究。

2. 开展森林生态系统质量监测样地标准化建设

根据生态系统质量监测目标，研究制定生态系统质量样地标准化建设内容，统一样地布设标准，对现有生态监测样地进行现场勘查，并统一标定。在生态监测空缺区，根据国家森林生态系统定位监测网络中土壤、水、气和生物等监测点情况，配套建设生态系统质量监测样地，针对生态区特征建立系列监测样地、样线、样方和样点，在物种组成、群落结构、生物多样性等方面开展基于样地尺度的定时长期监测。

3. 完善森林生态系统质量监测与评价指标体系

区域生态系统质量是生态格局、结构和功能的有机结合体，合理、健全的格局和结构影响着生态功能的完善性和可持续性。从数据可获得性来看，生态格局（即生态系统面积及空间分布）和生态结构（即生态系统物种组成及群落结构特征）指标具备更高的可监测和可量化水平。水源涵养、水土保持、防风固沙等生态调节功能一般是通过植被覆盖、地形地貌、降水等指标间接衡量，而授粉、净化环境、减轻洪涝与干旱灾害等生态功能的可量化水平非常有限。因此，建议将生态类型空间格局和生态结构组成作为生态系统质量评价的重要内容，用于引导生态保护修复实施；将人类活动对自然生态进行改造而产生的生态胁迫强度作为生态系统质量的约束性指标，主要目的是提高社会发展对生态用地的综合利用效率；将表征生态系统生产功能的生态参数作为参考指标，将蝴蝶、鸟类等生态环境变化敏感性指示物种作为生态系统质量的标识指标，主要用于生态系统质量预测和分析。整体来看，从生态格局安全、结构完整性、生态功能、人类胁迫强度、生态指示 5 个方面构建生态系统质量指数，开展监测与评价，为维护自然生态格局安全、保持生态结构合理、推动生态功能持续向好提供支持。

4. 建立天-空-地一体化的森林生态系统质量监测与预警平台

构建国家生态系统质量信息平台和预警体系，研发生态系统质量监测数据采集终端、远程传输系统、数据库和信息平台，规范生态系统质量监测数据的采集、整理和分析；研究生态系统质量评价技术体系和预警模型体系，深化生态系统质量、功能基值及变化临界值确定技术，研发基于环境 DNA（eDNA）的珍稀保护物种监测及生态系统功能群组监测技术，扩展多源卫星影像高效处理技术和基于增强现实（AR）技术的生态类型变化专家识别系统的应用研究，开展土地利用/土地覆盖变化、气候变化等区域环境变化驱动下的生态系统质量预测和情景模拟分析技术，开发相关模型系统，构建全国森林生态系统质量预测预警管理决策支持系统。

5. 加强大数据技术在监测评价中的应用

大数据技术在监测评价中的应用主要是基于生态环境在线监测和数据处理系统，进行数据长期监测、自动传输、在线计算和可视化应用。大数据技术的发展使生态环境监测从短期向长期转变，从单要素向宏观结构、时空协同监测转变，建立数据平台，简化数据交换共享流程；并可基于无线传感网络和动态监测，结合遥感技术和地理信息系统，开发多功能生态传感网络服务平台，促进生态环境监测数据的查询、分析、评价、共享和应用。对野外长期动态监测数据进行实时传输，透明访问与高效读取复杂环境数据，包括气候变化特征、水文水质特征、河湖岸线地貌、生态状况和生态景观等，提高数据收集便利性，并挖掘各类环境数据关联性。同时，基于大数据技术可针对生态环境的“源-汇”特征，跟踪评价生态环境质量和影响因素。

构建天-空-地一体化的生态系统质量监测网络，综合多源遥感和地面监测数据，整体提升生态系统质量监测与评价能力，为重要生态系统保护修复和监管工作提供科学支撑。

12.2.2 荒漠生态系统

荒漠生态系统质量的监测，首先要加强荒漠生态系统质量网络布局建设。从单站点的定位监测逐渐向台站网络监测发展，覆盖我国主要沙地、荒漠化地、石漠化地、干热干旱河谷地、滨海沙地，服务于国家荒漠生态系统质量监测和我国土地退化与荒漠化风险预测预警，为国家生态安全体系完善和国家生态安全维护提供宏观决策与技术支撑。

运用天-空-地一体化技术手段，大力提升监测网络感知能力、技术实验能力、质量管理能力和智慧分析应用能力，推进监测产学研用创新体系建设，加快推进监测体系与监测能力现代化。

重点发展荒漠生态系统质量“天-空-地”一体化精准监测技术。基于荒漠生态系统定位监测研究网络、近地面无人机遥感和高分辨率卫星遥感的多源数据，开发面向生态系统质量监测的多尺度遥感算法，形成面向国家需求的荒漠生态系统质量的多源数据的管理平台，提升遥感和智能空间分析在生态系统质量管理和部门决策的应用水平。未来需要在以下两个方面加强荒漠生态系统质量监测技术的发展。

1. 荒漠生态系统生态环境要素大空间、高精度智能算法研发

大数据、人工智能和机器学习等新兴技术使模拟资源与环境系统多尺度复杂交互成为可能。将基于过程的模型与机器学习相结合，创新研究方法，可以提高算法在荒漠生态系统质量监测和预警方面的决策能力。

探索机器学习和深度学习算法，集成大规模地面测量数据集、无人机影像和高分辨率卫星影像多源数据，研发实时、精准监测、诊断和预警荒漠生态系统质量现状的关键技术。

2. 荒漠生态系统智能空间分析业务化运行系统

发展荒漠生态系统高分辨率时空监测和智能空间分析系统，为国家和行业部门提供监测和决策信息。针对站点和区域尺度的生态系统质量现状，利用地面监测网络、无人机影像和高分辨率卫星影像多源数据，构建网络化的全程数据管理服务平台，实现多源

数据解译结果的展示、智能搜索与图形化分析，为国家重点生态功能区管理分析利用提供基础数据支撑；构建开放式的服务平台，通过标准化接口对通用分析算法及经典分析模块进行更新、升级和功能扩充。

12.2.3 农田生态系统

农业是国民经济的基础，保障国家粮食安全和农产品安全是建设现代农业的首要任务。保持农田生产力、维持农田环境质量、促进农作物安全生产的适宜程度是农田生态系统质量的核心内容。但随着我国经济由高速增长向高质量发展阶段转变，新的土壤环境问题和需求不断涌现，对农田生态系统质量监测和评价提出了新的要求。

1. 完善农田生态系统质量评价标准体系

我国国土幅员辽阔，土壤类型多样，土地利用方式各有不同，不同地区土壤环境背景值区域差异性较大，空间异质性较高。但现有土壤环境质量标准与我国各区域特征、土壤类型及土地利用方式脱钩，难以支撑我国不同区域土壤环境质量标准化和差异化管理（骆永明和滕应，2020）。胡文友等（2021）建议，由国家规定统一的技术要求和方法，因地制宜地制定区域土壤环境背景值和土壤污染物控制标准，按照“分区、分级、分类”的原则构建农田土壤环境质量标准值体系，以满足我国土壤环境质量管理需求（王国庆和林玉锁，2014）。

2. 进一步完善土壤环境质量监测技术体系和数据共享

为有效加强农田土壤环境质量监测与管理，我国初步建成了国家土壤环境质量监测网络。未来不断探索人工智能、物联网、遥感、5G等新技术和新方法的应用，进一步完善土壤环境质量监测技术体系和数据共享机制，建立基于多源数据融合的国家农田土壤环境质量管理信息系统及智能化服务平台，为我国农田土壤环境管理与决策提供科学依据和数据支撑（徐建明等，2018）。

3. 构建农田环境质量信息化管理预警平台

研发和推广高精度、集成化、智能化的土壤快速监测技术及设备，研发土壤多参数同时测定的技术（周怡等，2019）；研究有效保障土壤生态安全和农产品安全的农田土壤环境质量综合评估方法，构建农田环境质量信息化管理预警平台，准确评估农田环境质量；建立耕地质量监管长效机制，加强对耕地投入化学品（农药、化肥及农膜等）的生产过程、使用过程的全程监管，确保农田生态环境质量良性发展，为我国农田安全利用提供技术支撑（李秀军等，2018）。

12.2.4 草地生态系统

草地生态系统质量监测综合运用科学的、比较的、成熟的技术方法，对不同尺度的生态系统进行监测，以获取多层次、高精度的数据，评估生态系统的质量及其变化（Sowińska-Świerkosz，2017）。不同类型的草地生态系统差异较大，因此，草地生态系统质量监测技术的发展也必须秉持着系统性原则、典型性原则、动态性原则、简明科学性原则与可行性原则，全面反映草地生态系统的状态与过程。草地生态系统质量的评估则包括生物组成、环境条件、草地生态系统功能与外界干扰 4 个方面。

1. 草地生态系统过程研究

草地生态系统过程研究为草地生态系统质量监测和评价提供理论基础。在长期试验的基础上，研究者利用一系列衡量指标，已经在典型的温带草原探索了氮和水的耦合对土壤肥力特征与土壤固碳效率演变规律的影响。这些研究揭示了土壤呼吸和温度对氮肥的敏感性以及典型草地土壤微生物群落对施氮的响应，为确定典型草地微生物群落对土壤碳分解的指导方针提供了指导（Li et al.，2018；Ren et al.，2017；武山梅等，2017）。

2. 发展基于多尺度监测-模型模拟-多源数据融合的一体化集成平台

根据国家生态文明建设需求以及生态网络监测技术发展趋势，进一步发展和完善草地生态系统质量监测技术体系，保持监测技术系统的前沿性和领先性（Novick et al.，2018；Teeri and Raven，2002）。例如，新型地基监测仪器的出现、地面光谱网络的发展，以及无人机和卫星遥感技术的快速发展为草地生态系统质量监测和评价提供了新的机遇（Wang et al.，2015）。因此，发展基于原位监测、无人机监测、卫星遥感、生态系统模型模拟的多源数据融合，开展区域尺度调节、支持和维持植被与动物生物多样性等生态系统功能监测，促进草地生态系统质量监测和评估的科学有效性、可行性和可靠性。同时，发展基于多站点地面原位传感器网络监测、无人机监测、卫星遥感的多尺度监测、模型模拟及多源数据融合的一体化集成平台（Gao et al.，2018；Zhu et al.，2018），是今后草地生态系统质量监测的重要研究方向，也是研究趋势所在。

3. 监测技术和规范的更新与完善

草地生态系统监测技术体系的标准化，是草地生态系统监测的重要基础，可以科学分析草地生态系统的生态环境、生物多样性和生态系统功能等，以及对草地生态系统质量的影响及其相互关系的作用（王绍强等，2019）。通过在不同草地生态系统中的多层次应用和验证，实现草地生态系统质量监测技术体系的标准化和规范化，为草地生态系统质量动态变化监测提供可行的、可比的、科学的高精度监测技术体系。

12.2.5 “山-水-林-田-湖-草”——区域生态系统质量

1. 区域生态系统质量的“山-水-林-田-湖-草”协同管理

当前的区域生态环境管理和治理理念都需要转变，既要着眼于生态系统整体观，又要分类因地制宜，具有针对性，实施协同管理。生态环境管理和治理迫切需要从以往水、土、气、生的生态要素管理，转变为基于生态系统整体的综合治理，从以往土木工程、生物工程、景观工程等治理措施，转变为“山-水-林-田-湖-草”协同管理的综合治理，从以往生态要素治理的“治标”向区域综合治理的“治本”转变（于贵瑞等，2018）。只有采用生态系统途径，寻求基于自然的解决方案，优化调控自然-经济-社会复合生态系统，才能有效地构造区域或流域的自然与人类社会的生命共同体，解决区域及全球资源环境问题，维持社会经济可持续发展。

2. 区域生态系统质量的多目标管理

区域生态系统质量管理的目标是维持和提高生态系统功能及稳定性，以保障其永续、平稳地为人类提供高质量的生态服务、自然资源、生存条件、宜居环境（于贵瑞等，2022）。具体来说，人类对生态系统服务和产品的需求可以概括为多样的食物、纤维和药材（丰产）、绿色再生的能源（绿能）、清新的空气（蓝天）、洁净的淡水（碧水）、干净的土壤（净土）、健康有益的生物（益生）、宜居的环境条件（温度、水分和盐度）、美丽的家园和充足的生活空间（栖息地）等功能或服务，因此相应的生态系统质量管理也需要考虑这些方面，开展监测和评价。

因此，区域生态系统质量监管需要通过认知生态系统质量状态及其演变机制，提出提升生态系统质量及稳定性的治理措施，进而落实“人与自然和谐相处”的生态文明理念。生态系统质量提升，一方面是保护好高质量的“绿水青山”，通过合理的生态经济手段，将其转化为“金山银山”；另一方面是采用合理的技术和措施修复受损的“绿水青山”，重塑高质量的“绿水青山”。落实区域生态系统质量监管是践行新时代我国生态文明建设的基本国策，实现维持区域可持续发展及构建全球人类命运共同体目标的途径。

3. 区域生态系统质量评价指标体系的完善

“十四五”规划明确提出要提升生态系统质量和稳定性，要开展生态系统保护成效监测评估。国家尺度的生态系统质量综合评价指标体系首次纳入生物多样性指标，对生态系统质量监测技术提出了更高的要求。未来在包含生态格局、生物多样性、生态功能和生态胁迫的指标体系框架下，二级和三级监测指标将随着生态保护管理工作的需求不断优化，区域生态系统质量综合监测的技术方法也将随着监测手段的进步而不断完善。

生物多样性特别是物种多样性本底数据缺乏是目前开展区域尺度生态系统质量监测和评价工作面临的困难。在国家公园、自然保护区、重点生态功能区等范围内优先开展重点物种的定期调查和长期监测，及时更新物种及种群基础数据库，为合理评价生物多样性价值、深入分析生物多样性的胁迫因素等研究提供支撑。

以县域为监测单元建立生态系统质量综合监测网络，将遥感监测、无人机调查、地面定位站点长期监测及典型地区实地调查结合起来，开展监测指标作用机理研究、基值和变化临界值计算以及监测调查数据质量控制等工作，这些都是区域生态系统质量监测技术未来的研究方向；当区域内存在森林、草地、农田、荒漠、湿地等不同生态系统类型时，如何确定生态系统质量监测站点、样地、样方的空间位置和数量，也是开展区域生态系统质量监测工作亟须解决的问题。

12.3 生态系统质量监测技术体系的发展展望

通过上文的综合分析表明，虽然我国已经在生态系统结构、生物多样性、生态系统功能和生态环境等方面开展了大量富有成效的工作，但在国家生态系统质量的准确把握和科学评估方面还存在很大的差距，集中体现在监测体系、监测技术和数据集成3个方面。

12.3.1 跨类型、多尺度生态质量监测体系亟待构建

生态系统质量监测系统需要构建跨类型的生态系统质量监测网络，实时监测水环境、土壤环境、大气环境、生物等生态要素。不同要素之间并不是相对独立的，其中，生物要素在一定程度上反映了非生物要素的特征，相反地，非生物要素的特征也在一定程度上反映生物要素的特征。例如，指示生物是指对某一环境特征具有某种指示特性的生物，其可分为土壤污染指示生物、水污染指示生物、大气污染指示生物。进一步地，非生物要素中水、土壤、大气之间存在密切而复杂的相互作用关系，对这些关系的长期、联网观测是准确把握生态系统质量的重要内容。

同时，建立多层次监测网络的集成，尤其是不同尺度监测数据的集成是至关重要的。一方面，不同层次上监测数据可以互相补充，如物候相机（叶片尺度上）可以补充遥感物候数据（站点/区域尺度上），为生态系统质量的监测提供更科学和准确的物候信息。更科学准确的生态系统质量监测数据使决策和管理部门能够准确、方便、直观、快捷地了解生态环境状况、生态灾害发生的区域和位置以及灾害源等信息。另一方面，不同尺度的监测体系可以提供不同层次的监测结果，以服务于站点、县域、省域和全国的生态系统质量评估。

12.3.2 立体化、自动化监测技术有待研发和应用

多尺度生态系统质量的准确监测离不开观测技术的革新与发展。面对生态系统质量监测中天空地一体化监测技术的需要，亟须构建涵盖卫星遥感、近地面遥感与监测、地面监测的立体化监测技术体系，实现多生态要素的综合协同观测。与此同时，考虑到生态系统质量监测与评估中时效性的要求，需要加大自动化监测技术的研发工作，特别是在生物、土壤和水环境方面的快速、自动化监测手段，从而实现对生态系统质量相关要素动态变化的快速响应，为生态系统质量的综合评估提供实时或近实时的监测数据与信息。

12.3.3 多源化、集成性数据汇聚与综合分析技术尚待完善

虽然部分生态系统质量监测数据进行了集成，但随着信息时代的发展，目前监测数

据的集成是远远不够的。其难点主要体现在以下三点①异构性：被集成的数据源通常是独立开发的，数据模型异构给集成带来很大困难。这些异构性主要表现在数据语义、相同语义数据的表达形式、数据源的使用环境等。②分布性：数据源是异地分布的，依赖网络传输数据，这就存在网络传输性能和安全性等问题。③自治性：各个数据源有很强的自治性，其可以在不通知集成系统的前提下改变自身的结构和数据，给数据集成系统的鲁棒性提出挑战。

尽管多层次数据融合的方法研究已取得一定进展，但在融合过程中仍有许多不确定性，需要进一步研究。此外，未来对于融合产品的时空分辨率要求会越来越高，且需融合海量数据资料，传统的数据融合方法逐渐不适用。例如，气象站监测的降水数据准确性受到站点密度、分布状况以及下垫面复杂程度的影响，难以精确反映降水时空分布与变化，而雷达提供的降水数据存在复杂地形区域精度不高等问题，即使两者的降水数据融合后能够最大限度发挥两者的优势，但仍有复杂地形区域精度不高的问题。为提高降水数据的时空分辨率和精度，融合方法和融合产品都需要进一步丰富和加强。

近年来，随着信息科技和网络通信技术的快速发展，以及信息基础设施的完善，全球数据呈爆发式增长。地面样方监测数据、控制实验数据、遥感数据、模型数据的快速膨胀，加之物联网、云计算、大数据和人工智能等新一代信息技术的快速发展，正在使我们进入“生态大数据时代”（于贵瑞等，2018），这为生态系统质量监测和评估研究的发展提供了契机。尤其在生态系统质量监测领域，遥感数据是最大的数据来源。成像方式的多样化以及遥感数据获取能力的增强，使得生态遥感数据多元化和海量化，然而现有的遥感影像分析和海量数据处理技术难以满足当前遥感大数据应用的要求。发展适用于遥感大数据的数据处理和信息挖掘理论与技术，是目前国际生态和遥感科学技术的前沿领域。

12.4　本章小结

随着全球环境变化的日益加剧和人类社会的快速发展，生态系统面临着越来越大的压力和需求，因此，开展生态系统质量的综合监测，对于获取生态系统状态和功能及其动态变化与环境响应至关重要，也是支撑生态文明建设和人与自然协调发展的重大科技需求。在传统生态系统监测的基础上，全球新一代生态系统联网监测逐渐形成，融合卫星遥感、无人机和地面监测的天-空-地一体化监测技术，已经逐渐广泛应用于生态系统和生态环境的科学监测与行政监管，并为生态系统质量的监测提供了新的技术方法和技术方案。为满足国家层面生态环境长期监测与生态系统质量动态评估的科技需求，亟须提升新一代台站联网立体化和智能化的生态要素、生物多样性和区域生态功能监测技术水平。

发挥不同生态功能的生态系统类型，具有不同的监测和评价需求，以满足国家尺度生态系统分类精准管理的需求。根据国家森林生态定位监测网络中土壤、水、气和生物等监测点情况，配套建设生态系统质量监测样地，针对生态区特征建立系列监测样地、样线、样方和样点，在物种组成、群落结构、生物多样性等方面开展基于样地尺度的定时长期监测。加强荒漠生态系统质量监测网络布局建设，从单站点的定位监测逐渐向台站网络监测发展，覆盖我国主要沙地、荒漠化地、石漠化地、干热干旱河谷地、滨海沙地，服务于国家荒漠生态系统质量监测和我国土地退化与荒漠化风险预测预警，为国家生态安全体系完善和国家生态安全维护提供宏观决策与技术支撑。需要按照“分区、分级、分类”的原则构建农田土壤环境质量标准值体系，以满足我国农田土壤环境质量管理需求。草地生态系统质量监测技术的发展也必须秉持着系统性原则、典型性原则、动态性原则、简明科学性原则与可行性原则，以全面反映草地生态系统的状态与过程。区域生态系统质量管理的目标是维持和提高生态系统功能及稳定性，需从以往生态要素治理的“治标”向“山-水-林-田-湖-草”协同管理的区域综合治理“治本”转变；而区域生态系统质量综合监测指标体系和技术方法，也需要不断优化和完善，构建跨类型、多尺度生态质量监测体系，发展立体化、自动化监测技术，以及多源化、集成性数据汇聚与综合分析技术，以有效支撑区域综合治理和行政监管，满足地方和国家生态系统质量监测与评估的需求。

参考文献

包永康, 周艳莲, 单良. 2018. 叶绿素指数与最大羧化速率相关性研究. 遥感技术与应用, 33: 267-274.

曹林, 佘光辉, 代劲松, 等. 2013. 激光雷达技术估测森林生物量的研究现状及展望. 南京林业大学学报(自然科学版), 37: 163-169.

高吉喜, 赵少华, 侯鹏. 2020. 中国生态环境遥感四十年. 地球信息科学学报, 22: 705-719.

郭庆华, 胡天宇, 马勤, 等. 2020. 新一代遥感技术助力生态系统生态学研究. 植物生态学报, 44: 418-435.

胡凯龙, 刘清旺, 李世明, 等. 2018. 运用融合纹理和机载 LiDAR 特征模型估测森林地上生物量. 东北林业大学学报, 46: 52-57.

胡文友, 陶婷婷, 田康, 等. 2021. 中国农田土壤环境质量管理现状与展望. 土壤学报, 58: 1094-1109.

黄华国. 2019. 林业定量遥感研究进展和展望. 北京林业大学学报, 41: 1-14.

李秀军, 田春杰, 徐尚起, 等. 2018. 我国农田生态环境质量现状及发展对策. 土壤与作物, 7: 267-275.

廖小罕, 封志明, 高星, 等. 2021. 野外科学监测研究台站(网络)和科学数据中心建设发展. 地理学报, 75: 2669-2683.

刘茜, 杨乐, 柳钦火, 等. 2015. 森林地上生物量遥感反演方法综述. 遥感学报, 19: 62-74.

骆永明, 滕应. 2020. 中国土壤污染与修复科技研究进展和展望. 土壤学报, 57: 1137-1142.

王国庆, 林玉锁. 2014. 土壤环境标准值及制订研究: 服务于管理需求的土壤环境标准值框架体系. 生态与农村环境学报, 30: 552-562.

王绍强, 王军邦, 张雷明, 等. 2019. 国家重点研发项目: 中国陆地生态系统生态系统质量综合监测技术与规范研究. Journal of Resources and Ecology(英文版), 10: 105-111.

吴炳方, 曾源, 闫娜娜, 等. 2020. 生态系统遥感: 内涵与挑战. 遥感学报, 24: 609-617.

武山梅, 刘颖慧, 李悦, 等. 2017. 禁牧放牧下温湿度对西藏那曲地区高寒草甸土壤碳矿化的影响. 北京师范大学学报(自然科学版), 53: 615-623.
徐建明, 孟俊, 刘杏梅, 等. 2018. 我国农田土壤重金属污染防治与粮食安全保障. 中国科学院院刊, 33: 153-159.
闫敏, 李增元, 田昕, 等. 2016. 黑河上游植被总初级生产力遥感估算及其对气候变化的响应. 植物生态学报, 40: 1-12.
于贵瑞, 何洪林, 周玉科. 2018. 大数据背景下的生态系统监测与研究. 中国科学院院刊, 33: 832-837.
于贵瑞, 王永生, 杨萌. 2022. 生态系统质量及其状态演变的生态学理论和评估方法之探索. 应用生态学报, 33: 865-877.
周怡, 纪荣平, 胡文友, 等. 2019. 我国土壤多参数快速检测方法和技术研发进展与展望. 土壤, 51: 627-634.
Alton P B. 2017. Retrieval of seasonal rubisco-limited photosynthetic capacity at global FLUXNET sites from hyperspectral satellite remote sensing: Impact on carbon modelling. Agricultural and Forest Meteorology, 232: 74-88.
Bauerle W L, Oren R, Way D A, et al. 2012. Photoperiodic regulation of the seasonal pattern of photosynthetic capacity and the implications for carbon cycling. Proceedings of the National Academy of Sciences, 109: 8612-8617.
Billesbach D, Berry J, Seibt U, et al. 2014. Growing season eddy covariance measurements of carbonyl sulfide and CO_2 fluxes: COS and CO_2 relationships in Southern Great Plains winter wheat. Agricultural and Forest Meteorology, 184: 48-55.
Bonan G B, Lawrence P J, Oleson K W, et al. 2011. Improving canopy processes in the community land model version 4 (CLM4) using global flux fields empirically inferred from FLUXNET data. Journal of Geophysical Research: Biogeosciences, 116: G02014.
Commane R, Meredith L K, Baker I T, et al. 2015. Seasonal fluxes of carbonyl sulfide in a midlatitude forest. Proceedings of the National Academy of Sciences, 112: 14162-14167.
Croft H, Chen J, Zhang Y. 2014. The applicability of empirical vegetation indices for determining leaf chlorophyll content over different leaf and canopy structures. Ecological Complexity, 17: 119-130.
Damm A, Guanter L, Paul-Limoges E, et al. 2015. Far-red sun-induced chlorophyll fluorescence shows ecosystem-specific relationships to gross primary production: An assessment based on observational and modeling approaches. Remote Sensing of Environment, 166: 91-105.
Du S, Liu L, Liu X, et al. 2018. Retrieval of global terrestrial solar-induced chlorophyll fluorescence from TanSat satellite. Science Bulletin, 63: 1502-1512.
Du S, Liu L, Liu X, et al. 2019. SIFSpec: Measuring solar-induced chlorophyll fluorescence observations for remote sensing of photosynthesis. Sensors, 19: 3009.
Duncanson L, Niemann K, Wulder M. 2010. Integration of GLAS and Landsat TM data for aboveground biomass estimation. Canadian Journal of Remote Sensing, 36: 129-141.
Gao M, Zhang X, Sun Z, et al. 2018. Wheat yield and growing period in response to field warming in different climatic zones in China. Scientia Agricultura Sinica, 51: 386-400.
Garland G, Banerjee S, Edlinger A, et al. 2021. A closer look at the functions behind ecosystem multifunctionality: A review. Journal of Ecology, 109: 600-613.
Goulden M L, Munger J W, Fan S M, et al. 1996. Measurements of carbon sequestration by long-term eddy covariance: Methods and a critical evaluation of accuracy. Global Change Biology, 2: 169-182.
Grossmann K, Frankenberg C, Magney T S, et al. 2018. PhotoSpec: A new instrument to measure spatially distributed red and far-red solar-induced chlorophyll fluorescence. Remote Sensing of Environment, 216: 311-327.

Guanter L, Zhang Y, Jung M, et al. 2014. Global and time-resolved monitoring of crop photosynthesis with chlorophyll fluorescence. Proceedings of the National Academy of Sciences, 111: E1327-E1333.

Gurney K R, Law R M, Denning A S, et al. 2002. Towards robust regional estimates of CO_2 sources and sinks using atmospheric transport models. Nature, 415: 626-630.

Hand E. 2014. Carbon-mapping satellite will monitor plants' faint glow. Washington D.C.: American Association for the Advancement of Science.

Houborg R, Mccabe M F, Cescatti A, et al. 2015. Leaf chlorophyll constraint on model simulated gross primary productivity in agricultural systems. International Journal of Applied Earth Observation and Geoinformation, 43: 160-176.

Hu L, Montzka S A, Kaushik A, et al. 2021. COS-derived GPP relationships with temperature and light help explain high-latitude atmospheric CO_2 seasonal cycle amplification. Proceedings of the National Academy of Sciences, 118: e2103423118.

Joiner J, Guanter L, Lindstrot R, et al. 2013. Global monitoring of terrestrial chlorophyll fluorescence from moderate-spectral-resolution near-infrared satellite measurements: Methodology, simulations, and application to GOME-2. Atmospheric Measurement Techniques, 6: 2803-2823.

Kattge J, Knorr W, Raddatz T, et al. 2009. Quantifying photosynthetic capacity and its relationship to leaf nitrogen content for global-scale terrestrial biosphere models. Global Change Biology, 15: 976-991.

Knohl A, Cuntz M. 2017. Tracing carbon fixation. Nature Climate Change, 7: 393-394.

Knyazikhin Y, Schull M A, Stenberg P, et al. 2013. Hyperspectral remote sensing of foliar nitrogen content. Proceedings of the National Academy of Sciences, 110: E185-E192.

Köhler P, Guanter L, Joiner J. 2015. A linear method for the retrieval of sun-induced chlorophyll fluorescence from GOME-2 and SCIAMACHY data. Atmospheric Measurement Techniques, 8: 2589-2608.

Köhler P, Guanter L, Kobayashi H, et al. 2018. Assessing the potential of sun-induced fluorescence and the canopy scattering coefficient to track large-scale vegetation dynamics in Amazon forests. Remote Sensing of Environment, 204: 769-785.

Kooijmans L M, Cho A, Ma J, et al. 2021. Evaluation of carbonyl sulfide biosphere exchange in the simple biosphere model（SiB4）. Biogeosciences, 18: 6547-6565.

Kooijmans L M, Maseyk K, Seibt U, et al. 2017. Canopy uptake dominates nighttime carbonyl sulfide fluxes in a boreal forest. Atmospheric Chemistry and Physics, 17: 11453-11465.

Kooijmans L M, Sun W, Aalto J, et al. 2019. Influences of light and humidity on carbonyl sulfide-based estimates of photosynthesis. Proceedings of the National Academy of Sciences, 116: 2470-2475.

Krysztofiak G, Té Y V, Catoire V, et al. 2015. Carbonyl sulphide（OCS）variability with latitude in the atmosphere. Atmosphere-Ocean, 53: 89-101.

La Notte A, D'amato D, Mäkinen H, et al. 2017. Ecosystem services classification: A systems ecology perspective of the cascade framework. Ecological Indicators, 74: 392-402.

Li X, Xiao J, He B, et al. 2018. Solar-induced chlorophyll fluorescence is strongly correlated with terrestrial photosynthesis for a wide variety of biomes: First global analysis based on OCO-2 and flux tower observations. Global Change Biology, 24: 3990-4008.

Li Y, Liu Y, Wu S, et al. 2018. Composition and carbon utilization of soil microbial communities subjected to long-term nitrogen fertilization in a temperate grassland in Northern China. Applied Soil Ecology, 124: 252-261.

Li Z, Xu D, Guo X. 2014. Remote sensing of ecosystem health: Opportunities, challenges, and future perspectives. Sensors, 14: 21117-21139.

Liu L, Guan L, Liu X. 2017. Directly estimating diurnal changes in GPP for C3 and C4 crops using far-red sun-induced chlorophyll fluorescence. Agricultural and Forest Meteorology, 232: 1-9.

Lu D, Chen Q, Wang G, et al. 2016. A survey of remote sensing-based aboveground biomass estimation methods in forest ecosystems. International Journal of Digital Earth, 9: 63-105.

Ma J, Kooijmans L M, Cho A, et al. 2021. Inverse modelling of carbonyl sulfide: Implementation, evaluation and implications for the global budget. Atmospheric Chemistry and Physics, 21: 3507-3529.

Maignan F, Abadie C, Remaud M, et al. 2021. Carbonyl sulfide: Comparing a mechanistic representation of the vegetation uptake in a land surface model and the leaf relative uptake approach. Biogeosciences, 18: 2917-2955.

Mohammed G H, Colombo R, Middleton E M, et al. 2019. Remote sensing of solar-induced chlorophyll fluorescence（SIF）in vegetation: 50 years of progress. Remote Sensing of Environment, 231: 111177.

Morello L. 2014. Climate science NASA carbon-monitoring orbiter readies for launch. Nature, 510（7506）: 451-452.

Novick K A, Biederman J, Desai A, et al. 2018. The AmeriFlux network: A coalition of the willing. Agricultural and Forest Meteorology, 249: 444-456.

Ouyang X, Wang J, Chen X, et al. 2021. Applying a projection pursuit model for evaluation of ecological quality in Jiangxi Province, China. Ecological Indicators, 133: 108414.

Paul-Limoges E, Damm A, Hueni A, et al. 2018. Effect of environmental conditions on sun-induced fluorescence in a mixed forest and a cropland. Remote Sensing of Environment, 219: 310-323.

Polewski P, Yao W, Cao L, et al. 2019. Marker-free coregistration of UAV and backpack LiDAR point clouds in forested areas. ISPRS Journal of Photogrammetry and Remote Sensing, 147: 307-318.

Ren F, Zhang X, Liu J, et al. 2017. A synthetic analysis of greenhouse gas emissions from manure amended agricultural soils in China. Scientific Reports, 7: 1-13.

Rödenbeck C, Houweling S, Gloor M, et al. 2003. CO_2 flux history 1982–2001 inferred from atmospheric data using a global inversion of atmospheric transport. Atmospheric Chemistry and Physics, 3: 1919-1964.

Sowińska-Świerkosz B. 2017. Application of surrogate measures of ecological quality assessment: The introduction of the indicator of ecological landscape quality（IELQ）. Ecological Indicators, 73: 224-234.

Sun Y, Frankenberg C, Jung M, et al. 2018. Overview of solar-induced chlorophyll fluorescence（SIF）from the orbiting carbon observatory-2: Retrieval, cross-mission comparison, and global monitoring for GPP. Remote Sensing of Environment, 209: 808-823.

Sun Y, Frankenberg C, Wood J D, et al. 2017. OCO-2 advances photosynthesis observation from space via solar-induced chlorophyll fluorescence. Science, 358: eaam5747.

Teeri J A, Raven P H. 2002. A national ecological observatory network. Science, 298: 1893.

Walker A P, Beckerman A P, Gu L, et al. 2014. The relationship of leaf photosynthetic traits-Vc_{max} and J_{max}-to leaf nitrogen, leaf phosphorus, and specific leaf area: A meta-analysis and modeling study. Ecology and Evolution, 4: 3218-3235.

Wang J, Ding Y, Wang S, et al. 2022. Pixel-scale historical-baseline-based ecological quality: Measuring impacts from climate change and human activities from 2000 to 2018 in China. Journal of Environmental Management, 313: 114944.

Wang S, Huang K, Yan H, et al. 2015. Improving the light use efficiency model for simulating terrestrial vegetation gross primary production by the inclusion of diffuse radiation across ecosystems in China. Ecological Complexity, 23: 1-13.

Wang Y, Pyörälä J, Liang X, et al. 2019. In situ biomass estimation at tree and plot levels: What did data record and what did algorithms derive from terrestrial and aerial point clouds in boreal forest. Remote Sensing of Environment, 232: 111309.

Wullschleger S D. 1993. Biochemical limitations to carbon assimilation in C3 plants—A retrospective analysis of the A/Ci curves from 109 species. Journal of Experimental Botany, 44: 907-920.

Yang H, Yang X, Zhang Y, et al. 2017. Chlorophyll fluorescence tracks seasonal variations of photosynthesis from leaf to canopy in a temperate forest. Global Change Biology, 23: 2874-2886.

Yang K, Ryu Y, Dechant B, et al. 2018. Sun-induced chlorophyll fluorescence is more strongly related to absorbed light than to photosynthesis at half-hourly resolution in a rice paddy. Remote Sensing of Environment, 216: 658-673.

Yang X, Shi H, Stovall A, et al. 2018. FluoSpec 2——An automated field spectroscopy system to monitor canopy solar-induced fluorescence. Sensors, 18: 2063.

Yang X, Tang J, Mustard J F, et al. 2015. Solar-induced chlorophyll fluorescence that correlates with canopy photosynthesis on diurnal and seasonal scales in a temperate deciduous forest. Geophysical Research Letters, 42: 2977-2987.

Zarco-Tejada P J, González-Dugo V, Berni J A. 2012. Fluorescence, temperature and narrow-band indices acquired from a UAV platform for water stress detection using a micro-hyperspectral imager and a thermal camera. Remote Sensing of Environment, 117: 322-337.

Zhou X, Liu Z, Xu S, et al. 2016. An automated comparative observation system for sun-induced chlorophyll fluorescence of vegetation canopies. Sensors, 16: 775.

Zhu W, Li S, Zhang X, et al. 2018. Estimation of winter wheat yield using optimal vegetation indices from unmanned aerial vehicle remote sensing. Transactions of the Chinese Society of Agricultural Engineering, 34: 78-86.